航天科技图书出版基金资助出版

现代综合电子微系统集成与应用技术

唐磊　柴波　杨靓　等　著

中国宇航出版社
·北京·

图书在版编目（CIP）数据

现代综合电子微系统集成与应用技术 / 唐磊等著
. -- 北京 : 中国宇航出版社, 2023.4
ISBN 978-7-5159-2226-3

Ⅰ.①现… Ⅱ.①唐… Ⅲ.①电子电路—计算机辅助设计 Ⅳ.①TN702

中国国家版本馆 CIP 数据核字(2023)第 066674 号

责任编辑 朱琳琳　　**封面设计** 王晓武

出　版
发　行 中国宇航出版社

社　址 北京市阜成路 8 号　**邮　编** 100830
(010)68768548
网　址 www.caphbook.com
经　销 新华书店
发行部 (010)68767386　(010)68371900
(010)68767382　(010)88100613 (传真)
零售店 读者服务部　(010)68371105
承　印 北京中科印刷有限公司

版　次 2023 年 4 月第 1 版
2023 年 4 月第 1 次印刷
规　格 787×1092
开　本 1/16
印　张 24.75　**彩　插** 8 面
字　数 602 千字
书　号 ISBN 978-7-5159-2226-3
定　价 168.00 元

航天科技图书出版基金简介

航天科技图书出版基金是由中国航天科技集团公司于2007年设立的，旨在鼓励航天科技人员著书立说，不断积累和传承航天科技知识，为航天事业提供知识储备和技术支持，繁荣航天科技图书出版工作，促进航天事业又好又快地发展。基金资助项目由航天科技图书出版基金评审委员会审定，由中国宇航出版社出版。

申请出版基金资助的项目包括航天基础理论著作，航天工程技术著作，航天科技工具书，航天型号管理经验与管理思想集萃，世界航天各学科前沿技术发展译著以及有代表性的科研生产、经营管理译著，向社会公众普及航天知识、宣传航天文化的优秀读物等。出版基金每年评审1～2次，资助20～30项。

欢迎广大作者积极申请航天科技图书出版基金。可以登录中国航天科技国际交流中心网站，点击“通知公告”专栏查询详情并下载基金申请表；也可以通过电话、信函索取申报指南和基金申请表。

网址：http：//www.ccastic.spacechina.com

电话：(010) 68767205，68767805

自　序

作为一名70后的科技人，我们是幸福的一代人。我们见证了改革开放四十多年国家翻天覆地的变化，见证了生活水平持续数十年的不断提高，也见证了科学技术发展的日新月异，见证了新技术、新产品、新应用的层出不穷。

可是，我们这代科技人又是“不幸”的一代人。在行将半百之年却发现，这个世界如此严酷。在中华民族开始走向伟大复兴的时刻，那个蒙蔽了我们多年的“科学无国界”的“谎言”竟然一下子便轻易地“撕”去了，在科技上遭受的打压是如此的全面和彻底。

新时代国家安全和战略利益拓展，国防和军队现代化建设，维护海洋安全、太空安全、网络空间安全、核安全等国家核心安全，均对电子技术发展提出了新的需求。在这样的发展大潮中，嵌入式计算机如何发展并扮演好重要角色，是每一个从业者都需要思考的问题。

十年前的2013年，在航天七七一所一年一度的技术研发年会上，我曾大胆设想：在可以预见的将来，计算机技术的发展仍将建立在以硅材料为主的集成电路基础上，但在逐渐趋向物理极限时，嵌入式计算机将在超摩尔定律的推动下继续向体积越来越小、功能越来越强的方向发展，嵌入式计算机在“形”上将会消亡，而在“神”上将化为星星点点更深地嵌入目标应用当中。所以，我坚信微系统技术将是后摩尔时代嵌入式计算机最重要的手段，“更小、更强、更智能”将是其主要特征；我坚信当系统发展到足够小时，一定还会有更多意想不到的应用模式出现，一如十年后今天的手机。

然而，技术的进步从来就不是一蹴而就的，其间充满了迷惘的困惑和坚持的勇气。当前，微系统技术发展可以说困难重重：集成电路大量依靠进口，可以支撑微系统集成的芯片不足；材料参数和电路模型缺失、集成工艺落后且不稳定、系统可靠性不高，微系统技术推进举步维艰。有一个小同事给我发过一封邮件，他在分析了微系统发展的前景后感到十分沮丧，认为虽有条条大路但每条看起来都前景黯淡。我把他叫来，问他是否相信微系统是未来嵌入式计算机发展的必然趋势。他说：“相信。”我说：“那就回去做好技术储备吧，不要等到微系统春天到来的时候说我还没有准备好。”从此他再也没有说过丧气的话。

2015年，在一项宇航基础产品研发能力建设项目立项论证中，我大胆地提出通过全新的TSV三维互连技术大幅提升系统性能并建设国内军口第一个晶圆级TSV立体集成工艺平台，这个在当时看起来“异想天开”的思路居然得到了上级领导和专家的支持。事后项目评估经理跟我讲：“给了你一匹小马，没想到你后面拖出来了这么大的一辆车。”大概那个时候，微系统的种子已经在国内相关科研工作者的心中萌芽。

再后来，依托集成电路、混合集成电路和嵌入式计算机三大专业融于一身的独特优势，航天七七一所的微系统技术进入了发展的快车道，形成了基于TSV、PoP、SiP等工艺，涵盖陶封、塑封、金属封装的多谱系、系列化信息处理微系统产品，并应用在了深空探测、卫星、智能弹药和无人机等多个领域中，不仅为航天器和武器装备核心部组件提供微系统产品，也为实现自主可控提供了创新性的解决方案和实现途径。

这期间的艰辛和快乐非亲历者很难体会。2020年年底，有同事问我现在每天要处理如此多事务，一年下来是否还能记起某个被幸福“暴击”的时刻。我认真地想了想，说有的，TSV工艺平台建成通线的那一刻就是，这表明航天七七一所已经正式进入了微系统时代。

“东方欲晓，莫道君行早。”我的同行们——不忘初心的科技人，一路负重前行，坚持下来，我感到无比地欣慰。

2023年4月

前 言

综合电子微系统集成是一项多学科交叉的新兴高新技术，是以微纳尺度理论为支撑，以微纳制造及工艺等为基础，不断融入微机械、微电子、微光学、微能源、微流动等各种技术，具有微感知、微处理、微控制、微传输、微对抗等功能，并通过功能模块的集成，实现单一或多类用途的综合性前沿技术。在信息、生物、航空航天、军事等领域具有广泛的应用前景，对于国家保持技术领先优势和实现核心技术自主可控具有重要意义。

综合电子微系统相关产品正从芯片级、部组件级向复杂程度更高的系统级发展，成为聚焦前沿科技创新发展的重要领域。当前，综合电子微系统集成技术正沿着从平面集成到三维集成、从微机电/微光电到异质混合集成、从结构/电气一体化到多功能机电一体化集成的方向发展，并正与生命科学、量子、微纳等前沿技术交织融合。综合电子微系统集成技术可将多种先进技术高度融合，将传统各自独立的信息获取、处理及命令执行等系统融为一体，能够促进军事武器装备微小型化和智能化，将带动具备传感、处理、控制等多种功能的微系统快速发展，在大幅提升性能的同时，能够实现能耗和体积降至原来的几十分之一，甚至几百分之一。这对于加速武器装备系统性能的全面提高，有效减小尺寸、质量，降低成本等具有革命性的影响，在一定程度上将改变未来战争作战模式。

为了满足当下和未来各类军工和工业控制领域综合电子系统高性能、低成本、小型化和智能化的需求，本书立足于航天七七一所50多年的工程经验，重点以半导体集成电路、混合集成电路、计算机与机电系统集成和先进封装工艺等专业技术为基础，组织了具有相关专业丰富工程经验的专家，系统化地对单芯片级的集成、以先进封装技术为主的立体集成以及机电一体化的系统集成进行了归纳，同时从实际应用的角度介绍了具有特殊功能的GNCC集成系统产品的测试与试验方法，以适应抗高过载环境应力为特征的机电一体化集成系统的应用技术，最后从环境适应性的角度介绍了微小型系统集成产品的保证性要求。

本书系统化地介绍了现代微电子系统集成与应用技术。全书共分为7章，第1章为概论，介绍了系统集成技术的内涵、开展综合电子系统集成应具备的基本条件和未来技术发展趋势；第2章主要介绍了基于单芯片的SoC、FPGA的设计与实现技术；第3章主要介绍了基于SiP、MCM、TSV与PoP立体集成封装的集成方法和产品的测试与可靠性验证技术；第4章介绍了基于PoP工艺的GNC微系统集成技术；第5章介绍了基于PoP工艺的GNC微系统模块测试与试验技术；第6章介绍了机电一体化系统集成技术；第7章重点介绍了军用综合电子系统集成产品应用环境保证技术，包括供电环境保证、应用保证和电磁兼容试验方法等。

本书由唐磊、柴波、杨靓统稿，匡乃亮、王挥、郭刚强和唐艺菁分别对第3章～第6章的内容进行了统筹和技术审核。此外，李红桥参与了第2章的编写，余欢、李宝霞参与了第3章的编写，阎彬、周黎阳参与了第4章的编写，程瑞楚参与了第5章的编写，阎彬和于力伟参与了第6章的编写，叶小明参与了本书的校核，在此一并表示感谢。

本书内容是多专业技术结合的知识成果结晶，全部来自工程实践，经过了工程产品验证和实际应用的考核，是成功经验的提炼，具有很强的工程研制指导价值，期望能够对同业人员具有借鉴意义，同时也希望能够促进我国军用综合电子产品技术水平的提升。

由于这些技术来源于工程实践，有些技术环节还在不断探索完善之中，加之编写水平有限，书中难免有疏漏和不妥之处，欢迎读者批评指正。

柴　波

2023年4月

目　录

第1章 概 论

在现代人们的日常生活中，手机这种由美国贝尔实验室于1940年发明的移动电话已经成为必不可少的工具。从第三代开始手机在全球范围内广泛使用，除了可以进行语音通信以外，还可以收发短信等。但随着微电子技术与通信技术的发展，手机进入了4G时代，手机的功能在3G的基础上新增加了照相机、摄影、录音、音乐、游戏、上网和卫星导航等功能。目前，5G时代已经来临，5G技术正在促进线上教学、无人驾驶和工业互联网升级等技术加速推进。5G技术是2G、3G和4G技术的延伸，其性能目标是提高数据速率、减少信号延迟、节省能源、降低成本、提高系统容量和连接大规模设备。其优势在于，传输速率最高可达10 Gbit/s，比4G快100倍，网络延迟从4G的30～70 ms缩短到1 ms，为未来人工智能技术的发展奠定了基础。

手机这种巴掌大小的电子装置具有如此强大的功能，主要是以微电子技术、卫星通信技术、计算机技术和系统集成技术为基础的，也体现着一个国家的科技综合实力。进入21世纪以来，系统集成技术已经是现代科技普遍采用的技术，代表着一个国家技术发展的水平，已经成为我国的新兴战略性产业，采用系统集成技术不但加速了科技进步的步伐，而且也极大地改变了人们的生活方式。

1.1 系统集成技术

所谓系统集成（System Integration，SI），就是通过结构化的综合布线系统和计算机网络技术，采用技术整合、功能整合、数据整合、模式整合、业务整合等技术手段，将各个分离的设备、功能和信息等要素集成到相互关联的、统一和协调的系统之中，使系统整体的功能、性能符合使用要求，使资源达到充分共享，实现集中、高效、便利的管理。

系统集成实现的关键在于解决系统之间的互连和互操作性问题，它是一个多厂商、多协议和面向各种应用的体系结构。通过把不同的技术、产品部件等用特定的工艺方法进行组合，可以使原有产品的功能不断丰富、性能不断提升、体积不断缩小、重量不断减小、成本不断下降、可靠性不断提高。这种技术应用在导弹、火箭和各种航天器产品中，带来的技术、经济与社会效益优势非常明显。

每一个系统集成的各个分离的设备、功能和信息等要素都具有共性的属性，即多元性、相关性、整体性和专有性。

多元性：每个具有独立功能的产品是由多个元素组成的整体，元素可能是单个事物，也可能是一群事物组成的子系统。

相关性：组成产品或系统的各元素之间存在相互作用、相互依赖的有机联系。

整体性：多元性加上相关性，使产品或系统作为一个统一的整体具有特定的功能和性能。

专有性：功能定制化、高可靠、长寿命、抗恶劣特殊环境等，确保系统功能协调匹配。

系统集成属于信息技术服务行业，在西方发达国家，由于微电子技术与计算机技术发展水平很高，系统集成技术具有很好的基础，加上长期的实践应用，具有很大的优势。在国内，系统集成是国家战略性新兴产业。据前瞻产业研究院研究分析，系统集成行业作为当今比较成熟的服务业，在国内已有 40 多年的发展历史，大致经历了 5 个发展阶段，即增值代理阶段（20 世纪 80 年代至 90 年代初）、个性化定制阶段（90 年代初至 90 年代末）、行业服务阶段（2000 年以后）、应用软件产品化阶段及多平台应用和服务创新阶段。伴随着互联网＋、人工智能技术、半导体集成电路与计算机技术的迅速发展和应用的不断深化，在系统集成中，软件与网络深度耦合，软件与硬件、应用和服务紧密融合，软件和信息技术服务业加快向网络化、服务化、体系化和融合化方向演进。

比如卫星导航定位系统（见图 1－1），是航空、航天、航海、运输等领域和人们日常生活中必不可少的核心技术。它由空间系统、地面控制系统和用户部分三部分构成，是典型的大型系统集成产品。三大部分各自都具有系统集成的典型特征，各个部分是靠信息通信进行无线互连的。

图 1－1　卫星导航定位系统

空间系统：由 24 颗工作卫星组成，位于距离地表 200 km 的上空，均匀分布在空间 6 个轨道平面上，轨道倾角为 55°，此外还有 4 颗有源备份卫星在轨运行。

地面控制系统：由 1 个全球主控站、3 个地面控制站、5 个全球监测站和通信辅助系统组成。这些站相互关联，实时配合空间系统工作。

用户部分：主要由 GPS/BD 接收机和卫星天线组成。其主要功能是捕获按一定卫星截止角所选择的待测卫星，并跟踪这些卫星的运行，测量出接收天线至卫星的伪距离和距离变化率，解调出卫星轨道参数等数据，依次计算出用户所在地理位置的经纬度、高度、速度和时间等信息。

这种系统集成是分布在不同空间、不同地域的具有不同功能的独立系统之间的集成，系统之间的互连主要依靠无线通信和约定的技术协议。

再比如发射导航卫星的运载火箭也是大型系统集成产品。运载火箭指把人造地球卫星、载人飞船、空间站或行星际探测器等空间飞行器送入预定轨道的载具，一般由箭体结构、动力系统、制导控制系统、遥测系统、安控系统等分系统组成。这些分系统都具有典型的系统集成特性。如某新型运载火箭舱段构成与控制功能组成如图 1-2 所示。

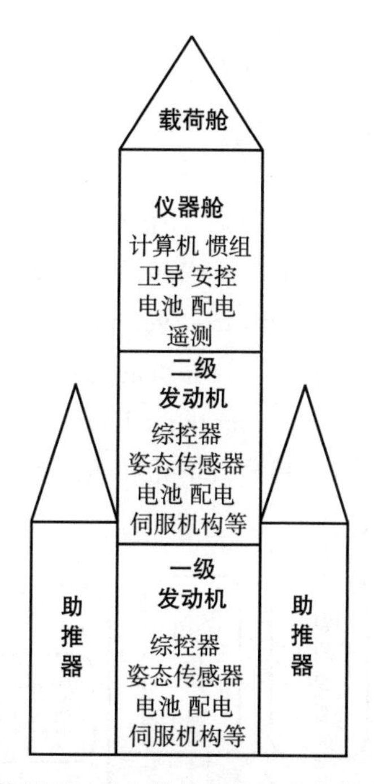

图 1-2 某新型运载火箭舱段构成与控制功能组成图

箭体结构：是运载火箭的基体，用来维持火箭的外形，承受火箭在地面运输、发射操作和在飞行过程中作用在火箭上的各种载荷，安装连接火箭各系统的所有设备仪器，把火箭各系统、组件连接组合成一个整体。

动力系统：是推动运载火箭飞行并获得一定速度的装置，也被称为火箭发动机，这种发动机因为推进剂的不同可以分为液体发动机和固体发动机。

制导控制系统：是用来控制运载火箭沿预定轨道可靠飞行的微系统组合，包括制导控制、卫星导航、姿态控制、供配电和时序控制等。

遥测系统：是把运载火箭飞行中各系统的工作参数、运行状况和环境参数测量记录下来，通过无线电发射机将这些信息发射回地面，由地面接收机接收，用于火箭运行状态判断、异常分析和性能改进提升。

安控系统：用于当火箭在飞行中出现故障不能继续正常飞行时，执行火箭自毁功能，避免运载火箭坠毁时给地面造成灾难性危害。

运载火箭的这种系统集成，是把不同功能的分系统整合在一个箭体结构内部，各个分系统之间依靠电缆进行互连，采用不同类别的电信号实现相互之间的信息传递。一般情况下，每个分系统都有自己的综合电子系统，这些综合电子系统也都由多个不同功能的电子设备组成，随着各个分系统自动化水平的提高，一般都会采用计算机技术，以便使自身能够实现功能可编程、控制过程自动化、测试维护便利化。在这些分系统中，制导控制系统是运载火箭的关键，它的功能、性能及可靠性与自动化水平直接决定了该型火箭的技术水平，决定这种水平的关键设备是箭载计算机和惯性平台。

运载火箭制导控制分系统所采用的箭载计算机为嵌入式计算机，也是一种典型的设备级系统集成产品，它不同于一般的台式或笔记本式计算机。嵌入式计算机要具有功能和性能指标定制性、系统结构嵌入式特性、对半导体器件综合技术的依赖性、应用软件的支撑性、对各种环境条件的高适应性以及长期的贮存完好性等特点。嵌入式计算机的功能密度、性能先进性、功耗体积等指标直接决定了相关分系统的体系结构形态、性能、体积、重量等，也直接影响着上一级系统的集成方式和最终形态。

计算机系统一般由硬件系统（Hardware System）和软件系统（Software System）两部分构成，缺少任何一部分都不能工作。计算机的主要构成部件包括：中央处理器（算术逻辑单元和控制单元的总称，Central Processing Unit）、输入单元、输出单元、存储单元和供配电单元。计算机的用途不同，其输入单元和输出单元的构成和功能各不相同。一般计算机系统的功能框图如图 1-3 所示。

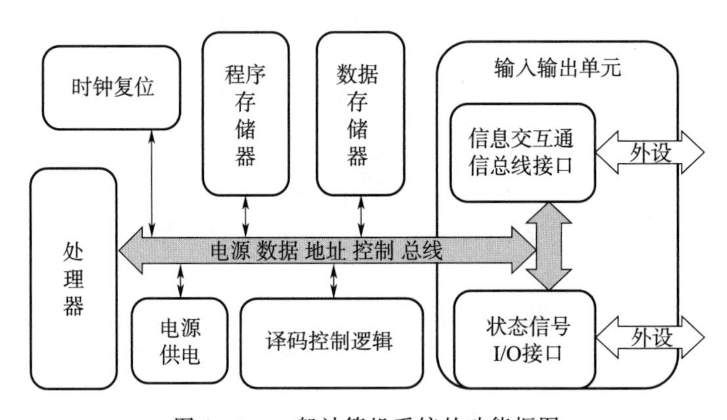

图 1-3　一般计算机系统的功能框图

硬件系统：指中央处理器、输入输出接口单元、存储单元、供配电单元，以及互连导线、印制板、机箱构成的计算机实物形态。它是计算机软件运行的载体和环境保证。其中中央处理器的类型、处理运行速度、存储容量以及输入输出单元的功能和接口形式直接决定着计算机硬件系统的性能。

软件系统：是能使计算机硬件系统按照规定要求进行工作的指令代码组合的统称，是具有一定独立功能的程序或程序组，这些程序使用的语言不同，有汇编语言和高级语言。计算机软件一般分为操作系统软件、底层支持驱动软件、测试软件和应用软件。

箭载计算机是典型的综合电子系统集成产品，它把不同功能的元器件按照设定的逻辑组成特定功能和性能的硬件系统，再与不同程序指令组合的软件系统按照一定的技术约束条件相结合，其设计过程是一种典型的综合电子系统集成设计过程。

这种综合电子系统集成产品作为一个完整、独立的部件或设备，应用于导弹、火箭或卫星、飞船等，与其他设备一起构建庞大的控制系统或全弹、全箭、全星等系统的过程，是更高一级的系统集成过程。只是计算机集成的内容和方式与导弹系统、运载火箭系统或卫星系统的集成内容和方式截然不同，具有微小型化的特征。

随着现代微电子技术的快速发展和导弹、火箭等空间飞行器对系统小型化、轻量化和自主可控要求的不断提高，综合电子系统设备之间的无缆化互连以及集成化、标准化和小型化已经成为一种发展趋势，本书将重点针对综合电子系统产品的集成技术和其在机电一体化系统集成产品中的应用进行系统论述。

1.2　综合电子系统集成

综合电子系统集成技术是现代一种新兴技术，包括器件级的微系统集成和系统级的一体化集成两个环节。器件级的集成以半导体工艺技术为基础，从器件级的设计、封装、测试和评价等工作开始，进行初级产品规划和功能实现，这一过程一般称为微系统集成；然后在此基础上再把这些不同功能的模块产品按照规定的结构、体积、功能和对外互连关系等约束条件进行系统设计、封装，最终形成符合小型化、轻量化和高可靠要求的一体化产品，这种再集成的过程可以称为一体化集成。

（1）微系统集成的基本含义

要讲微系统集成，就必须先明确微系统的基本含义。这里所说的微系统是综合电子系统一体化产品内部所用到的微电子系统。其实，微系统是随着微电子技术的发展而逐步产生的概念和产品形态。目前，业界对于微系统的含义还未形成共识。

在美国，微系统技术是美国国防部高级研究计划局（DARPA）近十年来大力发展的现代前沿技术，对美国保持其国防科技领先优势具有重要意义。DARPA MTO（微系统办公室）提出的微系统概念得到了各国家、各领域的普遍认可。其提出两个“100”目标，即探测能力、带宽和速度比目前的电子系统提高100倍以上；结构进一步微型化和低功耗化，体积、重量和功耗降至目前的电子系统的1/1 000～1/100。

他们认为，微系统是以微电子技术、射频与无线电技术、光学（或光电子学）技术、微机电系统（MEMS）等技术为核心，从系统工程的高度出发，通过封装、互连等精细加工技术，在框架、基板等载体上制造、装配、集成的微小型化功能装置。一个完整的微系统由传感器模块、执行元件模块、信号处理模块、外部环境接口模块以及定位机构、支撑机构、工具等机械结构构成。根据这一微系统的定义，微系统技术包括元器件技术、集成技术、智能软件和架构技术四部分。

在国内，微系统技术是以微纳尺度理论为支撑，以微纳制造及工艺等为基础，不断融入微机械、微电子、微光学、微能源、微流动等各种技术，具有微感知、微处理、微控制、微传输、微对抗等功能，并通过功能模块的集成，实现单一或多类用途的综合性前沿技术。

微系统是从微观角度出发，融合微电子、微光子、MEMS、架构、算法五大要素，采用新的设计思想、设计方法、制造方法，在微纳尺度上，通过3D异质/异构集成手段，可以实现信号感知、信号处理、信令执行和赋能等多功能集成的微型化系统。其基础是微电子、微光子、MEMS等先进芯片技术，核心是体系架构和算法。

实际上，微系统概念的演进分为四个阶段：第一阶段设立项目，推动主要类别元器件发展；第二阶段提出微系统，明确集成化发展趋势；第三阶段明确概念，突出不同器件间的集成；第四阶段升级概念，凸显平台化意义。

微系统技术的出现不是人们的既定目标，而是各相关技术发展到一定阶段后紧密结合的产物。根据技术出现时间的不同，微系统可划分为“元器件自身技术持续发展”“异质/异构集成技术成为主要路径”“智能化算法和架构技术提高系统效率”三个阶段。由于技术自身仍在不断演进，各个阶段的主要技术处于并行发展态势。

实际上，微系统是多专业技术的融合产物，也是一个相对概念，是相对于大系统而言的，但又具有一定的技术特征，虽然国外与国内关于微系统的定义表述不同，但它们的含义基本相同，都是基于微电子技术的多功能集成方法与工艺实现技术。近年来，微系统相关技术发展迅速，微系统集成方法与工艺有了新的突破，微电子器件特征尺寸继续减小，微处理器、微射频器等性能进一步提升，碳化硅与氮化镓等第三代半导体材料器件日益成熟并进入应用阶段，为微系统技术发展提供了有效支撑，主要体现在以下方面：

1）微处理器向着小线宽、低功耗、高性能、智能化方向发展。

2）微系统制造工艺有了大幅提高，微电子器件特征尺寸继续减小。

3）微集成技术正在由平面集成向三维集成发展，由芯片级向集成度和复杂度更高的系统级发展。

4）微系统相关产品也正从芯片级、组部件级向复杂程度更高的系统级发展。

微系统集成技术产品具有十分明显的技术特征，相较于现有传统产品，在功能密度、性能指标、功耗、体积、重量、环境适应性和可靠性等方面都发生了革命性改变。如何实现这些改变，主要取决于构成微系统集成技术体系的微系统设计技术、微系统封装技术、微系统测试技术和微系统应用技术的快速发展和综合应用。

（2）微系统集成的分类

实现微系统产品，要把电学、机械、热学、材料学、光学、微机电系统等涉及多种学科的功能部件集成在一起，因此必须采取设计与工艺相结合的方法，而方法的差异就形成了不同的集成方法。

1）按照技术路径划分，微系统集成可以分为设计集成、封装集成和组装集成。

设计集成：利用特定的设计工具，按照特定的规则，把不同的功能单元连接在一起，满足产品方案所规定的功能与性能指标要求。典型的设计集成包括FPGA逻辑编程设计和SoC（System on Chip）设计等。

FPGA是一种可编程的逻辑阵列器件，是半定制化的专用集成电路，其内部包括可编程输入输出单元、可配置逻辑块、数字时钟管理模块、嵌入式RAM、内嵌专用硬核、底层内嵌功能单元以及内部连线等。FPGA设计可以通过使用框图或者Verilog HDL语言将这些硬件资源合理组织，以便实现乘法器、寄存器、地址发生器以及各种算法逻辑等硬件电路。FPGA可以根据需要实现快速重新编程。一种基于FPGA的实时视频采集系统功能框图如图1-4所示。

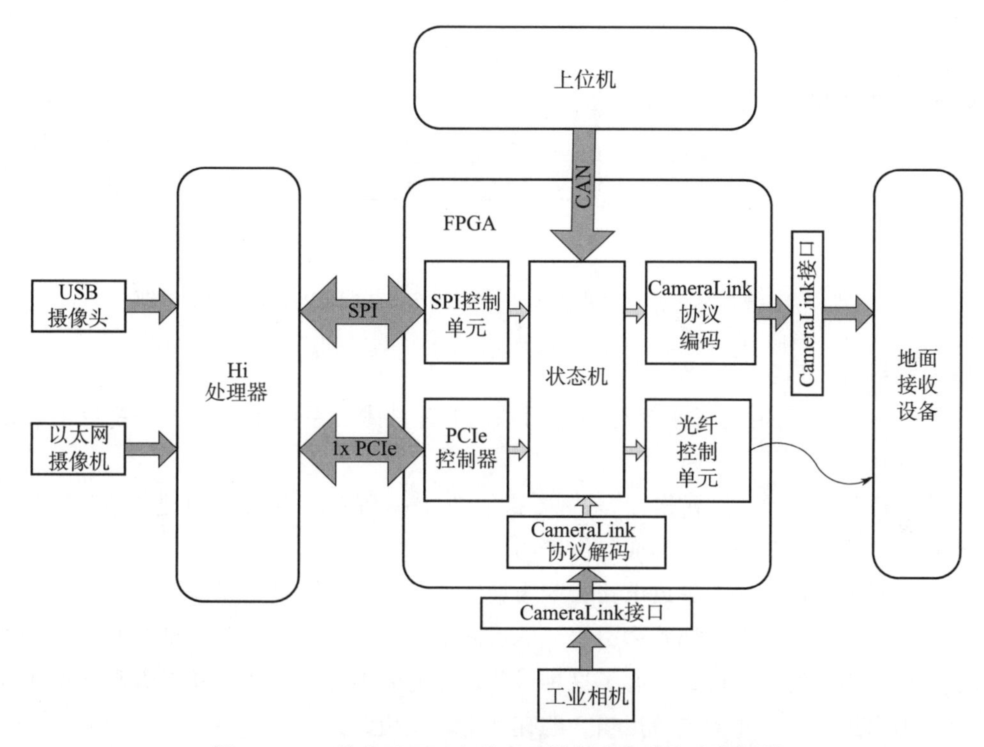

图1-4 一种基于FPGA的实时视频采集系统功能框图

SoC指通过半导体、微电子、IC、工艺、设计、器件、封装、测试以及MEMS实现复杂系统功能的大规模集成电路。内部一般包括逻辑核CPU、时钟电路、定时器、中断控制器、串并行接口、I/O端口、外围设备接口以及各种IP核之间的互连逻辑等。SoC设计是一个通过设计复用达到高生产率的软硬件协同设计过程，包括IP核可复用设计、测试方法及接口规范设计、系统芯片总线式集成设计、系统芯片验证和测试设计。

一种基于C6713高速信号处理器的SoC系统集成产品LCDSP0102的功能框图如图1-5所示，足以看出其集成内容的庞大，几乎包括了处理器可以互连的各种接口。

封装集成：微系统封装技术是将若干个功能芯片，辅以必要的配件和装配平台，按照系统最优的原则集成、组合、构建特定产品的相关工程技术。微系统封装技术包括微电子封装技术、光电子封装技术、射频封装技术、MEMS封装技术和多功能系统集成封装技术等。

a）从系统的角度看，微系统封装包括芯片级封装、器件级封装、板级封装、母板级

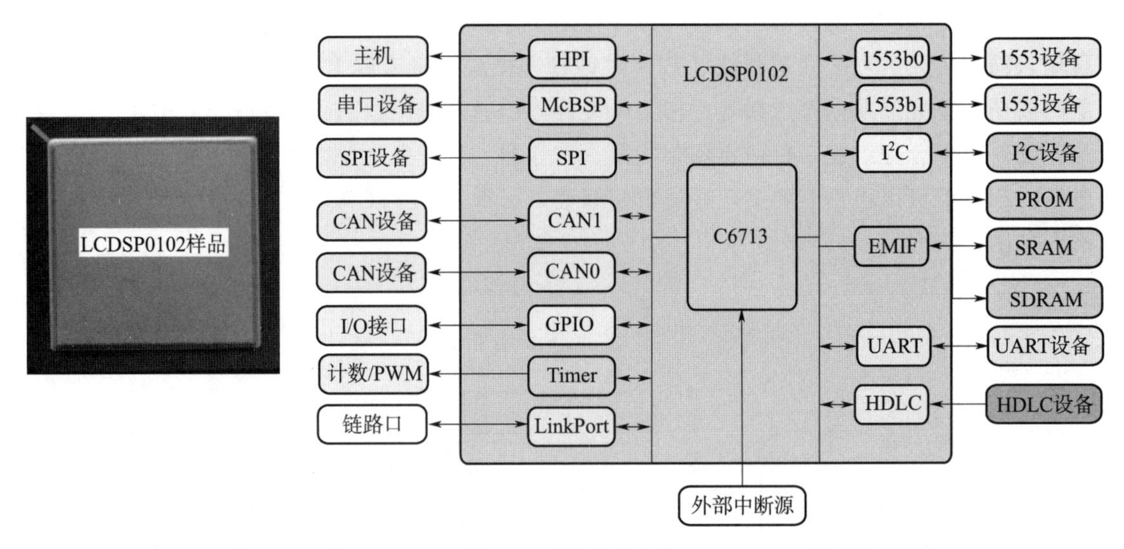

图 1-5　一种基于 C6713 的 SoC 系统集成产品 LCDSP0102 的功能框图

封装或系统级封装等多个层面。

b）从技术的角度看，微系统封装包括基础芯片技术、系统工程技术和系统封装技术三个方面的技术。

c）“芯片”是各种功能元素，“系统”指的是目标产品，“封装”则把“芯片”和其他元件连接到“系统”基板上，形成目标产品。

这里的封装指把半导体集成电路装配为最终产品的过程，具体讲就是把半导体集成电路的裸芯片粘接在基板上，把管脚引出，然后固定包装为一个特定外壳的过程。不同的外壳形态形成了不同的封装形式。有了这种封装，才能使半导体集成电路具有稳定的工作环境、可靠的保护外衣，便于包装运输、贮存和安装使用。

如果把多个裸芯片通过水平或垂直方向不同的形式先进行互连（如 TSV），然后进行封装，或者把多个封装好的电路、裸芯片等按照互连逻辑进行基板粘接互连后再进行二次封装（如 SiP）等，这样的封装过程统称为封装集成。

TSV（Through Silicon Vias）是一种非常先进的工艺技术，是将两个或多个垂直堆叠的芯片通过硅通孔垂直互连，通过封装后形成一种功能更加强大的模块产品，这种产品可以被其他系统再集成。这种技术可以使芯片之间互连距离最短、水平布线密度更小，节省空间和降低功耗，使产品性能大大提升。

一种利用 TSV 工艺集成的 3D-MCM 模块如图 1-6 所示。

SiP（System in Package）系统级封装，通过使用 3D-MCM 立体组装技术，将多个芯片和可能的无源元件集成在同一封装内，形成具有一个电子系统的整体或主要部分功能的模块，具备更高的性能密度、更高的集成度、更低的成本和更大的灵活性，从而达到性能、体积和重量等指标的最佳组合，是一项综合性的微电子技术。SiP 架构如图 1-7 所示。

图 1-8 所示为一种双 SoC 体系结构的 SiP 计算机产品。该模块采用高可靠立体集成结构，突破了多盲腔高密度基板制造、立体组装、超细间距自动键合等关键技术。封装尺

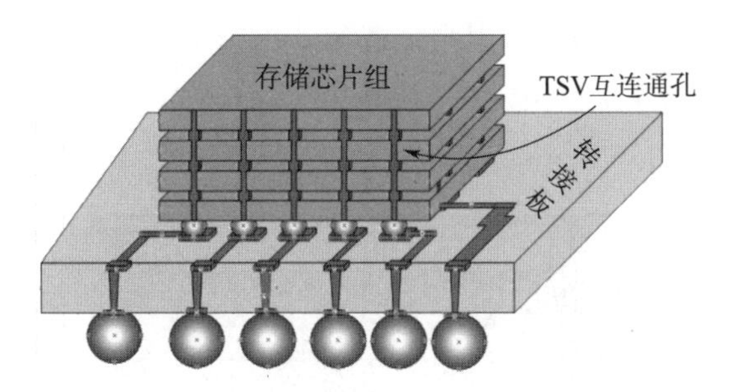

图1-6 一种利用TSV工艺集成的3D-MCM模块

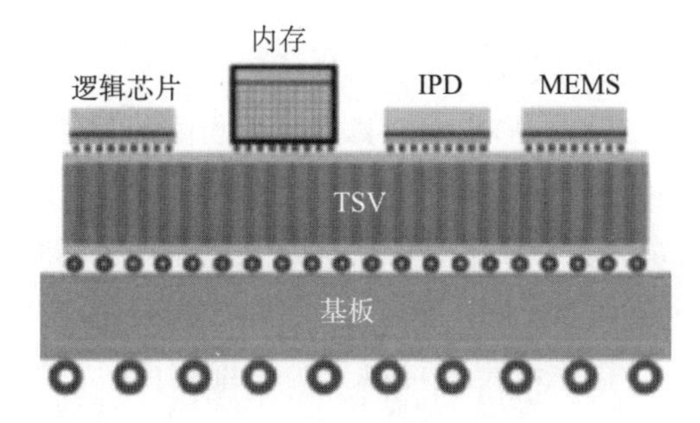

图1-7 SiP架构示意图

寸为48 mm×48 mm×8.7 mm，采用上下双腔体结构，上腔集成2片SoC处理器、2片Flash、2片SDRAM、1片Prom和1片SPI Flash，下腔集成1片FPGA；基板最小线宽/线距为125 μm，通孔密度为1471孔/cm^2。

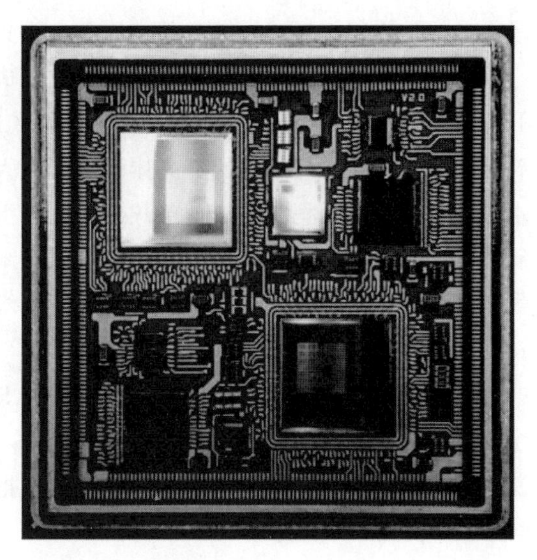

图1-8 一种双SoC体系结构的SiP计算机产品

除了在平面上进行系统集成外，为了进一步提升集成密度，还可以在平面集成的基础上，利用多个平面集成成果，继续进行垂直堆叠互连，形成模块化的封装产品。如采用先进的 PoP、MCM 组装工艺，集惯导、卫导、地磁、无线通信、高性能计算于一体的导航制导控制通信模块，其外形尺寸为 26 mm×26 mm×32 mm，功耗约为 2 W。其集成封装基本原理及产品形态如图 1 - 9 所示。

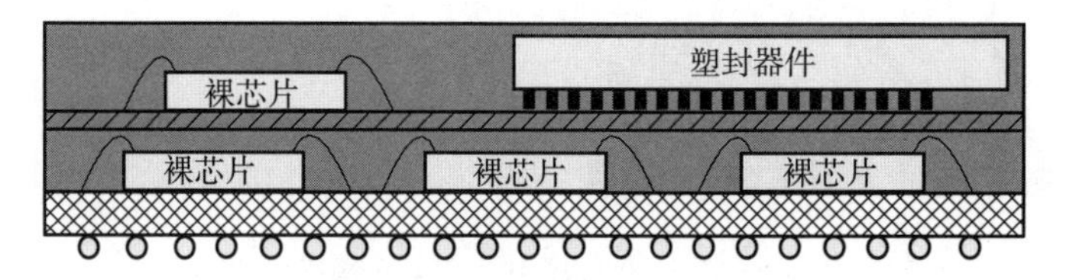

图 1 - 9　多基板垂直互连集成 GNCC 模块产品

组装集成：是把不同形态的系统集成产品如 SoC、SiP 等，按照特定的逻辑互连关系，在一个或多个印制板上进行组装，形成新的具有更强功能的初级产品，这些组装集成的初级产品可以是板级产品或模块产品，再把这些板级产品或模块产品与电源部件、惯导部件、卫导部件等进行再组装后就形成了一体化的综合电子产品。这种技术已经成为现代新型以“计算机+”为核心的综合电子产品的设计技术。组装集成产品如图 1 - 10 所示。

2）按照空间维度划分，微系统集成可以分为一维集成、二维集成、三维集成和多维混合组装集成。

一维集成：单个芯片上的集成为一维集成。现阶段制造工艺所生产的芯片都是平面结构，即所有的晶体管器件都做在同一芯片平面上，把这些单芯片进行独立封装就形成了器件。随着半导体工艺技术的发展，能够在一个芯片内部集成更多的功能单元，普遍流行的技术包括 FPGA 可编程技术和 SoC 集成设计技术，把多个器件进行板级的组装，形成具有独立功能的印制板，板级产品也属于一维集成产品。

二维集成：把多个芯片垂直堆叠形成集成产品为二维集成。为了在一个封装内部集成不同种类的芯片，需要采用垂直叠层的复杂工艺，一般的二维集成产品主要采用 TSV 技术局部集成，独立封装后的产品体积不会太大，工作频率有限。这主要是由于随着特征尺寸的缩小和芯片面积的增加，对灰尘和污染引发的“杀手”缺陷越来越敏感，跨越芯片的金属互连也较长，导致时延较长，在深亚微米工艺下，互连延迟将大大高于门延迟，成为系统延迟的主要因素，从而极大地限制了二维器件的工作频率。因此，要实现更多功能集成就要采取 SiP 技术进行再集成。

三维集成：所谓三维集成技术，是使用 SOI 技术、晶圆倒装焊、粘接和直接键合技术逐层做出元件、器件或者 MEMS，不同于系统级封装 SiP，能够更直接地创建 SoC 级的更多层堆叠器件。它使用层间垂直互连的方式把多层器件进行有效堆叠，以便形成三维集成电路，如图 1 - 11 所示。

三维集成电路具有很多特点。其中并行处理是其特有的性质，大量的信号可通过相邻两层的通孔，从一个器件层同时传送到下一个器件层，大大提高了系统的信号处理速度。多功能是三维集成电路的另一个重要特点。三维集成电路比普通二维集成电路引线更短，散杂电容更小，因此可望提高元件本身的运行速度。

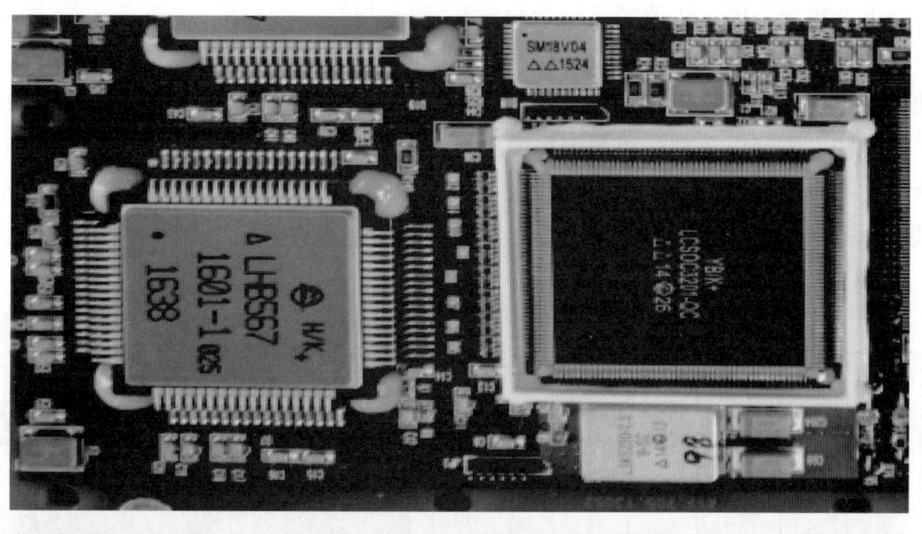

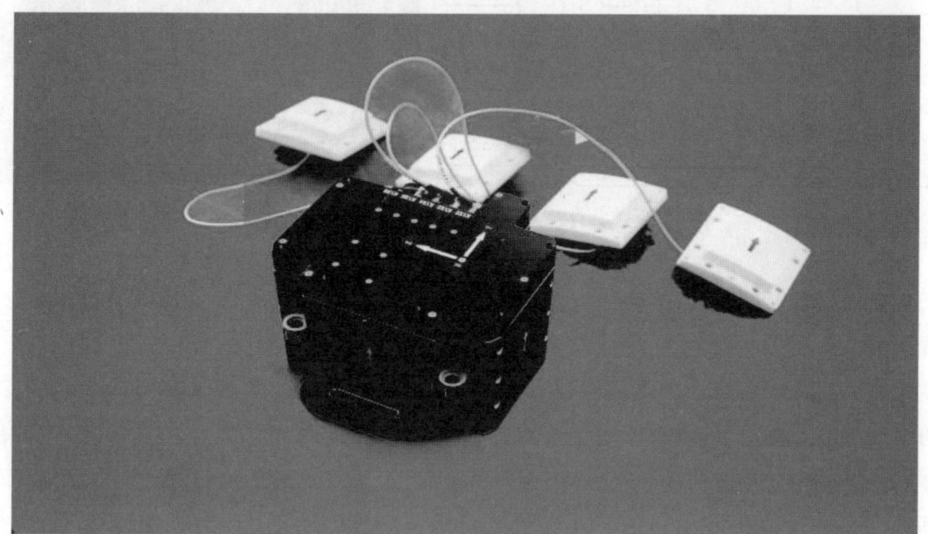

图 1 - 10 组装集成产品图

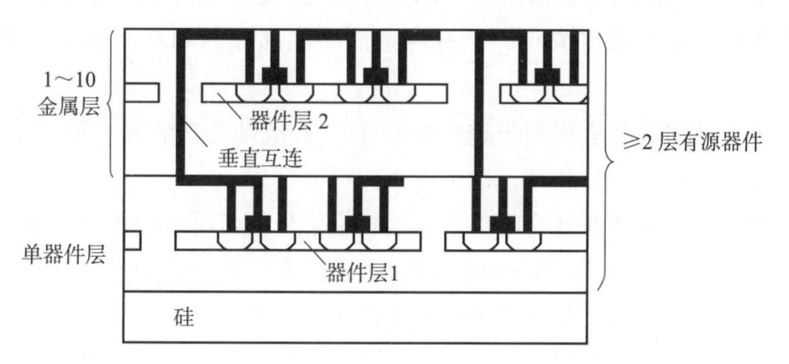

图 1 - 11 具有相应金属化层和内器件层连接的堆叠器件层 3D 示意图

多维混合组装集成：所谓多维混合组装集成，是把多个一维、二维和三维集成产品，按照特定功能和结构布局立体化组装成新型的一体化产品的过程。这种组装集成可以最大限度地体现集成优势。如把传统的火箭或导弹的控制系统中的制导导航控制、惯性测量、卫星导航和配电控制以及舵机控制等单元进行系统集成设计和立体混合组装，不仅能够大大精简原有系统的互连电缆、体积、重量、功耗，优化系统结构，提高系统可靠性，还可以降低成本。图 1-12 为一体化多维混合组装集成产品示意图。

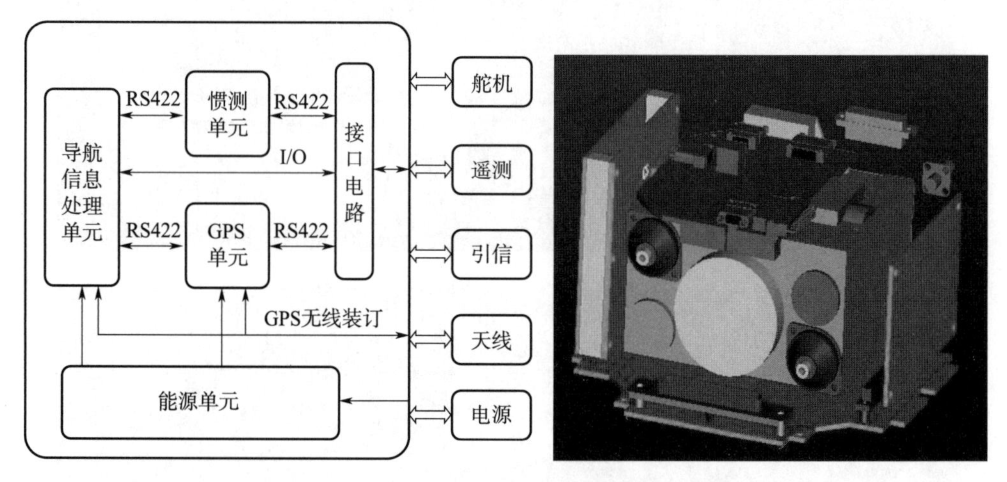

图 1-12　一体化多维混合组装集成产品示意图

(3) 微系统集成的技术优势

现代科技大力发展微系统集成技术，主要是为了充分利用它的如下技术优势。

高密度：把设计技术与封装技术相结合，在一维平面功能集成的基础上，通过二维或三维的组装互连，把不同功能模块组装在一起，缩短互连距离，缩小体积，使产品单位体积内部功能数量最大化。

高性能：由于体积缩小，信号互连距离缩短，信号传递延迟减小，传递速度加快，性能得到极大提升。

低功耗：实现高功能密度集成后，可以使被集成的各功能部件工作在低电压供电环境下，信号传递驱动电流大幅度减小，所有被集成功能部件的功耗相对于未集成前大幅度降低。

微型化：由于采用功能集成和先进封装技术，充分利用二维或三维的组装互连工艺，使产品实现多维度方向的充分利用，达到缩小体积的目的。

高可靠：由于各功能部件互连距离达到最短，信号传递所采用的抗干扰措施可以大大简化，由此减少了大量元器件，集成模块的抗干扰能力也得到大幅提升，使集成模块具有极高的可靠性。微系统集成产品的技术优势如图 1-13 所示。

当然，系统集成模块除了具有以上技术优势外，还可以保证国产化自主可控，并实现整体成本的有效降低。但是，由于功能密度高，体积小，同样会带来热密度大的问题和电磁环境适应性问题，即模块一旦开始加电工作，内部元器件就会发热，导致模块温度上升

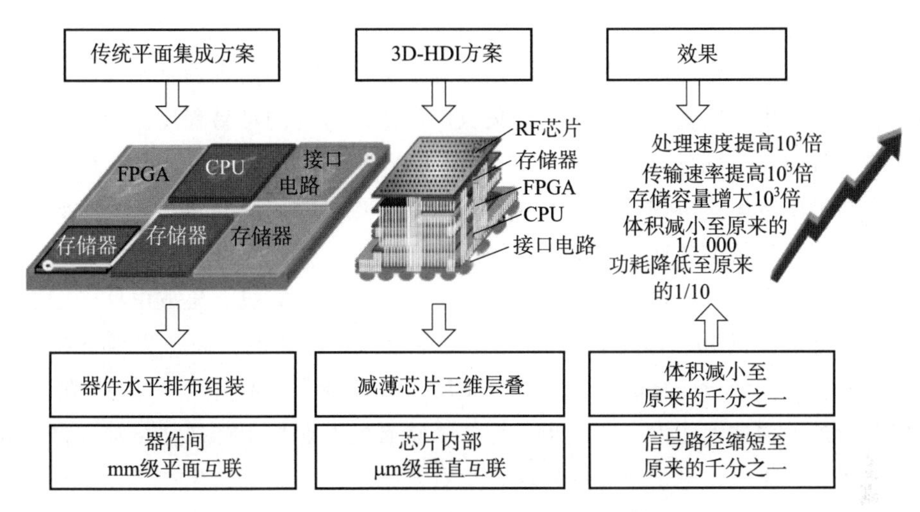

图 1-13　微系统集成产品的技术优势

很快；也会因为产品体积缩小，功能密度增大，对电磁环境的适应性降低，如何解决散热问题和增强环境适应能力也是系统集成产品应用中需要重点关注的问题。

1.3　开展微系统集成应具备的基本条件

开展微系统集成技术研究和产品开发，必须具备的基本条件除了最基本的人才队伍体系外，还包括完整的技术管理体系、质量管理体系、完整的生产工艺平台和产业配套链条。

（1）人才队伍体系

从概念上来说，微系统集成是一种利用高功能密度集成技术，把电学、机械、热学、材料学、光学、微机电系统等涉及多种学科的功能部件整合成软硬件一体化的系统级产品的过程，是多学科和技术的交叉融合，也是跨学科、多专业人才智慧的集合，如果没有专业的人才队伍支持，是无法实现系统集成目标的。

（2）技术管理体系

技术管理体系指从事系统集成技术研究和产品开发的单位，对按照国家标准、国家军用标准、行业标准或企业标准建立的产品设计、仿真、制造工艺、试验和评审确认等过程实施管理以及结果评价的组织模式，是系统集成产品研制开发过程规范、标准和顺利成功、少走弯路的保证。

（3）质量管理体系

质量管理体系指在系统集成产品质量方面指挥和控制组织的管理体系。它是组织内部建立的、为实现系统集成产品质量目标所必需的质量管理模式，它涵盖了确定顾客需求、设计研制、生产、检验、销售、交付之前全过程的策划、实施、监控、纠正与改进等活动。一般要符合 ISO 9000 系列国际标准，以便于产品集成质量标准的兼容。

(4) 完整的生产工艺平台和产业配套链条

完整的生产工艺平台和产业配套链条是系统集成产品最终实现的基本保证，生产工艺平台和产业配套链条的完整性决定了系统集成产品实现过程的难易程度。生产工艺平台和产业配套链条分布在不同的地域或单位不如相对集中在一个单位或城市有优势，其跨地域、跨单位的工序转运、协调以及流程对接是需要大量的时间、经费和人力保证的，而在一个单位或城市，其效率往往更高。

比如航天七七一所，始建于1965年10月，主要从事计算机、集成电路、混合集成电路、电源功率电子和机电一体化系统集成五大专业的产品研制开发、失效分析、应用验证、批产配套、检测经营。经过50多年的发展，各专业研制体系与产业链条逐步完善，产业规模不断扩大，技术能力不断进步，形成了特有的专业技术和产业格局。产品覆盖航天、航空、兵器、船舶、电子及军民领域，具有微系统集成完整的生产工艺平台和产业配套链条，能够实现产品快速集成，是以“计算机＋”为核心的系统集成产品理想的研制开发基地，可以生产用户想要的微小型化产品。

1.4 综合电子系统集成技术的发展趋势

综合电子系统集成产品在非常关注产品体积与重量的系统中需求最为迫切。比如卫星、飞船、导弹等，其组成部件体积越小、重量越小，其有效载荷、战斗部就可以更大，其效果不言而喻。下面就以运载火箭为例来分析一下综合电子系统集成技术未来的发展趋势。

运载火箭是一个典型的系统集成产品，一般由箭体结构、动力系统、制导控制系统、遥测系统、安控系统等分系统组成，采用分布式结构或分布式与集中式相结合的体系结构。运载火箭把不同功能的分系统按照功能相关、工作过程或环境空间布局等需要整合在一个箭体结构内部，各个分系统之间依靠电缆进行互连，采用不同类别的电信号实现相互之间的信息传递。一般情况下，每个分系统都会采用计算机技术，以便使本分系统能够实现功能可编程、控制过程自动化、测试维护便利化。其中，飞控计算机作为控制系统的核心、关键产品在系统中的作用与地位非常重要，实时采集箭体的姿态、位置、环境和状态信息，进行制导控制与导航计算，并输出各种控制指令，控制火箭的飞行，确保准确入轨，被称为火箭的大脑。

在传统的运载火箭控制系统中，计算机都以完整的单机形式存在，与其他惯导、卫导和伺服等设备一样，独立完成设计、生产、试验和交付，一同被系统组装互连，就控制系统组成而言，是一种“＋计算机”的集成形态。在这种系统中，由于设备多，互连电缆复杂、沉重，信号传递损耗大、易受干扰；各设备内含的计算机品种多、不统一，软件编程与配置多，开发成本高，且可靠性保证难；各设备独立机壳、独立电源供电导致重复设计、系统设备超重；这种系统的组装周期长、试验考核与组态覆盖性不足，导致工作量大、成本高。

从技术的发展历程和需求趋势来看，以控制系统为例，早期普遍采用分布式系统结构，后来发展到集中式或分布式与集中式相结合的模式，到现在正走向一体化系统集成；要集成的各设备，早期为纯电子线路组合，后来采用嵌入式计算机实现各设备的工作模式可编程，随着多核、高性能处理器的应用正在走向以计算机为核心的资源共享型人工智能化；设备的工作模式设置已经从汇编语言编程发展到高级语言编程，未来随着人工智能化的发展可以实现设备工作模式的自定义、自组态和自适应；设备的互连从以多导线电缆互连发展到以通信总线实现信息数字化交互，大大减少电缆数量，提高信息交互性能和可靠性，未来可能发展到信息与能源的无缆化传输。

随着以上这些发展趋势的推进，未来运载火箭的控制系统集成正朝着以计算机为中心，把制导、卫导、惯导、配电和舵机控制以及遥测数字链等设备、部件进行“一体化集成”的方向发展，充分体现了以“计算机＋”为核心的系统集成理念，可以实现集中产品结构安装、集中供配电、集中资源计算、减少系统处理器与软件配置项数量的最优系统。

计算机技术是以微电子技术为基础的，以“计算机＋”为核心的系统集成发展趋势是以高性能、小型化、低成本和智能化为目标，以半导体技术与计算机系统集成技术为基础的。作为微系统集成技术的研究基础，其重点是研究集成系统的体系结构、新型功能基板制造工艺、纳米新型材料、芯片埋植、磁性元件集成工艺、增材制造、三维互连等技术；同样，开展芯片堆叠、FlipChip、芯片无引线焊接等能进一步提升系统集成度的技术研究和能力体系建设也必不可少。最终，都必须使集成的系统能够满足恶劣的环境条件，以及解决好集成模块的散热问题，而散热问题涉及电子元器件、材料、功能基板、电路结构以及工艺流程等因素，贯穿于整个技术发展过程。

1）半导体集成电路技术的发展，使得SoC技术、多核处理器技术、FPGA技术以及高速存储器技术等微电子技术得到快速发展，产品的性能不断提升、类别不断丰富，使计算机实现片上集成小型化和高性能具备了基本条件。

2）各种先进传感器的微型化、智能化、数字化和接口总线化，使得以计算机为核心的接口互连更加容易实现，为以“计算机＋”为核心的多功能模块集成提供了便利。

3）随着SiP计算机模块集成技术和TSV、PoP、MCM等封装及组装技术的工艺成熟度不断提升，以“计算机＋”为核心的小型化系统集成产品实现具备了可靠的工艺路径。

4）以智能化的需求为牵引，需要发展高性能计算、信息融合和人工智能算法，计算机的性能必须非常强大。

5）随着产品小型化的实现，其信号互连路径缩短，传递速度提升，抗干扰能力加强，可靠性提高，系统体积缩小，重量减小。这种模块化产品使系统的设计与集成组装简化了，生产周期缩短了，成本降低了，这正是目前最终用户追求的目标，市场需求迫切。

6）航天系统各总体院，已经在新的型号总体方案中推行弹（箭、星、船）载综合电子产品的概念，即系统中不再单独提出计算机产品研制的任务需求，而是以内嵌计算机模块或单板的高性能计算与实时控制为核心，把控制系统中相关的电子产品进行逻辑功能整合，集中供电，按照一定的结构标准组装，形成一个系统级产品，这样的产品其实就是以“计算机+”为核心的系统集成产品，也就是说，从用户应用的需求上已经为这种产品产业化奠定了市场基础。

7）在机电一体化系统集成方面，已经实现了以嵌入式计算机为核心，资源共享、集中供配电的小型化、国产化、低成本一体化产品，攻克了微小型化机电一体化产品的电磁兼容和热密度集中等技术难题，已成功应用于火箭弹、靶弹、无人机和智能弹药等领域，充分证明了微系统集成技术的可行性和优势，更验证了其对恶劣环境的适应能力，具有广阔的发展前景。

第2章　单片集成电路设计实现技术

从1958年第一颗Flip-Flop电路产品问世至今，集成电路（Integrated Circuit，IC）在短短60余年的时间里让信息处理手段实现了从机械到电子的跨越，带来了革命性的科技进步。它集信息获取、存储、处理、传输和执行功能于一身，广泛地应用在当今社会的方方面面，极大地改变了人类的生产生活方式。具体来说，集成电路是一种能够执行特定的电路或系统功能的微型电子器件或部件。它是通过一系列特定的加工工艺，将半导体晶体管、二极管等有源器件和电阻、电容等无源器件按照一定的电路逻辑互连，集成在硅衬底中，并封装在一个壳体内形成的。

本章主要的研究对象为单片集成电路，重点介绍集成电路制造工艺和两类主流的单片集成电路，即片上系统（System on Chip，SoC）和现场可编程门阵列（Field-Programmable Gate Array，FPGA）。这两类芯片可以有效实现芯片级的系统集成，是现代综合电子系统集成最源头的集成技术的体现。

2.1　集成电路制造工艺

集成电路制造工艺是半导体技术的核心，在集成电路研制生产过程的众多环节中，已经区别于集成电路的设计实现技术，形成了专门的分支领域。一个集成电路的设计者，若能了解诸如硅芯片的制造步骤和制造技术发展历程及趋势的话，将能够更好地理解集成电路设计实现过程中有哪些实际的限制，以及制造工艺对诸如生产成本和电路性能等问题有何影响。

本节主要介绍集成电路的制造工艺流程、传统MOSFET工艺、新型FinFET工艺、工艺提升为集成电路研制带来的机遇和挑战等。

2.1.1　集成电路的制造工艺流程

作为仙童半导体公司和英特尔公司的创办者，著名硅谷“芯八客”之首的罗伯特·诺伊斯，曾经为投资者描绘过这样一个愿景——“这些本质上是沙子和金属导线的基本物质将使下一代晶体管的材料成本趋近于零，竞争将转向制造工艺。这种廉价而强大的新晶体管将会使产品变得极其廉价，甚至以更强大的新产品取代它们会比修理它们更便宜。”如今看来，这早在1957年就提出的预言已经成为现实。

当年仙童半导体公司创造的“平面处理技术”（现在常被称为“光刻技术”）奠定了硅晶体管大规模生产的基础，时至今日，各大FAB厂商仍然沿用这一技术生产集成电路。简单来说，这套技术要用到一套被称为光刻机的投影曝光设备，光刻机主要由光源、光学镜片、对准系统等组成。在集成电路制作过程中，光刻机投射光束，光束穿过印着线路图的光掩模及光学镜片，将掩模上的线路图曝光在带有光感涂层的硅晶圆上，如图 2-1 所示。通过刻蚀曝光或未曝光的部分来形成沟槽，然后再进行沉积、刻蚀、掺杂，架构出不同材质的线路。此工艺过程被一再重复，将数十亿计的晶体管按照掩模板上的图形结构“复刻”到硅晶圆上，形成一般所称的集成电路。通常来说，光刻的次数越多，就意味着工艺越复杂；光刻的线条越细，就意味着工艺水平越高。

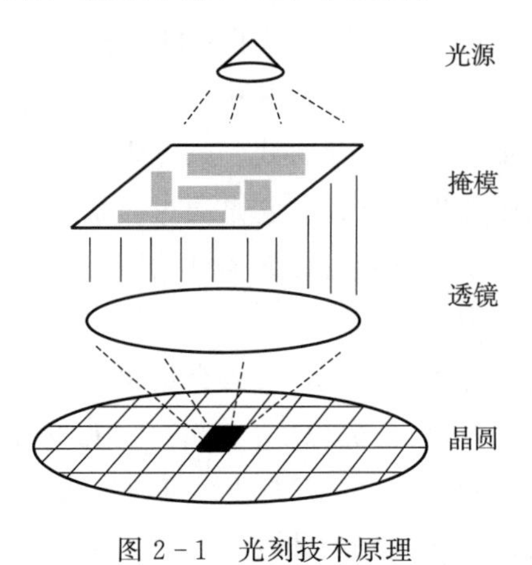

图 2-1　光刻技术原理

光刻工艺的主要步骤如图 2-2 所示。

如图 2-2（a）所示，硅衬底是指晶圆，通常晶圆是通过把一个单晶锭切成薄片得到的。

如图 2-2（b）所示，将晶圆暴露在约 1 000 ℃的高纯度氧和氢的混合气体中，令晶圆的整个表面淀积上一层很薄的二氧化硅。这层氧化层用作绝缘层，同时也形成晶体管的栅。然后在其上均匀涂上一层厚约 1 μm 的光刻胶。作为一种光敏聚合物，光刻胶在曝光前后，其受有机溶剂溶解的特性会发生变化，即曝光前可溶解于有机溶剂，曝光后则不可溶解（负胶），或者相反（正胶）。

如图 2-2（c）所示，将一个印有需转移到硅晶圆上的图形的玻璃掩模（或光栅）靠近晶圆，掩模上需要加工的区域不透明，其他部分透明（使用负光刻胶）。然后将掩模和晶圆组合叠放，在紫外光下曝光。在掩模透明的地方光刻胶变成不可溶的了。

如图 2-2（d）所示，用有机溶剂显影晶圆。未曝光的部分被溶解掉，留下经过曝光的部分在低温下慢慢烘干变硬。

如图 2-2（e）所示，去掉晶圆上未被光刻胶覆盖部分的材料。这一步骤使用了许多不同类型的酸、碱溶液和腐蚀剂，以移去需要刻蚀掉的材料。之后再用去离子水来清洗晶圆，用氮气烘干。现代半导体器件的微小尺寸意味着即便是最小的灰尘颗粒或污物也会破坏电路。为了防止这一点，工艺过程是在超净室中完成的。1 ft^3（1 ft^3=0.028 316 8 m^3）空间中灰尘颗粒数在 1～10 之间，尽可能采用机器人或自动运送晶圆（因此现代最先进工艺设备的造价动辄高达几十亿美元）。即便如此，仍必须不断地清洗晶圆以避免污染和去

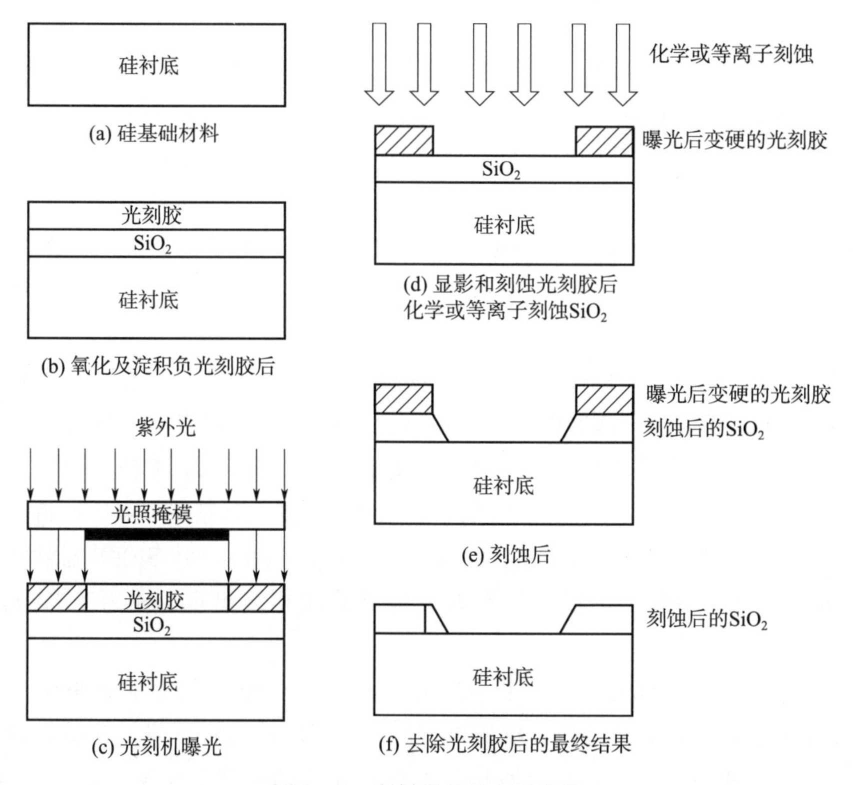

图 2-2　光刻工艺的主要步骤

除前一个工艺步骤的遗留物。至此，就可以对晶圆暴露部分进行各种加工，如离子注入、等离子刻蚀或金属淀积。

如图 2-2（f）所示，用高温等离子体有选择地去除剩下的光刻胶而不破坏器件层。

上述步骤说明了半导体材料层的形成过程，每个步骤都是以整面晶圆为单位进行的，当数亿计的晶体管图形通过这些步骤转移到晶圆上后，经过对晶圆的裁切，最终才得到能封装在管壳内的裸芯（die）。这一点与书报甚至钞票的“先大面积印刷，再裁切成个体”的制作过程很类似。因此抛开工艺线或金属层上的区别，芯片的成本与芯片的面积成正比，与晶体管数量无关。光刻工艺的并行性和可伸缩性使廉价生产复杂半导体电路成为可能，是其取得经济上成功的核心因素。

2.1.2　传统 MOSFET 工艺

半导体硅（Si）是目前绝大多数集成电路的基本材料。虽然它本身导电性很差，然而少量杂质（也被称作掺杂剂）的掺入可以提高它的导电性。基于这一点，工艺上通过一系列化学步骤将多层导体和绝缘体叠加在一起（例如氧化硅，向硅中扩散杂质使其具备一定的导电特性，淀积并刻蚀铝或其他金属以产生互连线等），由此形成了晶体管层叠结构，该结构被称为金属氧化物半导体（Metal Oxide Semiconductor，MOS）。根据制造时掺杂的是 n 型还是 p 型掺杂剂，它们被分为 n 型晶体管（nMOS）和 p 型晶体管（pMOS）。由

nMOS和pMOS共同构成的结构被称为互补型MOS（Complementary MOS，CMOS）。由于晶体管是基于电场工作的，因此也称这些器件为金属氧化物半导体场效应晶体管（Metal Oxide Semiconductor Field Effect Transistor，MOSFET）。

随着工艺技术的进步，晶体管的尺寸越来越小，单位面积上晶体管的数量越来越多。硅谷“芯八客”之一的戈登·摩尔，在1965年提出了至今还在半导体行业中传诵的“摩尔定律”。该定律预测在一个密集的集成电路芯片上所集成的晶体管数量大约每两年就会增加一倍，后来将这个周期定为18个月，并一直被各大公司所遵循，同时被用来指导半导体行业的长期规划和设定研究与开发的目标。

晶体管按比例缩小遵循的物理机制是恒定电场原则，只要电场不变，晶体管的模型就不需要改变。MOSFET由于其器件具有可微型化、低功耗和高产量的优势，一直是构成集成电路最重要、最基本的器件。器件的特征尺寸大约每三年就会缩减一半，每一代的技术节点都是在以70%的速率缩小，每两代缩小一半。主流工艺制造节点因此持续下沉，从0.18 μm、0.13 μm到90 nm、65 nm、28 nm等。但是，随着MOSFET器件特征尺寸进入20 nm时代，一些物理上的极限问题如短沟道效应相继出现，成为工艺节点进步的阻碍。

首先，场效应沟道长度的限制。最小沟道长度对于CMOS场效应管来说是最关键的限制。当沟道长度减小时，场效应管栅极控制沟道导通的能力将下降，并随着漏极到源极电压的增大变得越来越严重，而且会直接导致场效应管的阈值电压V_{th}减小，亚阈值泄漏电流增大。这时，场效应管就不能以预期的理想可控开关状态的形式来工作。

其次，沟道掺杂原子排列的随机效应的限制。当MOS管的尺寸减小时，掺杂原子在器件中的平均数量将减少，使得掺杂原子数目和它们在器件沟道中所在位置的随机变化增加。其中掺杂原子在沟道中的数目和排列的随机效应也会引起MOS管阈值电压的随机变化，可能会直接由于沟道长度的减小而使得器件的性能变坏。

再次，栅氧化层厚度的限制。晶体管按比例缩小时，其内部栅氧化层的厚度也不例外，同样需要等比例减小，该参数的减小将带来两个负面效应。一是，导致栅极对器件沟道的控制能力降低；二是，导致沟道电流增大和晶体管反型层中的电子丢失。这些都是器件尺寸缩减时所不能忽视的影响。

最后，器件连线的分布电阻与分布电容的影响。与器件按比例缩小原理相反，器件连线的分布电阻和分布电容随连线宽度的减小而增大。因此，这也是从电路的工作速度和集成度的角度对按比例缩小的CMOS工艺构成限制。

解决如上所述传统晶体管在尺寸缩减过程中遇到的问题，特别是短沟道效应，业界目前主要有新材料工艺与新器件结构两种解决方案。新材料方面主要是将新技术和新材料融入传统的平面体硅MOS场效应管，进一步缩减尺寸和提高晶体管的性能；新器件结构方面主要是使用新结构的晶体管来代替旧结构的晶体管，增加对导电沟道的控制。金属氧化物半导体场效应管内部结构示意图如图2-3所示。

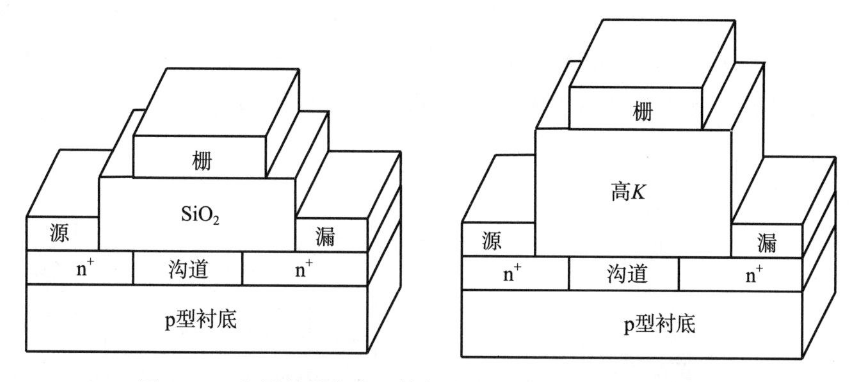

图2-3　金属氧化物半导体场效应晶体管内部结构示意图

（1）新材料工艺

在很小的尺寸下，为了保证栅极有效工作，即提升开关响应速度和减小漏电流，可以在晶体管内部合适的地方掺杂少量锗到硅里面去，由于锗和硅的晶格常数不同，会导致晶体管中硅的晶格形状发生改变，根据能带论，晶格形状发生改变可以在沟道的方向上提高电子的迁移率，电子的迁移率提高了，就可以增大晶体管的工作电流。

另外，为了改善栅氧化层厚度减小时泄漏电流增大的问题，可以在栅极引入高 K 绝缘体。通常情况下，考虑到泄漏电流是从栅极进入沟道的，因此在晶体管栅极与衬底之间加入一层薄的 SiO_2 作为绝缘层隔离栅极和沟道。但在尺寸缩小的过程中，绝缘层过窄时，电子会有一定的概率发生隧穿效应而越过绝缘层的能带势垒，产生漏电流。晶体管的绝缘层厚度越小，势垒越低，漏电流就越大，对晶体管越不利。高 K 栅介质材料的介电常数要高于 SiO_2，同时能带势垒很高，可以在物理厚度保持不变的情况下提高开关电容，减小通过栅介质的直接隧穿电流，进而大大减小栅电流。

（2）新器件结构

通过引入新材料、设计新结构的方式实现器件性能提升，是目前平面体硅 MOSFET 发展的主要思路。新材料被引进体硅晶体管，提高了沟道内电子和空穴的迁移率，同时部分硅换成绝缘层，使沟道与耗尽层分开，这样除了沟道以外就不会漏电了。这种技术就叫作绝缘体上硅（Silicon-On-Insulator，SOI）技术。它使得 SOI MOSFET 器件具有泄漏电流小、抗干扰能力强、集成度高等优势。SOI 器件的全耗尽型（又称超薄体）SOI MOSFET 结构具有很好的电学特性以及等比例缩小的性质，在深亚微米 VLSI 应用中具有很大的吸引力，特别适合应用在低压、低功耗电路，高频微波电路以及耐高温抗辐射电路等。然而，超薄体 SOI 器件对栅极控制要求较高，因此出现了通过增加栅极数量以提高栅的控制能力的多栅器件。

多栅（Multi-gate）FET 是超薄体场效应管和全耗尽型场效应管的拓展，对沟道有着很强的静电控制能力，可以减小短沟道效应所造成的不良影响。在多栅 FET 中，硅体掺杂相比于单栅 FET 少，使器件的性能更加稳定。多栅 FET 显示出比传统体硅 MOSFET 和 PDSOI（Partial Depleted SOI，部分耗尽 SOI）MOSFET 更好的器件特性。

多栅 FET 有很多类型，可大致分为单栅、双栅、三栅、环绕栅等，如图 2－4 所示。栅的数量越多，对沟道的静电控制能力就越强，同时工艺也越复杂。同一块晶圆上允许多栅 FET 和传统的单栅场效应晶体管共存，这意味着新器件结构有着良好的工艺兼容性。在这些新器件结构中，最有代表性的多栅器件是 FinFET。

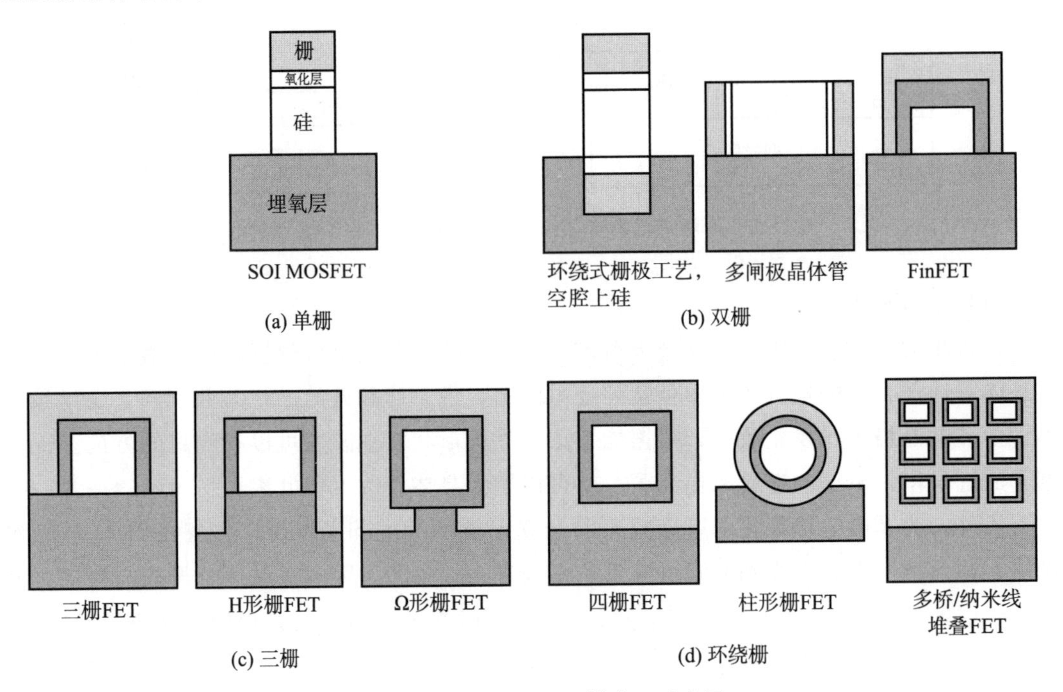

图 2－4　不同栅的 FET 横截面示意图

2.1.3　新型 FinFET 工艺

FinFET 的中文名称是鳍式场效应晶体管，是传统 MOSFET 器件工艺不断发展的产物。在集成电路通过缩减器件尺寸不断提高集成度的过程中，传统 MOSFET 器件的非理想效应越来越严重。直到 1998 年，加州大学伯克利分校的胡正明教授等人提出 FinFET 结构，正式确立了 FinFET 器件的基本特征。从那以后，世界范围内掀起了 FinFET 研究的热潮，特别是 2011 年英特尔公司推出以 FinFET 为基础器件的 22 nm Ivy Bridge 处理器产品后，FinFET 器件正式取代了传统平面晶体管，成为主流集成电路制造技术的基本元器件。

FinFET 是一种新的互补式金属氧化物半导体（CMOS）晶体管，有双栅、三栅甚至四栅的结构，其独特的器件结构可以控制泄漏电流和最小化短沟道效应，同时也可以提供强大的驱动电流，并且与传统 CMOS 工艺兼容。FinFET 的发明就是为了解决平面晶体管的短沟道效应问题，其主要结构参数如图 2－5 所示。

相对于传统平面型 MOSFET 结构，FinFET 是三维结构，其特征在于 FinFET 沟道区域是一个被栅极包裹的鳍状半导体。沿源-漏方向的鳍的长度，为沟道长度。这种被栅

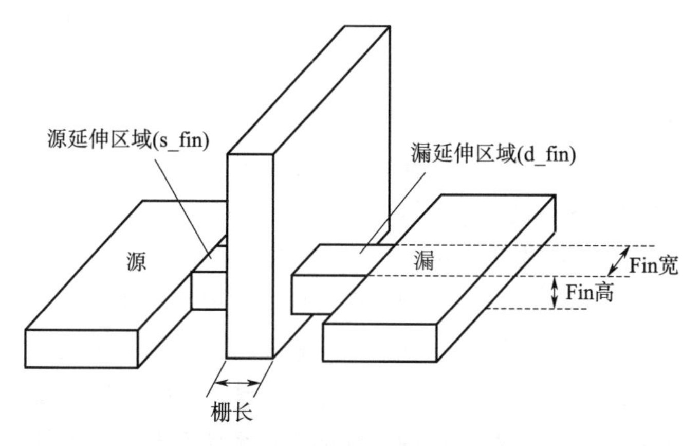

图 2-5　FinFET 结构参数示意图

极包裹的结构可以大大地增强栅的控制能力，为沟道提供更好的电学控制能力，从而减小漏电流，有效地抑制短沟道效应。FinFET 沟道一般是轻掺杂甚至不掺杂的，避免了离散的掺杂原子的散射作用，同重掺杂的平面器件相比，载流子迁移率将会大大提高。

FinFET 种类有很多，不同的 FinFET 有不同的电学特性。

根据衬底不同，FinFET 可以分成两种，一种是 SOI FinFET，另一种是体 FinFET。体 FinFET 的形成是在体硅衬底上，由于制作工艺不同，相比于 SOI 衬底，体硅衬底具有低缺陷密度、低成本的优点。又因为 SOI 衬底中埋氧层的热传导率较低，体硅衬底的散热性能也要优于 SOI 衬底。另外，体 FinFET 与 SOI FinFET 具有近似的寄生电阻和寄生电容，从而在电路水平上可以提供相似的功率性能。但是 SOI 衬底是轻鳍掺杂 FinFET，相比于体 FinFET，表现出较低的结电容、更高的迁移率和电压增益等电学性能。

根据栅的数量不同，FinFET 可以分为双栅 FinFET 和三栅 FinFET。相比于单栅器件，相同栅长的双栅 FinFET 的全耗尽的硅衬底较厚，这样就可以降低工艺的难度。然而双栅 FinFET 的鳍的宽度比器件栅长小 30%，使得双栅 FinFET 的鳍的光刻分辨率要比栅的光刻分辨率小。而三栅 FinFET 的鳍的宽度与器件栅长相同，使得鳍的光刻分辨率与栅的光刻分辨率一致，从而降低了整体制造的难度。

FinFET 通过多栅结构有效地抑制了沟道效应，具备了制作工艺的良好兼容性，因此在嵌入式存储器产品上得到了广泛应用。目前，FinFET 已经发展到 5 nm 节点，通过减小 Fin 宽和提高 Fin 高已经很难再提升器件性能，需要引入更高迁移率的沟道材料来增强其输运特性，而研制与硅基工艺兼容的高质量材料仍然是一个不小的挑战，因此 5 nm 以下节点如何发展仍然是一个值得探索的问题。

2.1.4　工艺提升为集成电路研制带来的机遇和挑战

确切地说，20 世纪 60 年代的集成电路产业就是半导体产业，这一时期半导体制造在 IC 产业中充当主要角色，IC 设计只作为附属而存在。到了 20 世纪 80 年代，工艺设备生产能力已经相当强大，但费用十分高昂，需要持续地生产来分摊成本，而 IC 厂家自己的设计已不足以支撑其饱和运行，因此开始承接外包加工，继而形成 Foundry 加工和 Fabless 设计的分工。

Foundry 是芯片代工厂的简称，它不进行设计，没有自己的 IC 产品。Fabless 是半导体集成电路行业中无生产线设计公司的简称，它进行芯片设计，将其外包给 Foundry 厂家进行生产，生产出来的芯片经过封装测试后由设计公司销售。Foundry 厂商致力于工艺技术的升级，这为 Fabless 公司的设计带来了机遇和挑战。

一方面，工艺技术的进步带来更复杂、更高性能 SoC 实现的机遇。晶体管的尺寸可以越来越小，单位面积上可容纳的晶体管数量也越来越多。芯片上已经可以将功能逻辑、SRAM、Flash、eDRAM、FPGA 等单元，以及传感器、光电器件集成到一起，从而实现更为复杂的系统。同时，允许多核异构的系统架构技术使在单芯片上的集成规模更大。预测显示，一个 22 nm 工艺下生产的 80 核 SoC，其性能较 45 nm 工艺下生产的 8 核 SoC 将提升至少 20 倍。这意味着工艺技术进步将带来更高性能的系统。

另一方面，抓住这个机遇需要面临来自工艺的多项挑战。工艺尺寸缩小及新器件结构的采用，给设计功能和性能都带来很大的影响。首先，随着工艺尺寸缩小，线延迟开始占据路径延时计算的主要部分，设计工具的时序准确性不足以及版图后的时序收敛成为项目实施的两大关键问题。其次，工艺尺寸缩小带来信号完整性问题。设计中门电路数量的剧增使得更多、更长的互连线成为必要，长的互连线增加了耦合电容和电阻，越来越细的金属线也进一步增加了电阻，信号之间的串扰机会因此大大增加，威胁到系统的可靠性和可制造性等。最后，工艺尺寸缩小带来功耗问题。随着集成电路工作频率、集成度、复杂度的不断提升，集成电路的功耗也快速增加，CMOS 管的静态功耗呈现指数增长。芯片系统的低功耗设计已经成为重大挑战之一。

2.2 SoC 设计技术

SoC 是 System on Chip 的简写。相比于传统的专用 ASIC 电路，SoC 的硬件规模更大，设计更复杂。它通常基于 IP 设计模式，集成多个不同功能的模块，因此常被称为系统级芯片或片上系统。作为集成电路领域中集成度、功能、性能、功耗方面优势的集大成者，SoC 目前占据着半导体集成电路领域的主导地位。积极开展 SoC 的设计工作，对于综合电子系统的小型化集成和国产化自主可控具有非常重要的意义。

本节主要介绍 SoC 设计流程与工具、SoC 功能设计、SoC 后端综合布局布线、SoC 后端功耗时序分析和形式物理验证。

2.2.1 SoC 设计流程与工具

对于一个复杂的 SoC 设计，完全由人工完成从系统设计到版图实现几乎不可能。通常，设计者只负责电路的系统级设计和各模块的功能设计，然后由工具实现从功能到版图的转换，为了保证转换的正确性，中间会由特定的工具进行验证，以满足设计要求。

图 2-6所示为一款 SoC 设计的一般流程，尽管单向箭头指示的是一个线性流程，但实际设计过程中很可能存在个别环节之间的迭代往复。

另外，虽然设计的整体流程大致是类似的，但是针对不同公司、不同产品规模等情况，具体的设计流程如可测性设计、设计一致性检查等环节的位置可能有所不同，与图 2-6 存在差异也属正常。

（1）需求分析，方案制定

根据任务的功能需求，制定芯片架构、模块功能等具体方案。

（2）制造工艺考察

工艺的选择主要受限于两个因素：任务的性能需求，该工艺下对项目所需的模拟 IP、半定制 IP 的支持情况。在考察工艺的同时，可以进行数字模块设计工作。但由于逻辑综合工作依赖于具体工艺库文件，因此通过制造工艺考察确定工艺节点是逻辑综合环节得以实施的必要条件。

（3）模块设计

根据模块功能的要求，确定需要新设计的部分及可复用的部分。针对新设计或新功能进行 RTL 代码实现。

（4）系统集成

将各模块集成到系统总线上，同时考虑系统的时钟、复位、中断、功耗、I/O 定义。注意，RTL 代码设计完成后，需要进行代码的设计规则检查，包括代码编写风格、可测性设计、命名规则和电路综合相关规则等。

（5）可测性设计

可测性设计即 Design for Test，缩写为 DFT。它是在芯片设计阶段插入的辅助性设计结构，该结构专门用于提高芯片的可测试性（包括可观测性和可控制性）。通过增加 10%以内的硬件开销，它能实现大规模芯片的生产缺陷测试，筛查出质量不合格的产品。

在此阶段，可测性设计工作主要针对内部数字逻辑、外围数字 I/O、存储体及各类特殊 IP 进行。具体地，针对内部数字逻辑，主要采用扫描测试技术实现基于多故障模型的高覆盖性测试；对于外围数字 I/O，应用基于 IEEE Std 1149.1/1149.6（JTAG）标准的边界扫描结构，实现对外围 I/O 的输入输出功能测试；针对存储体，采用专门的存储器内建自测试（MBIST），所谓“内建”，指存储器的测试激励生成电路和期望比对电路均在片内以硬件方式实现，通过启动片内的自测试控制器即可对内嵌存储器进行 100%遍历性测试；对于 PLL 及 ADC 等特殊 IP，通过设计专用的测试模式和测试控制结构，实现对其输入的控制和输出的观测，达到测试目的。

（6）验证环境准备

为待验证的设计建立能够提供激励和可观测结果的测试环境，包括仿真环境和物理原型验证环境。其中仿真环境是通过 testbench、VIP（Verification IP，验证用 IP）调用及配置仿真工具的脚本等构成的系统。而物理原型验证环境则是由物理原型验证板、调试 PC 主机及调试软件等构成的系统。

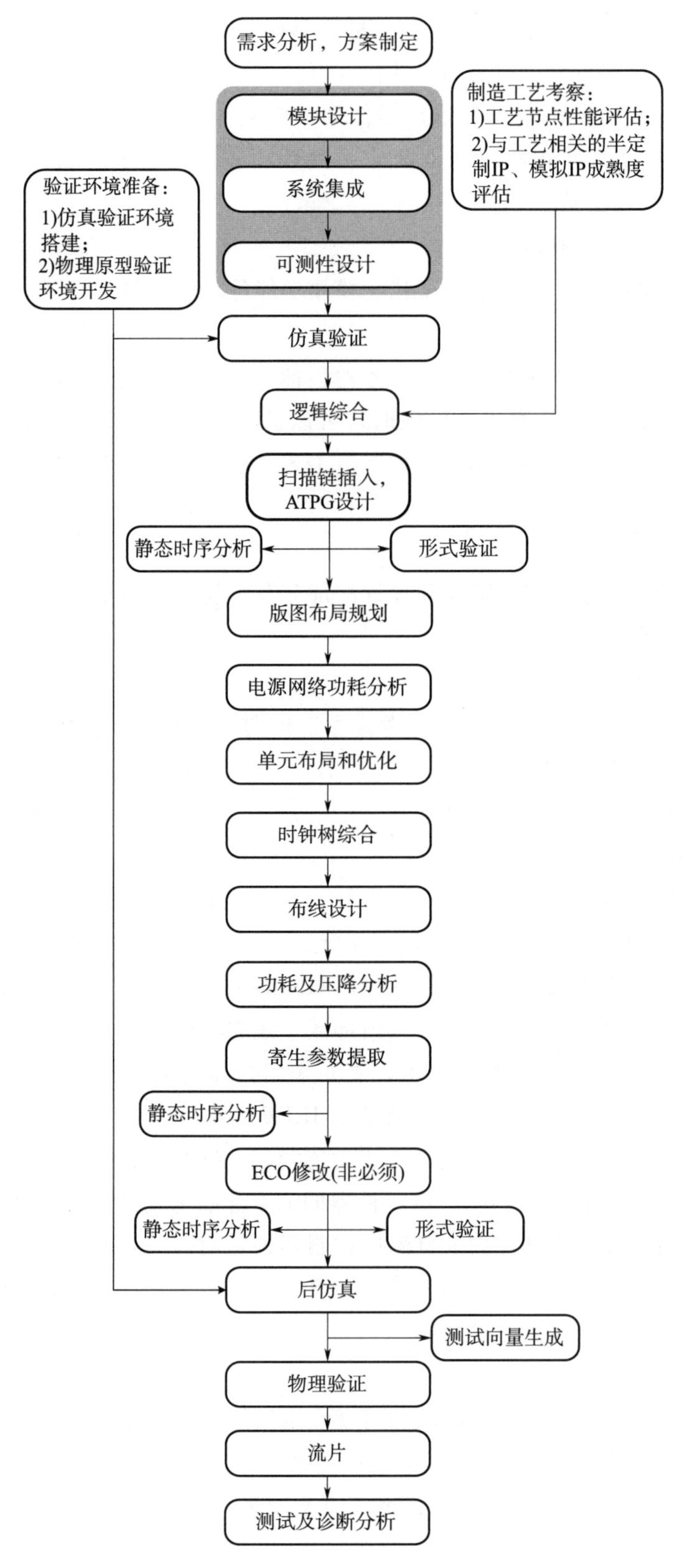

图 2-6　一款 SoC 设计的一般流程

（7）仿真验证

仿真验证是指针对设计功能的仿真和物理原型验证。前者基于仿真EDA（比如Synopsys的VCS，Mentor的ModelSim等），将外部激励信号施加于待验证的设计上，通过观测外部激励作用下的响应情况来判断设计模块是否实现了预期功能；后者基于物理原型验证环境，将设计模块下载到板级FPGA上进行功能验证。相比之下，仿真观测信号更为便捷，因此模块设计完成后通常会先通过仿真查找问题。物理原型验证执行速度快，同时可以和板级器件进行对接，更为接近设计的实际应用场景，但是内部信号的观测不方便，因此通常会在仿真验证后期开始。

（8）逻辑综合

逻辑综合是将设计从概念层面转化为指定工艺下各种具体逻辑门的过程，即设计从RTL代码到门级网表的转换过程。网表是一种描述逻辑单元和它们之间互连的数据文件。由于同一种功能可以由若干种不同的逻辑结构实现，这些不同的逻辑结构在时序、面积或功耗方面存在着差异，因此可从这些差异着手进行逻辑结构的选择。即对综合过程制定时序、面积和功耗的约束，以指导EDA工具对电路结构进行倾向性的优化。

（9）扫描链插入，ATPG设计

扫描链是一种针对内部数字逻辑的可测性设计方案，通过将电路内部触发器替换为扫描触发器，构建扫描链结构，依靠扫描链移位实现内部节点的控制和观测，将时序电路的测试简化为组合逻辑测试，提高片内逻辑的可测性，降低测试向量生成的难度。

针对插入了扫描链的网表，DFT可以继续进行ATPG（Automatic Test Pattern Genaration，自动测试矢量生成）设计工作。在芯片进行流片以后，借助专业的测试仪器ATE（Automatic Test Equipment，自动测试机台），可进行晶圆/电路的质量筛查。ATPG主要针对一些已知的故障模型，通过分析芯片的结构生成测试向量。这样在芯片完成流片以后，可通过它进行测试。通过ATE，测试向量形成的激励信号将按照顺序加载到被测芯片的输入引脚上，同时输出引脚上的信号被采样收集起来，与测试向量中的预计结果进行比对，以此判断测试结果。

（10）静态时序分析

该分析是一种穷尽分析方法。它基于电路中所有路径上提取出的延迟信息进行分析计算，得出信号在时序路径上的延迟，找出违背时序约束的地方。在后端设计的很多环节后都要进行静态时序分析，比如逻辑综合完成后、布局优化完成后、布线完成后等。

（11）形式验证

它指逻辑功能上的等效性检查，通过电路结构判断两个设计在逻辑功能上是否相等。在整个研制流程中会多次通过形式验证来比较RTL代码之间、门级网表与RTL之间、门级网表之间在修改之前与修改之后的一致性。

（12）版图布局规划

版图布局规划主要确定各模块在版图上的位置，主要包括：

1）I/O规划：确定各I/O的排布位置，定义电源和地专用引脚的位置。

2）模块放置：定义各种物理的组、区域或模块，对这些大的宏单元进行放置。

3）供电设计：设计整个版图的供电网络，基于电压降和电迁移进行拓扑优化。

（13）电源网络功耗分析

此处的功耗分析是确定电源引脚的位置和电源线的宽度。输入文件为库单元（包括标准单元、I/O单元、IP单元等）的时序及物理信息、逻辑综合输出的网表和时序约束文件。利用逻辑综合后网表和时序约束文件，通过设置翻转率的方法评估全芯片的功耗，指导布局布线的电源网络规划。

（14）单元布局和优化

该环节主要定义每个标准单元的摆放位置并根据摆放的位置进行优化。布局的目标是尽量提高利用率，尽量缩短总线长，尽量提高时序性能。但是利用率越高，布线就越困难，但降低布线的难度，会导致总线长增加，总线长增加，会影响时序性能提升。因此，要小心权衡这三个参数，以获得三者之间的最佳平衡。

（15）时钟树综合

根据时序逻辑是否受“中央”时钟信号的控制，电路设计可以分成同步和异步两类。目前主流的SoC设计方法推崇同步电路的设计。在同步电路中，时钟的驱动结构和传输路径构成了一种树状结构，称为时钟树。作为芯片中传输基准信号的传播路径，时钟树的结构形态是否均衡，对电路的性能和稳定性起着决定性的作用。设计构造芯片内部全局或局部平衡时钟树的过程称为时钟树综合。

（16）布线设计

在该环节完成所有节点的连接，该连接必须满足工艺规则和布线层数限制，满足线宽、线间距限制，满足各线网可靠绝缘的电性能约束限制。布线工具通常将布线分为两个阶段：全局布线与详细布线。在布局之后，电路设计通过全局布线决定布局的质量及提供大致的延时信息。得到的时序信息将被反标在设计网表上，用于静态时序分析，只有当时序得到满足时才能进行下一阶段。详细布线是布局工具做的最后一步，在详细布线完成之后，可以得到精确的时序信息。

（17）功耗及压降分析

此阶段主要针对静态情况进行功耗和压降分析。输入文件为库单元的时序及物理信息、布局布线输出的网表、时序约束文件和寄生参数文件。利用布局布线后的网表、时序约束文件和寄生参数文件，通过设置翻转率的方法估算全芯片的静态功耗，用于前期全芯片的电压降评估。

后续阶段仍有功耗分析及压降分析工作，主要针对动态情况。在本阶段基础上增加专门针对功耗评估的后仿真向量，在该向量中，某一时刻芯片的大部分单元均在翻转，即该时刻的动态功耗最大。利用这些输入文件，准确计算各模式下的功耗值，并用于准确分析电压降。

（18）寄生参数提取

寄生参数提取是提取版图上内部互连所产生的寄生电阻和电容值。这些信息通常转换成标准延迟的格式后被反标回设计，用于静态时序分析和后仿真。

（19）ECO 修改

ECO（Engineering Change Order，工程修改命令）其实是正常设计流程的一个例外。在设计最后阶段发现个别路径有时序问题或逻辑结构错误，可以对设计进行小范围修改或重新布线，不涉及芯片其余部分。由于避免了从头开始带来的流程迭代，ECO 大大节省了设计的周期和成本开销。

（20）后仿真

该仿真带有反标数据，包含时序信息的仿真，需要基于布局布线后获得的精确延迟参数和网表进行仿真。后仿真验证要确认网表功能和时序两个方面的正确性，它一般使用 SDF（Standard Delay Format，标准延时格式文件）来输入延时信息。用于前仿真的 EDA 工具也同样支持后仿真。

在后仿真通过的基础上，分别生成结构测试向量（用于 DFT 测试）和功能测试向量（根据功能测试需求生成），用于流片后的晶圆和封装后的电路测试。其中结构测试向量具体包括扫描测试向量、边界扫描测试向量和 MBIST 测试向量及特殊 IP 类测试向量。功能测试向量包括功能向量和功耗向量。

（21）物理验证

该环节是对版图进行设计规则检查（DRC）及逻辑图网表和版图网表比较（LVS）。DRC 用以保证良率，LVS 用以确认电路版图网表结构是否与其原始电路原理图（网表）一致。

（22）流片

完成上述各环节后，设计可以签收（sign - off），交付流片厂商进行流片（tape out）。

（23）测试及诊断分析

基于 ATE，根据结构测试向量和功能测试向量对晶圆或电路进行测试筛选，对测试中出现的相关现象展开诊断和分析。

SoC 研制环节中涉及的 EDA 工具，主要由几家主流公司提供，比如 Synopsys、Cadence、Mentor 等，表 2 - 1 列举了部分典型的 EDA 工具及其厂家。

表 2 - 1　EDA 工具软件

主流程	工具分类	工具	厂家
系统级设计	系统级设计	Platform Architect	Synopsys
		Seamless	Mentor
		ESL CCSS	Synopsys

续表

主流程	工具分类	工具	厂家
仿真与验证	逻辑仿真	NC - Verilog - XL	Cadence
		VCS	Synopsys
		Modelsim	Mentor
	随机验证	Specman	Cadence
	验证管理	Vmanager	Cadence
	等价性检查	Formality	Synopsys
		Formal	Cadence
	调试诊断	Debussy,Verdi	Synopsys
	模拟电路仿真	Hspice	Synopsys
		NanoSim	Synopsys
		Incisive AMS	Cadence
		Laker ADP	Springsoft
	代码覆盖率	VCS	Synopsys
		Modelsim	Mentor
	HDL 语法检查	Leda	Synopsys
		Spyglass	Synopsys
综合	综合	Design Compiler	Synopsys
物理设计	布局布线	Innovus	Cadence
		IC Compiler	Synopsys
		IC Compiler2	Synopsys
	RC 提取	Star - RCXT	Synopsys
		Calibre - PEX	Mentor
	设计规则检查	Calibre	Mentor
时序、功耗设计	静态时序分析	Prime Time	Synopsys
		XTOP	华大九天
	功耗分析	Prime Time PX	Synopsys
		RedHawk	ansys
定制设计	原理图设计	Composer	Cadence
	Spice 模型设计	MICA direct	Cadence
	版图编辑器	Virtuoso	Cadence
	存储体特征化	LIBERATE MX	Cadence

续表

主流程	工具分类	工具	厂家
DFT 可测性设计	自动测试向量	Fastscan/TestKompress	Mentor
		TetraMAX	Synopsys
	边界扫描	BSDArchitect	Mentor
		BSD Compiler	Synopsys
	扫描插入	DFTAdvisor	Mentor
		DFT Compiler	Synopsys
	存储器内建自测试	MBISTArchitect	Mentor

上述工具都有各自的特点和优势，不同公司工具的数据格式要求可能不统一，并非所有格式之间都支持相互转换，需要提前确认。另外，各大 EDA 软件工具公司均推出了从 RTL 到 GDSII 的完整工具包，可以避免该问题。

2.2.2　SoC 功能设计

功能设计是 SoC 设计要面对的首要问题。在 SoC 设计之初，要将整个 SoC 设计划分成一个个具体的硬件、软件任务，选择片上总线，定义各模块之间的接口规范。SoC 的典型结构以片上总线为骨架，集成处理器、存储器接口、功能外设等一系列功能模块，典型结构如图 2 - 7 所示。

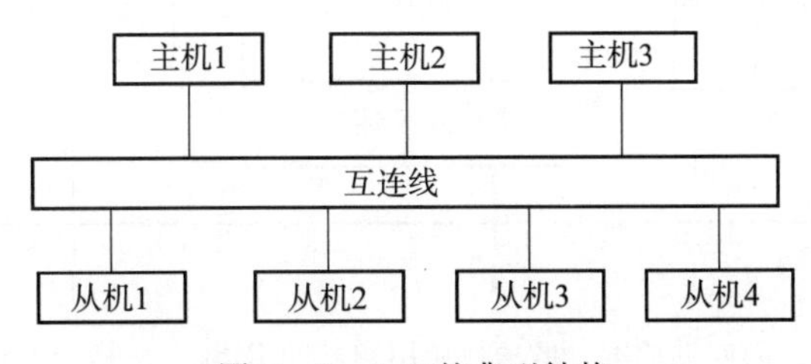

图 2 - 7　SoC 的典型结构

以下分别介绍处理器、总线、高速接口这三类典型功能模块有代表性的 IP。

（1）处理器 IP——RISC - V 处理器

根据 SoC 执行任务的特点，其处理器 IP 的选择大致分为两类：对于控制密集型应用，选择通用处理器 IP，常见的有 SPARC、ARM、MIPS、PowerPC 等指令集的处理器，以及近年来加州大学伯克利分校推出的 RISC - V 指令集处理器；对于计算密集型应用，可以选择 DSP IP，常见的有 TI、Freescale、ADI 等厂家开发的 DSP。通用处理器和 DSP 都有各自的优势，在一些 SoC 架构中这两类处理器都进行了实现。同时，需要根据应用所要求的目标运算能力对处理器进行筛选，如果性能不够，则需要更高端的处理器或者增加处理器数量。

以下将对处于研究热点的开源指令集——RISC - V，进行相关处理器结构设计方面的介绍。

RISC－V 作为一种完全开放的指令集，可以被任何学术机构和商用组织所自由使用。RISC－V 架构具有以下特点：

开放性：指令集架构首次成为国际标准，任何人、组织、公司均可自由使用。

先进性：架构设计总结了历史上诸多处理器架构的精华。

简洁性：基础指令集条数少。

模块化：根据不同需求选择不同的指令集。

扩展性：用户可根据产品特性扩展自定义。

由于具备以上特点，RISC－V 在过去几年受到了业界的广泛关注，国内外对 RISC－V 寄予厚望，认为 RISC－V 很可能发展成为世界主流 CPU 之一。

图 2－8 是一款面向低成本、低功耗应用领域的 RISC－V 指令集处理器示意图。处理器核是实现流水线结构的核心控制单元，它通过独立指令数据访问接口、调试接口、协处理器接口、中断接口、CSR 访问接口分别扩展出访存、调试、协同控制运算、中断处理、功能寄存器访问等功能。

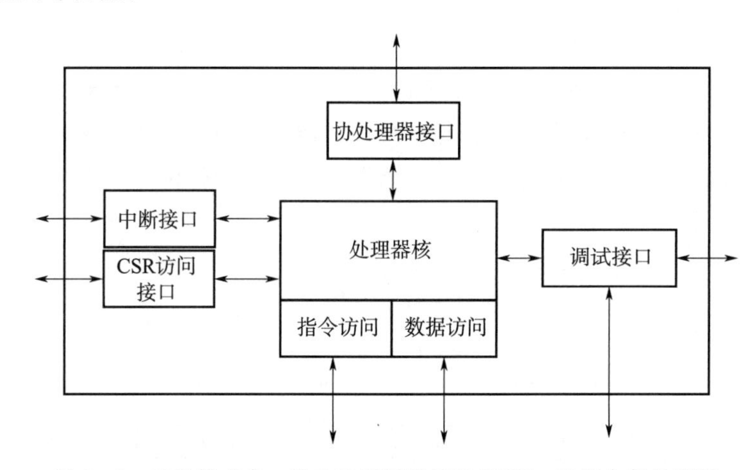

图 2－8　面向低成本、低功耗应用领域的 RISC－V 指令集处理器

其中处理器内核采用三级流水线结构，具体包括：取指级、译码级和执行级，结构如图 2－9 所示。

1）取指级：取指级由指令访问接口、指令 Buffer、分支预测单元、PC 生成单元、指令预译码单元等组成。其中，指令 Buffer 根据当前的取指请求控制指令访问接口进行取指操作并缓存未进入流水线的指令，具备提升取指性能的效果；分支预测单元对 Bxx、JAL、JALR 等指令的跳转地址、taken 与否进行预测；指令预译码单元用于解析当前指令是否为跳转指令。

2）译码级：译码级完成取指级给出的指令的译码，进行寄存器相关和资源相关判定，在无相关情况下，完成寄存器文件读控制，将指令解析成执行级需要的命令控制 cmd。译码级具备非法指令检测功能，当出现非法指令时告知执行级对非法指令进行处理。

3）执行级：执行级由 Load/Store、ALU、MUL、DIV 执行单元组成。针对单周期和多周期指令的执行特点采用不同策略精细控制。当常规指令出现中断、异常或分支预测

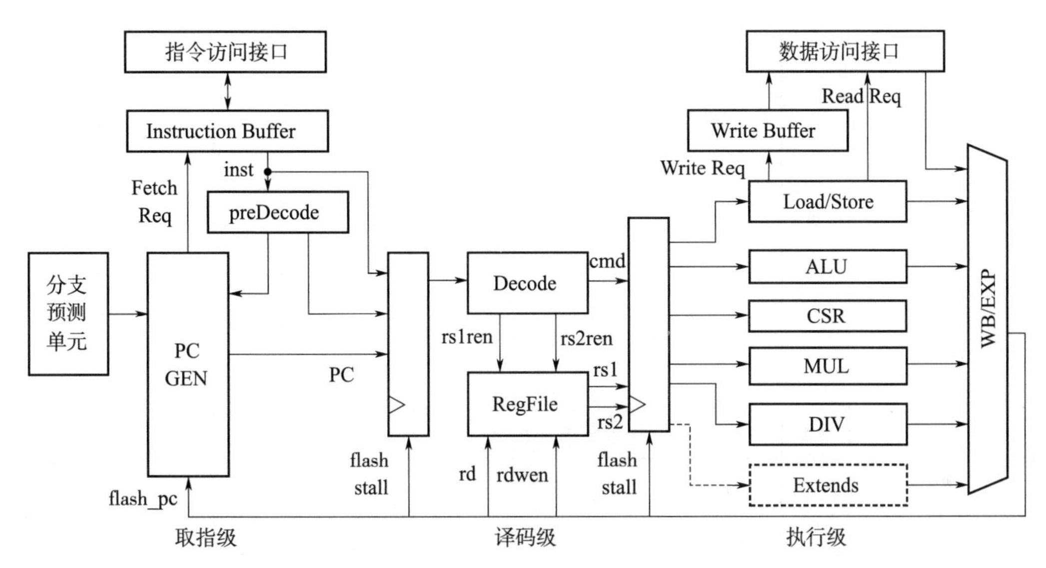

图 2-9　RISC-V 三级流水线结构

与当前指令实际执行情况不符时，执行级发出流水线 flush 信号及后续执行的取指地址，该信号将取指级和译码级正在运行的指令排空。除常规指令的执行外，执行级发现当前指令为 ebreak 指令时处理器进入调试模式。

目前，在电源管理系统、引信控制系统、无人机控制系统等低成本、低功耗应用领域，市场的主要解决方案为 ARM 的 M 系列产品，但使用 ARM M 系列 CPU IP，存在着非正向设计以及版权问题。而 RISC-V 凭借其开源和简洁特性，为低功耗、高能效微处理器提供了一种新的解决方案。

（2）总线 IP——AXI 总线

片上总线是 SoC 系统内部各个功能模块（或设备）之间一种互连的访问共享硬件机制。总线连接的设备根据功能的不同划分为总线主设备和总线从设备。主设备可以发起一个传输任务，而从设备则对主设备发起的事务做出回应。也有的设备既可以是主设备也可以是从设备，如 DMA 控制器等。为了解决主设备同时竞争总线资源的问题，总线需要具备仲裁机制来决定向谁授权资源。在传输数据的过程中，总线还能提供不同的传输类型以适应不同的数据传输要求，比如按照固定大小的数据块或可变大小的数据块传输。

各大 IP 厂商都先后推出了自己的总线标准，比较有影响力的有 ARM 的 AMBA 总线、IBM 的 CoreConnect 总线、Silicore Corp 的 Wishbone 等，以下简要介绍 AMBA 总线协议中的 AXI 总线。

AMBA 总线是 ARM 公司开发的片上总线标准，AXI 是其 2004 年推出的 AMBA3.0 标准。为了追求传输效率，以小总线带宽、低总线频率实现高数据吞吐量，AXI 总线实现为多通道传输形式。五个独立的通道：读地址通道（AR）、读数据通道（R）、写地址通道（AW）、写数据通道（W）、写反馈通道（B），来实现总线上的读写操作，如图 2-10 所示。

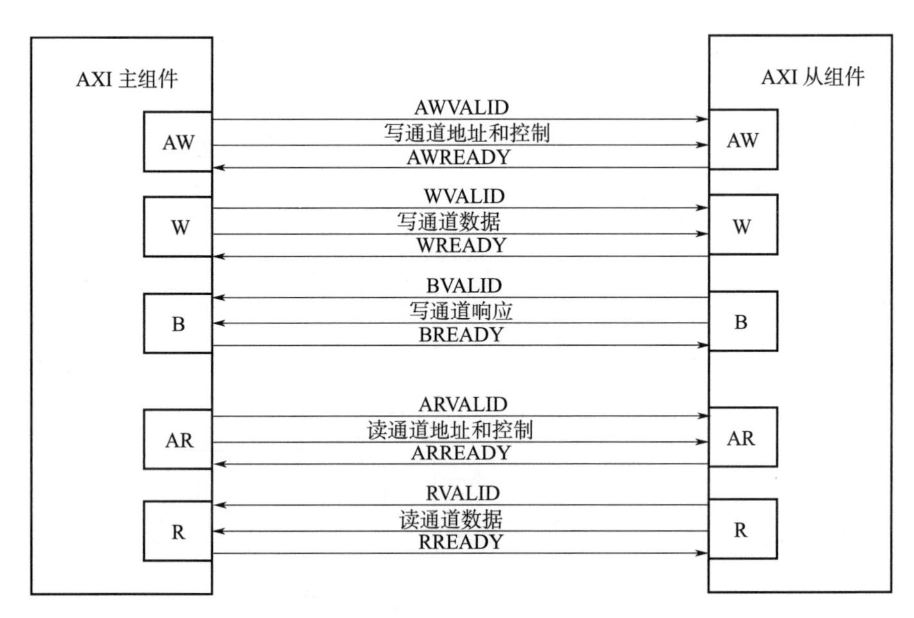

图 2－10　通过 AXI 总线连接框图

以上各通道都有 READY 和 VALID 信号进行握手。只有两个信号被采到高电平的时候才意味着握手成功，该通道传输完成，如图 2－11 所示。

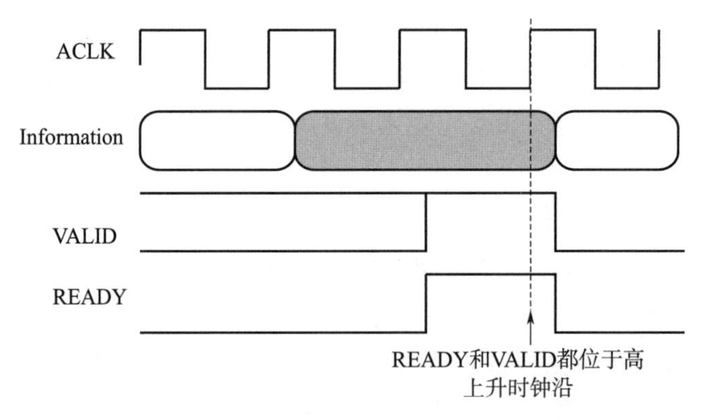

图 2－11　通道传输的 ready 和 valid 握手机制

主机对数据的读/写，通过这五个通道中的特定组合经握手机制进行。AXI 通过读地址和读数据通道进行读操作，通过写地址和写数据以及写反馈通道进行写操作，读写操作通道传输分别如图 2－12、图 2－13 所示。

区别于 AHB 总线，AXI 总线的 master 在没有得到返回数据的情况下可以发出多个读写操作。读回的数据顺序可以被打乱，同时支持非对齐数据访问。由于各传输之间仅依靠传输 ID 相互识别，没有时序上的依赖关系，因此可以插入寄存器打断关键路径。此外，AXI 协议还定义了在进入低功耗节电模式前后的握手协议，规定了如何通知进入低功耗模式、何时关断时钟、何时开启时钟、如何退出低功耗模式，这令所有 IP 在进行功耗控制设计时有据可依，容易集成在统一的系统中。AXI 不仅继承了 AHB 便于集成、便于实现

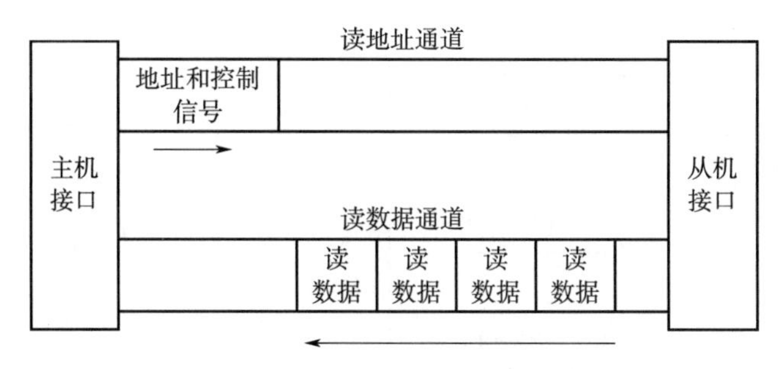

图 2 - 12　读操作通道传输示意图

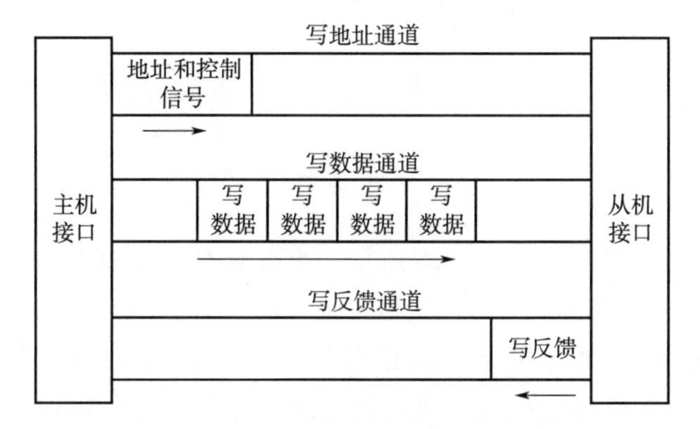

图 2 - 13　写操作通道传输示意图

和扩展的优点，还在设计上引入了指令乱序发射、结果乱序写回等重大改进，最大限度地利用总线带宽，进一步满足了高性能系统的大数据量存取需求。

(3) 高速接口 IP1——DDR

DDR 高速接口可以提高 SoC 接口的数据吞吐率，有利于缓解"存储墙"为系统性能提升带来的限制。目前 DDR 存储器已经发展出四代，每一代均比前代具备更大改善，比如提升传输速率、降低系统功耗、改善高速信号传输过程中遇到的信号完整性问题。最新的 DDR4 提供比 DDR3、DDR2 更低的供电电压以及更高的带宽，但由于电压标准、物理界面等诸多设计与 DDR3 等不一致，因此 DDR4 不会向 DDR、DDR2、DDR3 兼容。

以下主要介绍针对 DDR3 的高速接口控制器设计。

如图 2 - 14 所示，DDR3 控制器由用户层、控制层、物理层组成。其中用户层提供用于连接 NI/JTAG 和控制层的转换接口，通过对 NI/JTAG 操作地址进行解析，确定该操作属于用户层寄存器、控制层寄存器、外部存储器中哪一类。用户层分别通过两路 AXI 总线与控制层主机接口、控制层寄存器接口相连；控制层接收来自 AXI 主机接口的存储器访存请求，并经存储管理、命令调度、命令执行后，发往物理层进行传输。另外，控制层接收来自 AXI 寄存器接口的请求，可实现初始化、数据训练、各类 DDR 命令（如预充电、刷新、自刷新进入、低功耗进入、退出刷新/低功耗模式、ZQ 校准等)。物理层主要由接口时序模块 (Interface Timing Module, ITM)、DLL、SSTL IO 组成，提供完整物理接口以满足 JEDEC 标准 DDR2/DDR3 存储器访存要求。

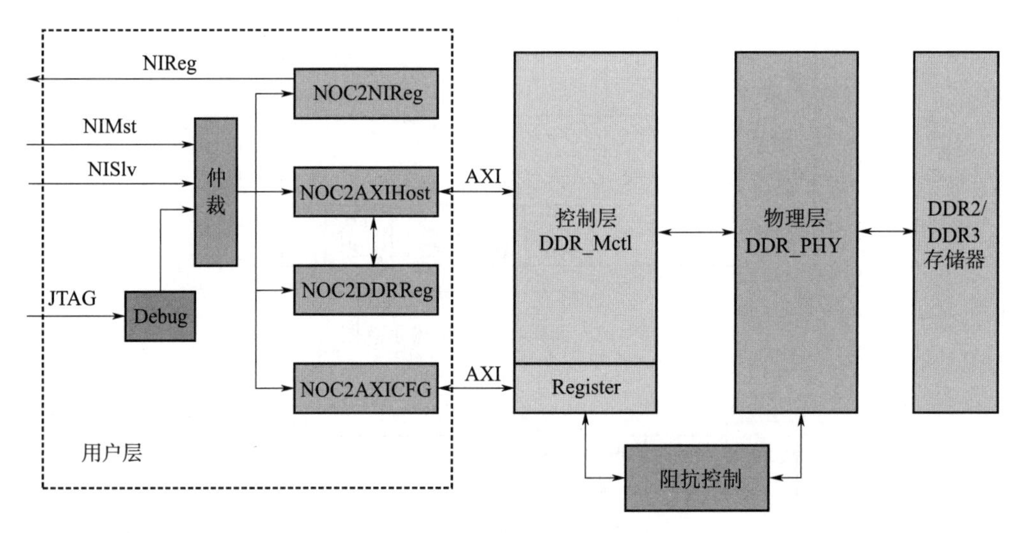

图 2-14　DDR3 控制器体系结构

DDR3 SDRAM 工作状态如图 2-15 所示。上电后 DDR3 SDRAM 在正常工作之前还需进行初始化（Initialization），包含加载模式寄存器（Mode Register Set，MRS）等。初始化、ZQ 校准完成后就会进入 IDEL 状态。DDR3 SDRAM 开始不断进行刷新（Refresh）、自刷新（Self-Refresh），低功耗情况下可以退出自刷新模式。

DDR 控制层用于实现上述工作状态切换，由 AXI 寄存器接口、两路 AXI 主机接口、DDR 控制模块、MMU 控制模块组成，如图 2-16 所示。各模块作用描述如下：

1）AXI 寄存器接口：实现 AXI 寄存器接口转换为 PMI 寄存器接口，并传递至 DDR 控制模块。

2）AXI 主机接口：实现 AXI 主机接口转换为 PMI 接口，其中 PMI 模块中通过异步 FIFO 实现 AXI 主机接口时钟域与控制层主工作时钟域隔离。

3）DDR 控制模块：由寄存器模块、初始化模块、数据训练模块、调度模块、执行模块组成，其中：

寄存器模块：维护控制层大多数寄存器读写操作。这些寄存器用于控制层某些特性的配置、控制或提供状态，主要作用于初始化模块、数据训练模块、调度模块、执行模块。

初始化模块：主要用于实现控制器物理层初始化、DDR2/DDR3 SDRAM 初始化。对自身生成的 DDR 命令、来自数据训练模块的命令进行仲裁后发送至调度模块。

数据训练模块：数据选通为双向信号，且控制层或 SDRAM 无数据驱动时为三态。三态 DQS 上的干扰会产生假象 DQS 边沿，为阻止该现象发生，控制层会对数据选通信号进行门控，以确保数据路径仅在读周期内有效。DQS 门控机制用于补偿延时及不确定因素，诸如 IO 延迟、板级延迟、CAS 延迟、附加 CAS 延迟及一般时序不确定因素。数据训练用于寻找最佳 DQS 门控位置。

调度模块：该模块用于调度主机接口请求，以达到最佳总线利用率并满足 SDRAM 总线协议及命令时序。涉及 bank 激活、预充电的调度及优化。调度模块同时会产生周期性

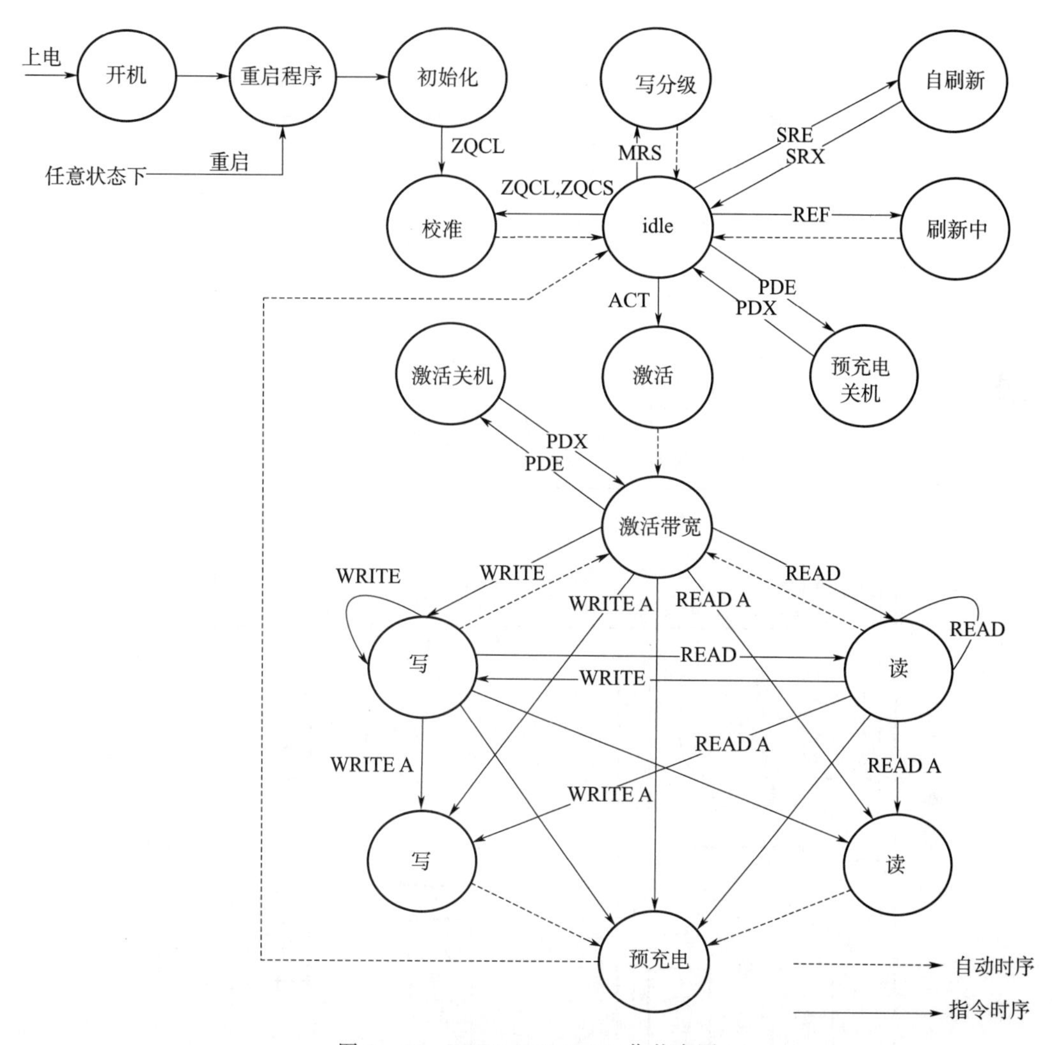

图 2－15　DDR3 SDRAM 工作状态图

SDRAM 自刷新命令。初始化模块产生的命令请求也会参与其中，且优先级高于调度模块产生的命令。调度模块实现 SDRAM 命令到命令最小时序要求。

执行模块：来自调度模块的命令已完全满足 SDRAM 时序要求，执行模块会对命令进行译码以生成 SDRAM 控制信号；可编程写数据流水线用于补偿不同 SDRAM 写延迟(CAS 延迟、附加 CAS 延迟)；可编程读标签流水线适用于不同读延迟 SDRAM，读标签流水线也用来补偿系统延时。ECC 模块用于在写访问时生成校验字节、读访问时解校验。

4）MMU 控制模块：控制层支持多个主机接口，每个接口拥有自己的命令、数据输入总线。主机仲裁器会对不同接口进行仲裁。MMU 控制模块仅实现 1 个优先权队列，仅 1 个优先级的默认仲裁机制为轮询制。

基于以上结构，再进行初始化机制、数据训练、阻抗校准设计，即可实现一款高可靠、高吞吐率的 DDR 控制器。

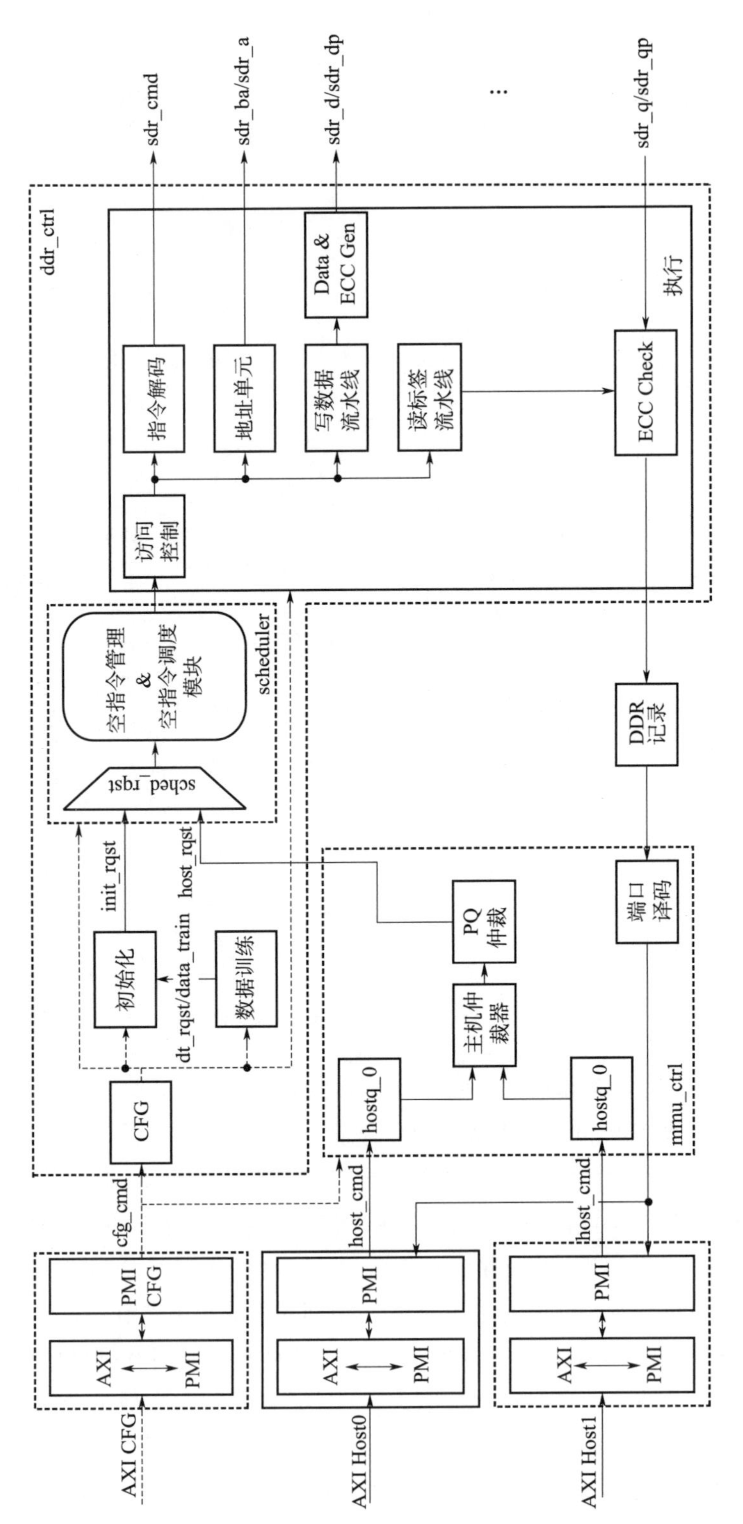

图 2-16　DDR 控制层结构

(4) 高速接口 IP2——PCIe

PCIe 是一种具备高性能、高扩展性、高传输带宽以及低成本等特点的串行总线，是目前计算机行业最流行的总线结构之一，它适于芯片组间的连接，通过 I/O 将系统从板级或者电路器件级层面重新统一起来。在软件层面，PCIe 与传统的 PCI 并行总线保持兼容，但是相比于 PCI 及更早期计算机总线的共享并行架构，它采用了点对点串行连接。每个 PCIe 设备拥有各自的专用连接，不需向整个总线请求带宽，因此大大提高了数据传输率，实现了 PCI 总线所不能提供的带宽。两个 PCIe 设备由一条链路进行物理连接，一条链路中可以包含多条通路，每条通路包含两对差分信号线，分别用于发送和接收，两对差分数据线同时传输数据，从而实现了两个 PCIe 设备间双工、串行、差分的数据传输。

PCIe 还使用了支持多种数据路由方式技术、基于多通路的数据传递方式和基于报文的数据传送方式等一些在网络通信中使用的技术，并且在数据传送过程中，设置了多重的服务质量 QoS (Quality of Service)。PCIe 链路可以由多条 Lane 组成，分为 v1. x、v2. x、…、v6. x 等多个版本。不同的版本定义的总线频率和链路编码方式不相同。最早的 v1. x 版本、v2. x 版本采用的编码方式是 8b/10b 编码，总线单 Lane 峰值带宽分别为 2. 5GT/s、5GT/s，v3. x 及以上版本采用的编码方式是 128b/130b 编码，总线单 Lane 峰值带宽分别为 8GT/s、16GT/s、32GT/s 等。

在不同的处理器系统中，PCI Express 体系结构的实现方法可能略有不同，但是在大多数的处理器系统中，都使用了根复合体、交换开关、PCI Express - PCI 桥这些 PCI Express 设备来连接外部 PCI 或 PCI Express 设备。图 2 - 17 给出了一个常见的 PCI Express 系统拓扑结构。

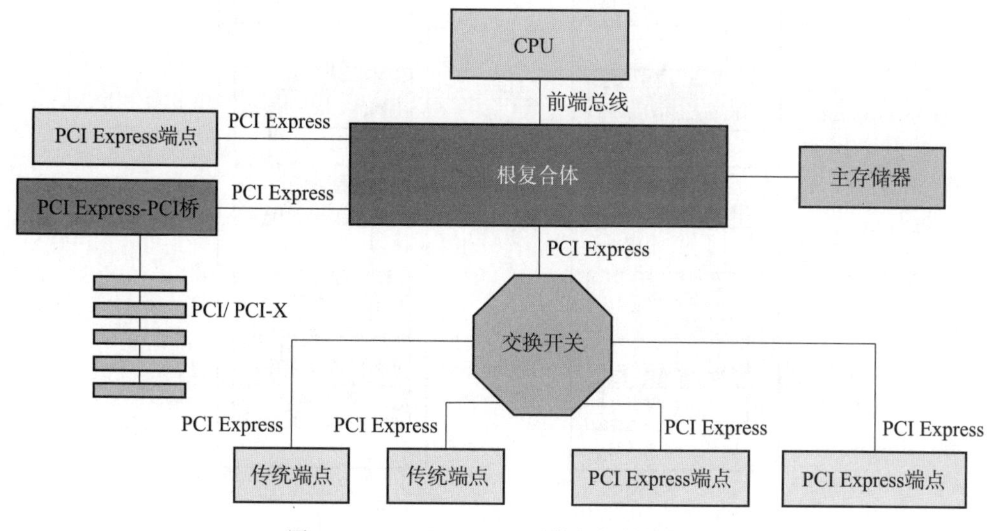

图 2 - 17　PCI Express 系统拓扑结构框图

根复合体 RC (Root Complex) 是 PCI Express 体系结构中一个重要的设备，是 I/O 总线层次的根，它将 CPU、计算机内存、PCIe 设备等连接在一起，并代表 CPU 产生和处理各种事务请求，如存储器读写事务、I/O 读写事务、配置空间读写事务以及消息事务。交换开关 Switch 是进行链路扩展的设备，其具有一个上游接口和多个下游接口，可以实现多个设备的互连，实现事务在各个端口之间的路由，将任何入端口的所有事务类型转发到任意的出端口。端点 Endpoint 是具体类型的系统外设，是为实现某些具体功能而存在的功能或增强设备，如声卡设备、显卡设备、网卡设备，以及其他特制的功能设备等。这些设备可以作为 PCI Express 事务的完成者来为处理器提供服务，或者也可以作为事务的发起者以请求处理器完成自己的数据处理。同 PCI 设备一样，每个 PCIe 端点设备最多可以支持 8 个功能，并且每个设备至少有一个编号为 0 的功能。PCI Express - PCI 桥是一种转接设备，它可以将 PCI Express 总线转换为 PCI 总线，从而实现对 PCI/PCI - X 设备的链接，达到对 PCI 设备兼容的目的。

为了保证数据高速传输的稳定性和正确性，PCIe 总线采用了分层的设备体系结构，主要分为 PCIe 应用核心层和 PCIe 设备层。其中，PCIe 应用核心层也就是所谓的应用层驱动程序。PCIe 设备层可以分为：事务层（Transaction Layer）、数据链路层（Data Link Layer）和物理层（Physical Layer），每层分为发送与接收两个功能块，具体如图 2 - 18 所示。PCI Express 的层次结构与网络中的层次结构有类似之处，但 PCI Express 总线的各个层次都是使用硬件逻辑实现的。分层后各层之间相互独立，数据交互简单，各层之间功能划分清晰。

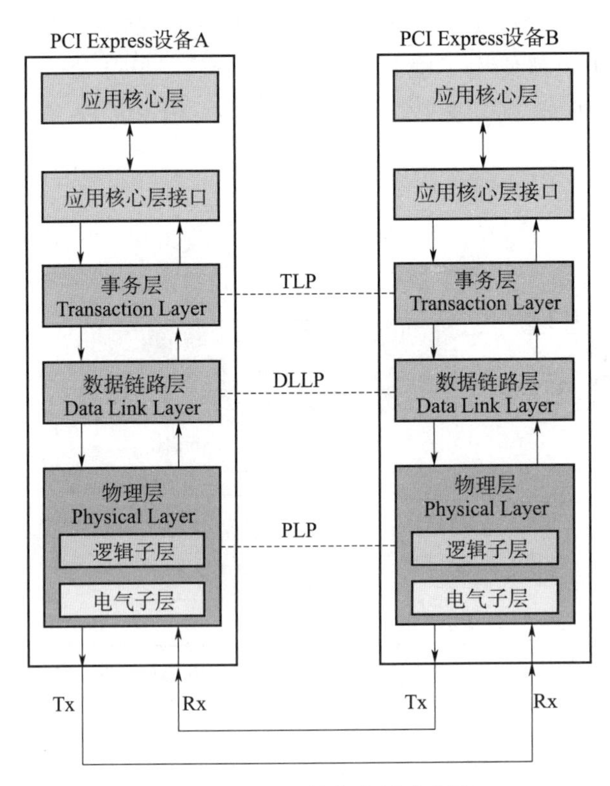

图 2 - 18　PCIe 协议分层示意图

由于 PCIe 的信息传递是基于数据包进行的，因此数据包按照与 PCIe 设备层的对应关系可分为三种：事务层数据包（TLP）、数据链路层数据包（DLLP）、物理层数据包（PLP）。数据包在设备应用核心层生成后，依次通过事务层、数据链路层和物理层，然后通过 PCIe 链路发送出去。数据包通过 PCIe 链路到达接收端后，再依次经过物理层、数据链路层、事务层，最终到达接收端设备应用核心层进行后续处理。这些数据包使设备之间能够可靠地执行存储空间事务、I/O 空间事务和配置空间事务，而消息事务可用于电源管理事件、生成中断、错误报告等。

以下给出一个 PCIe 模块的硬件结构设计示例。该 PCIe 功能模块主要由应用层外部控制逻辑、PCIe 控制器及 PHY 三部分构成，与 AHB 主接口、AHB 从接口、JTAG 接口相连接，如图 2-19 所示。

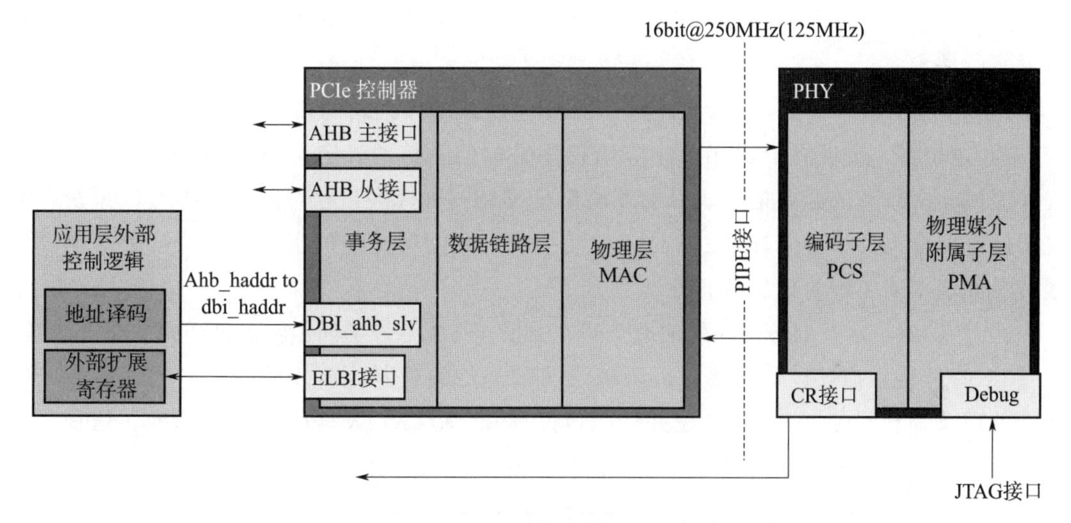

图 2-19　PCIe 总线控制器总体设计架构

其中，应用层外部控制逻辑主要完成系统总线桥的地址译码逻辑，从而实现对 Controller 内部寄存器、标准配置空间（TYPE0、TYPE1）及外部扩展寄存器的访问；同时根据 Controller 的 ELBI（External Local Bus Interface）接口的时序要求，实现外部控制寄存器的读写操作，如支持 EP 模式与 RC 模式配置、链路初始化启动使能等。

PCIe 控制器根据协议可分为事务层、数据链路层及物理层三部分。具体地，事务层和数据链路层每层都包含发送处理模块和接收处理模块，主要负责接收来自用户应用层的请求，完成 TLP/DLLP 数据包的生成、数据的发送与接收、内部寄存器与标准 PCIe 配置空间的访问执行、流控信用检测等，物理层主要协助事务层与数据链路层进行链路训练和状态机（LTSSM）实现。

PHY 可以分为物理编码子层（PCS）和物理媒介附属子层（PMA）。PCS 执行 8b/10b 编码协议在链路上传输数据；PMA 主要实现数据流的串并/并串转换，接收时钟与数据的恢复等，并提供完整的物理差分接口以实现高速串行数据的访问需求。

基于以上结构，高速串口控制器 PCIe 根据其所支持的接口集成于片上系统总线之上，控制器通过标准的 PIPE 接口与 PHY 相连，能够兼容 PCIe 1.0、2.0 协议，实现 PCIe 总线的通信功能。

(5) 高速接口 IP3——RapidIO

RapidIO 是由 Motorola 和 Mercury 等公司率先倡导的一种高性能、低引脚数、基于数据包交换的互连体系结构，它解决了高性能嵌入式系统（包括无线基础设施器件、网络接入设备、多服务平台、高端路由器和存储设备等）在可靠性和互连性方面的挑战，在嵌入式互连领域的应用非常广泛。基于 RapidIO 协议的交换架构属于 Crossbar 交换架构，为嵌入式系统设计提供了高带宽、低延迟等特性。另外，它的管脚少，可充分利用板上的空间。RapidIO 技术对软件透明，允许任何数据协议运行。它同时通过提供自建的纠错机制和点对点架构来排除单点故障，满足嵌入式设计的可靠性需求。作为经认证的 ISO 标准，RapidIO 为广泛的应用提供了系统互连，是几乎每个嵌入式设备厂商在产品开发中必然支持的技术。

RapidIO 协议采用如下三层结构，RapidIO 协议的体系结构如图 2-20 所示。

1) 逻辑层：说明在 RapidIO 中应用程序是如何通信的。定义报文格式及端点设备发起并完成一次事务的必要信息。目前逻辑层已支持三种标准：存储器映射的 I/O 系统、消息传递以及全局共享存储标准。RapidIO 交换机无须解释流经的报文，采用这种结构设计很容易实现未来扩展协议的兼容性。

2) 传输层：定义 RapidIO 的地址空间并为报文在端点设备间传输提供必要的路由信息。

3) 物理层：描述设备级接口，明确说明报文传输机制、流控机制、电气特性和底层错误处理。物理层包括 8 位/16 位并行接口标准和 1X/2X/4X 等串行接口标准。这种层次划分便于在逻辑层增加新的事务类型而无须更改传输层和物理层规范。

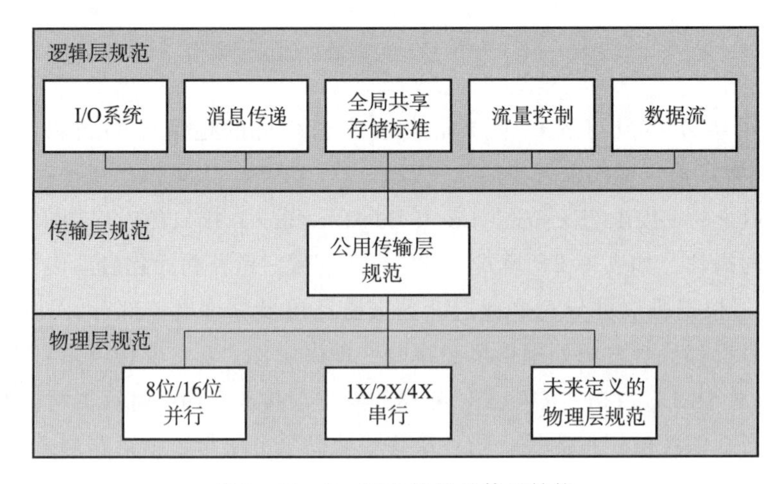

图 2-20 RapidIO 协议的体系结构

RapidIO 操作是基于请求和响应事务的。操作的发起器件产生一个请求事务，该事务被发送至目标器件，目标器件收到请求事务后产生一个响应事务返回发起器件来完成该次操作。RapidIO 操作的核心是包和控制符号。包是系统中端点器件间的基本通信单元，它由事务和确保事务被准确可靠地传送至目标端点所必需的信息字段构成。在交换系统中，

RapidIO 端点器件通常不会直接相连，而是通过“交换器件”将各 RapidIO 端点器件互连在一起。控制符号用于管理 RapidIO 物理层互连的事务流，也用于包确认、流量控制和维护。图 2-21 显示了事务是如何在 RapidIO 系统中传送的。

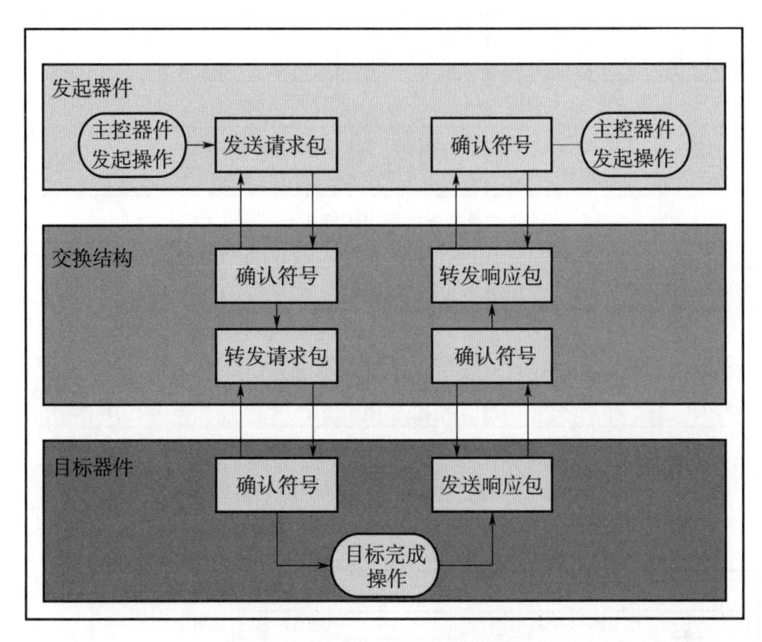

图 2-21 RapidIO 传输流程

在图 2-21 中，系统发起器件通过产生一个请求事务开始一次操作。该请求包被传送到交换器，通常是一个交换机。交换器发出控制符号确认收到了该请求包，随后交换器将该包转发至目标器件，这就完成了此次操作中请求阶段的操作。目标器件完成要求的操作后产生响应事务，通过交换结构将承载该事务的响应包传送回发送器件以完成此次操作。

协议规定的逻辑、传输、物理层结构的多个字段都全部包含在了 RapidIO 的包格式中，图 2-22 定义了 RapidIO 协议的包格式。

请求包以物理层字段开始。AckID 表明交换结构器件将使用控制符号去确认是哪一个包。Prio 字段指示包的优先级，用于流量控制。TT、目的地址和源地址字段指示传输地址的机制类型、包被送到的器件的地址和产生包的器件的地址。Ftype 字段指示事务的格式类型。事务类型（Ftype/Ttype）表示当前事务的具体类型，读写长度字段等于编码后事务的长度。RapidIO 事务数据的有效载荷长度从 1～256B 不等。源事务 ID 指示事务 ID。RapidIO 器件在两个端点器件间最多允许有 256 个未完成的事务。对于存储映射事务，跟随在源事务 ID 后面的是器件偏移地址字段。Data 表示有效载荷数据。所有包以 16 位循环冗余校验码（CRC 码）结束。响应包与请求包类似。状态字段指示是否成功完成了事务。目标事务 ID 字段的值与请求包中源事务 ID 字段值相等。

以下以一款 RapidIO 控制器为例，简要介绍其结构设计。按照功能定义，该控制器分为 RapidIO 协议控制器、AXI-GRIO 桥、PHY 三部分。RapidIO 控制器的结构如图 2-23 所示。

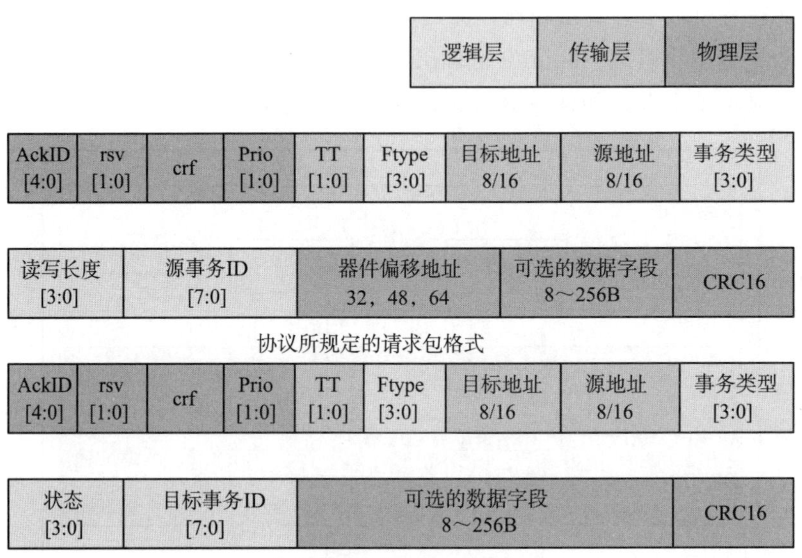

图 2-22　RapidIO 协议的包格式

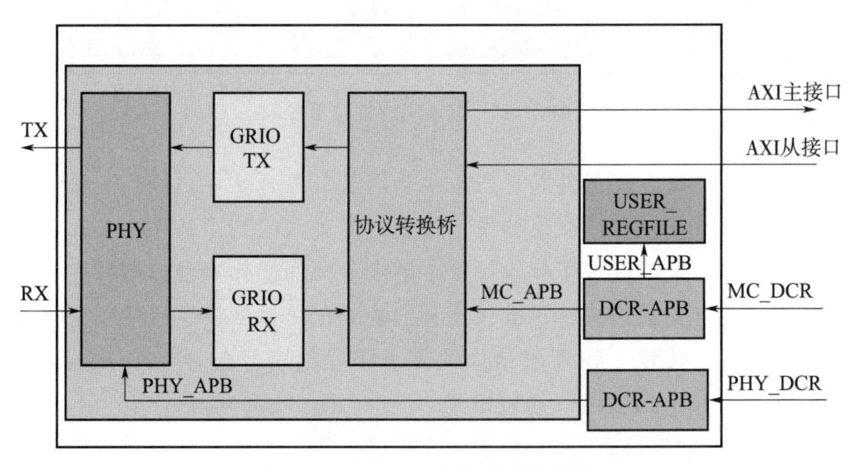

图 2-23　RapidIO 控制器的结构

RapidIO 协议控制器分为 TX 模块、RX 模块两部分，实现了 RapidIO 协议的主要功能。同时，RapidIO 协议中定义的链路初始化、控制符号的生成与检测、CRC 校验、错误管理、流量控制等与数据包收发相关的功能也均由协议层模块实现。

AXI-GRIO 桥提供了一个用于连接片上总线 AXI 和 RapidIO 协议控制器的转换接口，用于根据 AXI 接口传来的命令控制 RapidIO 协议控制器发起 RapidIO 操作，或者对 RapidIO 协议控制器接收到的由对端器件发起的 RapidIO 操作进行处理，并根据操作的信息决定是否将该操作通过 AXI 总线发往片内。

PHY 模块主要功能包括串并/并串转换和 8b/10b 编/解码、加/解扰等功能。在发送方向，PHY 模块将协议层模块传来的数据经 8b/10b 编码、加扰和并串转换后，转换成差分信号由PAD上的tx-p/tx-n接口发出。在接收方向，PHY模块将PAD上rx-p/rx-n接口接收到的差分信号经串并转换、解扰和10b/8b解码后，发往RapidIO协议控制器进行处理。

2.2.3　SoC后端综合布局布线

物理实现是将前端工程师的“思想”物化为芯片实体的关键阶段。以下将重点对物理实现过程的几个主要工作步骤进行介绍，具体包括：逻辑综合、静态时序分析、布局布线、功耗和压降分析、物理验证。这些步骤之间未必是单向流动的，也会存在相互穿插、重叠的情况。比如功耗分析、静态时序分析可以根据设计的实际需要在物理实现的其他几个阶段分别进行，尽管在物理实现前期实施得到的结果不尽准确，但是提前拿到评估数据，有利于及时调整策略，减少迭代工作量。

（1）逻辑综合

如果将RTL代码作为输入文件，那么物理实现阶段是从逻辑综合开始的。

利用EDA工具将RTL代码转换为门级网表的过程称为逻辑综合。生成门级网表，除了需要输入RTL代码，还需要指定环境和时序等约束条件，以及指定工艺库。RTL代码由EDA工具进行编译，检查代码的可综合性。约束条件中需要定义环境、工艺参数以及设计约束条件（时钟、设计规则约束、输入/输出延时、面积等）。工艺库中包含对应工艺下各种标准单元的信息，包括功能定义、面积、时序等，EDA工具根据约束条件的要求从工艺库中选择标准单元实现电路。

以Synopsys公司的Design Compiler进行综合为例，逻辑综合流程分为代码读入、设置时序目标与制定约束、扫描链插入与逻辑优化三部分。

1）代码读入。读入文件包括库文件、RTL代码、IP模块模型等相关文件，并设置相关环境。

2）设置时序目标与制定约束。设置时序目标编写约束前须与前端设计人员沟通，准确理解设计说明，根据系统的性能要求、不同模式功能、工艺特点、接口时序要求，按照文档与要求定制合理、准确的约束文件来构建整个电路的时序架构。

约束分为环境约束和设计约束。环境约束包括设计的工艺参数（制造工艺、温度、电压等）、输入/输出端口属性（包括负载、驱动能力、扇入扇出等）、线延时统计模型。设计约束包括规则约束和优化约束。规则约束的参数值由工艺库提供，在实际设计中必须参照工艺库给出的参数值进行约束的编写。优化约束包括时序和面积约束，应满足前端设计要求。

3）扫描链插入与逻辑优化。在逻辑综合的过程中使用Design Compiler工具内嵌的DFT Compiler工具进行扫描链插入，完成电路扫描链插入工作及可测试设计后再综合，测试方案与前端设计、可测试设计人员讨论确认，内部扫描设计的故障覆盖率达到可测试标准（95%）或负责人要求。覆盖率以DFT工程师经ATPG算法计算所得结果为依据。

在完成初步逻辑综合后，由DFT工程师使用Mentor公司的dftadvisor工具进行扫描链插入，完成电路扫描链插入工作及可测试设计后再综合，内部扫描设计的故障覆盖率需达到可测试标准（95%）或设计要求。

逻辑优化根据设计目标，制定合理策略，从芯片体系结构与模块划分、电路逻辑结构、工艺库使用三个方面进行优化，完成符合设计要求的门级网表映射，生成设计报告，保存及输出设计数据。在综合与优化过程中，会产生很多面积、时序等报告信息，分析筛选这些信息有利于设计师发现设计问题。

（2）布局规划

布局规划包括版图上的电源规划和设计规划（模块的布局规划）。电源规划可以帮助确保片上单元具有足够电源与地连接。很多情形下，对于复杂 SoC 设计，设计规划应当与源代码开发并行进行，布局和电源估计的优化可以与代码优化一同完成。一个好的布局规划可以从许多方面确保时序收敛。比如大模块的放置位置将影响关键路径长短、硬 IP 的集成、对噪声敏感模块的绕线可行性问题。对设计规划可以选择打散或者层次化的设计方法。打散的策略避免层次化的工作，但是会有迭代后重新开始的风险。层次化的流程则能避免布线后时序问题带来的所有工作推倒重来的风险，因此更适合规模较大、频率较高的设计。

在进行布局规划时，需要考虑制程工艺的基本特性。比如，典型的基本单元库定义的单元行是水平的，版图上每层布线的方向遵循相交的要求，第一层水平，第二层竖直。由于第一层金属常常用来在标准单元内部布线，或者为单元行提供电源，所以它作为常规布线的能力是有限的。

当为芯片和模块建立金属环的时候，要给布线留下足够的空间。当金属线布进模块内部的时候，需要注意模块角落可能产生拥塞。

摆放模块的时候，应该避免最上层出现 4 个方向的通道交点（十字形），而 T 字形的交点产生较小的拥塞。利用飞线可以帮助确定最优的摆放位置和方向，但是当模块之间的飞线多到不能加以利用的程度，需要依靠设计师的判断进行摆放和修正。

当模块的摆放完成，模块级的引脚就可以排布了。为引脚确定正确的金属层并将引脚散放以减少拥塞是必要的。在布线资源优先的情况下，应当避免将引脚放在角落位置，使用多层金属引脚以减少拥塞。

（3）布线

布线是在版图上将布局好的单元连接在一起的过程。布线工具根据布局的信息来连接单元。在通常情况下，布线工具需要缩短布线长度，均匀布线并满足时序的要求，需要根据大量的细节数据计算，并在各种绕线策略间权衡，因此通常由 EDA 工具搭配强大的服务器进行自动实现，不需要设计人员手动干预。

常规的布线流程中，先进行全局布线。将芯片分成一个个全局布线单元（Gcell），在每个布线 Gcell 中又均匀划分出布线通道，把线分配到其经过的 Gcell 中。在每个 Gcell 中，根据阻挡块、端口位置和布线通道计算出 Gcell 的利用率，如果利用率超过布线通道要求，工具就会把线绕走，减少拥塞。全局布线的关键在于划分出合理的布线通道，使互连线的总长度最小，让详细布线完成的可能性最大，关键路径最短。在全局布线后进行通道分配，在 Gcell 中把所有的线分配到各个绕线通道中，将能够连接的线先接通。

随后进行详细布线，在全局布线和通道分配后确定的布线通道内，确定用哪几层金属进行连线，并保证没有违反设计规则。对详细布线的要求是不仅线间的距离尽量短，而且同一根线尽量使用同一层金属。另外，详细布线还需要修补设计规则的错误。在工艺库中，给布线用的金属定义了最小宽度、最小间距、最小面积等规则，给通孔定义了最小面积、最小包围等规则。在详细布线的过程中要修改金属连线和通孔的位置，以保证不违反工艺库定义的设计规则。

2.2.4　SoC 后端功耗时序分析和形式物理验证

（1）功耗和压降分析

功耗分析主要面向性能，它具体涉及三个阶段：

第一阶段：输入文件为库单元（包括标准单元、I/O 单元、IP 单元等）的时序信息、逻辑综合输出的网表、时序约束文件。利用逻辑综合后网表和时序约束文件，通过设置静态翻转率的方法评估全芯片的静态功耗，指导布局布线的电源网络规划。

第二阶段：输入文件为库单元的时序信息、布局布线输出的网表、时序约束文件、寄生参数文件。利用布局布线后的网表、时序约束文件和寄生参数文件，通过设置静态翻转率的方法估算全芯片的静态功耗，用于前期全芯片的电压降评估。

第三阶段：输入文件在第二阶段的基础上增加了后仿真 VCD 向量。利用这些输入文件，准确计算各模式下的功耗值，并准确分析电压降。由于是做功耗评估，因此对 VCD 向量是有要求的，在该 VCD 向量中，应在某一时刻芯片的大部分单元均在翻转，即使得该时刻的动态功耗最大。

每个阶段均会输出功耗分析报告和功耗分析结果记录文件。

压降分析是面向功能的。理想情况下芯片内部的电源为理想电源，它能瞬间给芯片上的所有门单元与宏单元提供足够大的电流，从而使芯片上的电压保持为稳定的值。但是由于芯片内部供电网络寄生参数（电阻、电容、电感）的存在，从而导致电源从管脚（PAD，封装称之为凸点）达到芯片内部各点的电势不同，其差值称为电压降（IR drop）。电压降会使单元延时增大，构成导致建立时间错误的潜在因素。电压降有内部节点的电源电压（VDD）低于供电凸点的电压降和内部节点的地电压（VSS）高于供电凸点的“地弹”（ground bouncing）两种。

传统上设计师会按照最坏情况下的数值控制有害的压降，设计电源网络以保证压降低于一定的约束。典型压降阈值是 10％的供电电压，这会造成 10％或更多的器件延时，尤其是在高端制程中。静态电压降设计需要分为两步，先进行功耗分析，生成电源网络，其次进行电压降的设计设定。在电压降设计设定阶段需要设定好具体电源的位置。当整个电源网络完成之后需要验证整个电源网络的完整性，随后需要做电源网络的网格库。电源网格库做好之后，进行电压降设计。最后需要检查一下可能未连接的部分。做动态的 IR drop需要选择一个前端动态仿真的文件，至此动态功耗计算完成，做动态电压的目的是看是否缺少去耦单元。

（2）静态时序分析

不同于仿真，静态时序分析不考虑逻辑功能，而是对门级电路的时序关系进行分析计算。静态时序分析工具将门级电路分成四种时序路径：

1）从输入端口到触发器。

2）从触发器到触发器。

3）从触发器到输出端口。

4）从输入端口到输出端口。

通过计算最慢和最快的开关时间、选择最坏的路径、比较信号到达的时间是否符合要求时间等，产生分析报告。其中的关键概念包括：建立和保持时间（setup/hold time）、裕量（slack）、时钟偏斜（clock skew）等。建立时间指时钟信号变化之前数据保持不变的时间。保持时间指时钟信号变化之后数据保持不变的时间。裕量指信号在时序路径上要求的时间和时间延迟的时间之差。如果slack大于等于0，说明设计电路的时序符合时序约束条件，主频能够达到约束指定的值。时钟偏斜指从时钟定义点到不同触发器时钟引脚的延时差。在可综合的同步设计电路中，在一个时钟沿触发器A放出数据，此数据在下个时钟沿被触发器B接收到。如果这两个时钟沿是同一个时钟源，那么理想情况下，它们相差一个时钟周期。但由于两个触发器时钟路径不同，路径延时存在差异，接收数据的触发器时钟沿可能早到或晚到，产生所谓的时钟偏斜。如果接收数据的时钟沿早到，则有可能产生建立时间违例，如果晚到，则有可能产生保持时间违例。因此在布局布线前的阶段通常会制定少许的时钟偏斜量，保证设计的时序健壮性，也能得到更为接近实际情况的时序报告。

随着深亚微米技术进一步下降到90 nm及其以下的水平，静态时序分析开始面临越来越多的不确定性。制造工艺的偏差造成了元器件特性的变化，如CMOS管的Vth和Leff等，连线延迟的不确定性也较之前的工艺变大，同时，元器件对工作环境，如工作电压、温度等的变化也越来越敏感，带来了所谓制程变异及环境变化的问题。由此产生了统计静态时序分析，它基于概率分布进行时序分析，可以对晶圆上的工艺偏差进行更好的建模。在静态时序分析中，信号的到达时间和门延迟都是确定的数值。而在统计静态时序分析中，工艺参数的偏差用随机变量建模，作为工艺参数函数的门延迟、互连线延迟和门输入端信号的到达时间也需要用带有概率分布的随机变量描述。然而，建立统计静态时序分析库的工作较为困难，如何提供驱动统计静态时序分析所需的工艺信息是尚未解决的问题，有待于更成熟可靠的建模方法出现。

（3）形式验证与物理验证

形式验证是基于形式逻辑的功能正确性验证，主要形式是等效性检查，它是芯片按照设计意图实现的第一个保证。它将设计的两种描述形式标记为参考设计与待验证设计，验证二者的功能等价性。和仿真相比，形式验证不需要生成测试case，一旦设计属性被严格的逻辑推理证明，那么仿真中不论用怎样的测试 case，这个属性都不会出错。

形式验证中，首先需要给工具提供完整正确的设计、相关的工艺库及准备验证的设计，其次需要对检查过程给定约束条件和设置参数，并确定比较范围和匹配点，如果结果不相等，则需要进行诊断。它通常用来比较 RTL 代码（参考设计）与逻辑综合输出网表（待验证设计）的功能等价性、逻辑综合输出网表（参考设计）和布局布线输出网表（待验证设计）的功能等价性。

将芯片版图提交给代工厂之前，必须要进行物理验证。它通常指 DRC（Design Rule Check）和 LVS（layout Versus Schematics）。DRC 用于检查其设计是否满足设计规则，LVS 用于确定版图与逻辑门网表之间的一致性。以下分别说明。

提出设计规则的目的是让电路稳定地从原理图转换到实际硅片上的形状。它提供了一套在制造掩模时的指导方针。在设计规则定义中的基本单位就是最小线宽，它代表了掩模能够安全地转换成半导体材料的最小尺寸，由光学刻蚀的分辨率来决定。

对于基于标准单元并自动布线的版图，设计规则检查主要验证标准单元上用来连线的金属和通孔是否满足设计规则。因为标准单元由流片厂的库开发商提供，本身已经通过设计规则检查。

使用物理验证工具进行设计规则检查需要两个输入文件。一个是芯片的设计版图，通常是 GDSII 格式的数据库文件。另一个文件是设计规则文件。设计规则文件是代工厂提供的标准格式，它控制设计规则检查工具从何处读取版图文件、进行何种检查、将结果写到何处。输出的结果报告文件中，将指出违反设计规则的类型和出错处的坐标位置。

LVS 验证版图与原理图是否一致。工程师设计的版图是根据原理图在硅片上的具体几何形状的实现。对于标准单元的设计，LVS 主要验证其中的单元有没有供电，连接关系是否与逻辑网表相一致。

在进行 LVS 操作时，首先分别把逻辑门网表和版图的数据转换成易于比较的基于晶体管级的电路模型。然后以输入和输出节点为起始节点对这两个电路模型进行追踪。首先是 I/O 电路，然后去追踪那些需要最少回溯的路径。开始时，工具认为所有的对应节点对都匹配，每当在版图和原理图之间找到匹配对象，且匹配情况唯一时，它就将该对象认定为匹配的节点或模块。当所有的节点和模块都匹配，或者所有的歧点都找到了之后，工具停止追踪。

使用物理验证工具进行 LVS 所需要的两个输入文件和 DRC 检查相同，即 GDSII 格式的设计版图和 runset 规则文件。输出的结果报告文件中，将指出版图和原理图不一致的位置。

2.3　FPGA 设计技术

现场可编程逻辑门阵列（Field Programmable Gate Array，FPGA），是在 PAL、GAL、CPLD 等可编程器件上进一步发展的产物。它作为专用集成电路领域中一种半定制电路出现，解决了定制电路的不足，克服了原有可编程器件门电路数有限的缺点，是现代综合电子产品实现灵活设计与功能重构的有效手段，也是一种片上集成设计技术。

本节主要介绍 FPGA 发展历史、FPGA 设计技术和 eFPGA 技术。

2.3.1 FPGA 发展历史

20 世纪 80 年代到 90 年代，FPGA 开始崭露头角。1984 年成立的 XILINX 公司（已于 2022 年被 AMD 公司收购）是 FPGA 技术领域的开拓者之一，公司成员 freeman 在 1985 年开发出第一块具有实用价值的 FPGA 芯片——XC2064。1991 年，该公司推出 XC4000 系列产品，这是全球第一款被广泛使用的 FPGA。受 XILINX 公司成功的激励，Altera 公司（已于 2015 年被 Intel 公司收购）于 1992 年推出其第一款 FPGA——FLEX8000。由此揭开了 FPGA 大规模化发展的序幕。1995 年，Altera 公司的 FLEX10K 开始搭载存储器块和锁相环，进一步扩大产品的应用范围。1999 年，XILINX 的 Virtex-E 和 Altra 公司的 APEX20K 将集成度提高到 100 万门级别，FPGA 进入了百万门规模的时代。

进入 2000 年，FPGA 进一步蓬勃发展。FPGA 被制造商认为是可以用于制造工艺开发测试过程的良好工具，开始用它来代替原先存储器所扮演的用来验证每一代新工艺的角色。参见表 2-2，以 XILINX 的 Virtex 系列产品为例，可以看出 FPGA 系列产品的演进和工艺制程升级保持同步。

表 2-2 XILINX 的 Virtex 系列产品工艺制程一览

产品子系列	推出时间(年份)	工艺制程
VirtexII Pro	2002	130 nm
Virtex-4	2004	90 nm
Virtex-5	2006	65 nm
Virtex-6	2009	40 nm
Virtex-7	2011	28 nm
Virtex-UltraScale	2013	20 nm
Virtex-UltraScale+	2019	14/16nm FinFET

由于跟上了集成电路工艺制程升级的节奏，FPGA 产品的性能、集成度也稳步提升。FPGA 不再是只用于实现特定规模逻辑的门阵列，而是逐步向集成可编程逻辑的复杂功能集的系统发展。也因此，FPGA 呈现出越来越多的整合系统模块的趋势，比如开始应用 SERDES 电路和 LVDS 实现高速串行通信接口，集成功能更加完备的 DSP 模块以满足图像处理等运算性能的需求，甚至推出了带有完整处理器硬核的产品，比如 Altera 的 Excalibur（ARM922 处理器）和 XILINX 的 Virtex II Pro（PowerPC 处理器）。

直到最近几年，继续凭借工艺的东风，迎合 SoC 潮流推出的搭载硬核处理器的 SoC FPGA 在性能和成本方面逐步赢得市场。例如 XILINX（现 AMD）的 Zynq-7000 系列产品、Altera（现 Intel）的 Cyclone V 系列产品。另一方面，据 Cheng C. Wang 等于

2014 年在 ISSCC 发表的文章，将 FPGA 块集成到 SoC 中的 eFPGA 技术真正变为可能，为人工智能学习算法和防御安全算法领域的应用需要提供了很好的硬件架构解决方案。该技术将在 2.3.3 节进一步介绍。

2.3.2 FPGA 设计技术

（1）可编程技术

为了满足在预置的硅片上重新配置开发新功能的要求，FPGA 使用了熔丝、反熔丝、EPROM、EEPROM、Flash 和 SRAM 等可编程技术。

1）基于熔丝/反熔丝的可编程技术。图 2-24 是一个简单的可编程结构示意图。如果可以选择输入端 a、b 是否经过反相器再输出给与门，那么输出端就可以根据输入值的不同产生对应的输出 y，实现端口 y 逻辑功能的可编程化。

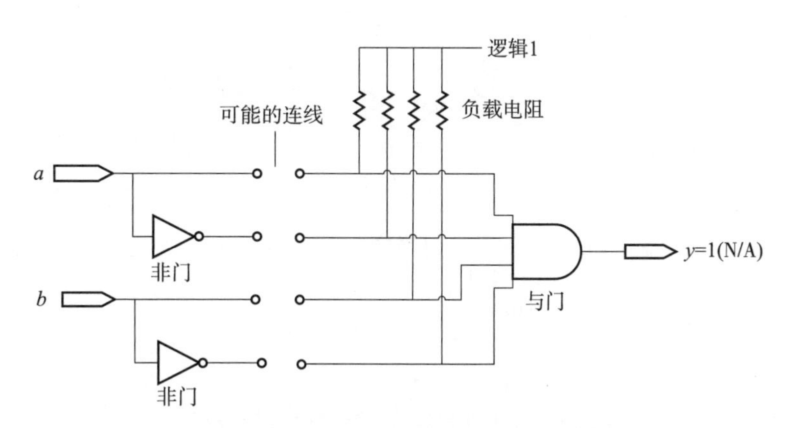

图 2-24 一个简单的可编程结构示意图

图 2-25 是采用熔丝技术的可编程结构示意图。它在器件制造过程中使用了可熔的连接线（熔丝）。它在概念上和家用电器的保险丝类似，一旦通过了较大的电流，保险丝熔断，令电路开路，保护剩下的部分。对于一只采用了熔丝技术的 FPGA，在出厂时它的熔丝均保持连接状态（未编程状态），用户对 FPGA 进行编程的过程就是通过控制电流或电压手段熔断部分熔丝，使逻辑结构固化。

对应的还有反熔丝技术。它的未编程状态和熔丝技术相反，处于断路状态，开发人员的编程操作使其连接形成通路。熔丝技术和反熔丝技术本质是相同的，只是工艺技术制造实现上不同，不过，不论是熔丝还是反熔丝，一旦编程后就不能恢复原状，这意味着采用该技术的 FPGA 只能支持一次编程行为。1970 年，harris 半导体开发的第一个可编程只读存储器（PROM），就是在器件中引入了熔丝连接技术形成的。如图 2-26 所示，在未编程状态下，器件上所有的熔丝都保持着连接状态。当行（字）线处于工作状态时，所有与之相连的晶体管都会导通，列（数据）线将被各自的晶体管下拉到逻辑 0。设计者通过大电流或电压脉冲等手段进行编程，可以有选择地熔断不需要的熔丝，一旦熔丝熔断，则其所对应的单元就显示为逻辑 1。

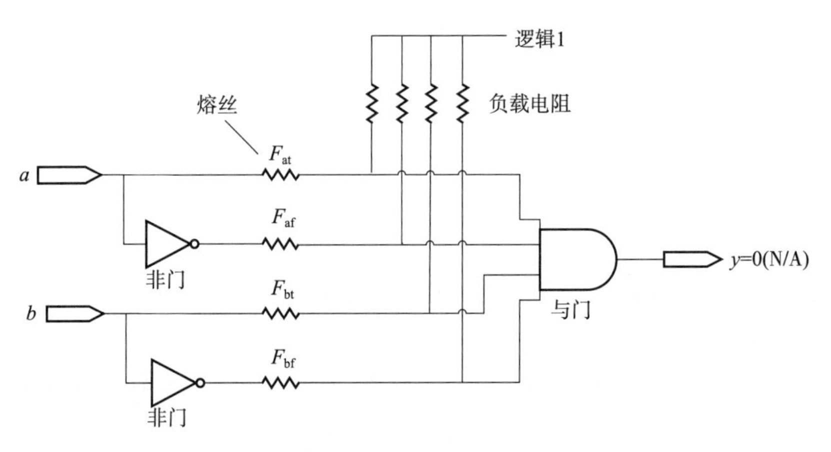

图 2-25　采用熔丝技术的可编程结构示意图

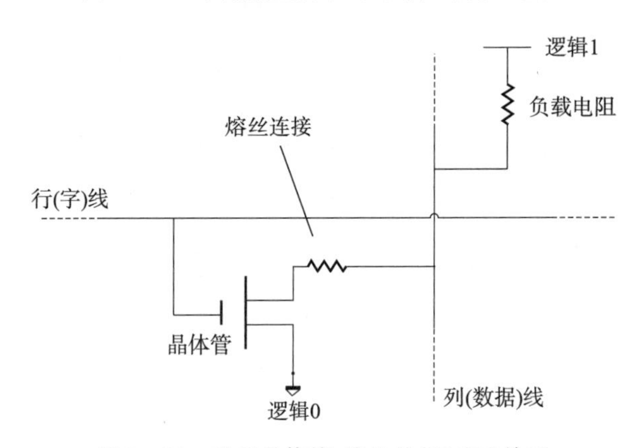

图 2-26　基于晶体管-熔丝的 PROM 单元

熔丝/反熔丝技术优势在于非易失、抗辐照，而且可以具备很好的防逆向设计能力，其不足之处在于只能进行一次性编程，一次配置后终生不可再修改。

2）基于 EPROM 的可编程技术。熔丝/反熔丝器件只能编程一次，而采用 EPROM 技术的器件则可以支持紫外线擦除和可再次编程。EPROM 晶体管和标准 MOS 晶体管具有相同的基本结构，只是多了由氧化层绝缘的多晶硅浮置栅，如图 2-27 所示。

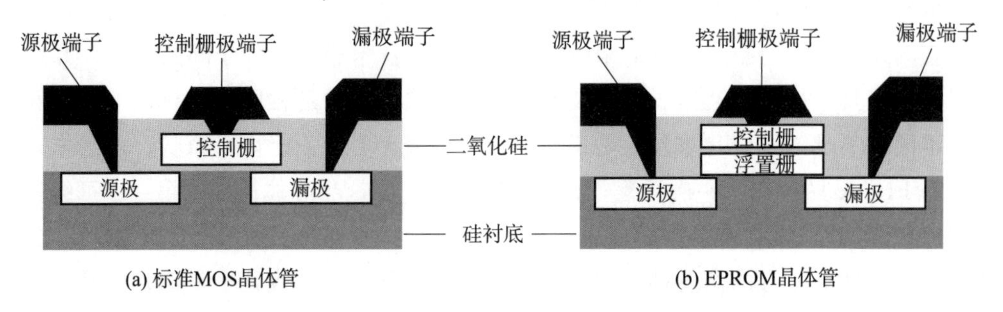

图 2-27　标准 MOS 晶体管和 EPROM 晶体管

在未编程状态下，浮置栅不带电，也不影响控制栅的一般操作。对晶体管编程时，会在控制栅和漏极端子之间加大电压。晶体管在高压之下，高能电子通过氧化层进入浮置栅，这一过程称为热（高能）电子注入。当编程信号撤销后，负电荷存储在浮置栅中，非常稳定，正常工作状态下可以维持十年以上。浮置栅里的电荷阻止了控制栅的正常操作，将编程和未编程的单元区分出来，如图 2－28 所示。

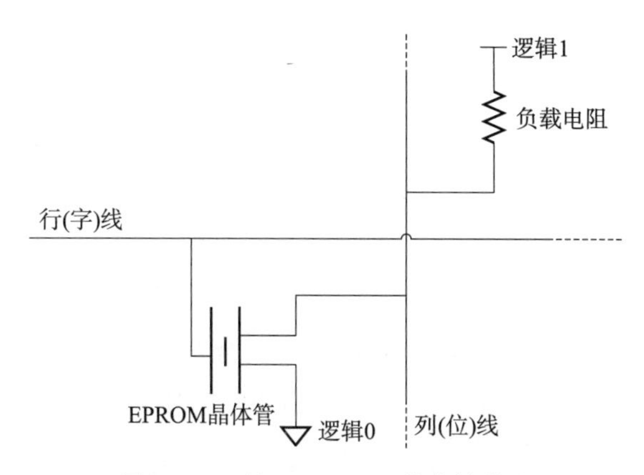

图 2－28　基于 EPROM 的存储单元

这个单元不需要熔丝/反熔丝连接。在厂商预留的未编程状态下，EPROM 晶体管中的浮置栅不带电荷，字线激活后，晶体管处于导通状态，单元呈逻辑 0。对器件进行编程后，对应单元晶体管的浮置栅带电，晶体管关断，单元呈逻辑 1。

EPROM 单元的擦除是通过浮置栅放电实现的，放电所需要的能量由一个 UV（紫外）射线源提供。交付时的 EPROM 器件是在陶瓷或塑料封装里开一个晶体小窗，小窗通常由一个不透明的胶带封住，需要擦除时，将胶带揭开，把器件放进置有强烈紫外线的容器中。然而由此带来的问题是，带有晶体窗口的封装非常昂贵，擦除时间长达数十分钟。而且未来随着工艺的进步，器件尺寸越来越小，单元密度增加，芯片表层大多数被金属覆盖，EPROM 单元吸收紫外线的难度和时间会因此增加。

EEPROM 单元与 EPROM 结构类似，也包含浮置栅，但是围绕这个栅的绝缘氧化层非常薄。

闪存单元的擦除时间比起 EPROM 短得多，其单元可采用多种结构，一方面包含 EPROM 的浮置栅，一方面包含 EEPROM 的薄氧化层特性。

3）基于 SRAM 的可编程技术。一旦 SRAM 单元把值载入，它将保持不放电。除非被专门修改或者断开器件的供电，该特性可以用于实现可编程单元。如图 2－29 所示，整个单元包括一个多晶体管的 SRAM 单元，它的输出控制一个独立的晶体管。存储单元为 0 或 1 时，对应控制晶体管的关闭和导通。

基于 SRAM 的可编程器件优点是支持快速反复的编程，缺点是占用面积较大，而且断电易失。

以上三种技术并非只能独立存在。比如考虑 Flash 单元和 SRAM 单元组合。Flash 可以提前被编程，当系统上电时，Flash 单元的内容可以被复制到对应的 SRAM 单元中，器

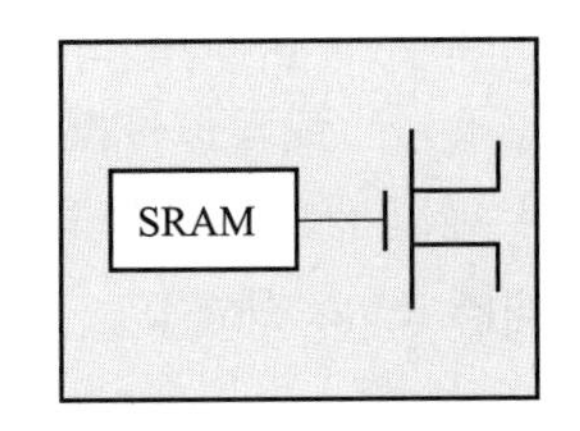

图 2-29　基于 SRAM 的可编程单元

件从而获得上电后即刻运行的能力，这是之前只有熔丝/反熔丝器件才有的典型的非易失性，但同时，可以在运行过程中利用 SRAM 单元更改器件的配置，获得熔丝/反熔丝器件并不具备的可编程性。

（2）FPGA 内部结构

FPGA 可以看作是由可编程互连单元连接起来的编程逻辑块构成的，如图 2-30 所示，其中可编程逻辑块是 FPGA 用于实现“可编程”的核心结构。

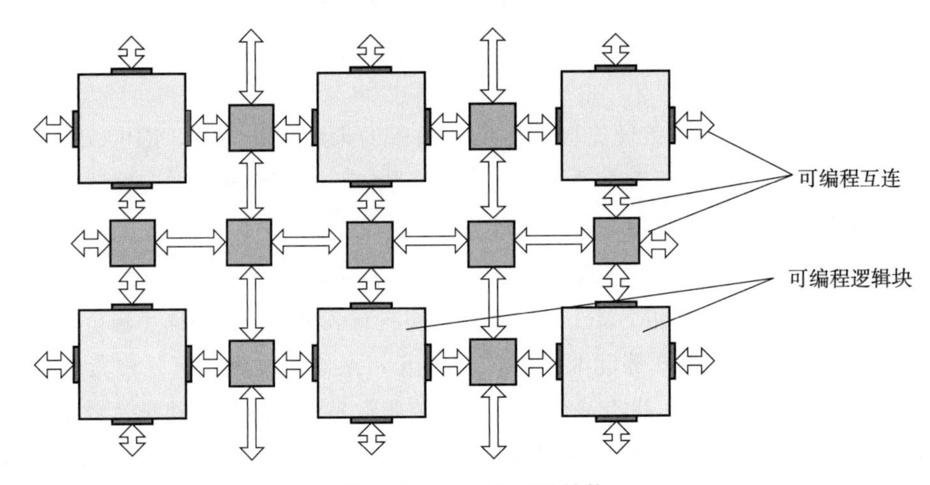

图 2-30　FPGA 基础结构

可编程逻辑块能实现的功能越小，包含的逻辑单元数量越少，则说明该 FPGA 结构的粒度越细。典型细粒度结构，每个逻辑块可以实现基本与、或、异或或触发器、锁存器功能。逻辑块规模更大的中粒度结构，逻辑块中包含的逻辑单元数量比细粒度的多很多。比如，可能包含四个四输入 LUT、四个多路复用器、四个触发器和一些快速进位逻辑等。在一些节点阵列组成的 FPGA 中，每个节点都是一个高复杂的处理单元，包括 FFT 这类特殊算法的实现单元、通用微处理器核等，这类 FPGA 属于粗粒度结构。

中等粒度结构逻辑块的构成分为两种：基于多路选择器 MUX 的和基于查找表 LUT 的，如图 2-31、图 2-32 所示。

以上是普适性的说明，事实上，各 FPGA 厂商对其器件的核心单元有不同的命名。XILINX 的现代器件核心单元被称作 LC（Logic Cell）。一个 LC 包括一个四输入 LUT、一个多路复用器和一个寄存器，以及一些用于算术操作的专用快速进位逻辑。Altera 的核心单元叫作 LE（Logic Element），总体上和 LC 类似。

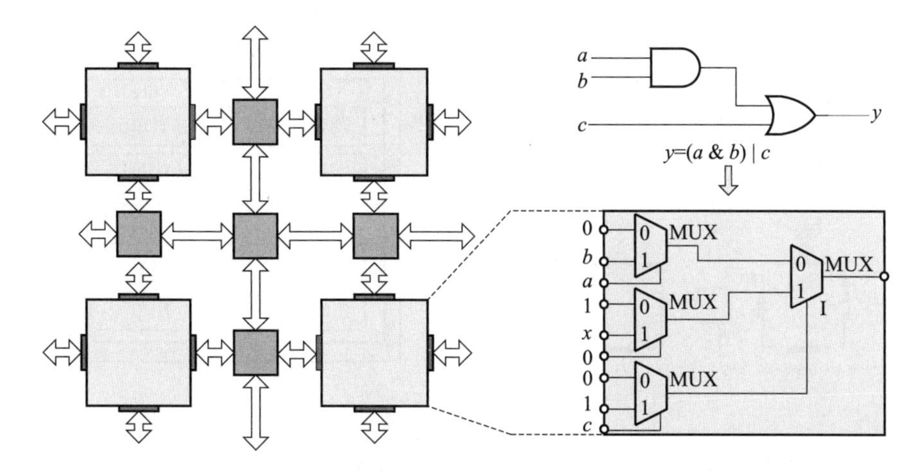

图 2-31　基于 MUX 的结构块（实现 $a \& b \mid c$ 功能）

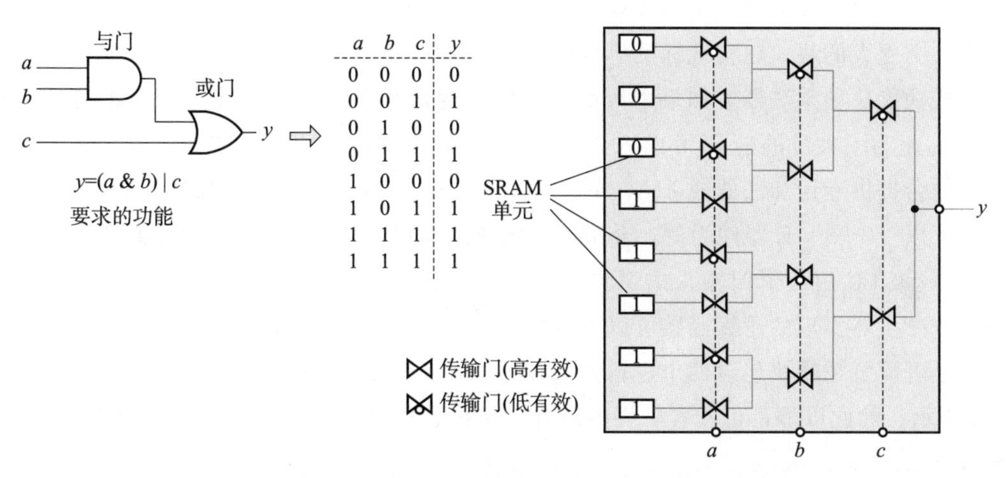

图 2-32　基于 LUT 的结构块（实现 $a \& b \mid c$ 功能）

核心块的下一级是 XILINX 中称为 Slice 的结构，一个 Slice 包括两个 LC。而 Slice 的下一级就是可配置逻辑块了，在 XILINX 中称作 CLB（在 Altera 中被称为 LAB 逻辑阵列块）。一个 CLB 中可能包括 2 个或者 4 个 Slice，如图 2-33 所示。

从 LC 到 Slice，从 Slice 到 CLB，采用这种不同逻辑规模的迭代构建的形式，有利于实现同一 Slice 之间的 LC 有快速互连，在同一 CLB 中的 Slice 之间互连速度稍慢，CLB 之间的互连速度再次之。在实现互连的时候不会增加太多互连延迟。

除了上述结构，FPGA 中还配有快速进位链、内嵌 RAM、内嵌乘法器、内嵌加法器和 MAC 等。

出于计算速度的考虑，FPGA 还配置了能实现快速进位链要求的专门逻辑和互连。每个 LC 包含专门的进位逻辑（carry&control），且各 LC 之间、各 Slice 之间、各 CLB 之间都有专门互连补充配套。这些专门的进位链和专用路由大大提升了计数器逻辑功能和加法器的算术功能和性能。这些快速进位链的工作效率，与 LUT（查找表）形成的移位寄存器和嵌入式乘法器有关，为 FPGA 在数字信号处理上的应用提供了保证。

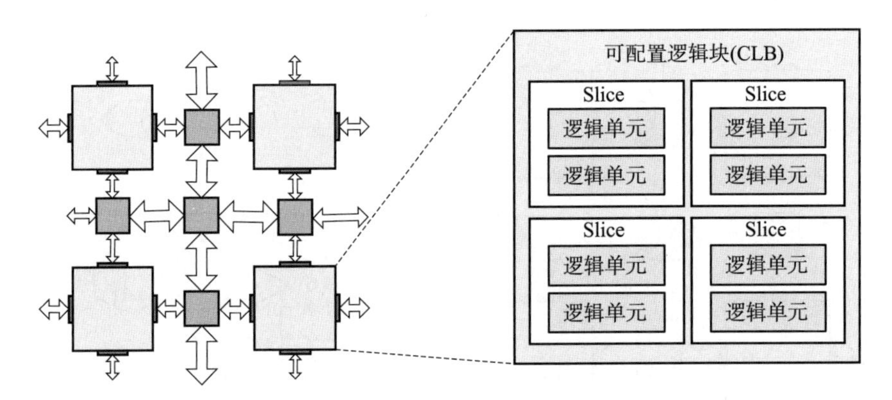

图 2-33 CLB 构成示意图

为了满足大量应用的存储要求，FPGA 配置了内嵌 RAM。它们可能位于器件的外围、孤立分散在芯片的表面或是组织成列。每个 RAM 块可以单独使用，或多个块可以连在一起形成一个更大的块，以实现标准单口或双口 RAM、FIFO，状态机等功能。

有些功能比如乘法器，如果用大量的可编程逻辑块连在一起实现，计算速度会很慢。因此 FPGA 为了大量的应用考虑，会固化实现专门的硬件乘法器单元。类似地，有的 FPGA 也会提供专用加法器或 MAC 单元，实现 DSP 应用中常见乘累加操作的快速计算。

以下以 Virtex-E 器件为例，介绍其逻辑块的构成和结构。Virtex-E 器件的 CLB 由 LC 构成，该 LC 由一个四输入的逻辑函数产生器、一套进位逻辑和一个存储单元组成，逻辑函数产生器实现的逻辑函数可以直接输出，也可以经 D 触发器锁存后输出。

每个可配置逻辑块包含四个逻辑元，以左右两个 Slice 的形式存在于 FPGA 中，如图 2-34 所示。除此以外，可配置模块中还有一些组合逻辑，用来实现五输入或六输入的逻辑函数。

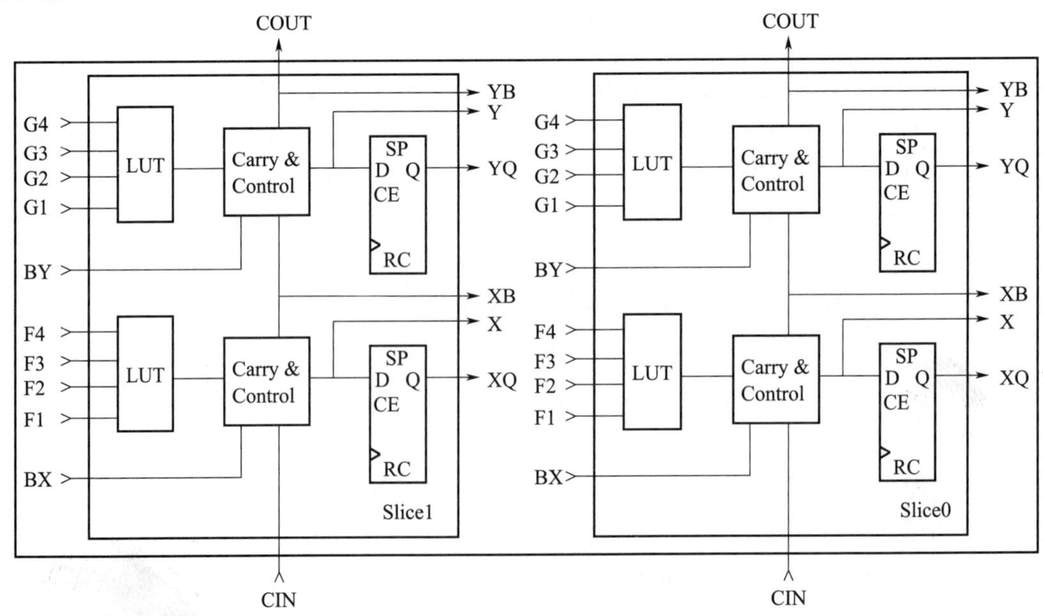

图 2-34 可配置逻辑模块的组成

Slice 的详细结构如图 2－35 所示，部分信号的延时参数见表 2－3、表 2－4 所示。

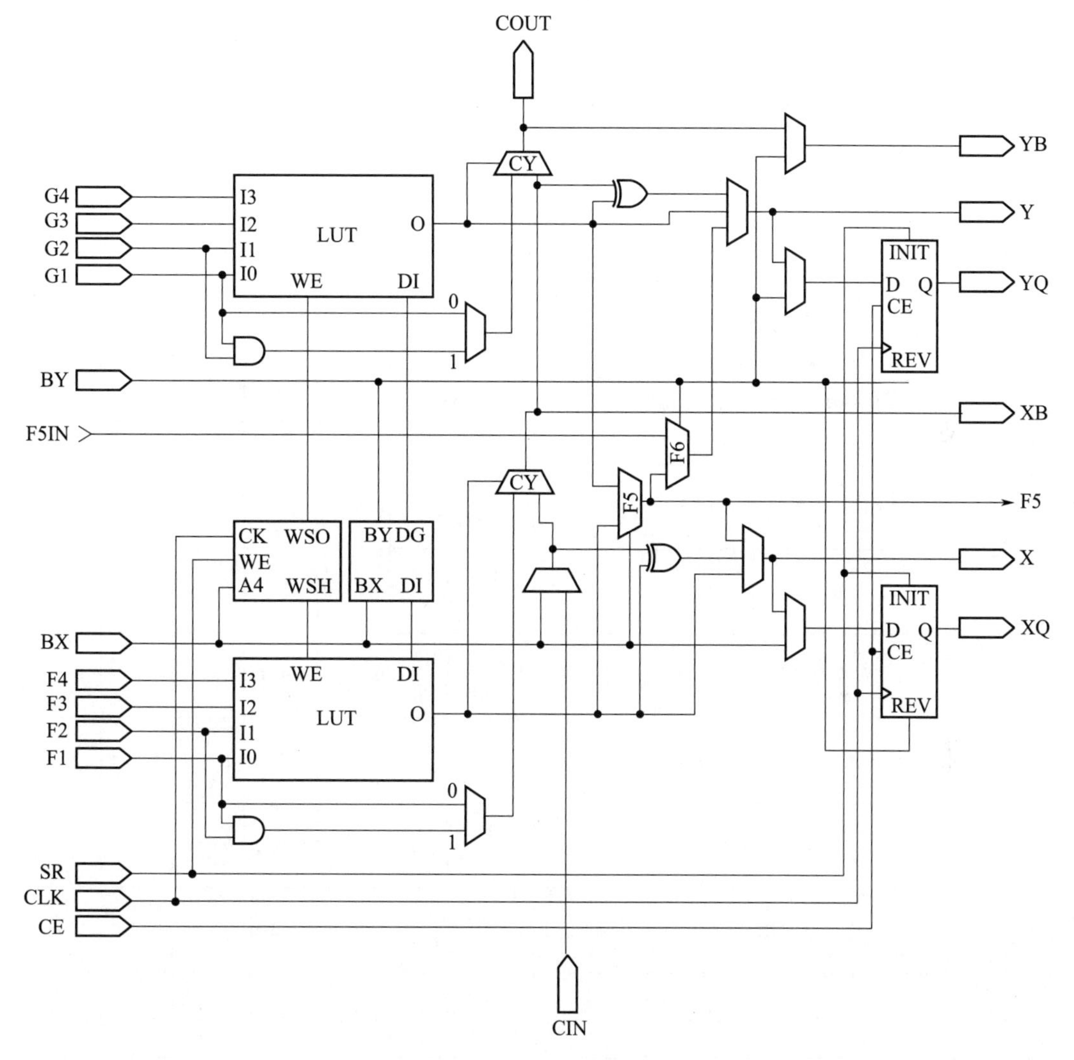

图 2－35　Slice 的详细结构

查找表（LUT）：在 Virtex－E 器件中，各种组合逻辑的生成主要是通过四输入的查找表来实现的，它可以实现四个输入信号的任意组合逻辑。除了作为组合逻辑生成器外，每个 LUT 还可以用来实现一个 16×1 bit 的同步 RAM，而一个 Slice 中的两个 LUT 便可实现一个 16×2 bit 或 32×1 bit 的同步 RAM，或者是一个 16×1 bit 的双口 RAM。另外，Virtex－E 器件中的 LUT 还可以作为 16 bit 的移位寄存器来使用，这种模式可以方便数字信号处理应用时存储高速或爆发模式（burst－mode）的数据。

存储单元：Virtex－E 器件的存储单元既可以配置成边沿敏感的 D 触发器，也可以配置成电平敏感的锁存器，它的输入可以用同一 Slice 中函数产生器的输出驱动，也可以直接由 Slice 的输入来驱动。

表 2-3　CLB 延时特性

类别	路径描述	符号	速度等级				单位
			最小	-8	-7	-6	
组合逻辑延时	四输入逻辑:F/G 输入到 X/Y 输出	TILO	0.19	0.40	0.42	0.47	ns
	五输入逻辑:F/G 输入到 F5 输出	TIF5	0.36	0.76	0.8	0.9	ns
	五输入逻辑:F/G 输入到 X 输出	TIF5X	0.35	0.74	0.8	0.9	ns
	六输入逻辑:F/G 输入通过 F6 到 Y 输出	TIF6Y	0.35	0.74	0.9	1.0	ns
	六输入逻辑:F5IN 输入到 Y 输出	TF5INY	0.04	0.11	0.20	0.22	ns
	累加延时通路通过透明锁存到 XQ/YQ 输出	TIFNCTL	0.27	0.63	0.7	0.8	ns
	BY 输入到 YB 输出	TBYYB	0.19	0.38	0.46	0.51	ns
时序延时	寄存器时钟沿到 XQ/YQ 输出	TCKO	0.34	0.87	0.9	1.0	ns
	锁存器时钟沿到 XQ/YQ 输出	TCKLO	0.40	0.87	0.9	1.0	ns
建立/保持时间	四输入逻辑:F/G 输入	TICK/TCKI	0.39/0	0.9/0	1.0/0	1.1/0	ns
	五输入逻辑:F/G 输入	TIF5CK/TCKIF5	0.55/0	1.3/0	1.4/0	1.5/0	ns
	六输入逻辑:F5IN 输入	TF5INCK/TCKF5IN	0.27/0	0.6/0	0.8/0	0.8/0	ns
	六输入逻辑:F/G 输入通过 F6	TIF6CK/TCKIF6	0.58/0	1.3/0	1.5/0	1.6/0	ns
	BX/BY 输入	TDICK/TCKDI	0.25/0	0.6/0	0.7/0	0.8/0	ns
	CE 输入	TCECK/TCKCE	0.28/0	0.55/0	0.7/0	0.7/0	ns
	SR/BY 输入(同步)	TRCK/TCKR	0.24/0	0.46/0	0.52/0	0.6/0	ns
时钟	最小正脉冲宽度	TCH	0.56	1.2	1.3	1.4	ns
	最小负脉冲宽度	TCL	0.56	1.2	1.3	1.4	ns
置位/复位	SR/BY 最小脉冲宽度	TRPW	0.94	1.9	2.1	2.4	ns
	从 SR/BY 输入到 XQ/YQ 输出的延时(异步)	TRQ	0.39	0.8	0.9	1.0	ns
	翻转频率	FTOG		416	400	357.2	ns

配合时钟和时钟使能信号，每个 Slice 可以产生同步置位和复位信号（SR 和 BY），当然，这些信号也可以配置为异步工作。这两个信号可以独立反相，控制 Slice 中的两个触发器，其中 SR 使存储单元的状态与配置的初始状态保持一致，BY 则使存储单元的状态与配置的初始状态相反。

表 2-4　CLB 的运算逻辑延时特性

类别	路径描述	符号	速度等级				单位
			最小	−8	−7	−6	
组合逻辑延时	F 端输入通过 XOR 到 X 输出	T_{OPX}	0.32	0.68	0.8	0.8	ns
	F 端输入到 XB 输出	T_{OPXB}	0.35	0.65	0.8	0.9	ns
	F 端输入通过 XOR 到 Y 输出	T_{OPY}	0.59	1.06	1.4	1.5	ns
	F 端输入到 YB 输出	T_{OPYB}	0.48	0.89	1.1	1.3	ns
	F 端输入到 COUT 输出	T_{OPCYF}	0.37	0.71	0.9	1.0	ns
	G 端输入通过 XOR 到 Y 输出	T_{OPGY}	0.34	0.72	0.8	0.9	ns
	G 端输入到 YB 输出	T_{OPGYB}	0.47	0.78	1.2	1.3	ns
	G 端输入到 COUT 输出	T_{OPCYG}	0.36	0.60	0.9	1.0	ns
	BX 初始化输入到 COUT 输出	T_{BXCY}	0.19	0.36	0.51	0.57	ns
	CIN 输入通过 XOR 到 X 输出	T_{CINX}	0.27	0.50	0.6	0.7	ns
	CIN 输入到 XB	T_{CINXB}	0.02	0.03	0.07	0.08	ns
	CIN 输入通过 XOR 到 Y 输出	T_{CINY}	0.26	0.45	0.7	0.7	ns
	CIN 输入到 YB	T_{CINYB}	0.16	0.28	0.38	0.43	ns
	CIN 输入到 COUT 输出	T_{BYP}	0.05	0.10	0.14	0.15	ns
乘法操作	F1/2 操作数输入通过 AND 到 XB 输出	T_{FANDXB}	0.10	0.30	0.35	0.39	ns
	F1/2 操作数输入通过 AND 到 YB 输出	T_{FANDYB}	0.28	0.56	0.7	0.8	ns
	F1/2 操作数输入通过 AND 到 COUT 输出	T_{FANDCY}	0.17	0.38	0.46	0.51	ns
	G1/2 操作数输入通过 AND 到 YB 输出	T_{GANDYB}	0.20	0.46	0.55	0.7	ns
	G1/2 操作数输入通过 AND 到 COUT 输出	T_{GANDCY}	0.09	0.28	0.30	0.34	ns
建立/保持时间	CIN 输入到 X 触发器	T_{CCKX}/T_{CKCX}	0.47/0	1.0/0	1.2/0	1.3/0	ns
	CIN 输入到 Y 触发器	T_{CCKY}/T_{CKCY}	0.49/0	0.92/0	1.2/0	1.3/0	ns

进位逻辑：专门的进位逻辑设计使得 Virtex-E 器件在实现高速算术运算时能具备高速的进位能力。从图 2-35 中可以看出，每个 Slice 的进位逻辑主要由两个进位选择器（CY）组成，它们分别由各自对应的查找表输出信号控制，来选择是将上级进位输出，还是输出另外的逻辑组合（本级进位）。

如果将输出的进位信号记作 c_n，上级进位信号输入记作 c_{n-1}，本级的进位信号记作 c_s，查找表的输出信号记作 S_{LUT}，则它们之间有如下的逻辑关系

$$c_n = \begin{cases} c_s & S_{LUT}=0 \\ c_{n-1} & S_{LUT}=1 \end{cases} \tag{2-1}$$

其中，按照应用方向的不同，c_s 又可以有不同的逻辑配置。以 Slice 的下半部逻辑单元为例，当用作加法器时，可以配置成 $c_s = F1$，当用作乘法器时，则可以配置成 $c_s = F1F2$，另外，在一些特殊应用场合，c_s也可以配置成恒为逻辑 0 或逻辑 1。

从下面的设计中可以看出，CY 的控制端信号是可以并行产生的，而在加法器设计中，高位进位的延时在很大程度上取决于低位进位的产生，因此，CIN 输入到 COUT 输出时间 TBYP 的大小就决定了加法器的最终实现速度。从表 2-4 可知，在 CY 的控制端信号确定后，进位信号从 CIN 输入到 COUT 输出的时间（T_{BYP}）仅仅需要 0.10 ns（Virtex-E-8），这个数值使我们能够在 Virtex-E 器件上实现速度相当高的加法器和乘法器，参见表 2-5。

表 2-5　Virtex-E-7 器件常用电路性能

功能	位数	结果输出时间 （register-register）
加法器	16	4.3 ns
	64	6.3 ns
流水乘法器	8×8	4.4 ns
	16×16	5.1 ns
地址译码	16	3.8 ns
	64	5.5 ns
16 选 1		4.6 ns
优先树	9	3.5 ns
	18	4.3 ns
	36	5.9 ns

附加逻辑：Slice 中的 F5 多路选择器能够将该 Slice 中两个逻辑函数产生器的输出组合，从而实现任意的五输入逻辑、四选一多路选择器或者最多高达九个输入的其他逻辑。

F6 多路选择器则通过选择 F5 的输出将一个 CLB 中四个逻辑函数产生器的输出组合起来，使得每个 CLB 能够实现任意的六输入逻辑、八选一多路选择器或者最多高达 19 个输入的其他逻辑。

另外每个 CLB 还有四条反馈通路，平均分配给两个 Slice，这些通路可以为两个 Slice 提供额外的输入路径，或本地布线资源，如图 2-36 所示。

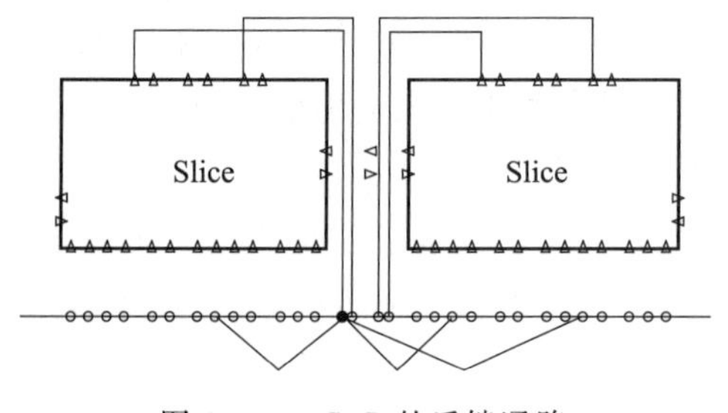

图 2-36　CLB 的反馈通路

（3）FPGA 配置加载和开发流程

由于各 FPGA 厂商都有自己特有的技术，不同器件族的 FPGA 编程细节也不一样，因此，以下关于 FPGA 配置加载的讨论仅限于这个主题的一般性介绍。

FPGA 需要一个配置文件来实现用户赋予它的功能，配置文件包括配置数据和配置命令。配置数据用于定义可编程单元状态，配置命令用于指示设备如何处理配置数据。对于反熔丝类型的 FPGA，配置文件主要包括生成反熔丝所使用的配置数据。

考虑配置单元的过程，可以从一个非常简单的器件开始假设——只包括一个简单的可编程逻辑块，周围被可编程互连围绕。任何一种能够被编程的器件都需要专门的配置单元，大部分 FPGA 使用 SRAM 单元，但是有些使用 Flash 单元，而其他使用反熔丝。器件的内部互连具有大量的相关单元能够配置，用于器件的基本输入和输出与可编程逻辑块的连接，以及这些逻辑块的互连。器件的可编程逻辑块（以包含一个四输入 LUT、一个 MUX、一个寄存器的逻辑块为例）中，LUT 本身就是一个 16 配置单元，MUX 需要一个配置单元确定选择的是哪个输入，寄存器要求相关的配置单元决定它是触发器还是锁存器，以及上升沿触发还是下降沿触发，或者低有效使能还是高有效使能，复位值为 0 还是 1。

对于反熔丝 FPGA，可以认为每个反熔丝单元都有一个坐标，编程器根据配置文件产生较大的电压和电流脉冲输入对应引脚，按照配置有序地熔断或略过各个熔丝。对于基于 SRAM 的 FPGA，可以将其 SRAM 配置单元看作单个的长移位寄存器，如图 2-37 所示。

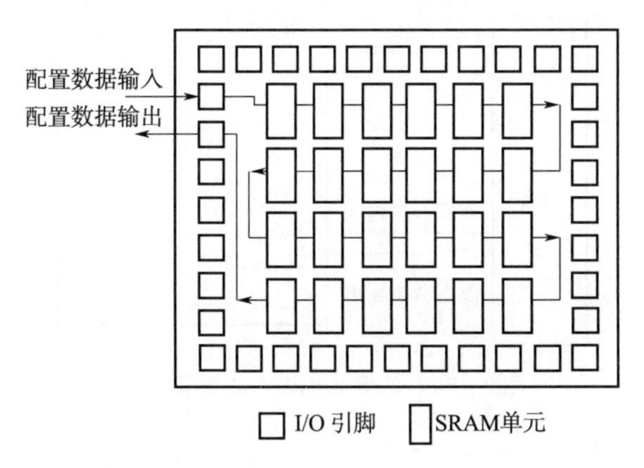

图 2-37 把 SRAM 单元视为一个长移位寄存器

这个寄存器链的开始和结尾可以由外界直接访问，这主要是出于使用配置端口编程的机制，结合 FPGA 作为主设备串行下载或 FPGA 作为从设备串行下载的编程模式的情况。

目前 FPGA 的配置模式可以分为五种，见表 2-6。引脚编码以具体 FPGA 器件定义为准。

表 2-6 FPGA 的五种配置模式

模式引脚编码	模式
000	FPGA 作为主设备串行下载
001	FPGA 作为从设备串行下载
010	FPGA 作为主设备并行下载

续表

模式引脚编码	模式
011	FPGA 作为从设备并行下载
1XX	JTAG 下载

串、并行下载的模式，其区别在于数据位宽。串行模式，仅一位数据位宽，节约管脚但拉长了配置时间，并行模式相反，有多位数据位宽，管脚数占用较多，但提高了配置效率。虽然这些用于配置的管脚在配置完成后理论上可以当作普通的 I/O 使用，但实际上这些管脚和外部存储器件的引线互连仍然存在，当作普通 I/O 使用时可能会存在信号完整性问题。

FPGA 作为主、从设备的模式中，FPGA 作为主设备时，直接对片外存储器件进行控制和数据传输，如图 2-38、图 2-39 所示；FPGA 作为从设备时，由片外控制器对片外存储器件和 FPGA 进行控制，将片外存储器件的数据写入 FPGA 中，如图 2-40 所示。主机模式的实现方案简单，只需要 FPGA 本身和一个片外存储器件即可。从机模式能够实现更多的配置方式，借助片外控制器，用户可以实现更灵活和复杂的 FPGA 配置。

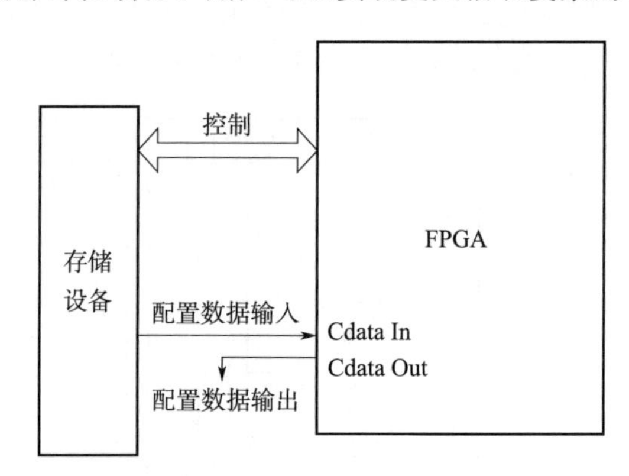

图 2-38　单个 FPGA 主机配置加载

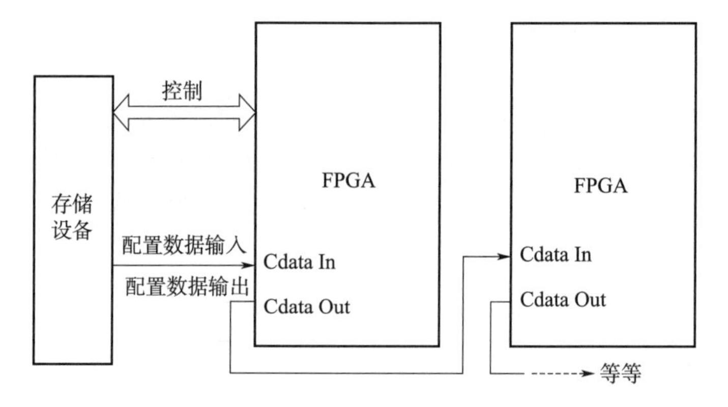

图 2-39　多个 FPGA 主机配置加载

JTAG 模式利用 FPGA 的 JTAG 端口实现配置加载。此时，JTAG 的作用不仅仅是边

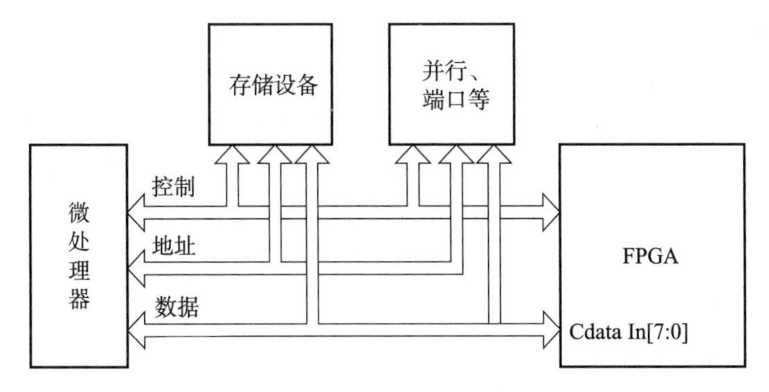

图 2－40　单个 FPGA 作为从机进行配置加载

界扫描，FPGA 利用 JTAG 端口把命令载入专用的 JTAG 命令寄存器中，这个命令可以指示 FPGA 把内部的 SRAM 配置移位寄存器连接到 JTAG 链上，以实现通过 JTAG 端口配置 FPGA。

开发 SoC 的过程中，会利用 FPGA 实现 SoC 的物理原型验证，因此该应用下的 FPGA 设计流程与 SoC 设计流程类似，如图 2－41 所示。其中综合和布局布线阶段，需要使用针对 FPGA 的 EDA 工具（比如 XILINX 公司的 Vivado），并准确选择 FPGA 器件的型号。另外，FPGA 支持内嵌在线逻辑调试逻辑，可以在综合过程中预先定义好观测信号，在板级运行时配合对应的逻辑调试工具（比如 XILINX 公司的 ChipScope）进行观测。

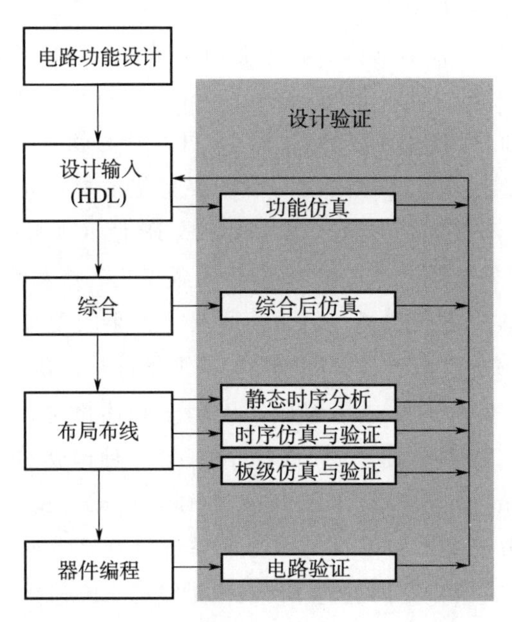

图 2－41　物理原型验证中 FPGA 设计流程

2.3.3　嵌入式 FPGA 技术

嵌入式 FPGA（eFPGA）指一种 FPGA IP。这种可编程逻辑单元矩阵能够像其他 IP

一样集成到 SoC 中，但不同的是，它的逻辑功能在硅后仍然可以重构，这种灵活性为人工智能学习算法和防御安全算法等领域的应用需要提供了很好的硬件架构解决方案。

除了灵活性以外，eFPGA 技术还具备一些其他优势。首先是性能，eFPGA 是通过并行接口集成在 SoC 系统内的，从而能提供更高的数据吞吐率。其次是功耗，在独立 FPGA 中，主要功耗的开销集中在可编程 I/O 电路部分，约占到 50%以上，而 eFPGA 在 SoC 中通过内连线进行片上连接，从而避免了这部分功耗开销。最后是成本，独立 FPGA 考虑到多且密的引脚，以及时钟发生器、无源组件等模块的需要，在制造中需使用最大化的金属层。而 eFPGA 无须考虑这些，因此金属层数少，不会为生产成本增加压力。

没有功耗和成本的后顾之忧，eFPGA 凭借可编程的灵活性优势，以及高吞吐率的加持，解决了当下 SoC 在应用灵活性方面的问题。

eFPGA 可以满足当前算法快速迭代所需要的灵活性。与硬连线逻辑直接实现 RTL 功能相比，集成 eFPGA 的方案可能会带来芯片面积增大的问题，但是当算法（典型的如人工智能学习算法和防御安全算法）迭代的速度超过 SoC 的研制速度时，为了确保芯片对未来应用的适应性，这部分开销并不浪费。

eFPGA 可以满足功能配置所需要的灵活性。出于对工业控制、安保、生活消费类电子产品等领域离散应用的支持，一个 SoC 供应商可能会拥有数百种功能稍有不同的芯片，区别有时仅限于一点小需求。在采用 eFPGA 技术后，就可以拥有一个裸片，由此生产出不同的电路产品，规避了库存风险。

基于以上因素，eFPGA 技术成功引起了业内大量关注，该领域的公司和产品线也逐渐丰富，主要产品供应商有：Flex Logix、Achronix、Menta、QuickLogic、NanoXplore、Efinix、Adicsys 等。他们所提供的 eFPGA 的 IP 可以分为软核 IP、硬核 IP 两种。其中，软核 IP 对工艺节点、工艺厂商没有限制，不需要特定的标准单元库。但在不同大小的 eFPGA 配置上，GDS 会有变动，并且其密度较硬核 IP 低（其密度约为硬核 IP 的 30%～50%），因此所需硅片面积也较大。硬核 IP 会针对各工艺节点发布不同尺寸的 eFPGA IP，用户只能从其提供的列表中进行选择。但是不同尺寸大小的硬核 IP 之间 GDS 没有变化，能够兼容几乎所有的金属层。由于其密度较高，需要的硅片面积较小。

图 2－42 是一种 eFPGA 的构成示意图，仅用于阐述概念，和各厂商提供的软硬核 eFPGA 结构无直接关系。图 2－43 的簇（Cluster）是一种构成 eFPGA 的基本单元，呈二维结构，包含 LE（Logic Element）、CB（Connection Box）、RS（Routing Switch）等单元。其中 LE 单元在簇中按水平和垂直两个方向整齐排列，它们相互之间通过 Broadcast 线互连，CB 从水平和垂直两个方向通过 Broadcast 线和 LE 进行数据交互，CB 之间通过 RS 进行交互（见图 2－42）。相对于一个中心点向周围辐射散开的一维簇，二维结构的簇在实现面向算术运算的数据路径方面更有优势。

具体而言，LE 单元是由 Core Logic 和 Dedicated Routing Blocks（DRB）构成的。前者用于逻辑功能实现，后者用于输入输出信号互连。RS 单元是位于水平和竖直方向交叉点的一组开关，实际上将可根据应用需求设置，以避免追求不必要的灵活性而牺牲成

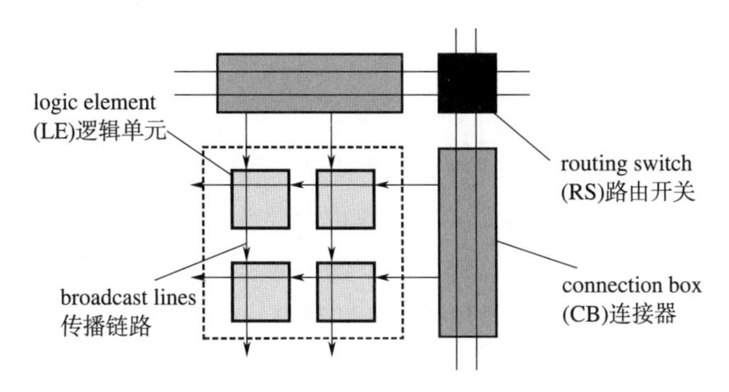

图 2-42　一种 eFPGA 的构成示意图

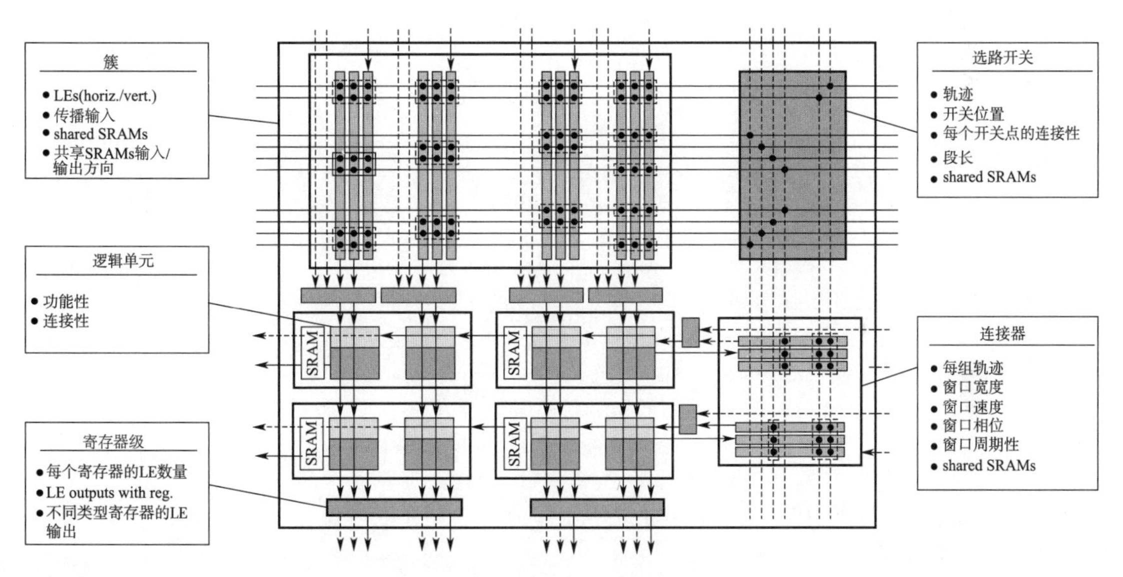

图 2-43　eFPGA 结构示意图

本和性能。CB 也是和 RS 类似的互连功能，只是单从水平或者垂直方向考虑。此外簇内还有寄存器单元和 SRAM 块，但出于降低资源开销的考虑，部分 SRAM 块支持 LE 单元共享。

作为一种新兴技术，eFPGA 在集成应用上也存在着一些挑战。这些挑战的面对者并不是 SoC 用户，而是集成 eFPGA 的 SoC 设计师。首先，就 IP 本身的可获得性和成熟度而言，硬核 IP 可能存在节点限制，软核 IP 并非全部都经过硅验证；其次，在集成过程中还存在着诸如金属层数量、时钟域处理、电源管理方案协调等潜在集成问题；最后，工具链方面，这也是影响 eFPGA IP 能否蓬勃发展的关键因素，即 eFPGA 厂商是否能提供严丝合缝的匹配到整个设计流程中的 eFPGA IP 开发工具，从制定方案时的规模评估，研制时的时序约束、测试方法，到硅后烧录流程等，以确保可编程逻辑能有效集成在 SoC 内。

2.4　小结

本章重点介绍了单片集成电路的制造工艺技术，并以 SoC 片上系统设计技术和可编成逻辑 FPGA 设计技术为对象，阐述了以单片集成电路为基础的芯片级系统集成设计方法，为现代综合电子微系统集成奠定了基础，也反映了目前我国军用微电子技术的发展现状，为我国航天型号与武器装备的信息处理微系统和机电一体化微系统集成并实现自主可控提供了能力保障。

第3章　信息处理微系统集成技术

信息处理微系统是智能化系统集成产品的核心，它关系到集成系统的体系结构、性能、体积、功耗和集成度等，代表着集成系统技术的先进性，是系统集成产品的计算与控制中心，也是综合电子集成系统实现智能化的基础。

3.1　技术内涵

微系统（Microsystems）指融合了微电子、光电子、MEMS、架构、算法等要素，以异构集成为主要手段，在微纳尺度上制备的微型电子信息系统。其是电子元器件集成技术发展的必然趋势，是连接系统和基础元器件的重要桥梁，具有功能密度高、体积重量微小、可靠性高等优势。微系统集成技术是由半导体集成电路技术发展而来的，以半导体集成电路技术为基础，与先进的互连与封装工艺技术相结合，可以形成不同功能、不同封装形式、适合不同应用环境的微小型化产品，如信息处理微系统、综合控制微系统、智能传感微系统等。

信息处理微系统是信息处理组件的二次集成系统，是嵌入式计算机的基本内核，依托于硅通孔（Through Silicon Vias，TSV）等集成技术，有机地实现信息处理系统的软硬件超高密度集成，具备超大容量的存储能力、超强的计算能力、超高的数据并行吞吐能力和完善的用户软件开发环境。其中，军用信息处理微系统不同于一般的信息处理微系统，其关键是要在微纳尺度上集成各种成熟技术，通过系统优化设计，一定程度地摆脱半导体工艺及器件代差的制约与跟仿，在提高质量水平的前提下大幅缩短研制周期，解决装备的自主可控和研制效率问题。

本章重点介绍信息处理微系统的设计、仿真与封装技术。

3.2　设计技术

（1）信息处理微系统的基本构成

信息处理微系统的基本构成如图 3－1 所示，主要包括了运算、控制、存储和信息交换四大功能。一般由主处理器及其存储单元、协处理器及其存储单元和通信单元组成。

（2）信息处理微系统设计的一般流程

一般情况下，信息处理微系统的设计可以分为系统设计、元器件选用、功能设计、电磁兼容性设计、热设计、可靠性设计六个方面，各方面设计内容相互关联；也可分为逻辑图设计和工艺设计两个环节，其中工艺设计既包括封装结构设计，又包括版图设计，每个环节都必须进行相应的仿真验证。其设计流程如图 3－2 所示。

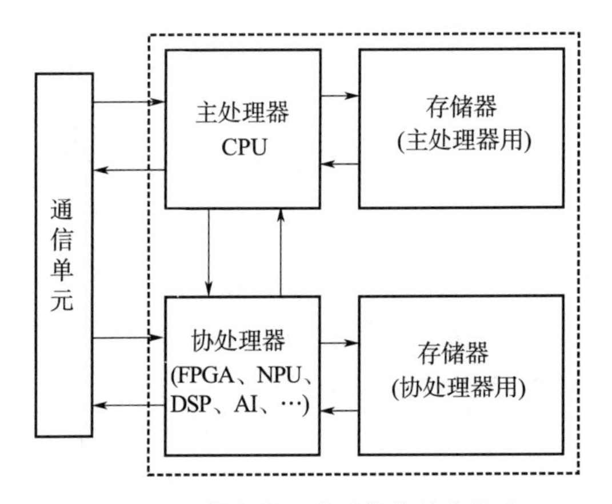

图 3-1　信息处理微系统的基本构成

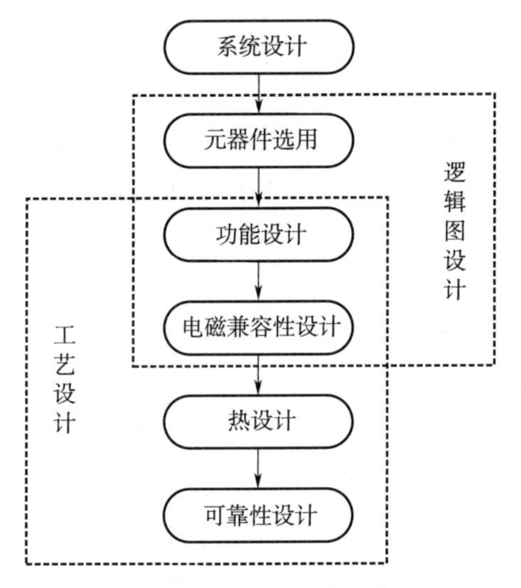

图 3-2　信息处理微系统的设计流程

(3) 信息处理微系统设计应遵循的基本原则

信息处理微系统的设计应遵循下列基本原则：

1) 符合通用化、系列化和模块化要求，兼顾技术先进性和继承性以及通用性，形成标准化模块。

2) 注重综合设计与整体优化，保证产品各项功能和技术指标满足预定任务要求，且保留一定的设计余量和可扩展性。

3) 注重产品设计可靠性和环境适应性，采用简化设计、降额设计及经验证的成熟技术。

4) 充分考虑产品的可测试性，便于生产、调试和使用，保证研制周期，降低成本。

5) 所选用的元器件、原材料符合自主可控要求。

3.2.1　系统设计

系统设计是信息处理微系统设计的基础，主要设计内容包括系统任务分析和系统架构设计，是一个整体策划的过程。

（1）系统任务分析

任务分析应明确任务界面，规定在特定应用环境下微系统应完成的基本任务、各功能接口的性能指标要求、环境适应性要求等基本要求和关键性技术指标，确定该微系统最低技术指标要求，结合任务发展预期，在设计指标上需保留一定的设计余量和技术前瞻性，比如计算性能、存储容量、I/O 接口数量以及功能可扩展性等，最终形成产品实现技术指标要求。

（2）系统架构设计

系统架构是对已确定的微系统任务需求的技术实现规划，微系统是由多个芯片和以芯片为载体的相对简单的各功能模块组成的高度集成系统，这些组成部分具有非常复杂的内部结构，确定这些组成部分的相互作用的方式是体系架构设计的主要内容。体系架构设计应当至少明确以下三方面内容：

①硬件与硬件之间的衔接

微系统内部多个芯片之间是通过信号实现的电气互连，芯片之间的互连结构奠定了产品的基础构型，常用的互连接口包括：并行总线、高速串行总线、低速串行总线、GPIO、PWM 和其他特定接口等。芯片之间的互连接口选择应当与产品总体技术指标、工艺实现难度、用户习惯相匹配。

②硬件与软件之间的衔接

微系统内部通常会集成以处理器、FPGA 为代表的可编程逻辑电路，这些电路实现了硬件与软件之间的衔接，这种衔接至少包括以下 3 个方面：

第一，电源系统对软件运行的支持，合理的供电能力和时序是保证软件正确运行的必备条件。

第二，时钟系统对软件运行的支持，连续的稳定的时钟是软件运行的“起搏器”。

第三，无论处理器或 FPGA，软件启动工作是需要一定时间的，在软件介入工作前，硬件和电源应当具有稳定的、可靠的工作状态，实现硬件到软件的平稳过渡。

从信息处理微系统集成设计的角度来看，这些硬件电路对软件的运行提供了硬件支持，也会对软件的性能产生一定的制约。因此，在进行硬件系统设计时，应与用户进行充分的沟通，根据用户需求和软件性能要求，合理分配硬件资源，制定系统架构方案。

③软件与软件之间的衔接

处理器和 FPGA 的运行是由各自的软件代码确定的，两者之间应当具有协同一致性，应当以数据流的形式统一进行软件构架规划。

3.2.2　元器件选用

信息处理微系统模块的元器件选用具有特殊要求，应该严格遵守。一般情况下内部有源器件应使用裸芯片，在模块内部空间允许且裸芯片选型困难的情况下，可以有限地使用具有质量保证的封装元器件，但一般不超过两类器件，每类器件不超过两片。

(1) 半导体器件

在保证电路性能的前提下尽量采用通用的标准器件，且品种越少越可靠，如有可能，尽量采用片上系统（SoC）芯片提升模块的集成度。若有抗静电要求，应根据指标要求选取抗 ESD 等级满足要求的半导体器件；若有抗核辐射要求，则应选择抗核加固类器件。

若使用定制半导体集成电路芯片，应在其版图设计之前进行技术沟通，对芯片的键合 PAD 点的排列、尺寸、间距等提出要求或建议，便于微系统模块的版图布局、布线及组装。

(2) 电阻器

在空腔密封型微系统（陶封和金属封装居多）中，一般采用薄膜电阻片，对于功率较大的电阻使用厚膜电阻，无论薄膜电阻或厚膜电阻，尽量选用常用标称阻值电阻，因为电阻片方阻不同，阻值差距不大的电阻可能面积差距很大。在非密封型微系统中，通常使用表贴电阻，可以根据焊接能力和电阻功率选用合适封装的电阻。

(3) 电容器

电容器应选用合适尺寸的陶瓷电容。禁止使用钽电容，设计时应注意电容耐压的降额。禁止采用导电胶粘接铅锡端电极的电容；禁止使用纯锡或纯银端电极的片式元件。

(4) 磁性元件

应在满足参数指标要求的前提下尽量选用体积小、适合安装的磁性元件，也可选用片式电感。

3.2.3 功能设计

信息处理微系统的功能设计包括电源配电、时钟配置、复位逻辑、处理器 BOOT、FPGA 配置、并行总线以及中断接口等设计。

(1) 电源配电设计

电源是保证芯片工作的基础，一般情况下，信息处理微系统的电源配电指由 5 V 直流电源变换为 3.3 V、2.5 V、1.8 V 等适合器件高速工作的三次电源，这些电源的种类较多、电流大，其上电和断电还有一定的先后时序配合要求，设计时不建议将三次电源芯片集成在微系统模块内部，而是由模块外部统一配置，内部集中使用。其原因有：

1) 电源芯片一般发热较大，解决其热问题会很大程度上增加微系统工艺难度进而影响产品成品率，得不偿失。

2) 电源电路的附属无源器件较多，特别是大容量电容，其体积较大，不利于微系统的整体小型化、轻量化。

3) 系统应用时一般将三次电源合并处理，同一路电源提供给包括微系统在内的多个电路使用，把电源集成在微系统内部不利于系统应用整体设计优化，增加系统功耗。

信息处理微系统模块内部电源网络设计一般遵循以下原则：

1）同一电压的电源网络不一定要在微系统内部连通，是否连通应当综合考虑电源上电顺序、芯片布局等情况。

2）电源引线和地引线作为电流的流入和流出通道，需要保持低阻抗，地引线作为公共电流通道，承载更大的电流，需要更多引线以确保更小的阻抗。另外地线阻抗是引起地弹的主要原因，需铺设更多地引线以确保信号和电源完整性，按行业规则，电源/地的引线比例通常不大于 1。

3）综合预估微系统的电源电流情况，计算电源和地的压降，一般地上压降不大于 20 mV，电源压降不大于额定值的 3%。

4）多芯片使用同一电源时设计去耦电容，单芯片使用单一电源就近引出，不是必须要去耦。

（2）时钟配置设计

时钟是信息处理微系统协调统一步调工作的基础，微系统内部时钟可以分为单端时钟和差分时钟，从互连关系上讲，可分为内部互连时钟和对外输入输出时钟。

对外输入输出时钟无论是单端时钟，还是差分时钟，一般均不建议做处理，直接对外引出，这种处理方式可增加系统应用时的灵活性，因为一方面系统应用时，时钟不一定是点对点的互连，可能存在更为复杂的拓扑结构，如果在微系统内部时钟端接或差分耦合均会限制系统应用。另一方面，时钟速率通常不会超过 200MHz，由微系统外部做时钟端接或交流耦合均不会影响时钟性能。

微系统内部互连时钟通常是单端时钟，推荐采用在源端串联匹配电阻以保证时钟的完整性。

（3）复位逻辑设计

复位信号很关键，信息处理微系统的复位通常会涉及处理器复位、FPGA 复位、Flash 复位等多个芯片的复位控制，正确、可靠的复位关系和复位逻辑是保证系统可靠工作的前提。

在不同的系统应用中，处理器子系统和 FPGA 子系统会采用不同的管理逻辑，可以是逐级复位也可以是平行复位，逐级复位可分为处理器主控和 FPGA 主控两种方式，在不同的应用中会采用不同的设计。在控制系统中，如果不考虑 FPGA 的重构和动态配置功能，通常采用基于 FPGA 主控的逐级复位设计；如果考虑 FPGA 的重构或动态配置，一般采用平行复位或基于处理器主控的逐级复位，即 FPGA 的重构和动态配置动作受控于处理器，通常使用复位逻辑作为控制信号，这样就形成先处理器复位释放、再 FPGA 复位释放的控制流程；在对上电时间有严格要求的系统应用中，微系统一般采用平行复位以缩短复位时间，即处理器子系统和 FPGA 子系统采用独立的复位控制逻辑或一致的复位逻辑，两者在复位撤销后的程序加载是并行的，但不一定是同步的，并行加载缩短系统上电加载时间。无论采用何种复位控制逻辑，均需要注意以下事项：

1）电源上电的过程中确保所有可复位芯片全部进入复位状态，只是在复位撤销时间点上存在差别。

2）应当建立不同子系统的“复位”握手机制，确保同步进入工作状态，避免彼此影响上电后的程序加载。

3）应当确保在进入正常工作状态后，如果外部复位有效，在足够短的时间内全部芯片进入复位状态，以确保在微系统断电时各自的逻辑不会进入随机状态，不会产生误操作，以防影响后续工作。

（4）处理器 BOOT 设计

处理器 BOOT 是一种程序加载方式，绝大多数处理器均需要从外部存储器或设备加载程序。最常用的 BOOT 方式有两种，分别是 Master BOOT 和 Slave BOOT。微系统设计中必须设计 BOOT 功能。调试时，处理器作为从设备由 PC 上的集成开发环境，通过仿真器将软件代码和数据加载到与处理器相连的存储器中；作为从设备，处理器从非易失型存储器中加载程序和数据到 SRAM 或 DDR 中，启动程序运行。

在 BOOT 方式的配置逻辑设计中，通常采用默认非易失型存储器 BOOT 或主机口 BOOT。当信息处理微系统内涉及多个处理器时，建议采用菊花链的方式将处理器的调试接口串联，一方面减少微系统管脚的使用，另一方面增加易用性。

（5）FPGA 配置设计

FPGA 是信息处理微系统进行协同处理、综合管理、配置可重构的关键器件。目前最常用的是 SRAM 型 FPGA，类似处理器，该 FPGA 也需要上电配置数据，最常用的配置方式是仿真器配置和存储器配置。存储器配置包含很多种配置接口类型。微系统设计时，在保留仿真器配置功能的前提下至少需要设计一种存储器配置功能。

在可能的情况下，尽量设计 FPGA 的存储器配置接口为并行接口，以缩短 FPGA 的配置时间，特别是在 FPGA 规模比较大时。FPGA 配置方式的选择还和 FPGA 预定功能相关，比如是否重构、是否动态配置、是否远程升级等，设计这些配置功能最常用的配置方式是“从并”和“从串”，即 FPGA 作为从设备，由处理器子系统作为主机给 FPGA 子系统配置数据，在 FPGA 的配置存储器为 Flash 存储器时，也是可以使用“主串”或“主并”方式完成这些配置功能的，因为 FPGA 是支持通过原语配置 FPGA 内部的配置逻辑功能的，可以将配置数据入口地址指向新的存储器区域，启动配置逻辑后将 FPGA 更新为别的数据。

（6）并行总线设计

并行总线通常作为处理器和存储器之间、FPGA 和存储器之间、处理器和 FPGA 之间的访问接口和功能拓展接口。

微系统内并行总线设计通常在两个方面进行抉择。第一，总线宽度设计多少位；第二，是否需要端接。因为不同的总线宽度意味着不同的基板加工难度，总线宽度越宽，基板层数就越多，导致成品率会越低，直接影响微系统成本。总线信号的端接必然会使用大量的电阻和电容，由于微系统内部空间有限，这些阻容可能会影响微系统的外形尺寸。

并行总线宽度的选择通常是由该产品预定应用以及访问外部设备需要的带宽决定的。一般在控制系统中，快速外设（如 SRAM 和 SDRAM）推荐使用 32 位总线，慢速外设使用 16 位总线即可。而以密集运算为应用目标的微系统设计，通常会使用芯片的最大位宽以增强其性能，因为在该应用中会频繁访问存储器，存储器访问带宽会直接制约系统性能。

在微系统设计中，并行总线还与处理器工作时钟紧密相关，100 MHz 以下的并行总线通常不需要设计端接，因为微系统内部互连线足够短，对于信号反射抑制较好。对于 100 MHz以上的并行总线（通常是 DDR 总线），是否端接取决于采用的拓扑结构和芯片负载情况，可参考仿真结论决定是否需要端接。

（7）中断接口设计

中断是处理器的必备接口，一般而言，处理器作为目标设备响应其他外设产生的请求中断。

一方面，由于在不同的系统应用中，中断源来自不同外设，微系统在考虑通用化的前提下推荐使用 FPGA 进行处理器的中断信号管理，由于 FPGA 的可编程特性，可在不同系统中构造出不同的中断互连关系；另一方面，在当前设计中，通常会在 FPGA 内部集成大量的 IP 核来实现各种各样的定制化功能，这些 IP 核本身也可以是中断源。

在大部分处理器中，中断信号是和 GPIO 信号复用的，且默认功能是 GPIO，所以当使用 FPGA 作为处理器中断源时，这些中断信号是不需要做上下拉的，以便简化设计。

（8）低速串行通信设计

常用的低速串行通信接口有：1553B、CAN、UART、SPI、I^2C 等。

1553B、CAN 和 UART 通常需要配合特定的收发器使用，在微系统设计中，通常不建议集成收发器，一方面，这些串行接口在不同的系统中只会选择一两种使用，并不会全部使用，会浪费掉这些资源，由于收发器裸芯片价格较高，会直接影响产品“性价比”；另一方面，收发器接口往往是系统对外接口，容易受到外部异常应力而损毁，从而导致微系统失效，直接增加了微系统的应用成本；最后，收发器的集成会降低微系统产品的通用性。

1553B、CAN、UART 和 SPI 接口电平为 LVCMOS 电平，通常可以将这些信号直接接入 FPGA，由 FPGA 控制其与 IO 信号进行管脚复用，以减少微系统引线数量。I^2C 接口电平为 OC/OD，推荐直接对外引出。

（9）高速串行通信设计

高速互连设计是微系统设计的一个核心部分，高速互连结构提供高速信号的传输路径，为了满足高速传输和处理的要求，目前存在一系列高速串行接口标准，常见的有 LVDS、HSTL、SSTL、ECL、CML 等，它们能够提供比 TTL 和 CMOS 逻辑更快的开关速度。当速率进入 Gbit/s 数量级时，噪声免疫力和时钟错位的严格要求迫使采用时钟和数据恢复的差分技术，为保证通信可达到最大速度，通常需要采用匹配端接。

高速串行通信接口以 CML 电平为主，CML 是一个不成文的差分标准，通常只应用在器件的输出缓冲级和输入级，可提供 1 G～10 Gbit/s 的数据速率。CML 输出结构采用共发射极差分输出，集电极匹配电阻为 50 Ω，CML 输出电压幅度由电流通过该电阻产生，当该电流为 8 mA 时，差分幅度可达 800 mV，该结构由于有 50 Ω 的源端固有阻抗，因此很容易匹配。CML 驱动器和接收器之间可通过 AC 和 DC 两种方式耦合，当接口为同一种电源供电时可以采用 DC 耦合，直接连接驱动端和接收端即可，非常方便；当驱动端和接收端分别采用不同的电源，或结构上存在差异时通常需要采用 AC 耦合方式，AC 耦合提供了共模容限、故障保护及独立供电。AC 耦合电容器容量必须足够大，且推荐选用Ⅰ类电容，以避免低频衰减过度。

处理器和 FPGA 通常提供多组同类高速串行通信接口，在接口选择上应当充分考虑微系统模块内芯片布局情况，理顺高速接口方位，确保版图设计走线不交叉。一般将对外引出的高速接口放置在靠近微系统模块的边缘，内部互连线放置在微系统模块的中心区域。

FPGA 提供多组无差别的 SerDes 接口，但是在例化某种通信接口时会存在时钟和接口匹配性问题，FPGA 的 SerDes 接口使用需要参考相关文档说明，以确定时钟和接口物理位置，并推荐设计 FPGA 工程进行验证，确保使用的接口和时钟满足布局布线要求。

3.2.4　电磁兼容性设计

微系统模块在系统应用中一般不存在直接对外接口，包括电源和信号，故不易受到外部干扰，微系统设计需要关注的电磁兼容问题是 EMI 噪声发射和 EMI 噪声辐射。微系统由大量的高速数字电路组成，其 EMI 噪声发射的过程十分复杂，抑制该种噪声非常困难。EMI 噪声辐射干扰有共模辐射和差模辐射两种类型，其差模辐射主要发生在磁场回路，而共模辐射则是 IO 信号线出现电双极的情形。

差模辐射由电路中传输电流的导线所形成的环路产生，这些环路相当于可产生磁场辐射的小型天线，尽管电流环路是电路工作必需的，为了限制该辐射，必须在设计时对环路面积进行控制。减小电流回路面积的常用方法如下：

1）基板采用多层板结构，当需要使用单层或双层板时用地平面包围信号。

2）基板采用条状结构和微带结构。

3）适当增加地层和电源层，并尽量保证其完整性。

4）用地包围时钟信号。

5）电源层和地层相邻。

6）无论单端信号或差分信号，均有相邻的地层作为参考。

共模辐射由微系统接地系统的电压降产生，形成接地噪声电压。共模发射可以模拟成为一个短的天线。共模辐射的控制方法如下：

1）微系统内关键节点上放置去耦电容，降低共模辐射频率。

2）设计更多的接地引脚，进一步降低高频阻抗，同时控制地网络上的串联电感。

3）改善接地点的分布。

3.2.5　热设计

半导体器件产生的热量来源于芯片的功耗，热量的累积必定导致半导体结点温度的升高，随着结点温度升高，半导体器件性能将会下降甚至失效。在芯片热功耗较大时（超过 1 W），必须考虑芯片的散热问题。

在通常情况下，热量的传递通过传导、对流、辐射三种方式进行。传导是通过物体的接触，热量自发地从高温区传向低温区；对流是通过流体的流动将热量带走，流体流速越快，带走热量越多；辐射不需要中间媒介，直接将热量以红外线的方式发射出去。

热设计是在给定的边界条件下，通过调节元器件散热路径和热阻，将器件工作时产生的热量传递给既定边界，并保证元器件温度满足规定要求。对于微系统热设计，应该根据自身功耗、应用条件、工艺条件等选择合适的传热方式。从工艺实施上讲，采用辐射的传热方式不需要采取任何热处理措施，而采用热传导方式则需要设计低热阻路径，较为复杂，采用对流方式则工艺更为复杂。所以在微系统内部热流密度较小（小于 1 W/cm^2）时一般不采取传导或对流方式，热流密度较大时，优选工艺难度较小的传导方式，必要时选择对流方式。

微系统模块中使用的热流密度较大的芯片通常可分为两类，第一类是以处理器、FPGA 为代表的超大规模高速数字集成电路，其特点是芯片面积较大，信号 PAD 很多，一般是 FC 组装结构，该类芯片在微系统中通常采用非密封封装工艺，在芯片背面贴装金属散热热沉，在热沉和芯片之间填充一定厚度的导热银胶，形成低热阻的传导路径，将热量传导至模块表面；第二类芯片是以 LDO、功率管为代表功率器件，其特点是芯片面积较小，信号 PAD 较少，一般是 WB 组装结构，且芯片背面金属化，该类芯片在微系统中通常采用密封焊接工艺，将芯片直接焊接在基板或壳体上，形成低热阻的传导路径，将热量传导至基板或壳体上。

3.2.6 可靠性设计

微系统可靠性设计包括的内容很多，主要有简化设计、优化设计、降额设计、容差设计、环境防护设计等。

（1）简化、优化设计

电路简化、优化设计应遵循以下原则：

1）方案简单：在满足预定技术指标要求条件下，线路越简单越可靠。

2）具有继承性：设计中继承已经可靠应用的设计及标准化线路和器件。

3）具有技术成熟度：若采用新器件、新技术、新材料、新工艺，需进行严格的单项考核试验，以确定其成熟度。

4）尽可能压缩元器件品种、规格和厂家。

5）选用集成度高的元器件，减少元器件之间互连及封装管脚。

6）正确使用元器件，充分掌握各项参数、性能指标，特别是动态指标，重点关注电路接口匹配性，包括电平匹配、阻抗匹配、噪声匹配等。

7）综合利用软件功能和硬件功能，充分发挥软件功能而简化电路硬件设计。

8）尽可能使用数字电路替代模拟电路。

9）尽量不使用，或不过多使用分立器件。

（2）降额设计

元器件降额使用是一项十分重要的元器件应用原则和可靠性设计措施，元器件降额就是使元器件所承受的应力低于其额定值，以达到延缓其退化，提升使用可靠性的目的，通常用应力比和环境温度来表示。元器件有一个最佳的降额范围，在这个范围内，元器件的工作应力的降低对其失效率的降低有明显的改善，设计相对容易实现，且不必在体积、成本等方面付出大的代价。

元器件降额分为三级，分别为Ⅰ级、Ⅱ级和Ⅲ级，微系统使用元器件降额原则上必须是最大降额（Ⅰ级），以确保其工作可靠性。需特别说明的是降额可以有效提升元器件的使用可靠性，但降额是有限度的。过度的降额所取得的实际效益与付出的代价比会降低，甚至有些器件过度降额会使其正常特性发生变化，还可能引入新的失效机理。

各种元器件的降额参数和量值见 GJB/Z 35—1993，该标准提出 12 类 72 种元器件的降额要求。降额设计的几点说明如下：

1）对绝大多数元器件而言，降额的本质是降低器件的结温和热点温度，通过热功率的降低和环境温度的降低来实现。

2）大规模集成电路不能降低电应力，但可以通过降低环境温度来实现降额。

3）各器件的工作温度可以参考热仿真结论进行降额计算。

4）微系统使用的器件主要是裸芯片，参考的降额额定值是该器件所有封装规格下的最大值。

（3）容差设计

容差设计的目的是通过摸清元器件参数变化对电路性能影响的大小，评估在规定环境及极端环境条件下的工作情况，及性能对元器件参数变化的灵敏度，提出针对性改进措施。容差设计可以有效降低因元器件性能退化和参数漂移带来的功能失效风险，提升系统的可靠性。

最坏情况电路分析是内部元器件参数在最坏情况组合下对整体功能、性能的影响分析。导致元器件参数变化的原因包括元器件的质量水平、元器件老化引起的参数漂移、施加于元器件的应力（如温度、电压）。

进行最坏情况应力分析一般应先制定一个工作表，在该工作表中列出所分析的电路中所有元器件及其参数、元器件参数额定值、降额因子、降额后的值，再按元器件类别或电路节点分别进行最坏情况应力分析计算，最后将计算结果填入工作单中，并与额定值或降额后的额定值进行比较，判断元器件是否过应力使用。

（4）环境防护设计

环境应力造成电路失效是可靠性问题中的基本物理现象，可分为完全失效和短时功能失效。环境防护设计主要考虑静电防护和机械应力冲击防护。

静电防护设计：要优选 ESD 指标更高的器件，针对低 ESD 指标器件，管脚设计上进行防护设计，增加驱动隔离芯片或替代接口芯片；做好微系统产品在组装、转移、测试等环节中的 ESD 防护设计；显著标识微系统产品的 ESD 等级。

防机械应力冲击设计：对于微系统，特别是全密封陶瓷或金属封装微系统，冲击过应力防护需重点关注盖板强度与安全距离、管脚应力及整体加固措施的采取。

3.2.7　逻辑图设计

逻辑图设计通常包括以下步骤：建符号库→绘制原理图→检查校对。

（1）建符号库

建议采用 Excel 表导入的方式建立符号库，需要遵循以下原则：

1）应当按信号类型进行区分，包括信号方向、特性等。

2）所有定义的信号均是可见的。

3）Shape 选项在芯片 PIN 较少时可以选用 Short，芯片 PIN 较多时选择 Line。

4）PIN 总数超过 160 时，需封装多个符号，单个符号不超过 160 个 PIN。

5）PIN 建议放置在左右两侧，不建议上下放置，单侧 PIN 数量最大 80 个。

6）PIN 应当按功能排列，成组信号应当连续有序放置。

7）适当调整每个符号的尺寸，确保符号较为紧凑，且在原理图中 PIN 的名称不能重叠。相同功能的多个符号应当调整到尺寸一致，如电源。

（2）绘制原理图

绘制原理图时应当遵循以下原则：

1）按功能分页设计，并将图页名称按功能简单描述。

2）符号严格按栅格放置。

3）信号命名应当在简洁的基础上能基本表述信号特性。

4）电阻应当标识阻值、精度和功率。

5）电容应当标识容值、电压。

6）电源应当标识电压典型值，并在电源不同分块区域注释最大电流值。

7）最后一页为所有对外引出信号和电源。

（3）检查校对

检查校对主要包括以下 3 方面内容：

1）芯片校对，对照芯片资料，检查符号正确性。

2）原理图校对，检查连线、名称的正确性。

3）网表校对，检查器件之间的互连正确性。

3.2.8　工艺设计

工艺设计是把原理设计图转化为具体产品的过程，按照产品实现过程，工艺设计的内容包括封装结构设计和版图设计两个环节。

3.2.8.1　封装结构设计

信息处理微系统模块常用的封装结构有四种，分别是 HTCC 一体化结构、HTCC 管壳＋LTCC 基板结构、金属管壳＋LTCC 基板结构和塑封结构。不同的结构具有不同的技术特点，根据微系统预定应用优选合适的封装结构。

一般而言，信息处理微系统模块的封装结构设计方案选取原则是：

1）对外管脚数大于 500 或模块高度要求小于 6 mm 的模块，只能选用 HTCC 一体化结构和塑封结构，HTCC 一体化结构应用于对可靠性要求更高的任务。

2）金属管壳＋LTCC 基板结构一般应用于管脚数少于 120 且集成功率部分的任务。

3）HTCC 管壳＋LTCC 基板结构具有更好的通用性，管脚数通常大于 120 小于 500。

4）塑封结构应用于管脚数量较多或对成本更敏感的任务。

除此四种之外，有些模块也会选用 PCB 或 IC 载板作为基板，以 PoP 形式进行封装。该封装结构具有成本低、易加工等优点。

微系统封装结构设计应当兼顾尺寸小型化和组装工艺难度，采用多腔体复杂结构可以使微系统体积更小，但会增加组装工艺难度，综合考虑两方面因素，选用最佳组装结构。无论选择哪种封装结构，都不应当突破工艺基线，工艺基线以外的工艺应当进行充分的考核试验，以确定其可行性和可靠性。

3.2.8.2 版图设计

针对不同的封装选择，其版图设计各不相同，主要分为硅基板设计、LTCC 基板设计和 HTCC 基板设计。

（1）硅基板设计

硅基板的设计包括覆铜设计、叠层、切割道、安全距离、过孔和布线。

①覆铜设计

覆铜设计时应遵循以下原则：

1）基板面积大于 500 μm×500 μm 时，覆铜率不超过 50%。

2）当覆铜率大于 50%时，可在大面积铜 shape 挖尺寸 200 μm×200 μm、间距 300 μm的方孔降低覆铜率，如图 3－3 所示。

3）当覆铜率小于 50%时，开孔尺寸 100 μm×100 μm、间距 200 μm。

4）要注意，在高速信号下方不可开孔，否则会造成参考平面不连续，阻抗变化。

②叠层

叠层是多层组装的关键环节，产品示意图如图 3－4 所示。在设计时遵循以下原则：

1）一般有两种层厚：金属层 3 μm，介质（PI）层 5 μm；金属层 5 μm，介质（PI）层 8 μm。

2）金属层及介质层的层厚精度为±1 μm。

3）硅衬底的厚度可选 50 μm/100 μm/200 μm。

4）由于电镀工艺的特点，实际加工出来的晶圆，覆铜率高的区域会比覆铜率低的区域厚一些。

③切割道

切割道是考虑划片时所留取的安全间距，推荐采用以下参数：

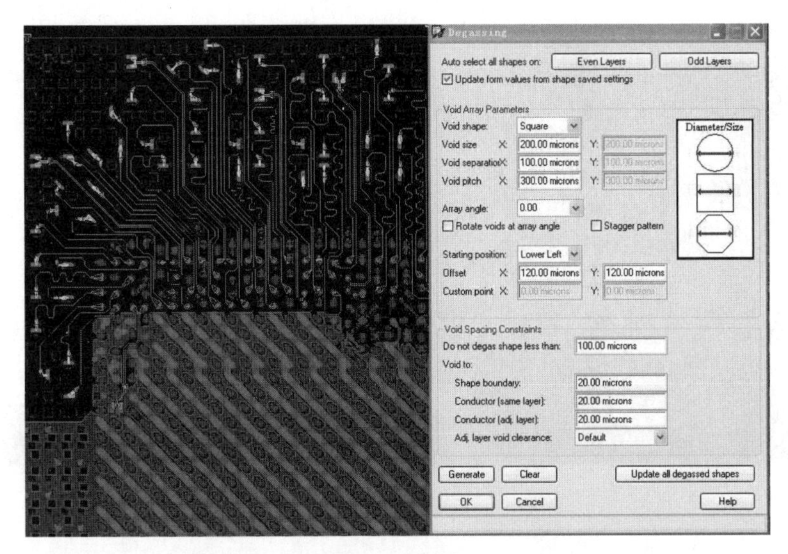

图 3-3　覆铜开孔设置示意图（见彩插）

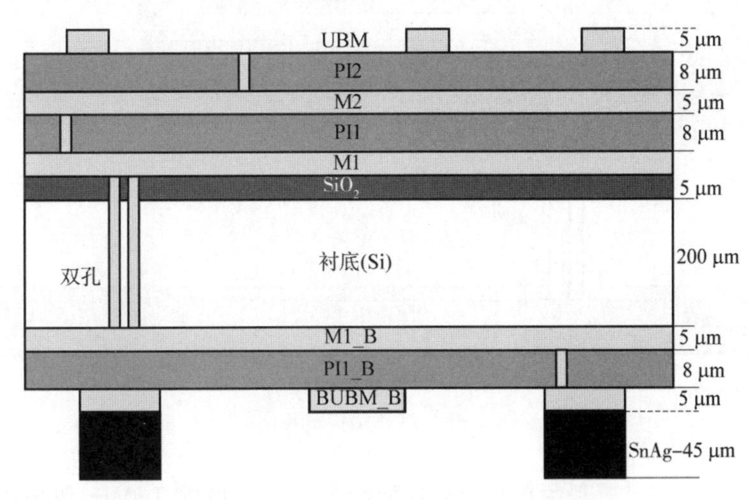

图 3-4　叠层结构示意图（见彩插）

1）一般情况下划片道宽度 80 μm，划刀宽度 30 μm，因此划片后每边理论增大 25 μm。

2）划片精度为±30 μm。

3）为了提高划片精度可将划片道减小到 60 μm。

④安全距离

在进行参数选取时，其安全间距很关键，一般情况下，推荐线条、孔的安全距离至少 10 μm，而大面积 shape 的安全距离应至少 20 μm。具体设置如图 3-5 所示。

⑤过孔

过孔结构示意图如图 3-6 所示。

过孔设计推荐考虑以下原则：

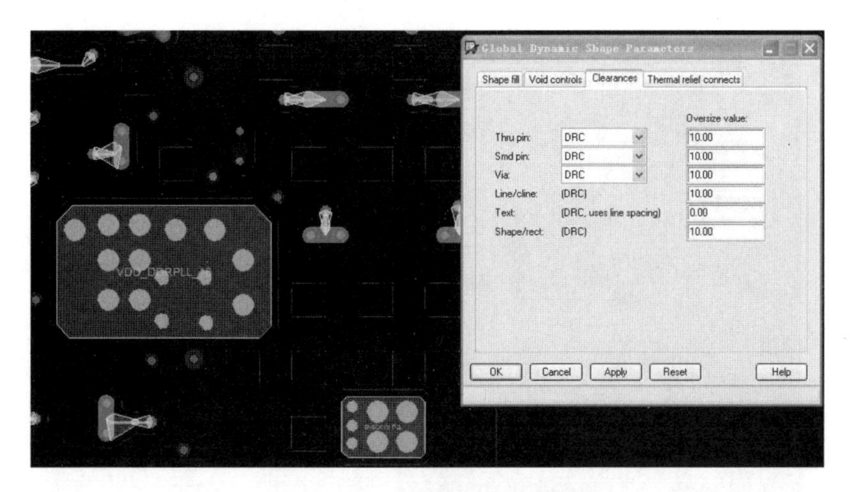

图 3-5　shape 额外安全距离设置

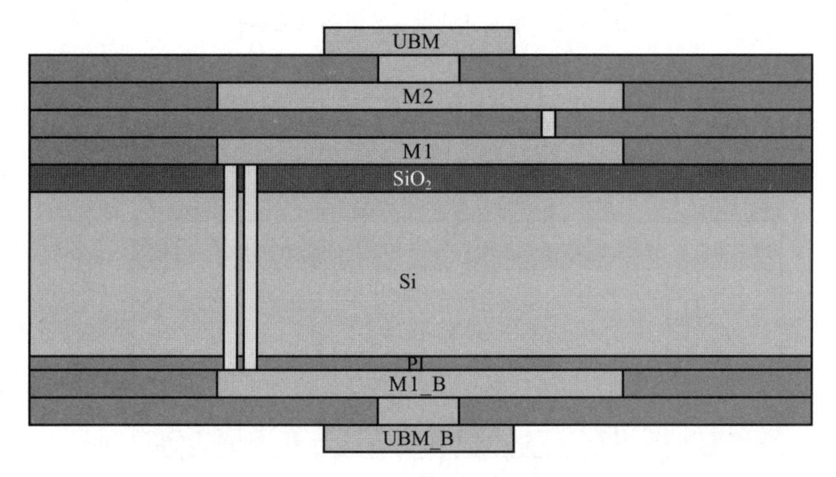

图 3-6　过孔结构示意图

1）M2 到 M1 的过孔一般为单孔设计，M1 到 M1 _ B 层的 TSV 一般采用双孔冗余设计，如图 3-7 所示，以便提高产品的可靠性，且两种孔应当错开一定的距离，即 Z 字孔。

2）200 μm 的硅衬底 TSV 直径为 30 μm，100 μm 的硅衬底 TSV 直径为 10 μm。

3）M2 到 M1 的过孔为碗状，表面略微凹陷。

4）M1 到 M1-B 层的 TSV 采用 CMP 工艺，表面平整，可在上方走线。

5）采用大的反焊盘、小的焊盘、短的孔长，介电常数减小，会使孔的效应造成的衰减减小。

⑥布线

布线设计是非常关键的工艺设计，布线示例如图 3-8 所示，推荐采用以下原则：

1）尽可能地使铜分布均匀，若走线距离其他金属较远，应在其附近增加覆铜，防止其被刻蚀。

2）有高速信号时一般将 M1 层作为参考地，高速信号在 M2 层。

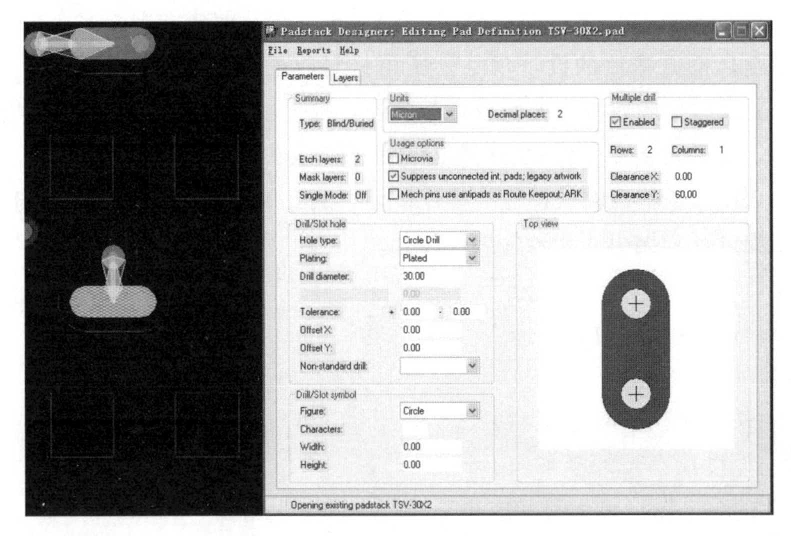

图 3-7　双孔冗余设计示意图

3）建议焊接对位标记放在 M2 层，且不要在 PI2 层开窗，开窗金属裸露会反光。

4）UBM 层的最小间距为 35 μm。

5）当细线条连接过孔、焊盘时，应加粗或者增加泪滴。

6）建议走线距离板边 200 μm 以上，防止划片时损伤。

7）需要探针扎测的 Pad 或者 shape 应放在 UBM 层并镀金处理，可以防止氧化。

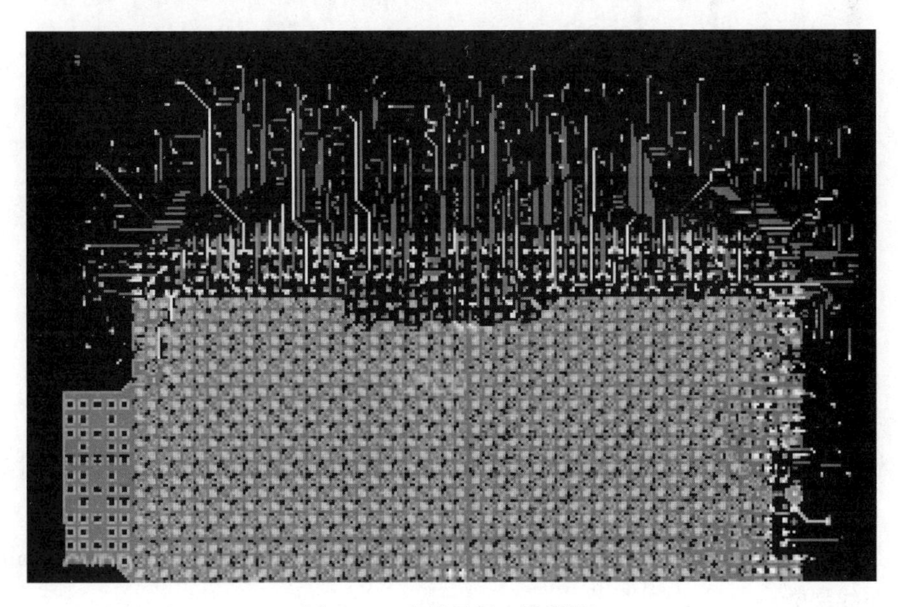

图 3-8　布线示例（见彩插）

（2）LTCC 基板设计

LTCC 基板的设计应与制造工艺紧密结合，可以选取 5.5 in（1 in＝0.025 4 m）和 8 in 两种规格生瓷片的 LTCC 生产加工工艺，其中，5.5 in 线的可加工尺寸为 80 mm×

80 mm，8 in 线的可加工尺寸为 180 mm×180 mm。设计前应本着提高生瓷材料利用率，降低成本的原则，根据基片的设计尺寸、所用材料收缩率等因素对基板进行布局，选择 5.5 in 线或 8 in 线的一般原则为实验或样品阶段，批量小于 10 的产品应尽可能选择 5.5 in 线；定型产品，批量大于 10 时一般选择 8 in 线进行版图设计布局。

具体来说，LTCC 基板的设计包括基片设计、通孔设计、布线设计、腔体设计、密封设计、芯片装配设计和无引线元器件装配设计。

①基片设计

1）基片形状：应设计为矩形。

2）基片尺寸：

a）基片的长宽比：长∶宽 ⩽ 3∶1。

b）长度与厚度比：长∶厚 ⩽ 40∶1。

c）烧结前的单个图形最大尺寸应小于 90 mm×90 mm。

d）烧结前的连片图形总体尺寸不能超过 180 mm×180 mm。

e）基片长宽尺寸公差如图 3-9 所示。

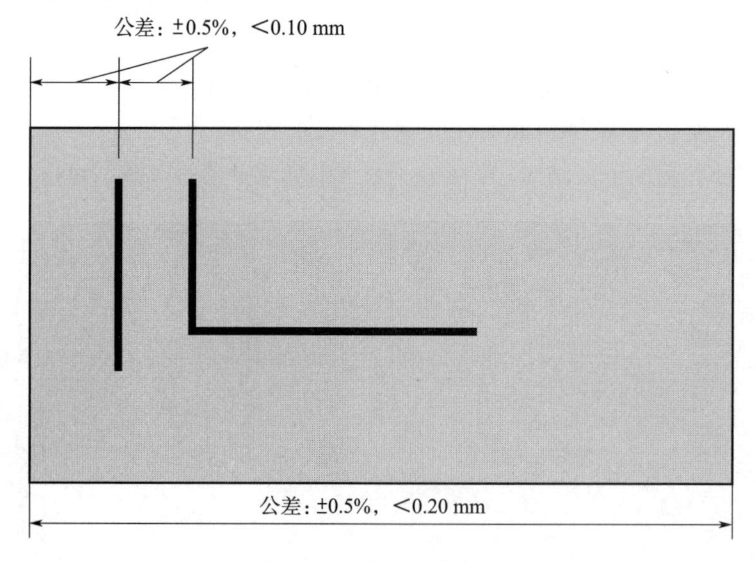

图 3-9　基片尺寸公差

f）对于陶瓷外壳组装的基板，应考虑陶瓷外壳的腔体倒角，将基板的四角设计成倒角，如图 3-10 所示。由于 LTCC 设备因素，无法加工圆弧形倒角，因此，倒角应设计为与基板边沿成 45°夹角的斜边，斜边长度可根据陶瓷外壳的具体情况而定，范围应取1～3 mm。

3）布线层数：

a）基片设计层数不大于 40 层。

b）为保证机械强度，要求最少层数为 6 层。

②通孔设计

在不影响基板电性能的情况下，应尽可能采用连通导线的方式来减少层间通孔数；应

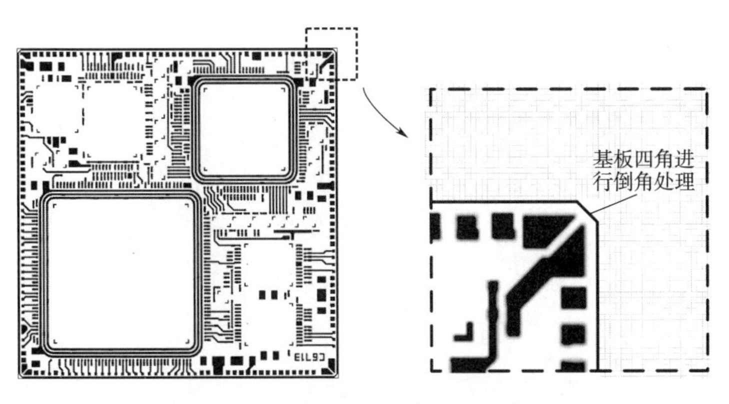

图 3-10　基板四角倒角处理示意图

尽可能采用多条线并联的连线方式来增加连通性，即冗余设计。图 3-11、表 3-1 显示了各类型通孔的截面及其尺寸。

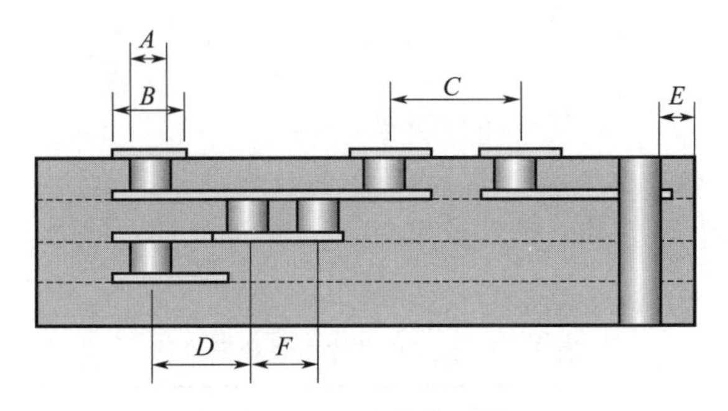

图 3-11　通孔截面图

表 3-1　不同晶圆的通孔尺寸推荐

生产线	5.5 in 线	8 in 线
通孔直径 A /mm	0.1、0.15	0.15、0.2、0.25

1）通孔直径（A）选择时建议与生瓷厚度接近，具体可选择的尺寸见表 3-1。

2）通孔覆盖区直径（B）：$B \geqslant A + 0.05$ mm。

3）同一层相邻两个通孔的最小中心距离（C）：$C \geqslant 2.5A$ 。

4）上下两层通孔互连推荐采用双通孔设计，保证冗余（特殊情况下可以采用单孔，但会降低成品率和可靠性），对于功率走线推荐使用更多通孔并联方式。

5）内部两层生瓷间通孔，尽可能采用交错通孔设计，通孔错开距离：$D \geqslant 2A$ ，特殊情况下允许采用直通孔设计，但直通孔不得多于 3 层，且必须经工艺人员审核。

6）通孔边沿与基片边沿距离：$E \geqslant 2.5A$。

7）双孔冗余互连设计中，同一个互连通孔中两个孔的边沿距离 $F \geqslant 0.1$ mm。

8）散热孔阵列可以做直通基板型通孔设计，只需填孔，不需做通孔覆盖区或承接区。

9）通孔的漏版制作孔径（ϕ）应比通孔直径大 0.025 mm，即 $\phi \geqslant A + 0.025$ mm。

③布线设计

导体的布线规则如图 3-12 所示，可分为信号层和电源/地层两种。

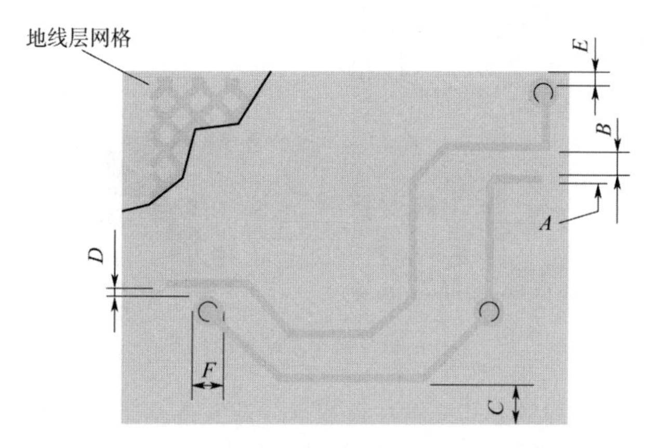

图 3-12 导体的布线规则示意图（见彩插）

1）线宽与间距：

a）LTCC 内层导体布线应尽可能对称均匀分布。

b）无通孔搭接（覆盖或承接）导体端头应设计为方形。

c）导体布线不得出现锐角，推荐采用 90°或 135°角走线，如图 3-12 所示，参数推荐参见表 3-2。

表 3-2 LTCC 导体布线参数推荐

项目	最小值/mm	典型值/mm
线宽(图 3-12-*A*)	0.1	0.2
导体间距(图 3-12-*B*)	0.15	0.25
导体图形的边沿与基片或腔体边缘的距离(图 3-12-*C*)	0.3	0.5
布线导体到通孔边缘的距离(图 3-12-*D*)	0.15	0.3
导体线宽容差	≤15 μm	

2）电源/地线层：

a）大面积布线的电源层或地线层设计时，应设计成网格状走线，可以使用图 3-13 所示的 90°分布，也可以使用图 3-12 中所示的倾斜 45°分布。

b）电源/地平面布线层的导体覆盖率应低于 50%，典型的网格线间距为 0.6 mm，线宽为 0.25 mm，如图 3-13 中的 *A* 和 *B* 所示。

c）穿过电源/地平面布线层的通孔边缘到大面积布线图形的距离（图 3-13 中 *C*）：$C \geqslant 0.3$ mm 。

d）电源/地平面布线层导体到基板边沿的距离最小为 0.3 mm，如图 3-13 中 *D* 所示。

e）承接上一层通孔的栅格处可以适当加宽以提高承受电流能力，但局部加宽不得超过 0.6 mm，如图 3-13 中 *E* 所示。

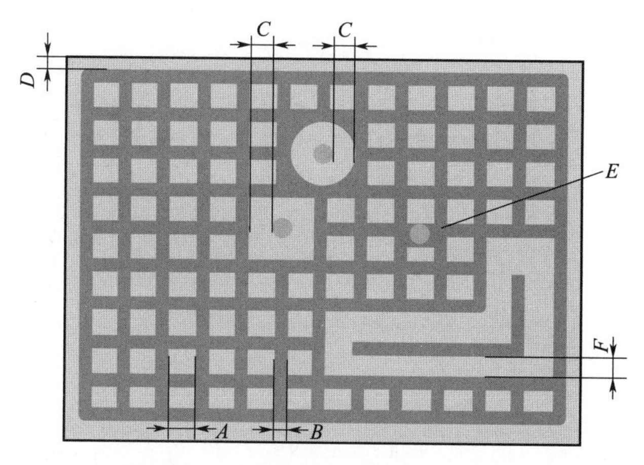

图 3-13　大面积布线示意图（见彩插）

f）电源/地平面布线层上设计信号连接线，线条距离大面积布线的最小距离为 0.3 mm，如图 3-13 中 F 所示。

g）顶层后烧结大面积允许采用实心布线。

h）为使基板厚度均匀，相邻两层大面积的电源/地线层栅格应进行偏移设计，采用交错方式分布。

④腔体设计

腔体和通孔都是在烧结前形成的，在层压前的单层生瓷片上采用冲孔的方式冲出腔体窗口，任何腔体都应精确计算，本条涉及的尺寸均为烧结前的尺寸，不同腔体形状示意图如图 3-14～图 3-17 所示。

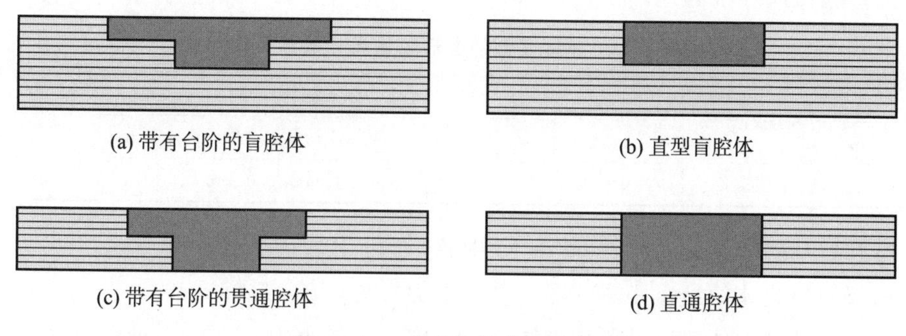

图 3-14　各种腔体截面示意图

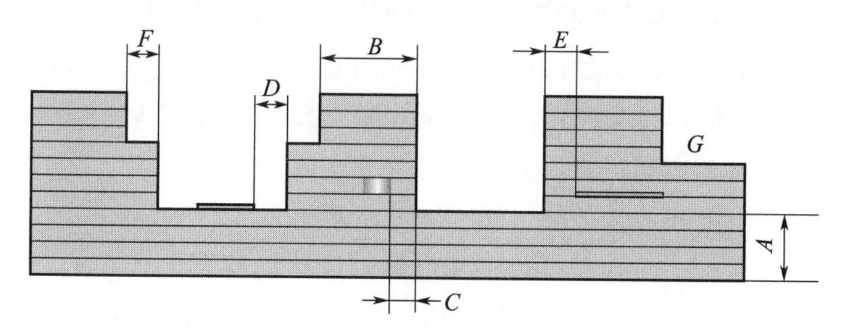

图 3-15　腔体截面图

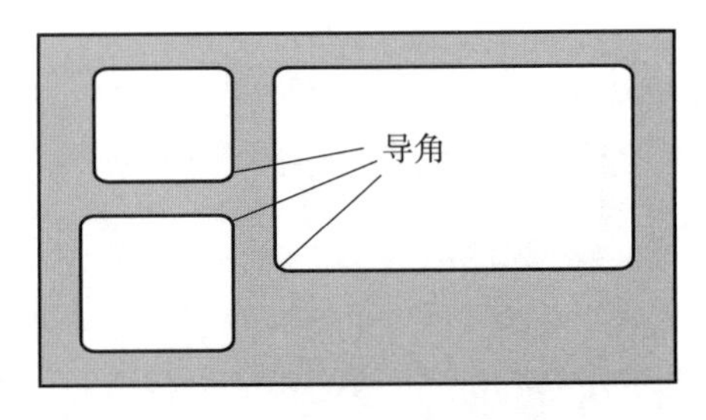

图 3-16　开腔的某一层倒角示意图

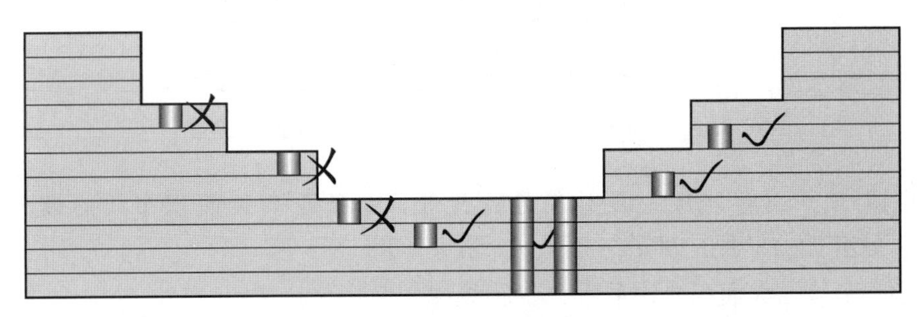

图 3-17　台阶腔体中通孔示意图

1）任何腔体设计都必须经过工艺审查。

2）腔体形状只能设计为矩形或圆形。

3）矩形腔体尺寸最小值为 1.0 mm×1.0 mm，单个腔体尺寸不超过 30 mm×30 mm。

4）单个基板中腔体的面积总和不得大于基板总面积的 50%。

5）圆形腔体尺寸推荐选择见表 3-3。

表 3-3　不同晶圆的圆形腔体尺寸推荐选择

生产线	圆形腔体尺寸
5.5 in	ϕ=0.635 mm、1.0 mm、1.27 mm、4.76 mm
8 in	ϕ=1.0 mm、2.0 mm

6）盲腔体基底烧结后厚度（图 3-15 中 A）为：$A \geqslant 0.5$ mm。

7）相邻两个腔体的最小距离（图 3-15 中 B）为：$B \geqslant 3.0$ mm。

8）通孔边沿到腔体墙壁的距离（图 3-15 中 C）最小为：$C \geqslant 3 \times$ 通孔直径。

9）腔体底部导体到腔体墙壁的最小距离（图 3-15 中 D）为：$D \geqslant 0.150$ mm。

10）内部埋置导体到腔体墙壁的最小距离（图 3-15 中 E）为：$E \geqslant 0.3$ mm。

11）盖板或可伐环的焊接架宽度（图 3-15 中 F）最小为 $F \geqslant 0.8$ mm。

12）基板内部腔体距离基板边沿最小距离为 5 mm。

13）基板中允许出现开放性腔体（图 3-15 所示 G）。

14）设计矩形腔体时，应考虑倒角，其中倒角最小直径为 0.2 mm。

15）多台阶腔体（见图 3-17），台阶上及腔体底层通孔不允许裸露在表面（散热或接地直通孔除外）。

⑤密封设计

1）原则上，LTCC 基板应采用金属/陶瓷外壳封装方式。

2）民品、气密性要求不高或不要求气密性的情况下，须慎重选用如图 3－18 所示的一体化封装：

a）LTCC 基板表面需要进行焊接导体设计。

b）LTCC 基板上的密封焊禁止气密性一体化封装。

c）焊接导体环设计宽度（图 3－19 中 A）：$A \geqslant B+2$ mm，图 3－19 中 B 为密封环宽度。

d）焊接导体环边沿到基板边沿的间隙（图 3－19 中 C）最小为 0.1 mm。

e）焊接导体环应进行加厚设计，加厚环应比基础导体环的宽度小 0.1 mm。

f）设计有密封环的基板厚度不小于 1.2 mm。

g）密封环以下至少两层不得进行导体布线，不得有通孔连接。

h）顶层导体走线或互连通孔距离焊接导体至少 0.5 mm。

图 3－18　密封框实物图

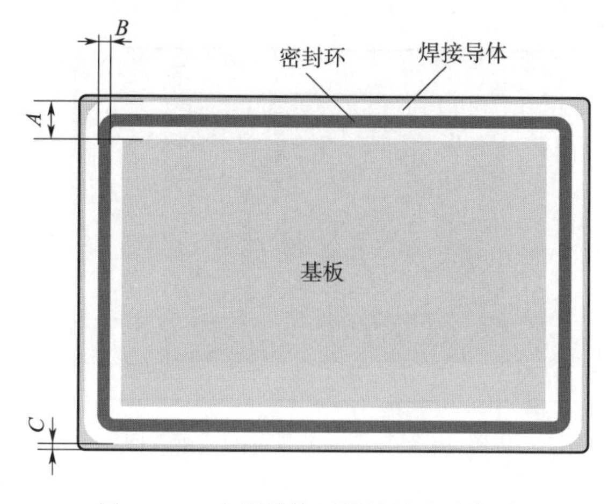

图 3－19　密封导体环设计尺寸示意图

⑥芯片装配设计

1）芯片粘接定位：

芯片粘接定位示意图如图 3－20 所示，基板表面的芯片粘接区域需要设计定位标记，定位标记应与表层导体图形制作在一起，表面图形印刷时，将标记印出，芯片粘接区标记形状采用两个对角线上的“L”形标识。

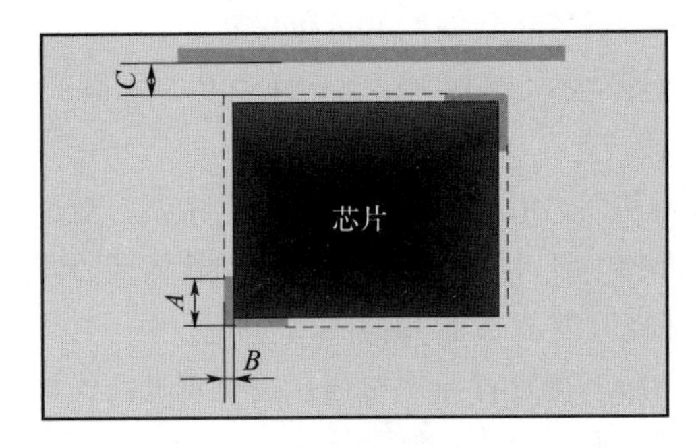

图 3－20　芯片粘接定位示意图

a）“L”长度为：0.5 mm≤A≤1.0 mm。

b）“L”宽度为：B＝0.1 mm（见图 3－20）。

c）“L”距离相邻导体间距：C≥300 μm（见图 3－20）。

2）芯片粘接尺寸。芯片粘接区尺寸示意图如图 3－21 所示。芯片与芯片的间距（有键合线）≥0.8 mm，外贴芯片与基片边缘距离≥0.5 mm，两个相邻无源元件焊盘的间距≥0.5 mm，芯片粘接区面积（芯片以外长及宽），具体为：

a）芯片以外粘接区（导电胶）A＝B≥0.15 mm。

b）芯片以外粘接区（AuSn 焊）A＝B≥0.15 mm。

c）芯片以外粘接区（再流焊）A＝B≥0.15 mm。

d）芯片粘接区距离附近导体 C≥0.3 mm。

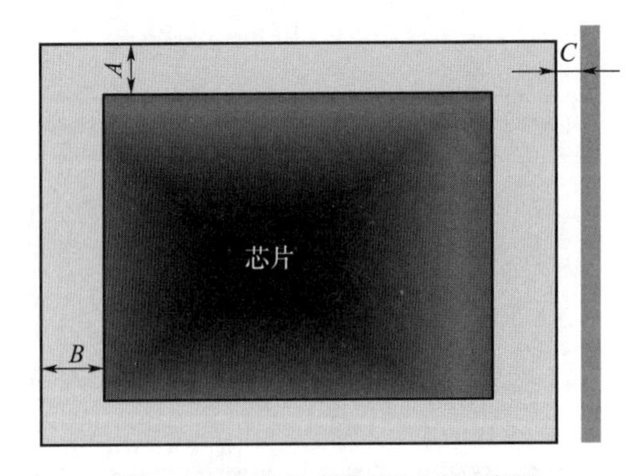

图 3－21　芯片粘接区尺寸示意图

3）芯片焊接。芯片采用焊接形式进行组装时，焊接位置应设计为矩形金属图形，如图 3－22 所示。

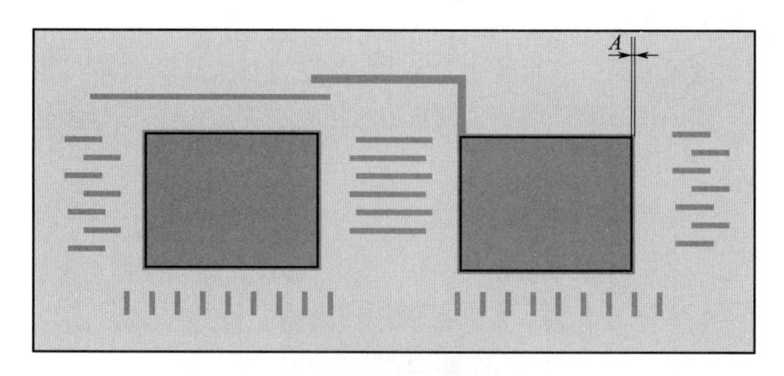

图 3-22　芯片焊接金属图形

a）芯片焊接的金属图形边沿尺寸应大于芯片尺寸，如图 3-22：A＝0.3～0.5 mm。

b）芯片采用再流焊焊接的，有金属连接关系时，应将连接通孔避开焊接区域，必要时采取低介保护。

c）芯片再流焊区域采用 PtAu 或 PtPdAu 材料（具体浆料由材料系统决定），表面应避免 PtAu 或 PtPdAu 浆料与 Au 导体浆料直接搭接，特殊情况，应由工艺人员审查。

4）芯片键合。芯片引线键合区采用 Au 或 Pt-Pd-Au 浆料印刷（具体浆料由材料系统决定）。

a）引线键合点边沿到芯片的距离（图 3-23 中 A）必须不小于芯片厚度，并且不小于 0.3 mm；但不大于 3 mm。

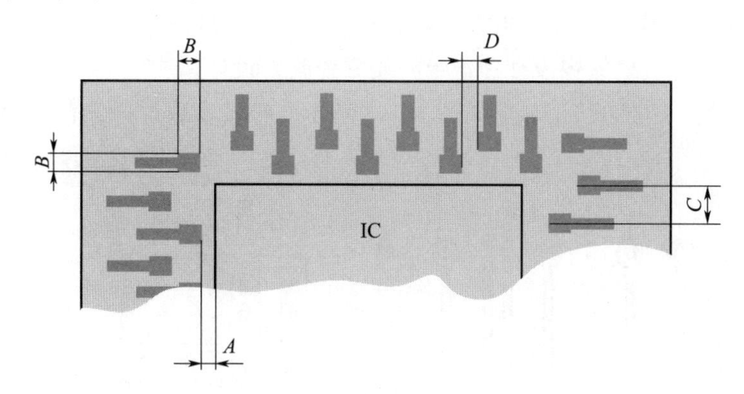

图 3-23　芯片键合 Pad 示意图

b）引线键合点的最小尺寸（图 3-23 中 B）为：$B \geqslant 4 \times$ 引线直径。

c）引线键合点的中心距最小（图 3-23 中 C 所示）为 0.25 mm。

d）平面跨接线（焊区到焊区）：最小 0.2 mm，最大 2.5 mm。

e）所有 $\phi 40\ \mu m$ 以上金丝球压焊点和 $\phi \geqslant 50\ \mu m$ 的 AlSi 丝键合区均需要加厚（加厚区边沿最大与一次导体边沿平齐）。

f）多点键合时，应在长度方向上增加相应的键合尺寸。

⑦无引线元器件装配设计

电容器、片式电阻等无引线元器件宽度按标称值宽度设计，1206 以上（含 1206）焊盘宽度与标称值一致，1206 以下焊盘宽度每边比标称宽度增大 0.1 mm，长度方向上增大为 0.2～0.3 mm，如图 3-24 所示。

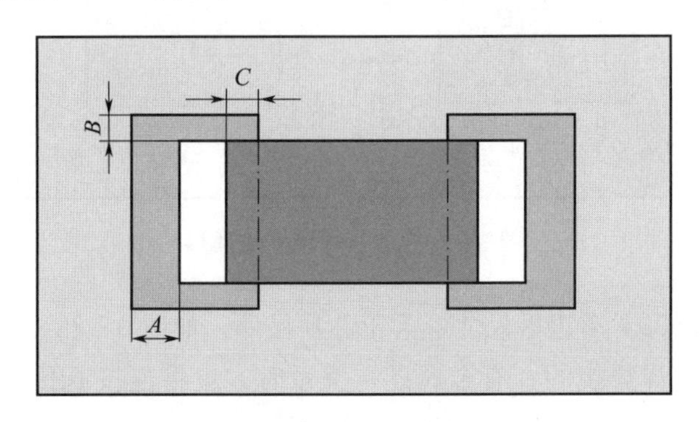

图 3-24 电容器、片式电阻焊盘

注：A=0.2～0.3 mm，B=0～0.1 mm，C=0.1～0.25 mm。

电容器、片式电阻的焊盘与布线网络之间的连接应通过通孔在基板内部实现，避免在基板表面出现电容焊盘与 Au 导体直接搭接；特殊情况下，电容焊盘与 Au 导体可以搭接，但应采用细导体搭接，并由工艺人员审核。

(3) HTCC 基板设计

HTCC 基板的设计包括表层布线、埋层布线、互连孔排列、键合及芯片安装区设计、无源元件安装区设计、电镀镍设计和绝缘介质（瓷浆）设计。

1) 表层布线。表层布线示意图如图 3-25 所示，推荐参数选择见表 3-4。

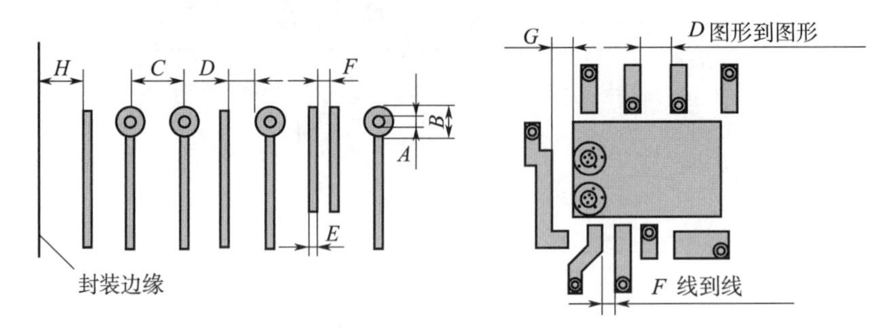

图 3-25 表层布线示意图

表 3-4 表层布线推荐参数选择

项目	CC170/μm	CC125/μm	CC100/μm	CC85/μm
A	170	125	100	85
B	250	250	200	170
C	505	380	300	250

续表

项目	CC170/μm	CC125/μm	CC100/μm	CC85/μm
D	200	170	150	125
E	100	100	100	100
F	100	100	100	100
G	200	200	150	150
H(图形边界与磨边后外形间距)	200	200	200	200
T(对应通孔的单层厚度范围，需符合常规厚度)	150～300(熟瓷)	130～250(熟瓷)	100～200(熟瓷)	100～150(熟瓷)

2）埋层布线。埋层布线示意图如图 3－26 所示，推荐参数选择见表 3－5。

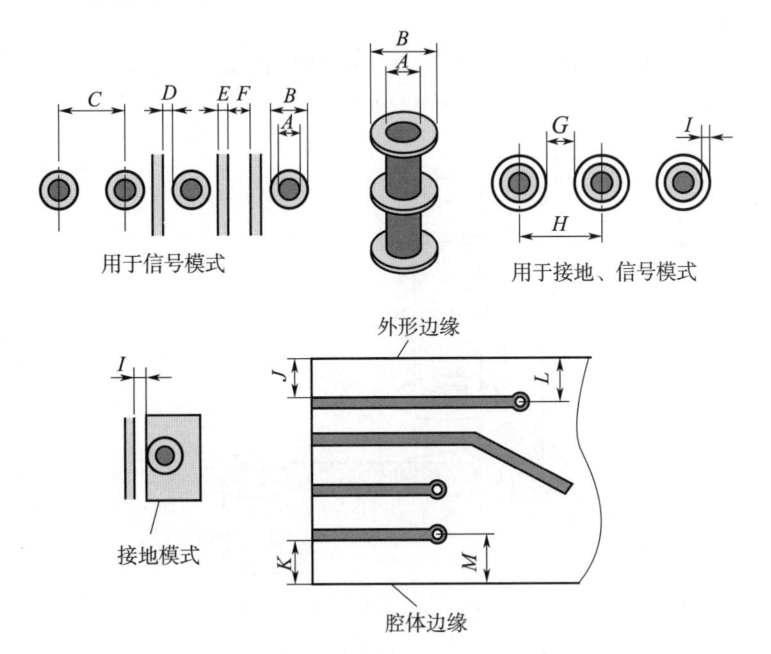

图 3－26　埋层布线示意图

表 3－5　埋层布线推荐参数选择

项目	CC170/μm	CC125/μm	CC100/μm	CC85/μm
(*A*) 通孔直径	170	125	100	85
(*B*) 承接焊盘直径	260	215	170	130
(*C*) 最小孔中心距	510	390	260	215
(*D*) 线/承接焊盘间距	205	170	130	115
(*E*) 最小线宽	130	105	90	90
(*F*) 最小线间距	130	105	90	90

续表

项目	CC170/μm	CC125/μm	CC100/μm	CC85/μm
(*G*) 层面布线最小线宽	170	130	105	90
(*H*) 层面布线最小孔中心距 (*G*＞0)	1030	730	480	385
(*I*) 承接托盘与大面积金属化绝缘间距	260	170	155	105
(*J*) 图形—磨边后外形间距	515	430	430	430
(*K*) 图形—腔体边缘的间距	385	260	260	260
(*L*) 孔中心—磨边后外形间距	515	385	310	260
(*M*) 孔中心—腔体边缘间距	515	385	310	260
(*T*) 对应通孔的最厚单层厚度	300(熟瓷)	250(熟瓷)	200(熟瓷)	150(熟瓷)

3) 互连孔排列：

a) 通孔堆栈。电连接建议使用交错通孔，在特别情况下，在同一通孔处最多可以通孔 15 层（约 0.8～1.0 mm 长度），如图 3－27 所示。

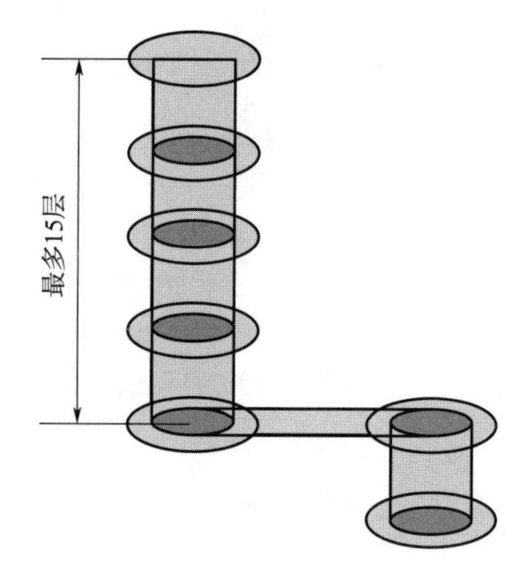

图 3－27 通孔堆栈

b) 多层通孔形式。多层通孔形式如图 3－28 所示。

4) 键合及芯片安装区设计。芯片安装区的互连孔尽量选取靠近芯片安装区边缘或非芯片安装区域内的位置。建议互连孔与键合区位置分开，且键合区互连孔采取交错形式，如图 3－29 所示。

5) 无源元件安装区设计。建议互连孔位置与无源元件安装区分开，如图 3－30 所示。

6) 电镀镍设计。封装形式为 CQFP/PGA 类产品，由于产品需电镀镍，因此在布线时需为每一个网络增加一根电镀线，电镀线的设计示意图如图 3－31 所示，参数选择见表 3－6。

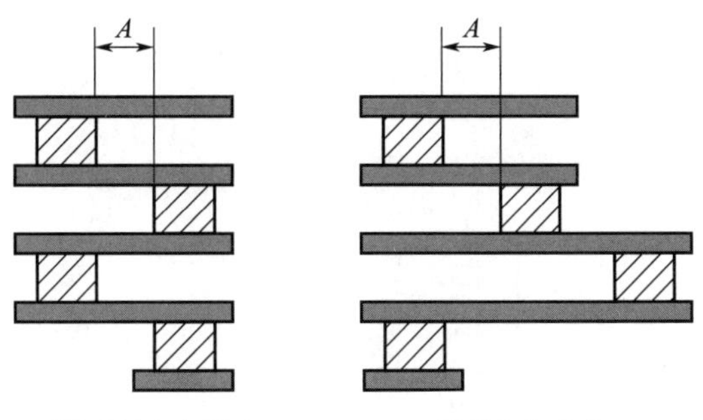

图 3 - 28　多层通孔形式

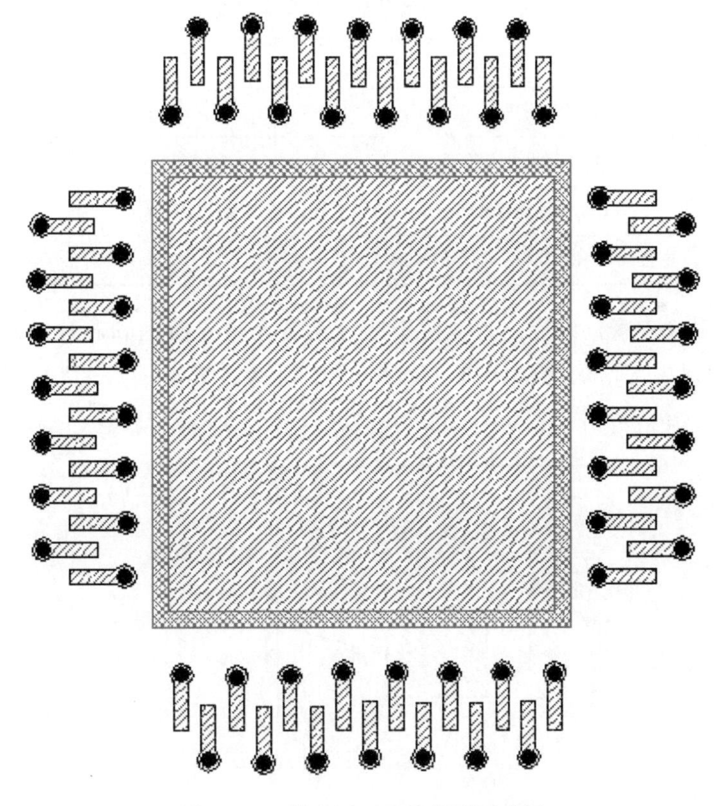

图 3 - 29　键合区互连孔排列示意图

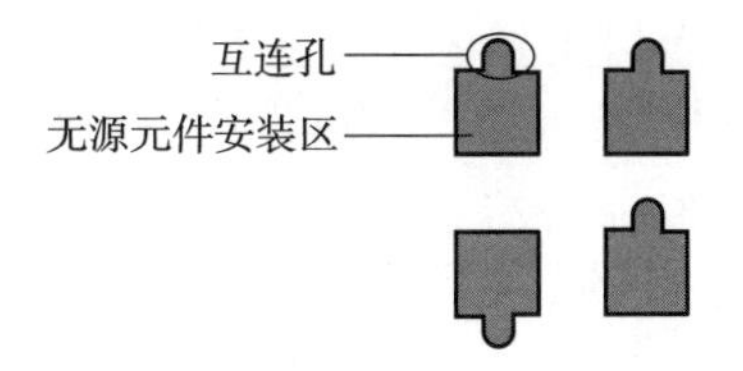

图 3 - 30　无源元件安装区设计示意图

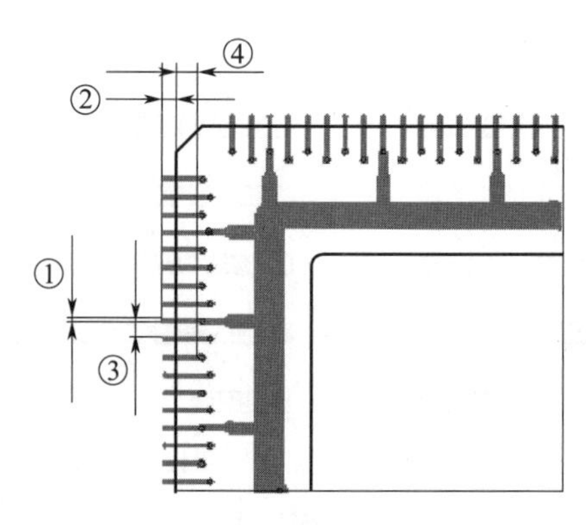

图 3 - 31　电镀线的设计示意图

表 3 - 6　电镀线设计推荐参数选择

序号	项目	标准	特殊
①	电镀线宽度	≥0.15 mm	≥0.12 mm
②	电镀线超出外形长度	≥0.80 mm	≥0.60 mm
③	电镀线间绝缘距离	≥0.20 mm	≥0.15 mm
④	电镀线内缩外形保持平直的长度	≥0.50 mm	≥0.30 mm

7）绝缘介质（瓷浆）设计。为了便于区分无源元件安装区和芯片安装区等，建议在多芯片封装的图形内部增加绝缘介质（瓷浆），规则示意图如图 3 - 32 所示，参数选择推荐见表 3 - 7。

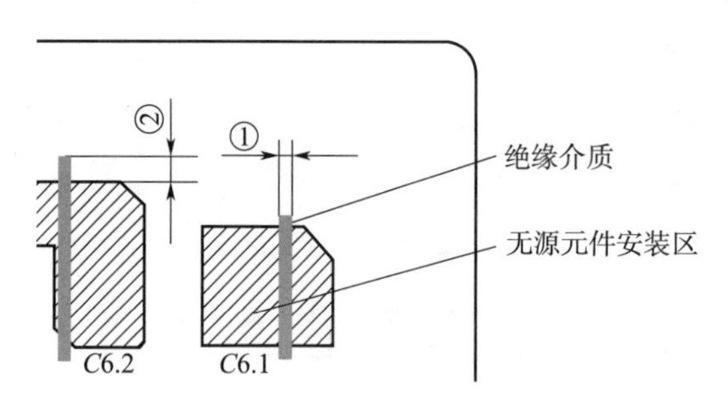

图 3 - 32　绝缘介质设计规则示意图

表 3 - 7　绝缘介质设计推荐参数选择

序号	项目	标准	特殊
①	绝缘介质宽度	≥0.20 mm	≥0.15 mm
②	绝缘介质超出图形长度	≥0.30 mm	≥0.15 mm

3.3　仿真技术

仿真分析在微系统模块的封装结构和版图设计中，发挥着至关重要的作用。对于信息处理而言，仿真设计一般包括电特性仿真设计、热学仿真设计和力学仿真设计 3 个部分。

3.3.1　电特性仿真设计

信息处理微系统模块的电特性仿真设计包括建模和仿真两部分内容。

3.3.1.1　电特性建模

微系统模块电特性建模包含三个层次，如图 3 - 33 所示，分别为基板无源元件级建模、封装组件级建模和微系统模块级建模。基板无源元件包含传输线、键合丝、过孔等，模型以 S 参数表达；封装组件包含 TSV 硅转接板、管壳等，模型以 RLC 等效电路、PKG 或 S 参数表达；微系统模块级建模包含有源和无源封装两部分，有源部分以 IBIS、Spice 或 AMI 模型表达，封装无源部分以 S 参数表达。

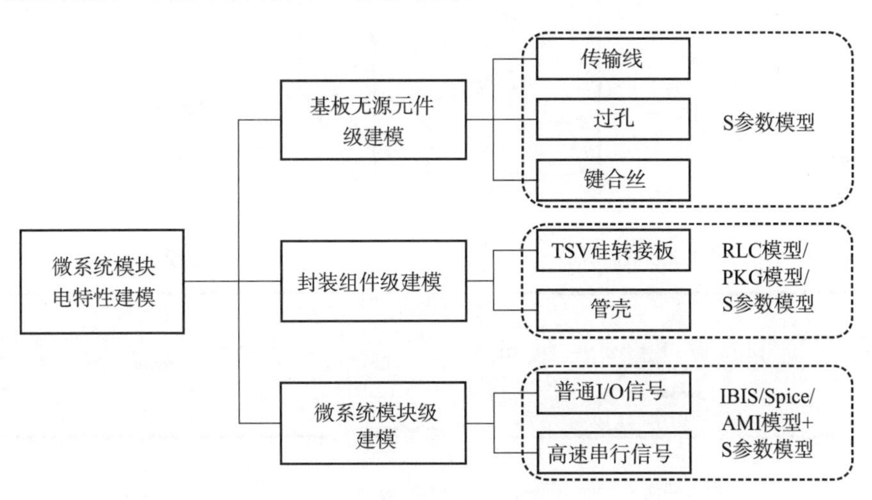

图 3 - 33　微系统模块电特性建模分类

（1）基板无源元件级建模

将微系统模块中基板进行拆分，对基本元件各自进行电特性建模。微系统模块常用的基板包含 LTCC、HTCC 和硅基板，基板相关的基本元件包括传输线、键合线、过孔等。本书以传输线、键合线和过孔的建模为例，进行基板无源元件级建模方法说明，其他类型元件建模可参照执行。

①传输线建模

微系统模块中，LTCC、HTCC 和硅等基板的传输线都依据以下方法和流程进行建模。

1）传输线的分类。传输线由信号路径和返回路径两部分导体组成，以电压波形传输信号。如图 3－34 所示，基板传输线按照物理结构分为微带线和带状线，按照信号传输方式分为单端线和差分线。传输线的结构示意图如图 3－35 所示。

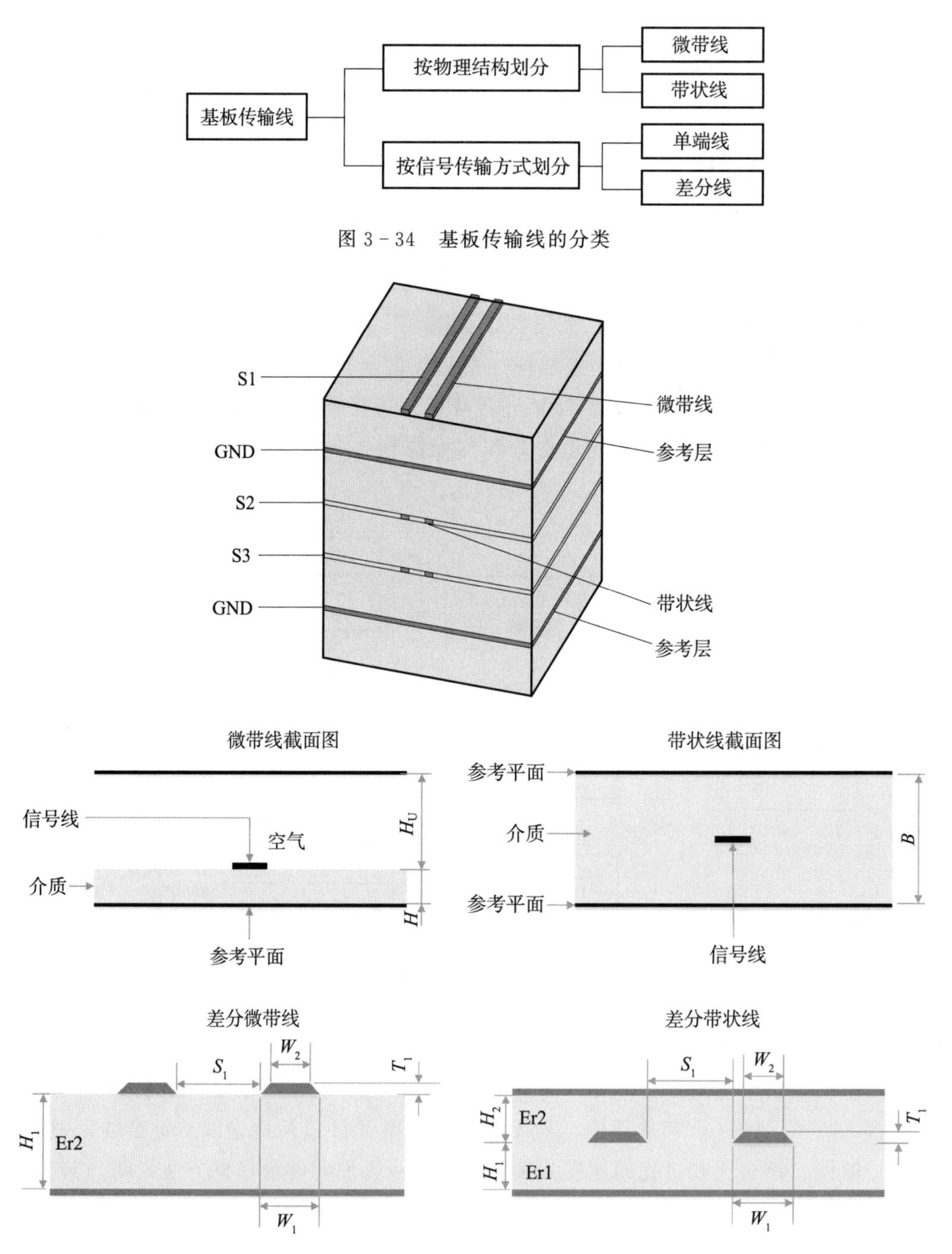

图 3－34　基板传输线的分类

图 3－35　基板传输线的结构示意图（见彩插）

2）传输线的模型类型。传输线为无源互连，其电特性模型以 S 参数表达，包含 S11 和 S21 两条主要曲线。S11 称为回波损耗，表示传输线的反射特性；S21 称为插入损耗，表示传输线的传输损耗。*.sNp 文件是一种标准化的 S 参数模型，对于各种仿真和测试软件均通用。单端传输线的模型文件格式为 *.s2p，差分传输线的模型文件格式为 *.s4p。

3）传输线的建模流程。传输线的建模方法有仿真和测试两种，建模方法流程如图 3-36 所示。基于仿真的方法要求仿真的精度可信，其中仿真参数设置是关键；基于测试的方法要求测试的精度可信，其中测试影响的去嵌入是关键。在首次进行某种基板的传输线建模时，推荐采用仿真和测试拟合验证的方法建模，在验证获得仿真工艺参数和仿真方法后，可直接采用基于仿真的方法建模。

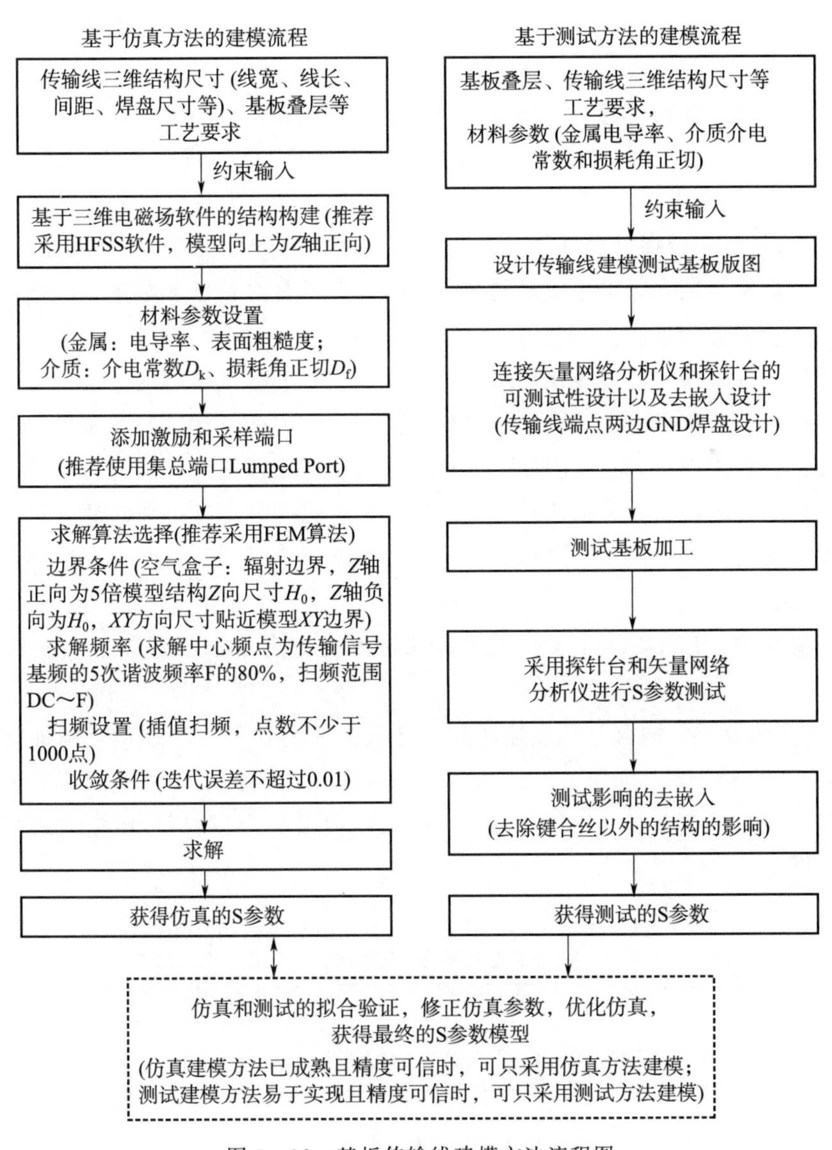

图 3-36　基板传输线建模方法流程图

基于仿真方法的建模，首先，根据基板叠层、单端或差分传输线的线宽、线间距等结构尺寸，采用三维电磁场软件，建立基板传输线的三维结构。模型的上方朝向 Z 轴正方向，模型下表面 Z 轴坐标为 0，模型 Z 轴高度记为 H_0 。其次，进行材料参数的设置，金属材料的关键参数是电导率和表面粗糙度，介质材料的关键参数是介电常数 D_k 和损耗角正切 D_f 。再次，添加激励和采样端口，传输线结构推荐采用集总端口 Lumped Port。接着，选择求解算法，推荐采用有限元 FEM 算法，也可采用 FDTD 算法，设置边界条件、频率范围和收敛条件等参数。其中，边界条件的空气盒子 Z 轴正向尺寸不少于 $5H_0$ ，Z 轴负向尺寸不少于 H_0 ，XY 方向尺寸贴近模型 XY 向边缘，空气盒子各表面为辐射边界；求解中心频率（setup 频率）为拟传输信号 5 次谐波频率 F 的 80%，扫频范围（sweep frequency）为 DC～F；扫频采用插值扫频算法，点数不低于 1 000；收敛条件为相邻两次迭代误差不大于 0.01。然后，运行求解；最后，获得仿真的 S 参数。

基于测试方法的建模，首先，根据基板叠层、单端或差分传输线的线宽、线间距等结构尺寸，结合材料参数，设计预期阻抗的传输线（一般单端线阻抗 50 Ω，差分线阻抗 100 Ω）的建模测试板版图。其次，设计建模测试板中连接矢量网络分析仪和探针台的结构，SMA 连接器焊盘或探针台探针接触焊盘。去嵌入设计，去除测试板中除待测传输线以外的结构的影响。接着，采用矢量网络分析仪和探针台进行 S 参数测试。然后，对传输线以外结构的影响进行去嵌入。最后，获得测试的 S 参数。

首次进行某种基板的传输线建模时，建议采用仿真和测试拟合的方法，对工艺参数和仿真方法进行验证。拟合验证的流程是将初始仿真的 S 参数和测试的 S 参数进行对比，一方面修正测试、去嵌方法，提高测试结果精度，另一方面调整仿真的材料参数和结构尺寸参数，使得仿真和测试结果无限逼近，在仿测误差可接受时，获得准确的 S 参数模型。在经过仿测验证仿真精度可信后，可直接采取仿真方法建模。

②键合丝建模

微系统模块中，LTCC、HTCC 和硅等基板上的键合丝都依据以下方法和流程进行建模。

1）键合丝的分类。键合丝是连接芯片和基板的一种信号传输结构，同样需要信号键合丝和回流 GND 键合丝。如图 3－37 所示，键合丝按照连接芯片堆叠的层数分为一层芯片键合丝和多层堆叠键合丝（二层、三层、四层堆叠等），按照信号传输方式分为单端键合丝和差分键合丝。

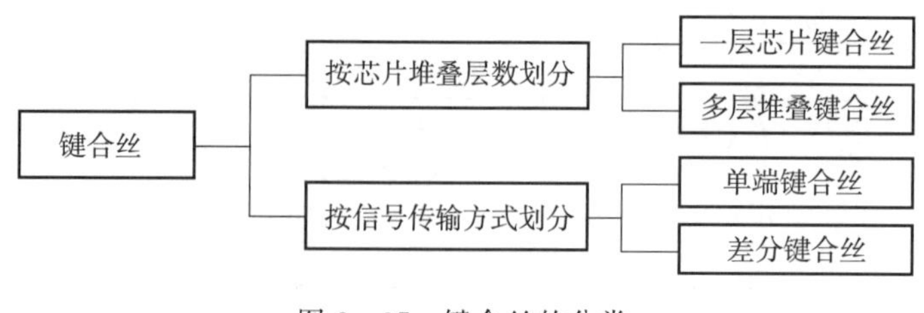

图 3－37　键合丝的分类

键合连线的结构示意图如图 3－38 所示，H 为键合丝的拱高，α 和 β 是键合丝的弧度夹角，L 是键合丝两端键合点的间距，ph_1 和 ph_2 是两端焊盘的厚度，cpl、cpw 是芯片端键合焊盘的长、宽，bpl、bpw 是基板上键合焊盘的长、宽，ch 是芯片高度。在基板靠近表层的内层设置参考 GND 层。

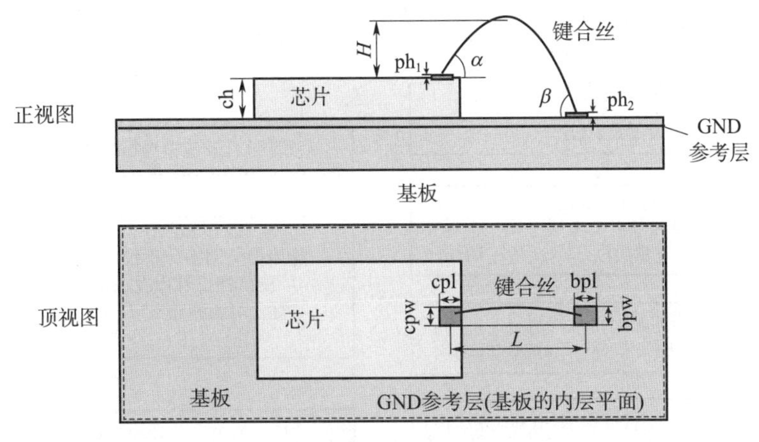

图 3-38　键合连线的结构示意图

2）键合丝的模型类型。键合丝为无源互连，其电特性模型同样以 S 参数表达，包含 S11 和 S21 两条主要曲线。单端键合丝的模型文件格式为 *.s2p，差分键合丝的模型文件格式为 *.s4p。

3）键合丝的建模流程。同样，键合丝的建模方法也有仿真和测试两种，建模方法流程如图 3-39 所示。键合丝的建模流程与传输线大体相同，不再赘述。

这里重点说明不同之处：a）仿真建模在建立键合丝的三维结构尺寸时，要根据图 3-38 所示的结构示意图，输入丝径、拱高、弧度角、键合点间距、键合焊盘尺寸、芯片高度等参数；b）测试建模板为便于连接矢量网络分析仪，在键合丝焊盘两边各设计一个 GND 焊盘，与键合丝焊盘的间距应符合探针台和矢网的探针间距。

③基板过孔建模

微系统模块中，LTCC、HTCC 和硅等基板上的过孔都依据以下方法和流程进行建模。

1）过孔的分类。过孔是连接不同层传输线或焊盘的一种信号传输结构，同样需要信号过孔和回流 GND 孔。如图 3-40 所示，过孔按照物理结构分为直通孔、盲埋孔、阶梯孔等，硅基板里为 TSV 孔；按照信号传输方式分为单端过孔和差分过孔。过孔的结构如图 3-41（a）所示，单孔结构参数包括孔径、孔深、stub 长、孔壁金属厚度（适用于空心孔）、焊盘大小、反焊盘大小、过孔引出线线宽；差分过孔还包含孔中心距；盲埋孔没有 stub 部分；阶梯孔包含阶梯数和转换的层位。图 3-41（b）为典型过孔的等效电路图，可见过孔有电容效应和电感效应，电容效应来源于反焊盘（反向关系）、焊盘（正向关系）、stub（正向关系）；电感效应来源于孔长（正向关系）；两者均有孔直径（正向关系电容、反向关系电感）。电感加大和电容加大均使衰减增加。

2）过孔的模型类型。过孔为无源互连，同样其电特性模型以 S 参数表达，包含 S11 和 S21 两条主要曲线。单过孔的模型文件格式为 *.s2p，差分过孔的模型文件格式为 *.s4p。

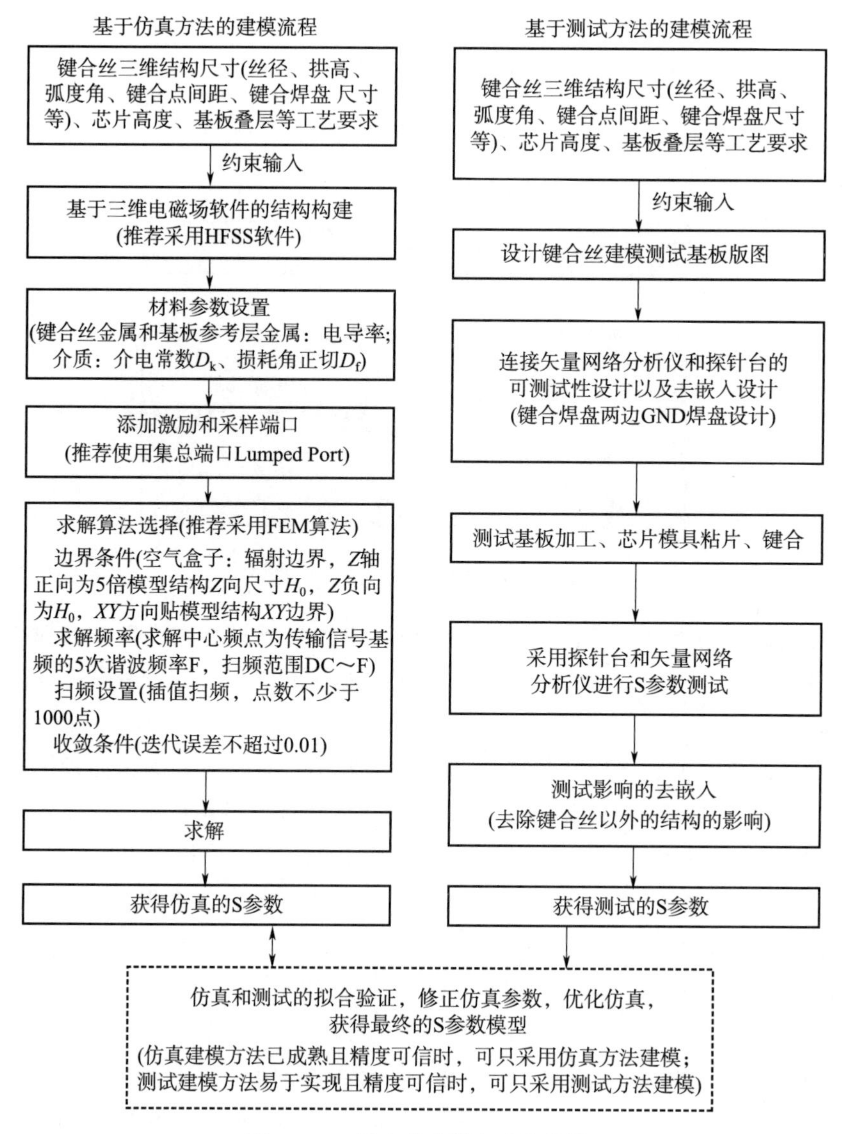

图 3-39　键合丝建模方法流程图

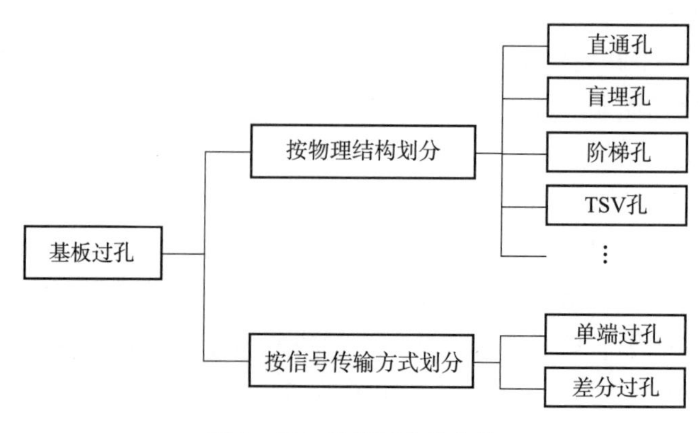

图 3-40　基板过孔的分类

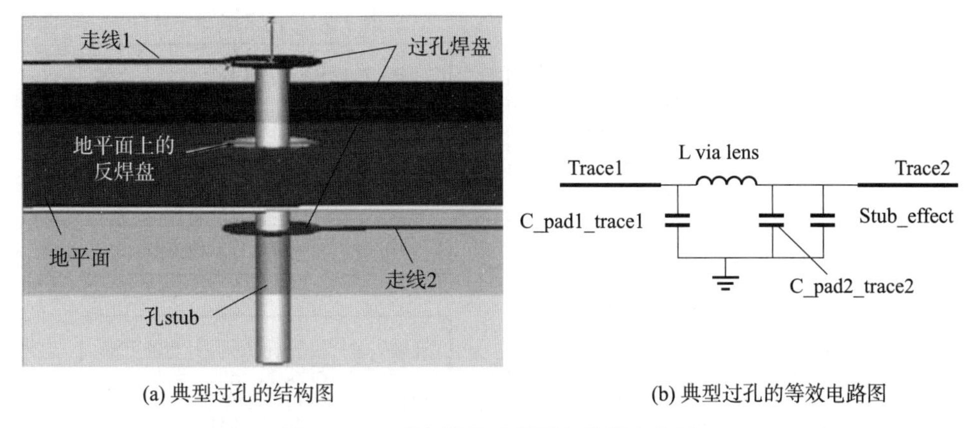

(a) 典型过孔的结构图　　(b) 典型过孔的等效电路图

图 3-41　过孔结构示意图和等效电路图

3）过孔的建模流程。同样，过孔的建模方法有仿真和测试两种，建模方法流程如图 3-42 所示。过孔的建模流程与传输线和键合丝大体相同，不再赘述。这里重点说明不同之处：a）激励端口为波端口 Wave Port，具体为在过孔焊盘长出的同轴端口，在求解完成后需要对长出的同轴端口的影响进行去嵌；b）空气盒子 *XY* 方向尺寸为过孔结构 *XY* 方向尺寸的 3 倍；c）TSV 孔，若真实的孔形状并非圆柱形，例如圆锥形，要根据具体的形状结构进行三维结构构建；d）测试建模板便于连接矢量网络分析仪，过孔两端有引出线和 GND 焊盘，在测试去嵌时，需要去除这部分的影响。

（2）微系统封装组件级建模

微系统封装组件是由芯片和键合丝、基板、Flipchip 焊球等封装无源结构组成，或由多种无源互连结构组成的组件，即主要包括芯片堆叠组件和管壳两类。

①芯片堆叠组件建模

微系统模块中芯片直接装在 LTCC/HTCC/Si 基板上或采用堆叠方式将多片芯片叠放，芯片 IO 管脚通过倒扣焊或键合线与基板相连。芯片堆叠加上键合线形成组件，组件的模型包含芯片的 IO 电气参数和键合线的电气参数。芯片的电特性模型以 IBIS 或 Spice 形式表达，由芯片厂商提供。键合线的电气模型以等效电路的形式表达，形成 Spice 等效电路模型。组件模型为包含精确 package model 的 IBIS 模型或整合的 Spice 模型。

②微系统封装管壳建模

管壳作为封装微系统最外层的结构，需根据不同的信号特性要求，提取管壳封装的电特性模型。模型分为两种形式，等效电路模型和 S 参数模型。对于 100 MHz 以下信号的管壳互连部分，模型以等效电路表达，100 MHz 及以上信号的管壳互连部分，模型以 S 参数表达。

微系统封装管壳建模的大体流程为：首先，从管壳的 EDA 设计工程导入管壳的三维结构，设置各部分材料的参数；其次，将要提参部分切割出来，因为管壳的三维结构比较复杂，用三维电磁场工具进行提参建模，对整个管壳进行整体处理和求解会非常耗时，甚至求解不出，所以，要将管壳局部进行切割处理和求解；再次，设置激励、边界条件和求

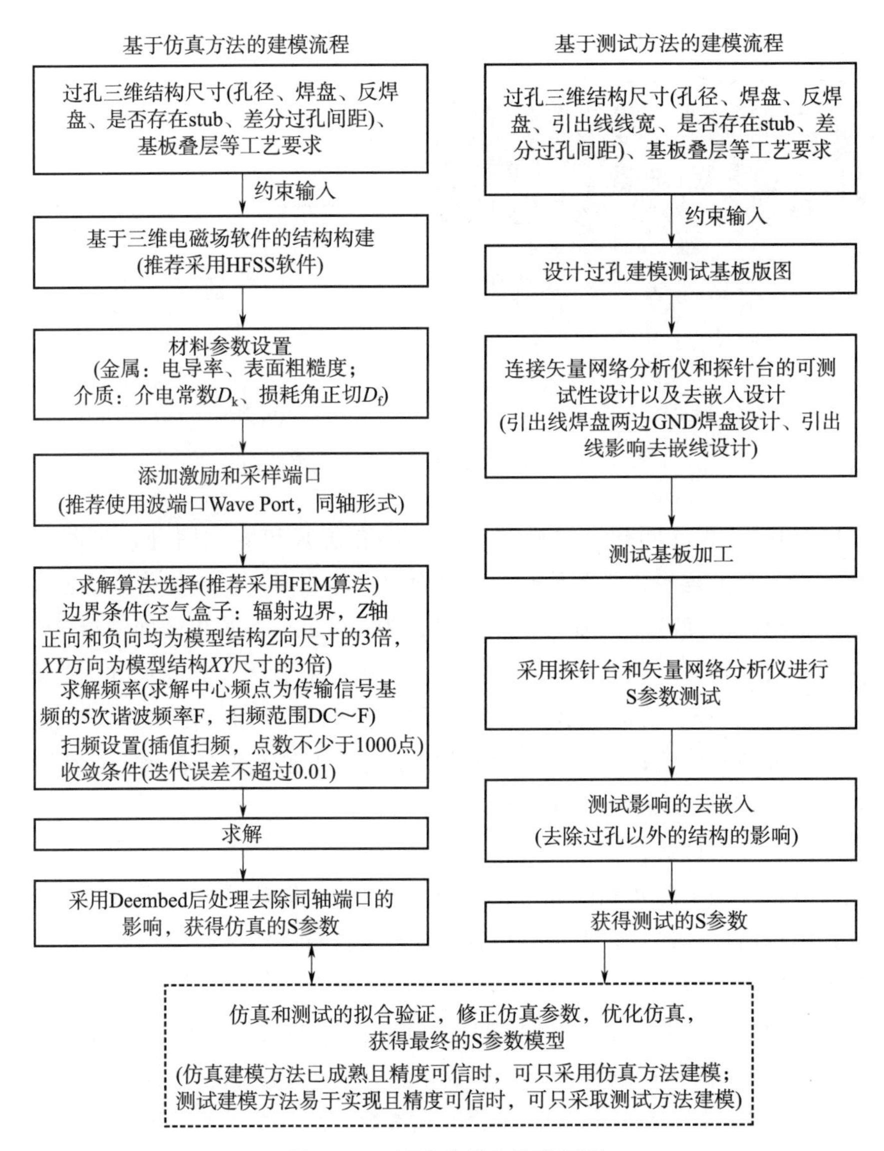

图 3-42　过孔建模方法流程图

解方式，进行求解；最后，将每次布局求解所得的参数进行整合，获得管壳的模型。

(3) 微系统模块级电特性建模

微系统模块级电特性建模，是建立整个模块的电气模型，用于电路系统的信号完整性和电磁辐射仿真。

参照有源芯片的电气模型，业界通用的模型标准为 IBIS 模型。IBIS 是基本的输入/输出缓冲器信息规范，与常见的 HSpice 和 Spectre 等晶体管级（物理级）缓冲器模型不同，IBIS 只描述了 IC 的输入、输出和 I/O 缓冲器的行为级电气特性，并不涉及缓冲器的底层结构和工艺信息。微系统模块级电特性模型，一般信号选用 IBIS 模型格式表达；GHz 高速串行信号涉及预加重、去加重、均衡等算法，采用 AMI-IBIS 模型或 Spice 模型表达。

微系统模块的IBIS或Spice模型中，$V-I$ 曲线、$V-t$ 曲线、Rising和Falling曲线等有源特性数据，均采用裸芯片本身的特性曲线数据。微系统模块的系统级模型建模的重点是模块无源互连部分的建模，此部分可称作封装建模。封装模型，一般的信号采用pin形式的RLC寄生参数描述，吉赫兹的高速信号采用package model方式描述。微系统模块封装结构的寄生RLC参数和package model的参数，采用Ansys公司的Q3D和HFSS软件通过三维结构建模和电磁场求解提取。

3.3.1.2　电特性仿真

仿真处于微系统模块设计的两个阶段，版图设计之前和之后，分别为预仿真分析和后仿真验证。预仿真分析，基于基板无源元件模型，包括传输线、过孔、键合丝等，结合芯片的IBIS或Spice模型，对信号的拓扑结构、端接匹配方式等进行分析，给出高速信号传输通道的设计原则。后仿真验证，基于已经完成的版图，构建电源和信号传输全通道的三维结构模型，提取全通道的电特性模型，并结合芯片的模型进行仿真。

一般情况下，微系统模块电特性设计仿真流程如图3-43所示。仿真内容分为电源完整性（PI）仿真和信号完整性（SI）仿真。

（1）电源完整性仿真

PI仿真包含两个方面，即DCdrop直流压降仿真和电源AC阻抗仿真。直流压降仿真对电源从供电芯片VRM到用电芯片的整个电源分布网络（PDN）的直流电压损耗和电流密度进行分析，指导设计优化。电源阻抗仿真对整个PDN的阻抗进行分析，对去耦网络进行优化。

①直流压降仿真

1）仿真的目的。直流压降仿真检验：PDN的直流电压损耗是否过大，造成用电芯片端电压不足；PDN路径上电流密度是否过大，造成产生的焦耳热过高，影响PDN路径的可靠性。若电压损耗过大或电流密度过高，则对PDN进行优化仿真，并指导PDN设计修改。

2）仿真的方法流程。直流压降仿真方法流程如图3-44所示，首先，将微系统管壳和硅基板的版图导入SIwave，进行基板叠层参数设置，材料电导率、介质介电常数、损耗角正切参数设置，芯片高度、键合丝等的设置；其次，将芯片电源引脚和地引脚分别pin group，在电源和地的pin group之间添加电压源和电流源，电压源内阻为 $1\times10^{-6}\,\Omega$；接着，进行直流压降计算设置，并运算求解；然后，查看仿真结果，电源地所在所有层的电压分布图和电流密度分布图；最后，依据标准判断仿真结果是否满足要求，如果不满足，进行仿真优化，指导PDN网络的布线设计修改。

3）仿真结果的判别标准。直流电压损耗的标准：VRM（Voltage Regulator Module）通过PDN给芯片供电，PDN产生的直流电压损耗不能超过芯片供电电压 $V_{CC}\times$ Ripple。Ripple从芯片手册获取，若芯片手册对此没有说明，一般为5%。对于VRM来自微系统外部电路板的微系统模块，PDN包含外部电路板和微系统内部两部分，两部分的电压损耗之和不能超过Ripple，因此，微系统内部PDN直流压降建议不要超过 $V_{CC}\times3\%$。

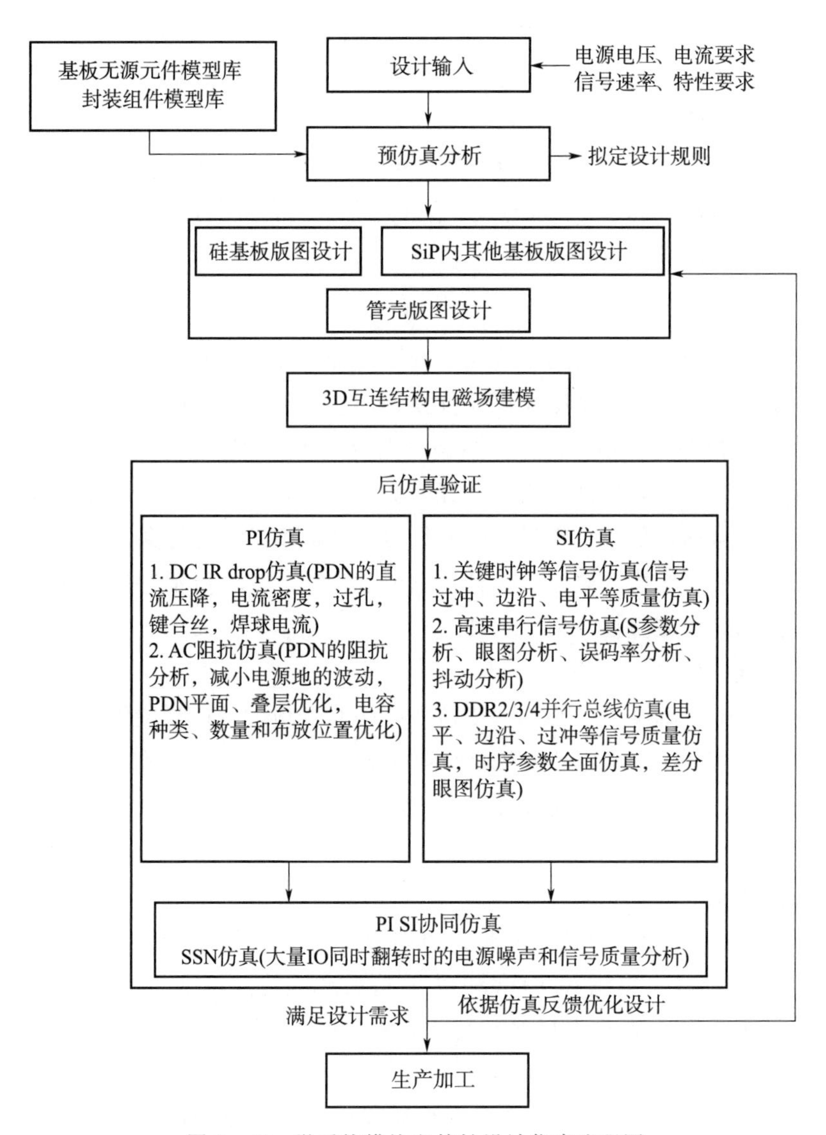

图 3-43　微系统模块电特性设计仿真流程图

电流密度标准：相同截面积的金属布线承载的电流，随着温度升高呈非线性增大，因此，散热越好，允许的温升越高，允许的电流密度就越大，这是电热综合的结果。此阶段，建议电流密度不超过 800 A/mm^2。后期，根据工艺参数的实测数据积累，对此值进行修正。

②PDN 阻抗仿真

1）仿真的目的。电源阻抗仿真检验：电源分布网络（PDN）上有瞬态电流变化时，产生的电压变化是否超过芯片允许的变化量，即 PDN 是否可以给芯片提供没有噪声的干净的电源。若瞬态电压变化量过大，则对 PDN 的去耦网络进行优化仿真，并指导 PDN 设计修改。

2）仿真的方法流程。电源阻抗仿真流程如图 3-45 所示，首先，将微系统管壳和硅

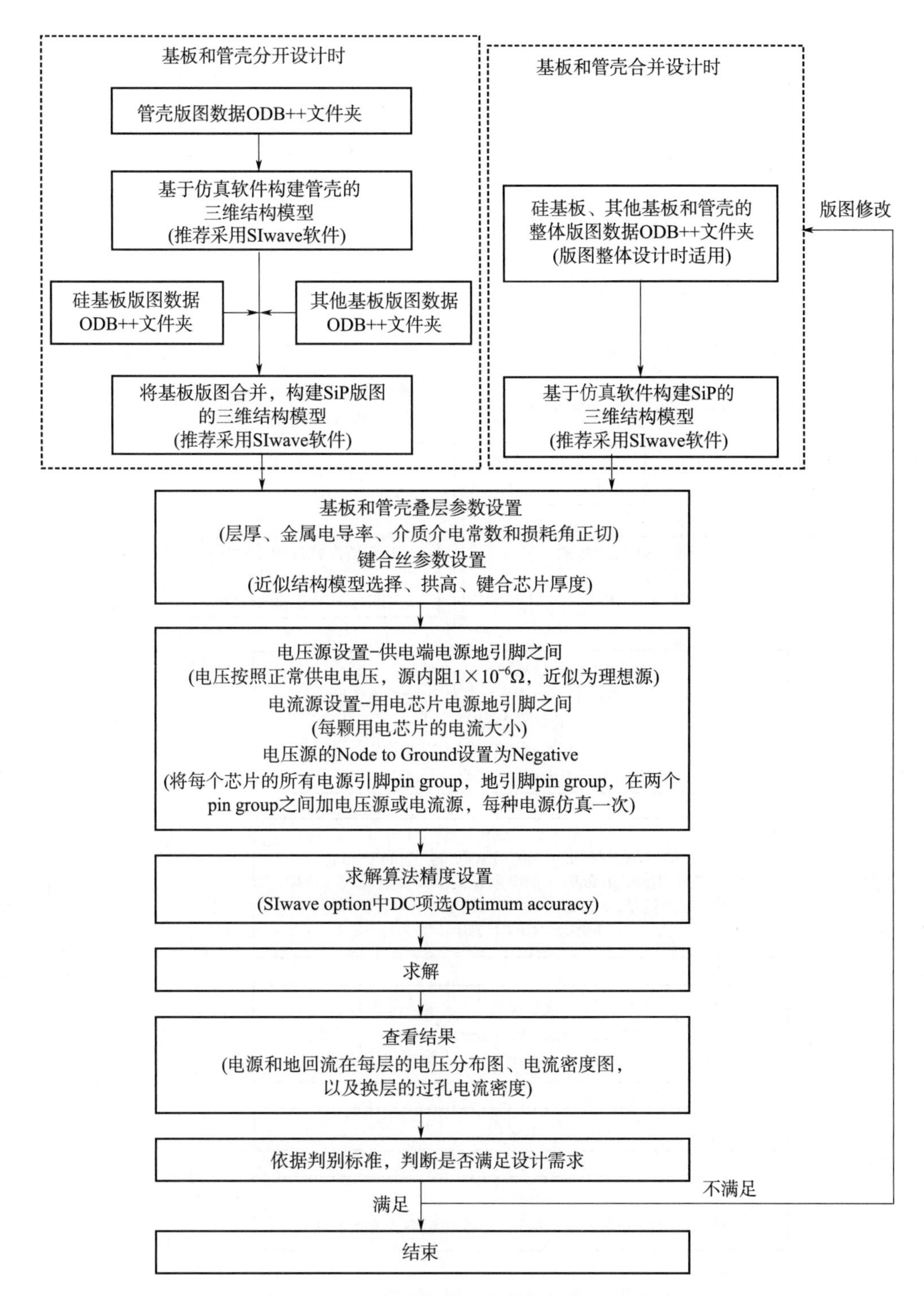

图 3－44　微系统直流压降仿真方法流程图

基板的版图导入 SIwave，进行基板叠层参数设置，材料电导率、介质介电常数、损耗角正切参数设置，芯片高度、键合丝等的设置；其次，将芯片电源引脚和地引脚分别 pin group，在 VRM 端的电地 pin group 之间添加一个 0.01 Ω 的小电阻，在用电芯片的电地 pin group 之间添加一个 Port；接着，进行 Compute SYZ Parameters 设置，并运算求解；然后，查看仿真结果，用电芯片 Port 处的 Z 阻抗曲线；最后，依据目标阻抗的标准判断仿真结果是否满足要求，如果不满足，进行仿真优化，指导 PDN 去耦网络的设计修改。

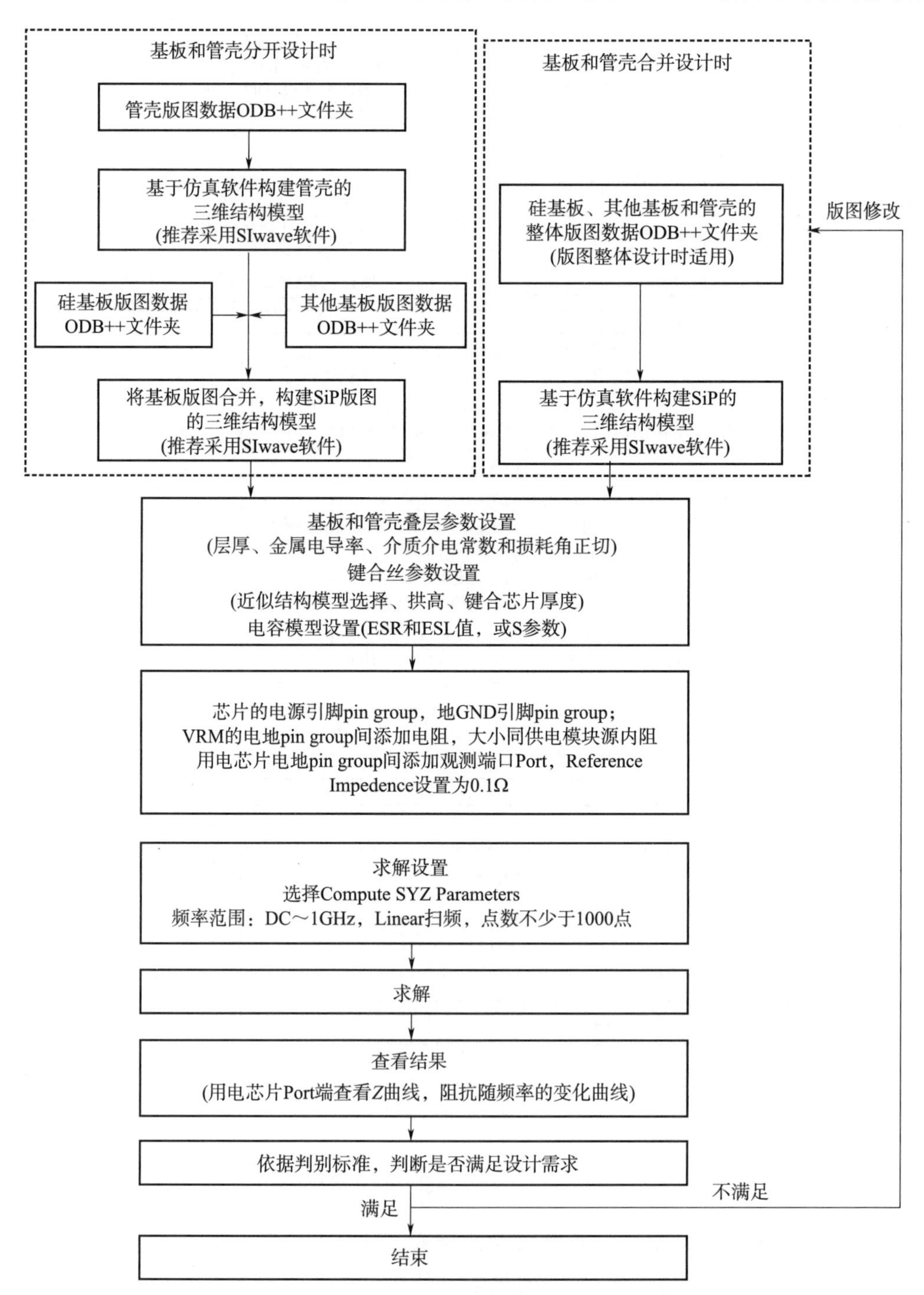

图 3-45　微系统模块电源阻抗仿真流程图

3）仿真结果的判别标准。瞬态电流变化量为 ΔI，Z 为 PDN 的阻抗，产生的瞬态电压变化量为 ΔV。则有 $\Delta V=Z\times\Delta I$，当负载瞬态电流变化时，要保证负载的电压变化量在容许范围内，则电源阻抗不能超过确定值，即目标阻抗。PDN 目标阻抗设计法如图 3-46 所示。

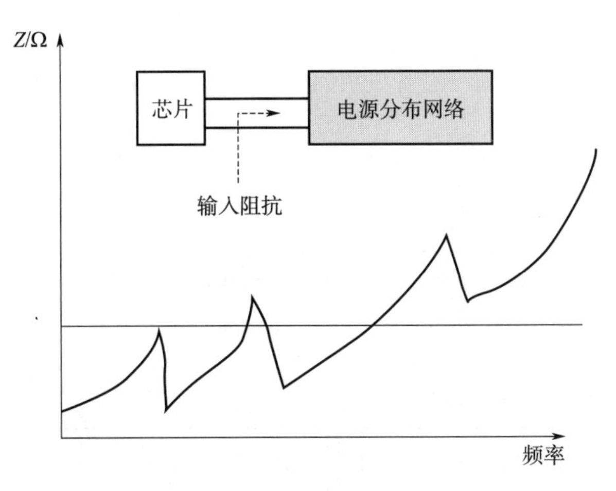

图 3-46　目标阻抗设计法

目标阻抗的计算公式如下

$$Z_{\text{target}}=\frac{V_{\text{CC}}\times \text{Ripple}}{\Delta I_{\max}}=\frac{\Delta V_{\text{CC}}}{\Delta I_{\max}}$$

式中，V_{CC} 是电源电压；Ripple 为容许的电压波动，通常为 5%；$\Delta I_{\max}$ 是负载芯片最大瞬态电流变化量。电源阻抗设计仿真的原则就是 PDN 阻抗不大于目标阻抗。目标阻抗不是恒定值，是随频率升高而增大的。准确的目标阻抗曲线需要获取负载芯片在各频点的最大瞬态电流变化量，即电流需求的频谱，但是，芯片厂商一般不提供这个电流频谱。近两年出现了 *.cpm 模型，即芯片电源模型，但还未普及。在有 *.cpm 模型时，可以直接进行 PDN 时域仿真，检验电源噪声是否超标。

（2）信号完整性仿真

SI 仿真重点关注高速信号的质量，包括电平、上升沿、下降沿、时序等的完整性。微系统模块中具有代表性的高速信号包含一般关键信号、高速串行差分信号和 DDR3 总线信号。一般关键信号包含时钟信号、控制信号等。

1）仿真的目的。信号完整性仿真包含信号的频域和时域分析及场路协同分析，以检验信号是否存在过冲，边沿是否退化，电平是否满足判别要求，时序是否完整，是否存在高误码率。若信号质量不满足要求，则通过仿真优化分析，指导设计更改。

2）仿真的方法流程。高速信号 SI 仿真一般采用芯片的 IBIS 模型，所有信号仿真的方法流程大体相同，DDR3 信号组需要复杂的后处理来计算时序，高速串行信号需要基于芯片的 IBIS-AMI 模型或 Spice 模型来仿真。微系统模块的 SI 仿真方法流程如图 3-47 所示。

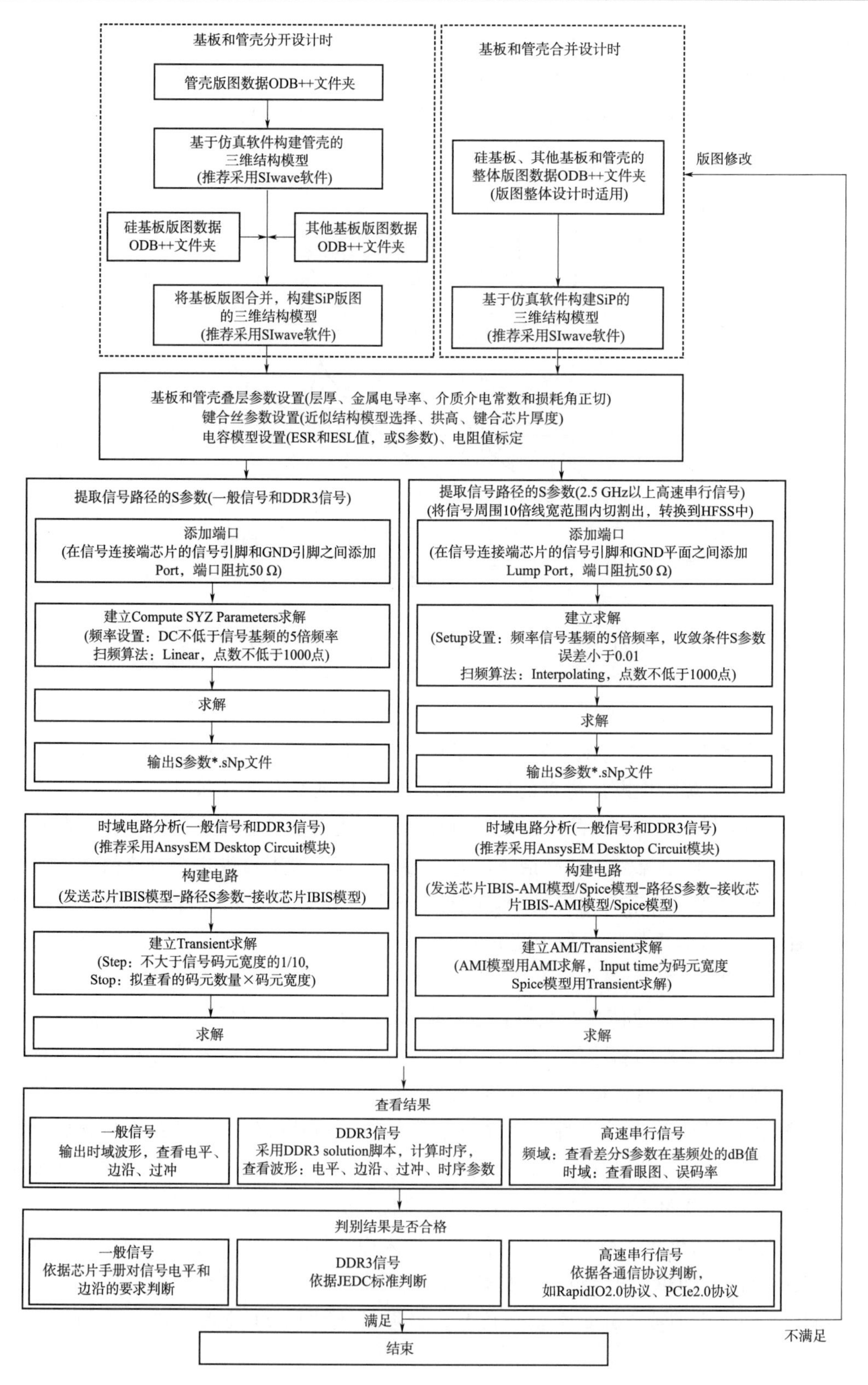

图 3-47　微系统模块信号完整性仿真方法流程

首先，将微系统模块的版图设计导入 SIwave，进行板叠层、电容、电阻参数设置。其次，进行信号路径 S 参数提取，一般信号和 DDR3 信号继续采用 SIwave 软件，2.5 GHz 以上的高速串行信号采用 HFSS 软件，从 SIwave 中将信号周围 10 倍线宽以内的范围切割出，转到 HFSS。接着，采用 AnsysEM Desktop 的 circuit 软件模块进行时域电路分析，采用芯片的 IBIS 模型/AMI - IBIS 模型/Spice 模型和提取的路径的 S 参数，搭建电路，进行时域分析。然后，查看仿真结果，包括电平、边沿、时序、眼图等，DDR3 信号要采用内嵌 DDR3 脚本计算时序。最后，依据标准判断频域 S 参数和时域波形是否满足标准，若不满足标准则进行仿真优化，指导版图修改。

3）仿真结果的判别标准。一般信号的标准：器件手册中 VinH、VinL 的值作为电平判别要求；边沿平滑不存在台阶、回沟。

DDR3 信号判别标准：JESD79 - 3F 标准中 Electrical Characteristics and AC Timing 章节的要求。

RapidIO 信号判别标准：RapidIO 2.0 协议中 LP - Serial Physical Layer Specification 部分的 Common Electrical Specifications 章节的要求。

PCIe 信号判别标准：PCIe 2.0 协议 PCI _ Express _ Base _ r2.0 _ 0.9 _ 2006Sep11 中 Physical Layer Specification 章节的要求。

3.3.2 热学仿真设计

热学仿真设计与分析的主要流程如图 3 - 48 所示，主要包括前处理建模、详细建模、物理属性设定、网格划分及求解和结果后处理分析等步骤。

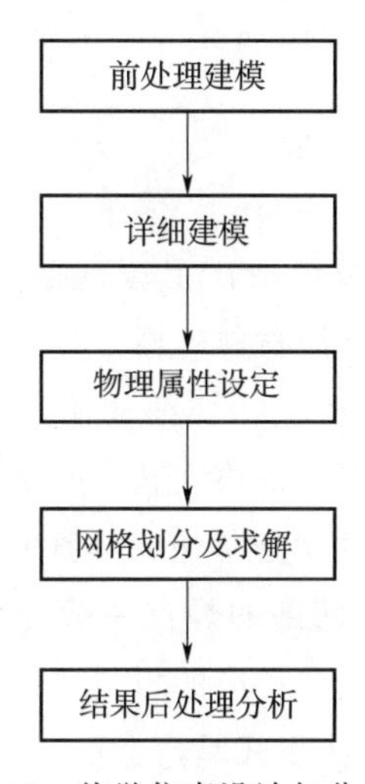

图 3 - 48 热学仿真设计与分析流程

3.3.2.1 前处理建模

（1）热仿真建模方法

建立热仿真模型有三种方法：第一种是使用仿真软件自身的建模工具进行建模；第二

种是利用仿真软件导入CAD三维模型建模；第三种是上述两种方式结合建模。

第一种方法借助于软件自身工具建模相对简单，参数化的模型便于方案更改优化分析，但对于复杂模型而言，建模较为烦琐，因此适用于前期方案的设计优化阶段。

第二种方法为直接导入三维建模软件的结构模型，基于CAD模型进行仿真模型转化，操作相对简单，对于复杂模型能提高建模效率，但每次方案更改都需要重新导入建模，不利于方案优化分析，因此适用于方案的仿真验证分析阶段。

第三种方法结合上述两种方式建模的优点，整体导入三维模型可提高建模效率，同时针对关注的部位应用软件建模便于设计优化。实际建模操作中按照不同需求采用相应的建模方法。

（2）模型简化原则

热仿真模型要根据微系统模块的工作环境和散热传递路径来合理简化处理模型，适当的简化有利于提高热分析的效率，既做到保证仿真准确性，又有助于缩短计算时间，提高分析效率。

对于微系统模块热分析而言，需建立内部所有组成部分详细的结构模型。要根据分析目的合理建立系统级热环境的仿真模型，对模型进行适当的简化。系统级热环境的模型简化主要原则如下：

1）删除与热分析无关的几何特征如各种安装孔、螺纹孔、密封槽等。

2）删除不影响整体散热路径的部件如接插件、线夹、焊片、紧固件等。

3）删除不影响整体散热路径的圆弧特征如倒圆角等。

4）根据实际情况简化除微系统模块外的其他器件模型，如器件的引脚、焊球等。

5）忽略除微系统模块外的小功耗元器件（一般热功耗低于0.1W的元器件可忽略）。

3.3.2.2 详细建模

（1）模块详细建模

信息处理微系统的详细建模涉及组成产品模块的各个要素，包括基板建模、焊点建模、引线建模、管壳和盖板建模及界面材料建模。

1）基板建模。基板建模方法主要包括详细建模方法和平均方法。详细建模方法是将基板的层结构进行详细建立；平均方法是建立基板的结构几何模型，直接为基板设置各向异性的热导率值。除重点关注基板温度分布外，一般采用平均方法建模。

2）焊点建模。微系统模块器件底部的焊点一般为引脚、焊球、焊柱等部件，可通过建立体积等效且截面积等效的块并设置相应的材料属性进行简化。

3）引线建模。微系统模块内部的引线是弯曲的，一般根据引线的实际长度进行简化，引线的形状为直角，连接芯片和基板。除重点关注引线的传导散热路径外，一般可简化省略。

4）管壳和盖板建模。管壳和盖板采用建立结构模型的方法在热仿真软件中直接建模，根据管壳和盖板的长、宽和厚度尺寸，建立结构模型，设置相应的材料特性。

5）界面材料建模。导热胶、粘接胶等界面材料采用建立结构模型的方法建模，根据界面材料的长、宽和厚度尺寸，建立结构模型，设置相应的材料特性。

（2）热环境详细建模

信息处理微系统模块的热环境详细建模涉及以下项目：

1）机箱建模。简单规则的机箱，可在热仿真软件中直接建立；复杂机箱，可在三维建模软件中建立，导入热仿真分析软件，设置材料参数。

2）PCB 建模。系统级环境的 PCB 一般采用平均方法建模，建立 PCB 的结构几何模型，直接为 PCB 设置各向异性的热导率值。

3）器件封装建模。除了微系统模块外的器件封装采取块建模方法，通过建立一个具有材料特性和内部热量均匀分布的器件块，根据不同封装材料设置块的材料属性。器件底部的引脚、焊球、焊柱等部件，可通过建立体积等效且截面积等效的块并设置相应的材料属性进行简化。

4）导热界面材料建模。导热膜、导热胶、导热硅脂等界面材料采用建立结构模型的方法建模，根据界面材料的长、宽和厚度尺寸，建立结构模型，设置相应的材料特性。

5）风机建模。根据风机的出风方向，一般风机可分为轴流风机、离心风机和混流分机，可直接应用热仿真软件中的风机库进行建模。

6）热管建模。根据热管形状建立几何模型，设置热管在实际应用中冷端和热端之间的热阻以及最大热功耗，或直接设置热导率。热管表面焊锡的作用可以通过设置表面特性中的接触热阻来建立，推荐设为 0.5 K·cm²/W。

3.3.2.3　物理属性设定

物理属性设定包括材料属性设定、接触热阻设定和环境属性设定。

（1）材料属性设定

仿真建模中所有结构件及元器件都需定义材料属性，与热仿真相关的材料属性主要包括密度、比热容和热导率等。微系统模块常用材料的热属性参数见表 3-8。

表 3-8　微系统模块常用材料的热属性参数

材料名称	密度/(g/cm³)	比热容/[J/(g·K)]	热导率/[W/(m·K)]
保力马 PT-UT	1.69	1.50	6
贝格斯 3000S30	2.62	1.00	3
铝板 2A12-H112	2.79	0.88	171
铝板 2A12-T4	2.77	0.88	110
不锈钢	7.98	0.50	15
低碳钢	7.86	0.42	63
紫铜板 T2-HX8	8.93	0.39	385
黄铜 Brass	8.40	0.37	110
PCB(20%Cu)	2.75	0.57	79.24 (*X*/*Y*)/0.37(*Z*)
PCB(10%Cu)	1.97	0.66	38.77 (*X*/*Y*)/0.33 (*Z*)
硅	2.93	0.70	117.5

续表

材料名称	密度/(g/cm³)	比热容/[J/(g·K)]	热导率/[W/(m·K)]
陶瓷 Alumina (96%)	3.72	0.88	25
柯伐合金 Kovar	8.36	0.44	16.3
塑料	0.91	1.88	10

(2) 接触热阻设定

材料表面不可能绝对平整和光滑，实际情况中往往会有一定的粗糙度，因此两个表面的接触实际为具有空气间隙的点接触，形成接触热阻。微系统模块常规传导散热通道上的接触热阻示意图如图 3－49 所示，主要存在于各个界面之间。

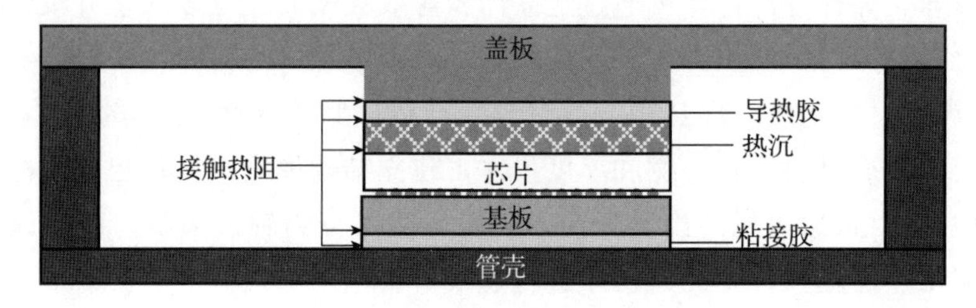

图 3－49 微系统模块接触热阻示意图

接触热阻的大小与材料表面粗糙度、接触压力以及填充介质有关，接触热阻与表面粗糙度、接触压力间的关系如图 3－50 所示，表面粗糙度值越小，接触压力越大，形成的接触热阻越小。

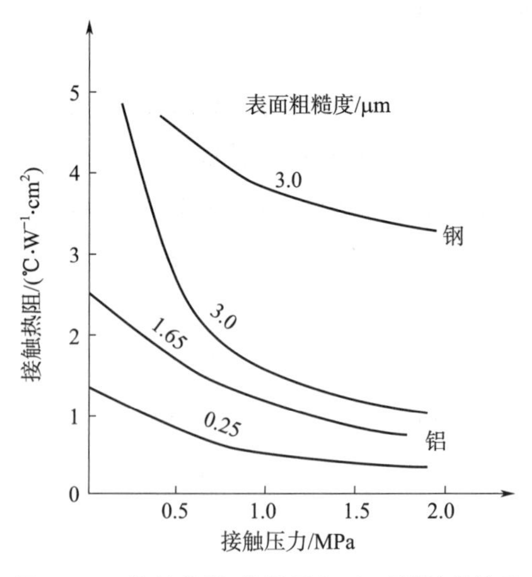

图 3－50 接触热阻-接触压力-表面粗糙度关系

实际的接触热阻值可以通过实验测量获得，微系统模块的各界面之间接触热阻值推荐设置为 0.5 $K \cdot cm^2/W$。

系统级热环境中常用材料之间的接触热阻见表 3－9。

表 3-9　常用材料之间的接触热阻

常见工况条件	典型值/(K·cm^2/W)
粗糙金属接触表面	2
普通金属接触表面	1
导热硅脂接触表面	0.5
液体金属脂接触表面	0.1

（3）环境属性设定

目前信息处理微系统模块中，系统级热环境主要包括自然对流环境、强迫对流环境和真空环境。弹上产品的使用环境一般为自然对流环境，考虑传导、对流和辐射。地面产品的使用环境为自然对流环境或强迫对流环境，考虑传导、对流和辐射。卫星产品的使用环境为真空环境，考虑传导和辐射。

求解域的设定是为确定求解的范围，合理的求解域既包含所有影响系统设备热和流动状态的物体和环境，又能合理控制计算规模和时间。自然对流环境下，求解域要大于设备尺寸，除重力反方向外，其余方向按照设备尺寸在各个方向放大 1 倍，重力反方向放大 2 倍，详见图 3-51。强迫对流环境和真空环境的求解域大小可以和设备外围尺寸一致。

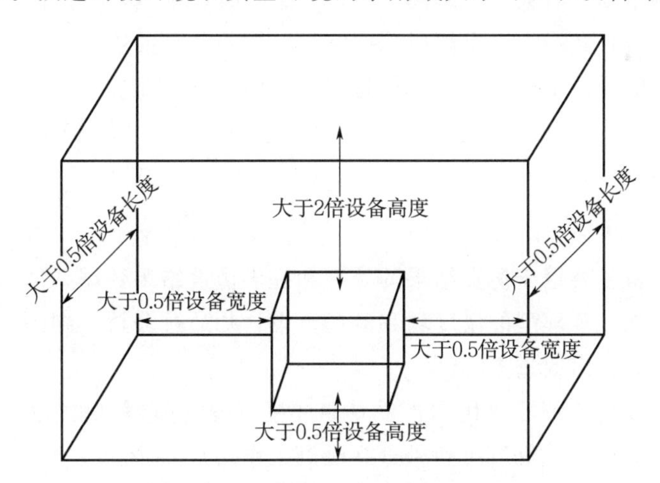

图 3-51　自然对流环境求解域设定

自然对流环境和强迫对流环境需根据设备实际工作时的放置方向定义重力方向，需打开传导、对流和辐射设置。真空环境关闭重力选项，流体的密度设置为 1×10^{-10} kg/m^3，热导率设置为 1×10^{-10} W/（m·K）。

瞬态热分析主要是进行温度场随时间变化的热仿真，如环境温度变化引起的设备内部温度场变化，元件热功耗随时间变化引起的设备温度场变化等。在时间步划分时采用先密后疏的原则，一般在瞬态分析前期可以用相对更密的时间步网格，同时在变量变化剧烈的时间段需加密时间子步，加密的子步数推荐为 5 个以上，时间步网格划分在一般单个瞬态时间步内的温度变化不超过 2 ℃。

星上产品一般安装在热控底板上，分析建模时需建立安装底板模拟总体的热控系统环境，热控底板的大小与产品安装面的面积一致或者稍大一些。热控环境的模拟一般在热控底板的下表面增加热源，其温度设置为热控环境温度。热控底板与产品之间必须设置接触热阻，为留有一定的热设计安全裕度，接触热阻推荐设置为 10 K · cm^2/W。

3.3.2.4 网格划分及求解

几何模型建立后需要进行网格划分。网格划分的一般原则如下：

1）创建几何模型时，除关注的部件外，尽量避免产生小于 0.2 mm 的小尺寸网格，以减轻后期网格划分工作量。

2）在速度或温度梯度较大的区域需要进行网格细化，如边界层区域、靠近器件区域、有收缩或扩张的出口及入口区域等，推荐网格数为 3 层及以上。

3）微系统模块各部分结构的厚度方向推荐网格数为 3 层及以上。

4）尽量避免使用高长宽比的网格，每个网格的长宽比需不大于 20。

5）网格独立性检查原则是随着网格的增加仿真结果无明显变化或结果在 3%之内波动，可认为网格无须再细化。

模型求解就是计算机对仿真模型进行数值求解的过程，求解所需时间长短，主要和模型的复杂程度、网格划分有关。求解前需对模型进行自动检查，一般的热仿真软件会给出系统存在的信息、警告和错误。求解过程中常见问题是计算的收敛性，应当规定迭代的最大次数以及可接受的误差范围；也可选用特定点的温度值为监控点，以其是否达到稳定来判断求解是否收敛，从而加快收敛，减少计算时间，一般稳定的容差范围设为 0.2～0.5℃。

3.3.2.5 结果后处理分析

结果后处理分析主要用于仿真结果的处理和提供仿真结果数据，以各种图形、表格或报告的形式，直观地显示模型的温度场和流场，设计师通过分析，判断设计的优劣，发现设计中存在的问题并提出改进方案。

后处理分析可以用各种可视化图形功能和数据列表功能来观察以下变量：温度、压力、流量、流速和流向、风机风压和风量（风机工作点）、风阻等。

热分析结果需提供整机温度云图及微系统模块内部温度云图，并提取标注出各个芯片的表面温度值。

热设计一般考核器件结温，通过热仿真分析得出元器件表面温度 T_c，用下式推算出元器件结温

$$T_j = T_c + R_{jc}Q$$

式中，Q 为器件功耗；R_{jc} 为结到壳的热阻，其值由器件封装材料及封装形式综合决定，一般通过器件手册可以查到。

通常对元器件结温的考核要求如下：一般产品参考 GJB/Z 35—1993《元器件降额准则》，根据具体环境要求结温满足相应的降额准则；对于无明确降额要求的产品参考器件手册要求的最大允许结温。

3.3.3　力学仿真设计

力学仿真设计内容包括了结构薄弱点识别、材料物性参数库建立、模型建立、前处理、力学仿真项目和数据后处理。

3.3.3.1　结构薄弱点识别

对微系统及微系统模块进行的力学仿真首先要针对模块的结构设计方案进行分析及薄弱点的识别，以针对性地选用可以有效验证结构可靠性的仿真项目。一般情况下信息处理微系统结构力学薄弱点见表 3-10。

表 3-10　信息处理微系统结构力学薄弱点一览表

序号	工艺结构特征	风险点	建议的力学仿真项目
1	模块封装尺寸超过 30 mm×30 mm	盖板的塌陷或断裂	气密性加压、随机振动及扫频振动试验仿真
2	模块使用陶瓷或金属陶瓷管壳	陶瓷的断裂	机械冲击试验仿真
3	模块内部存在叠层等三维组装结构	组件的脱落或断裂	恒定加速度及机械冲击试验仿真
4	模块内部存在超过 100 倍线径的键合引线	引线的形变短路及断裂	恒定加速度、随机振动、扫频振动及机械冲击试验仿真
5	模块内部存在热胀系数差异较大材料的安装结构	热应力导致的断裂	温度循环试验仿真
6	模块使用包封或有机填充结构	热应力导致的分层或断裂	温度循环试验仿真
7	模块内部存在悬空的工艺结构	工艺结构的断裂	恒定加速度、随机振动及机械冲击试验仿真
8	模块尺寸重量较大且外引腿不具备应力释放结构	板级装配后的断裂	板级装配模型的随机振动、机械冲击、扫频振动及温度循环

3.3.3.2　材料物性参数库建立

力学仿真项目必须要建立的材料物性参数，建议考虑以下因素：

1）力学仿真项目中需要建立的材料物性参数包括：密度、杨氏模量、泊松比、热膨胀系数（热应力仿真），对于存在相变的材料还需要提供零应力点。

2）对于非线性材料，应建立物性参数的特性曲线。

3）材料物性参数的获取途径包括：实验室实测、材料厂家提供及权威资料提供。

4）材料物性参数库以 *.xml 文件格式保存调用，并可根据实测数据进行更新及修正。

3.3.3.3　模型建立

力学仿真项目必须要建立相应的模型，建模型时建议注意以下事项：

1）简单模型可使用 AnsysWorkbench 自带的 DesignModeler 工具或 SpaceClaim 工具直接建立，复杂的结构力学模型建议使用 ProEngineer 等 CAD 工具建立。

2）模块的力学仿真模型要包含“结构薄弱点识别”所确定的所有薄弱组件及结构。

3）对于“结构薄弱点识别”确定的模型关键结构，需要完全按照设计图进行建模，而对于与关键部位无重要关联的工艺结构，可以对模型进行一定程度的简化，忽略诸如镀层、倒角等无关细节。

4）使用 ProEngineer 等 CAD 工具建模时，要求每种材料建立一个独立的零件，并通过组件形式整体装配在一起。

5）使用 CAD 工具建立的结构力学模型，可以导出为 .asm 或者 .stp 等格式作为 Ansys Workbench 的模型输入文件。

3.3.3.4 前处理

仿真前应做好前处理工作，主要工作内容包括：

1）模型导入：使用 CAD 工具建立的三维力学仿真模型文件通过 Ansys Workbench 的 Geometry 模块导入至 Workbench 平台，如图 3-52 所示。

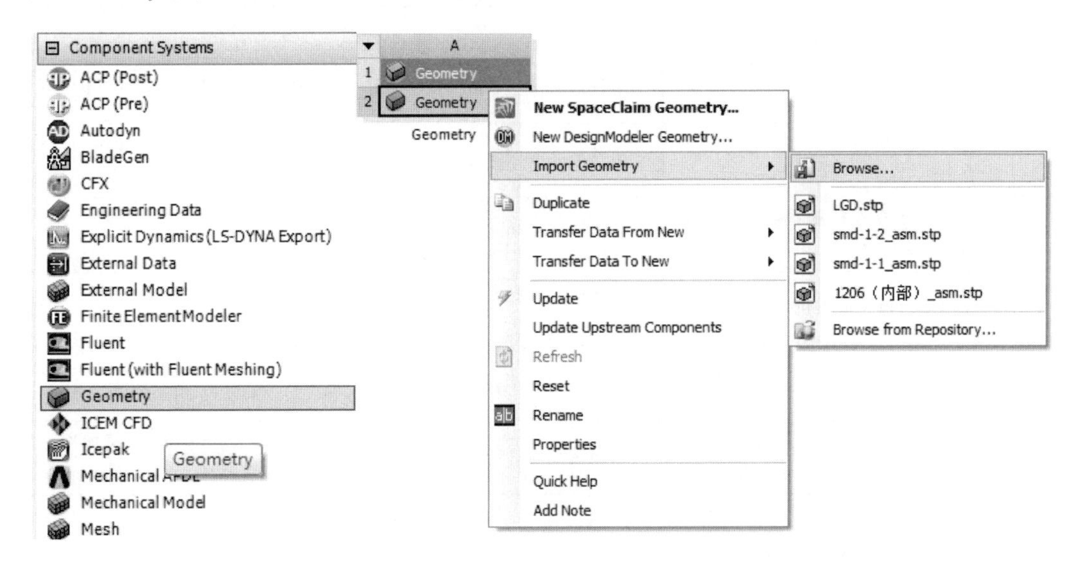

图 3-52 第三方 CAD 工具建立的模型导入方式

2）模型修改：导入后的力学仿真模型，可以使用 Workbench 自带的 DesignModeler 工具或 SpaceClaim 工具进行切割、组合等修改操作。

3）材料属性定义：选定仿真模块后，在左侧工程树中选取各零件并在（Material - Assignment）中设置材料属性。注：热力学仿真时，对于加工过程中存在相变的材料，可以将（Definition - Reference Temperature）设置为“By Body”，并为材料设置“零应力点”，如图 3-53 所示。

4）接触设置：在左侧工程树中选取（Connections - Contacts），将 Tolerance Type 设置为“Value”，并将下方的 Tolerance Value 值设定为小于模型最小间隙的尺寸，然后右键选取 Contacts 自动生成接触（Creat Automatic Connections），通过以上操作避免误接触，如图 3-54 所示。

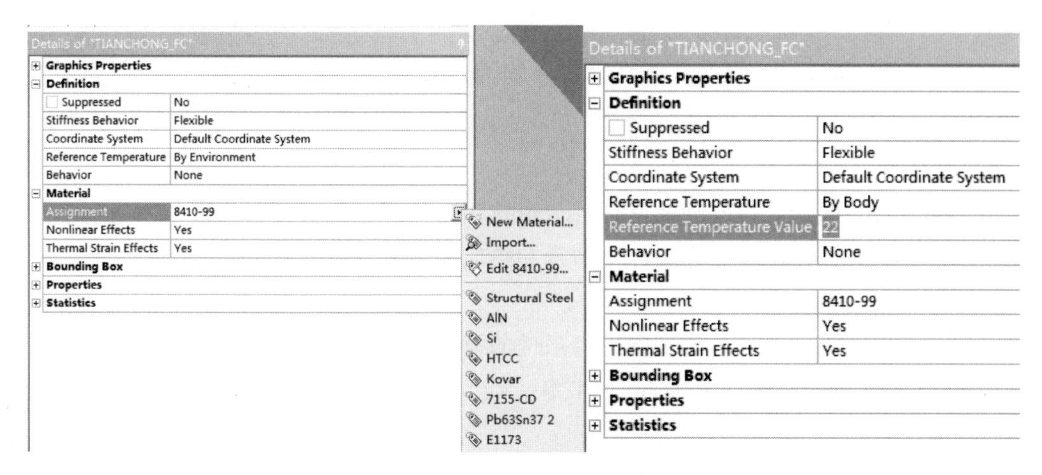

图 3 - 53　材料属性定义

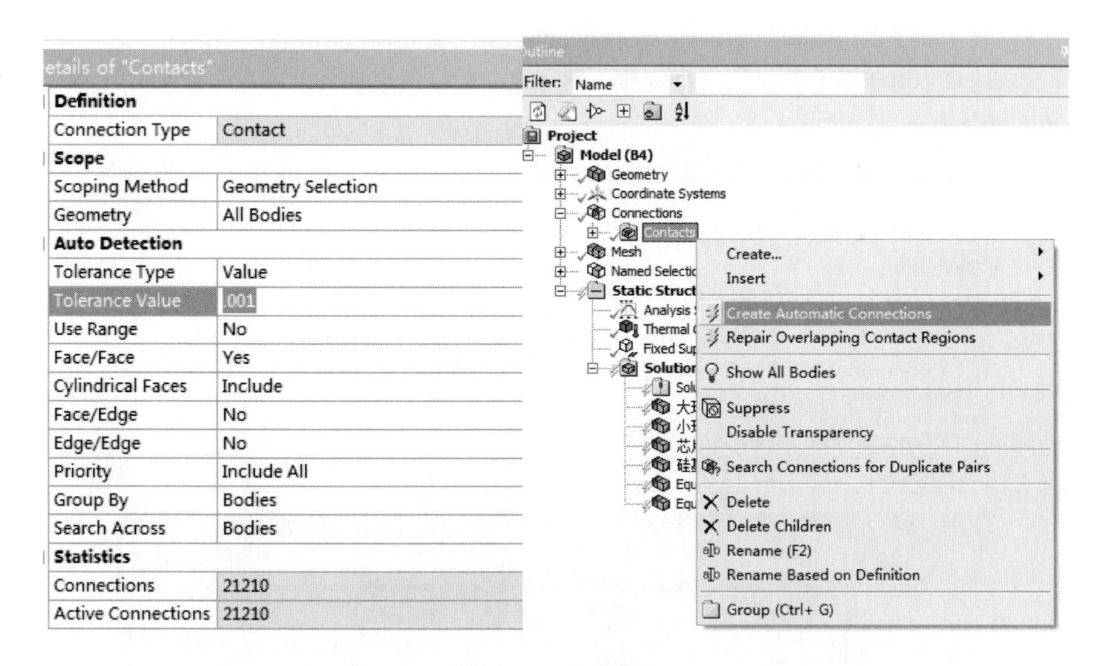

图 3 - 54　接触设置

5）网格划分：对力学仿真模型的网格划分应遵循以下原则。

a）优先选用六面体网格，对于曲面及异形零件无法实现六面体网格划分的情况，可选取四面体网格。

b）每种零件的网格尺寸不应大于该零件最小物理尺寸的 1/3，建议值为不大于该零件最小物理尺寸的 1/5。

c）对于“结构薄弱点识别”确认的模块薄弱组件及结构应进行重点的网格细化，而与关键部位无重要关联的工艺结构可以适当地进行网格简化处理。

d）相邻零件的网格尺寸应尽量接近，比例建议保持在 1∶3 范围之内，极限比例不应超过 1∶5。

e）模型的网格总量应控制在工作站硬件运算能力范围之内，以避免求解过程过长或内存溢出。

3.3.3.5 力学仿真项目

力学仿真项目包括：恒定加速度仿真、恒定压强仿真、机械冲击仿真、模态分析、随机振动仿真、扫频振动仿真、定频冲击仿真和热应力仿真。

（1）恒定加速度仿真

恒定加速度仿真应关注仿真试验约束条件的设置，如图 3－55 所示，遵循以下原则：

1）恒定加速度仿真条件参照 GJB 548B—2005《微电子器件试验方法和程序》中的方法进行设置。

2）恒定加速度仿真主要考核模块内部的焊接及粘接质量，以及各种材料组件在恒定加速度试验条件下的形变和受力情况。

3）恒定加速度仿真使用 Ansys Workbench 中的“StaticStructural”模块。

4）约束：对于微系统模块，恒定加速度仿真一般以模块封装盖板为约束面。

etails of "Acceleration"

Scope	
Geometry	All Bodies
Definition	
Define By	Components
Coordinate System	Global Coordinate System
X Component	0. m/s² (ramped)
Y Component	-29400
Z Component	0. m/s² (ramped)
Suppressed	No

图 3－55 恒定加速度仿真试验条件设置

5）载荷：对于微系统模块，恒定加速度的载荷方向一般为由封装盖板到封装底板的方向。加速度值参照《微电子器件试验方法和程序》中的方法，或根据模块的详细规范及用户实际使用需求设定。

（2）恒定压强仿真

恒定压强仿真应设置仿真试验约束条件，如图 3－56 所示，遵循以下原则：

1）恒定压强仿真主要用于模拟微系统模块在封装后进行的气密性检测试验，仿真条件参照 GJB 548B—2005《微电子器件试验方法和程序》。

2）恒定压强仿真主要考核模块封装盖板在气密性检测试验加压过程中的形变及其可能会对模块内部组件产生的接触及应力。

3）恒定加速度仿真使用 Ansys Workbench 中的“StaticStructural”模块。

4）约束：对于微系统模块，恒定压强仿真一般以模块封装管壳底部为约束面。

5）载荷：对于微系统模块，恒定压强仿真的载荷方向一般为由封装盖板到封装底板的方向。加载对象主要是模块的封装盖板。压强值参照《微电子器件试验方法和程序》中的规定（注：由于模块封装腔体内部压强为 1 个标准大气压，因此加载的压强值应在规定的基础上减去 1 个大气压），或根据模块的详细规范及用户实际使用需求设定。

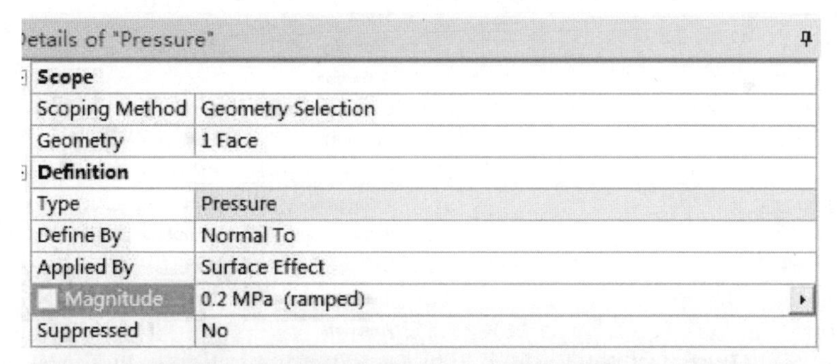
Details of "Pressure"

Scope	
Scoping Method	Geometry Selection
Geometry	1 Face
Definition	
Type	Pressure
Define By	Normal To
Applied By	Surface Effect
Magnitude	0.2 MPa (ramped)
Suppressed	No

图 3－56　恒定压强仿真试验条件设置

(3) 机械冲击仿真

机械冲击仿真试验约束条件的设置如图 3 - 57 所示，应遵循如下原则：

1）机械冲击仿真主要用于模拟微系统模块在封装后进行的机械冲击试验，试验条件参照 GJB 548B—2005《微电子器件试验方法和程序》中的规定。

2）机械冲击仿真主要考核模块各材料组件在机械冲击试验下的形变及受力情况，重点关注悬空结构、脆性材料及大尺寸贴装组件的形变及受力情况。

3）机械冲击仿真使用 Ansys Workbench 中的 “TransientStructural” 模块。

4）约束：微系统模块现有的机械冲击为跌落，机械冲击仿真可以将跌落时的撞击面设定为约束面。

5）载荷：对于微系统模块，机械冲击仿真的载荷方向一般为由封装底板到封装盖板的 Y 方向。载荷为加速度的半正弦谱，参照《微电子器件试验方法和程序》中的规定，其他方向及特殊冲击条件可根据模块的详细规范及用户实际使用需求设定。

6）在 “Analysis Setting” 求解设置中将 “Step Controls” 设定为（Define by “Substeps”），求解步数推荐值为 30。

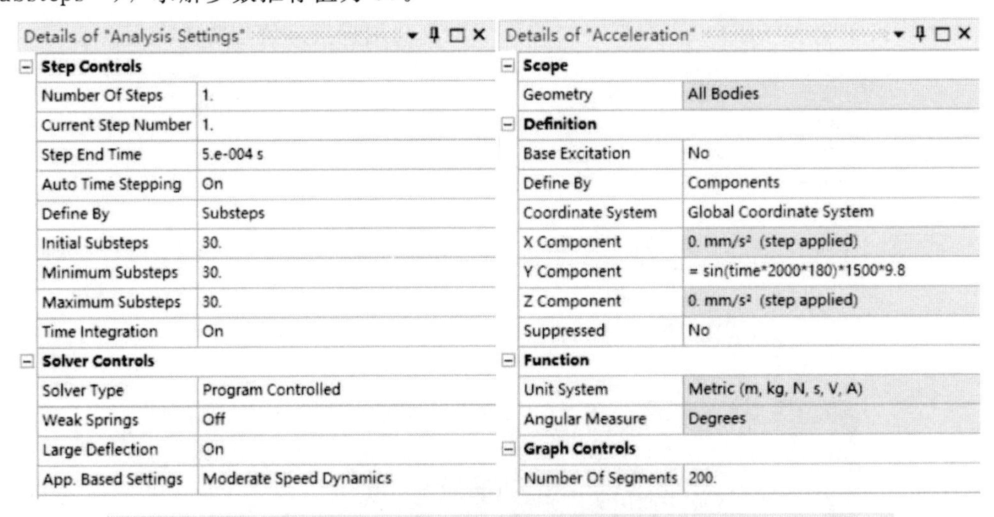

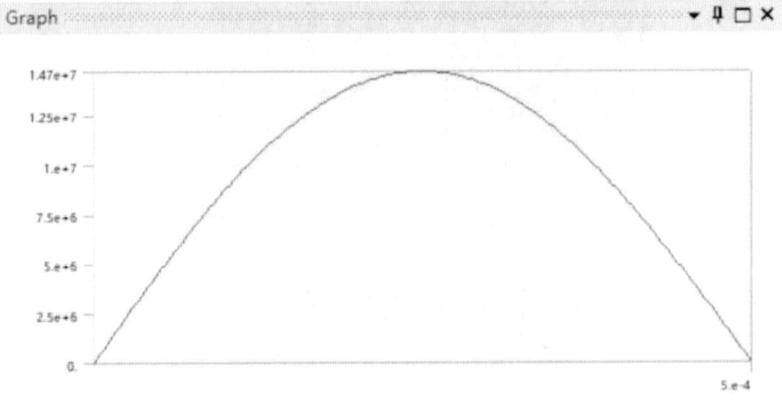

图 3 - 57　机械冲击仿真试验条件设置

（4）模态分析

模态分析要包括以下方面：

1）模态分析用于获取仿真模型各部分组件的响应频率特性，同时也是各种振动仿真试验的前提条件。

2）模态分析使用 Ansys Workbench 中的“Modal”模块。

3）约束：模态分析时对模型的约束要与微系统模块在应用及振动试验过程中的真实约束方式一致，常规的约束方式包括法兰安装孔约束、引脚约束、底面约束等。

（5）随机振动仿真

随机振动仿真试验约束条件的设置如图 3 - 58 所示，应遵循如下原则：

1）随机振动仿真主要用于模拟微系统模块在板级装配后进行的随机振动试验，试验条件参照 GJB 548B—2005《微电子器件试验方法和程序》中的规定。

2）随机振动仿真主要考核模块各材料组件在随机振动下的形变及受力情况。

3）随机振动仿真使用 Ansys Workbench 中的“Random Vibration”模块。

4）随机振动试验需要关联使用模态分析“Modal”的求解结果。

5）约束：随机振动仿真的约束与模态分析的约束一致，在与模态分析结果关联后自动形成。

6）载荷：随机振动仿真的载荷条件需要根据产品的应用条件及详细规范的要求添加 PSD Acceleration 加速度谱，也可根据产品应用参照《微电子器件试验方法和程序》中的规定进行设置。

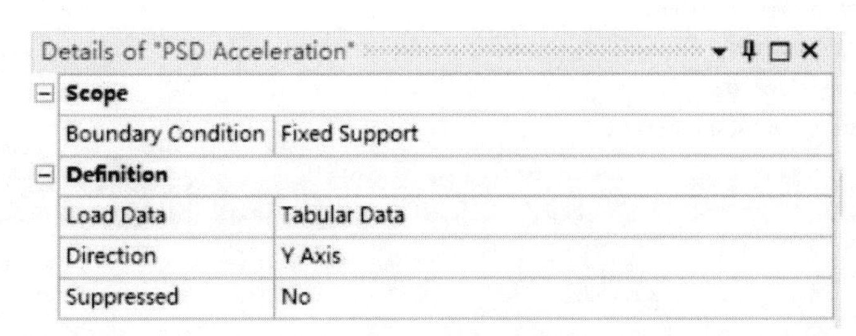

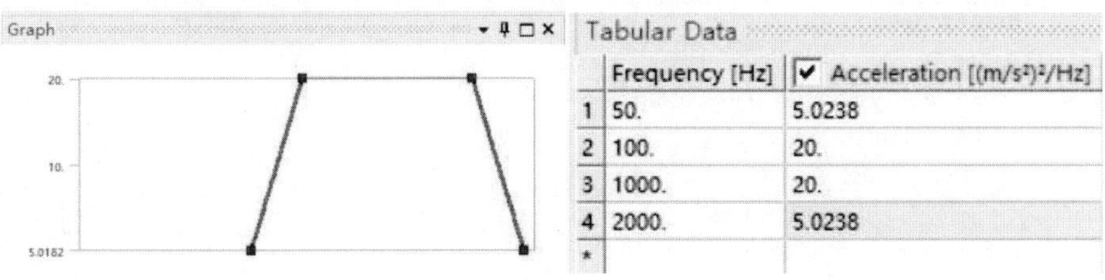

图 3 - 58　随机振动仿真试验条件设置

（6）扫频振动仿真

扫频振动仿真试验约束条件的设置如图 3 - 59 所示，应遵循如下原则：

1）扫频振动仿真主要用于模拟微系统模块进行的扫频振动试验，试验条件参照 GJB 548B—2005《微电子器件试验方法和程序》中的规定。

2）扫频振动仿真主要考核模块各材料组件在扫频振动下的形变及受力情况。

3）扫频振动仿真使用 Ansys Workbench 中的“Harmonic Response”模块。

4）扫频振动试验需要关联使用模态分析“Modal”的求解结果。在“Analysis Setting”求解设置中设置扫频振动的频率下限“Range Minimum”和频率上限“Range Maximum”。

5）约束：扫频振动仿真的约束与模态分析的约束一致，在与模态分析结果关联后自动形成。

6）载荷：扫频振动仿真的载荷条件需要根据产品的应用条件及详细规范的要求添加 Acceleration 加速度值，也可根据产品应用参照《微电子器件试验方法和程序》中的规定进行设置。

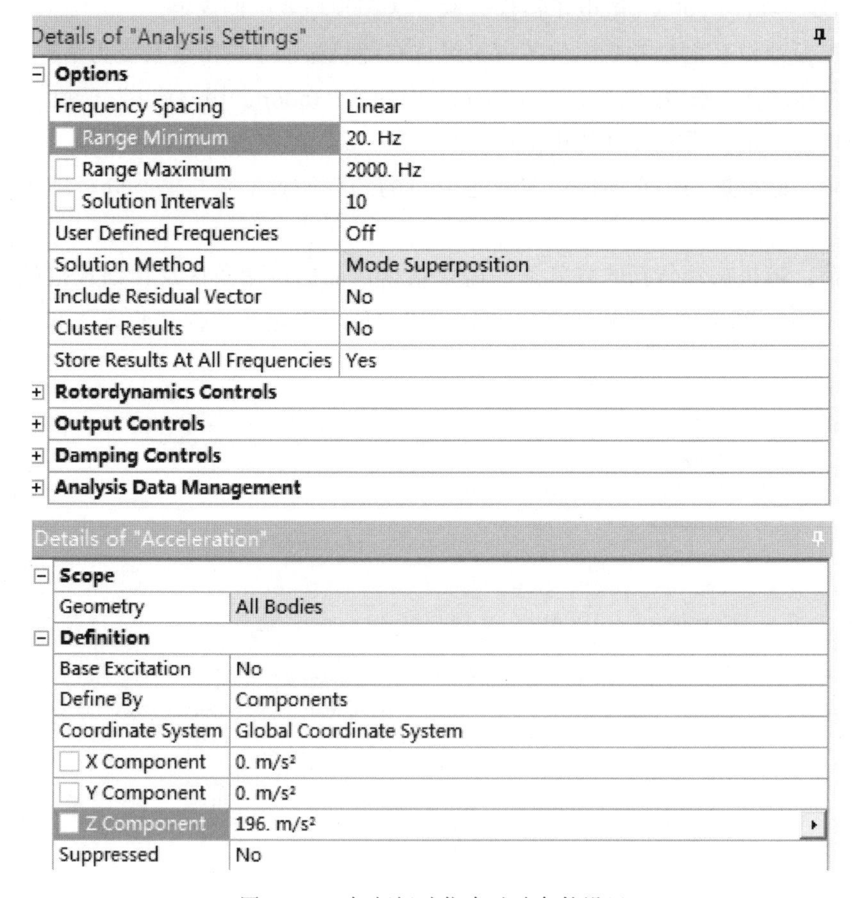

图 3-59 扫频振动仿真试验条件设置

（7）定频冲击仿真

定频冲击仿真试验约束条件的设置如图 3-60 所示，应遵循如下原则：

1）定频冲击仿真主要用于模拟微系统模块进行的定频冲击试验。

2）定频冲击仿真主要考核模块各材料组件在定频冲击下的形变及受力情况。

3）定频冲击仿真使用 Ansys Workbench 中的“Response Spectrum”模块。

4）定频冲击试验需要关联使用模态分析“Modal”的求解结果。

5）约束：定频冲击仿真的约束与模态分析的约束一致，在与模态分析结果关联后自动形成。

6）载荷：定频冲击仿真的载荷条件需要根据产品的应用条件及详细规范的要求添加 RS Acceleration 加速度值。

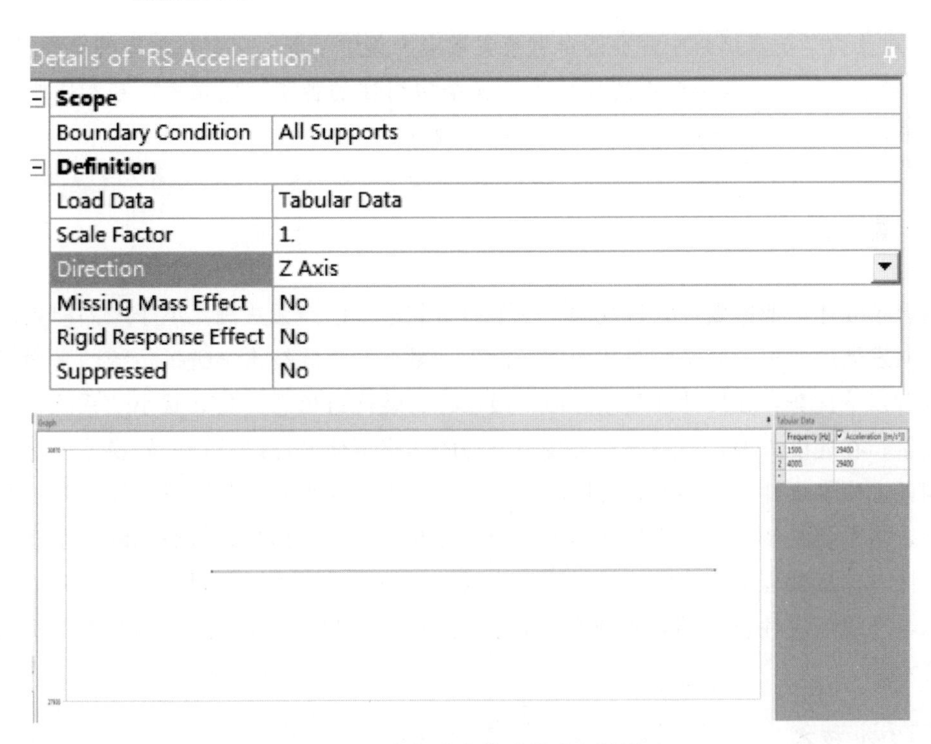

图 3-60　定频冲击仿真试验条件设置

（8）热应力仿真

热应力仿真方法如下：

1）热应力仿真主要用于模拟微系统模块进行的稳定性烘焙、温度循环、热冲击、老炼等温度场试验，试验条件参照 GJB 548B—2005《微电子器件试验方法和程序》中的规定，如方法 1008.1、方法 1010.1、方法 1011.1、方法 1015.1 等。

2）热应力仿真主要考核模块各材料组件在温度场作用下的形变及受力情况。

3）热应力仿真使用 Ansys Workbench 中的“Static Structural”模块。

4）约束：热应力仿真的约束要参照微系统模块在进行温度场试验时的装配情况，如果模块处于自由态，可以对模块施加 3 点自由态约束以及中心点约束。

5）载荷：热应力仿真的载荷条件可以是恒定温度场、可变温度场或自身工作产生的温度场的耦合条件（自身发热的温度场可通过 Icepak、Steady - State Thermal、Transient Thermal 等热分析模块的求解结果进行耦合）。

3.3.3.6 数据后处理

仿真完成后必须对所有仿真数据进行分析处理，处理过程中应注意的事项如下：

1）对于以上仿真项目的数据后处理，要提取薄弱材料及薄弱结构的形变及应力结果。

2）各种材料的形变要确保其不与周边的材料及结构发生异常的接触。

3）各种材料及结构的应力承受不应超过其屈服强度，对于脆性材料则不应超过其屈服强度的50%。

4）对于力学仿真结果中存在的奇点及尖端应力集中情况，应进行数据的排除。

5）模态分析可以获取微系统模块内部各结构组件的各阶响应频率，基本原则是所有组件的响应频率不应低于模块板级应用的振动频率。

3.4 封装技术

随着半导体产业的发展，传统的二维平面封装形式已经无法满足电子产品向更高密度封装方向发展的要求，微系统封装便应运而生。微系统封装技术突破了传统的平面封装技术，具有以下优势：在尺寸和重量方面，微系统封装代替单芯片封装减小了系统整体的尺寸和重量；在速度方面，微系统封装技术节约的功率可使元件以更快的转换速度运行而不增加能耗，使寄生性电容和电感得以降低；在芯片中，噪声幅度和频率主要受封装和互连的影响，微系统封装技术在降低噪声中起着降低互连长度的作用，从而也降低了互连伴随的寄生性。信息处理微系统设计与封装工艺紧密相关，采用不同的封装工艺，其最终产品的形态与环境适应性也不同，目前最先进的封装技术包括 TSV 技术、SiP/MCM 技术和 PoP 技术。

3.4.1 TSV 技术

戈登·摩尔提出的摩尔定律，一直引领着集成电路产业的发展，即集成电路的性能约每隔 18 个月提升一倍，集成电路的集成度约每隔 18 个月便会增加一倍。从第一块应用 MESA 技术发明出来的集成电路（TI，1958 年）到现在，集成电路发展经历了仅几十年的历史，然而半导体器件特征尺寸已经从 10 μm 减小到 22 nm，IC 技术也已经由小规模集成电路（SSI）、中规模集成电路（MSI）、大规模集成电路（LSI）、超大规模集成电路（VLSI）发展到现在的甚大规模集成电路（ULSI）乃至巨大规模集成电路（GSI），集成度提高了 8～9 个数量级。但是随着半导体行业的发展，尤其是在半导体制作工艺尺寸缩小到深亚微米量级后，摩尔定律受到越来越多的挑战。首先，互连线（尤其是全局互连线）延迟已经远超过门延迟，这标志着半导体产业已经从“晶体管时代”进入“互连线时代”，从而导致一系列新问题，主要包括：晶体管的特征尺寸逐渐达到工艺极限，量子效应和短沟道效应越来越严重；随着工作频率越来越高，由互连线寄生电阻、电容和电感等寄生效应所造成的时序问题；连线电容、漏电流以及短路造成的功耗；由于互连线密度过大引发耦合和串扰；功率密度增加导致的散热困难，工艺过程中的热循环和退火带来的热应变等可靠性问题。

为此，国际半导体技术路线图组织（ITRS）在2005年的技术路线图中，提出了“后摩尔定律”的概念。“后摩尔定律”将发展方向转为封装技术等综合创新，而不是耗费巨资追求技术节点的推进，尤其是基于TSV互连的三维集成技术，引发集成电路发展的根本性改变。三维集成电路（3D IC）可以将微机电系统（MEMS）、射频模块（RF module）、内存（Memory）及处理器（Processor）等模块集成在一个系统内，如图3-61所示。3D IC大大提高了集成度，同时减小了功耗，提高了系统性能，因此被业界公认为延续摩尔定律最有效的途径之一，成为近年来的研究热点。

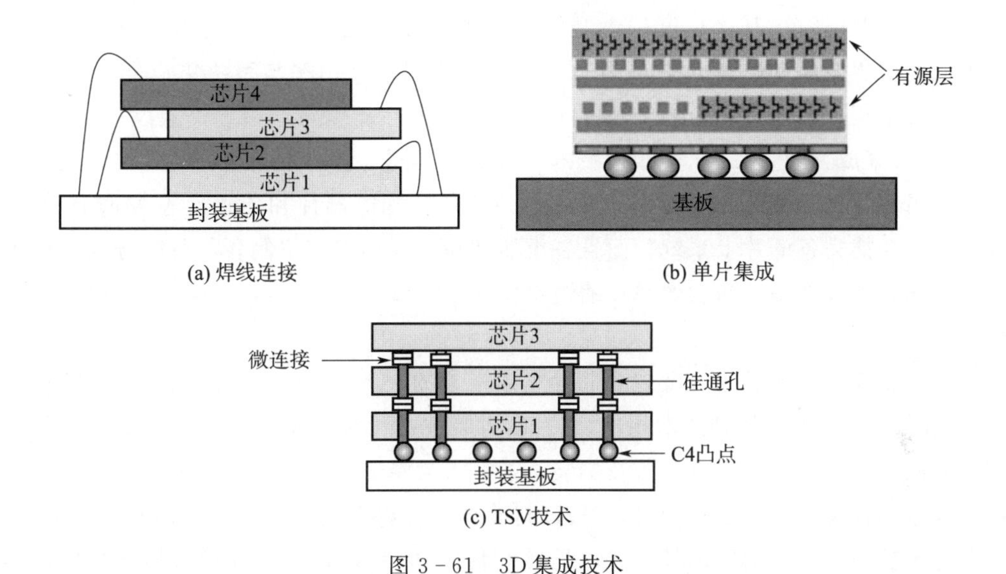

图3-61　3D集成技术

虽然3D集成的概念早在1960年就已经被J. Early提出，但是由于2D IC一直以来都按照摩尔定律高速发展，而且当年也没有办法解决3D集成所带来的严重的散热问题，直到最近几年，超低功耗技术的开发和2D IC所遭遇的瓶颈使得人们又把目光转移到了3D IC上来。目前3D集成技术主要有三种：焊线连接（Wire-Bonding）、单片集成（Monolithic Integration）和TSV技术。焊线连接是一种直接而经济的集成技术，但是仅限于低功率和低频这种不需要太多层间互连的集成电路。单片集成需要一种可以在同一个衬底上制作多层器件的新技术，它的应用受到两个方面的限制，一是工艺温度要求很高，二是所制造的晶体管质量较差。基于TSV的3D集成因为可以实现短且密的层间互连，所以备受业界的青睐。

Si级三维集成利用TSV技术不仅实现了多层芯片在垂直方向上的互连，也实现了相邻层之间的电学连接。与封装级集成、晶圆级集成相比，Si级微系统集成技术在设计灵活度、功率与散热控制、可靠性等多方面都表现出明显优势。

1）小型化：与传统的基板平面集成相比，采用TSV三维集成的芯片可以减薄到50 μm，甚至10 μm；采用微米级微凸点焊接及先进的纳米级微电子工艺进行多层高密度布线，芯片堆叠层数可达数十层，系统体积和重量可望缩小1～3个数量级，满足航天电子系统的苛刻要求。

2）高密度：在微电子进入 14 nm 及以下超大规模集成的同时，TSV 三维集成技术突破了传统二维集成技术提高集成密度的技术瓶颈，通过高密度的 TSV 垂直互连，三星等厂家已在存储器上实现了 128 层堆叠，性能大幅提升。

3）高带宽：芯片模块垂直层叠代替了传统的水平分布，显著地缩短了模块之间的平均互连线长度，时钟同步的难度大大降低，三维系统可以采用更有效的同步化并行处理架构，通道数量可增加 1～2 个数量级，数据传输带宽提升 1～3 个数量级，突破存储器与逻辑器件间数据传输的瓶颈，大幅度地提高系统的工作速度，这对高性能处理器的发展是极为重要的。与此同时，互连长度的大幅度缩短可以带来更小的互连延迟、更快的工作速度、更低的寄生效应和噪声、更小的功耗、更高的芯片利用率与系统集成度。Intel 的研究表明，三维集成可通过缩短约 25％的互连长度，使性能提高 15％。

4）异质集成：通过 TSV 转接板技术可以实现不同工艺、不同品种的各类处理器、存储器、逻辑芯片、模拟芯片、功率器件、射频器件、光电器件和传感器等 MEMS 器件的集成，形成功能完备的片上系统。而且各类器件在不同的工艺下制备，可以分别进行工艺和设计优化，不仅能提高研发效率，缩短研发周期，节约开发成本，而且可以提升系统可靠性。

Si 基三维集成封装技术主要包含芯片立体堆叠的 3D 封装技术以及利用硅基转接板的 2.5D 封装技术。与 3D 封装技术相比，2.5D 封装技术无须将多个芯片进行立体堆叠，也无须在有源芯片背面进行凸点制备及倒装工艺，大大降低了工艺难度及成本，有效解决了多芯片信号串扰及散热问题。同时，2.5D 封装技术可将各类处理器、存储器、逻辑芯片、模拟芯片、功率器件、射频器件、光电器件和传感器等 MEMS 器件进行异质集成，实现不同工艺节点、不同尺寸芯片的轻松集成，设计灵活度高、兼容性强，开发周期更短。

3.4.1.1 硅基 TSV 转接板制备技术

硅基 TSV 转接板技术涉及多个技术环节，每个技术环节都影响着最终产品的成败。三维集成封装工艺建立在平面工艺基础之上，对于 TSV 制造，根据其工艺顺序的不同，可分为先通孔（Via First）技术、中通孔（Via Middle）技术和后通孔（Via Last）技术，其工艺顺序如图 3-62 所示，不同工艺顺序所制造的 TSV 结构示意图如图 3-63 所示。

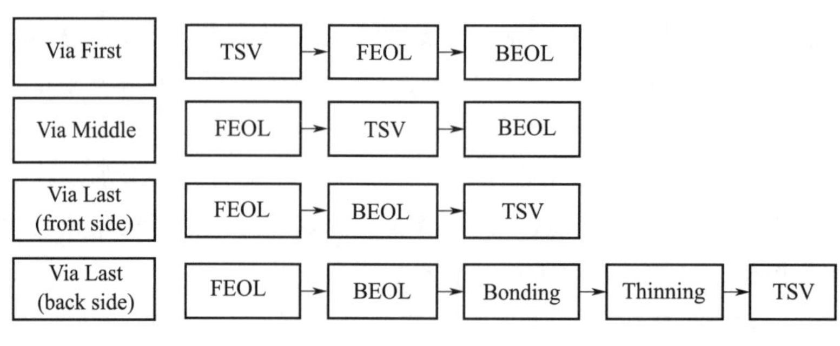

图 3-62 TSV 工艺技术

先通孔技术是指在 CMOS 器件及前道互连 FEOL（Front - End - Of - Line）之前的设计阶段制作 TSV 通孔，然后装配到操作晶圆上并减薄，如图 3 - 63（a）所示，TSV 没有穿透所有的互连金属层，它连接了下一层芯片中的最上层互连线与上一层芯片的最下层互连线。由于后续集成电路的工艺中包含高温过程，这就要求 TSV 的导电金属能够承受 1 000 ℃以上的后续高温冲击，因而通常选用多晶硅或者金属钨作为 TSV 的导电金属。然而由于多晶硅的电阻率比金属大，因此先通孔技术中 TSV 的寄生电阻会较大，使得 TSV 对不同材质的敏感性降低，这些都是设计三维集成电路时需要特别考虑的因素。

中通孔工艺技术是在前道互连与后道互连 BEOL（Back - End - Of - Line）之间进行 TSV 的刻蚀与制作，因而可以避开前道互连的热预算，TSV 的制作只需要满足后道互连的热预算（<400 ℃），这使得金属钨可以作为 TSV 导电金属，与多晶硅相比则大大降低了 TSV 的寄生电阻效应；另一方面，金属钨的热膨胀系数（4.6×10^{-6}/K）远小于铜（17×10^{-6}/K），因而钨 TSV 的热稳定性优于铜 TSV，这是由于后道互连工序仍然需要适度的高温环境。与前通孔技术相同的是，中通孔 TSV 连接的是下一层芯片的最上层金属互连线与上一层芯片的最下层金属互连线，如图 3 - 63（b）所示。然而，中通孔技术要求 TSV 有较高的纵深比，导致其具有较高的感性特征。另一方面，中通孔技术会面临较多的挑战，例如为了能够将金属钨粘附在 TSV 腔中的介质层上，需要在介质层上首先沉积一层平整的种子层（TiN），而该种子层会在介质层上产生较大的应力，因而可通过刻蚀锥形 TSV 来减小这一应力。其他的技术挑战包括对污染的敏感度及将温度控制在 500 ℃以内等。从设计角度而言，中通孔 TSV 技术可有效降低先通孔 TSV 技术中的高寄生电阻效应，但引入了高寄生电感效应。

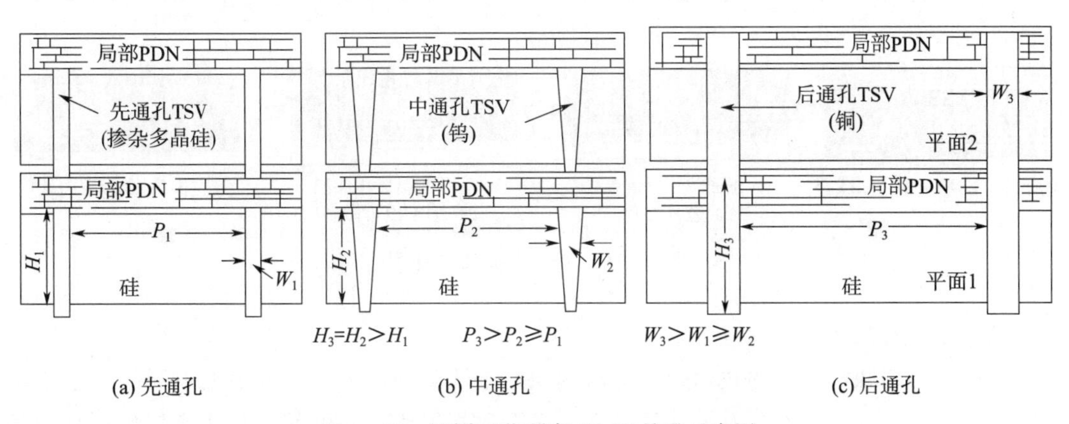

图 3 - 63　不同工艺顺序 3D IC 堆叠示意图

后通孔技术是指在后道互连或者芯片键合减薄之后再刻蚀通孔，与先通孔以及中通孔技术相比，后通孔 TSV 穿透了所有的金属互连线层，因而导致了金属布线堵塞，而这是先通孔和中通孔技术所不会产生的现象，如图 3 - 63（c）所示。又可以根据在键合前还是键合后制造 TSV，将后通孔工艺过程进一步分为正面制造（Front Side）和背面制造（Back Side）两种方式。由于 TSV 制造位于高温前道互连与后道互连工序之后，因此具有低电阻率的金属铜可以用作 TSV 的导体金属。而金属铜的使用使得 TSV 制造对温度（需控制在230℃以内）与污染都更加敏感。虽然后通孔技术有效地降低了TSV导体的寄生电阻效应，但是由于其尺寸大，使得其寄生电感效应仍然高于前通孔与中通孔TSV技术。不同的TSV制造顺序面临着不同的问题与挑战，因而所制造的TSV与集成电路中的互连线的位置亦不相同，这就需要工作者与学者们在设计与生产三维集成电路的过程中，根据实际要求选择合适的TSV制造工艺。

由图3-63可发现，不同的工艺顺序所制造的TSV结构是不同的，具体表现为：先通孔TSV的直径和间距均与中通孔相当，但都小于后通孔TSV的直径；中通孔与后通孔TSV的高度相当，且都高于先通孔TSV的高度。也就是说中通孔与后通孔的纵深比与物理尺寸均大于先通孔TSV，因而不同的TSV工艺顺序会面临不同的工艺设计挑战。TSV制备工艺技术是2.5D微系统三维集成封装的核心技术之一，是三维集成中工艺最复杂的过程，其制备流程如图3-64所示，主要包含如下步骤：1）硅衬底上的深孔刻蚀；2）深孔侧壁上介质层的沉淀；3）深孔介质层上的阻挡层/粘附层/铜种子层的沉积；4）深孔内部电镀导铜填充；5）表面多余铜金属的化学机械抛光等。

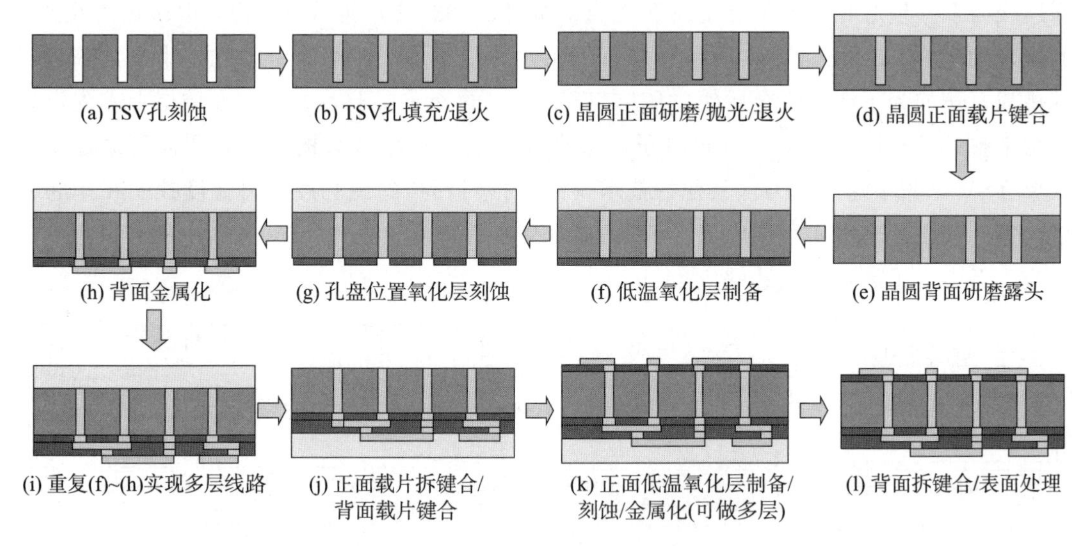

图3-64　TSV制备工艺流程

（1）深孔刻蚀技术

在硅片上刻蚀深通孔的技术包含湿法刻蚀与干法刻蚀两大类，可根据不同的工艺要求进行选择。湿法刻蚀虽然具有成孔质量高、纵深比高等优点，但其成孔速度较慢，且化学腐蚀液一般与常规的CMOS工艺不兼容，其应用具有较大的限制。干法刻蚀主要包含激光刻蚀（Laser Drilling）和基于等离子体的深反应离子刻蚀（Deep Reactive Ion Etching，DRIE）两种方法。激光刻蚀是利用光子能量来破坏硅衬底的分子结构，形成较小的微粒并去除，进而形成深孔结构，其实质是加热融化的烧蚀过程。用激光刻蚀形成的深孔表面比较粗糙，难以形成均匀的绝缘层侧壁，因而需要额外的湿法刻蚀工艺使得其表面光洁。另一方面，该刻蚀方法形成的通孔尺寸较大（≥10 μm），使得TSV的密度大大降低。目前的深孔刻蚀广泛采用 DRIE 技术，也被称作博世（Bosch）刻蚀。博世工艺采用刻蚀和钝化交替进行的方法，刻蚀过程中，通入的 C_4F_8气体分解出 CF_x^+并沉积为聚合物形成钝化层，然后利用 F^+和 SF^+进行反应离子刻蚀。由于离子轰击的方向性，只有孔底部的聚合物被移除，这样使得刻蚀主要发生在孔的深度方向。每个钝化/刻蚀循环只需要几秒的时间，整体的刻蚀速率为 1～5 μm/min，深宽比可以达到 30∶1。该技术能够刻蚀出侧壁较为光滑并且垂直的深孔。由于 DRIE 技术的工艺特性，使用中控制 TSV 的侧壁角度与光滑度是较为重要的注意事项。剖面为倒锥形的深通孔比垂直的深通孔更容易实现绝缘层、阻挡层与种子层的沉积，以及后续的导体铜的填充。

切换式刻蚀工艺，可以分为刻蚀和沉积两个过程。刻蚀时，向反应腔内通入 SF_6气体，SF_6气体在等离子反应腔内形成氟离子与硅发生化学反应腐蚀硅表面，同时 Ar^+轰击表面进行纵向的物理刻蚀。氟离子对硅表面的化学腐蚀是各向同性的，也就是对底部和侧壁都有腐蚀性。为了实现各向异性的刻蚀效果，可以在沉积过程中通入特定的反应气体，如 C_4F_8、O_2或者 HBr 等，这些气体或者它们的混合气体会在等离子反应腔内形成聚合物沉积在硅表面。由于 Ar^+的轰击是垂直方向的，所以沉积在平面方向的聚合物会被去除，而沉积在侧壁的聚合物，大部分会留在硅表面，防止了氟离子对硅的进一步腐蚀。在整个刻蚀过程中，循序重复刻蚀和聚合物沉积步骤。聚合物沉积步骤会在硅导孔侧壁上形成防护膜，防止侧向刻蚀。所以在切换式刻蚀工艺中，可以控制刻蚀和沉积的过程，得到各种不同的硅通孔轮廓。

如果合理调节刻蚀和沉积过程中的各项参数，就可以得到垂直的硅通孔，如图 3 - 65 中 1 所示。如果减轻刻蚀效果同时增加沉积的比重，就可以得到开口大、底部小的硅通孔轮廓，如图 3 - 65 中 2 所示。如果刻蚀过程中去除沉积的环节，那么就可以获得最大的刻蚀速率，但是刻蚀的结果可能是各向同性的，如图 3 - 65 中 3 所示。

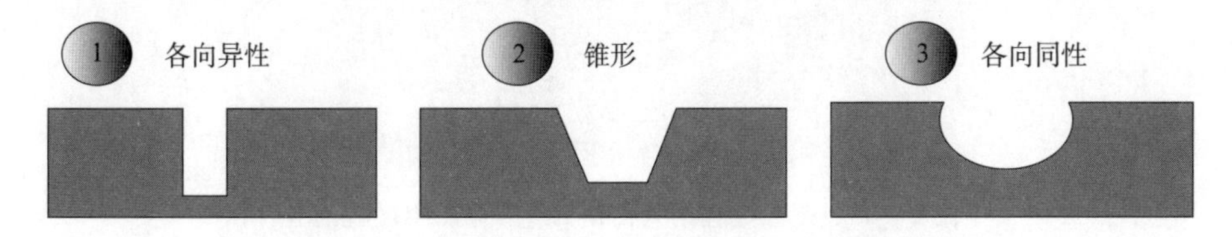

图 3 - 65　切换式刻蚀可能得到的硅通孔轮廓

通过实验发现刻蚀过程中使用 SF_6和 C_4F_8、SF_6和 O_2、SF_6和 HBr 或者 SF_6和 O_2＋HBr 等组合都可以得到垂直的硅通孔，如图 3 - 66 所示。使用 C_4F_8气体沉积的聚合物更厚，所以当增加 C_4F_8气体流量，并减少刻蚀比重时，就得到了开口大、底部小的锥形硅通孔轮廓，如图 3 - 67 所示。当只通入 SF_6气体进行刻蚀时，得到了各向同性的刻蚀结果，如图 3 - 68 所示。

利用上述三种刻蚀特性，在硅通孔刻蚀的不同阶段调节气体的组分，就可以得到不同的硅通孔轮廓。图 3 - 69 所示是在刻蚀开口处时增加 C_4F_8气体流量并减少刻蚀比重，然后再用刻蚀垂直硅通孔的条件，得到的开口锥形、主体垂直的硅通孔。

图 3－66　用 SF_6 和 C_4F_8、SF_6 和 O_2、SF_6 和 HBr、SF_6 和 O_2＋HBr 等组合所得垂直硅通孔

图 3－67　使用 SF_6 和 C_4F_8 气体刻蚀，并减少刻蚀比重所得开口大、底部小的锥形硅通孔

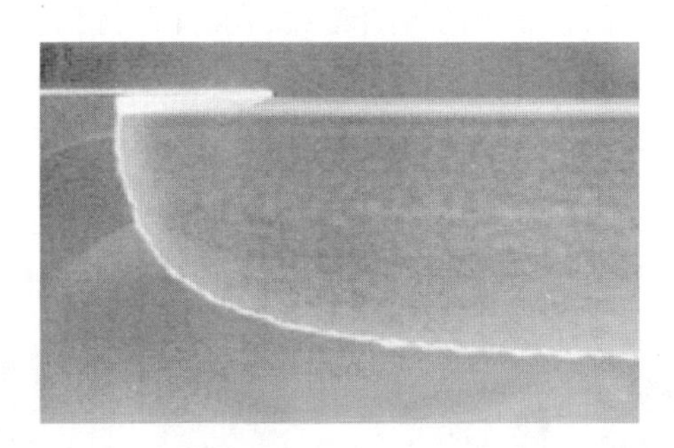

图 3－68　刻蚀过程中只使用 SF_6 气体所得的硅通孔

(2) 绝缘层制备技术

由于硅是导电材料，为了防止 TSV 漏电以及 TSV 间的串扰，必须在 TSV 孔壁上制作厚度不小于 0.1 μm 的 SiO_2 绝缘层。SiO_2 绝缘层的制备方法通常有两种，即热氧化法和化学气相沉积法。热氧化法在深孔内壁生成均匀致密的 SiO_2 层，且该 SiO_2 层具有很好的保持其形状的能力，绝缘性与可靠性也比较高，但需要大于 1 000℃的高温；化学气相沉积法（Chemical Vapor Depositon，CVD），包括次常压化学气相沉积（SACVD）和等离子体增强化学气相沉积（PECVD）两种方法。与热氧化生长法相比，CVD 淀积的 SiO_2 绝缘层其保形能力有限，并且难以在高纵深比的垂直通孔内均匀生长，但其所需温度通常小于 250 ℃。

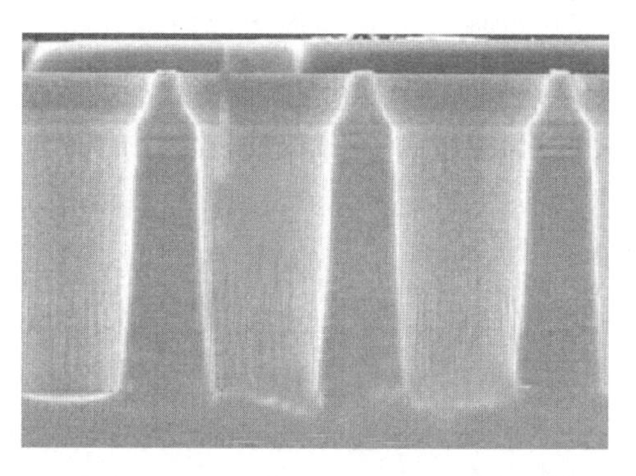

图 3-69　开口锥形、主体垂直的硅通孔

对于无源转接板，即不包含诸如晶体管之类的任何器件的转接板，可以通过热氧化工艺制作绝缘层。如 Ellipsiz 公司的熔炉可以制作出厚度为 1 μm 的 SiO_2层。而对于含有器件的晶圆或转接板，由于其能够承受的最高温度在 400～450 ℃，因此不能采用热氧化法在 TSV 壁面制作绝缘层。需采用等离子增强化学气相沉积（PECVD）干法工艺来沉积 SiO_2层，美国应用材料公司和 SPTS 公司都提供这类设备，沉积的氧化层厚度在 TSV 的顶部为 1.9～2 μm，顶部孔壁上的厚度为 1.3～1.4 μm，中部孔壁上的厚度为 0.7～0.8 μm，底部孔壁则为 0.35～0.45 μm。可见，干法工艺沉积的 SiO_2 层，其均匀度要比湿法工艺差，但这种工艺所需的温度低于 250 ℃，对于大多数晶圆都适用。

（3）阻挡层与种子层制作

由于铜在 SiO_2与硅衬底中的扩散速度都比较快，因此需要在 TSV 铜柱与介质层之间淀积很薄的阻挡层（TiN、TaN 或 Ru 等），以阻挡铜向 SiO_2介质层以及硅衬底的扩散。最常用的 TSV 阻挡层材料为钛（Ti）和钽（Ta）。Ti 的原子序数为 22，是一种低密度、高强度、有光泽、耐腐蚀的银色过渡金属；Ta 的原子序数为 73，是一种稀有的、高硬度、有光泽的金属，具有极高的抗腐蚀性能。最常用的 TSV 种子层材料为 Cu，阻挡层和种子层的制作都采用物理气相沉积（Physical Vapor Deposition，PVD）或金属有机化学气相沉积（Metal Organic Chemical Vapor Deposition，MOCVD）等方法。PVD 工艺的优点是具有较低的过程温度和良好的附着性，但是均匀性和保形能为不如 CVD；CVD 工艺具有适当的过程温度和良好的均匀性，但是附着性较差。

（4）TSV 电镀 Cu 填充

高纵深比 TSV 导体的填充是三维集成技术的主要技术难点之一。常见的 TSV 填充方法包括采用电镀方法填充 Cu、Ti、Al 或焊料，或者采用溅射方法填充 W，或者采用真空印刷方法填充聚合物。由于金属铜具有良好的导电性，并且与 CMOS 工艺兼容，所以目前大部分 TSV 孔都采用电镀 Cu 进行填充。利用电化学沉积（Electrochemical Deposition，ECD）来电镀铜。采用电镀的填充方式可以保证较低的应力、较高的速度、较少的空隙和空洞。将 TSV 孔用 Cu 填充满对于 2.5D 芯片 TSV 制程来说至关重要，同时电镀 Cu 过程中出现的孔隙可能造成潜在的电性能、热性能以及机械可靠性方面的问题。深孔和高深宽比 TSV 孔电镀 Cu 时常选用硫酸铜或氰化物作为电镀液，典型的电镀成分包括 $CuSO_4$、H_2SO_4和 Cl^-，添加剂包括抑制剂、促进剂和整平剂。

(5) 残留电镀 Cu 的化学机械抛光

对于深度达 300 μm 的锥形 TSV 孔，为了实现无空洞填充，其电镀时间往往较长，因而会在晶圆表面形成一层厚度为 30～50 μm 的 Cu 覆盖层，这层较厚的 Cu 覆盖层会导致晶圆弯曲。如果采用传统的化学刻蚀去除 Cu 覆盖层，需要较长时间，并且刻蚀表面不均匀。因此，多采用化学机械抛光（Chemical Mechanical Planarization，CMP）方法去除晶圆表面的 Cu 覆盖层。通过被抛光圆片和抛光头之间的相对运动来平坦化圆片表面，在圆片与抛光头之间有研磨液（抛化浆料），并同时施加压力。通过化学的和机械的综合作用，CMP 能够实现较高的表面质量，大幅度降低了原来圆片表面的结构不平整度，并能够精确而均匀地控制表面的厚度和平坦度，以保证下一道工艺的顺利进行。

(6) 晶圆减薄及拿持技术

在 2.5D 微系统集成封装工艺技术中，为了提升封装集成度，降低通孔加工及填充工艺的难度，需要对芯片和转接板进行减薄，厚度一般控制在 200 μm 以下，因此超薄晶圆拿持、晶圆减薄等技术对于 2.5D 微系统集成封装工艺技术至关重要。

①超薄晶圆拿持技术

在硅片被减薄到 100 μm 以下后，除了来自减薄自身的挑战外，向后续工艺的硅片传递、搬送也遇到了很大的问题。硅片在这样的厚度下，即使通过应力消减减少了翘曲，仍然会表现出形态上柔软、刚性差，实质脆弱的物理特性。这样的特性给硅片的搬送带来了很大的麻烦。目前超薄晶圆拿持问题的解决方案一般有两种，对于不需要进行晶圆级工艺的超薄晶圆采用一体机思路，将硅片的磨削、抛光、保护膜去除、划片膜粘贴等工序集合在一台设备内，通过机械式搬送系统使硅片从磨片一直到粘贴划片膜为止始终被吸在真空吸盘上，始终保持平整状态。当硅片被粘贴到划片膜上后，比划片膜厚还薄的硅片会顺从膜的形状而保持平整，不再发生翘曲、下垂等问题，从而解决了搬送的难题。

对于需要进行晶圆级工艺的超薄晶圆在进行晶圆减薄之前，将其临时键合到另一个载体晶圆上，然后完成后续的半导体制程，包括金属化、钝化、UBM 制备以及封装工艺，在完成这些制程后，再将载体晶圆移除。超薄晶圆拿持技术主要包括黏合材料的选择及键合与解键合工艺技术。晶圆与载体晶圆的键合常用黏合材料进行。解键合时，黏合材料能溶解并且清理干净，必须根据工艺选择合适的黏合材料。

对于薄晶圆拿持至关重要的载体晶圆大体上有两种，即硅晶圆与玻璃晶圆。一般来讲，透明的玻璃晶圆用于 UV 固化粘合剂以及利用光热转换（LTHC）激光去除粘合剂的情况，其成本高于普通硅晶圆。对于芯片或转接板晶圆与支撑晶圆的临时键合，所有供应商提供的粘合剂都必须能使用旋涂机旋涂到芯片或转接板晶圆上。解键合工艺一般在室温下进行，包括机械方法、热方法、溶解方法、激光方法。选择合适的粘合剂需要了解粘合剂的特性以及临时键合、减薄、背面金属化、UBM、RDL 和解键合等工艺对粘合剂的限制。

②晶圆减薄技术

晶圆减薄最普通的方法，就是从晶圆背部去除多余硅所使用的减薄技术。该技术产量高，并且可把加工晶圆的厚度降到 150 μm。然而这种方法通常会留下小的表面缺陷。当今在减薄技术和抛光技术方面，最先进的方法能够得到的厚度小于 100 μm，且没有刻蚀和等离子体处理过程。这实质上是一种干燥的 CMP 工艺，背部减薄技术采用了具有氧化物的纤维焊盘。如果该应用要求晶圆的厚度小于 150 μm，就会使用湿法刻蚀技术或等离子体工艺。虽然这些工艺过程较慢并且较昂贵，但是对晶圆施加的应力较少，造成的损坏也相对变小。厚度为 100 μm 的芯片生产量是有限的。典型的工艺是先进行背部减薄，接着采用湿法刻蚀技术，清除最后的 15～30 μm 厚的硅。

减薄技术面临的首要挑战就是超薄化工艺所要求的＜50 μm 的减薄能力，减薄工艺仅仅需要将硅片从晶圆加工完成时的原始厚度减薄到 300～400 μm。在这个厚度上，硅片仍然具有相当的厚度来消除减薄工程中的磨削对硅片的损伤及内在应力，同时其刚性也足以使硅片保持原有的平整状态。

损伤是造成破片的主要原因，之所以产生损伤是因为磨削工艺本身就是一种物理损伤性工艺，其去除硅材质的过程本身就是一个物理施压、损伤、破裂、移除的过程。为了消除这些表面损伤及应力，人们考虑了各种方法：干抛、湿抛、干法刻蚀、湿法刻蚀等，目前在实际量产中应用最多的是湿法抛光工艺。

除此之外，抛光工艺还显著地减小了硅片的翘曲度，同时提高了芯片的强度。这些改善对于后续工艺中的硅片搬送、芯片在使用中的可靠性等都有积极的意义。实践证明，减薄后，圆片翘曲主要由机械切削造成的损伤层引起，这是因为，硅材料片是单晶硅片，硅原子按金刚石结构周期排列，而背面减薄就是通过机械切削的方式对圆片背面进行切削，切削必然会在圆片背面形成一定厚度的损伤层，损伤层的厚度与砂轮金刚砂直径成正比。背面损伤层的存在，破坏了圆片内部单晶硅的晶格排列，使圆片的内部存在较大的应力，当圆片很薄时，圆片自身抵抗上述应力的能力就很弱，体现在外部，就是圆片翘曲。圆片翘曲与粗糙度、砂轮金刚砂直径及圆片直径成正比，另外，圆片厚度越大，圆片自身抵抗内部应力的能力越强。

机械切削是常规的背面减薄技术，一般分为两个阶段：即前段粗磨和后段细磨。由于细磨后圆片比较光滑，并且细磨砂轮金刚砂直径一般在 20 μm 以下，细磨时容易产生较高的热量，所以，细磨切削量都较小，一般小于 40 μm。

在传统的 MOS 集成电路封装中，由于圆片厚度较厚，一般无须考虑背面减薄造成的背面损伤。粗磨一般选用的金刚砂颗粒直径大于 40μm，粗磨形成的损伤层厚度大约为 20 μm，表面粗糙度值约为 1.5 μm。细磨一般选用金刚砂颗粒直径小于 20 μm 的砂轮，其损伤层厚度大约为 5 μm，表面粗糙度值约为 0.5 μm。由于后段细磨砂轮较细，因此在圆片内部存在较大的应力，利用此工艺加工直径 150 mm（6 in）的圆片，如果完工厚度是 400 μm，翘曲度可达 200 μm，但是由于传统的 MOS 集成电路圆片较厚，一般还不会影响后序工序加工，也不会影响电路性能。

3D 封装中芯片厚度一般在 200 μm 以下，如果还采用上述减薄工艺，若完工厚度是 200 μm，则直径 200 mm（8 in）的圆片翘曲度可达 150 μm 以上。由于其脆性较大，在交接转运过程中易因振动或外力造成损伤，影响成品率，并且因背面加工的粗糙度偏高，这样的高低不平纹路，易造成应力集中，使后续工艺划片、装片时产生隐含的裂纹，其结果影响产品的可靠性。为适应 3D 封装芯片加工，后段细磨改用直径更小的金刚砂颗粒使其粗糙度小于 0.2 μm，造成的背面损伤层厚度小于 2 μm。虽然采用此工艺可以去除粗磨阶段形成的大部分损伤层，减小表面的粗糙度，达到较好的镜面效果，但细磨自身也会造成一定的损伤，造成圆片翘曲。利用此工艺加工直径 200 mm（8 in）的圆片，如果完工厚度是 200 μm，翘曲度将达到 80 μm。

从圆片翘曲的成因上看，减少机械切削造成的损伤是减少减薄后圆片翘曲的关键。3D 封装中的减薄技术有别于过去的减薄技术的核心，就在于砂轮的选择，即选择合适的砂轮，最大限度地减少机械切削造成的损伤，降低翘曲度。

3D 薄圆片划片面临的主要问题是崩裂。如果崩裂严重，会造成芯片缺角，芯片直接报废；如果崩裂较轻微，裂纹没有碰及铝线，该缺陷不易被发现，但是会影响封装后 IC 的可靠性。相比两种情况，后者的后果更为严重。

划片刀刃口由金刚砂颗粒粘合而成，呈锯齿状，金刚砂的暴露量越大，划片刀就越锋利。在划片过程中，划片刀刃口的金刚砂颗粒不断地磨损、剥落和更新，以保证刃口锋利，得到较好的切割效果。

如果磨损的金刚砂颗粒没有及时更新，会导致划片刀变钝，切割温度过高，即所谓划片刀过载，产生正反面崩片。由于切割时圆片正面所受压力小于反面，且正面直接被水冲洗，冷却效果好，所以崩片一般反面较正面更严重。崩片表现在正面，一般是划槽毛刺较大。崩片表现在反面，即背崩现象，如果圆片较厚，背崩一般不会影响正面有效电路区，如果圆片较薄，背崩就可能延伸到圆片正面，发生崩裂。

从上面分析可知，崩裂的主要原因是划片刀过载，如果能很好地解决划片时划片刀过载问题，就能有效地控制崩裂。在切割厚度超过 230 μm 的圆片时，由于划片刀的自修正，即金刚砂颗粒不断磨损、剥落和更新，崩片问题能及时修正，除非划片槽内金属、测试图形过多，则需要更换特殊划片刀，这里不多介绍，然而，在切割厚度小于 230 μm 的圆片时，由于圆片很薄，并且很脆，背崩就可能延伸到圆片正面，进而发生崩裂，所以在加工 3D 薄圆片时，必须解决崩裂问题。

③单刀切割工艺

由于选用的是低强度的结合剂和低金刚砂密度的划片刀，所以划片过程中金刚砂颗粒很容易剥落和更新，以保证刃口锋利，另外，因为金刚砂颗粒较细，所以正面切割槽毛刺较小，但当划片槽内金属、测试图形过多，或圆片背面复杂，例如经过刻蚀等，利用此工艺，背面切割槽边会有较多细微崩口。

④双刀 STEP 切割工艺

就是用两种不同的划片刀进行开槽切割。即先用一把刀在圆片表面开一定深度的槽，再用另一把刀切穿圆片。开槽划片刀选用较小颗粒及中等密度的金刚砂和中等强度的结合剂，由于较小的颗粒容易在切割时从刀片上剥落，保持刀片的锋利，并且切割深度较浅，冷却效果好，所以不会发生过载现象，作用是去除划片槽内的金属、测试图形等。由于划片槽内的金属、测试图形等已被去除，划片槽内只剩单晶硅，所以切穿时使用标准的划片刀即可。

当圆片直径为 200 mm 甚至 300 mm，划槽向 150 μm 以下发展时，上述工艺就无法满足工艺要求。更先进的减薄划片工艺，即背面减薄后，去除残留缺陷和释放应力的先进后处理技术是必需的。目前背面减薄后额外的后处理技术一般有 3 种：化学机械抛光、干刻蚀和化学湿刻蚀。同时，更加先进的划片工艺也逐渐发展起来，例如采用水刀激光（喷水波导激光束法）划片技术，就可以避免产生上述损伤，同时有效地去除所有的熔化残渣，并且可以使切口的边缘迅速冷却，边缘的热损伤区几乎可以忽略不计。大尺寸薄芯片是下一代超大规模集成电路发展的必经之路。目前国际上，直径 300 mm、厚度 100 μm 的圆片已量产，且已具备直径 300 mm、厚度 50 μm 的圆片的加工能力，并已向 20 μm 规格发展。因此一些传统封装工艺已无法满足日新月异的发展要求，必须进行创新，只有通过开发新工艺、新的封装形式，才能跟上超大规模集成电路的发展步伐。

3.4.1.2　晶圆级超高密度微凸点制备技术

微系统封装涉及的互连形式有很多种，主要包括引线键合、芯片倒装、芯片堆叠、转接板互连等。其中转接板互连以及芯片堆叠都涉及叠层芯片的互连技术，当前叠层芯片互连技术多种多样，主要有高分子粘接、Cu－Cu 键合、Cu－Sn 金属间化合物互连、微凸点技术等。微凸点互连采用的材料主要是金属或合金焊料，相较于其他方法可以更容易实现可靠的互连。微系统中凸点制备工艺还存在以下问题：微系统封装要经历多次芯片倒装过程，即整个器件要经历多次回流过程。这就要考虑到工艺梯度的问题，即前道工序的工艺温度要高于后道工序的工艺温度。这就需要在微凸点制备工艺中不同的芯片采用相应的凸点材料或类型。微系统封装技术涉及多款芯片的倒装，其中包括超高凸点密度、超细凸点间距的芯片倒装，以及凸点密度和间距较大的硅转接板倒装，这就要根据芯片在基板所处的位置以及芯片引出端的数量、密度等要求决定芯片采用的凸点尺寸和结构。

（1）微凸点 UBM 设计

对于绝大部分圆片集成电路芯片，焊盘材料通常为 Al 或者 Al 合金，很难和常用的凸点金属如 SnAgCu 或 SnPb 合金形成可靠的连接，为了保证芯片 Al 焊盘和凸点之间有足够的附着力，需要在压焊点上制作 UBM，UBM 主要起粘附和阻挡扩散的作用，一般必须具备三个功能：

一是能够保证与芯片压焊点的良好附着力（即需要一个良好的粘附层）；

二是能够阻止凸点金属与 Al 反应形成金属间化合物（即需要一个扩散阻挡层）；

三是能够与凸点金属形成良好的冶金连接（即需要一个润湿铺展层），所以 UBM 通常是一个多层金属结构。

其中，对于粘附层的要求是与铝层和钝化层之间的粘附性好，与铝层之间的接触电阻小，并且热膨胀系数接近，应选用的金属为 Cr、Ti、Ti－W 和 V 等；对于扩散阻挡层，要求能有效阻止凸点材料与 Al、Si 之间的互扩散，避免凸焊点材料进入 Al 层，形成不利的金属间化合物，导致键合强度降低甚至失效，该层通常选用 Ti、Ni、Cu、Pd、Pt 和 Ti－W 等；对于润湿铺展层，要求一方面能与凸点材料良好浸润，可焊性好，且不会形成不利于焊接的金属间化合物，另一方面还能保护粘附层和阻挡层金属氧化，该层目前常用的材料为 Cu、Ni 等金属，见表 3－11。典型 UBM 多层金属材料示意图，如图 3－70 所示。

表 3－11　典型的 UBM 多层金属材料

芯片压焊点金属	粘附层金属	阻挡层金属	凸点金属
Al	Ti	W	Au 或 Cu
Al	Ti	Mo	Au
Al	Ti	Pt	Au
Al	Ti	Cu/Ni	PbSn 或 SnAgCu
Al	Cr	Cu	PbSn 或 SnAgCu
Al	Cr	Ni	Au 或 Pb/Sn
Al	Ni	Cu	Au/Sn 或 Pb/Sn

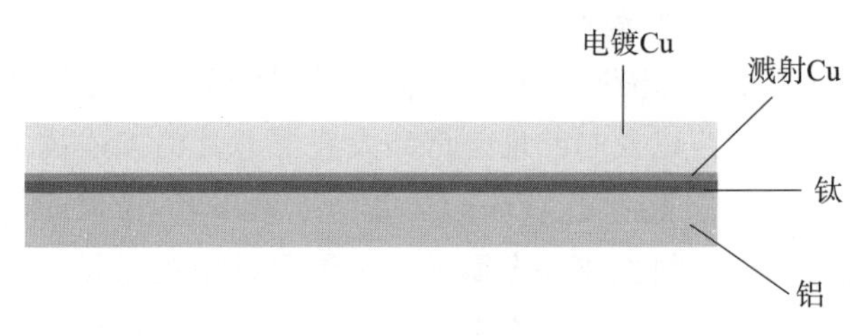

图 3－70　UBM 结构示意图

焊球必须对应一定尺寸范围的 UBM 才能够形成高可靠的互连结构。在焊球尺寸一定的情况下，UBM 尺寸过小，会造成 UBM 与焊球接触面积过小，严重影响凸点的剪切强度；UBM 尺寸过大，易造成回流过程中焊球过分熔化下塌，无法保证凸点球形度，如图 3－71 所示，导致倒装焊芯片与基板之间的间隙过小，给清洗及底部填充带来困难。

图 3－71　UBM 过大凸点形状剖面图

此外，随着凸点尺寸持续减小，凸点尺寸效应将会凸显，对凸点的可靠性及耐久性等方面提出更高考验。在凸点尺寸效应机制下，凸点界面材料反应扩散机制、IMC 材料性能演变规律、柯肯达尔空洞、电迁移、焊料体积等均会发生巨大变化。因此必须着重分析尺寸效应下 IMC 生长演变规律，多角度、全方位地开展凸点及 UBM 匹配技术研究，这对于提高凸点焊接性能及长期可靠性有着十分重要的意义。

(2) 微凸点制备工艺

目前国内外凸点制备方法有很多，常用工艺有电镀法、印刷法、圆片置球法等。

①电镀法

电镀法是国际上流行且工艺也较成熟的一种凸点制备方法。该方法一般是在电镀槽里，把基板当作阴极，利用静态电流或者脉冲电流来完成焊料的电镀。在镀上所需厚度的焊料后，就可以把光致抗蚀剂清除掉，这时焊料凸点制作完成。电镀工艺制备凸点的优势是重复性、一致性好，可用于批量生产加工各类规格芯片以及不同材料、不同高度的凸点，此外电镀法制备凸点可在极小间距内印刷。其不足之处在于凸点的高度不够均匀。

② 印刷法

印刷法制备凸点是通过涂刷器和模板，将焊料涂刷在焊盘上。由于模板印刷不能均匀分配焊料，印刷法制备凸点不适于小间距焊盘，其应用受到一定限制，目前广泛应用在 200～400 μm 的焊盘间距印刷。

③圆片置球法

圆片置球法是在圆片 Al 焊盘上制备 UBM，UBM 形成后，在圆片相应的 UBM 上刷上一层助焊剂，再在其上放置焊球。印刷助焊剂和置球都要求在限定的位置上进行，这就需要使用到印刷网板（Printing stencil）和置球网板（Mounting stencil），网板上的开孔与 UBM 位置一一对应，以便进行精确对位。焊球粘附在圆片 UBM 上之后进行回流焊，回流焊需在真空环境或氮气环境中进行，以免焊球在熔化过程中被氧化，进而影响焊球与 UBM 之间形成良好的浸润。回流焊完成之后即完成了凸点的制作。圆片置球法由于操作简便，只需要印刷助焊剂、置球和回流焊等几个步骤即可完成，而且回流后凸点质量一致性好，工艺稳定性容易保证，成品率高，因此已成为业内使用最为广泛的凸点制备方法之一。圆片置球法凸点制备工艺流程如图 3-72 所示。

在完成圆片置球后，需要对圆片进行回流焊。回流焊工艺是表面安装的主要工艺技术，它是使焊料合金和所要结合的金属表面之间形成合金层的一种连接技术。回流焊工艺是倒装焊技术中的关键工序，回流焊工艺直接影响倒装焊产品的焊接质量和可靠性。凸点制备过程中的回流焊指的是将完成置球的圆片放入回流炉当中，通过真空或氮气加热的方式使焊球熔化，经过一定时间之后，再迅速冷却，实现焊球与焊盘的互连，继而形成可靠的冶金连接。

在回流焊过程中，当器件温度升高到焊料熔点之上时，焊料开始熔化，并在焊盘上铺展、润湿，熔融焊料与 UBM 相接触，并发生冶金反应。随着回流过程的进行，在焊料与 UBM 相接触的界面处形成金属间化合物（IMC），当回流温度降低到焊料熔点以下时，焊

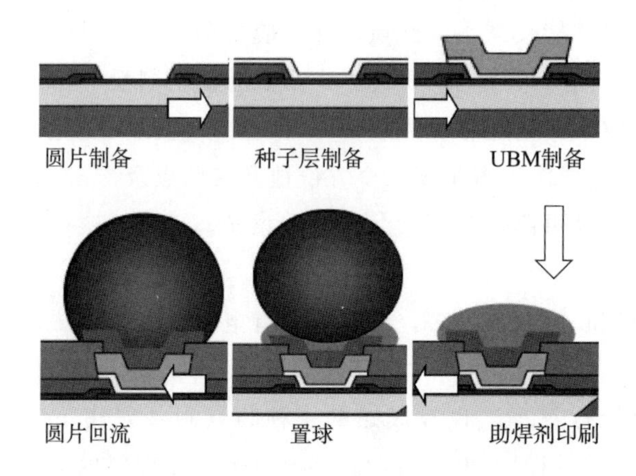

图 3-72 圆片置球法凸点制备流程示意图

料开始固化，并最终形成球状凸点。IMC 层是凸点形成可靠互连的关键，适宜厚度的 IMC 是焊接良好的标志，但是随着厚度的增加，也会引起焊点中微裂纹的生成。当 IMC 厚度超过某一临界值时，凸点就会表现出脆性，使焊点在服役过程中会因经历周期性的应变而导致失效。

置球法通常适用于直径 60 μm 以上的凸点制备。根据 2003ITRS，随着倒装焊引出端的增加，凸点尺寸和间距会越来越小。根据图 3-73，随着凸点尺寸继续减小直到 40 μm，由于丝网印刷法和置球法的成本急剧上升，电镀法成为唯一的选择。

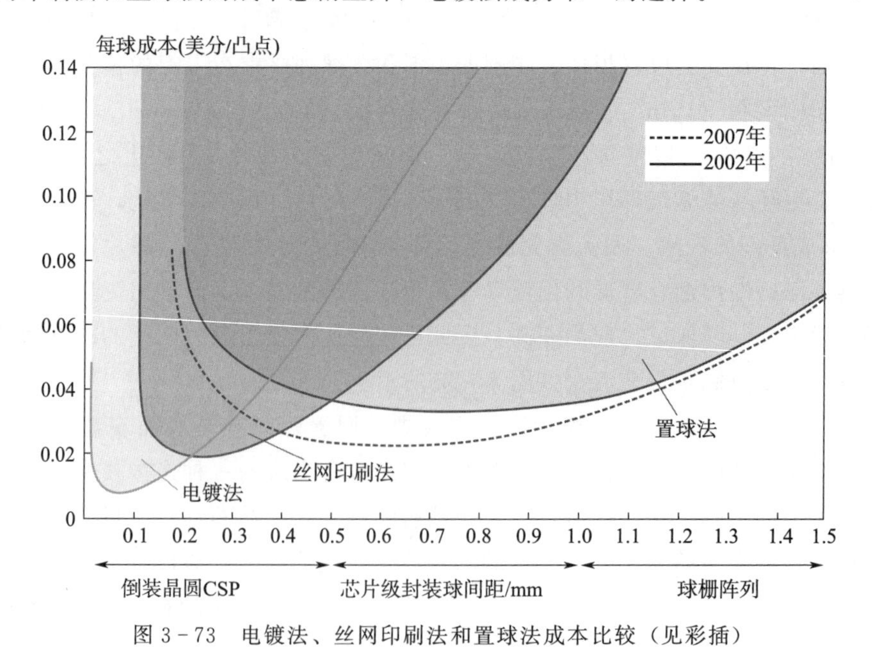

图 3-73 电镀法、丝网印刷法和置球法成本比较（见彩插）

④ 电沉积方法

电沉积方法采用光刻掩模技术通过电沉积来获得形状、尺寸精确的凸点，其工艺过程如图3-74所示。电沉积是一种相对比较慢的沉积技术，不同材料的沉积速率从每分钟0.2 μm至几微米不等。电沉积技术可以采用恒电位（Potentiostatic）、恒电流（Galvanostatic）以及脉冲（Pulse）的方式进行。脉冲电沉积可以在高密度凸点制备中得到均匀性好、表面光滑且少孔的凸点。

电沉积过程中影响凸点高度、焊料成分和表面形貌均匀性最关键的因素是晶圆表面电场分布，它决定了实际沉积电流。因此，电压应该施加在晶圆圆周的多点上以保证晶圆表面电场分布均匀。此外，电沉积面积与晶圆面积的比率以及晶圆表面凸点分布的均匀性也会影响沉积电流的均匀性。

电沉积方法可以精确复制光刻胶图案，并且适用于不同尺寸的晶圆，不同的钝化材料以及不同的光刻图案。所有的半导体材料（如Si、SiGe、GaAs、InP等）以及陶瓷和石英基底都可以用电沉积方法来制作凸点。电沉积方法制备凸点的基本流程包括：溅射UBM、形成光刻图案、电沉积凸点、去除光刻胶以及UBM刻蚀。

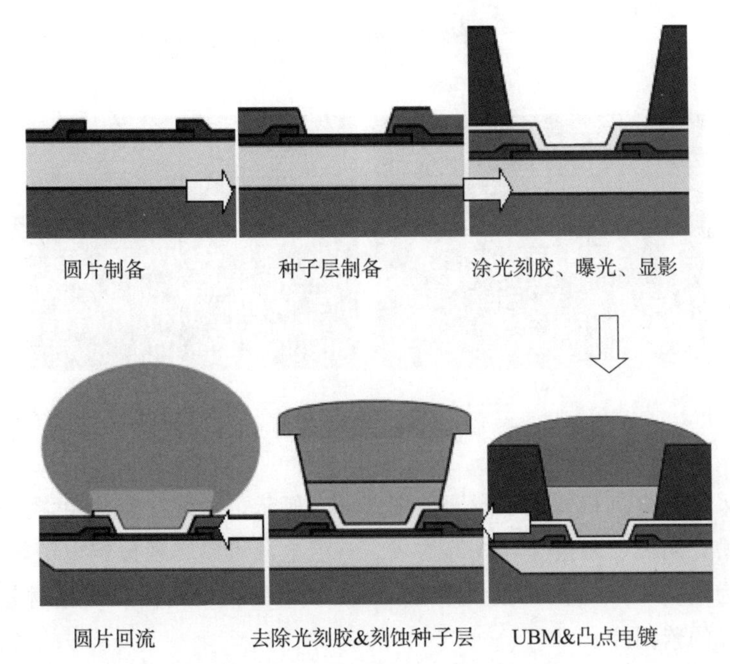

图3-74 电镀法微凸点制备工艺流程

具体说来，首先在晶圆表面溅射UBM层，而后旋涂光刻胶，接下来对光刻胶进行曝光刻蚀，再在图案中沉积金属或焊料，最后去除光刻胶并刻蚀凸点之间的UBM层。回流可以使焊料变成球状，同时在焊料与UBM界面处形成金属间化合物。电沉积方法可以方便地制备纯金属凸点以及一些析出电位接近的二元甚至三元合金焊料，但是采用含有多种金属离子的镀液制备合金焊料时往往得到的凸点成分不均匀。利用二步法可以解决这一问题，即先沉积一种金属而后再沉积另一种金属，最后对凸点进行退火来得到成分均匀的合金焊料。利用二步法还可以制备一些因沉积电位相差较大而不能在单一镀液中制备的合金凸点。

利用电沉积方法制备小尺寸凸点的首要问题是保证镀液完全润湿光刻微孔，由于光刻胶润湿较差等诸多因素，这一点并不容易实现。不完全的润湿会导致气泡残留在光刻微孔中，使最终制备的凸点内部含有空洞以及凸点体积不一致。真空浸渍、表面改性、在镀液中添加润湿剂等手段均可改善镀液在光刻微孔中的润湿性能。各种凸点形貌如图 3－75、图 3－76 所示。

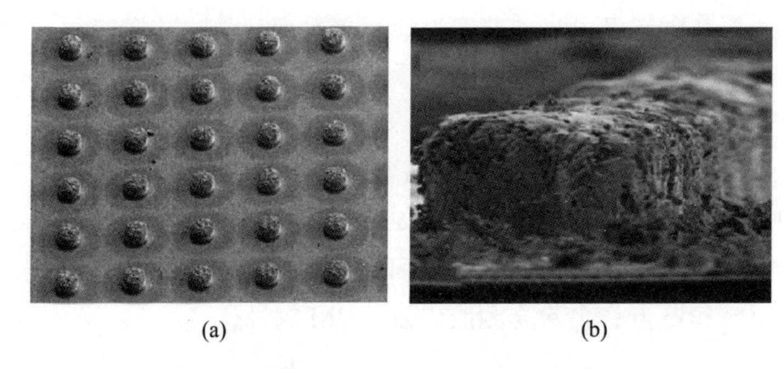

(a) (b)

图 3－75 回流前的 30 μm 微凸点 SEM 照片

(a) (b)

图 3－76 回流前的 60 μm 微凸点 SEM 照片

实验中所采用的电沉积装置示意图如图 3－77 所示，主要由直流电源、磁力搅拌器加热装置、电解槽、阴极、阳极和导线等构成。直流电源可以实现恒定电流输出或者恒定电压输出。阳极为纯度 99.9%的锡板，厚度 3 mm。阴极也就是样片，基材是纯度 99.9%，厚度为 0.5 mm 的紫铜片。

制备的具体过程如下：

1）阳极电解除油：将铜片用除油剂清洗，在 50～60 ℃的温度下以 5 A/dm^2的电流除油约 1 min。

2）水洗：用去离子水冲洗。

3）酸洗活化：在 10%的硫酸溶液中酸洗活化处理约 10 s。

4）水洗：用去离子水反复冲洗至干净。

5）镀锡：按照预定的电流密度、温度、时间在调整好 pH 值的镀液中进行样品制备。

6）水洗：在去离子水中充分水洗。

7）镀后处理：干燥，装入密封袋中。

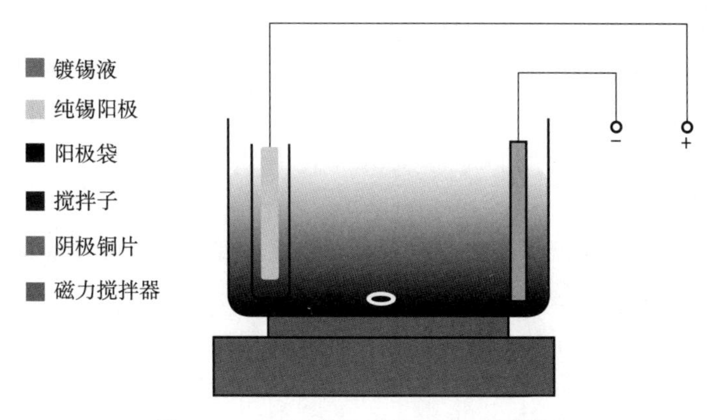

图 3 - 77　电沉积装置示意图（见彩插）

3.4.1.3　硅基异构三维集成技术

硅基异构三维集成技术涉及晶圆级多芯片倒装技术、超窄间隙底部填充工艺技术、原材料优选、多层结构无损质量检测技术和微凸点倒装质量控制技术等。

（1）晶圆级多芯片倒装技术

晶圆级多芯片倒装技术应该注意助焊剂蘸取一致性、回流焊曲线优化、微焊点形状控制和超细间隙清洗。

①助焊剂蘸取一致性

芯片凸点助焊剂蘸取是倒装焊工艺中难以控制的工艺点之一，助焊剂蘸取的质量是决定焊点牢固性和可靠性的关键因素。对于三维集成倒装焊封装器件，芯片微凸点最小直径仅为 60 μm，凸点节距最小约为 200 μm，这些特点均导致助焊剂蘸取量的一致性更加难以控制，若助焊剂量过少，焊点在回流过程中难以充分润湿铺展，易形成虚焊等缺陷；助焊剂量过多，则在回流过程中助焊剂活化后较强的流动性易造成焊点桥连。

助焊剂蘸取示意图如图 3 - 78 所示。

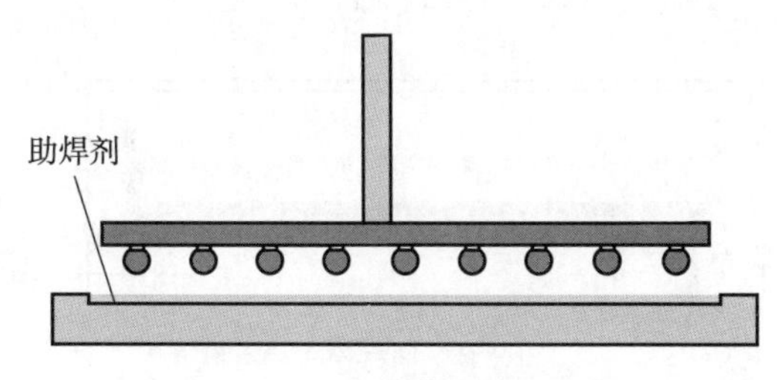

图 3 - 78　助焊剂蘸取示意图

助焊剂蘸取反馈方式包含距离控制及压力控制两种方式。距离控制的原理为以工装底部为基准面，通过控制凸点与底部之间的距离实现助焊剂蘸取量的控制，距离越小，助焊剂蘸取量越大；压力控制是先将芯片凸点触底，根据事先设定的压力阈值调节助焊剂量。压力阈值越大，芯片蘸取助焊剂量越多。两种反馈方式各有利弊，工程应用中应对两种反馈方式进行对比试验，优化反馈参数设置，以提升助焊剂蘸取一致性。

蘸取参数包括下降速度、蘸取时间、上升速度等。其中，蘸取时间及上升速度影响较大，蘸取时间越长，越有利于助焊剂充分包裹在凸点周围，但超出一定时间范围后，助焊剂量不再增多。工程应用中需要结合助焊剂粘度特性，开展蘸取参数优化，确保助焊剂蘸取量充足并保证一致性。

②回流焊曲线优化

倒装焊封装一般采用回流焊接工艺实现电气连接，回流焊是通过重新熔化预先分配到焊盘上的焊膏，实现表面组装元器件焊端或引脚与焊盘之间机械与电气连接的软钎焊。

回流焊包括热风回流焊、热压焊接、真空回流焊等方式，如图 3－79 所示。热风回流焊工艺成熟度高，可以提供较为稳定的回流气氛与温度。热压焊接是在一定回流气氛的前提下，在加热的过程中对芯片施加一定的压力。真空回流焊目前也是一种常见的回流方式，真空环境可以有效去除熔融焊点内部的空洞，显著提高焊点的质量与长期可靠性。

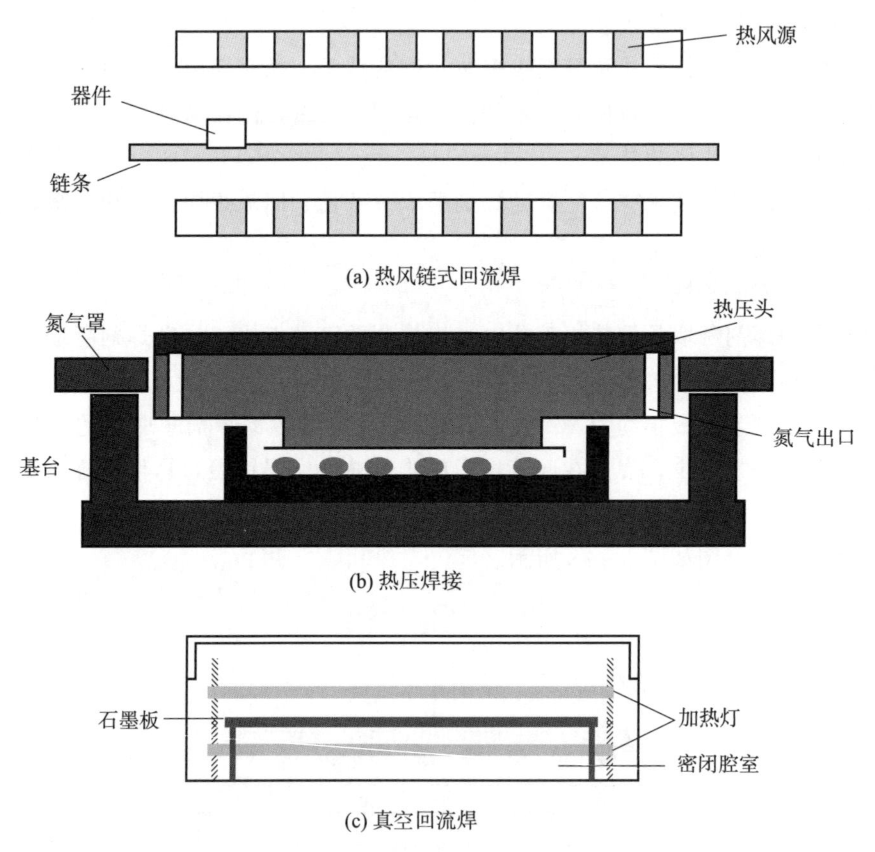

(a) 热风链式回流焊

(b) 热压焊接

(c) 真空回流焊

图 3－79　焊接示意图（见彩插）

回流方式不同，其器件焊接过程中的温度曲线也不同，如图 3－80 所示。回流焊是芯片倒装工艺中最为关键的工序之一。优化工艺参数，调节温度曲线，对提高凸点质量和可靠性极为重要。回流温度曲线设置不当容易造成空洞、虚焊和桥连等焊接缺陷。回流焊曲线可以分为预热阶段、活化阶段、回流阶段和冷却阶段。

预热阶段：预热阶段由 2～4 个加热温区构成，在 60～120 s 内使温度逐步上升到

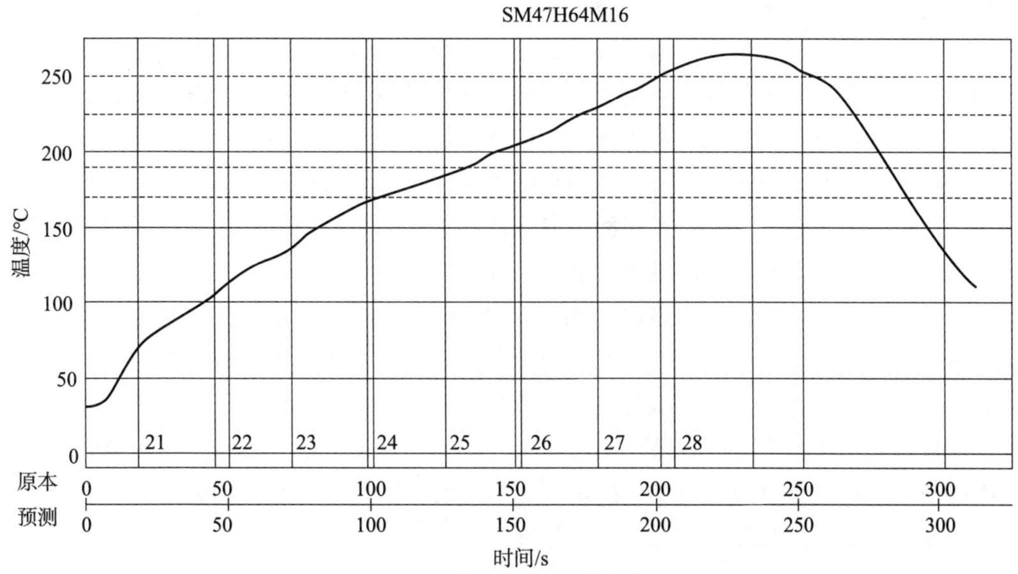

(a) 热风链式回流焊曲线

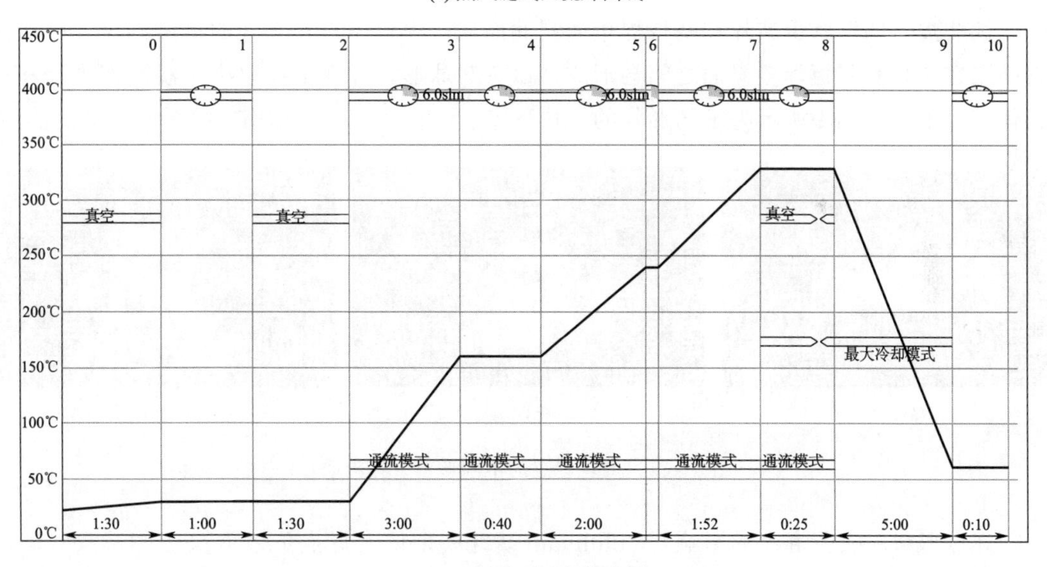

(b) 真空回流焊接曲线

图 3-80　回流曲线图

150 ℃ 左右，以使凸点内的挥发物质释放出来，且不会引起凸点飞溅和基板过热。合适的预热阶段可以使挥发性助焊剂成分得以逐渐蒸发，并可防止由于热坍落而导致的缺陷，如桥连等。

活化阶段：活化阶段是为了使焊点具有足够的热容性，同时也使凸点的焊点接近焊接温度。热容的大小直接影响焊点的焊接质量。

回流阶段：回流阶段使焊点迅速达到焊接温度。超过 305 ℃的时间控制在 60～90 s 内，可以保证在界面形成金属间化合物从而达到可靠互连。

冷却阶段：冷却的主要目的是在焊点凝固的同时细化晶粒，抑制金属间化合物的长大，以提高焊点的强度。但冷却速度过快会造成晶粒尺寸过大，降低焊点互连可靠性。

圆片凸点制备过程中焊料已经经历了一次熔化，部分 UBM 层金属进入熔化的焊料凸点中，导致焊料凸点的金属成分及含量发生变化，从而引起焊料凸点熔点有所变化。为保证芯片凸点与陶瓷基板上金属焊盘形成可靠连接，我们对原倒装焊回流曲线进行了调节，结合工艺试验和测试结果分析，发现回流温度曲线不同，芯片回流后的焊接质量存在一定差异，增加回流时间和提高最高温度有助于芯片的回流焊接。

回流曲线的不同，会造成倒装焊点的 IMC 成分及晶粒大小有所区别，这主要是因为倒装焊点的晶粒尺寸受温度的影响较大，因此晶粒尺寸受回流参数的直接影响，如在焊接峰值温度停留的时间增加，会导致界面处 IMC 晶粒尺寸增加，晶粒粗化，另外降温速率过快，晶粒生长迅速，也会导致晶粒粗化、尺寸增加。对于三维集成倒装焊电路，凸点直径更小，凸点晶粒尺寸对焊点可靠性的影响更加突出，因此，需针对倒装焊点晶粒尺寸进行工艺控制，以提高倒装焊电路的长期可靠性。

③微焊点形状控制

倒装焊点的形状由芯片和基板焊接面浸润面积、焊料体积和芯片的重量确定。一般而言凸点在芯片和基板焊接界面之间会形成“截头”球形，其高度仅取决于浸润面半径和焊料体积。如图 3-81 所示为不同形状的焊点形态。

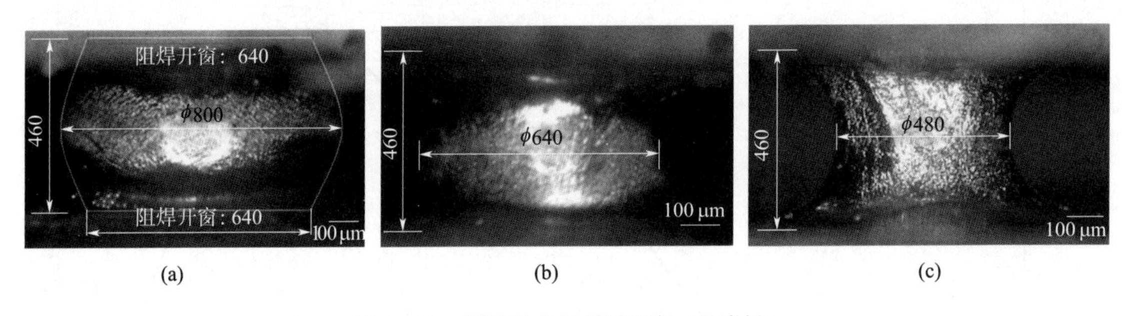

图 3-81 倒装焊点的不同形态（见彩插）

焊点形状对疲劳寿命的影响：Goldmann 研究模型认为焊点失效取决于“截头”球形凸点的形状，优化其几何外形可以延长焊点的寿命。实际上优化“截头”球形的外形可延长的焊点寿命是有限的，而改变凸点形状可以使焊点的寿命延长有较大改观，如图 3-82 所示。从另外一个角度来看，凸点的形状可以反映在焊点的高度上。凸点的高度是指芯片与基板间的空隙，是影响热循环可靠性的重要因素之一，通过研究发现凸点的疲劳寿命随焊点高度的增加而增加。

J. H. Lee 等人发现倒装芯片凸点的电迁移存在尺寸效应。研究表明，随着焊盘下金属可焊尺寸增加，焊点高度降低，焊点的电迁移寿命增加，源于电流和热梯度的降低，如图 3-83 所示。

形状控制工艺参数设置：在三维倒装焊集成技术中，焊点体积极小，为了增加倒装焊微焊点的疲劳寿命，建议采用热压焊接方式，对芯片施加一定的压力进行焊点形状控制。

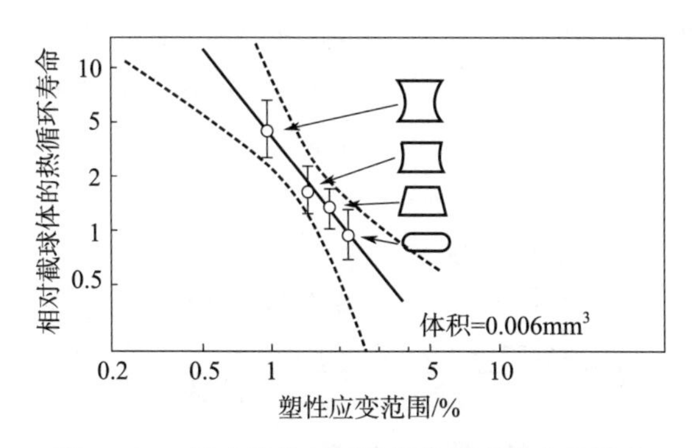

图 3-82　焊点形状对倒装焊热疲劳寿命的影响

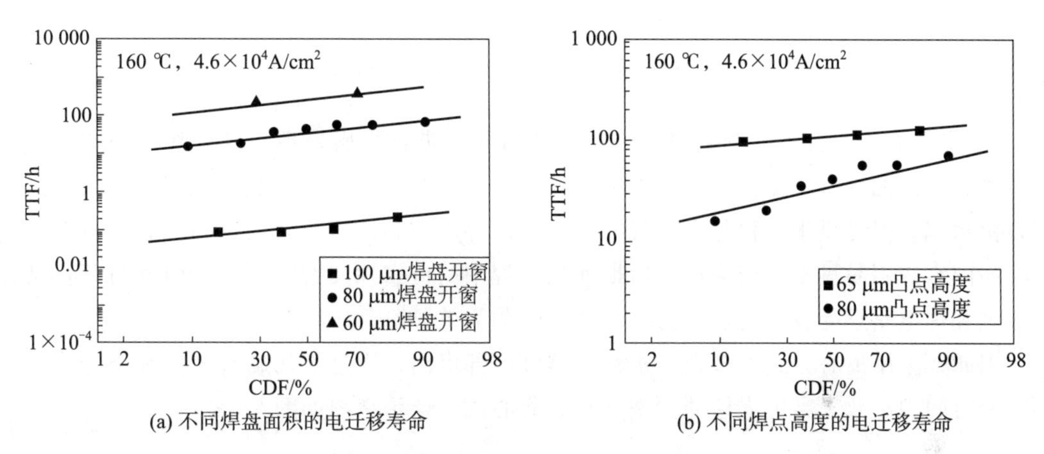

(a) 不同焊盘面积的电迁移寿命　(b) 不同焊点高度的电迁移寿命

图 3-83　恒定电流密度下电迁移寿命

一方面在芯片焊接的过程中进行间隙控制可避免由于共面性差异引起的焊接问题。另一方面，倒装焊间隙控制可以保证焊点的形状，增加焊点的可靠性。形状工艺参数设置见表 3-12。

表 3-12　形状控制参数设置

参数类型	压力/N	温度/℃	停留时间/s
参数 *a*	10～20	310～330	40
参数 *b*	20～40	330～350	60

④超细间隙清洗技术

三维集成倒装焊电路中，焊接后芯片与基板之间的间隙仅为 50～70 μm，这对倒装焊清洗工艺提出了极高的要求。同时，凸点数量的增多、节距的减小均使得清洗工艺的难度进一步提升，传统的清洗工艺已不适用于具有超细间隙的倒装焊电路，可采用浸泡式清洗方式和离心式干燥进行清洗效果对比试验，通过清洗温度、旋转速度、清洗液浓度和干燥温度等参数的优化，解决窄间隙清洗一致性差的问题。

1）浸泡式高速旋转清洗工艺。三维集成倒装焊电路中，芯片与基板之间的间隙在 50～70 μm 之间，对于常规的喷淋清洗方式，清洗液无法顺利进入倒装焊间隙，不能彻底清洗助焊剂，存在长期可靠性隐患。针对窄间隙倒装焊电路，采用浸泡式高速旋转清洗工艺，如图 3－84 所示，利用高速旋转的动力，将清洗液送入芯片间隙，以保证清洗溶剂可以顺利进入倒装焊间隙，保证倒装焊电路的洁净度。

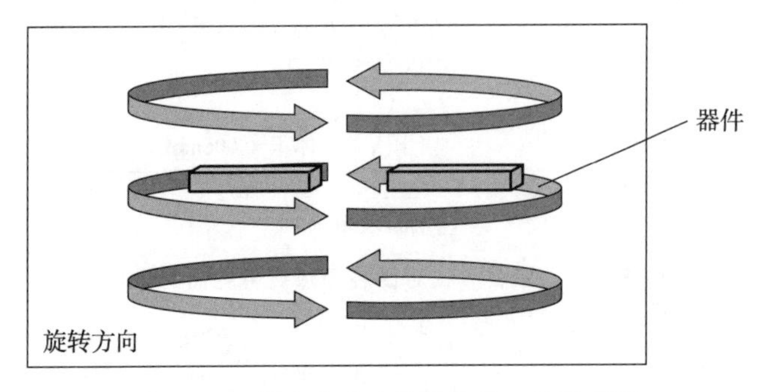

图 3－84　浸泡式高速旋转清洗工艺示意图

2）离心式干燥技术。倒装焊电路在清洗后需要进行干燥处理，以去除清洗过程中残留在电路内部的水汽。传统的干燥工艺为器件清洗后在清洗腔室内进行加热，蒸发电路内部残留水汽。但是烘干过程是在空气环境中，此外由于芯片面积较大，凸点数量较多，在短时间内水汽不易烘干，极易造成后期使用过程中的可靠性问题。而烘干时间过长，又会造成倒装焊电路承受较大的热应力，存在极大的失效风险。

因此，采用离心方式将多余的水汽从器件内部甩出，通过优化旋转速度和施加温度达到在短时间内高效、高可靠性的清洗效果，离心式干燥示意图如图 3－85 所示。

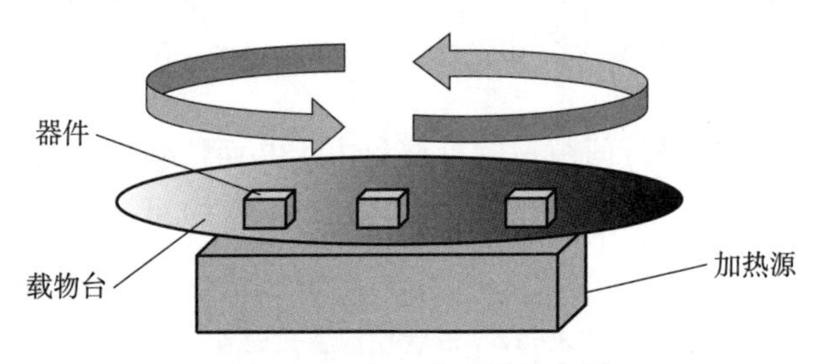

图 3－85　离心式干燥示意图

（2）超窄间隙底部填充工艺技术

随着微系统集成的发展，各类功能的芯片集成在一起，与传统的基板平面集成相比，集成芯片可以减薄到 50 μm，甚至 10 μm，底部填充工艺将面临新的难题。关键技术难点在于将底部填充胶填充到多个芯片和有机基板之间的狭缝的过程以及填充胶在多芯片下的填胶模式和单一芯片填充的区别。填充胶的流动过程、固化温度等会直接影响到封装的可靠性，因此，了解影响底部填充胶流动性能和固化温度等的因素对 2.5D 芯片封装工艺的优化设计和 2.5D 芯片封装的可靠性分析具有重要的理论和经济意义。

底部填充结构设计流程如图 3－86 所示，底部填充结构示意图如图 3－87 所示。

微系统集成封装技术中底部填充技术最具创新性的发展是多芯片底部填充技术。底部填充胶是缓解芯片与基板之间的热失配，增加器件热疲劳寿命的一种有效手段。传统的底

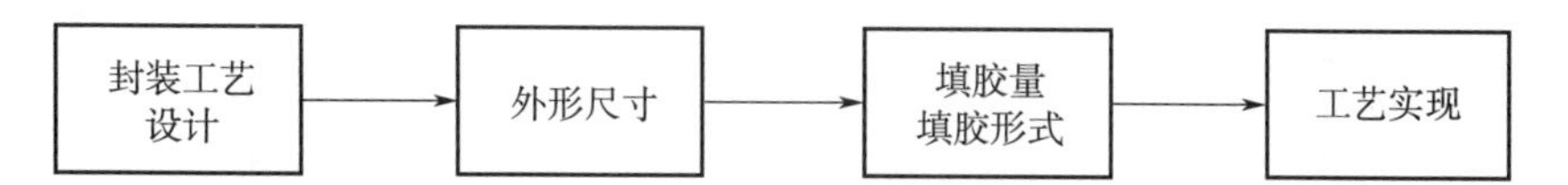

图 3-86　2.5D 封装后底部填充结构设计流程图

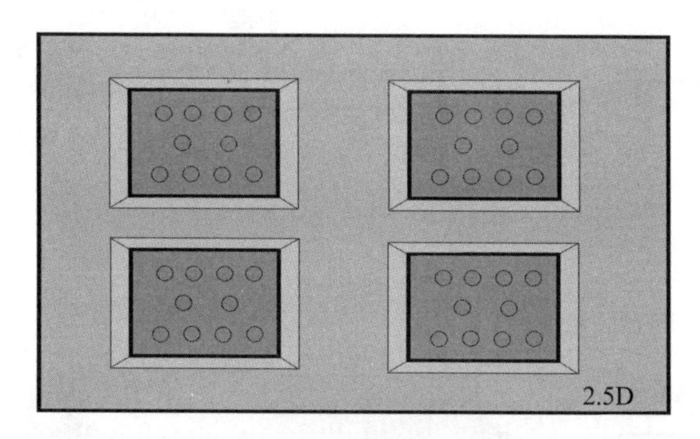

图 3-87　2.5D 封装后底部填充结构效果示意图

部填充技术是利用液体的毛细作用将底部填充胶（Flow Underfill）填充在芯片和基板之间的间隙中，然后在一定温度下固化。1987 年，Nakano 在环氧树脂基体中加入大量热膨胀系数更小的 SiO_2颗粒，并填充在由焊球连接形成的芯片与基板之间的空隙，将焊点的热疲劳寿命增加了 10～100 倍，这就是最初的底部填充技术。随后，Tsukada 等首次将硅芯片倒焊在 FR4 基板上，然后采用底部填充工艺对芯片、基板和焊球进行封装，提高了焊点的可靠性。随着底部填充胶的不断升级，底部填充技术在电子产品的封装中得到了越来越广泛的应用。

传统的底部填充工艺如图 3-88 所示。先将一层助焊剂涂在基板上，然后将焊料凸点对准基板焊盘，加热回流，除去助焊剂，将底部填充胶沿芯片边缘注入，借助于液体的毛细作用，底部填充胶会被吸入并向芯片基板的中心流动，填满后加热固化。目前，流动底部填充胶的组成主要有环氧树脂、球形氧化硅、固化剂、促进剂和添加剂等。它除了具有能降低硅芯片、有机基板和焊球之间因 CTE 不匹配而产生的应力和形变这一重要作用外，还可以增强倒装芯片的结构性能，防止芯片处于潮湿、离子污染、辐射以及其他不利的工作环境时受到影响。对流动底部填充胶的性能要求主要包括：合适的流动性、固化温度低、固化速度快、树脂固化物无缺陷、填充后无气泡、耐热性能好、热膨胀系数低、玻璃化转化温度高、低模量、良好的粘接强度、内应力小和翘曲度小等。

如图 3-89 所示，微系统集成封装具有凸点尺寸小、凸点节距小、芯片间间距小、多芯片叠层等特点，由此带来了填充质量下降、填充效率低下、填充胶流动性要求高等一系列难题，这就对底部填充胶材料的选择和填充方式提出了更高要求。本书从优选底部填充胶材料入手，充分考虑底部填充胶的流动性，优化填充方式和固化过程，并且重点关注芯片与基板间距、芯片与芯片之间间距、多芯片叠层以及凸点节距对底部填充质量的影响。同时，底部填充流动还会受到一些因素的影响，比如基板材料特性、温度、固化方式等，通过对这些影响因子对底部填充流动的影响进行分析，提出相应的改进措施。

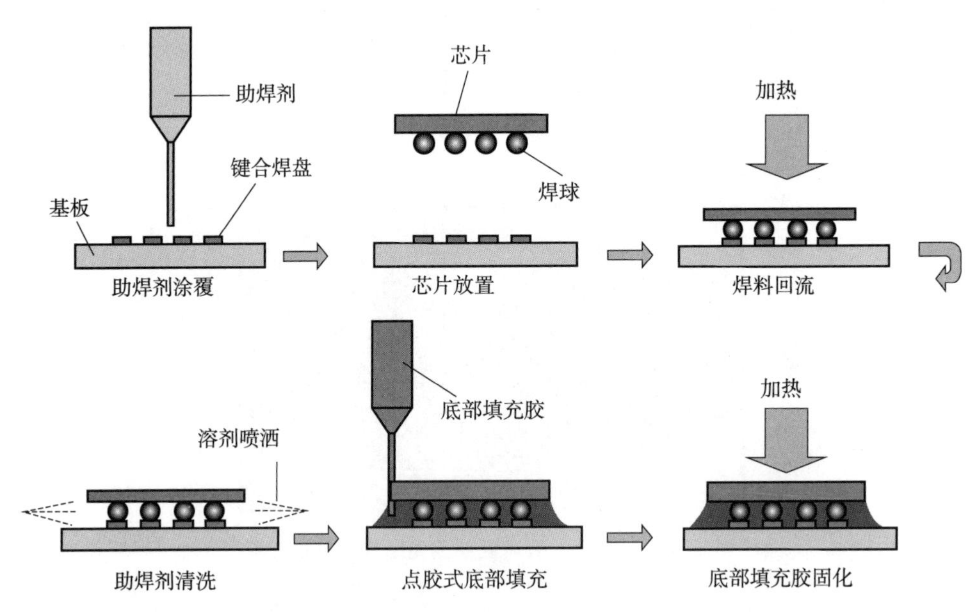

图 3-88　传统的底部填充工艺（见彩插）

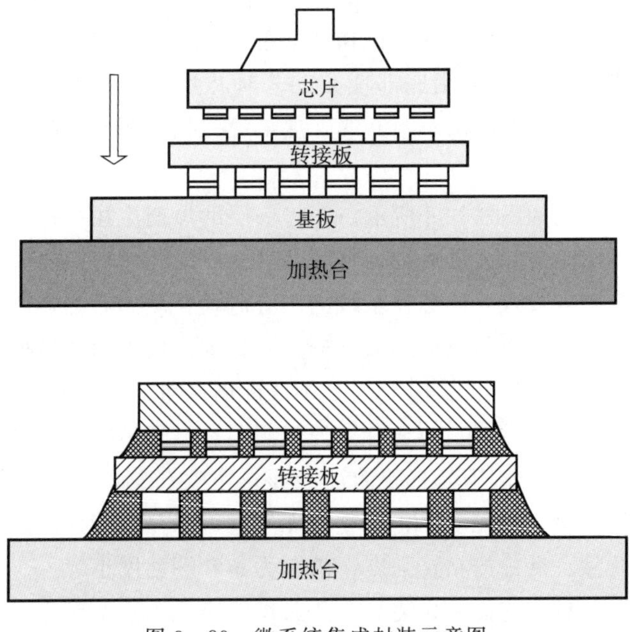

图 3-89　微系统集成封装示意图

（3）原材料优选

针对微系统集成封装的多芯片、叠层封装的要求，可以选择流动型、非流动型、晶圆型三种底部填充胶。流动型底部填充胶的填充属于毛细底部填充；非流动型和晶圆型底部填充属于模压型底部填充。

流动型底部填充材料由热固性聚合物和二氧化硅填料所组成，该合成材料具有较低的CTE。所采用填料的数量、尺寸、形状和二氧化硅颗粒的光滑度，都将会影响填充材料的粘度。粘度的大小又将会影响装配工艺处理的速度，以及芯片底部填充的可靠性。随着填料尺寸的减小，粘度会相应增加。因为对于一定的重量，颗粒直径的减小会使填料总的表面积增大。在液体涂布应用过程中，能够采用的最大颗粒尺寸取决于倒装芯片和基片之间的间隙尺寸。间隙应该是填料颗粒直径的两倍，这样就能够有足够的余地来满足材料流动至芯片的下面。如果填料颗粒表面很粗糙，那么间隙就会较大。光滑的颗粒具有较低的粘度，允许使用较窄的间隙。通过采用球形颗粒填料，也可以达到较低粘度。因此需要试验以合理选择填料的颗粒大小及形状来提升填充胶的流动性，从而满足窄间隙下的底部填充需求。

对于流动型底部填充胶，吸水性是非常重要的性能指标。吸水率高使得胶体产生内应力，降低其耐腐蚀性和绝缘性等。通常情况下纳米填料表面均带有大量羟基，这些羟基在改善其他性能的同时，有可能引入吸水性增大的问题。

由于流动型填充胶与焊点、芯片和外壳直接相连，填充胶的导热性直接影响器件的散热效率。通过往填充胶内添加纳米颗粒，可以有效提高填充胶的热稳定性，同时在一定程度上增加填充胶的热导率。通过对填充胶材料的优选，增加填充胶的导热性，从而满足微系统集成封装电路的导热需求。

非流动型底部填充胶的优势在于其填充在芯片上时具有无流动性、高 CTE、适宜的粘度、足够的粘接强度，可再熔化，可实现焊球的自对准，可实现单芯片单填充，可以满足微系统集成封装的多芯片、叠层封装的要求，提高底部填充的一致性和长期可靠性。但是非流动型底部填充胶的玻璃化转变温度和固化温度比常规流动型底部填充胶高，热膨胀系数也大于流动型底部填充胶。非流动型底部填充胶内若填充降低热膨胀系数的填料，例如 SiO_2 等，会导致底部填充胶在凸点间隙的流动性变差，填料易发生团聚等现象，同时影响凸点回流焊时的互连概率。因此，需要合理地权衡粘度、热膨胀系数和填料量，选择均合适的非流动型底部填充胶。

晶圆型底部填充胶适用于多芯片、叠层封装的底部填充工艺，常见晶圆底部填充胶的性能见表 3-13。采用预填充后压缩流动的原理，在凸点焊接前填充，能够起到单芯片单独填充，互不干扰的作用。晶圆底部填充胶具有重熔能力，焊接前流动性较小，回流时，重熔后流动进入凸点间隙中，完成填充。晶圆级底部填充的缺点在于其封装受限于凸点节距，当节距小于 0.4 mm 时，其难以达到封装要求。同时，晶圆型底部填充胶受凸点焊接温度限制，若焊接温度过高，可能导致晶圆型底部填充胶失效或者降解。

表 3-13　常见晶圆底部填充胶的性能

性能	指标
CTE(α_1@45～90 ℃)	67.8×10^{-6}/℃
TMA T_g	152.6 ℃

续表

性能	指标
储能模量	2.51 GPa
交联密度	2.30×10^{3} mol/cm^{3}
吸湿率	1.04%

非流动型、晶圆型与流动型传统底部填充胶最大的区别在于其应用于预先填充技术。流动型传统底部填充胶在芯片倒装后使用，而非流动型、晶圆型底部填充胶在芯片倒装前预先涂覆。因此对于非流动型、晶圆型底部填充胶内部需要含有能够溶解助焊剂的物质，避免残留助焊剂对于凸点的伤害；或者直接含有助焊成分，凸点不需涂覆助焊剂，即可焊接。

①流动型底部填充胶的填充工艺

采用流动型底部填充胶对多芯片、叠层芯片填充，需要将所有芯片倒装后，再进行统一底部填充，如图 3-90 所示。采用流动型底部填充胶对多芯片、叠层芯片填充需要控制的参数包括上层胶量、同层芯片胶量（根据同层芯片间隙控制）以及上层底部填充胶的流动状态等，它们对于提高微系统集成封装的质量和长期可靠性来说至关重要。

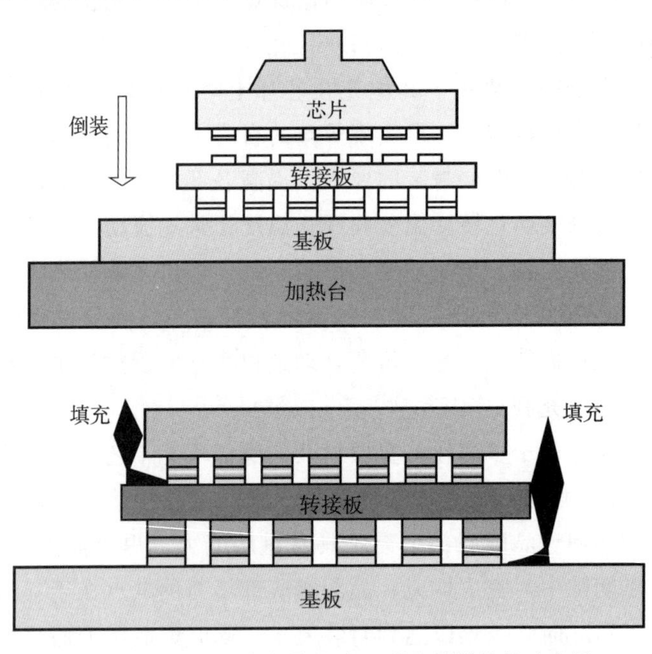

图 3-90 流动型底部填充多芯片叠层器件的示意图

多芯片填充和叠层芯片填充的封装体对于上层胶量、同层芯片胶量的控制要求十分高。上层芯片的胶量需要控制在完全填充的胶量和刚好不能扩散至下层的胶量之间。这需要对底部填充胶的胶量以及填充位置进行精确控制。根据同层芯片间隙控制同层芯片胶量则需要控制两个芯片的底部填充胶边缘位置不发生交联，以保证产品的一致性、独立性和长期可靠性。这对于胶量和位置的精确控制提出了很大的挑战。

多芯片填充和叠层芯片填充的封装体的温度控制对于控制流动型底部填充胶的流动非常关键，上下层的基板温度和胶量都是影响多芯片填充和叠层芯片填充后器件的质量和长期可靠性的关键。对于上层基板温度的控制可以通过采用底部预热的方法使芯片和基板的温度升高并保持在一定温度，以及增加流动时长来控制填充胶的流动，确保填充质量和长期可靠性。对于下层基板可以通过采用底部减少流动时长的方式来控制填充胶的流动，确保填充质量和长期可靠性。

由于芯片与基板之间间隙极小，填充流动严重受阻，同时窄间距的清洗难度较大，因此在填充过程中容易产生气泡等填充不完整现象。由于高可靠底部填充胶的不可返修特性，通过后期检查来排除填充空洞会造成极大的成本浪费。为将填充过程中的气泡在工艺过程中排除，可采用真空固化方式，通过降低外界压力，使填充层与外界环境产生负压，从而使气泡顺利排出。

②非流动型底部填充胶的填充工艺

图 3－91 是非流动型底部填充多芯片叠层器件的示意图。非流动底部填充是在芯片底部焊盘上进行喷涂式填充，填充后将芯片倒装在充满底部填充胶的焊盘上，而后采用回流焊进行焊接。表 3－14 所列为非流动型底部填充的特点。底部填充后的体积控制采用控制喷胶的体积或质量的方式来进行。涂覆需要进行多次，以达到充满的效果，所花费的时间较长。

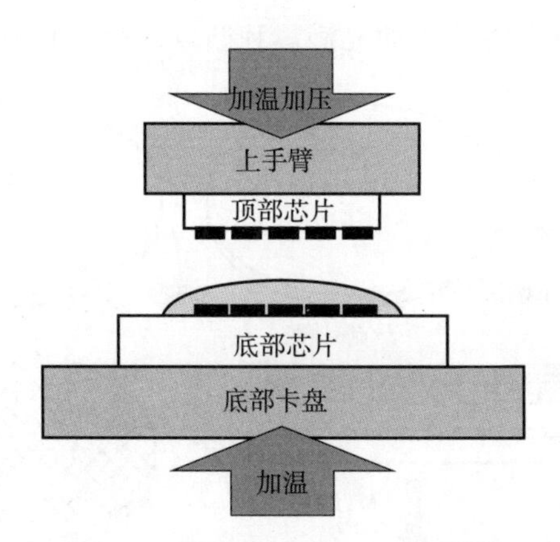

图 3－91　非流动型底部填充多芯片叠层器件的示意图

表 3－14　非流动型底部填充的特点

涂覆方式	喷涂式
体积控制	通过控制涂覆体积或质量
涂覆位置	底层焊盘
涂覆次数	多次
总程序时间	长

③晶圆型底部填充胶的填充工艺

晶圆型底部填充多芯片叠层器件的示意图如图 3－92 所示。

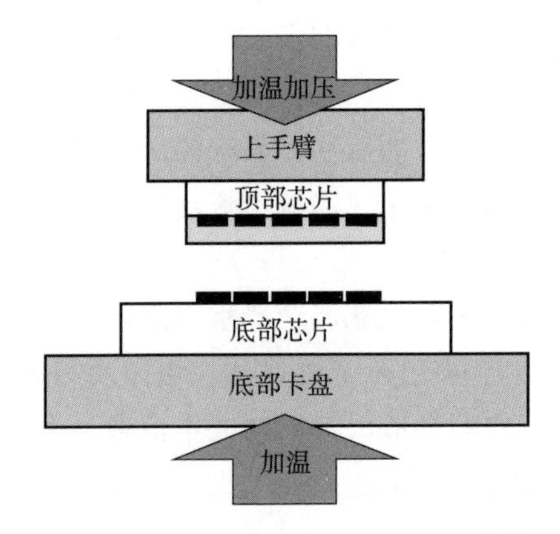

图 3－92 晶圆型底部填充多芯片叠层器件的示意图

如图 3－93 所示，晶圆型底部填充是在芯片侧涂底部填充胶，后倒装，再经回流后，实现填充。晶圆型底部填充是在芯片凸点周围，通过丝网印刷技术层压或旋涂一层底部填充胶后，再进行倒装焊，以此来实现晶圆型底部填充。这种工艺要求底部填充胶内含有助焊成分，辅助凸点倒装焊接。同时，要求晶圆型底部填充胶在芯片的晶圆上具有足够的粘合强度，而又不能损伤晶圆表面的涂层。这种底部填充胶需要具有一定的重熔能力，能够在焊接回流时，重新产生流动性，进而充满芯片凸点的所有间隙。

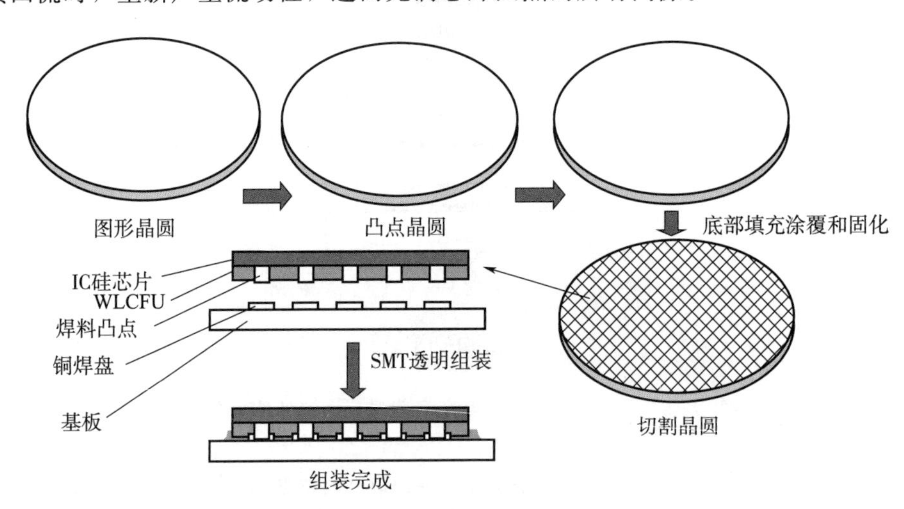

图 3－93 晶圆型底部填充过程图

表 3－15 列出了晶圆型底部填充的具体特点。晶圆型底部填充的主要涂覆方式是层压或旋涂。控制具体的填充量的关键在于改变胶层涂覆的厚度。晶圆型底部填充与非流动型底部填充相比最大的不同在于底部填充胶涂覆的位置，非流动型底部填充胶的涂覆位置在底部焊盘，而晶圆型底部填充胶的涂覆位置在芯片凸点位置。晶圆型底部填充通过丝网印刷技术涂覆计算好的胶量即可，涂覆次数少，时间短。

使用晶圆型底部填充胶进行封装，具有小封装尺寸、良热特性、低成本等优势。其可针对微系统集成多芯片和叠层封装的要求，单一芯片单独填充，可以保证底部填充芯片的独立性和一致性，减少干扰，提升器件封装的质量和长期可靠性。晶圆型底部填充相对非流动型底部填充的优势在于填充完整性高，无空洞，凸点版图的复杂性对其无影响。如图 3－94 所示，非流动型底部填充内部的扩散效果比晶圆型底部填充差。这说明晶圆型底部填充技术较非流动型底部填充技术，填充后的空洞更少，性能更加优异，其特点见表 3－15。

(a) 非流动型底部填充器件

(b) 晶圆型底部填充器件

图 3－94　底部填充后的 SAM 照片

表 3－15　晶圆型底部填充的特点

涂覆方式	层压或旋涂
体积控制	通过改变胶层厚度
涂覆位置	顶部芯片(晶圆级)
涂覆次数	—
总程序时间	短

晶圆型底部填充的劣势在于凸点的焊接温度不能高于底部填充胶的玻璃化转变温度和分解温度，且助焊剂不能被清洗干净。由于晶圆型底部填充需要使用丝网印刷技术，本身胶的粘度较大，晶圆级封装受限于凸点节距。当节距小于 0.4 mm 时，晶圆型底部填充胶的涂覆将是很大的挑战，细的凸点间距不利于晶圆型底部填充胶的涂覆，对倒装焊凸点的选择以及长期助焊剂的清理亦是很大的挑战。

(4) 多层结构无损质量检测技术

三维集成封装器件在硅转接基板及芯片侧均采用倒装焊工艺，焊点呈面阵列排布，焊点体积小、密度大，并且全部焊点均隐藏在芯片内部，工艺结构极为复杂，无法对全部倒装焊点进行全貌检查；且检测手段比较单一，准确度较差，无法对焊点的裂纹进行精确的定位与分析，给倒装焊质量检测技术带来了巨大挑战。目前美军标 MIL－PRF38535 等标准仍无法针对倒装焊质量进行精确检测。

可以通过超声扫描、X 射线、红外成像等非破坏性检测手段结合的方案，实现微裂纹、分层等缺陷的检测，提升倒装焊封装检测能力，以满足三维集成封装倒装焊质量要求。一般非气密倒装焊封装器件检测流程如图 3 - 95 所示。

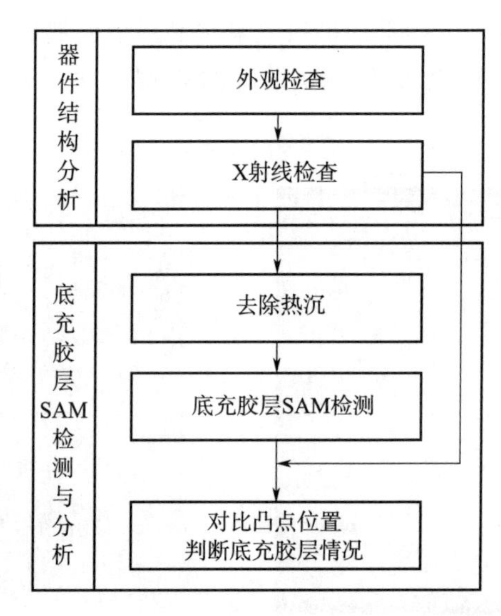

图 3 - 95　非气密倒装焊封装器件检测流程

①超声扫描

倒装焊器件底充胶的填充质量对于芯片可靠性的影响较大，是倒装焊器件工艺过程中检查的重点之一。在湿热及热循环条件下，一个界面两侧材料的热失配将在界面产生很高的应力、应变。器件本身界面分层失效是产品性能和可靠性方面关注的重点。超声扫描显微镜（SAM）对于检测倒装焊器件底充胶的裂纹、界面分层及空洞等缺陷具有显著效果。底充胶与芯片和基板分别形成两个界面。目前普遍认为，在填充底充胶后倒装焊器件封装失效与底充胶有直接关系。超声扫描显微镜技术可以有效检测芯片与基板之间凸点周围的底填料的填充情况，评价倒装焊材料的完整性。

②X 射线

X 射线检测是一种非常有效的非破坏性检测，可以检测出焊点的桥连、空洞、虚焊、缺球、错位等缺陷，如图 3 - 96 所示。

X 射线检测观察到的最常见缺陷之一是焊点的空洞。根据 IPC - 7095C，空洞面积大于 35%和直径大于 50%是工艺控制的极限值。一般来说若空洞面积总和超过焊球面积的 25%即为不合格。焊料桥接是可以通过 X 射线检查的另一种缺陷。当 2 个焊点由焊料连接时，焊料和周围的大部分材料之间存在着显著的密度差，所以很容易识别。虚焊很难通过二维 X 射线进行检测。常常先用二维 X 射线对有无虚焊做初步诊断。

图 3 - 97 为倾斜光源后焊球 X 射线二维图像，从图中可看到相互嵌套的 3 个圆。若仅能看到其中 2 个圆，同时焊点形状异常，如边界模糊、大小异常以及灰度较暗，那么这类

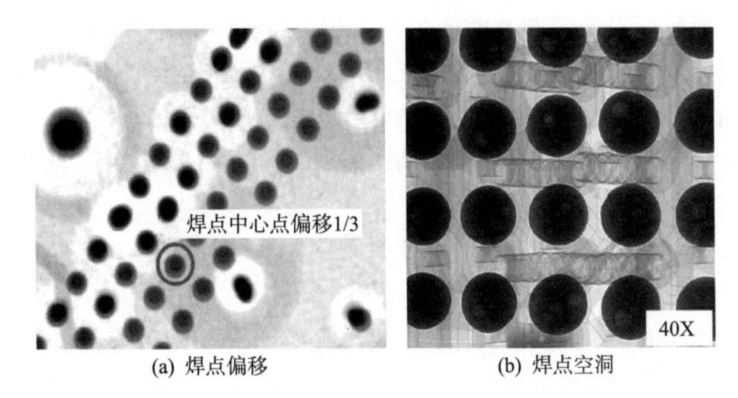

(a) 焊点偏移　(b) 焊点空洞

图 3-96　焊点缺陷

焊点很可能有虚焊缺陷。

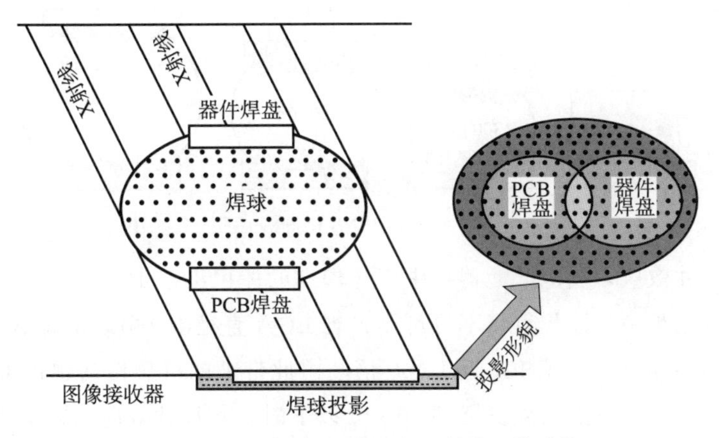

图 3-97　倾斜光源后焊球 X 射线二维形貌

③红外成像

红外成像法被广泛用于倒装焊缺陷检测技术中。新加坡南洋理工大学 Chai TC 提出使用主动红外检测的方法检测倒装芯片，其原理如图 3-98 所示。

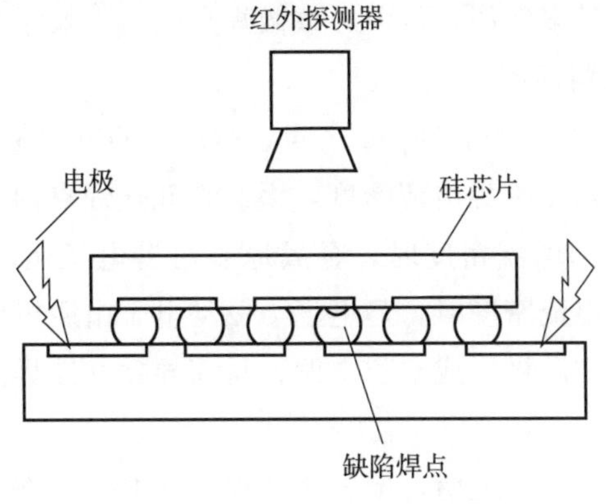

图 3-98　红外成像检测

如图 3－98 所示，对倒装芯片注入工作电流，当被测芯片中存在缺陷（如分层、断裂、空洞等）时，因缺陷处电阻明显高于正常焊球，从而产生温度异常。根据热图像中的明暗区域来判断缺陷的存在性和位置。该方法存在较大的局限性，需要使用电极接触被测芯片，对焊球缺失等大部分缺陷无法进行有效检测。

（5）微凸点倒装质量控制技术

微凸点倒装质量控制应从以下方面入手。

①微焊点尺寸效应

随着微焊点尺寸的减小，其焊料体积、反应界面较原先球栅阵列封装（BGA）焊点均有明显的减小，由此会导致性能突变等尺寸效应，如图 3－99 所示。尺寸效应即由于焊点尺寸变化而出现的行为和性能的变化。

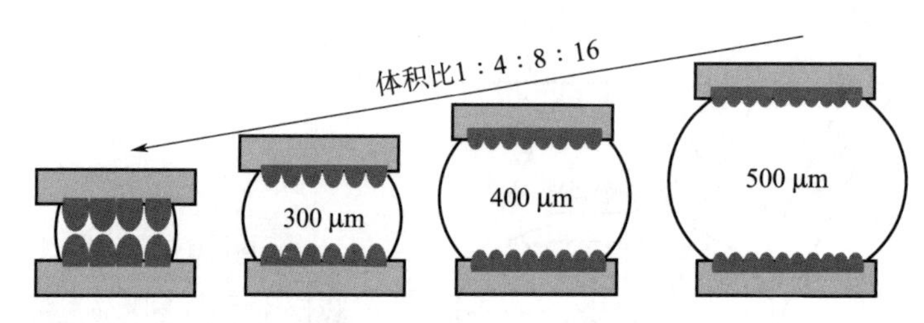

图 3－99　焊点尺寸效应

由于存在尺寸效应，当电子元器件中互连焊点的体积小于 10^{-12} m^3时，通过体钎料获取的相应数据应用于微互连焊点将不再可靠；当 BGA 直径由 760 μm 缩小至 100 μm 以下时，直径的缩小会导致其体积相差近 1 000 倍，由此带来的可靠性问题很可能成为三维封装可靠性的新问题；当焊点尺寸发展到 50 μm 以下时，其尺寸效应问题将更加突出，甚至焊料会在回流焊后全部转变为 IMC。研究发现焊点在老化过程中，在不同温度下 IMC 生长速度均很快。温度越高，IMC 转化速度越快；目前常见的 UBM 镀层为 Ni，反应速度最慢，即便如此仍然会在一定时间之后全部转化为 IMC。此外，国外学者发现在高温存储条件下，72 h 后开始出现焊料与 Ni_3Sn_4 IMC 合并生长现象，240 h 时则会全部转化为 Ni_3Sn_4 IMC，并导致界面处出现较多空洞，从而导致微焊点结构失效。

②焊盘/UBM 镀层材料匹配

倒装芯片凸点的直径在 150～200 μm 之间，所加载的电流是 0.2 A，则平均电流密度大约为 104 A/cm^2。超过这个临界电流密度，微凸点互连焊点内部会发生电迁移现象，即导电金属材料在通过较高的电流密度时，金属原子沿着电子运动方向进行迁移的扩散现象。当互连凸点中通过高电流密度时，静电场力驱动电子由阴极向阳极运动，在电迁移作用下，金属原子会移动并在阴极形成空位空洞，从而导致互连焊点断路，进而导致电子元器件失效。

大量学者和研究机构的报道表明，倒装芯片焊点在电迁移作用下会发生失效，这些失效模式大致可归纳为两种：第一种，阴极界面空洞的形成（见图 3－100）；第二种，阴极端 UBM 层的过度消耗或导线的局部溶解，如图 3－101 所示。这些失效模式均会严重影响倒装焊点的长期可靠性。

图 3-100 电迁移失效模式-界面空洞

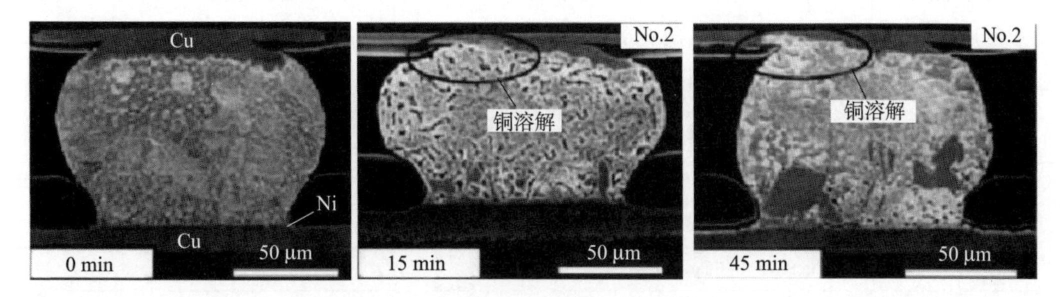

图 3-101 电迁移失效模式-UBM 消耗

根据倒装焊封装器件结构可知，电路中形成的电流通路主要由五部分构成，从上到下依次是芯片、UBM、焊球、基板焊盘及印刷电路板。常见的镀层结构见表 3-16。

表 3-16 常见的倒装焊结构镀层及焊点成分

编号	UBM 成分	凸点成分	基板外壳镀层成分
a	Ti/Cu/Ni	SnPb、SnAg	Au/Ni
b	Ti-W/Cu/Cu	SnAg、SnAgCu	Au/Cu
c	Ti/Cu/Cu	CuPillar	Ni/W
d	Ti/Ni/Au	SnPb、SnAg	Au/Ni
e	Ti-W/Au	CuPillar	Cu

研究表明，电迁移行为与 UBM 镀层材料、焊盘镀层材料以及焊料成分有着直接关系，可以通过以下三种方式来抑制电迁移：

1）改变焊点的结构，消除焊点中的电流拥挤效应，从而达到抑制焊点电迁移的目的。

2）在焊料中添加合金元素，提高焊料本身的抗电迁移性能，即通过合金化抑制电迁移。

3）在基板或 UBM 层中增加一层抗电迁移层，从而延长焊点的电迁移寿命。

工程应用中，可通过对常用的 Ti/Cu/Ni、Ti/Cu/Cu、Ti/Ni/Au 等 UBM 镀层金属，90Pb10Sn、85Pb15Sn、SnAg 凸点成分，Au/Ni、Ni/W 基板镀层结构进行对比，分析其对 IMC 生长的影响规律及机制，包括微凸点微观组织形貌演变、镀层溶解消耗、空洞的形成与扩展等，增强倒装焊凸点抗电迁移能力，提高 UBM 与焊盘镀层金属结构的匹配性，满足倒装焊器件互连焊点高可靠、长寿命的要求。

③柯肯达尔空洞

IMC 的生长会导致焊料元素非均匀扩散，由此导致柯肯达尔空洞的出现。柯肯达尔空洞越多，对焊点的力学性能、拉伸强度和剪切强度的影响就越大。为了能够合理避免柯肯达尔空洞所带来的不利影响，选择合适的焊料和加工工艺非常重要。

④焊料体积变化

研究发现，焊料中的 Sn 与另外一种金属发生反应生成 IMC，通常会导致焊料体积的减小（常见 IMC 生成后体积变化见表 3－17）。由于倒装焊点高度远小于焊点直径，导致焊点在垂直方向上体积减小明显，可以近乎看作焊点体积减小只会发生在垂直方向，这种情况会显著增加焊点垂直方向上的内部应力，从而导致焊点内部产生微裂纹，进而对焊点的力学性能产生质的影响（见图 3－102）。

表 3－17　IMC 生成对体积的影响

反应过程	体积变化率
$6Cu+5Sn$——$1Cu_6Sn_5$	－5.0％
$9Cu+1Cu_6Sn_5$——$5Cu_3Sn$	－4.3％
$3Cu+1Sn$——$1Cu_3Sn$	－7.4％
$3Ni+4Sn$——$1Ni_3Sn_4$	－11.3％

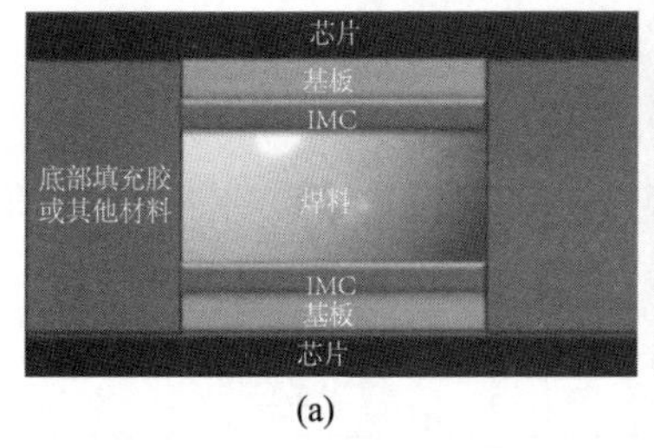

(a)

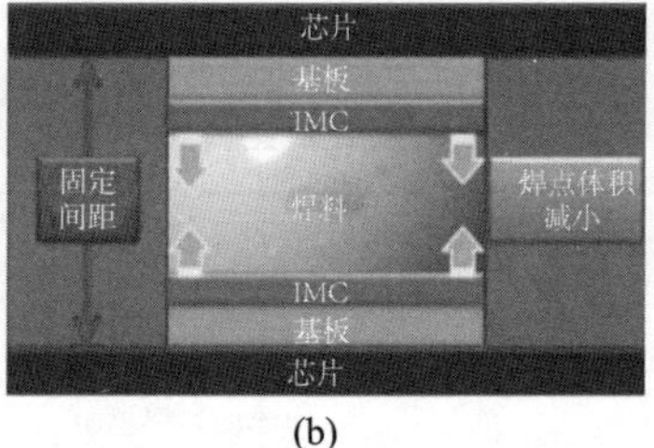

(b)

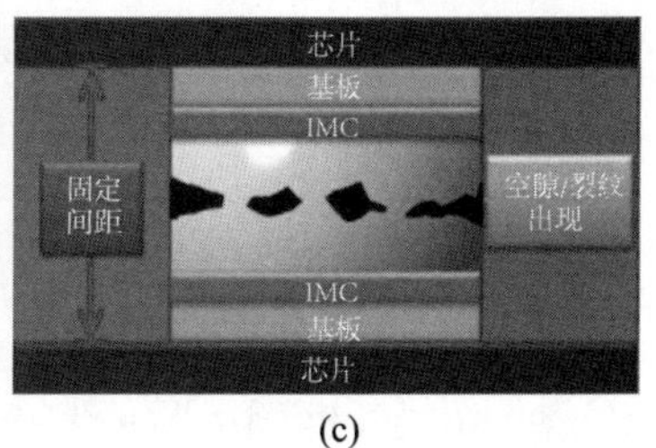

(c)

图 3－102　焊点体积变化导致微裂纹产生

工程应用中，可进一步研究微焊点内部 IMC 生成前后焊点体积的变化情况，观察体积变化对焊点内部微裂纹萌生产生的影响，从而为焊料成分优选提供指导意见。

3.4.2　SiP/MCM 技术

SiP/MCM 技术主要包括了 3D 堆叠封装工艺技术、多组件一体化倒装焊、大腔体区域气密封装技术和基于多组件的高效散热封装技术。

3.4.2.1　3D 堆叠封装工艺技术

（1）低应力芯片叠层技术

芯片叠层是指在一个腔体或者基板上将多个芯片进行堆叠粘接，并在芯片与芯片之间以及芯片与封装体之间实现连接。芯片叠层与传统封装相比，具有尺寸小和重量轻的特点，相比于传统封装，体积可以缩小4/5，重量减轻2/3以上，并且芯片叠层技术的硅片效率超过了100%。

目前常见的芯片叠层方式有三种：金字塔式、中间层悬臂式以及交错式。不同芯片叠层方式的工艺难度不同，芯片间的相互位置关系设计不仅关系到空间大小，也决定了键合的难易程度。由于芯片叠层所采用的芯片厚度较薄，一般在100 μm以内，而且多层芯片堆叠粘合容易产生相互之间的影响，要对芯片粘接胶进行选型，同时对不同粘接胶的粘接工艺进行研究。

通过对芯片叠层方式的研究，确定最佳的芯片叠层方式，在兼顾叠层工艺难度的同时，也应考虑到芯片粘接以及键合工艺的实现。通过对芯片粘接方法的研究，选定最佳粘接胶以及对应的粘接工艺参数，尽量降低芯片叠层粘接后的残余应力。

①芯片叠层方式设计

芯片间的相互位置关系设计不仅关系到空间大小，也决定了键合的难易程度。设计时要对金字塔式、中间层悬臂式以及交错式三种芯片叠层方式进行对比，综合考虑芯片叠层工艺难度、叠层后键合难度、所占空间大小以及成本等方面的因素。

目前国内外采用的芯片堆叠方式主要有载板芯片堆叠、“Spacer Die”式芯片堆叠、“金字塔”式芯片堆叠以及“台阶”式芯片堆叠，如图3－103所示。

由于采用芯片叠层，使得键合密度很高，因此对于装片的精度要求也较高，每层均不能影响到彼此的键合区域，如果出现芯片对准偏差，随着芯片的不断堆叠，会进一步放大偏差，最终使得整体的精度大幅下降。图3－104所示为业内主流的三种芯片叠层方式。

金字塔式叠层：采用此种芯片叠层方式，对于封装方面而言工艺简单，只需要将芯片按照从大到小依次向上粘接堆叠，不需要添加中间层，并且键合工艺简单容易实现，键合丝之间能够保持安全距离，不易发生搭丝短路的情况。但是，该种叠层方式的芯片大小不一样，并且每增加一层就需要增加一种芯片，这会导致成本增加。

中间层悬臂式叠层：采用此种芯片叠层方式，叠层过程中需要在芯片之间增加中间层，为键合留出足够大的距离，保证键合丝弧顶不与上层芯片接触。此种方式虽然只需要一种芯片，但是需要添加中间层，使得工艺复杂程度提高。并且由于芯片叠层所用芯片厚度较薄，同时键合区域悬空，这对于通过增加键合点接触面积提升可靠性增加了难度，因为若要增加键合点接触面积则必须增大键合压力，这有可能导致较薄且悬空的芯片发生破裂。

交错式叠层：采用此种芯片叠层方式，叠层过程中需要将芯片交错排列，只留出一侧作为键合区域，这种方式可以使用一种芯片，并且没有键合区域悬空。但是，由于芯片只有一侧为键合区域，因此会使键合密度增大，这对键合工艺提出了更高的要求。并且，采用交错式叠层，会使粘片区域增大。

芯片间的相互位置关系设计不仅关系到空间大小，也决定了键合的难易程度。下面将三种芯片叠层方式列表进行对比，见表3－18。

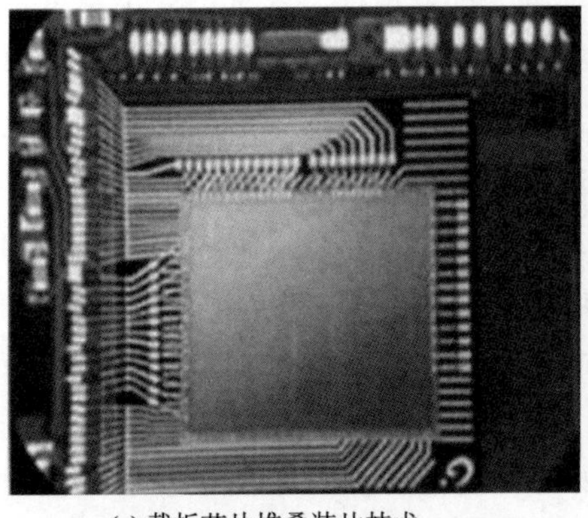

(a) 载板芯片堆叠装片技术

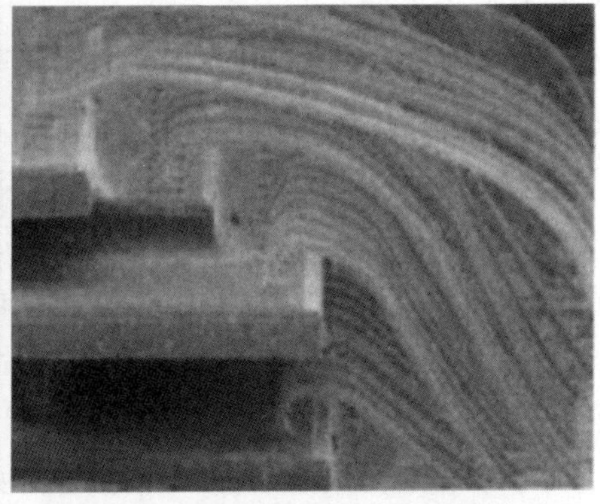

(b) “Spacer Die”式芯片堆叠

(c) “金字塔”式芯片堆叠

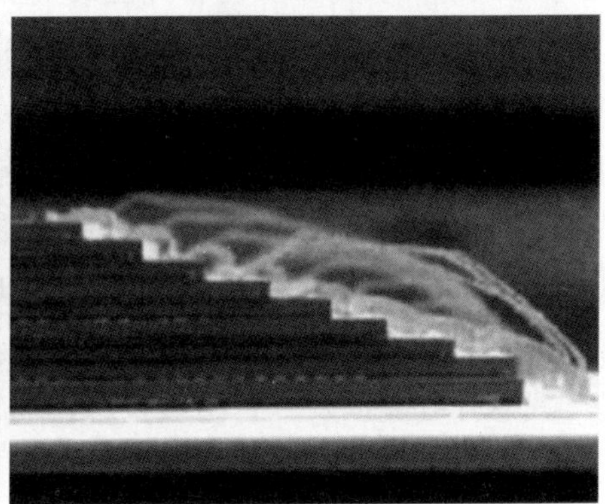

(d) “台阶”式芯片堆叠

图 3－103　多种结构芯片堆叠技术

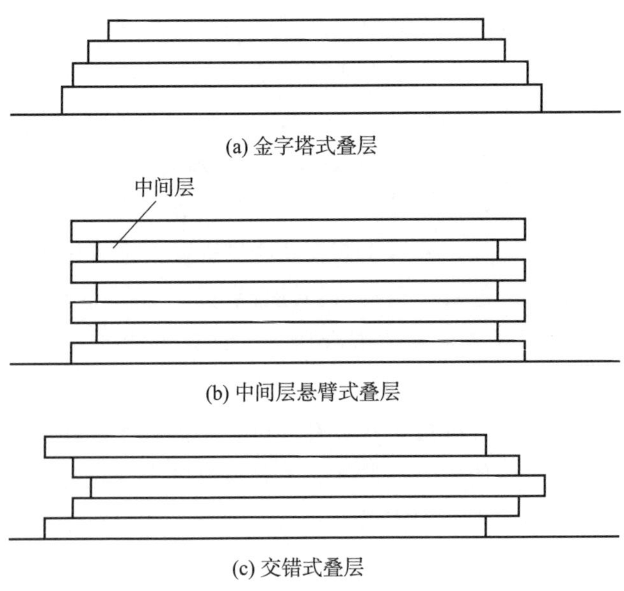

(a) 金字塔式叠层

(b) 中间层悬臂式叠层

(c) 交错式叠层

图 3－104　芯片叠层方式

表 3－18　芯片叠层方式对比

芯片叠层方式	金字塔式	中间层悬臂式	交错式
芯片种类数量	多种	一种	一种
相同数量叠层厚度	一般	较厚	一般
粘片区域宽度	一般	较小	较大
键合工艺难度	简单	较难	一般

②芯片粘接工艺

装片工艺是指半导体芯片与载体（封装壳体或基片）形成牢固的、具有传导性或绝缘性的连接的方法，通常使用粘片胶将芯片粘接在外壳的粘片区上，粘接层除了为器件提供机械连接和电连接外，还可以给器件提供良好的散热通道。粘片多为高分子材料，依靠粘接界面的粘附力和自身内聚力把两种不同材料结合在一起，基板之间的紧密粘接可以使力从一种材料传递到另外一种材料。

装片工艺最主要的作用是实现芯片与管壳的机械连接，芯片的粘接必须有足够高的粘接强度才能保证在机械振动冲击以及离心的条件下不发生芯片脱落的情况。影响粘接强度的主要因素包括：粘片胶自身性能、有效粘接面积和溢胶量等。

粘片胶依靠粘接界面的粘附力和自身内聚力将芯片固定在外壳上，如图 3－105 所示，胶粘剂的内聚力取决于粘片胶本身的化学性质，尤其是聚合物的性质以及本身原子间和分子间的相互作用。粘接力来源于界面位置的粘附力和胶粘剂本身的内聚力，正是这种粘接力的作用，使分子中的两个或多个原子团和其他相邻界面之间产生连接。界面位置胶粘剂的物理和化学性能与其他位置胶粘剂的物理、化学性能可能有很大的不同，因此界面位置胶粘剂的成分和结构将最终决定粘接强度和寿命。不同的粘片胶性能有很大区别，可以通过分析胶中各个组成部分对粘接强度的影响，对粘片胶进行合理的选型。

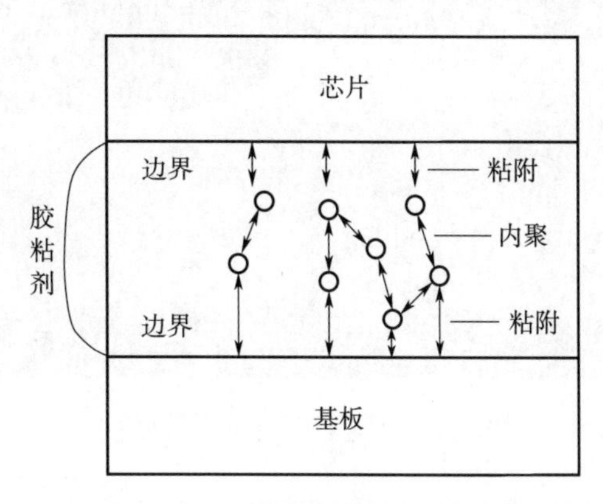

图 3－105　胶粘剂粘接机理示意图

另外，粘接连接的特性是由界面力、化学键或范德华力等多方面因素来决定的。粘接连接是吸附在基体表面的胶粘剂分子发生化学反应的结果。胶粘剂的连接通常在胶粘剂和基板表层 0.2～1.0 nm 范围内发生。由于相互作用的区域非常浅，因此基板和胶粘剂必须发生非常近距离的接触，否则不会有任何相互作用。要想达到牢固的粘接效果，粘接胶必须与芯片和陶瓷外壳形成良好的配合，所以在粘片胶的选型上，除了考虑粘片胶自身性能外，还需要综合考虑芯片和陶瓷外壳的情况。

有效粘接面积是另一个影响粘接强度的主要因素。粘片过程中芯片粘接层很容易形成气体的残留，粘片区空洞率越高，有效粘接面积就越小，不仅会影响粘接强度，还会使热应力的影响加剧。

在粘片过程中，通常会控制粘片胶的点胶量和放置芯片时施加的压力，使一部分粘片胶从芯片的四周溢出，溢出的胶会沿着芯片侧面向上润湿，对芯片形成包裹的效果，固化后可以增强芯片的粘接强度（见图 3 - 106、图 3 - 107）。

图 3 - 106　芯片装片剖面全貌图

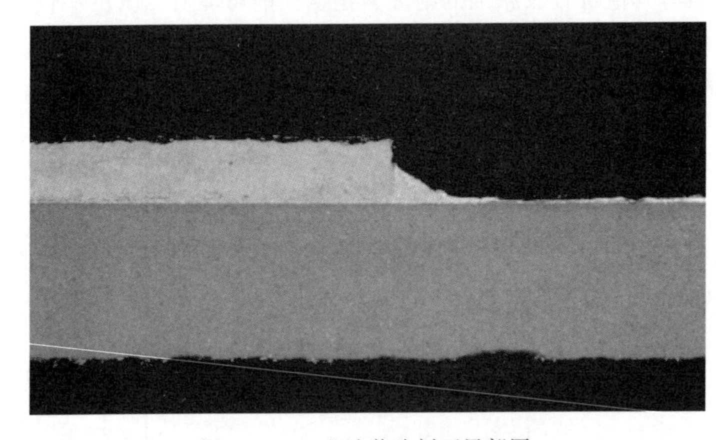

图 3 - 107　芯片装片剖面局部图

为了能够顺利通过机械冲击和恒定加速度试验的考核，必须对装片工艺进行改进，以保证大尺寸芯片的粘接强度。优化点胶图形和芯片放置方法以及优化固化工艺可以有效减少粘片过程中的气体残留，调整粘片压力和点胶用量可以妥善调节溢胶量。

装片工艺中使用的粘片胶通常是热固性的，完成点胶、放置芯片后需要经过一定的高温固化过程，使粘片胶中的有机成分交联、聚合，生成三维网状的高分子聚合物，从而形成对芯片的有效粘接。在这一过程中，温度的变化会使材料中产生一定的热应力，即使温度恢复正常，热应力也会有一定的残留。由于不同材料的热膨胀系数不同，残留的热应力会使芯片发生微小的形变，降低芯片粘接结构的机械强度，如果残留的应力过大，还会使芯片中的内部微裂纹扩展，甚至造成芯片碎裂。即使芯片不产生碎裂，其内部残余应力也会影响器件的可靠性。

要解决装片过程中的热适配问题，就要在粘接胶的选型中考虑热膨胀系数的影响。粘片胶的热膨胀系数需要和芯片以及陶瓷外壳相近，一般选择在芯片和外壳二者之间，起到缓冲应力的作用。

此外，粘片胶的弹性模量和热导率也会一定程度上影响热适配。粘接胶的弹性模量越小，产生的内应力越小，可以减轻芯片受到的应力。粘片胶的热导率越大，热量传导的速率就越快，材料间温度分布更均匀，也可以减少热应力的产生。

粘片胶选择：由于芯片叠层所采用的芯片厚度较薄，一般在 100 μm 以内，而且多层芯片堆叠粘合容易产生相互影响，因此首先要对芯片粘接胶进行选型，胶的种类很多，粘片胶的选择很重要，不同性能的胶对装片后电路的性能影响很大。并且粘片胶的选择及粘片工艺对封装应力的影响非常大，不同的胶，应力不同，粘片后芯片的平整度对 Z 轴敏感性有决定性作用。由于芯片叠层的特殊性，微系统集成中涉及芯片叠层的部分，选择芯片粘接胶需要着重考虑以下几个方面的性能参数：

粘接强度：叠层芯片必须良好地粘接在陶瓷基板上，尤其是最底层芯片粘接必须牢固，否则无法承受继续多层堆叠。确保在机械振动冲击以及离心条件下具有足够高的粘接强度，以保证芯片与芯片或者芯片与基板不发生分离情况。

耐低温及高温性能：粘接胶在低温下脆性变大，韧性下降，而在高温下胶会软化以及老化失效等，因此需要保证选用的粘接胶在低温及高温下物理化学性能基本不变或在可以接受的范围内变化。

热膨胀系数：由于封装结构中各种材料的热膨胀系数不同，因此微系统集成器件在工作时，会在材料内部产生热应力等。热失配引起的应力可能会造成器件的损伤或者互连失效，从而影响器件的可靠性，因此热膨胀系数是否匹配也是选择粘接胶时需要重点考量的标准。

弹性模量：对于不同弹性模量的粘接胶，芯片以及叠层内部所受到的内应力也会不同。粘接胶的弹性模量越大，产生的内应力越大，而芯片受到的应力也就越大，因此低弹性模量也是粘接胶选择的一个重要考量标准。选择低模量的环氧胶，并增加环氧胶涂胶厚度以及增加环氧胶的溢出厚度可以减小封装应力，减小对器件的影响。

热导率：粘接胶应与粘接接头材料的导热性相互匹配，保证多层芯片能够快速地达到正常工作温度，并且器件的温度能够均匀分布。

粘片胶的选型需要综合考虑上述因素，对所提到的粘片胶的各项性能参数进行匹配，通过工艺攻关选择最佳粘片胶，保证芯片叠层的高可靠性。

表 3－19 给出了不同粘片胶的材料特性，由此可以看出，不同粘片胶的材料特性存在很大差异，因此必须对粘片工艺进行研究，降低封装应力。

表 3-19　不同粘片胶的材料特性

性能	硅树脂(不导电)		环氧胶(不导电)		环氧胶(导电)	
	DC 7920	DA 6501	Ablebond 2025DSI	Ablebond 84-3J	JM7000	ME 8512
粘度/cps	2 1000	7 300	11 500	20 000	30 000	15 000
剪切强度/psi	1 000	80	3 800	2 700	3 800	2 200
体积电阻率/(Ω·cm)	2.1×10^{15}	2.7×10^{16}	2.1×10^{15}	3.5×10^{15}	5.0×10^{4}	3.0×10^{4}
杨氏模量/MPa	5.5	0.9	3 000	3 000	3 000	3 000
线膨胀系数($\times10^{-6}$)	240	300	60/145	100	55	40

注：1 cps=1 mPa·s；1 psi=6 894.757 Pa。

通过胶粘剂使用的目的来看，热固化的环氧树脂导电胶是较好的选择，环氧树脂导电胶是填充了银的高分子材料聚合物，是具有导热导电性能良好、粘结强度高、内聚强度大、收缩性低、蠕变小和与被粘结材料相容性好等优点的环氧树脂。导电胶粘贴法不要求芯片背面和基板具有金属化层，芯片粘贴后，用导电胶固化要求的温度、时间进行固化，可在洁净的烘箱里完成固化，操作起来简便易行。

导电胶的填充料是银颗粒或者是银薄片，填充量一般在75%～80%之间，胶粘剂都是导电的。作为芯片的胶粘剂，添加如此高含量的填充料，其目的是改善胶粘剂的导热性，因为电路运行过程产生的大部分热量将通过芯片胶粘剂和框架散发出去。环氧树脂胶是使用最为广泛的结构和非结构胶粘剂，可以以液体、膏剂、膜或者固体的形式存在。高温固化胶粘剂通常具有较高的交联密度和玻璃化转变温度，因此具有较高的剪切强度和对环境的适应能力。环氧树脂通常用于电子器件的装片以及密封。

导电胶主要成分为环氧树脂预聚体、稀释剂、交联剂、催化剂、金属粉末及其他的添加剂。环氧树脂在固化前相对分子质量都不高，是单体或预聚合物，只有通过固化才能形成体型高分子。稀释剂用来调节体系粘度，使之适应工艺要求。交联剂是多官能团化合物，可以连接预聚体，形成网络结构，也是固化后体系的一部分。预聚体、稀释剂以及交联剂是固化过程中体积变化的主要影响因素。

环氧树脂结构中末端活泼的环氧基和侧羟基赋予树脂反应活性；双酚A骨架提供强韧性和耐热性；亚甲基链赋予树脂柔韧性；羟基—OH和醚基—O—的高度极性，使环氧树脂分子与相邻界面产生较强的分子间作用力；而环氧基团则与介质表面（特别是金属表面）的游离键发生反应，形成化学键。

环氧树脂在未固化时呈热塑性的线性结构，固化剂与环氧树脂的环氧基等反应后，变成网状结构的大分子，成为不溶且不熔的热固性成品，能形成三向交联结构。固化条件不同，交联密度也不同，所得固化物的性能就不同。固化剂参与固化，一方面可以减小基体树脂的体积，使导电填料之间联系更加紧密，另一方面可以增强导电胶的粘接强度，提升导电胶的力学性能。

热固性环氧树脂导电胶经过加热后会固化稳定，再度加热或者加压不会产生流动或者软化现象。因为此类导电胶在加热过程中发生了加成反应，成为化学性质稳定的三维链状结构。

综上，可以使用热固性的环氧树脂导电胶作为大尺寸装片中的粘片胶，根据芯片和陶瓷外壳的热膨胀系数等参数，选择成分比例不同的热固型环氧树脂导电胶进行正交试验，确定出最适合的粘片胶选型。

点胶图形优化：选择合适的点胶图形，使胶与芯片之间的气体更加容易被排除，减少空洞发生率。粘片时需首先将粘片胶点在外壳粘片区内，如果点胶图形不合理，则会在粘片过程中使粘片区内部形成“闭合空间”，气泡无法排出，造成芯片内部产生空洞，不仅影响芯片有效粘接面积，而且容易导致芯片粘接不平，并且会在芯片不断叠层的基础上逐渐放大。单芯片粘接一般采用3×3、6×6、9×9阵列点胶图形方式。但是采用矩阵点胶图形方式进行点胶，容易形成“闭合空间”，造成内部空洞，并且需要较大的压力来使粘接胶均匀铺展。

固化工艺优化：固化是芯片粘接工艺的关键所在，粘接胶在固化期间，溶剂或气体会释放出来，如果气体聚集在芯片下方，则会产生空洞。固化温度不宜过高，过高的固化温度会使内应力积累，所以应选择稍低的固化温度，通过延长固化时间来保证固化质量。粘片完成后需要将粘接好的电路放入氮气烘箱进行固化，固化温度必须超过粘片胶的玻璃化温度，才能保证有较好的粘接强度。

为了保证固化质量也可以进行分段固化。分段固化是通过设计合理的温度曲线，使粘片胶先在较低的温度中保持一段时间，在充分排除残留气体后再升到较高的温度完成固化。分段固化可以有效减少粘片区空洞的产生。

（2）高密度多层键合技术

在有限的空间集成数颗芯片，尤其是芯片叠层的封装设计，会使产品中芯片的压焊点间距非常小，压焊点数量非常多，并且要求多层键合之间互不干扰。若采用中间层悬臂式芯片叠层的方式，为了避免金丝触碰上层芯片，就需要严格控制金线的弧高，因此需要对低弧度金丝键合技术进行工艺攻关。

由于采用的芯片叠层方式不同，引线键合的方式也不相同，因此需要针对不同的芯片叠层方式进行引线键合工艺的研究。引线键合工艺研究的主要内容包括键合顺序与键合参数两方面，其中研究键合顺序是为了优化流程，使得键合丝之间能够最大限度地相互独立，不发生搭丝触碰现象。键合参数的研究主要是针对高密度多层键合而言，主要研究内容包括窄间距键合、多层键合的弧形控制、长跨距键合、高密度键合的可靠性等。通过对高密度多层键合技术进行研究，掌握不同芯片叠层方式所对应的最佳的键合顺序和键合工艺参数。

引线键合技术是形成高密度互连的基础。通常微系统集成产品中需要在有限的空间中集成数颗尺寸各异的芯片，一般都会采用芯片堆叠的封装工艺，同时此类产品中芯片的压焊点间距非常小，压焊点的数量非常多，因此这类产品对键合技术的要求比传统的封装产品更高。为了实现多层堆叠芯片的金丝键合工艺，提升键合工艺的稳定性和确保产品成品率的稳定，采用芯片间金线串连的键合技术必不可少；为了避免金丝触碰到上层芯片，需要严格控制芯片的金线弧高，因此稳定的低弧度金丝键合倒打技术是确保成品率的关键键合技术；为了满足压焊点间距达到 45～60 μm、压焊点尺寸小于 45 μm 的芯片的键合工艺要求，需要采用超密间距劈刀的小球径键合工艺。当键合丝的层数增加时，不同层之间的间隙会相应地减小，需要降低较低层的引线键合弧高，来避免不同的引线层之间的引线短路，因此需要应用高密度多层键合技术。目前高密度多层键合主要使用以下几种技术：芯片间焊线互连技术、超低弧度金丝倒打技术、窄间距劈刀的小球焊线技术、高密度立体多层焊线技术，如图 3-108 所示。

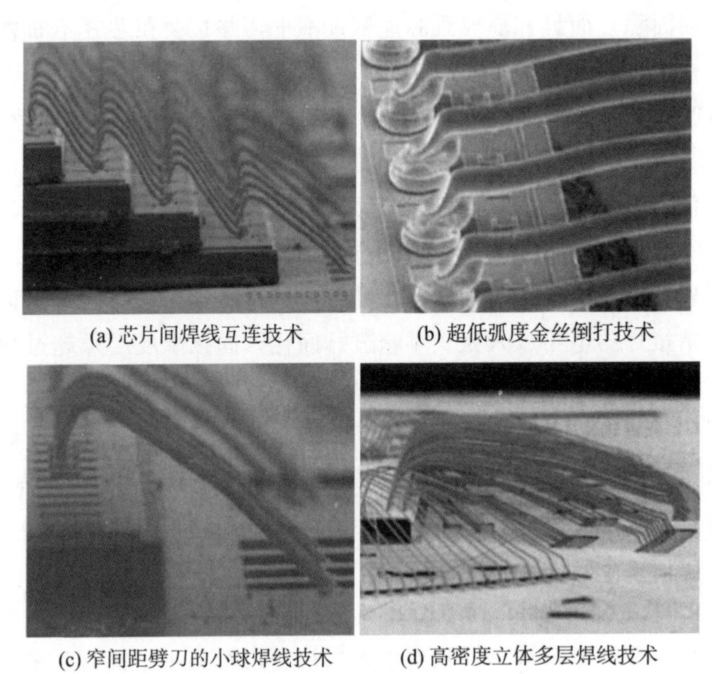

(a) 芯片间焊线互连技术　(b) 超低弧度金丝倒打技术

(c) 窄间距劈刀的小球焊线技术　(d) 高密度立体多层焊线技术

图 3-108　高密度键合

①引线键合方式

针对芯片 PAD 数量较多，同时装片区域较小的应用场景，管壳可采用多层键合区域设计，由于不同层的键合区域在高度上有差别，所以键合时需要考虑顺序，避免发生键合丝搭接短路的情况。电路采用多层键合区域的设计，以保证能够容纳多种芯片，所以需要设计芯片与每层键合区域之间的键合顺序，保证键合丝之间相互独立，不会出现搭丝短路的现象。微系统集成电路采用芯片叠层工艺，以获得最大的装片密度，因此对于叠层芯片间的键合需要进行工艺研究，确保芯片间互连完整可靠，根据芯片叠层结构的不同，可以应用以下几种键合方式，如图 3-109 所示。

其中，金字塔式芯片叠层可以采用两种键合方式，分别为芯片-基板直接互连和芯片-芯片-基板间接互连；中间层悬臂式芯片叠层由于其结构特点，只能采用芯片-基板直接互连方式；交错式芯片叠层也可以采用芯片-基板直接互连和芯片-芯片-基板间接互连两种方式进行。

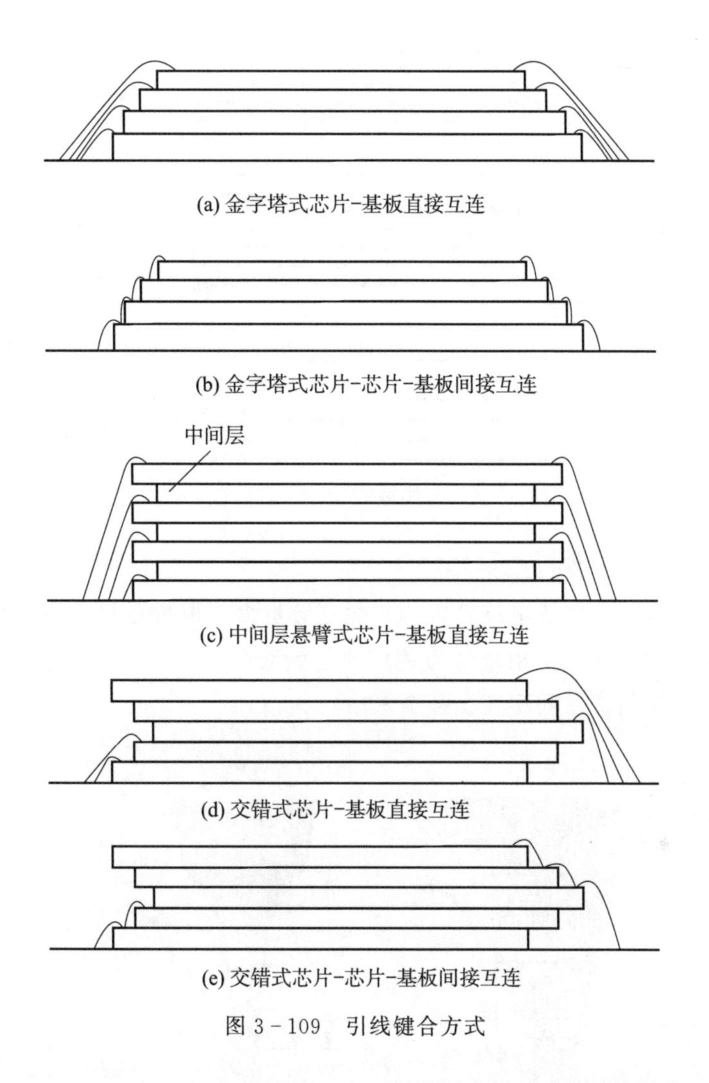

(a) 金字塔式芯片-基板直接互连

(b) 金字塔式芯片-芯片-基板间接互连

(c) 中间层悬臂式芯片-基板直接互连

(d) 交错式芯片-基板直接互连

(e) 交错式芯片-芯片-基板间接互连

图 3-109 引线键合方式

另外，为缩短键合距离，减小键合弧度，可以采用在芯片叠层周围设计台阶或者在陶瓷基板开腔的方式进行键合，开腔或者设计台阶键合示意图如图 3-110 所示。

采用芯片-芯片-基板间接键合方式时，不需要特意控制键合丝弧高，因为这种方式在键合时不会发生相互间的影响。而采用芯片-基板直接键合方式时，就需要对键合工艺参数进行研究，限制键合丝弧高，避免键合丝之间发生相互触碰，或者出现键合丝弧顶与上层芯片发生触碰问题。

②键合参数优化

由于不同芯片叠层方式对键合工艺要求不同，因此需要对键合过程中的键合功率、时间、压力、键合丝弧度等进行研究。通过对键合功率、时间、压力进行工艺研究，保证键合点的强度能够满足要求。对键合丝弧度进行工艺研究，确保键合丝弧顶与盖板的安全距离。并且，通过研究掌握不同芯片叠层方式对应的键合工艺。

芯片叠层使得键合丝数量增多，因此需要对窄间距键合、多层键合弧形控制、长跨距

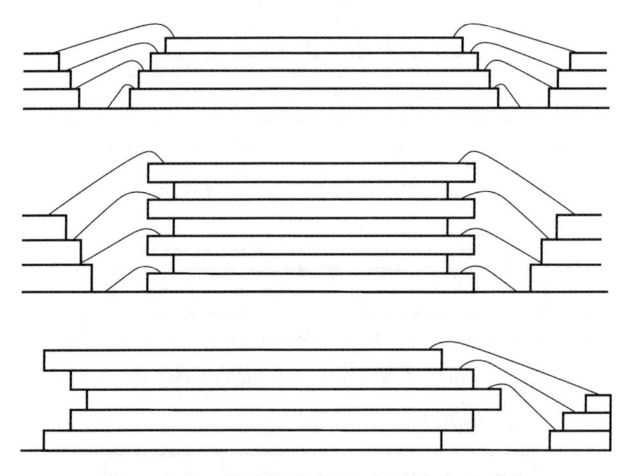

图 3-110 开腔或者设计台阶键合示意图

键合、高密度键合可靠性进行研究。

窄间距键合：高密度集成电路具有芯片焊点数量多、焊盘及间距小的特点，键合过程中由于劈刀端头尺寸较大，易出现劈刀侧壁与已键合的键合丝“碰丝”的现象（见图 3-111），造成键合丝倾斜，丝间距变小甚至短路。

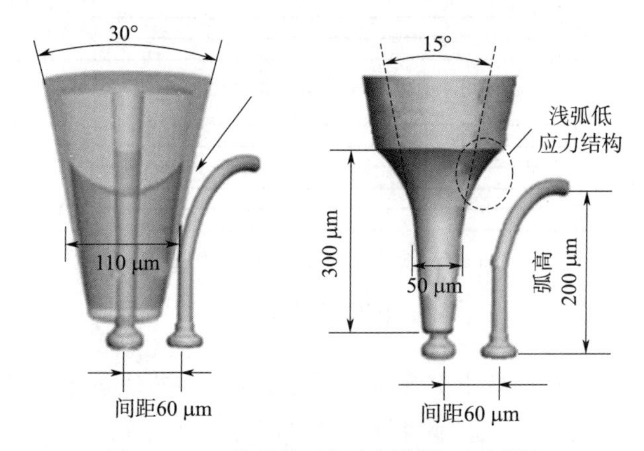

图 3-111 普通劈刀与窄间距劈刀示意图

为避免出现高密度集成电路键合时劈刀碰丝的问题，可以采用一种窄间距的高密度集成电路键合专用劈刀，通过优化劈刀关键尺寸和调整劈刀材质，使劈刀可避免窄间距电路键合时的碰丝，同时提高劈刀的强度，延长使用寿命。

多层键合弧形控制技术：普通集成电路键合丝层数多为 1～2 层，窄间距高密度集成电路由于键合丝数量较多，最多可达 800 余根，键合丝层数多为 3～4 层分布。两层及以下键合丝分布的电路，键合丝弧形控制较为容易，键合丝层间距大。窄间距高密度集成电路，由于键合丝数量多，主要存在以下问题：

1）高拱度长线弧结构，键合后易出现键合丝“塌丝”现象。

2）键合丝弧形较高，易超出盖板，造成无法封帽的现象。

3）键合丝层间距小，存在搭丝短路的风险。

针对以上问题，需要开展键合丝弧形控制技术研究，具体研究内容如下：

1）键合设备弧形程序二次开发：对键合丝弧形程序进行二次开发，增加多阶弧形模式，利用这种弧形模式形成的金丝键合弧形结构，增强键合丝的抗形变能力，提高线弧的稳定性。

2）优化参数匹配形成多阶低弧：通过参数优化匹配形成多阶低弧，保证不同层键合丝之间无“塌丝”隐患，同时降低同层相邻键合丝之间发生搭接的概率，并且可以缩短键合丝长度，改善电路的性能。

长跨距键合：长跨距键合存在于多排多层高密度集成电路中，由于键合丝层数较多，键合丝弧形高度差大，键合丝层间距较小，较软的金丝键合后易出现层与层之间的键合丝搭丝短路现象，必须采用强度较高的硬态金丝，由于国内尚无该类型键合丝的应用，因此，需要对硬态金丝进行研究。

通过自主控制退火工艺，对退火温度及退火时间进行控制，形成硬态金丝。硬态金丝破断力能达到（16±1）g，相比半硬态键合丝，破断力提升 30%以上，延展率相同。自主研制的硬态金丝可以解决多排多层高密度集成电路由于键合丝强度低造成的“塌丝”短路问题，能够实现双排四层高密度集成电路键合工艺。

高密度键合可靠性：高密度键合的可靠性主要涉及以下三项技术的把控。

1）键合点形变精细化控制。对于键合点形变的要求，国军标中有明确规定，键合点形变控制范围为 2～5 倍键合丝直径。为确保高密度集成电路键合焊点的高可靠性，进行了封装后、筛选后、1 000 h 寿命后键合点形变与键合强度关系的分析，最终实现对高密度窄间距集成电路键合点形变进行精细化控制，控制键合点形变范围为 2～2.4 倍键合丝直径。

2）月牙键无损加固技术。高密度金丝球焊键合工艺第一焊点为球型焊，第二焊点为月牙键。为解决月牙键焊点强度低的问题，应进行月牙键无损加固技术研究。即在月牙键上方植入一个加固球，对月牙键加固球焊球尺寸、焊球位置、焊球参数进行工艺参数设计，焊球尺寸控制范围为键合丝直径的 2.5～3.2 倍；对焊球位置进行精确控制，保证在月牙键加固的同时，不对月牙键造成二次损伤，解决月牙键键合脱焊问题。从而大幅提高高密度键合月牙键的可靠性，使月牙键单点键合强度提升 30%以上。

3）金铝键合可靠性控制技术。基于对金铝键合系统失效机理的分析，对键合时的工艺参数、工艺方法进行优化处理，在键合前增加芯片表面预处理工艺，去除表面氧化层及沾污，提高活化能及分子间结合力。表面预处理工艺即在键合前对电路进行等离子清洗，同时对等离子清洗工艺的参数进行优化设置；在键合时对金丝球焊键合工艺参数进行优化控制，降低金铝扩散的速度，通过芯片焊盘表面预处理及键合参数优化控制，提高金铝键合工艺的可靠性，使金铝键合满足宇航及战略武器的高可靠要求。

3.4.2.2　多组件一体化倒装焊

多组件倒装焊技术的难点在于微焊点的焊接质量控制。焊点尺寸的减小，将带来一系列工艺问题，例如焊接界面氧化导致个别焊点润湿性差，微焊点界面 IMC 生长控制难度大，焊点尺寸小导致的助焊剂残留问题等。这些问题均会严重影响三维集成倒装焊模块的焊接质量及长期可靠性。针对以上问题，应从焊接界面处理、焊接方式选择、焊接曲线优化、焊点形状控制等方面进行研究。

(1) 焊接界面处理

焊接界面的处理包括组件焊球的预处理与焊盘的预处理，一般情况下，组件焊球材料为 Sn63Pb37 或 Pb90Sn10。焊球表面能产生氧化层导致焊接浸润不良，此外，焊球表面的有机沾污也可导致焊点缺陷。管壳或基板焊盘表面一般镀金，因此不易发生氧化，无须专门处理，若发现存在有机沾污可利用清洗助焊剂的方法进行清洗。一般去除氧化层可利用机械擦除、等离子清洗等方式，但机械擦除显然不适于焊球表面的氧化去除。

等离子清洗工艺是一种提高表面活性的工艺。将被清洗的器件放置在一个已被抽真空的箱体内，通入适当的气体（气压为 0.1～0.3 Torr，1 Torr＝133.322 Pa），输入射频能量将气体电离为包含正离子、负离子、自由电子等带电粒子和不带电中性粒子的正负电荷相等的等离子状态，这些等离子体通过化学或物理的作用对被清洗器件的表面进行处理，实现分子水平的污渍、沾污去除。

(2) 超细间距清洗

在高密度 SiP 模块中，多组件三维堆叠倒装焊接后芯片与芯片、芯片与管壳之间的间隙仅为 50～70 μm，这对倒装焊清洗工艺提出了极高的要求。同时，凸点数量的增多、间距的减小均使得清洗工艺的难度进一步提升，目前清洗有两种方式，分别为汽相清洗和真空汽相清洗。汽相清洗主要依靠溶液自身的溶解性以及超声能量对助焊剂进行清除，但超声过程中有可能造成微小焊点损伤，且该清洗方式对于缝隙的清洗效果较差，因此不适于倒装焊接后的助焊剂清洗。

真空汽相清洗是利用真空状态下溶液的“突沸”现象将溶解在溶液中的助焊剂清除，且在真空状态下溶液的表面张力较小，更容易对缝隙内残留的助焊剂进行清洗，适合倒装焊接后的清洗。

倒装焊电路在清洗后需要进行干燥处理，以去除清洗过程中残留在电路内部的水汽。传统的干燥工艺为器件清洗后在清洗腔室内进行加热，蒸发电路内部残留溶液。但是烘干过程是在空气环境中进行的，且由于芯片面积较大，凸点数量较多，在短时间内溶液不易烘干，极易造成后期使用过程中的可靠性问题。而烘干时间过长，又会造成倒装焊电路承受较大的热应力，存在极大的失效风险。真空汽相清洗时，在极低压力的真空下，溶液的沸点会大幅降低，从而可达到快速干燥的目的。

同时，由于通过目检无法检测倒装焊芯片内部的助焊剂残留情况，倒装焊后的清洗效果验证是确定清洗参数的关键，一般现有的助焊剂在 150 ℃的温度下会熔化，变为流动的液体，因此可通过将清洗后的样品进行 150 ℃高温烘烤 1～2 h，并通过烘烤后外部是否析出助焊剂来定性判断清洗效果。

3.4.2.3 大腔体区域气密封装技术

常用的封帽工艺有熔封、平行缝焊和胶接等。其中，熔封和平行缝焊工艺适用于金属盖板和陶瓷外壳的气密性封装，封装后整个电路的气密性良好，可以有效阻止外部环境中的有害气体进入腔体内部，防止芯片可靠性下降。

（1）可伐框焊接工艺

由于陶瓷封装微系统模块的体积较大，首先根据芯片叠层以及阻容器件的高度，设计可伐框，保证可伐框的高度比芯片叠层以及阻容器件的高度要高。通过在可伐框与陶瓷基板之间添加焊料环，在链式炉中进行钎焊，以获得最佳的可伐框焊接工艺参数。因此，封帽时首先在芯片叠层和阻容器件周围焊接一圈可伐框，将其包围，如图 3－112 所示。

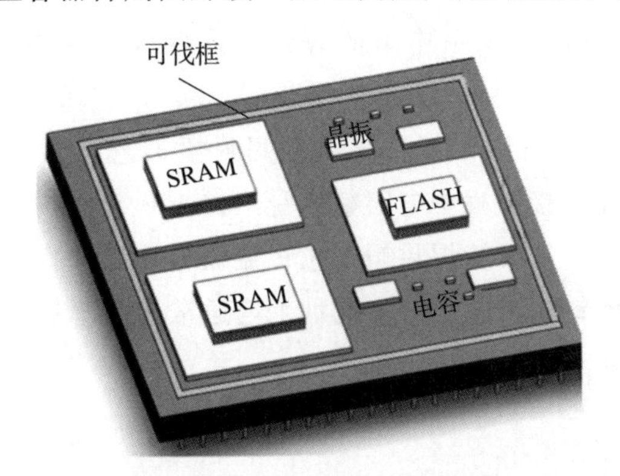

图 3－112　可伐框焊接示意图

可伐框焊接质量取决于焊接过程中可伐框与陶瓷基板的接触紧密程度以及焊接的工艺参数。其中，为保证焊接时可伐框与陶瓷基板能够紧密接触，使熔化的焊料充分与陶瓷基板及可伐框发生反应形成连接，需要在可伐框对准放置之后施加压力，如图 3－113 所示。为保证压力施加均匀，采用强力弹簧夹将可伐框四角压紧，并找出能够使焊接效果最佳的压力参数。另外，焊接需要将产品放入链式炉中，链式炉的传送带速度与各温区温度的设置是影响焊接效果的重要因素，通过调整传送带速度并设置各温区温度，使其相互作用，优化焊接工艺参数。

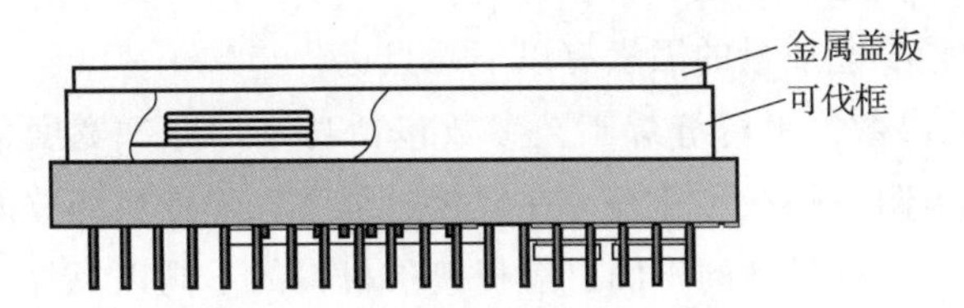

图 3－113　可伐框平行缝焊示意图

（2）盖板焊接工艺

盖板焊接工艺一般为熔封工艺和平行缝焊工艺。

①熔封工艺

熔封工艺所使用的设备为链式炉，链式炉中存在多个温区，通过对传送带的运行速度进行设置，配合各个温区不同的温度，就能获得一条连续的温度工艺曲线。由于盖板面积较大，因此，熔封工艺的重点在于对传送带运行速度与温度区间温度的设置，通过对两者的设置，使熔封过程均匀升温，控制保温时长，缓慢降温，最大限度地减少盖板焊接后产生的应力残余。

②平行缝焊工艺

平行缝焊是一种电阻焊，利用两个圆锥形滚轮电极压住待封装的金属盖板和可伐框，焊接电流从变压器的次级线圈一端经过其中一个锥形滚轮电极分为两股电流，一股流过盖板，另一股流过可伐框，经过另一个锥形滚轮，回到变压器次级线圈的另一端，整个回路的高电阻在电极与盖板的接触处，产生大量的热，使接触点处于熔融状态，在滚轮电极的压力下，凝固后形成一连串的焊点。这些焊点相互重叠，形成了气密填装焊缝。

平行缝焊示意图如图 3 - 114 所示。平行缝焊封帽工艺主要应用于对温度较为敏感的电路上，由于这种工艺在焊接过程中电路整体受热在 100 ℃以内，因此能够有效降低封装过程中温度对电路的影响。平行缝焊封帽工艺将盖板与外壳进行冶金焊接，其封帽的气密性、拉脱强度等相比其他封帽工艺更好。这种工艺通常在功率器件、混合集成电路中应用广泛，对封帽尺寸没有要求。

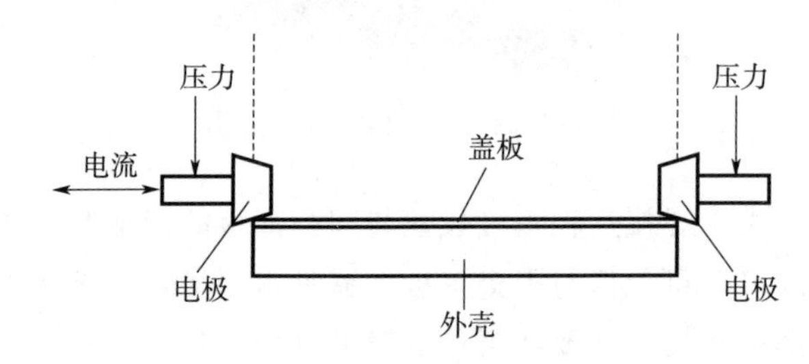

图 3 - 114　平行缝焊示意图

在进行封帽时，已经完成了所有芯片的粘接及键合，难点在于如何保护另一侧的芯片与键合丝。因此，通过设计特殊的工装夹具将管壳固定，进行平行缝焊操作，同时又要求工装夹具不会损伤另一侧芯片和键合丝。

影响平行缝焊封帽工艺质量的因素有以下几点：

1）平行缝焊工艺参数。平行缝焊工艺参数包括功率、脉冲宽度、脉冲周期、焊接速度、焊接压力、接触电阻、焊接尺寸等。在焊接过程中，焊点所释放的热量由各项参数共同决定，因此根据电路封帽尺寸的不同、盖板镀层材料的不同以及外壳材质的不同，需要对各项参数进行调整。过大的工艺参数会使焊点热量过大，导致出现基材焊透、熔融金属飞溅、打火等问题，过小的工艺参数会造成焊缝不连续等问题。

2）外壳、盖板镀层表面质量。平行缝焊封帽工艺选用带可伐焊接框的陶瓷外壳，表面做镀镍镀金处理，盖板采用可伐或 42 合金基材，表面做镀镍镀金或化学镀镍处理。由于镀金层以及化学镀镍层熔点小于电镀镍层，因此在平行缝焊时，要在镀金或化学镀镍熔化的同时不使电镀镍层熔化，防止露出可伐基材，降低盐雾腐蚀过程对焊缝的影响。因此需要对镀层厚度进行控制，并且在电路封装过程中，需避免焊接区域被沾污，防止焊接过程出现接触电阻异变导致的焊接质量问题。

3）电极、工装设计。平行缝焊工艺需要选用锥形电极配合专用工装进行封帽工作。在进行电极选用和工装设计时，首先需要考虑电极锥面角度问题，电极锥面角度会影响焊缝宽度，角度不合适会造成镀层焊透或接触点热量不足等问题；其次在工装设计时，工装的平整度差会造成接触点分离、焊缝不连续，工装精度差会造成电路焊接过程中的移动，影响焊接质量。

通过大量研究发现，平行缝焊工装夹具的平整度是影响封帽质量的关键。同时，保证工装夹具底面平整无异物，可以避免碰伤另一侧腔体内部的芯片与键合丝。通过设计合适的工装夹具，再进一步对平行缝焊的工艺参数进行优化，保证封帽的可靠性。

3.4.2.4　基于多组件的高效散热封装

针对集成了多芯片、多组件的微系统集成模块，最有效的散热方法为通过加载热沉来提高模块的散热能力，即将芯片直接与热沉连接，热沉再与散热管帽相连接。芯片工作时产生的热量可以及时通过热沉及散热管帽传导至外界环境，以降低芯片结温。

要做好多组件集成散热控制就必须从高导热材料选型、多组件散热结构设计以及热沉粘接技术三方面入手。

（1）高导热材料选型

一般情况下，高导热材料包括热沉材料和散热管帽材料。

1）热沉材料：传统陶瓷材料常选用的氧化铝（Al_2O_3），适用于低功率芯片封装，其散热性能已不能满足现有功率化高端集成电路模块及芯片封装的应用需求。近年来，随着芯片性能的不断提升，对封装材料的散热性能也提出了更高的要求。与其他材料比较而言，氮化铝（AlN）综合性能优异，凭借其热导率高、热膨胀系数低、强度高、耐高温、耐化学腐蚀、电阻率高、介电损耗小的优势，已成为新一代高集成度大功率器件理想的导热材料，表3-20所示为几种常见的陶瓷基板材料的特性。

表3-20　几种常见的陶瓷基板材料性能比较

性能	AlN	Al_2O_3	BeO	SiC	BN
纯度(%)	99.8	99.5	99.6	—	>99
密度/(g/cm³)	3.26	3.90	2.9	3.0～3.2	2.25
热导率(25℃)/[W/(m·K)]	100～260	30	250～300	70～270	20～60
热膨胀系数(25～400℃)/(10^{-6}/℃)	4.3	7.3	8	3.7	0.7～7.5
介电常数(1 MHz)	8.8	8.5	6.5	40	4.0
电阻率/(Ω·cm)	$>10^{14}$	$>10^{14}$	$>10^{14}$	$>10^{14}$	$>10^{13}$
介电损耗(1 MHz)/10^{-4}	3～10	1～3	4	50	2～6
介电强度/(kV/mm)	15	10	10	0.07	300～400
强度/GPa	12	25	12	—	2
弯曲强度/MPa	300～400	300～350	200	450	40～80

续表

性能	AlN	Al_2O_3	BeO	SiC	BN
弹性模量/GPa	310	370	350	—	98
毒性	无	无	有	无	无

2）散热管帽材料：对于高可靠应用领域的倒装焊封装大功率电路而言，通过芯片背面向外界环境散热是该电路的主要散热路径，因此，为提高电路的散热能力，需对该路径进行优化。根据傅里叶定律，提高电路的散热能力需选用热导率高的材料并尽量增大接触面积，因此，采用芯片背面粘接热沉后再粘接散热管帽的方式进行散热，管帽材料选用热导率较高的 AlSiC［热导率：160～170 W/（m·K）］。

（2）多组件散热结构设计

多组件集成微系统模块，其内部集成了多个同质异构及异质异构组件，组装后各个组件的高度均有所差异，如何保证每个组件均能与管壳形成良好的散热通道是该微系统模块多组件散热结构设计的关键。工程中可通过对不同组件定制不同厚度的补偿热沉，从而使组件＋补偿热沉整体的高度一致，再通过导热胶与管帽形成良好的散热通道，其散热结构如图 3－115 所示。

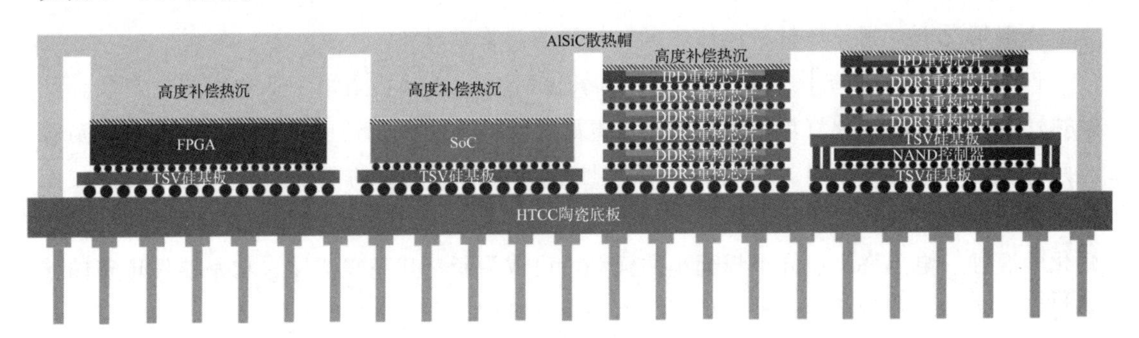

图 3－115　典型多组件散热结构示意图

（3）热沉粘接技术

热沉粘接工艺流程如图 3－116 所示。热沉互连材料可选择金属焊料或导热胶，虽然金属焊料的导热性能要远优于导热胶，但从工艺角度出发，导热胶的最低工艺温度不超过 150 ℃，远低于金属焊料，因此其工艺难度小、操作方便、成本低。

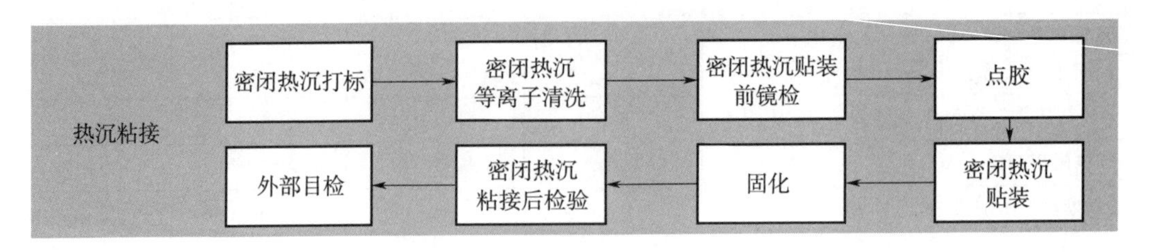

图 3－116　热沉粘接工艺流程图

针对导热胶粘接工艺，首先要进行点胶图形设计，良好的点胶图形不仅能够使界面处的导热胶均匀完全地铺展于热沉与芯片之间，对于带腔体热沉结构，还能有效释放不同粘接面的机械应力，图 3-117 为不同的点胶图形。

图 3-117 不同点胶图形示意图

该工艺操作相对简单，但在研制过程中，也需要充分考虑导热胶涂覆和固化这两个关键工序。点胶图形确定后，需要选择合适的点胶头直径及点胶速度，从而严格控制点胶量，过多或过少的胶量会导致粘接区域空洞增多、胶溢出等问题，严重影响结构的粘接强度及可靠性能；按压位置和按压时间的控制也会影响导热胶的铺展程度。以上这些因素都有可能导致倒装器件的寿命缩短，甚至造成器件的早期失效。

3.4.3 PoP 技术

封装堆叠（Package-on-Package，PoP）是一种面向移动便携设备开发的封装方案，是用于系统集成的低成本三维封装工艺之一。PoP 是将已封装器件进行三维叠层和互连的封装技术，由于已封装元器件有外封装保护，不易受损伤，方式多样，是最早实现工程应用的三维集成技术，已在便携设备中得到广泛应用。一种来自 Amkor 公司的商业应用 PoP 由上下两层封装叠加而成，如图 3-118 所示。底层封装与上层封装之间以及底层封装与母板之间通过焊球阵列实现互连。在手机处理器的应用中，PoP 的底层封装一般是基带元件或处理器等，上层封装可以是存储器等。

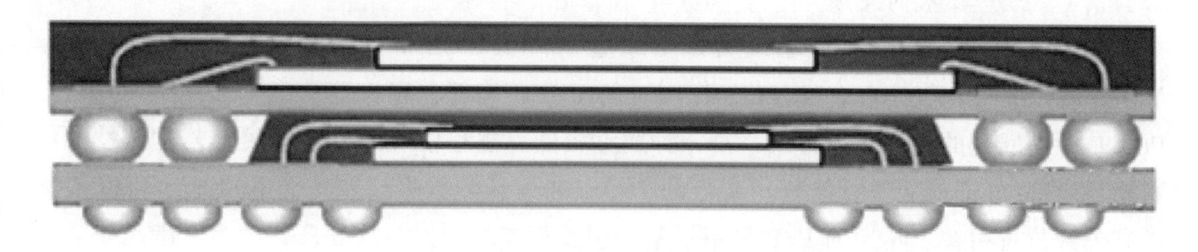

图 3-118 焊球互连的 PoP 封装

PoP 的主要优点是减小了衬底面积，缩短了互连长度。PoP 一般不会减小净体积和重量（Irvine Sensors 公司的方法除外），但堆叠占用的电路板面积小于在区域配置中排列单个封装所需的面积。堆叠中封装之间的电互连长度小于平面配置中单个封装可以实现的长度，从而降低传播延迟。

由于采用了已封装器件集成，PoP 产品可进行实现堆叠封装前的测试，规避代价高昂的 KGD 技术；集成器件有外壳保护不易损伤，保证了极高的成品率；可以有更多的元器件来源，不受制于 MCM 产品中的裸芯片来源，具有供应链的灵活性；标准化工艺的特点，决定了其非常适合自动化批量生产。因此，上述优点能够显著降低三维微系统集成成本。为了进一步利用 PoP 技术的优势，系统集成公司可以同芯片供应商与封装公司合作，对 PoP 底层或上层元件实现异质或异构集成，以满足更复杂的性能需求。

当然，PoP 封装也存在一些条件限制。例如 CSP（Chip Scale Package）封装设计时必须考虑堆叠封装的需求。在引线框架型表面安装封装的条件下，必须增加引线长度，以便在堆叠时满足引线与引线接触需求，或者必须使用插入型基板。封装内部布线也必须改变，以适应 PoP 的特殊电信号布线要求。虽然 CSP 通常提供全面积阵列 I/O 互连，但用于堆叠的封装仅限于一行或多行球或焊盘阵列。因此，除了底部封装外，I/O 互连数量是有限的，或者增加封装尺寸，增加额外的 I/O 行。PoP 最适合于底部有一个高 I/O 计数器件（微处理器、DSP、ASIC）的结构。由于 PoP 需要对单个模具进行完整封装，因此在生产过程中没有节约成本。

总之，PoP 是一种应用创新的封装技术，正在电子设备中得到越来越广泛的应用。它最大限度地提高了设计和物流的灵活性，降低了总生命周期成本，并建立了明确的业务/工程所有权。但是，为了使 PoP 的质量和可靠性风险最小化，需要充分理解复杂的材料、设计和工艺之间的相互作用。在确保封装和板级可靠性建立良好基准的同时，检查系统级设计、制造和操作规范也同样至关重要。例如，JESD22－A104C 和 JESD22－B111 对跌落和热循环应力提供了出色的可靠性/耐用性评估方法，但它并没有考虑与可能的、针对特定应用的热暴露，环境或操作有关的材料、工艺裕量。PoP 涉及的其他 3D 封装技术也在不断进步，例如基板尺寸、球距/尺寸、封装高度的减小，质量/可靠性挑战的改善，将要求所有感兴趣的各方加深了解并进行适当的风险评估/缓解，这反过来又需要各方之间的密切合作。

3.4.3.1 PoP 技术的发展

基于 PoP 工艺的三维微系统集成可以显著降低 PCB 的尺寸和面积，IBM、Sandia National Labs、Motorola、NCSU、比利时的 IMEC 等都在积极地从事 PoP 技术的研究。PoP 是最易实现的三维集成方式，是一种成本较低、制程较短的三维集成工艺。该技术仅需要对内部/外部封装进行修改，并行的 I/O（如地址和数据以及电源和接地）可以共享所有公共位置引线。早期的 PoP 采用了基于引线框架型的封装堆叠形式，为了满足非公共 I/O 的引出，在设计封装框架时，需将各自独立的 I/O 置于不同位置的引脚上，因此要求封装框架的定制，受框架 I/O 数限制，多为 2 层封装，如图 3－119 所示。

20 世纪 60 年代，通过印制板通孔插装（PTH）方式连接各个双列直插封装（DIP），

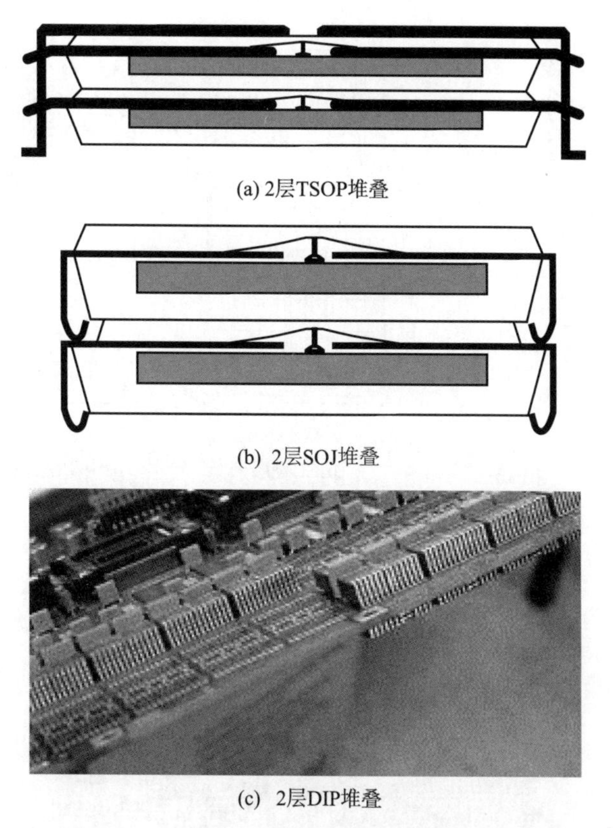

(a) 2层TSOP堆叠

(b) 2层SOJ堆叠

(c) 2层DIP堆叠

图 3-119　早期的引线框架型封装器件的双层堆叠

形成印制板堆叠。随着对高密度印刷线路板的需求和表面装贴技术（SMT）的发展，四面扁平封装（QFP）将封装引向了高密度。三维叠层可以直接由引线焊接形成叠层，不再需要 PTH 互连那样的插销。载带自动键合（TAB）连同引线键合及倒扣焊一起，已经成为芯片到基板互连（第一级互连）的一种最普通互连技术。它是基于柔性聚酯带，将刻蚀金属的一端焊接到芯片，另一端焊接到基板。TAB 技术由于它的几个优点在芯片叠层中已经广泛采用，包括小焊盘操作能力、芯片窄间距、大线环的消除、细小封装的低外形互连结构、改善导热性等。TAB 芯片叠层方法可以进一步分为 PCB 上堆叠 TAB 和引线框上堆叠 TAB。这个时期叠层封装只是简单地在 Z 方向上扩展，没有降低叠层高度，也没有缩短叠层的封装之间互连长度，如图 3-120 所示。

到 20 世纪 90 年代，集中于叠层高度上的新一代 PoP 三维微系统集成技术才开始发展起来。新一代 PoP 技术由封装好的分立芯片组成，顶端封装直接叠在一个已经存在的封装上。PoP 互连通过侧边布线实现，类似于芯片叠层，具有叠层前测试、异类芯片集成、高性能、小尺寸的优点，可以多种方式实现。为了解决受限于非公共 I/O 垂直引出的芯片选型问题和其他电信号的路由问题，采用了转接基板和封装的 NC 引线进行 I/O 位置的转换，进一步拓展了垂直互连的多样性，如图 3-121 所示。

Irvine Sensors 公司开发了封装减薄堆叠薄层技术，包括 TSOP 和 BGA 封装的切割多

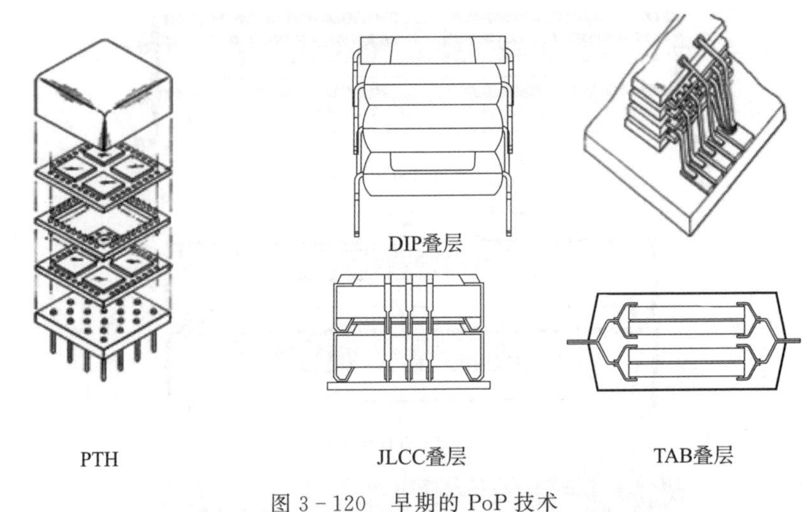

图 3-120　早期的 PoP 技术

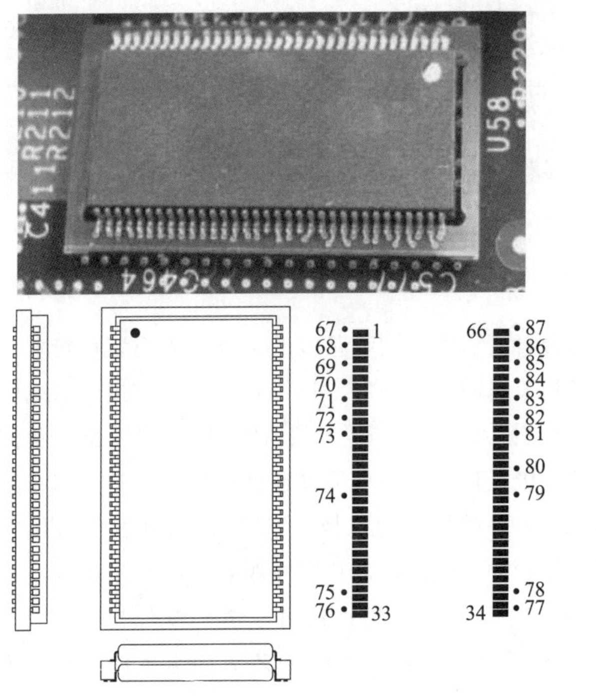

图 3-121　采用转接基板的 TSOP-PoP

余封装面积及高度减薄，再在减薄层上沉积表面金属，实现芯片 I/O 到层边缘的布线。将减薄和去除多余部分的封装进行堆叠和包封，在形成的立方体的边缘进行金属化连接，完成三维互连，堆叠互连原理如图 3-122 所示。在两层堆叠的条件下，占用面积仅约为减薄前的 1/4，体积约为 1/3。在四层堆叠条件下，占用面积仅约为减薄前的 1/8，体积约为 1/4。减薄后减小占用面积和体积效果明显。

最近十年来，PoP 封装连接主要采用焊料球提供间隙和电连接，成为移动通信领域应

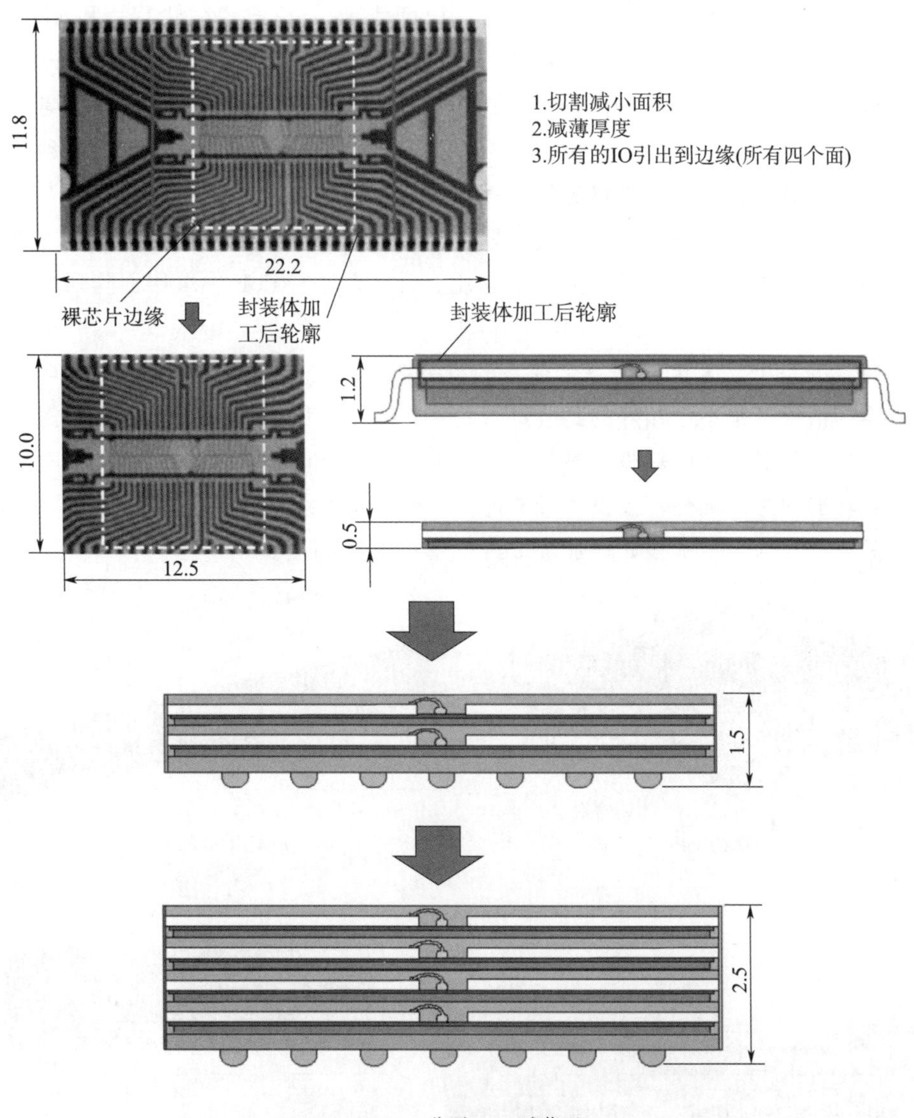

(a) Irvine Sensors公司TSOP减薄型PoP

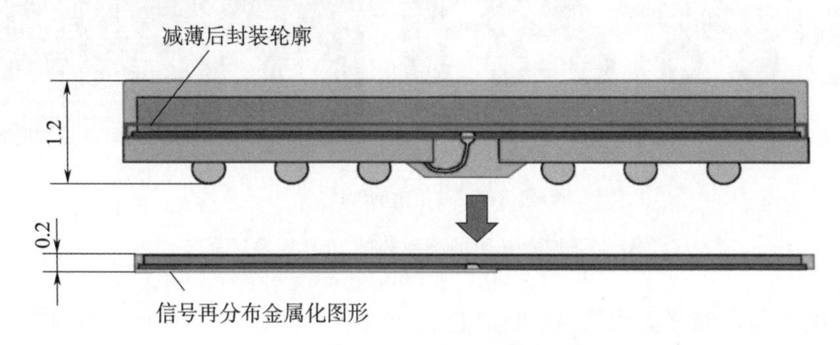

(b) Irvine Sensors公司BGA减薄型PoP

图 3－122　Irvine Sensors 公司减薄型 PoP 封装

用封装设计的一个主要突破。在典型的 PoP 中，顶层封装是堆叠存储芯片和 xRAM 的多芯片封装，而底部封装是单芯片封装，代表性的是逻辑芯片。在底部封装的前边，是 land - pads，通过装贴在顶上，用于顶层和底层之间的电通信。焊料球的高度调节到有效包围逻辑芯片和其键合丝的高度。通过非常短的互连实现 PoP 封装，由于封装到封装互连的焊料球埋置在基板内，芯片焊盘通过电镀直接连接到基板布线，通常称为凸点互连。芯片通过聚酯材料铸模，电信号通路通过铸模中的通孔从芯片的前边延伸到铸模的后边。铸模封装在用焊料球将一个芯片叠在另一个芯片上后，允许在 PoP 中采用面阵列互连，如图 3 - 123 所示。

PoP 封装的一个显著优点是每个独立的封装在堆叠之前都可以作为一个 BGA 器件单独测试，换句话说，是用已知好的封装进行总装，使得产量得到提高。这种堆叠解决方案是可以升级的，只要封装的总高度满足产品要求，堆叠可以超过两个封装。PoP 技术允许不同尺寸和功能的芯片堆叠，提供大量的连接。然而这种结构也有它的缺点，与芯片叠层相比，它需要额外的封装基板，增加了 PoP 封装的总体高度。

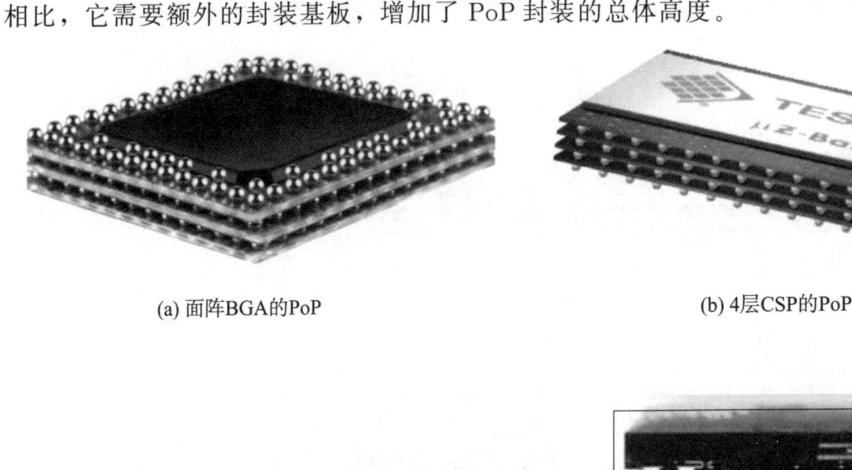

(a) 面阵BGA的PoP　　(b) 4层CSP的PoP

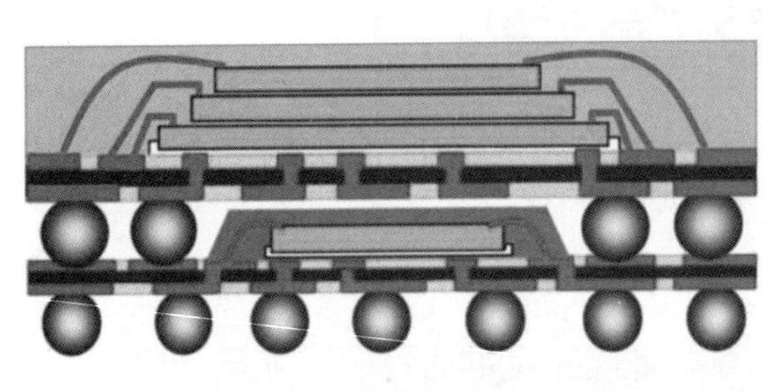

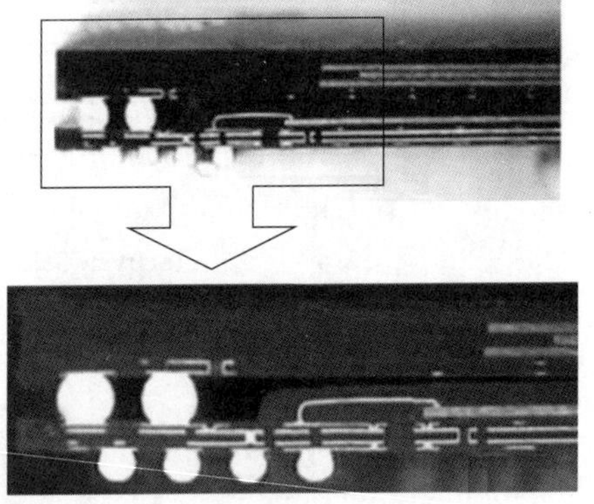

(c) 包含裸芯片堆叠的PoP

图 3 - 123　基于面阵封装的 PoP 堆叠产品

在逻辑电路和存储器集成领域，PoP 已经成为业界的首选，主要用于制造高端便携式设备和智能手机使用的先进移动通信平台。与此同时，PoP 技术具有的小体积、高性能、低成本的优点将使其在航空航天、武器装备、高端工业领域得到更广泛的应用。

伴随着封装技术的进步和多年的发展，世界顶级封装厂商 ASE、Amkor、STATS

Chip PAC 和 3D PLUS 公司等在军、民用领域也开发出了多种 PoP 封装形式，以下是几个主要半导体厂商对 PoP 的研究成果，见表 3 - 21。

表 3 - 21　几种典型的 PoP 封装形式

名称	结构图	供应商	优点	缺点
TMV PoP		Amkor	更高的支撑高度，更低的底部翘曲	钻孔要求更高的成本
MAP PoP		ASE	更高的支撑高度，更好的共面性	需制作附加的金属焊盘
Fan - in PoP		STATS Chip PAC	更大的灵活性，更小的翘曲，高可靠性	顶部和底部封装中互连线长度更长
DFP PoP		Oki	低封装高度，更窄间距，更小翘曲	工艺过程复杂
μ PILR PoP		Tessera	低封装高度，高热/电性能，高机械可靠性	增加了制作铜接触的成本
MCM - V PoP		3D PLUS	多物理场融合异构系统集成，三维互连采用“冷”加工工艺，可靠性高，叠层数可达 10 层	成本较高

3.4.3.2　多样化的 PoP 集成技术与实现

如前所述，在军、民用领域 PoP 封装因其低成本、大规模应用、适合异质异构集成的特点，演化出了多样化的 PoP 封装形式。这里，分别介绍几种在商业领域和高可靠领域应用较多的 PoP 技术。

(1) 介质层 PoP

应用市场要求 PoP 封装具有更高的互连密度、更小的球间距、更小的封装尺寸和厚度、更好的翘曲控制、更低的加工成本和处理各种互连配置（包括倒装、堆叠模具和无源组件集成）的能力。为了满足这些要求，一些厂商开发了 I/O 数更多，堆叠封装更薄的介质层堆叠 PoP 技术。Amkor 是最早采用面阵器件 PoP 工艺的封装厂商，其开发的介质层 PoP 为 OEM 和 EMS 供应商提供了灵活的平台，使其能通过低成本的方式将逻辑及各种配套器件/封装集成到 3D 堆叠架构中，专为需要高效存储器架构的产品而设计，包括多总线、提升存储器密度和性能、减小贴装面积等。便携式电子产品（如手机、便携式媒体播放器）、游戏和其他移动应用能够从堆叠封装和小面积组合中获益。

介质层 PoP 封装平台通过采用非导电胶的热压焊和毛细管底部填充的大规模回流焊来支持小间距倒装芯片连接。顶端介质层以铜核球（CCB）热压缩焊接的方式实现电连接。底部基板和介质层之间的 CCB 连接能够满足高速、高密度互连及介质层贴装器件需求。这种高可靠的封装运用模塑工艺对两层基板之间的晶片进行塑封，从而降低器件翘曲，其结构如图 3-124 所示。

(a) 介质层PoP剖面示意图

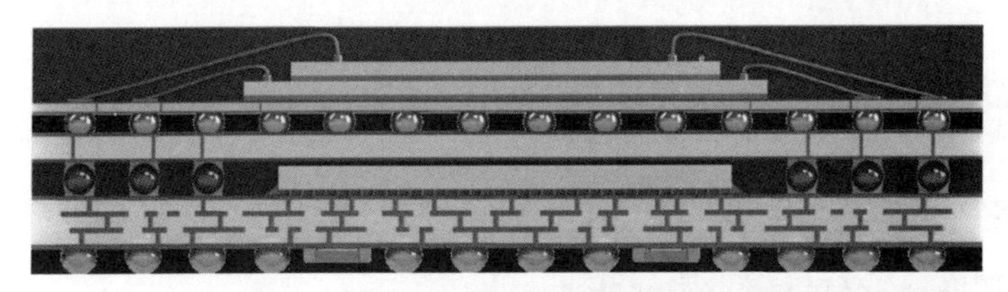

(b) 贴装DDR的介质层PoP

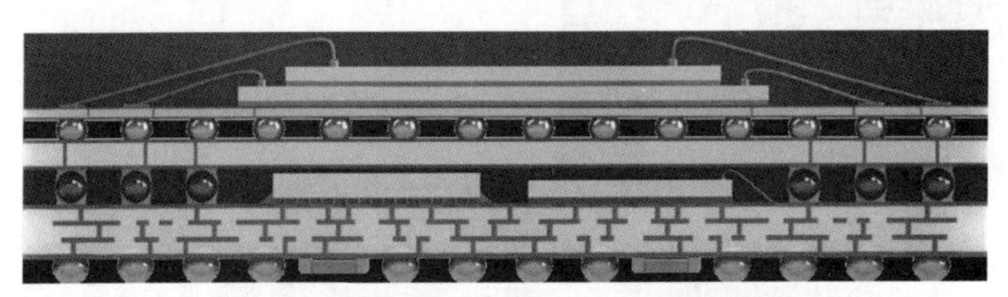

(c) 贴装DDR的介质层PoP并排键合芯片

(d) 介质层PoP封装平面示意图

图 3-124　介质层 PoP 封装

顶层介质层能够大幅提高顶部贴装的灵活性，而且可以兼容不同形式的器件（已封装的存储器、无源器件、半导体芯片等）。底部基板和介质层之间的小间距连接实现了高密度的大量 I/O 互连。介质层 PoP 加工通过采用更小间距互连增加晶片尺寸而无须增加封装尺寸。Amkor 拥有量产介质层 PoP 的经验，最先进的硅节点低至 5 nm，小于 5 nm 的项目正在持续开发中。Amkor 迄今为止已为大量客户组装上亿件高性能器件。

上述采用阵列封装的 PoP 堆叠已成为逻辑设备（包括基带、应用程序或图像处理器）三维集成的首选方法，在智能手机和数码相机等移动产品中具有高性能的内存。在最常见的配置中，堆叠体包含一个或多个逻辑器件，它们通过键合丝或倒装焊互相连接，并被顶部的 BGA 板包封。顶部封装的多为存储芯片，在表面贴装堆叠过程中组装在这些 BGA 板上。便携式多媒体应用的市场趋势要求 PoP 封装向倒装芯片互连发展，以满足下一代多核产品更高的引脚数和电气性能要求。此外，更高的数据传输速率和更宽的总线存储架构始终要求 PoP 存储器堆叠接口中互连引脚数的增加，以支持低功耗、双数据速率 DRAM 这样的存储架构。

Invensas Corporation 推出了焊孔阵列（BVA）技术，并认为其是可替代高带宽输入/输出硅通孔（TSV）的超高速 I/O 封装方案。Invensas Corporation 是半导体技术解决方案的领先供应商，同时也是 Tessera Technologies 的全资子公司，该技术既能够给手机原始设备制造商提供所需的技能，又保留了传统元件 PoP 成熟的技术设施和商业模式。该技术使高性能消费类电子产品无须更改现有的封装基础设施便能满足新一代设计产品的处理需求，可提供远高于目前的焊球堆叠和激光填丝焊接技术的高速 I/O 性能，并通过增加 PoP 的中间层带宽来缓冲对 TSV 的需求。BVA - PoP 是基于铜线键合的 PoP 互连技术，它能够减小间距，并在 PoP 中形成大量的互连。BVA - PoP 已经证实了可达到 0.2 mm 的间距，是目前焊球和焊孔堆叠的一个跨越式进步，能够满足业界所需的带宽增幅。此外，BVA - PoP 的互连系统能够通过采用常见且低成本的丝焊技术实现宽幅输入/输出（I/O）功能。BVA - PoP 采用现有的封装组装和 SMT 的基础设施，因此无须投入大量资金，很快就能以低成本增加带宽。有了这种新技术，PoP 可从 240 个引脚增加到 1 200 个引脚。同时，它将再也不需要焊孔，因为它能以低成本升级为超高速 I/O。图 3 - 125 所示就是一款在 0.24 mm×0.24 mm 范围内实现 1020 组逻辑通信的应用。

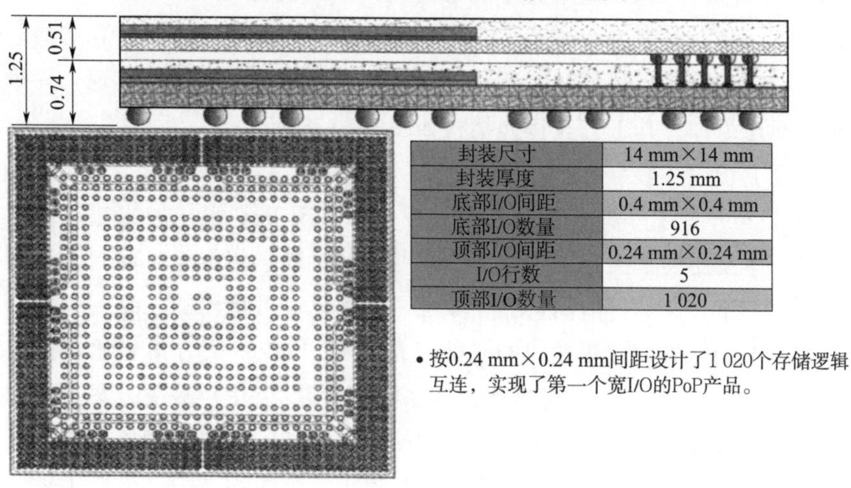

封装尺寸	14 mm×14 mm
封装厚度	1.25 mm
底部I/O间距	0.4 mm×0.4 mm
底部I/O数量	916
顶部I/O间距	0.24 mm×0.24 mm
I/O行数	5
顶部I/O数量	1 020

图 3 - 125　采用 BVA - PoP 技术实现的广域式通信案例

除了有机介质中介层外，硅基或其他非硅无机材料随着技术的发展，也逐步应用到PoP封装技术中来。台积电的Integrated Fan-Out Package on Package（InFO-PoP）是FOWLP和PoP的合体。2020年，台积电公司持续领先全球大量生产第五代整合型扇出层叠封装技术产品以满足移动应用的需要。第六代InFO-PoP已成功通过满足移动应用和增强散热性能的认证。最新一代整合式IPD技术，提供高密度电容器和低有效串联电感以增强电性能，并已在InFO-PoP上通过认证。AI与5G应用将受惠于此增强的InFO-PoP技术。台积电生产的A10芯片架构如图3-126所示。

图3-126 InFO-PoP

从图中可以看出下面的部分是FOWLP，而上面堆叠了一个DRAM芯片，DRAM的I/O通过TIV（ThroughInFO Via）穿过塑封材料，连接下面的锡球。InFO-PoP由于没有有机衬底和C4（Controlled Collapsed Chip Connection）凸点，具有更薄的外形和更好的电气和热性能。台积电具有带有腔体的TIV的InFO-PoP结构的专利，其制造流程，如图3-127所示。

Amkor则对应开发了一种“采用芯片-晶圆键合技术的全新RDL优先PoP FOWLP制程”。基于RDL的PoP平台需要在顶部和底部设置双端面RDL，以便在一个封装的顶部堆叠另一个封装。在单片工艺流程中，这意味着第二个RDL只能在完成第一个RDL的所有组装过程（如倒装键合、成型和研磨）后才能制造。第二次RDL流程中芯片可能会损失，因此，这种流程并不像非PoP类型的平台那么有优势。

为了解决这些问题，需要开发一种基于芯片到晶圆（C2W）键合技术的芯片后道工艺流程。Amkor公司采用该技术开发了一款基于RDL的晶圆级中介层PoP，其尺寸为12.5 mm×12.5 mm，厚度为0.357 mm（包括焊球），底层为3层RDL结构，顶部为用于堆叠的1层RDL结构。这些RDL采用5 μm/10 μm线间距的铜线实现，并采用铜芯焊锡球作为垂直互连组件，其工艺流程和结构如图3-128所示。

（2）高可靠PoP

3D PLUS公司开发了一种不依赖通孔和焊接来实现PoP工艺的方法，该方法采用基于绝缘侧墙的立体互连技术实现三维互连，主要工艺过程包括堆叠、灌封、切割、金属化和激光刻蚀五大工序。这是目前高可靠领域唯一工程化、可量产的三维封装技术，也称为MCM-V（MCM-Vertical）工艺，与其他现有的2D传统解决方案相比其技术可使组件的重量和体积减小至少10倍。其标准产品和系统级封装（SiP）解决方案主要应用于工业计算机板和嵌入式系统、国防和安全、飞机和航空电子、医学和科学以及航空航天应用等高科技行业。由于没有采用焊接工艺实现三维互连，该公司称之为“冷”工艺。这种方式

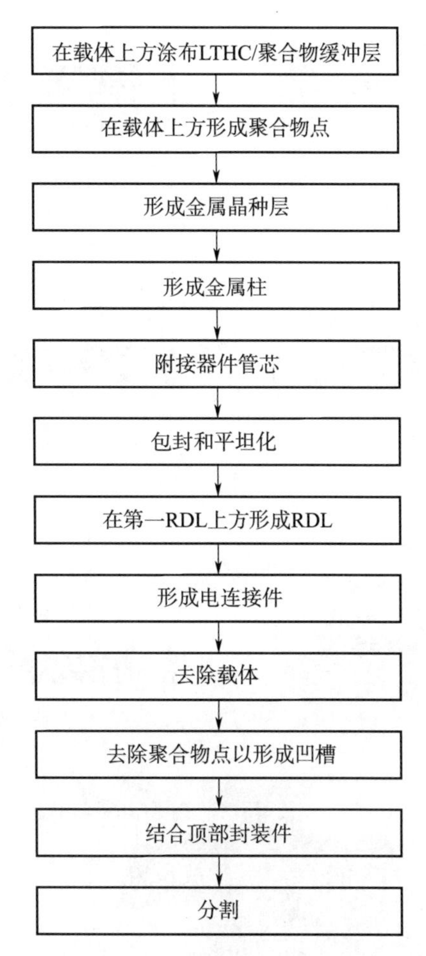

图3-127　带有腔体的TIV的InFO-PoP制造流程

规避了上述大面阵焊接带来的基板翘曲导致互连焊点开裂的风险，也规避了多层焊接温度梯度对叠层数的影响，其堆叠层数仅受三维互连信号数量影响。

高可靠的PoP封装主要发展了器件级、基板级、硅基级三个层次，具有非常灵活的堆叠技术流程，技术特征是Z向堆叠、绝缘侧墙导体互连；可以兼容MEMS、Die、已封装器件和WLP封装的异质异构器件的集成。其产品主要包括抗辐照系列存储器、接口、POL电源、SiP和微相机等。主要工序包括三维堆叠、树脂包封、切割成型、表面金属化和激光刻线等。实现高可靠PoP封装的主要技术路线包括以下4个方面。

① TSOP标准PoP

该技术将标准封装进行堆叠，该流程基于非常简单且经过验证的技术，使用此技术的批量产品主要采用TSOP封装。欧洲空间局（ESA）还对该工艺能力域进行了宇航应用认证。该技术主要面向同质的存储器堆叠，目前高速存储器已经开发到DDR4，立体互连时钟频率达到1 200 MHz。其互连原理是将TSOP器件引脚侧面通过立体互连线实现三维互连，采用刻蚀图形的铜箔实现信号线的平面转移。其流程如图3-129所示。

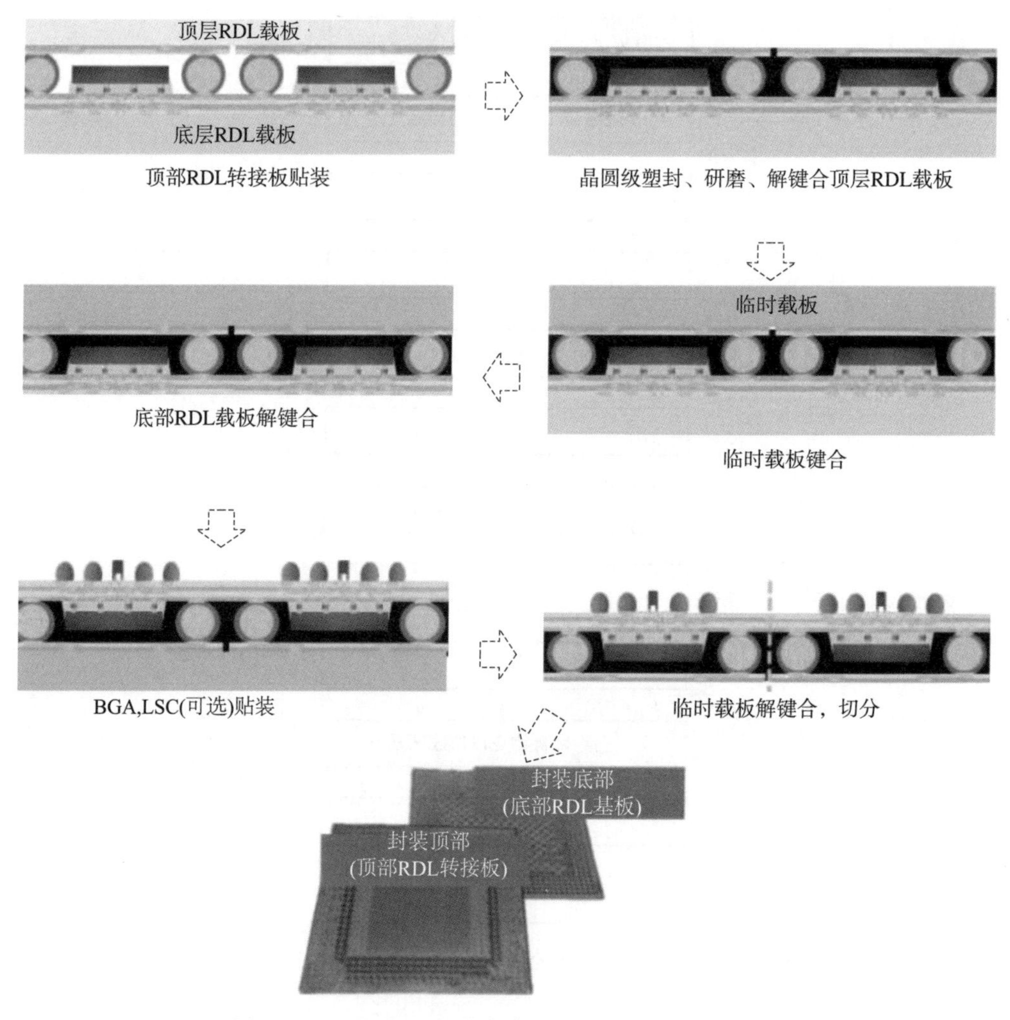

图 3-128　基于 RDL 的中介层 PoP 工艺流程和结构

②柔性工艺-管芯堆叠

该技术具有将任意标准管芯（可具有不同的尺寸和工艺）进行多层堆叠的能力，该工艺流程可以将管芯嵌入一个高度小型化的封装中，其流程如图 3-130 所示。这种管芯堆叠技术的主要优点包括高可靠性和对恶劣环境的抵抗力以及很高的制造良率。

③柔性工艺- SiP 堆叠

该工艺具备在单个高度小型化的封装中堆叠任何异质有源、无源和光电设备的独特功能。这是用于构建复杂的系统级封装的有效技术之一，ESA 也对该工艺能力域进行了宇航应用认证。其工艺流程与管芯堆叠完全相同，但是集成规模有差异。其工艺原理如图3-131 所示。

④ 晶圆级堆叠

该技术基于标准晶圆（不带“TSV”的裸片）而开发，能够堆叠多达 10 层的不同尺寸的裸片。该晶圆级堆叠技术基于晶圆重构工艺，仍然使用绝缘侧墙实现三维互连，可实

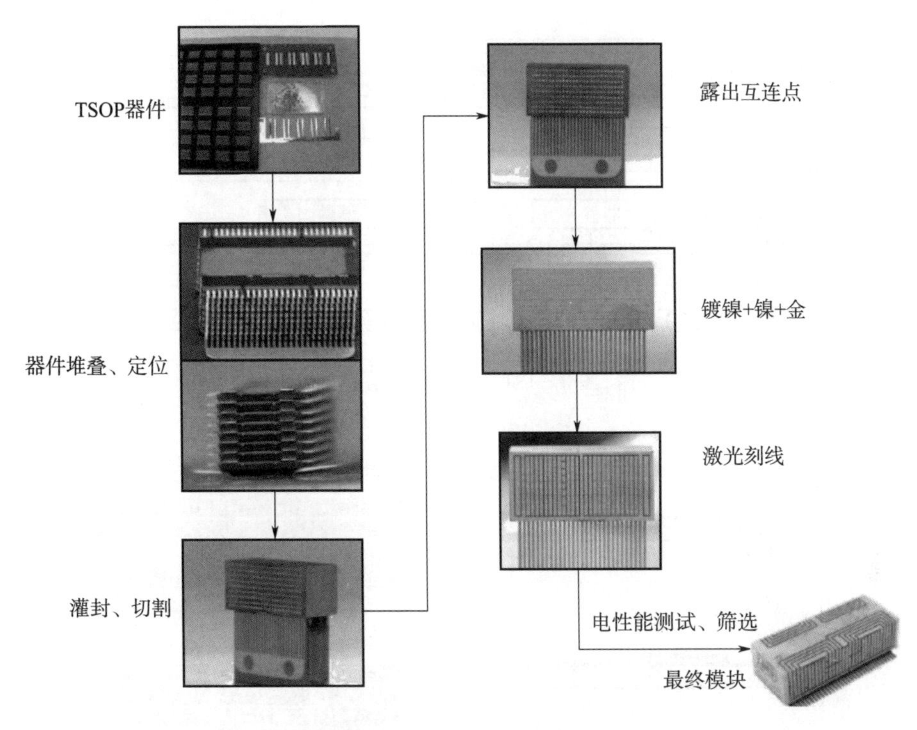

图 3-129　TSOP 标准 PoP

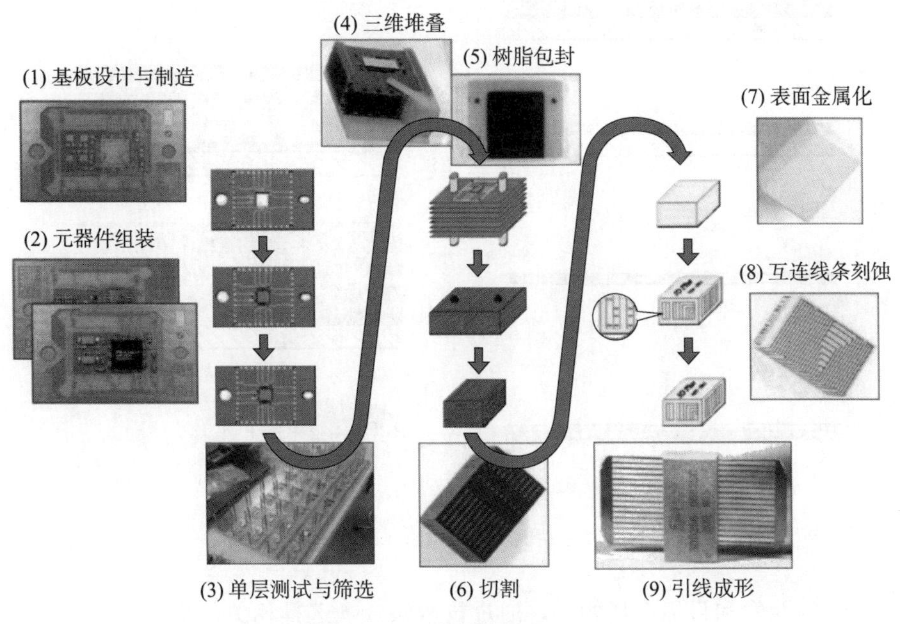

图 3-130　管芯堆叠的 PoP

现较小的外形尺寸和超薄 3D 堆叠体，能够在上述 PoP 基础上继续将产品尺寸减小至 1/100～1/25。该技术可以称作是一种硅基 PoP 工艺，是一种低成本的晶圆级堆叠解决方案，其工艺流程如图 3-132 所示。

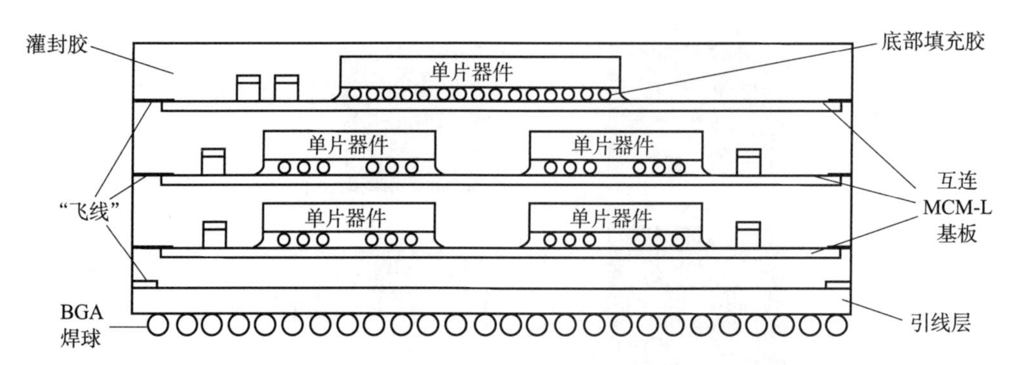

图 3-131　SiP 堆叠的 PoP

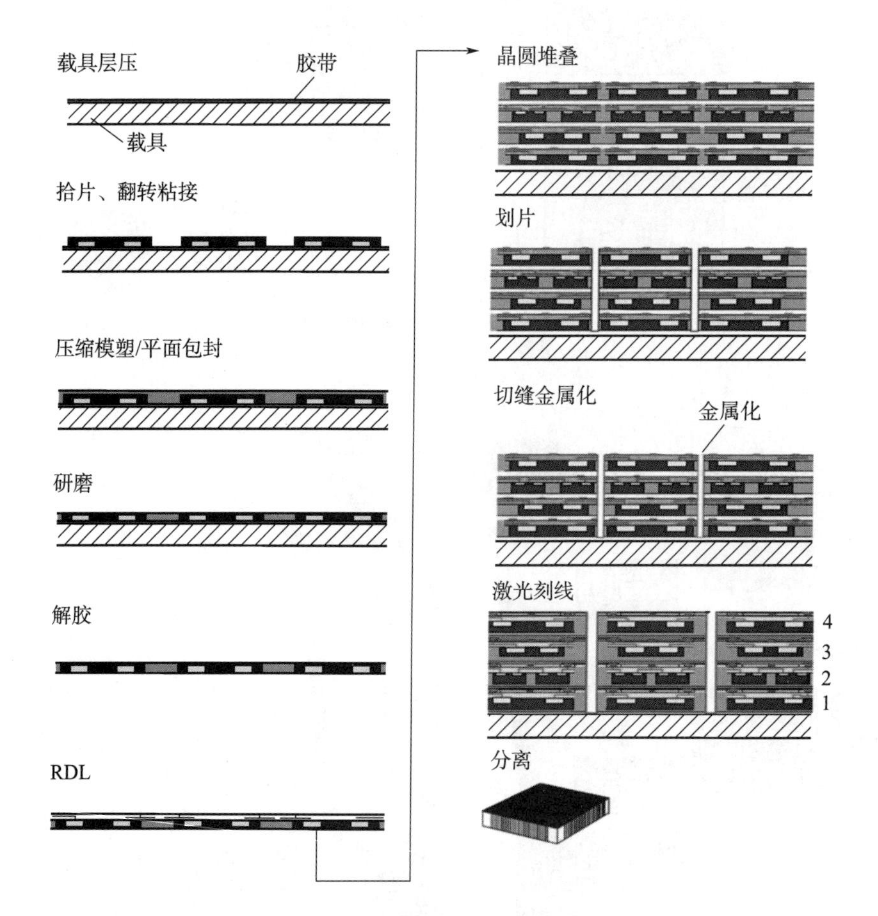

图 3-132　硅基 PoP 工艺流程图

根据产品的性能和目标市场要求，通过技术组合，选择相关的堆叠过程，可以为客户设计带来最大的增值和收益。

3.4.3.3　PoP 技术可靠性分析

尽管 PoP 具有许多优点，但在板级和系统级质量及可靠性方面也存在固有的挑战，受质量和可靠性影响的成本可能很高。例如，有问题的组装过程会导致多次 BGA 返工或报废，与制造工艺相关的质量问题以及与跌落/热循环相关的可靠性问题等都是 PoP 封装所要面临的挑战。

（1）制造质量

PoP 技术通过板级 SMD 工艺将封装体堆叠焊接在一起以获得更多的功能而又不明显增加尺寸，典型的 PoP 组装流程如图 3－133 所示。首先在 PCB 焊盘上印刷锡膏，拾取底部封装体并放置在焊盘上，然后拾取顶部封装体，使其底部焊球蘸取助焊剂或锡膏后放置在底部封装体的互连焊盘上，一起经历回流焊接。焊接后有时还需要注入下填料并进行固化。这种工艺也被称为“一次回流的 PoP 堆叠工艺”。

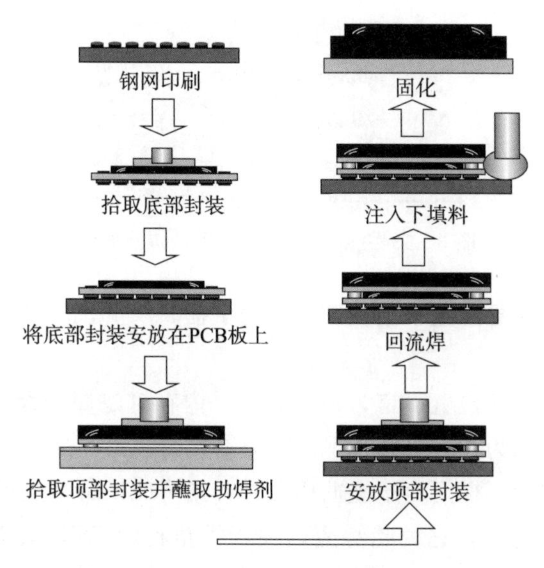

图 3－133　一次回流的 PoP 堆叠工艺过程

另外一种较为常见的堆叠工艺被称为“PoP 预堆叠工艺”。这种工艺先将需要堆叠的封装体进行堆叠并焊接，然后将堆叠好的 PoP 放置在已印制好锡膏的 PCB 焊盘上，与其他 SMD 一起进行回流焊接过程。

PoP 封装的可靠性主要取决于制造质量，例如翘曲问题。PoP 的顶层封装通常为包含存储器件的细间距球栅阵列（Fine－pitch BGA，FBGA），底部封装通常为逻辑芯片的塑封球栅阵列（Plastic BGA，PBGA）。总体来说，封装体都很薄，如果材料选择不当，由于封装材料的热膨胀系数的失配，在无铅回流焊接过程中会导致严重的翘曲，最终导致焊接失效。JEDEC. JESD22－B112 标准将封装体的热变形模式分为两种：凸形和凹形，如图 3－134 所示。

影响 PoP 组装良率的最主要因素是逻辑和存储器封装回流期间可能发生的翘曲的性质和程度。一项研究表明，PoP 组装中 90％以上的缺陷归因于封装翘曲，并且随着基板变薄，翘曲的程度也在增加。对于常规封装，只要满足共面要求，翘曲方向就不重要。对于 PoP 组装，翘曲的大小和相对方向会极大地影响装配成品率。底部和顶部封装之间可能会有翘曲轮廓差异，特别是当一个是凹形而另一个是凸形时，较大的差异会导致堆叠界面中

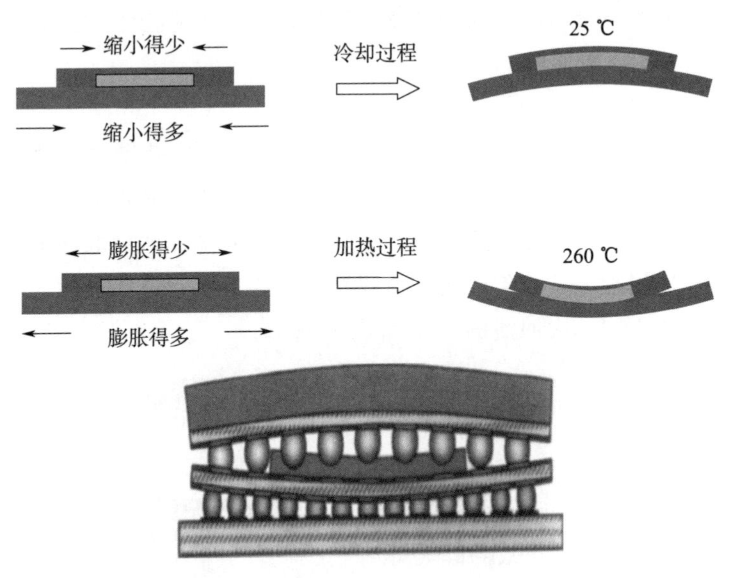

图 3-134　热翘曲及其导致的焊点开裂

的焊点开路或冷焊，从而导致整个基板翘曲。为了提高产量，应降低高于焊料液相线温度的温度。

就潜在的开放式焊点的位置而言，顶部焊点（内存到逻辑封装），比逻辑封装与 PCB 之间的焊点更为关键。因为在大多数情况下，只有在封装回流之前才将助焊剂施加到存储器上。如果两个封装在回流期间由于翘曲而分开，则可能没有多余的焊膏填充空隙。室温下的总体翘曲趋势尚无定论，这种趋势应取决于模塑料的 CTE 大于或小于基材的 CTE，因此材料选择至关重要。为了提高 PoP 组装的质量，必须控制和匹配顶部和底部封装的翘曲。翘曲始终存在，并且可能因批次而异，但是可以通过选择合适的材料组成和构造，在不同程度上调节顶部和底部包装的翘曲。导致翘曲的因素通常包括材料、结构和工艺三个方面。

1）材料：芯片互连方式，模塑料，基材材料，焊球合金。

2）结构：层压板厚度，硅模比，焊球尺寸/焊盘。

3）工艺：回流曲线，时间控制，基板焊盘光洁度。

材料选择、封装设计和工艺参数都会影响翘曲。最关键的材料性能是基板、模塑料、芯片和芯片间的 CTE，需要匹配。高 T_g 模塑料用于平衡芯片和基板之间的 CTE 失配。芯片自身形状也会对翘曲造成影响，较薄、较小的芯片有利于控制翘曲，而较厚、较大的芯片则会加剧翘曲。回流曲线中不合适的预热升温速率、保温时间、峰值温度和链带传送速度会导致焊点的滑动、桥接、立碑和开缝。

（2）可靠性和耐用性

除了制造质量，PoP 封装的板级可靠性和耐用性的保证也比单个封装更具挑战性。应仔细评估整个环境、组装和操作压力，以了解潜在的风险。PoP 封装可靠性的重点主要是针对跌落冲击和热循环疲劳应力的鲁棒性，例如湿度/回流敏感性、热循环、温度-湿度偏差以及冲击和振动。有专门针对 PoP 的可靠性测试，如对环境热循环条件的修改。在实际操作中，设备产生的热量可能是导致“最坏情况”的主要原因。因此，JESD22 - A105 提出了将热循环与功率循环耦合的方法。

机械冲击或跌落的鲁棒性是智能电话等便携应用的关键要求。根据 JEDEC JESD11 - B22，每块板应在 1 500 g 时跌落 200 次/0.5 ms。在大多数情况下，底部的 PoP 封装体将首先失效。在跌落测试期间，观察到了不同的故障模式。例如，NSMD 焊盘在介电层中产生裂纹；SMD 焊盘上的 PCB 铜焊盘之间的金属间层出现裂纹；焊料凸块和元件铜焊盘之间的金属间层出现裂纹等。

图 3 - 135 所示为 PoP 封装在 IMC -镍层界面处出现裂纹。耐跌落性取决于材料和工艺参数，例如球形合金类型和底部填充分配类型。自从 20 世纪 90 年代后期引入铜作为互连材料以来，低介电常数层间电介质材料已被用于半导体芯片工艺中。低 K 层间电介质材料的一个固有特性就是较低的机械强度，它与封装的不兼容会导致分层或芯片开裂，因此需要针对热循环应力进行封装级（分层）和板级（焊料疲劳寿命）可靠性评估。

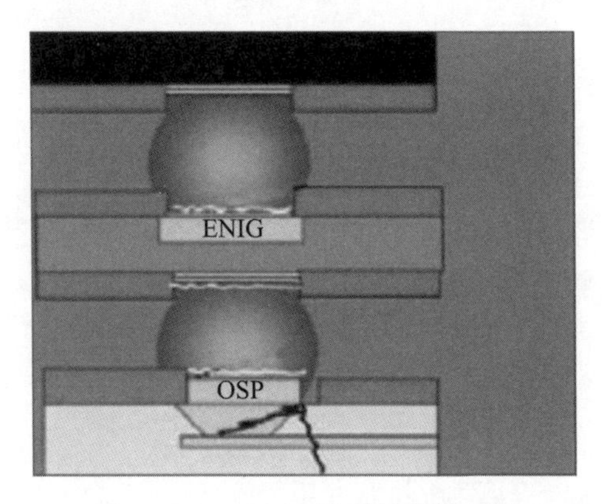

图 3 - 135　IMC -镍层界面处裂纹

在移动便携应用中，除了通过调整 PCB 布局来改变跌落故障部位外，通常还需要通过底部填充来补偿冲击影响。底部填充材料可降低焊点的应力，还可以保护封装免受气体或蒸气扩散的阻碍，从而免受环境危害。底部填充可改善跌落性能，但底部填充可能无法提高 PoP 热循环疲劳可靠性。底部填充可以减少焊料上的剪切应力以及芯片和基板之间的热膨胀失配。但是，实测数据表明，填充胶的选择和使用不当也会大大降低温度循环的可靠性。在热循环中，PCB 布局与可靠性测试结果基本没有关系，但是底部填充胶的选择可能会对可靠性产生重大影响。高 T_g、低 CTE 和高填料的底部填充剂可大大改善温度循环可靠性和跌落性能。

3.5　小结

本章从设计、仿真与封装三个方面，详细介绍了信息处理微系统的集成技术，其中设计与仿真两方面内容相辅相成。早期的信息处理系统只能在产品加工完成或部分加工后，通过测试的手段进行功能和性能的验证，从而指导设计方案的修改和优化，十分耗时且昂贵。引入现代化仿真手段后，可以通过各类型仿真工具在设计阶段就对产品的功能、性能进行检验，将设计方案的优化前移，从而更加高效便捷地制定设计方案，大大缩减成本。要深入开展信息处理微系统集成技术的研究，应该从设计、制造和测试三项关键技术入手，全面地完善公共技术平台建设；并以典型应用产品为牵引，实现高难度指标。为保证成品率，提高生产效率，测试方案应覆盖封装的各个环节，从晶圆级、组件级到模块级进行分层级的测试。

微系统集成技术发展将全面推动系统设计、微器件和微工艺集成三项技术的高度融合，是核心系统的性能与可靠性“倍增器”，为全面提升系统集成的自主研发和自主可控能力奠定厚实基础，具备很强的国防价值和战略意义。

第4章　基于PoP工艺的GNC微系统集成技术

GNC微系统，是飞行器的制导（Guidance）、导航（Navigation）和控制（Control）分系统，简称GNC分系统，它承担着飞行器从起飞到完成任务的全部控制任务。出于对低成本、小型化和慢速飞行器的需要，GNC分系统可以被集成为一个立体三维结构特征的微小型化模块产品，也称为GNC微系统。由于GNC模块具有成本低、性能高、体积小、功耗低等特点，可广泛应用于小口径火箭弹、地空弹、炮弹、靶弹、中低精度导弹以及无人机等领域。

GNC微系统是以微电子技术、微光子技术、微机电技术等为基础，融合TSV（Through-Silicon-Via，穿硅孔）、PoP、SiP等多种立体集成制造工艺，通过3D异构集成手段，实现信号感知、信号处理、命令执行和赋能等多功能集成，并将系统尺寸降低1～2个量级的微型电子系统。该微系统作为学科高度交叉和专业技术高度融合创新的产物，采用微米级垂直通孔等三维互连代替毫米乃至厘米级平面互连，具有高密度、小型化、高带宽、低功耗、异质集成等特点，是解决平面集成制造线宽和成本限制的最新有效途径。

高密度：在微电子进入14 nm及以下超大规模集成的同时，TSV三维集成技术突破了传统二维集成技术提高集成密度的技术瓶颈，通过高密度的TSV垂直互连实现了16层堆叠NAND，这相当于几代工艺技术的跨越。

小型化：与传统的基板平面集成相比，TSV三维集成技术可以减薄到50 μm，甚至到10 μm，采用微米级微凸点焊接和先进的纳米级微电子工艺进行多层高密度布线，芯片堆叠层数可达数十层，系统体积和质量可望缩小1～3个数量级。

高带宽：芯片模块垂直层叠代替了传统的水平分布，显著地缩短了模块之间的平均互连线长度，时钟同步的难度大大降低，三维系统可以采用更有效的同步化并行处理架构，通道数量可增加1～2个数量级，数据传输带宽提升1～3个数量级，突破制约存储器与逻辑器件间数据传输的瓶颈，即“存储墙”问题。

低功耗：与传统互连方式相比，TSV互连不但将芯片间互连长度缩短到数微米至数十微米，而且由此带来的系统架构优化可有效缩短平面内互连，进一步减小寄生电容和电阻，从而大幅度降低存储功耗。

异质集成：通过TSV转接板技术可以实现不同工艺、不同品种的各类处理器、存储器、逻辑芯片、模拟芯片、功率器件、射频器件、光电器件和传感器等MEMS器件的集成，形成功能完备的片上系统。而且各类器件在不同的工艺下制备，可以分别进行工艺和设计优化，不仅能提高研发效率，缩短研发周期，节约开发成本，还可以提升系统可靠性。

GNC 模块实物如图 4－1 所示。

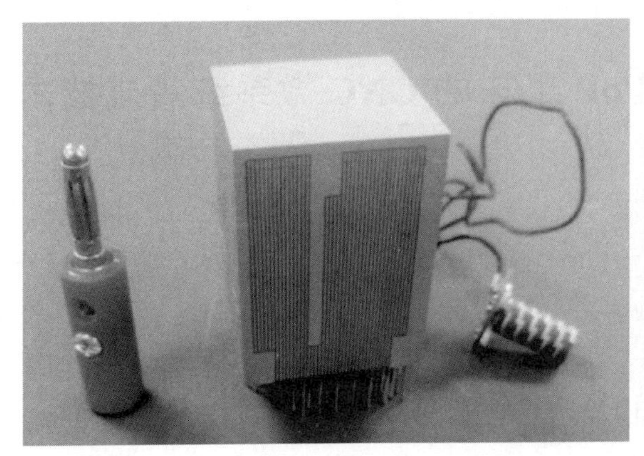
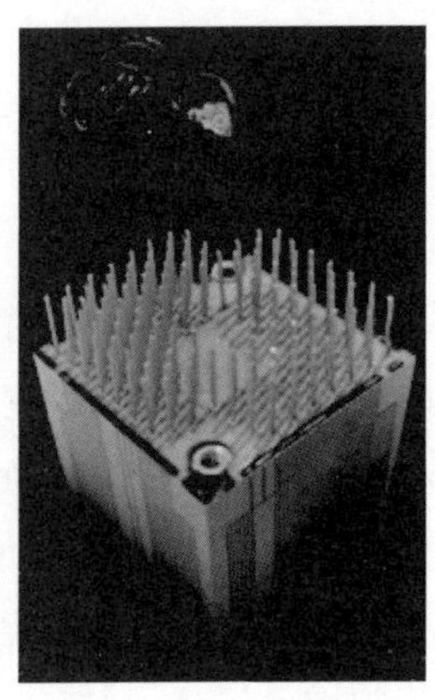

图 4－1　GNC 模块实物

4.1　GNC 微系统技术特征

4.1.1　GNC 微系统的功能架构

(1) GNC 模块功能概述

GNC 模块主要由高性能双核处理器、FPGA、AD 电路、地磁传感器、GPS/BD、无线通信模块、MEMS 惯性传感器、三次电源、接口电路等部分组成。

GNC 模块中的双核处理器实现数据运算及多种通信协议，FPGA 实现逻辑译码及其他功能扩展。由于 FPGA 具有可配置、易修改和调试方便等特点，使 GNC 微系统重构性强，易于升级。此外，GNC 模块中还具备陀螺仪、加速度计和地磁传感器等精密传感器，可实现对弹体系统 X、Y、Z 三个方向的角速度、加速度和地磁场信息的采集与处理。GPS/BD 集成了射频前端和基带处理部分，与惯导组成组合导航系统，实现对系统姿态和位置的测量。为满足后续无线组网、无缆互连需求，GNC 模块还内置了近场通信模块作为无线通信节点。

(2) GNC 模块的物理架构设计

GNC 模块的物理架构具备 4 个基本单元：系统供电单元、计算单元、测量单元和接口单元。系统供电单元将系统外部提供的 5 V 电转换成 3.3 V 和 1.2 V，给整个系统供电；计算单元主要包括高性能双核处理器和 FPGA，实现信息采集处理、系统通信、飞行控制和组合导航解算等功能；测量单元主要由陀螺仪、加速度计、地磁传感器、卫导等部分组成，实现对弹体系统的多传感器测量；接口单元包括 IO 接口、CAN 接口、SCI 接口、SPI 接口、AD 接口和无线通信接口等，实现弹体系统对外通信功能。

GNC 模块原理框图如图 4－2 所示。

①系统供电单元

对于系统供电单元而言，不仅要关心输入电压、输出电压和电流，还要仔细考虑系统

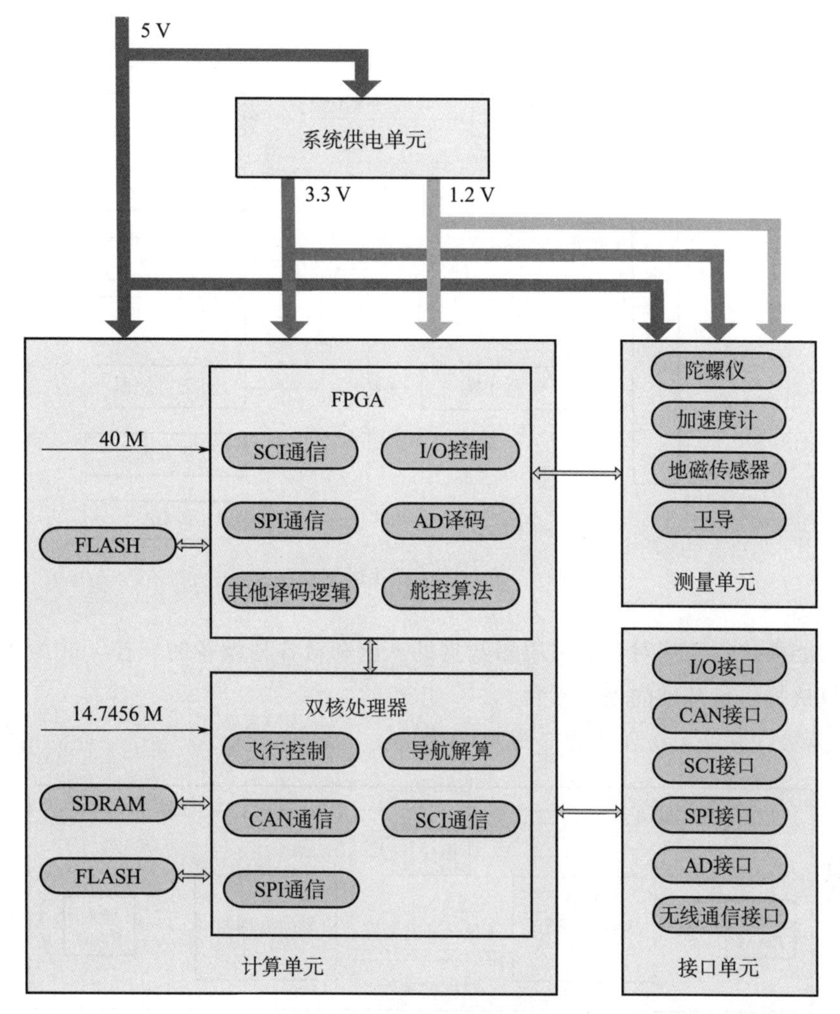

图 4 - 2　GNC 模块原理框图

的总功耗、电源实现的效率和电源对负载的瞬态响应能力、关键模块对电源波动的容忍范围以及相应的允许电源纹波，还有散热问题等。功耗和效率密切相关，在负载功耗相同的情况下，电源效率提高总功耗就会减少，对于整个系统的功率预算就非常有利，所以要尽可能提高供电单元的效率。此外，电源对负载的瞬态响应能力也非常重要，对于高性能的 CPU，当其突然开始运行繁重的任务时，需要的启动电流很大，如果电源电路响应速度不够，就会造成瞬间电压下降过多，导致 CPU 运行出错。

GNC 模块供电关系如图 4 - 3 所示。

GNC 模块采用单 5 V 供电，经过供电单元转化成 3.3 V 和 1.2 V，两路电压都可以保证最大 2 A 的电流输出能力，给整个弹体系统供电。系统采用单电源供电的方式，方便用户使用。

②计算单元

计算单元提供飞行控制计算、导航解算、传感器信息采集、控制接口四个功能模块，

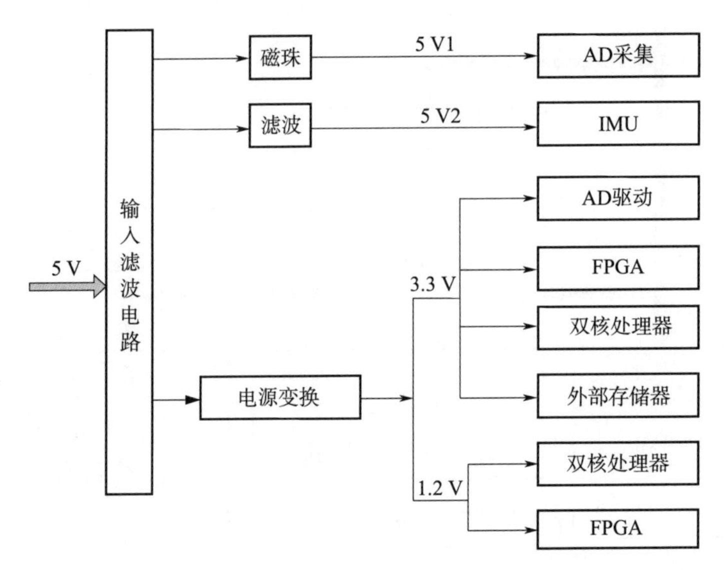

图 4－3　GNC 模块供电关系

通过这些功能模块，实现对各类传感器数据的获取和对各种设备的操控，并为飞行控制计算和导航算法提供最基础的硬件平台。

GNC 模块计算单元物理架构如图 4－4 所示。

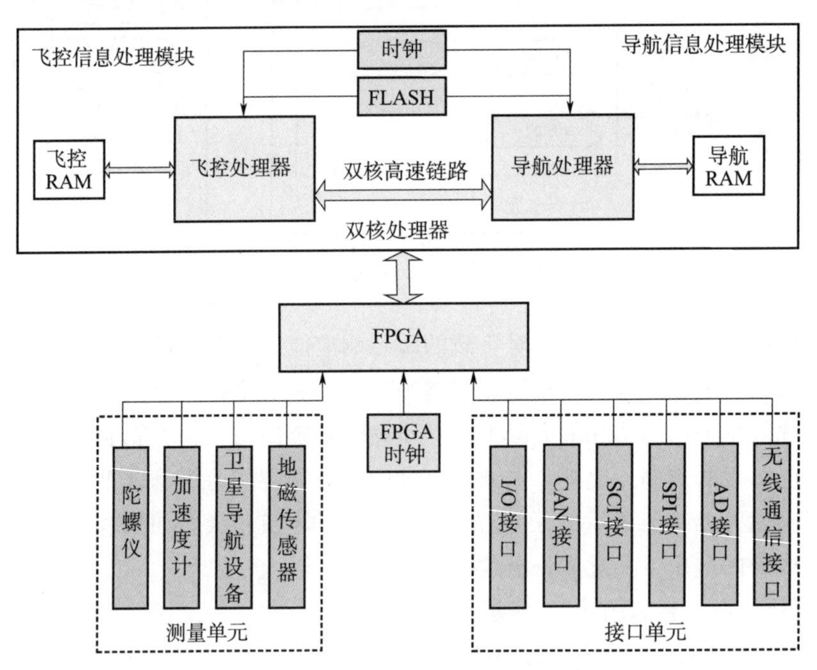

图 4－4　GNC 模块计算单元物理架构

GNC 模块采用双核处理器的出发点是让飞行控制计算与导航解算相互独立运行，狭义来讲，就是一个处理器负责飞行控制计算，另一个处理器负责导航解算。在实际工作过程中，GNC 模块的计算单元不仅要实现算法解算，还要完成大量的信息处理与控制。为了充分发挥双核处理器在算法解算和信息处理方面的优势，在 GNC 模块的计算单元中集成了高性能 FPGA。FPGA 配置灵活，并且便于并行处理，主要用于对 GNC 模块的测量单元中各传感器进行信息采集、AD 译码、舵控算法的实现和内部通信等。

③测量单元

飞行器飞行过程中，为了给计算单元提供足够的导航解算和飞行控制计算信息，在 GNC 模块的测量单元中配备了多种传感器，所有传感器输出的测量信息直接接入 FPGA。测量单元中配备的传感器主要有以下几种。

1）惯性测量传感器：根据 MEMS 陀螺仪提供的三轴角速度和 MEMS 加速度计提供的三轴加速度，结合惯性导航原理，可推算出弹体姿态、位置和速度。

2）地磁传感器：地磁传感器可以作为弹体的辅助导航传感器，根据其提供的三轴地磁场测量信息，结合导航算法，为弹体组合导航提供辅助信息。

3）卫星导航模块：接收导航卫星发来的导航电文并解算，为弹体提供位置和速度信息，同时还可以提供对时基准。

④接口单元

为保证可扩展、可裁剪、通用化的设计要求，GNC 模块配置了丰富的外设接口，以满足不同类型武器平台的需求。GNC 模块的对外接口单元主要由可配置 I/O 接口、CAN 接口、SCI 接口、SPI 接口、AD 接口、无线通信接口等部分组成。

4.1.2　GNC 微系统的性能指标

根据 GNC 集成的功能模块，GNC 模块产品的关键指标见表 4-1。

表 4-1　GNC 模块产品的关键指标

<table>
<tr><td>供电输入</td><td colspan="3">5V@1A(精度 5%)</td></tr>
<tr><td rowspan="2">处理器</td><td>主 频</td><td colspan="2">≥200 MHz</td></tr>
<tr><td>核心数</td><td colspan="2">2</td></tr>
<tr><td rowspan="11">惯 导</td><td rowspan="5">陀螺仪</td><td>量程</td><td>±400(°)/s</td></tr>
<tr><td>分辨率</td><td>≤0.005(°)/s</td></tr>
<tr><td>零偏稳定性</td><td>≤10(°)/h(1σ)</td></tr>
<tr><td>零偏重复性</td><td>≤10(°)/h(1σ)</td></tr>
<tr><td>耦合误差</td><td>≤0.001</td></tr>
<tr><td rowspan="6">加速度计</td><td>量程</td><td>±50 g</td></tr>
<tr><td>启动时间</td><td>≤1 s</td></tr>
<tr><td>分辨率</td><td>≤1 mg</td></tr>
<tr><td>零偏稳定性</td><td>≤2 mg (1σ)</td></tr>
<tr><td>零偏重复性</td><td>≤2 mg (1σ)</td></tr>
<tr><td>耦合误差</td><td>绝对值≤0.001</td></tr>
</table>

续表

<table>
<tr><td rowspan="2">地磁传感器</td><td>测量范围</td><td colspan="2">±6 Gs</td></tr>
<tr><td>分辨率</td><td colspan="2">120 μGs</td></tr>
<tr><td rowspan="6">GPS/BD 信号</td><td>卫星频点</td><td colspan="2">BD2 - B1 和 GPS - L1</td></tr>
<tr><td>单点位置精度</td><td colspan="2">水平误差 10 m;高程误差 15 m</td></tr>
<tr><td>导航速度精度</td><td colspan="2">水平误差 0.1 m/s;高程误差 0.2 m/s</td></tr>
<tr><td>冷启动时间</td><td colspan="2">≤50 s(低动态条件)</td></tr>
<tr><td>热启动时间</td><td colspan="2">≤10 s(低动态条件)</td></tr>
<tr><td>重捕获时间</td><td colspan="2">≤1 s(低动态条件)</td></tr>
<tr><td rowspan="13">接 口</td><td>I/O</td><td colspan="2">40 路</td></tr>
<tr><td>CAN</td><td colspan="2">2 路</td></tr>
<tr><td>SCI</td><td colspan="2">3 路</td></tr>
<tr><td>SPI</td><td colspan="2">1 路</td></tr>
<tr><td rowspan="4">AD</td><td>分辨率</td><td>16 位</td></tr>
<tr><td>通道数</td><td>8</td></tr>
<tr><td>电压范围</td><td>−5～+5 V(精度 50 mV)</td></tr>
<tr><td>采样速率</td><td>200 ksps</td></tr>
<tr><td rowspan="5">无线通信</td><td>工作频段</td><td>2.4 GHz</td></tr>
<tr><td>通道数</td><td>16</td></tr>
<tr><td>发射功率</td><td>≤10 dBm</td></tr>
<tr><td>接收灵敏度</td><td>−90 dBm</td></tr>
<tr><td>点到点通信距离</td><td>≥20 m</td></tr>
<tr><td>工作温度</td><td colspan="3">−40～+85 ℃</td></tr>
<tr><td>尺 寸</td><td colspan="3">26 mm×26 mm×32 mm</td></tr>
</table>

这些功能和性能指标是模块产品测试的依据和标准，也是产品工艺集成过程中必须确保实现的目标，在产品的各项环境试验条件下这些指标也必须得到保证。

4.1.3 GNC 微系统的设计原则

由于 GNC 模块是微小型化封装的多功能、多组件集成产品，为了满足对应用环境的适应性，设计必须遵循以下原则。

(1) 无缆化原则

由于 GNC 微系统的应用一般情况都是在体积受约束的条件下，因此该微系统与其他设备的互连应采用无缆化技术。这样可以有效避免因互连线缆焊接环节多、工艺一致性保证难而导致的断线风险等问题。在设计中充分考虑无缆化的连接方式，将系统中各组件通过接插件或挠性连接方式实现电气互连，大幅减少项目中软线焊接环节，提高产品工艺一致性。

（2）综合集成和功能复用原则

梳理系统使用的特点，识别设计中可优化、可二次集成的环节，充分利用集成硬件平台资源以及软件配置硬件技术，提高控制系统集成度，减小系统体积。

（3）量化与标准化原则

根据任务应用特点，识别风险点及薄弱环节，固化成熟工艺，保证系统设计有据可依、有章可循，避免重复设计工作；同时，在方案设计中充分考虑各组件和各环节可测、可检、可量化，最大限度减少特殊零部件使用数量。

（4）设计、仿真、试验“三统一”原则

系统在设计初期应充分识别系统内关键环节及主要部件，并进行相应的仿真分析，评估设计的合理性与有效性；同时根据试验结果判断设计及仿真的有效性，建立完善的过程测试与最终产品试验测试环境，做到设计、仿真、试验“三统一”。

4.2　GNC 微系统集成的材料选型与仿真

GNC 微系统集成必须首先考虑其集成材料的选型、结构化的组装形式和散热以及抗冲击防护能力，需要在设计过程中进行仿真和试验验证。通过仿真和试验验证对初始设计进行校核和迭代，使产品满足使用要求。

4.2.1　GNC 微系统的组装结构

GNC 微系统集成了信息处理、惯导、模拟量采集、电源等组件，应用于“低、小、慢”以及抗高过载环境，冲击量级达到 18 000g@10 ms。

GNC 模块设计采用叠层组装，然后进行灌封加固成型，充分考虑了体积、重心、散热、供电和信号线互连等方面。GNC 模块按照功能划分为信息处理、AD/地磁、卫导/无线通信、惯导、电源等组件，其结构示意图如图 4－5 和图 4－6 所示。以 GNC 模块的重心为 O 点，并定义 x、y、z 轴，如图 4－6 所示。

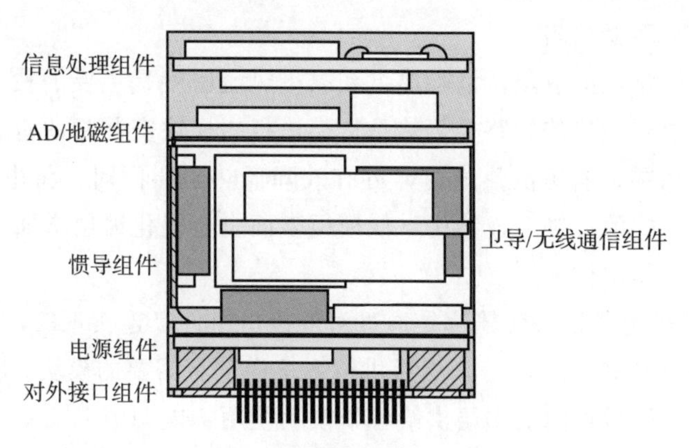

图 4－5　GNC 模块叠层规划示意图（剖视图）

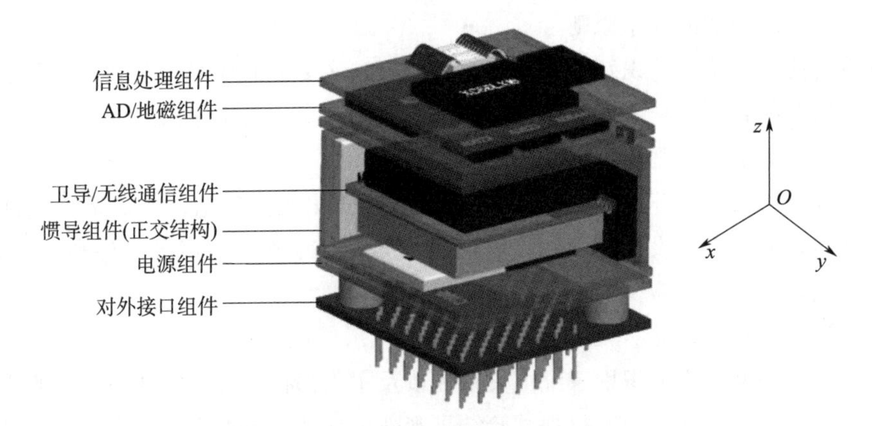

图 4-6　GNC 模块叠层规划示意图（3D 图）

叠层规划的原则是保证垂直互连能力满足层间互连线的数量最少和最短的需求，尽量缩短高速垂直互连信号线的长度。此外，还同步考虑以下因素。

（1）考虑体积因素，合理堆叠

各基板堆叠过程中要充分考虑体积因素。在电路基板叠层间距设计时，考虑基板上计划安装的元件最大高度，充分利用各基板的模块高度差，合理叠放，缩小模块体积。在该模块中，惯导组件形成了一个三维立体空间，将卫导部分放在其中，可大大缩小模块体积。

（2）考虑重量因素，重心尽量居中

叠层设计时，也考虑了不同基板的重量因素，尽量使重心居中，提高模块的稳定性。GNC 模块如果用在炮射领域，弹药在发射过程中，炮弹要经历巨大的过载作用以加速到预期的发射初速度，高过载过程对传感器的破坏作用主要有两条途径：一是惯性力的直接冲击，二是高过载产生的应力波对结构的破坏。由于电源组件和信息处理组件上的模块较少，惯导组件模块较多，且需采集 x、y、z 轴三个方向的陀螺仪和加速度计数据，故此组件采用正交结构，将该部分放置在中间层，有利于保持重心稳定。

（3）考虑散热，降低热阻

为了降低热传导路径的热阻，消除热点和减小热流密度是主要的技术手段。对于一个树脂包封的结构，主要的热传导路径仍然是从模块指向模块安装板的垂直方向。叠层封装时将功率层放置在底层，缩短散热通道，可有效降低热阻，同时，将电源板放在最底层，采用模块外侧侧墙互连的三维互连结构，使模板表面全金属化镀层增强了热辐射能力。

（4）电源变换，集中供电

GNC 模块外部供电与信号传输都是通过对外接口组件互连实现的，外部 5V 供电经过电源组件变换为 3.3 V 和 1.2 V 等，然后供给系统内部有需要的模块。将电源组件放置在接口组件的相邻层，然后再向上逐层供给各个模块使用。电源流向简单，便于理解，而且电源路径短，有利于降低系统功耗。

（5）信号互连，路径最短

GNC 模块采用飞线印制板侧面互连工艺，将各层同一定义的引线设计至同一位置，以便在最终阶段实现侧面垂直立体互连。设计中要保证垂直互连能力满足层间互连线的数量、间隔和位置的需求，同时尽量缩短高速垂直互连信号的长度，以提高系统稳定性。

4.2.2　GNC 微系统互连材料的本构模型

为了确保 GNC 微系统在应用环境下的力学特性满足使用要求，模块所使用的材料特性将成为关键特性之一，因此必须对 GNC 微系统建立本构模型。本构模型是描述材料力学特性的数学表达式，一般通过应力-应变关系进行表征。

材料在外力作用之下会产生对应的形变。从材料拉伸形变开始到材料的破坏一般会经历两个阶段，一个是弹性阶段，而另一个是塑性阶段。对于金属材料而言，其简易的应力-应变关系曲线如图 4-7 所示。

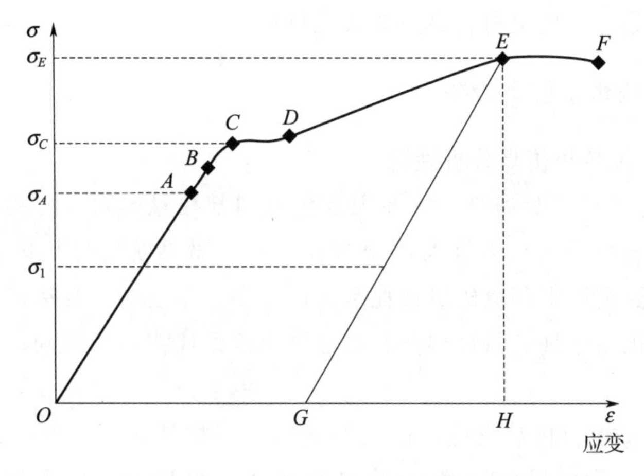

图 4-7　应力-应变关系曲线

图 4-7 所示应力-应变关系曲线中，点 A 对应的应力 σ_A 通常称作比例极限。OA 线的斜率为杨氏模量。

弹性阶段（OA 段）的应力—应变关系可用式（4-1）进行表示

$$\sigma = E\varepsilon \tag{4-1}$$

式中　E——杨氏模量。

对于金属材料的塑性阶段，其应力-应变关系在工程上主要通过测试数据进行拟合得到。在大量测试数据的基础上，前人总结拟合出多种塑性阶段应力应变关系（本构模型），其中常用的本构模型有 Johnson - Cook 模型、Cowper - Symonds 模型等。式（4-2）给出了 Johnson - Cook 模型的本构方程

$$\sigma = (\sigma_0 + B\varepsilon^n)\left(1 + C\ln\frac{\dot{\varepsilon}}{\dot{\varepsilon}_0}\right) \tag{4-2}$$

式中　σ——材料应力；

σ_0——屈服应力；

ε ——应变；

n ——硬化系数；

$\dot{\varepsilon}_0$——参考应变率。

在 C 点的应力 σ_C 称为弹性极限，σ_C 也称作屈服应力。CD 阶段称为塑性平台，该阶段的特点是应力保持不变时材料依然发生形变。将材料在 E 点受到的力取消，材料应力将落到 G 点。OG 部分称作弹塑性形变，GH 为弹性形变。整个应变由弹性形变以及塑性形变构成。在材料从 E 点落到 G 点后，重新对该结构施加应力，则在 $\sigma<\sigma_E$ 应力下，材料不再呈现塑性而呈现为弹性。并且材料需要在 $\sigma>\sigma_E$ 下才会入到塑性阶段。因此经过一次塑性形变之后材料的屈服应力得到了提高。当材料产生了一部分塑性形变之后，也相应地提高了材料内部抵抗形变的能力。通常材料经过塑性形变后承受形变的能力得以增强的过程称作形变强化。由上述应力-应变关系可知，材料在未达到屈服应力之前受外力造成的形变均可恢复，因此将此类材料称为线性材料。而受到外力产生的形变不可恢复，形变会随外力的作用而积累，把此类材料称为非线性材料。

4.2.3　GNC 微系统热学仿真分析

（1）GNC 微系统热学仿真分析理论

影响 GNC 微系统热传递特性的主要因素包括内部接触热阻、材料导热率、封装结构热沉等。微系统热分析的关键点涉及两个方面，一是微系统内部热传递路径的几何复杂性，二是从系统外壳到周围环境的热损耗。几何复杂性不仅指涉及热传递方面的各种领域的长度规模，而且也指各种热路径构造。通过简化模型代替实际结构，可在计算机中实现对热环境的模拟。

在热分析中主要涉及传热理论中的两类概念，一类是导热，另一类是对流换热。按照导热基本定律（又称傅里叶定律），在纯导热中，单位时间内通过给定面积的热量，与该点垂直于导热方向的截面 A（m^2）及温度梯度成正比，其通过导热传导的热量 Q（W）为

$$Q=-kA\frac{\partial T}{\partial n} \tag{4-3}$$

式中　负号——热量传递的方向与温度梯度的方向相反；

k——材料的导热系数，W/（m·K）；

$\frac{\partial T}{\partial n}$——温度梯度。

对流换热是指流动的流体（气体或液体）与固体壁面直接接触时，由于温差引起的相互之间的热能传递过程；它既有流体分子之间的导热作用，又有流体本身的对流作用，所以对流换热是一种复杂的换热过程，它受到导热规律和流体流动规律的支配；它与流体的流动、物理性质、换热门的几何形状、尺寸及位置等因素有关。对流分为由冷、热流体的密度差引起的自然对流和由外力造成流体内压力的不均衡而引起的强迫对流。

假设流体与固体表面之间的换热量与其温差成正比，牛顿方程可用来定义对流换热传

递的热量

$$Q = h_e A(t_w - t_f) \tag{4-4}$$

式中　h_e ——换热系数，W/(m^2 · k)；

A ——固体壁面换热面积，m^2；

t_w ——流体温度，℃；

t_f ——固体壁面温度，℃。

由式（4-4）可以看出，牛顿方程将影响对流换热的复杂因素归结于对流换热系数 h_e，因此对流换热研究的主要工作是针对不同的工作条件下换热系数的估算和确定。

热应力是结构本身受到环境温度变化之后，热膨胀特性产生形变在结构之间相互约束无法释放从而产生的应力。在微系统中，不同材料的电性能不同，其热力学属性也不相同。特别在不同材料的互连处，热膨胀系数不同导致材料在受热中产生的形变不一致而产生应力集中，互连结构的应力无法释放，便遭到热应力的破坏从而断裂失效。

对于使用铜等高熔点作为互连材料的 RDL 和 TSV 而言，在常温状态下其材料的力学特性可近似认为与时间和温度无关，这种材料的本构模型称为线性模型。针对线性材料，假设材料的形式为线弹性，线弹性材料的热应力-应变关系表示如下

$$\boldsymbol{\sigma} = \boldsymbol{D}\boldsymbol{\varepsilon}^{el} \tag{4-5}$$

式中　$\boldsymbol{\sigma}$ ——应力矩阵；

$\boldsymbol{D}$ ——刚度矩阵；

$\boldsymbol{\varepsilon}^{el}$ ——整个材料的弹性应变矩阵，$\boldsymbol{\varepsilon}^{el} = \boldsymbol{\varepsilon} - \boldsymbol{\varepsilon}^{th}$；

$\boldsymbol{\varepsilon}^{th}$ ——热应变矩阵。

在三维模型中矩阵

$$\boldsymbol{\varepsilon}^{th} = \Delta T[a_x, a_y, a_z, 0, 0, 0],$$

式中　ΔT ——温度的变化值；

a——对应材料的热膨胀系数。

(2) GNC 微系统热学仿真分析方法

针对微系统的热仿真分析，依照模型复杂度和计算精度要求可酌情考虑采用 ANSYS Workbench 和 Icepak 的计算方法，前者对于元器件众多且含有灌封料等异型填充体的结构分析较为适用，但相对精度略低，热材料库模型较少。后者对于考虑 EDA 设计电子设备热分析和散热设计具有较强优势，可以为电子设备提供较为精细和完整的热设计方案。两者各自的热分析流程如图 4-8 和图 4-9 所示。

以某 GNC 微系统为例进行分析说明，其由多层电路板堆叠，通过线路连接、灌封、封装等步骤整合为一个整体模块，结构示意图如图 4-10 所示。

依照 GNC 模块内部主要器件和材料构成，主要材料的热特性参数和器件功耗分别见表 4-2 和表 4-3。

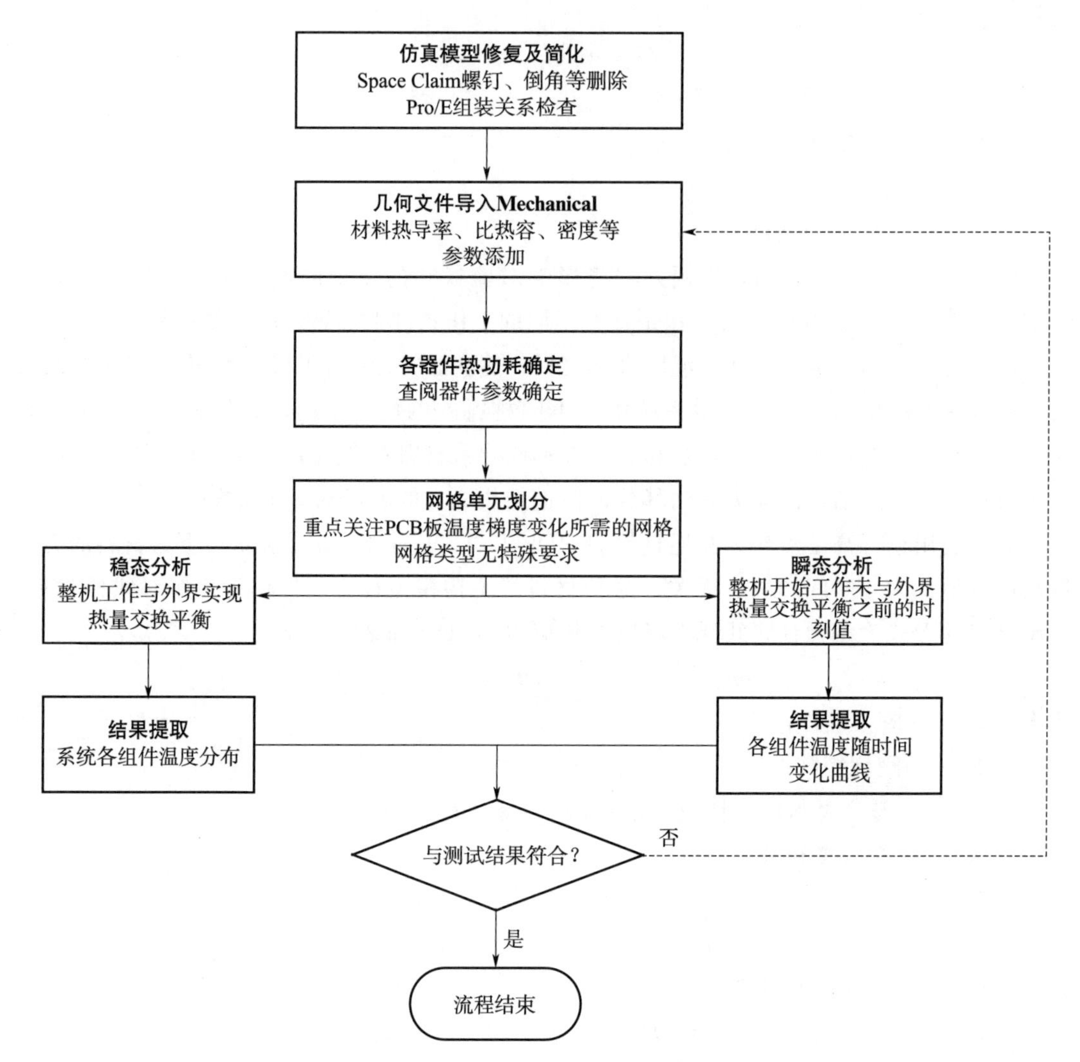

图 4－8　ANSYS Workbench 热分析流程

表 4－2　主要材料热参数

材料名称	密度/(kg/m³)	导热系数/[W/(m·℃)]	比热容/[J/(kg·℃)]
铝合金	2 770	150	875
黄铜	8 300	401	385
灌封胶	1 790	0.6	1 150
FR－4	1 800	58 (X/Y)0.3528(Z)	1 150
塑封材料	950	0.28	2 300

注:上述材料热参数一般通过厂家或工程经验进行确定,对于部分复合材料热参数,为确保分析精度,建议进行热测试进一步确定。

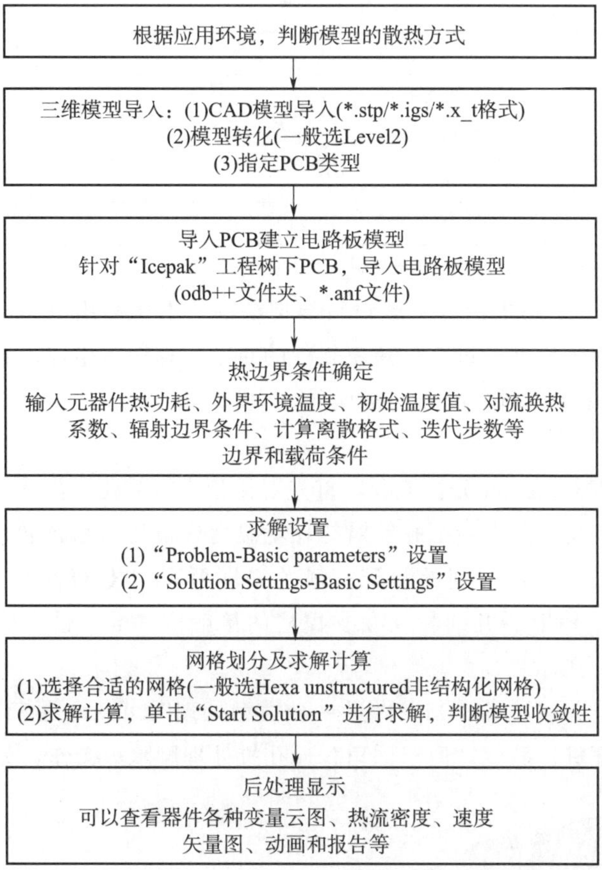

根据应用环境，判断模型的散热方式

↓

三维模型导入：(1)CAD模型导入(*.stp/*.igs/*.x_t格式)
(2)模型转化(一般选Level2)
(3)指定PCB类型

↓

导入PCB建立电路板模型
针对“Icepak”工程树下PCB，导入电路板模型
(odb++文件夹、*.anf文件)

↓

热边界条件确定
输入元器件热功耗、外界环境温度、初始温度值、对流换热系数、辐射边界条件、计算离散格式、迭代步数等边界和载荷条件

↓

求解设置
(1)“Problem-Basic parameters”设置
(2)“Solution Settings-Basic Settings”设置

↓

网格划分及求解计算
(1)选择合适的网格(一般选Hexa unstructured非结构化网格)
(2)求解计算，单击“Start Solution”进行求解，判断模型收敛性

↓

后处理显示
可以查看器件各种变量云图、热流密度、速度矢量图、动画和报告等

图 4-9　Icepak 热分析流程

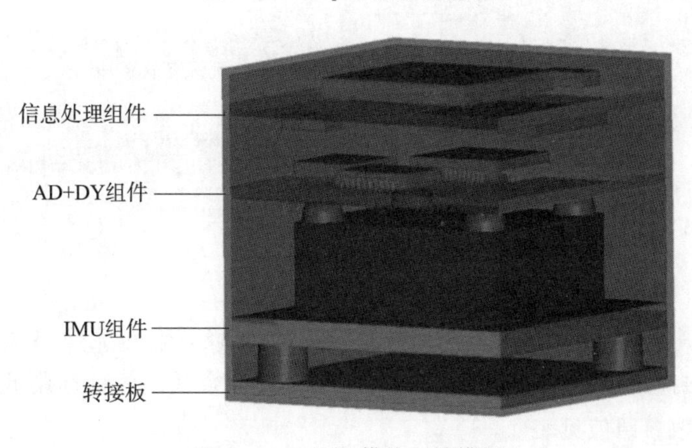

图 4-10　GNC 模块三维模型

表 4-3　元器件热功耗

序号	名称	功耗/W
1	处理器	2.5
2	可编程器件	0.089

续表

序号	名称	功耗/W
3	电源芯片	0.4
4	模拟量采集器件	0.1
5	惯性导航元件	0.2
6	存储器	0.1

注：以上功率器件的热功耗大多为工程经验预估值。

对于该GNC模块，考虑内部有灌封料异型结构，本例利用ANSYS Workbench进行计算分析，其中灌封料模型通过三维建模软件的布尔运算功能生成，再通过装配形成整体GNC模块，便于后续的材料分配和网格划分。

①模型简化

参照ANSYS Workbench分析流程，首先对模型进行简化，简化原则如下：

模型中螺钉、倒角以及细特征孔等对热环境温度分布基本无影响，因此在简化时可将上述特征删除，正常保留组件间的装配接触关系即可。GNC模块内部包含多个PCB板组，简化时务必保证PCB板几何特征及支撑柱的接触位置准确性，确保系统内部导热路径与实际环境保持一致。

三维模型导入推荐利用SCDM，做进一步模型处理时可忽略原三维模型的关联特征，直接对结构几何特征进行简化，便于倒角、通孔批处理删除等操作，如图4-11所示。

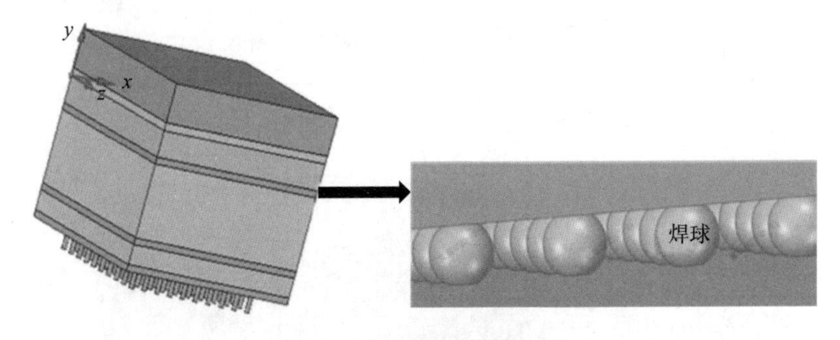

图4-11 SCDM模型处理

②热边界条件和载荷设置

根据一般使用工况，外界环境温度按照常温25 ℃设置，对流换热系数视分析对象周边安装环境的密封性和空间体积决定，为考虑安全设计余量，建议选用低值进行估算，常用的对流换热系数参照值见表4-4。

表4-4 对流换热系数参照表

冷却方法	换热系数/[W/(m² · ℃)]	热流密度/(W/m²)
空气自然对流	6～16	0.024～0.064
水自然对流	230～580	0.9～2.3

续表

冷却方法	换热系数/[W/(m² · ℃)]	热流密度/(W/m²)
强迫风冷	25～150	0.1～0.6
强迫水冷	3 500～11 000	14～44

分析中热功耗是以热生成率形式加载在元器件上，体积可从三维建模软件中直接获取，结合器件热功耗计算得到热生成率，通过 Internal Heat Generation 添加。

③网格单元划分

热仿真对于网格质量的要求宽容度较力学分析高，通常四面体单元或六面体单元都适用于计算求解，且考虑算法因素，更易收敛，其能承受百万网格单元的计算量，故在网格划分上可以更为精细。

建议细化功率器件单元网格，以便观察器件自身的温度梯度，PCB 附铜率和厚度方向叠层的制作工艺，使 PCB 在三个方向上的导热系数不同，考虑 PCB 厚度一般在 1～2 mm，为体现温度沿厚度方向的梯度变化，应保证在厚度方向上划分不少于 2 层单元，如图 4-12 所示。

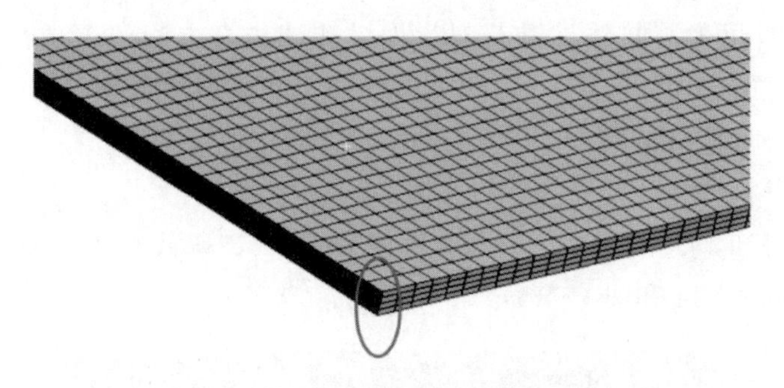

图 4-12　PCB 板厚度方向网格设置

为了兼顾计算效率和划分精度，对于不同结构体网格划分策略不同，推荐采用如下划分方法，见表 4-5。

表 4-5　网格划分推荐方法

部件名称	单元类型	单元网格尺寸要求	细化部位
PCB	Hex Dominant（六面体单元）	1～2 mm，厚度方向至少 2 层单元	螺钉、螺柱接触部位
芯片器件	Hex Dominant（六面体单元）	0.2～1.0 mm，网格节点与 PCB 节点相对应	管脚连接部位
焊点	Hex Dominant（六面体单元）	0.1～0.2 mm	连接支撑部位
灌封料	Tetrahedrons（四面体单元）	0.4～0.6 mm	灌料与印制板、器件边界层

划分后的 GNC 模块的有限元模型如图 4-13 所示。

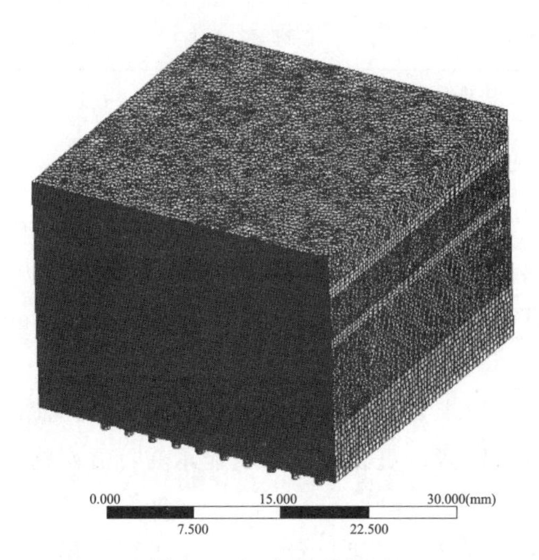

图 4-13　有限元模型

④计算和结果分析

基于前述条件，分别进行稳态和瞬态分析，稳态分析用来整体评估 GNC 模块的热设计情况，瞬态分析用来与热测试进行对比，以验证仿真方法的合理性和准确度。由于 GNC 模块内部设置有温度传感器，可用于监测内部实时温度，并与仿真结果对比。下面分别给出两者的计算分析结果。

（a）稳态热分析

由计算结果可知，GNC 模块内部最高温度为 68 ℃，高温集中于 AD-DC 组件电源芯片模块附近（见图 4-14 和图 4-15）。

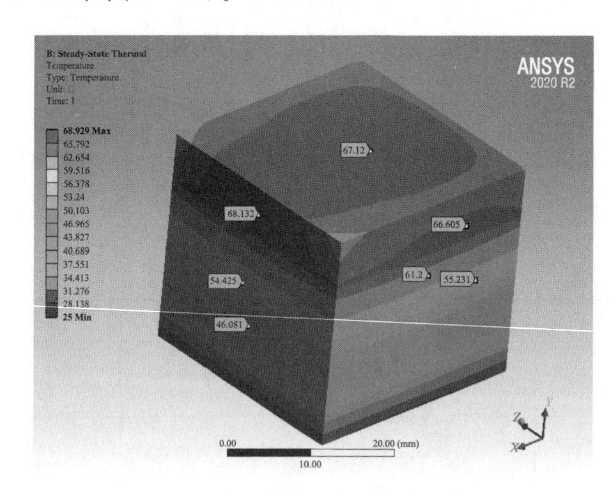

图 4-14　GNC 表面温度云图

（b）瞬态热分析

为观察 GNC 模块的温升率，给出不同时刻表面和内部温度云图结果，如图 4-16～图 4-18 所示。

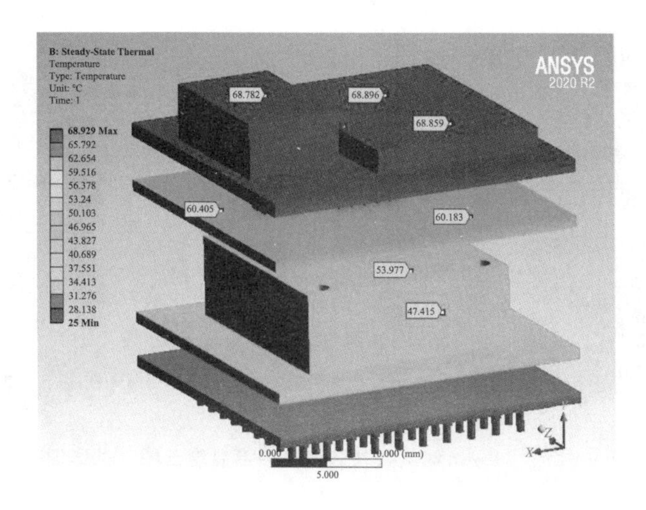

图 4 - 15　内部器件温度云图

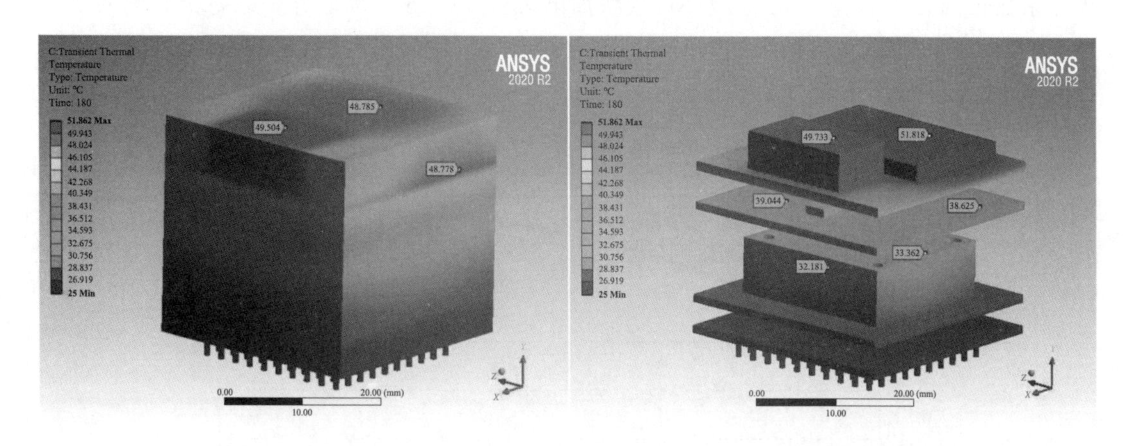

图 4 - 16　3 min 时刻模块表面及内部温度云图（见彩插）

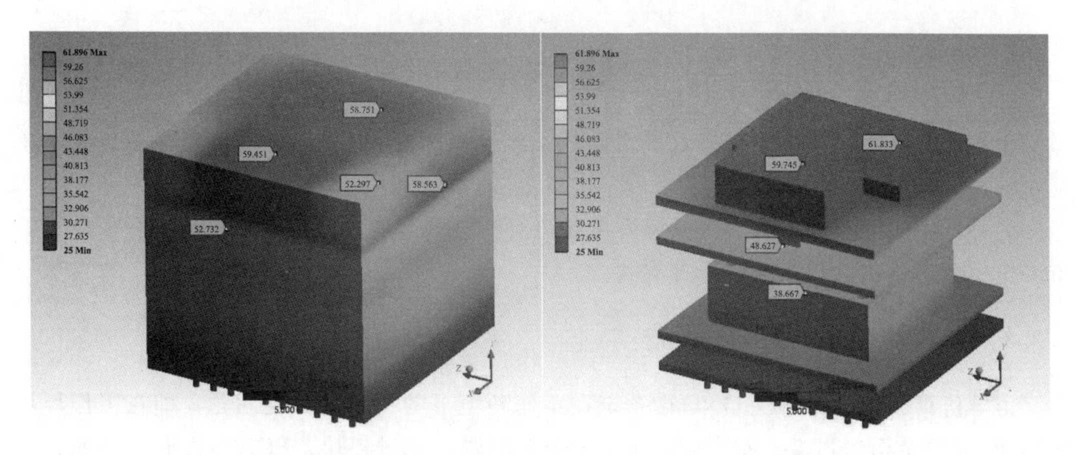

图 4 - 17　10 min 时刻模块表面及内部温度云图（见彩插）

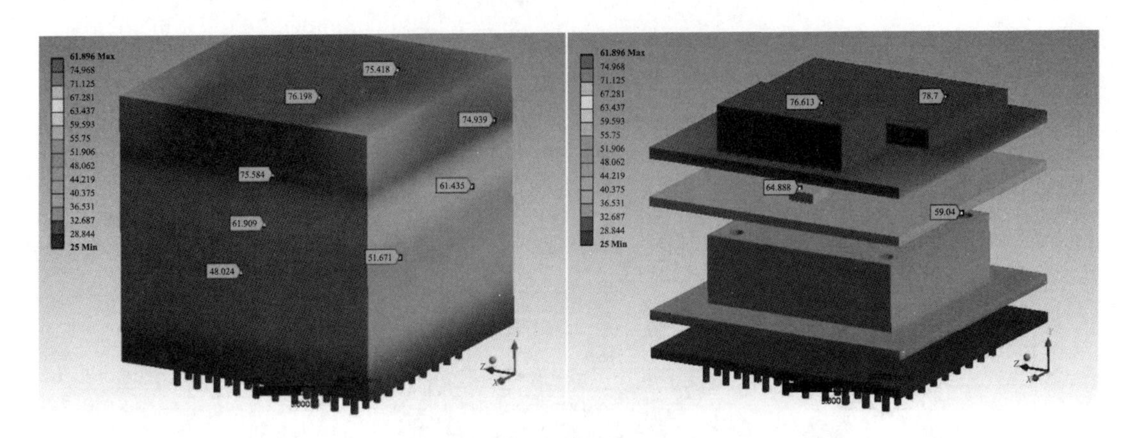

图 4－18　30 min 时刻模块表面及内部温度云图（见彩插）

为保证测试环境与仿真条件一致，保持试验环境温度为 25 ℃左右，GNC 模块放置在导热系数较低的支撑垫上，并对 GNC 模块加电运行 30 min，提取并记录各个时刻的模块温度数据，同时获取仿真结果相同时间点温度传感器部位的温度值，将两者数据绘制于同一图像中，温升曲线如图 4－19 所示。

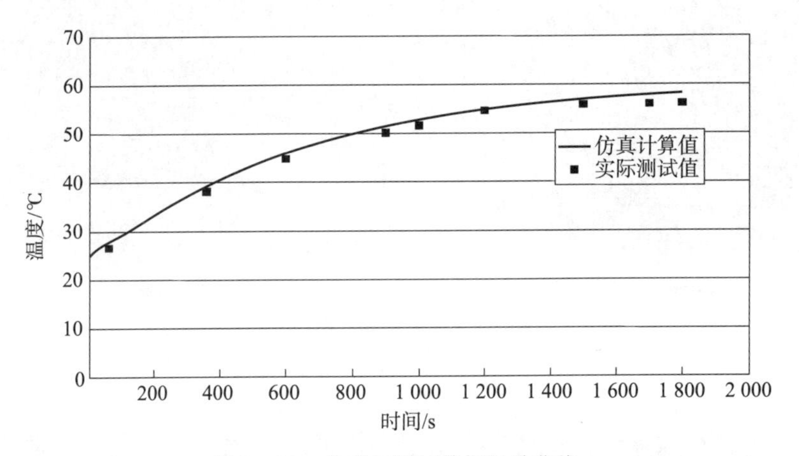

图 4－19　仿真与测试数据温升曲线

由图 4－19 可知，在曲线接近平滑阶段，测量温度在 55 ℃附近。前述稳态仿真结果显示温度传感器部位稳定在 56 ℃附近，这与测试结果较为接近。

另外，由实测数据可知，仿真温升曲线与实测数据追随较好，反映出仿真分析结果具有一定精度，本例热分析方法合理有效。

4.2.4　GNC 微系统力学仿真分析

力学仿真分析主要解决 GNC 微系统在工作环境下的力学适应性问题，即在工作环境中 GNC 模块结构的强度、刚度设计及安全余量问题，通过模块、PCB 组件和关键受力零部件的计算分析，预估设计方案的可行性，找出薄弱环节并进行优化改进。

对于常规应用场景，一般力学环境比较宽松，除需要考虑随机振动、冲击响应谱等条件外，并无太多严苛条件，对于该方面的仿真分析也较为普遍，一般采用静力分析—模态分析—随机振动—冲击响应谱的分析思路，大部分计算还处于线性分析的领域，而对于炮射弹载GNC微系统，鉴于其炮射环境为长时高量级冲击谱，力学条件十分苛刻，一般工程上通过产品直接飞试考核结构强度费时费力，且成本较高，目前集中于仿真分析＋地面测试的解决方案，故对于该类GNC微系统，力学仿真分析发挥了重要作用，为此，本例以长时高冲击为环境背景进行GNC微系统的力学仿真分析介绍。

参照弹药发射环境，一般为大于15 000g@（10 ms～15 ms）的近似半正弦冲击谱型，如图4-20所示为典型的炮射冲击加速度谱，对于该种谱型，涉及冲击动力学分析范畴，是典型的瞬时大变形非线性计算。

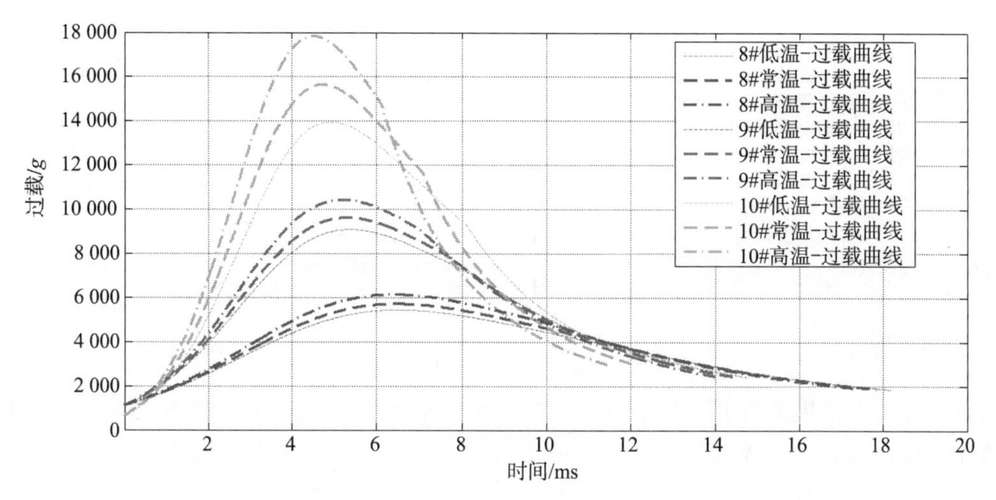

图4-20 炮射冲击过载曲线（见彩插）

针对炮射冲击谱型的分析方法，首先对于结构刚性较好，无较大变形，且不重点关注冲击应力波传递过程的分析情况，可利用隐式算法求解，网格单元划分要求较低，可采用较大时间步加速计算效率，但注意时间步设置和计算结果收敛性的问题，需要进行优化调节。而对于有减振吸能大变形结构，具有较强非线性的情况，推荐利用显式算法求解，可保证计算精度和解的稳定性，相对网格质量要求较高，优选六面体结构网格，对于金字塔网格缺乏适应性，应尽量避免。两种方法的计算流程分别如图4-21和图4-22所示。

（1）模型简化

GNC微系统内部器件较多，结构形式复杂，在前处理软件中可对不关注部件模型采取删除、修复措施；而对于焊点、引脚等需要关注的细小特征按关注度确定保留细化程度。对于非力学敏感且质量很轻的器件，可酌情进行简化去除，减少过多细节带来的计算量提升。灌封料等异型结构体，仍主要通过三维建模布尔运算生成。对于布尔运算后可能产生的断面、豁口等异常情况，需要对模型进行重构，对非常狭小间隙、器件孔隙等进行修补，以确保衍生模型的连续性，便于后续网格划分不产生过多金字塔网格。

对容易出现网格划分问题的窄边，通过对过孔和两物体交叉面进行边界缩减、孔位适

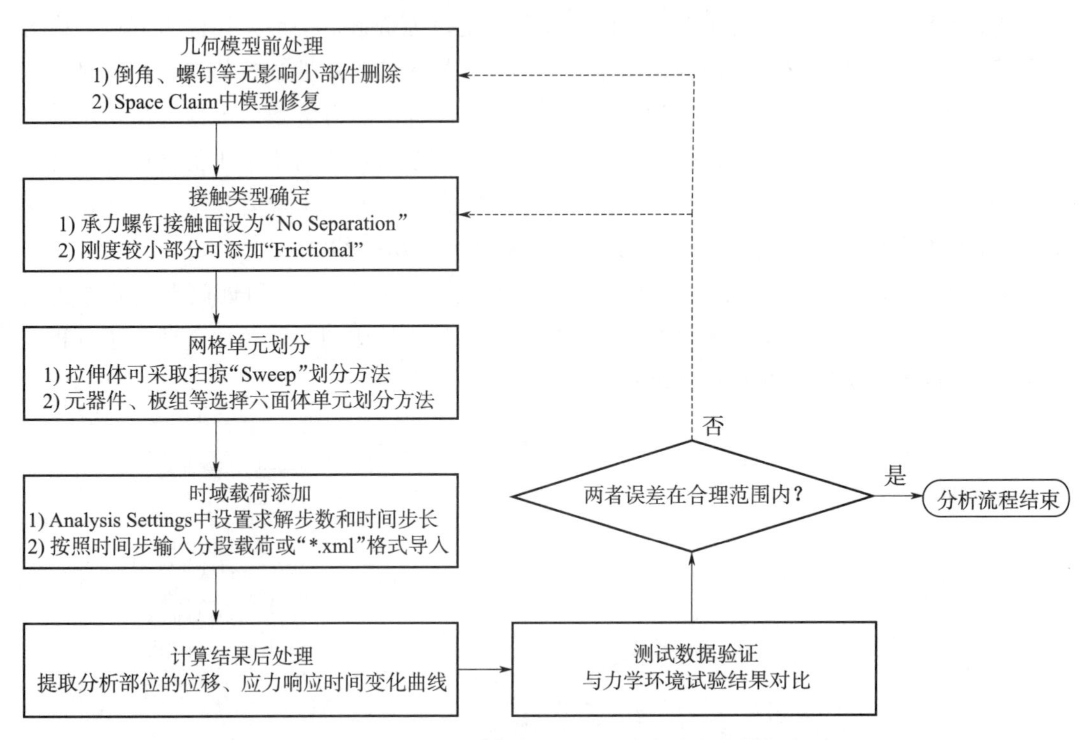

图 4-21　基于 ANSYS 隐式算法的冲击动力学分析流程

度偏移、交叉面修剪的方式，保证网格划分质量，尽量不产生长宽比过大、局部尺度突变的情况，若进行孔位或界面缩移，应保证物体质量一致，质心不发生大偏移。

（2）单元网格划分

对于瞬态冲击动力学，由于涉及大变形、弹塑性材料及非线性接触三类非线性因素，故其较静力学分析具有更大的计算量和计算难度，结果收敛性较难保证，而且对于局部管脚、螺钉等尺度较小的结构体，其在进行显式计算时会拥有更多的计算步数。

针对此种情况，网格划分应尽量利用六面体网格以减少单元总数，同时大变形部位和应力集中部位需要细化，以保证大变形时结果的收敛性，同时，尽量避免结构异型和交叉部分，产生较多金字塔单元，造成局部结果难收敛或错误的情况，如图 4-23 所示。

应注意的是，四面体一般不可能使网格在一个方向排列，由于几何和单元性能的非均质性，不适合于薄实体或环形体。四面体单元还可能引起刚度过大。

（3）边界及载荷条件添加

炮射冲击载荷谱一般给出形式为半正弦加速度载荷谱，对于 GNC 微系统内部一般包含减振缓冲结构，相对刚性较差，为了体现各环节的减振缓冲效果，加速度作为惯性载荷通常不直接添加作用于结构体上，一般做法为对加速度进行一次积分转成速度或二次积分位移的方式施加，此时可以选取 GNC 微系统安装位平面添加速度或位移载荷。表 4-6 分别给出了半正弦和后峰锯齿波的加速度方程及对应的速度和位移表达式。

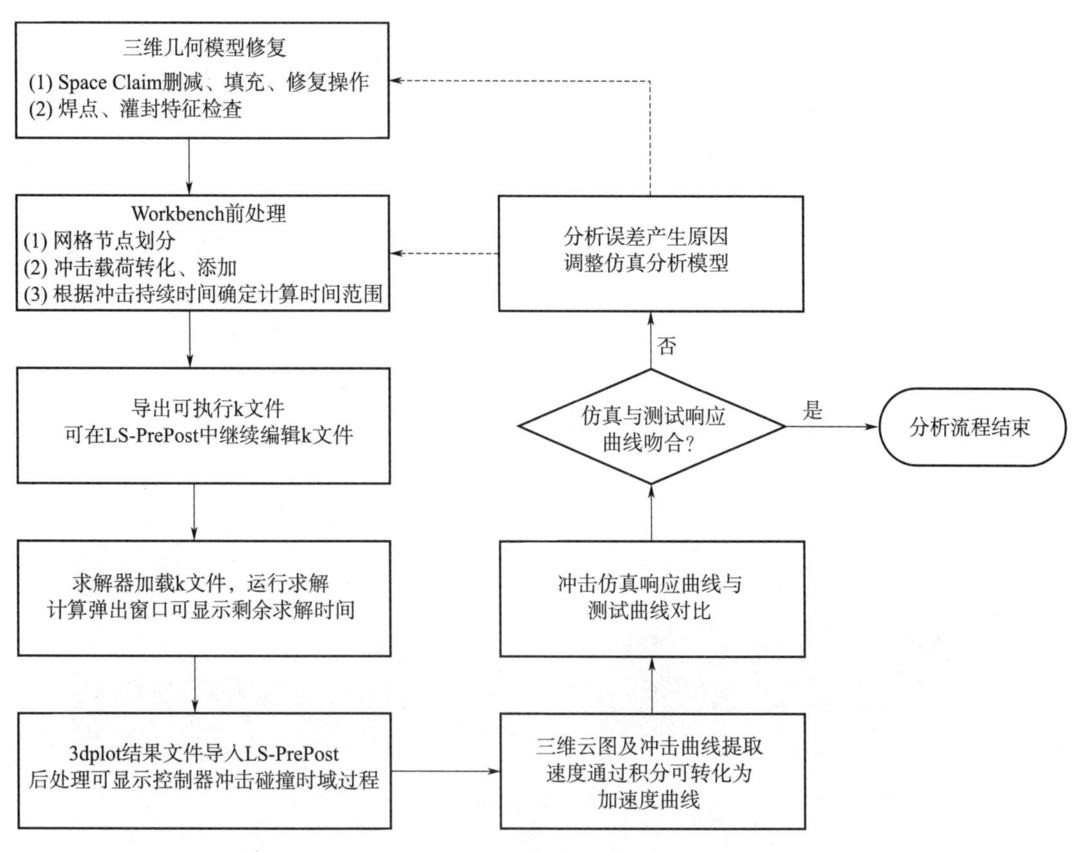

图 4-22　基于 LS-DYNA 显式算法的冲击动力学分析流程

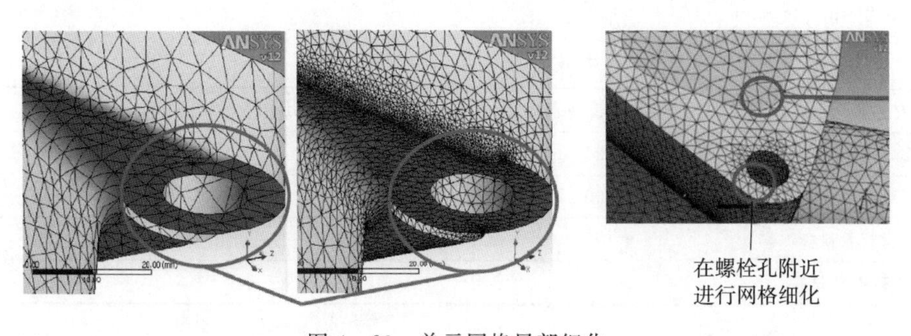

图 4-23　单元网格局部细化

表 4-6　加速度—速度—位移冲击谱对应关系

类型	加速度	速度	位移
半正弦波	$a(t)=\begin{cases}A_p\sin(t\pi/D), & 0\leqslant t\leqslant D\\ 0, & t>D\end{cases}$	$v(t)=\dfrac{A_pD}{\pi}\left(1-\cos\dfrac{\pi t}{D}\right)$	$x(t)=\dfrac{D}{\pi}\left(A_pt-\sin\dfrac{\pi t}{D}\right)$
后峰锯齿波	$a(t)=\begin{cases}A_pt/D, & 0\leqslant t\leqslant D\\ 0, & t>D\end{cases}$	$v(t)=\dfrac{A_p}{2D}t^2$	$x(t)=\dfrac{A_p}{6D}t^3$

注：A_p 为峰值加速度；D 为冲击持续时间。

(4) 案例分析

以前述图 4-6 所示的 GNC 模块结构为例进行冲击仿真分析，图示结构在高冲击过载条件下，重点需要关注微系统内部印制板、元器件等受力变形情况以及焊点、插针、连接承力件等的冲击受力和应变情况。印制板瞬时变形量过大会与控制器发生碰撞从而造成结构损坏，焊点、插针等受冲击应力值过大会直接导致断裂、失效问题。因此在设计及验证阶段针对 GNC 模块开展冲击仿真分析，获取冲击过载条件下的应力、应变以及位移数据。

①GNC 器件焊点力学仿真

为了抗冲击需要，GNC 模块内部元器件大多为表面贴装类，封装形式主要为 BGA、QFP、QFN 和 LCCC 等。下面以 BGA 封装为例进行分析说明。

以元器件实际状态进行模型构建，其中元器件大小约为 9.6 mm×9.6 mm×1.6 mm，焊球直径为 0.5 mm，间距为 1.2 mm，共计 255 个。三维模型如图 4-24 所示。

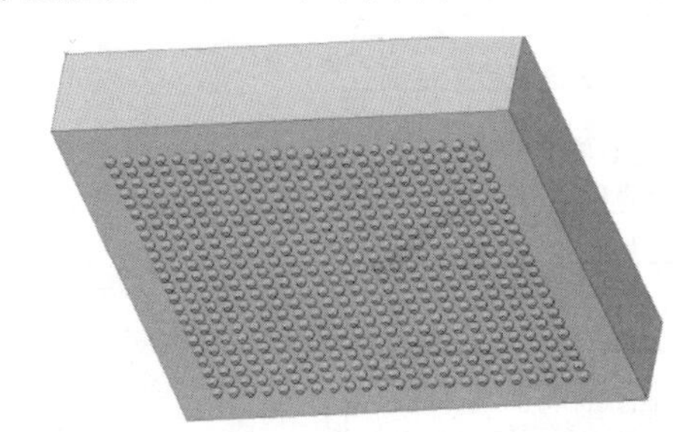

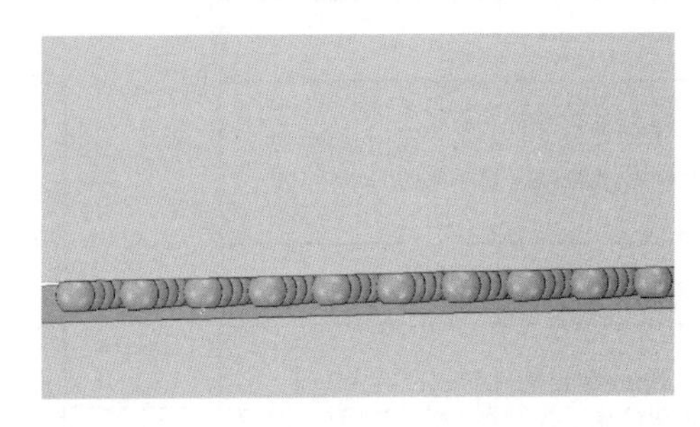

图 4-24　BGA 封装器件

焊点材料为 Sn63Pb37，PCB 板为 FR4，元器件按照质量等效硅材料赋予，表 4-7 给出了瞬态冲击计算所需的材料参数。

表 4-7　力学仿真材料参数

材料名称	密度/(kg/m^3)	弹性模量/GPa	泊松比
Sn63Pb37	8 525	29.93	0.39
FR-4	1 900	24.6	0.136
环氧树脂灌封胶	1 790	13	0.38
质量等效件硅材料	2 329	162.7	0.27

以 18 000g@12ms 为冲击条件进行施加，方向为轴向，按照冲击载荷谱等效转化方法，得到速度加载曲线，如图 4-25 所示。

网格单元划分方式采用六面体单元划分，对焊球部分进行了加密划分，共计 79 万单元数，划分结果如图 4-26 所示。

针对焊球直径、焊点间距等可能影响冲击响应结果的条件，设置仿真对照组进行求解计算。以不同焊点间距为例，图 4-27 展示了焊点不同间距的仿真模型。

仿真计算时按照控制单一变量原则进行，每次只改变一个条件，保持材料设置、网格划分方法、约束边界条件一致，冲击载荷谱按照 18 000g@12 ms 加载。计算完成后提取焊点上的最大等效应力值，记录数据见表 4-8。

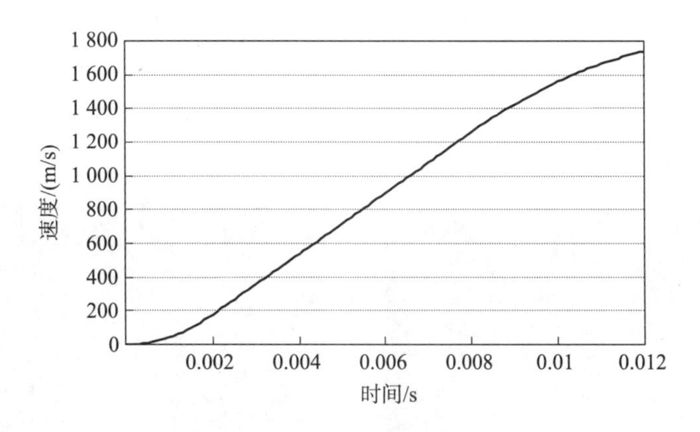

图 4-25　冲击等效速度载荷

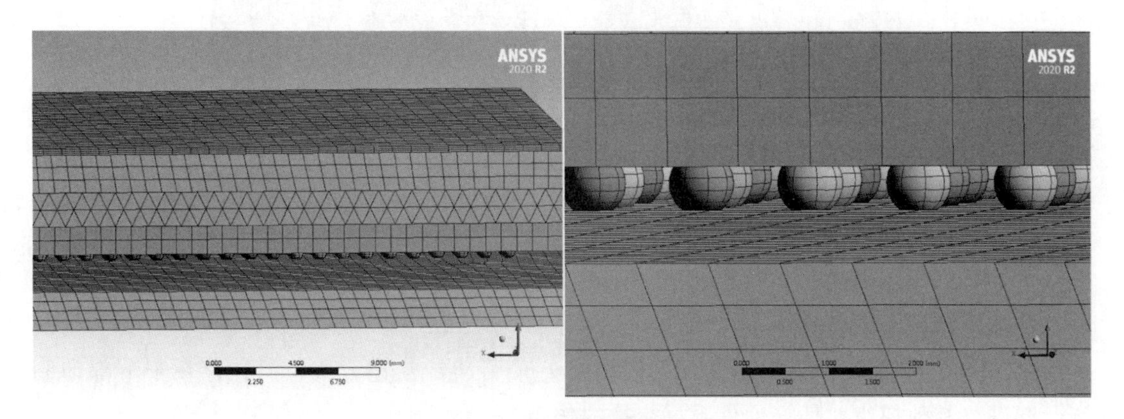

图 4-26　BGA 封装网格划分

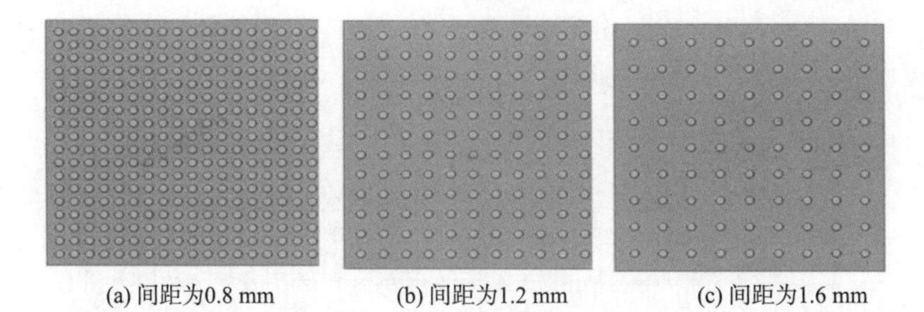

(a) 间距为0.8 mm　　(b) 间距为1.2 mm　　(c) 间距为1.6 mm

图 4-27　焊点不同间距的仿真模型

表 4-8　焊点等效应力仿真值

焊球直径/μm	最大等效应力/MPa	焊点间距/mm	最大等效应力/MPa
450	17.7	0.8	18.7
500	16.9	1.2	18.2
600	16.5	1.6	16.4

由分析结果知，焊球直径、焊点间距对结构冲击响应的影响小，焊点的最大等效应力均在16～19 MPa。锡铅焊抗压强度预估在35 MPa左右，安全余量为1.9左右，强度能够满足要求。

附上冲击试验后的产品显微照片图像，如图4－28所示。

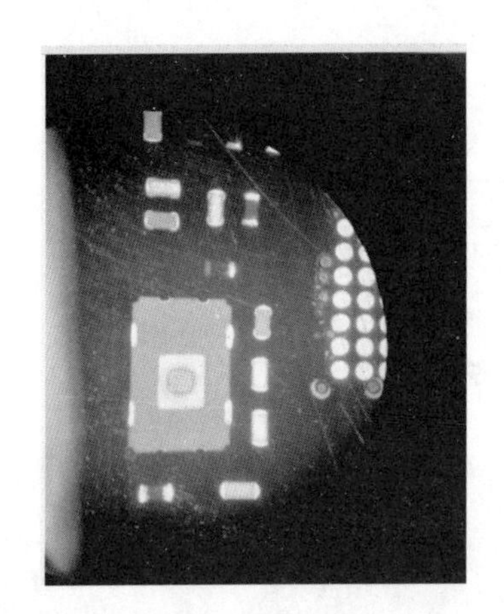
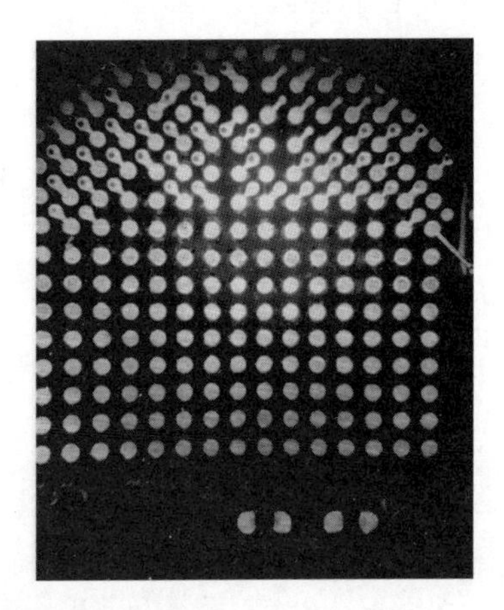

图4－28　模块冲击后影像

依照影像图片，器件焊点和自身没有发生损伤、脱焊和器件松动移位的情况，器件在冲击下未受到明显损伤，与仿真结论一致。

②模块插针力学仿真

基于无缆化和抗冲击需要，GNC模块对外采用插针互连方式，插针存在于下部印制板，起到与其他模组对插、通信数据交换的作用。

根据装配互连要求，本例插针直径为0.76 mm，长度为3 mm，间距为2.4 mm，共计100个。对插孔直径为0.86 mm，插合深度为3 mm，因考虑计算效率和模型对称性，选取1/4模型进行构建，三维模型如图4－29所示。

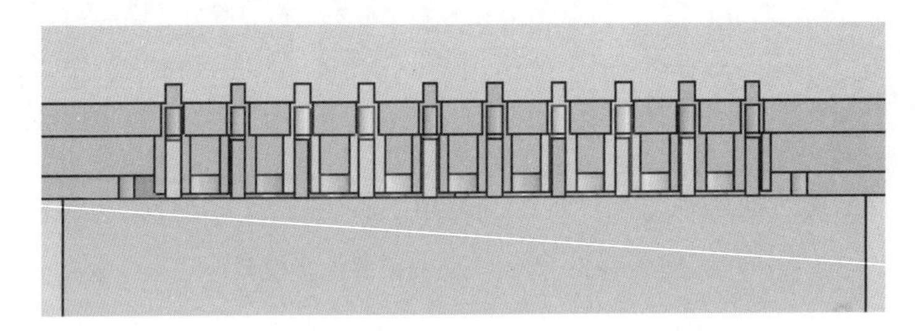

图4－29　插针及对插件三维模型示意图

插针材料和对插件材料均为黄铜，材料属性参数见表4－9。

表4－9　黄铜力学仿真材料参数

材料名称	密度/(kg/m^3)	弹性模量/GPa	切线模量/GPa	泊松比
黄铜H62	8267	99	35	0.345

冲击载荷参照前例，施加位置为 GNC 模块底部轴向。

网格单元划分方式为采用六面体单元划分，对插针部分进行了加密划分，共计 56 万单元数，划分结果如图 4-30 所示。

图 4-30　插针网格单元划分

基于上述设置生成 k 文件计算，利用 LS-PrePost 进行后处理显示，插针的 Von-Mises 应力云图如图 4-31 所示。

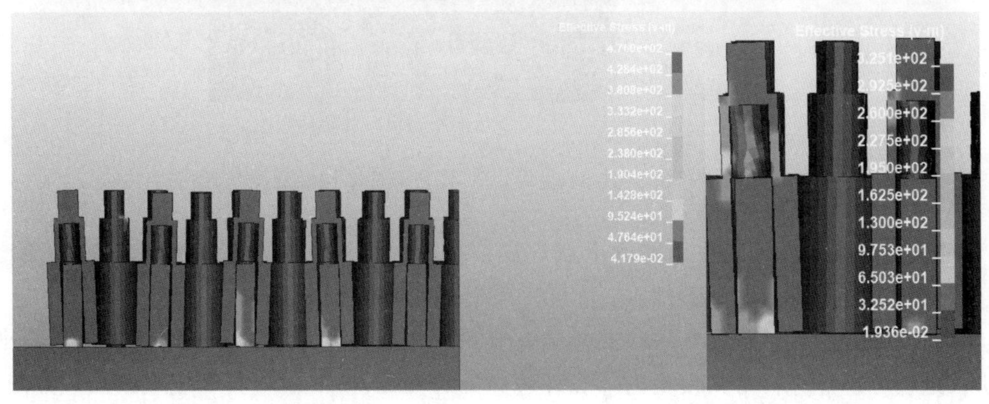

图 4-31　插针 Von-Mises 应力云图

根据云图显示结果，插针根部应力较大，去除应力奇异点数据，最大应力约为120 MPa，黄铜屈服强度约为280 MPa，安全系数为2.3，基本满足使用环境要求，此外，插针有微量变形，综合评估会增加一定插拔的摩擦力，但不会造成卡死现象。

以冲击后的模块产品进行观察，插针组插拔过程正常，结构形态完好，如图4-32所示。

图4-32 冲击后模块插针形态示意图

③印制板及连接承力件力学仿真

GNC模块内部结构一般通过灌封进行封装加固，选用环氧类灌封料，形成刚性结构体，以抵御外部冲击。印制板组和连接承力件与内部灌封料为不同材料，考虑不同材料间弹性模量，泊松比、热膨胀系数等均有差异，在产品应用过程中可能会出现异质界面分层现象，产生裂纹扩展、局部断裂等失效模式。

某抗高过载GNC模块不含有卫导组件，其模块结构和互连方式如图4-33所示。模块内部结构整体采用PoP工艺，基板间采用侧边互连实现信号传输，从上至下依次集成CPU板、AD+DY板、IMU板和TB板。模块大小为30 mm×30 mm×21.5 mm，采用PGA封装。

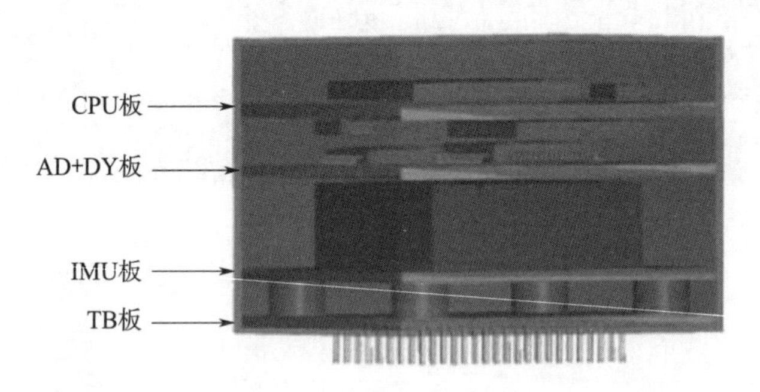

图4-33 某抗高过载GNC模块内部结构示意图

对该三维模型进行简化，本例重点观察模块内部结构的冲击受力情况，故将插针略去，同时舍去较小质量的元器件。

材料参数和边界、载荷条件参照4.2.3节和4.2.4节案例施加，利用隐式算法减小时间步长进行分析计算，得到模块内部和外边界处的Von-Mises应力和应变云图，如图4-34和图4-35所示。

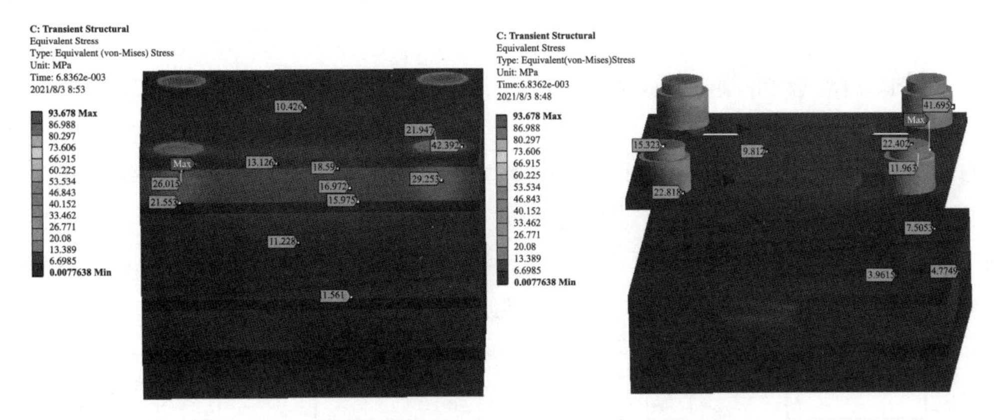

图 4－34　模块 Von－Mises 应力云图（见彩插）

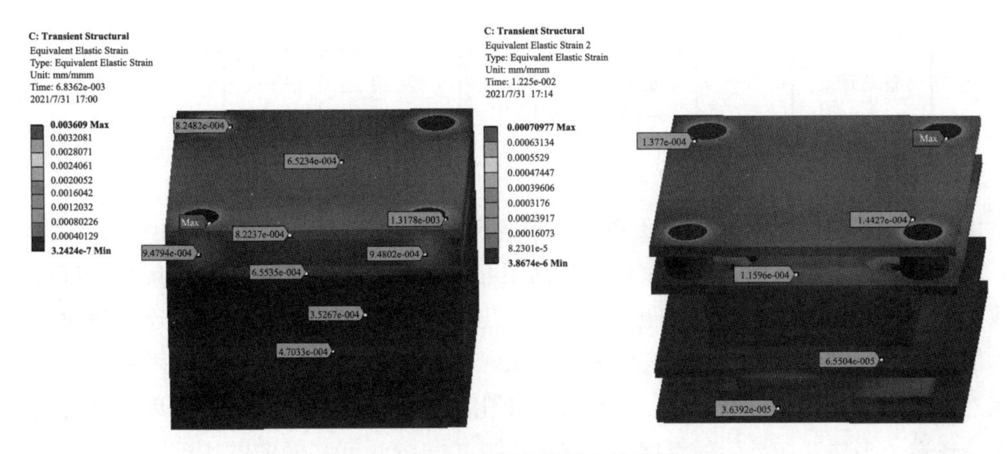

图 4－35　模块应变云图（见彩插）

由图可知，模块外表面有明显的应力分层，分层位置为印制板与灌封料的界面处，界面处最大应力约为 25 MPa。此外，安装螺钉位置出现应力集中，其与印制板、灌封料分界面均出现了应力分层，最大应力约为 90 MPa。根据相关资料分析，环氧灌封料粘接强度在 30 MPa 以内，据此评估，此结构强度安全余量不足，在 25 MPa 区域有分层可能。

与冲击试验对比验证，在模块下部和连接螺钉接缝处，发现裂纹并呈直线条形分布，与仿真结果最大应力部位相近，如图 4－36 所示。

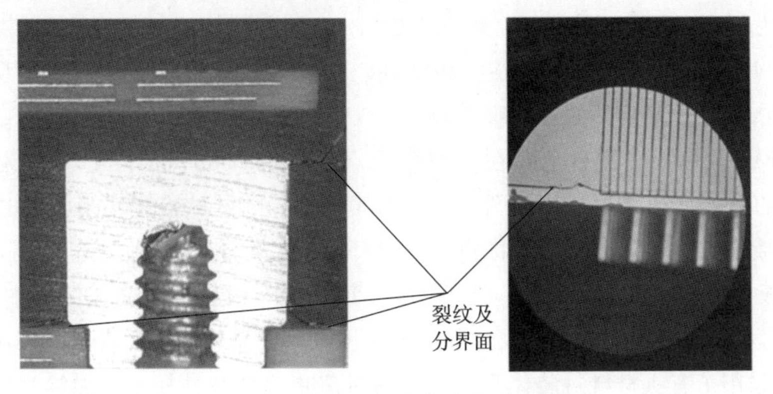

图 4－36　模块冲击失效分层影像

4.3　GNC 微系统集成工艺

GNC 模块采用的工艺技术路线为有机基板型叠层方式，以尽量少的三维互连为层规划准则，按功能进行分块规划，分别组装到数个有机基板上，形成单层封装结构，再将基板进行三维堆叠，按如图 4－37 所示的工艺流程实现立体互连，对外形成 PGA 引出封装。但这样封装的前提是各功能基板的功能、性能正确，必须有相应测试环境进行保证。

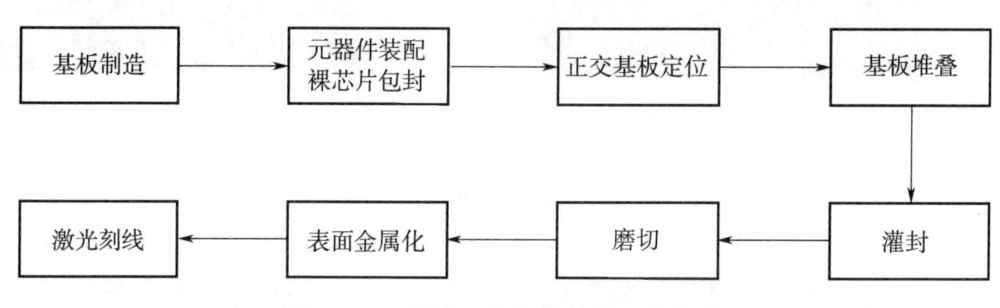

图 4－37　基板三维叠层封装工艺流程

该集成工艺通过将平面互连更改为垂直互连，极大减小了基板间的电互连电缆和距离，增加了板级组装密度、功能密度，提高了互连性能，实现了毫米级的互连。与板级的堆栈方式及商业化的 PoP 技术相比，其板间互连的方式采用侧壁绝缘面互连，消除了接插件、挠性印制板和焊球等垂直互连结构，极大减小了垂直互连通道占用的面积，与其内部的互连结构相比，几乎可以忽略。与传统商业化的 PoP 技术相比，没有采用焊接实现层间互连，规避了多层互连导致的温度梯度影响，其工艺方法可实现多层基板结构同时实现垂直互连，充分释放了垂直互连对堆叠层数的制约，在板级产品高度允许的前提下，理论上的互连不受该堆叠技术的限制。

4.3.1　GNC 微系统互连基板工艺选择和设计

基板是实现器件间承载和互连的部件，微组装领域常见的基板，根据其成膜技术主要包括三类：

1）MCM－L 基板：采用印制板技术，在层压介质材料上形成导体图形作为基板，这种结构又称为层压（Laminate）。常见的有 COB（Chip on Board）基板、封装基板等。

2）MCM－C 基板：导体构建在共烧结（Cofired）陶瓷基板上，采用厚膜技术在多层陶瓷上形成导电图形。常见的有厚膜基板、LTCC 基板和 HTCC 基板等。

3）MCM－D 基板：通过金属在沉积介质（deposited dielectrics，可以说聚合物或无机介质）上的薄膜淀积来形成导体图形，如薄膜基板、封装软板和硅基板等。

不同的成膜技术具有不同的特点，MCM－L 基板布线密度不怎么高，成本较低。MCM－C 基板布线密度高于 MCM－L。MCM－D 基板布线密度最高，但成本也高。因此，为了满足热膨胀系数匹配要求，以及过载工况应用时不同材料间弹性模量的匹配需要，使用的 POP 技术采用了有机材料封装体系，该材料具有更高的弹性模量，能够容忍变形，不会出现因形变过大而导致基板断裂，且能够通过形变降低或消除加载在基板上的应力。

MCM－L 基板的制造技术主要来源于印制板工业，常见的有机层压材料有 FR－4、BT 或类 BT 树脂、聚酰亚胺等，导体材料一般为铜，为了满足键合等微组装需求，对其表面的镀层或介质类型有要求。基板在制造工艺上和印制板相同或相似。传统技术上，MCM－L 基板被认为是一种低密度、低成本和低可靠性的低端产品，如早期在电子表等产品中使用的 COB 基板。实际上，随着材料和加工工艺在近 20 年的发展，在保持低成本的特色下，已经能够完全满足高密度布线和可靠性需求。在布线密度方面，超薄铜箔光刻、激光钻孔、电镀填孔、半加成和全加成等技术的应用，能够提供高阶或任意阶盲埋孔，超细线条等高密度布线需求，接近微纳互连的能力，而且其多层技术来自印制板行业，能够提供十层以上的布线能力，也能够显著弥补互连线条和过孔尺寸差异对互连能力的影响。而在材料技术方面，通过树脂成分、材料纯度和填料技术的发展，已经大大改善了热导率，实现可调热膨胀系数和全温度范围内应用的可靠性。该类基板最显著的发展技术在封装行业，90%以上的芯片封装采用的是有机材料的 MCM－L 基板。其最显著的高密度应用就是 FC－BGA 封装和 WLFO 封装，近年来，甚至能够取代为解决高密度面阵 I/O 扇出需求而应用的 2.5D 硅中介层，显著降低了商业领域 AI 处理器、高性能 FPGA 等大尺寸、高 I/O 密度 FC 芯片的封装成本，缩短了封装周期，并且为晶圆级封装提供了技术途径。

在设计方面，基板设计流程与印制板产品没有差异，设计工具方面也由板级产品衍生而来，这也降低了开发者软件的学习成本。根据基板厂提供的布线规则，实现规划好的同层芯片、器件和元件的平面互连，与印制板设计不相同的是需将垂直互连的信号网络引出至基板边缘。互连基板实物如图 4－38 所示。

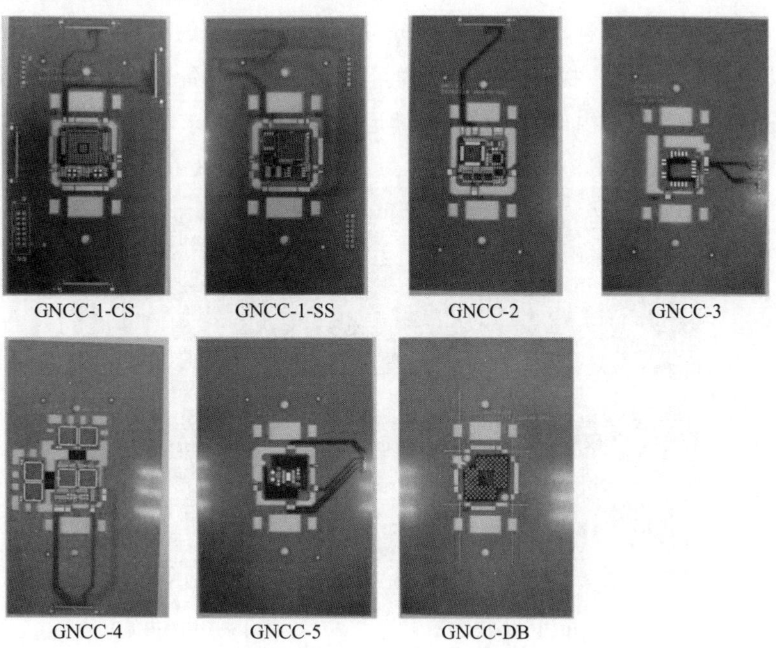

图 4－38　互连基板实物

为满足后续垂直互连基材表面归一化需求，互连基板采用的 MCM－L 基板使用了“飞线”结构作为侧面互连的节点，如图 4－39 所示。叠层包封后，从飞线中间部位进行磨削，暴露出飞线侧面作为侧面互连矩阵的电连接点。这样，从侧面来看，模块表面只有包封树脂和需电互连的“飞线”节点，侧面互连布线表面归一化处理后，提供统一的导体附着基材表面，没有其他材料的干扰，提高了长期应用的可靠性，能够避免长期应用条件下，相邻导体间漏电的风险。

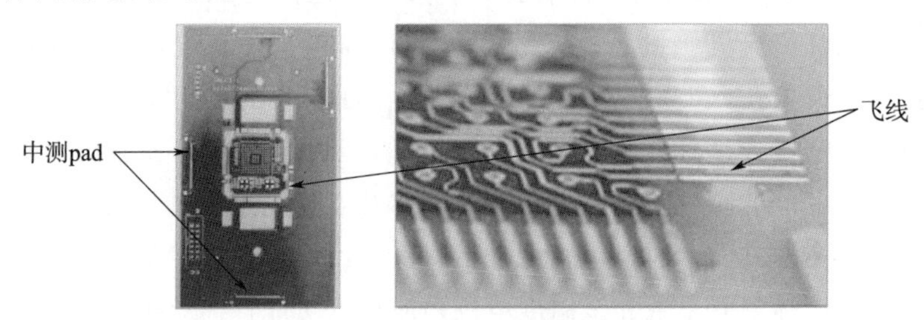

图 4－39 MCM－L 基板工艺结构

为满足封装前的测试需求，基板设计时，在模块切割线外部设计中测用的测试 pad，可以实现单层结构在封装前实现 100％测试和老炼，满足封装前返修的需求，达到低成本实现 KGD（Known Good Die）应用的效果。中测结构利用了基板的工艺白边，不占用有效布局布线区域。在测试和老炼时需要注意的是中测插座的设计，由于 MCM－L 基板较薄，在 POGO－PIN 结构插座接触时，会产生局部形变，这些形变会导致全温度条件下接触不良，基板面积越薄越大，这种影响就越明显。为此，插座的设计非常重要，即要能够在插座表面开制出能够暴露出所有元器件的窗口，还要能够紧密压实基板，避免基板翘曲导致的接触不良。

单板测试方法也有很多种，设计时应充分考虑基板和成品的可测性设计，确保中测测试 pad 的引出以及成品的带插座探针测试，这样可以采用测试设备进行单层激励测试，使其能够测试一些成测覆盖不到的内部信号性能，满足测试覆盖性需求，其结果如图 4－40 所示。

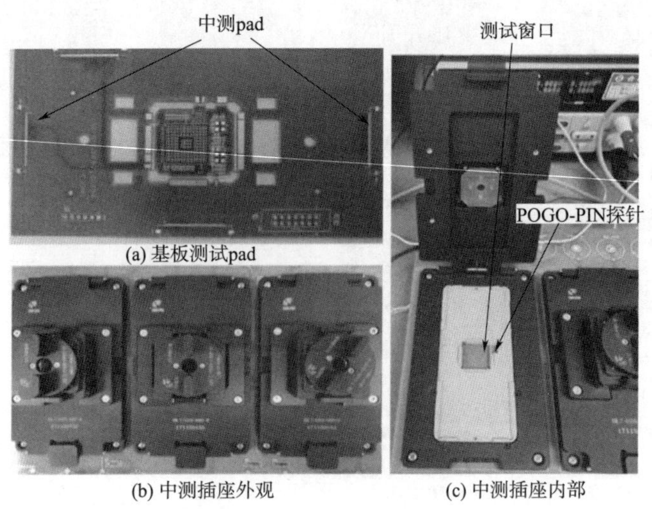

图 4－40 GNC 模块单板示意图

4.3.2　GNC 微系统封装工艺

（1）GNC 微系统裸芯片包封

对于裸芯片和成品模块混装的功能层，先进行成品模块焊接，然后清洗单板，最后对裸芯片进行组装。裸芯片的装焊先粘片再键合，最后进行单层包封。对裸芯片单独包封是为了避免后续模块封装阶段，大体积灌封时不能对微缝隙填充实，避免灌封胶的填充及固化过程中，胶体流动和固化应力对键合丝形貌以及电特性的影响。通常采用两条技术路线进行包封，一是对整个基板布线区域的包封，二是对裸芯片进行局部封装。

第一种方法可采用基于基板的塑封工艺技术，优点是采用工业或军用基板型塑封工艺线，适合大批量生产，缺点是需支付较贵的模具费用，且封装尺寸和高度受限，而且封装材料只能选用固态的封装 EMC 胶棒或粉末，如果封装面积过大，塑封工艺的快速固化极易造成基板翘曲，材料内应力较大，在后期考核中容易与基板分层。

第二种方法是 GLOB－TOP（滴胶）工艺，采用该工艺的缺点是封装后的外形为自然形貌，外观不美观，但基板在模块封装阶段需进行二次封装，外观是否美观不影响封装的可靠性。该方法的优点是不需要研制专用模具，不受封装尺寸限制。

对 GNC 模块的裸芯包封，采用的是进一步细化的 DAM－FILL 工艺。先采用流动性较低的围堰胶在裸芯片及四周键合丝区域周围进行“筑坝（DAM）”，将裸芯片及四周键合丝包围在一个小范围内，围堰胶固化后高度高于芯片键合后的高度，再采用流动性较好的液态灌封胶进行填充（FILL），将其包裹并固化，使裸芯片与键合丝得到有效保护，防止组装过程及后续内部应力损伤。裸芯围堰后以及包封后如图 4－41 所示。

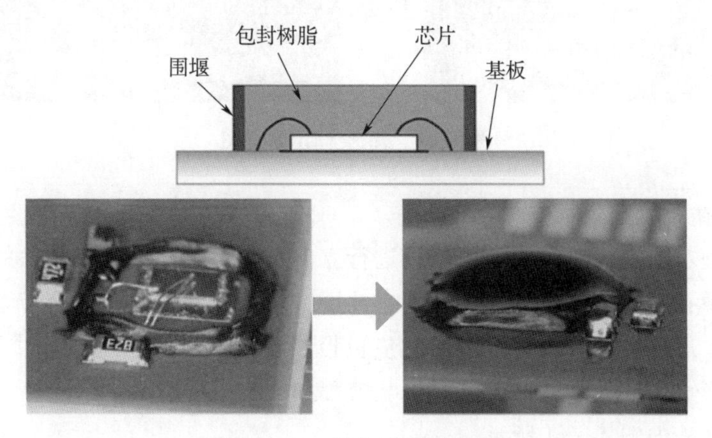

图 4－41　裸芯片围堰包封

（2）GNC 微系统正交基板定位

与国外技术不同，GNC 模块的正交基板定位充分利用了 PoP 工艺实体封装的特点，设计选用了新型的无框架正交组装方式，将三个组装面通过刚挠一体板工艺实现互连，两个基板面竖直后形成正交结构，采用实体包封工艺实现正交结构的保形锁定，并通过材料间匹配保证了环境应力和机械应力下结构的稳定性。

对于有正交组装的传感器层，将正交的两个面进行折叠，并在内部进行正交结构的固定，形成整体结构，将法兰螺钉固定环嵌入底板后整平。

在正交板实际组装操作中，对正交结构的刚挠一体板提前进行正交结构固定，将 Y 方向和 Z 方向正交基板插入垂直固定夹持板中，保证垂直度，先用局部点胶工艺实现固化保形，待 Y 方向和 Z 方向基板固化好后取出上垂直固定夹持板。固定后的正交 Y 和 Z 方向下部通过挠性带与 X 方向相连，在垂直精度方面有一定角度偏差，为此，在叠层组装中将垂直固定好的 Y 方向和 Z 方向插入上层基板的 X 轴基板卡槽，实现无框架结构下三个方向的垂直精密组装，如图 4-42 所示。

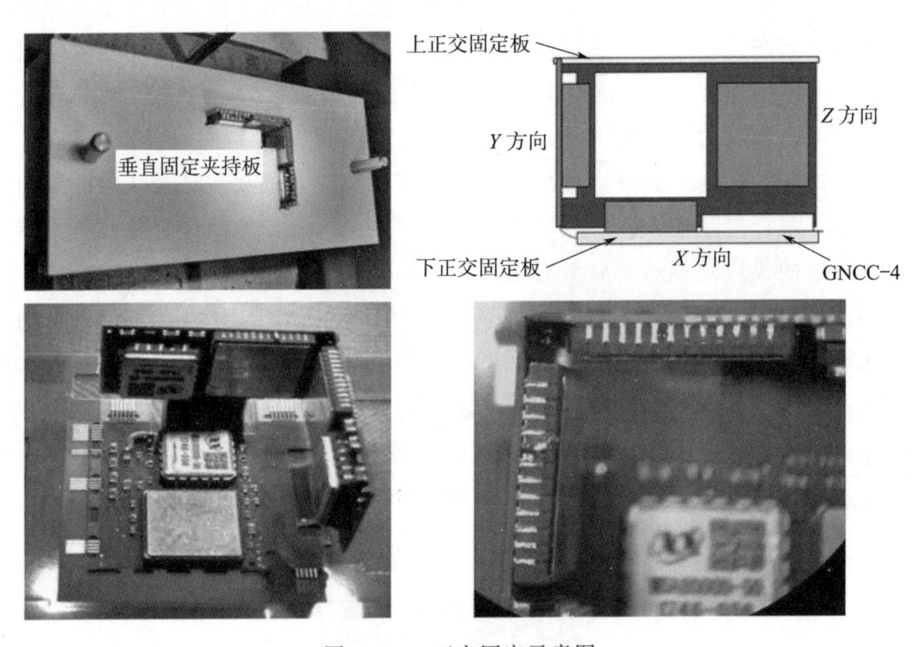

图 4-42　正交固定示意图

(3) GNC 微系统基板堆叠

所有预处理工作完成后，将各层基板进行立体堆叠。通过带有定位柱的堆叠模具与基板上设计的定位孔相配合，将各层基板垂直叠层组装，同时将需要正交布置的柔性基板折弯并定位粘接，层间使用“回”字型层间垫板控制层高。堆叠的同时，对 RF 信号线进行穿线和固定，形成完整的堆叠体。堆叠组装流程如图 4-43 所示。

实物堆叠结构如图 4-44 所示。

层间垫板材料与基板材料相同，互连基板和层间垫板之间采用具有密封性能的绝缘胶粘接。两根射频电缆从底部基板缺口引出。叠层粘接时倒置进行，底部贴装一层除定位孔外不开其他孔的底层板，通过绝缘胶将各层互连基板和层间垫板叠层粘合，固化后使堆叠体形成，形成自封闭腔体作为灌封的模具，电路功能区各层基板位于该结构中心，自封闭结构如图 4-45 所示。

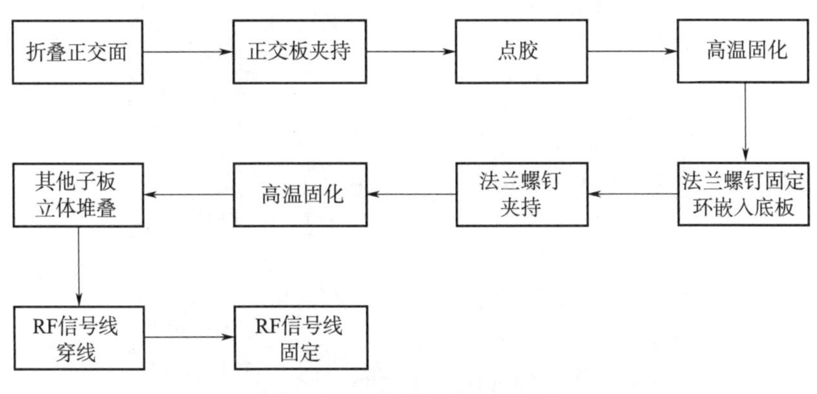

图 4-43　堆叠组装工艺流程

图 4-44　实物堆叠结构

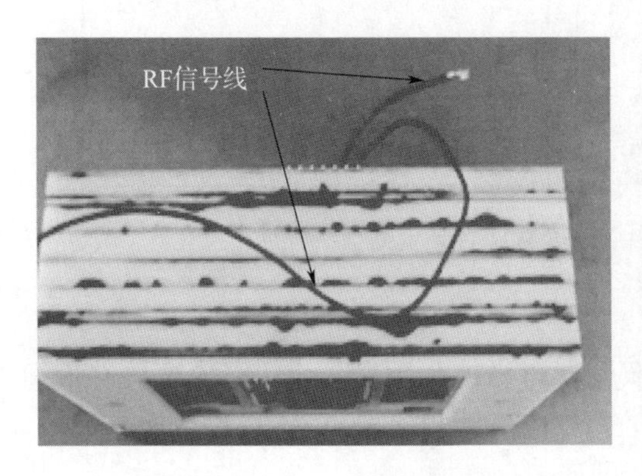

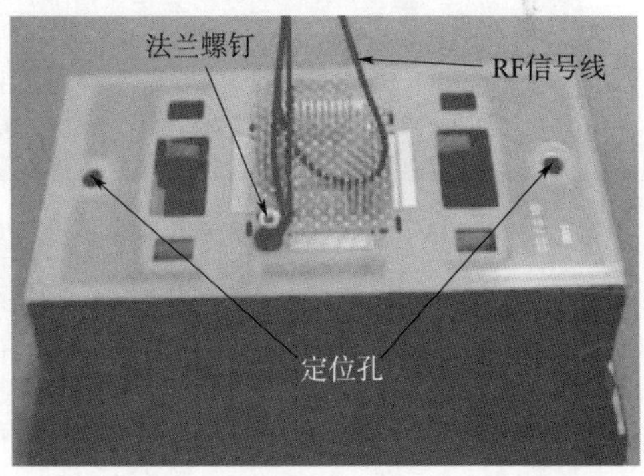

图 4-45　堆叠后利用层间垫板形成自封闭腔体

（4）GNC 微系统的灌封与磨切

对堆叠体除湿、清洗后，采用真空灌封机将其灌封成型，并完成灌封胶固化，在平面磨床上将灌封体磨切成型，模切完后的成品如图 4-46 所示。

（5）GNC 微系统的表面金属化

完成模块磨切后，采用专门设计的引线保护遮蔽板覆盖在底板上，通过盲埋孔防止损伤引线，并用阻镀胶将其与模块底板粘合，防止镀液渗入。另外，在该遮蔽板顶部粘接一

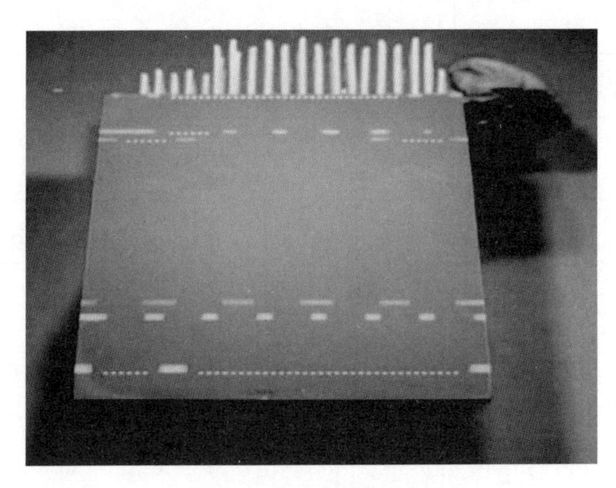

图 4-46　磨切完成品

个悬挂用引腿，采用化学镀＋电镀即可完成表面金属化，如图 4-47 所示。

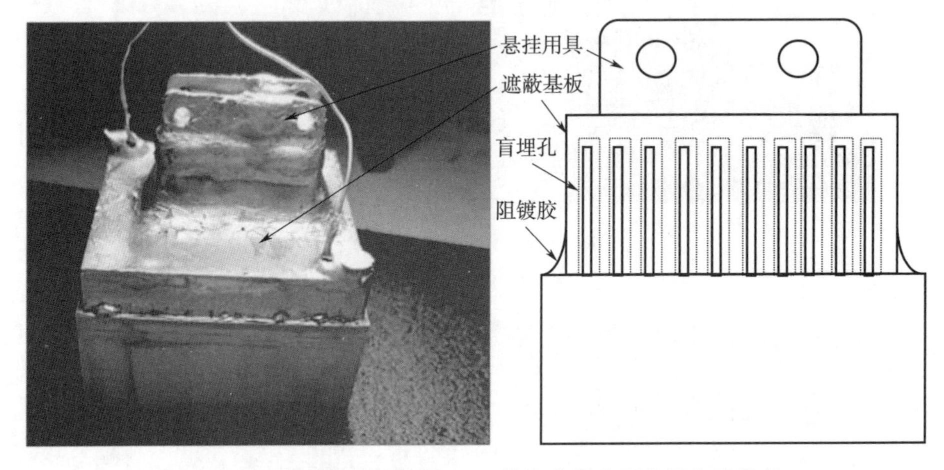

图 4-47　完成引线保护的 PGA 模块进行表面金属化后样品

（6）GNC 微系统的激光刻线

拆除引线遮蔽基板及阻镀胶，对模块按照设计图线进行激光刻线，完成模块的表面立体互连，然后就可以进行全模块的系统测试了。完成激光刻线后的 GNC 模块成品如图 4-1 所示。

4.4　小结

本章以 GNC 微系统为对象，以 PoP 工艺为手段，实现了 GNC 模块产品的微系统集成。通过该集成工艺技术的探索证明现代综合电子微系统按照此技术进行集成可以实现工程化应用，能够极大地提升性能、增强可靠性并可使综合电子系统微型化，为实现机电一体化系统的小型化、轻量化和抗高过载冲击能力提升创造了条件，奠定了基础。

第 5 章　基于 PoP 工艺的 GNC 微系统模块测试与试验技术

从第 4 章内容可知，GNC 微系统模块（以下称为 GNC 模块）是以微电子技术、微光子技术、微机电技术等为基础，融合 TSV（Through－Silicon－Via，穿硅孔）、PoP、SiP 等多种立体集成制造工艺，大量采用裸芯片，通过 3D 异构集成手段，实现 MEMS、卫导和地磁等信号的感知、处理、通信、命令执行和接口控制等多功能的集成，具有高功能密度、小型化、高性能以及生产过程不可逆等特点。

在 GNC 模块的组装和灌封加固的过程中，对所需所有元器件的事先测试、封装过程单板测试和封装工艺流程确认等共同决定了产品的过程成品率（过程成品率＝功能满足技术要求的产品数量/封装产品总数量）。而最终产品是否能够满足环境适应性的考核验证则决定了该产品能否交付用户，这样产品的过程成品率、测试与试验考核就直接关系到产品的最终成品率（最终成品率＝满足环境适应性考核产品数量/封装产品总数量），也决定了产品的成本。因此，基于 PoP 工艺的 GNC 模块的测试与试验技术同样非常重要。

5.1　GNC 模块产品测试技术

根据前面对 GNC 模块的功能组成、性能指标以及工艺结构特点和生产组装流程的分析，GNC 模块产品的测试过程包括裸基板确认测试、裸芯片与传感器装焊前测试、装焊后基板测试、基板堆叠后灌封前测试和最终成品测试等，其主要的测试可以按照工艺流程的测试场景进行分类，各场景所采用的测试环境和测试内容以及关注的测试重点各不相同。

GNC 模块测试采用专用测试系统，如图 5－1 所示。主要由以下几部分组成：GNC 模块、GNC 模块测试板、测试电缆、电源、地面工控机、MOXA 板卡。在进行地磁测试试验时，还需要高速无磁转台；在进行 GPS 测试的时候，还需要卫星模拟器；在进行 MEMS 测试时，还需要三轴转台。

5.1.1　主从协同测试系统硬件设计

5.1.1.1　硬件逻辑功能及工作原理

对 GNC 模块的测试需求分析可知，对于一个高度集成封装的小型化模块产品，需要构筑一套主从协同测试系统。测试系统硬件逻辑功能如图 5－2 所示。

GNC 模块硬件测试主系统包括地面工控机、测试用电缆、供电电源、万用表、示波器等。GNC 模块硬件测试从系统为一块印制板，该印制板上配置有测试 I/O 接口、CAN 接口、SCI 接口、SPI 接口和 AD 接口各自所需的外围电路，还有 GNC 模块调试所需的仿

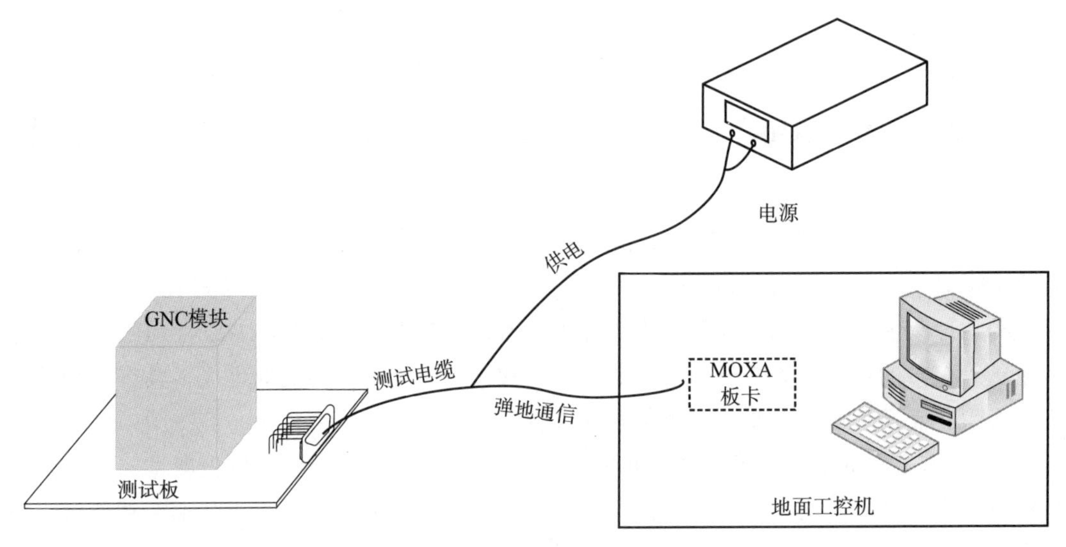

图 5－1　测试系统硬件组成

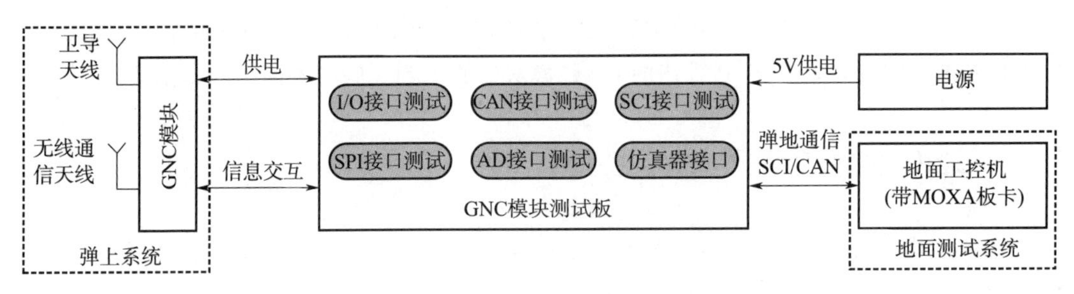

图 5－2　测试系统硬件逻辑功能框图

真器接口。此外，该印制板上还安装有一个测试插座，GNC 模块通过此插座与测试电路相连接，使用此插座方便插拔替换不同的 GNC 模块，从而完成对不同 GNC 模块的测试。GNC 模块硬件测试主系统给从系统供电，这两者之间通过通信接口进行命令传输和测试结果的传递，主从系统协同工作，共同完成对 GNC 模块的测试。

1）为了实现静态测试，在 GNC 模块硬件测试从系统印制板的原理设计中，不但将 GNC 模块功能接口引出，而且将 GNC 模块的全部引脚引出，还设计了独立的测试点，可以用于万用表、示波器等测量仪器的直接测试。

2）为了实现单项功能测试，使用测试电缆将 GNC 模块硬件测试主系统工控机与从系统的印制板相连接，两者之间采用 RS－422 数据通信协议进行数据交互。在工控机上的主机单元测试软件中选择需要完成的单项测试项目，然后将对应的测试指令发送给 GNC 模块硬件测试从系统。运行在 GNC 模块中的从机单元测试软件接收到测试指令后，执行对应的测试内容，然后将测试结果返回主机单元测试软件，并在主机单元测试软件界面上显示测试结果。依次选择不同的单项功能测试项目进行测试，从而实现对 GNC 模块所有单项功能的测试。

• GNC 模块的 40 路 IO 接口采用自环方式测试接口的功能，随机选择 2 个 IO 接口进行互连自环测试，任意一个输出、另一个输入，对比输入和输出的数值，结果一致则表示测试正确。

• SPI 通信接口的测试，将 CS、CLK、SDIN、SDOUT 信号分别接入 4 路 IO 接口，按照 SPI 接口的工作模式，在与 CS、CLK、SDIN 连接的 I/O 接口上向 SPI 接口发送数据，在与 SDOUT 接口连接的 I/O 接口上读取 SDOUT 接口发送的数据，并观察 I/O 接口与 SPI 接口之间发送、接收的数据状态，数据一致则表示测试正确。

• SCI 接口和 CAN 接口通过各自的接口转换芯片，与对外插座相连，与工控机之间实现 422 通信和 CAN 通信。

• AD 接口一共有 8 路信号采集通道，其中前 3 路采集的是三轴地磁传感器的输出信息，后 5 路在测试板上通过拨码开关分别与 5 V、3.3 V、1.2 V、GND 和预留悬空引脚相连接，每次拨动一位拨码开关，AD 接口采集对应接通的一路信号，由此可分别观察到后 5 路通道的采样值，从而完成对 AD 接口的测试。

3）为了实现专项功能测试，将 GNC 模块硬件测试从系统设计成一块小型化的印制板，板上安装 GNC 模块的位置用测试插座代替，以便于插拔替换不同的 GNC 模块产品。同时该印制板可以固定在转台或跑车台上，以便于完成对 GNC 模块所有专项功能的测试。

5.1.1.2　适应不同测试场景的特殊设计

为了满足不同测试场景下的测试需求，需对 GNC 模块测试板进行特殊设计。在进行地磁专项测试时，GNC 模块安装在无磁转台上随着转台高速旋转，在高速旋转过程中，GNC 模块的对外引出管脚会承受巨大的应力，这有可能导致针脚变形、开裂或断裂，从而使 GNC 模块产生不可逆转的损伤。为了防止该问题的发生，在 GNC 模块底部嵌入了两个法兰螺钉，通过螺钉加固来减少针脚受力，可有效避免针脚受力过大带来的风险。由于地磁场是弱场，传感器敏感到的电压非常小，因此在地磁传感器的输出端需要加入放大电路以满足 AD 接口采样的需求。另外，地磁场容易受周围环境的影响，因此尽量将 AD 接口与地磁组件放置在靠近 GNC 模块的顶端，从而减少模块内部对地磁测量的干扰。

对于卫导专项测试和无线专项测试，天线设计是重要环节，良好的天线系统可以使通信距离达到最佳状态，天线品质会直接影响无线通信的质量。天线安装位置可分为内置天线和外置天线，安装在设备内部的称之为内置天线，安装在设备外部的称之为外置天线。内置天线受周围环境影响大，一般需要结合产品本身定制，研发周期长。外置天线增益高、受环境影响小，可作为标准产品，节省开发周期。考虑到 GNC 模块中卫导和无线通信组件所处空间小、频段多，使用外置天线可以最大限度地保障通信质量。卫导采用了四臂螺旋结构天线，它由四根螺旋臂组成，每根的长度为四分之一波长的整数倍。四根螺旋臂馈电端的电流幅度相等，相位依次相差 90°，它具有心形方向图、良好的前后比和优异的宽波束极化特性，十分适用于卫星定位系统。

由于 GNC 模块采用的制造工艺中有模切这个步骤，除了底部之外的其他五个面都要进行磨切，因此卫导和无线组件的天线都是从各自的印制板连接处纵向向下，最终穿过下方的各个组件到达 GNC 模块外部。

图 5－3 所示为 GNC 模块底视图。

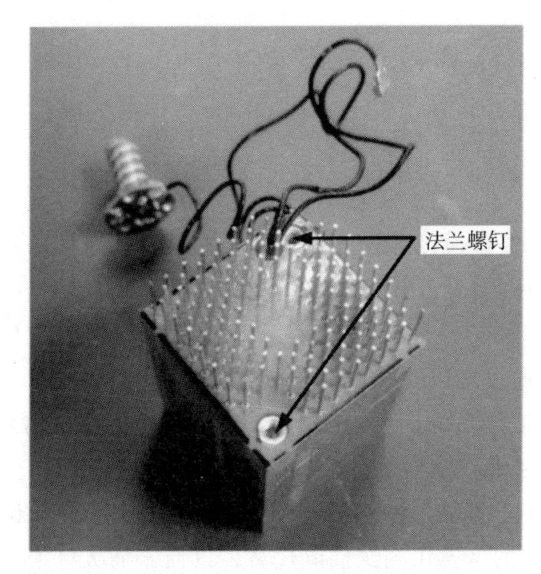

图 5－3　GNC 模块底视图

5.1.2　主从协同测试系统软件设计

GNC 模块主从协同测试系统软件主要分为主机测试系统软件和从机测试系统软件，主机测试系统软件包括地面工控机上运行的主机单元测试软件、主机专项测试软件和主机监控软件；从机测试系统软件包括 GNC 模块内运行的从机单元测试软件、从机专项测试软件和从机监控软件。通过主从机软件协同，完成整个系统的测试。

5.1.2.1　主从协同单元测试软件设计

主从协同单元测试软件的设计比较简单，通过主机单元测试软件给 GNC 模块发送测试指令，运行在 GNC 模块中的从机单元测试软件根据收到的指令执行对应的单元测试项目，然后将测试结果返回给主机单元测试软件，并在主机单元测试软件界面上显示。按照散态组装测试中的测试方法对 GNC 模块各项单元测试项目进行测试。单元测试项目见表 5－1。

表 5－1　单元测试项目表

测试项目	CPU 功能	内部 RAM	SDRAM	内部 Flash	SPI Flash
测试结果					
测试项目	定时器	外部中断	通信接口	IO 接口	AD 功能
测试结果					
测试项目	无线通信接口	卫导	MEMS 功能		
测试结果					

主从机单元测试软件的具体设计流程如图 5 - 4 和图 5 - 5 所示。

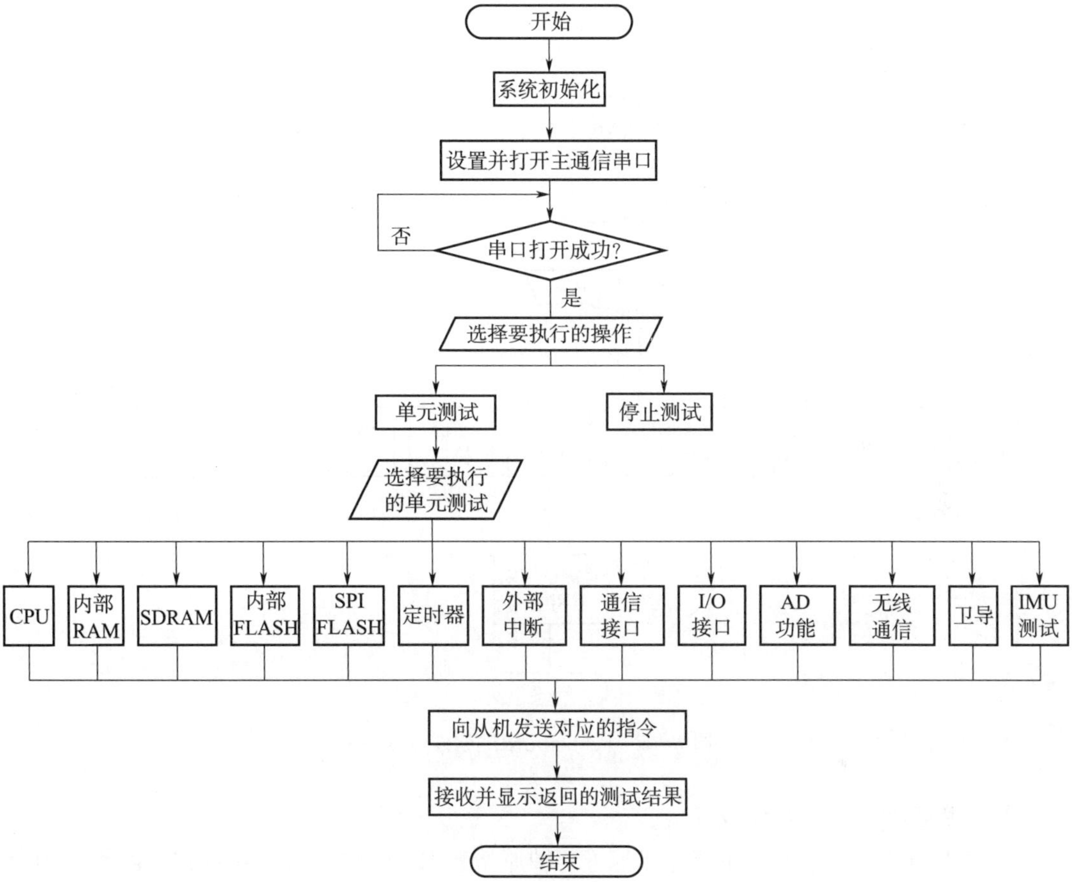

图 5 - 4　主机单元测试软件流程图

5.1.2.2　主从协同专项测试软件设计

GNC 模块的主机专项测试系统软件负责给从机专项测试系统软件发送测试指令，对传感器数据进行接收与处理；从机专项测试系统软件负责配合主机测试系统软件测试，获取主机专项测试系统软件发送的指令，采集传感器数据并发送给主机。专项测试项目见表 5 - 2，其测试结果在从机专项测试系统软件界面上显示并保存为文件。

表 5 - 2　专项测试项目表

测试项目	AD/DC 专项测试	卫导专项测试	无线专项测试	MEMS 专项测试
测试结果				

主从机专项测试软件的具体设计流程如下。

(1) 主机专项测试软件设计

主机专项测试软件主要通过串口发送测试指令、接收 GNC 模块从机专项测试软件发送的数据，并将数据帧中包含的数据信息解析出来，通过界面显示相关信息，然后将相关信息记录保存为文件。主机专项测试软件的流程如图 5 - 6 所示。

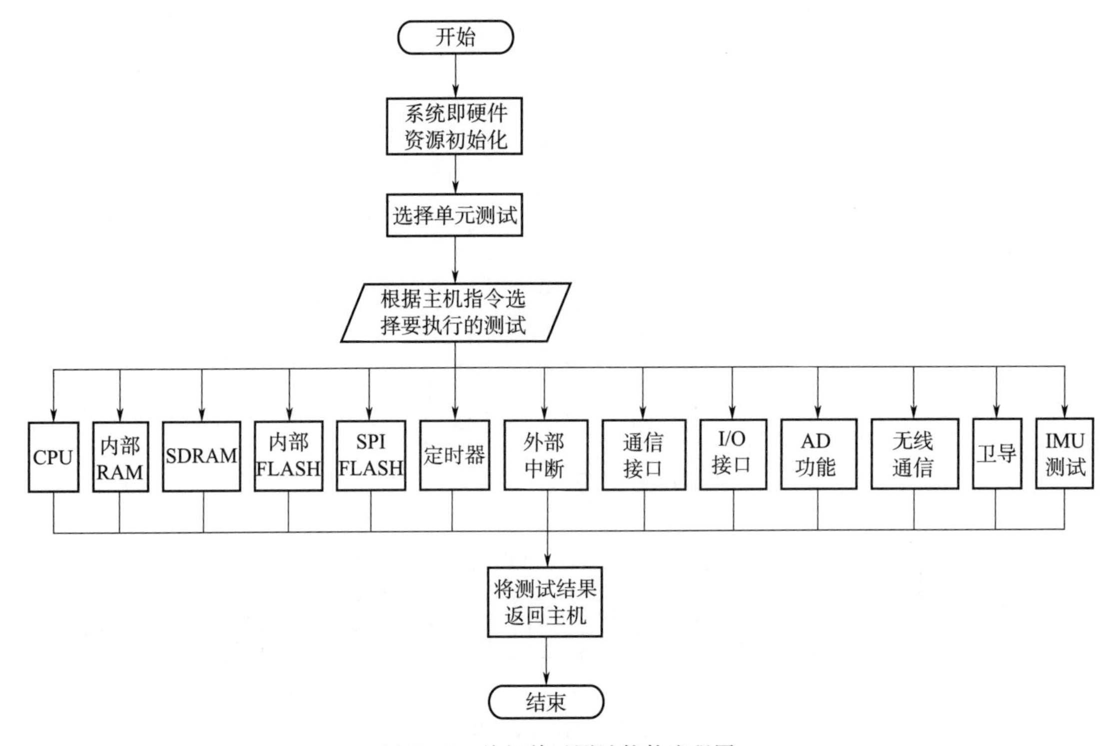

图 5 - 5　从机单元测试软件流程图

(2) 从机专项测试软件设计

从机专项测试软件部分主要完成地磁三轴原始数据、陀螺三轴原始数据、陀螺三轴温度原始数据、加速度计三轴原始数据、加速度计三轴温度原始数据、卫导原始数据和无线模块数据的采集以及无线模块数据的发送。通过对原始数据的补偿处理，输出地磁三轴磁场信息、陀螺三轴角速度和温度、加计三轴加速度和温度、卫导信息、无线信息，然后将输出的数据发送给主机专项测试软件，并在主机专项测试软件界面显示。从机专项测试软件的流程如图 5 - 7 所示。

5.1.2.3　主从协同监控软件设计

主从机协同监控软件用来协同完成 GNC 模块上传或者下传固化的用户程序、标定系数等数据。主从机监控软件的具体设计如下。

(1) 主机监控软件设计

主机监控软件的流程如图 5 - 8 所示。主机监控软件主要是命令 GNC 模块从机监控软件协同完成用户程序的接收、固化和下传功能。主机监控软件在工控机上运行，软件运行后，首先选择连接主通信的 Com 接口并打开，打开成功后执行“切换到监控按钮”，然后给 GNC 模块加电，GNC 模块中的从机监控软件上电自动运行。如果切换到监控并握手成功，在主机监控软件界面上选择执行用户程序上传、用户程序下传、标定系数上传或标定系数下传中的一项，然后主机监控软件会将对应的指令发送给从机监控软件，从机监控软

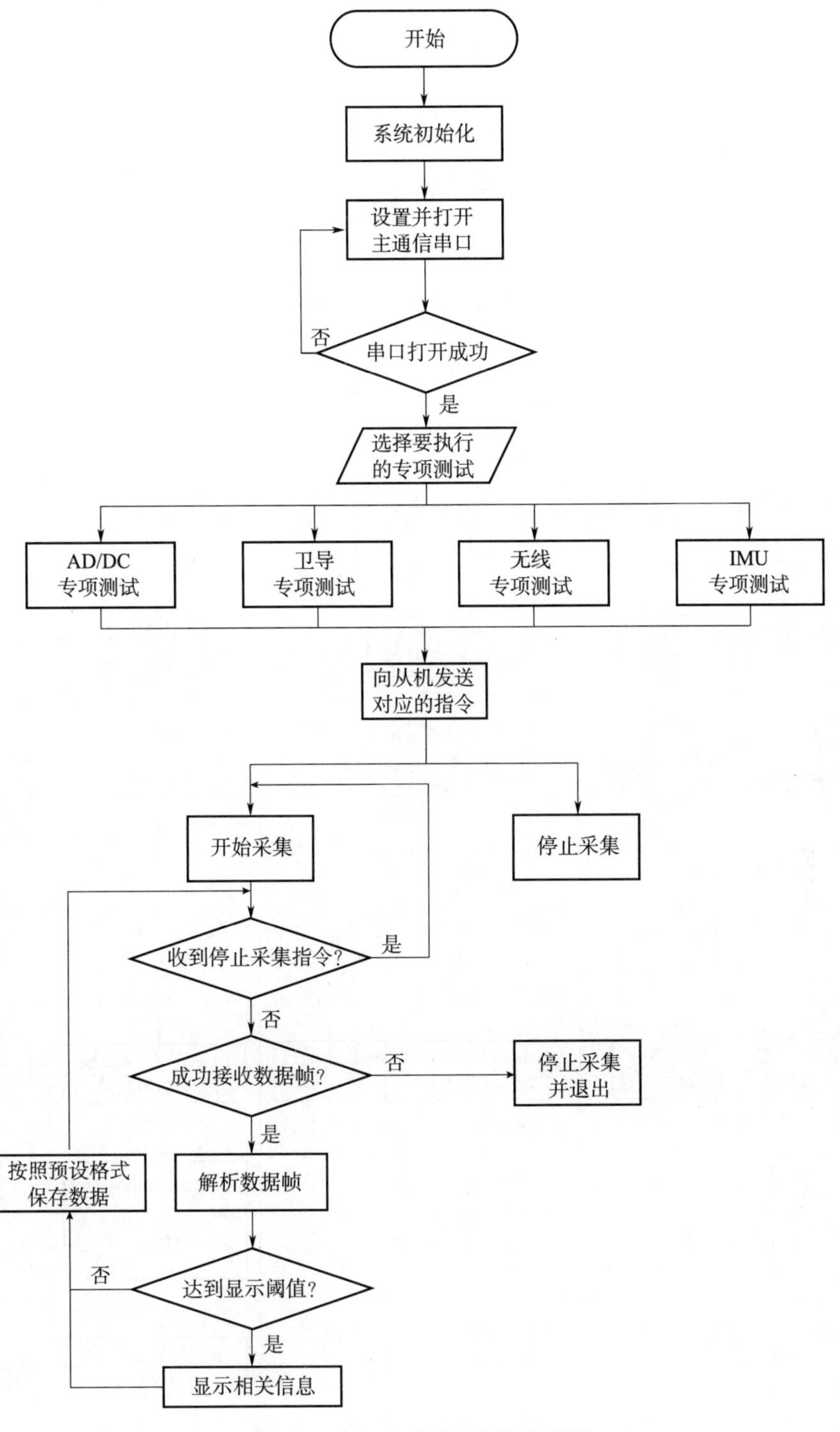

图 5-6　主机专项测试软件流程图

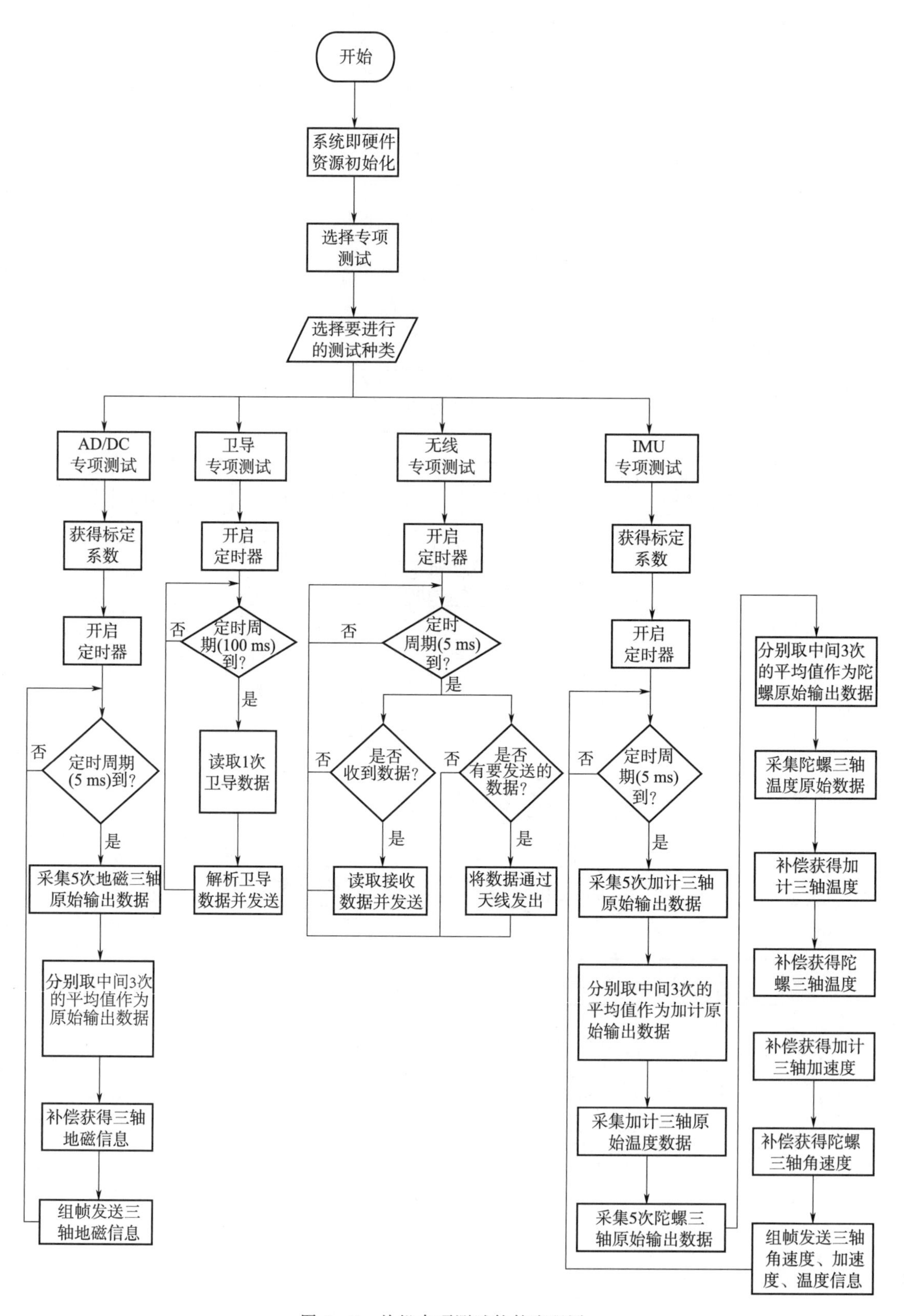

图 5-7　从机专项测试软件流程图

件按照指令协同主机监控软件执行相应的操作。在上传用户程序和标定系数前要执行相应的 Flash 擦除功能，擦除相应的 Flash 区。上传的用户程序为用 CCS 导出的“.dat 文件”，上传的标定系数为拥有多行且每行记录一个 double 型数据的文本文件。

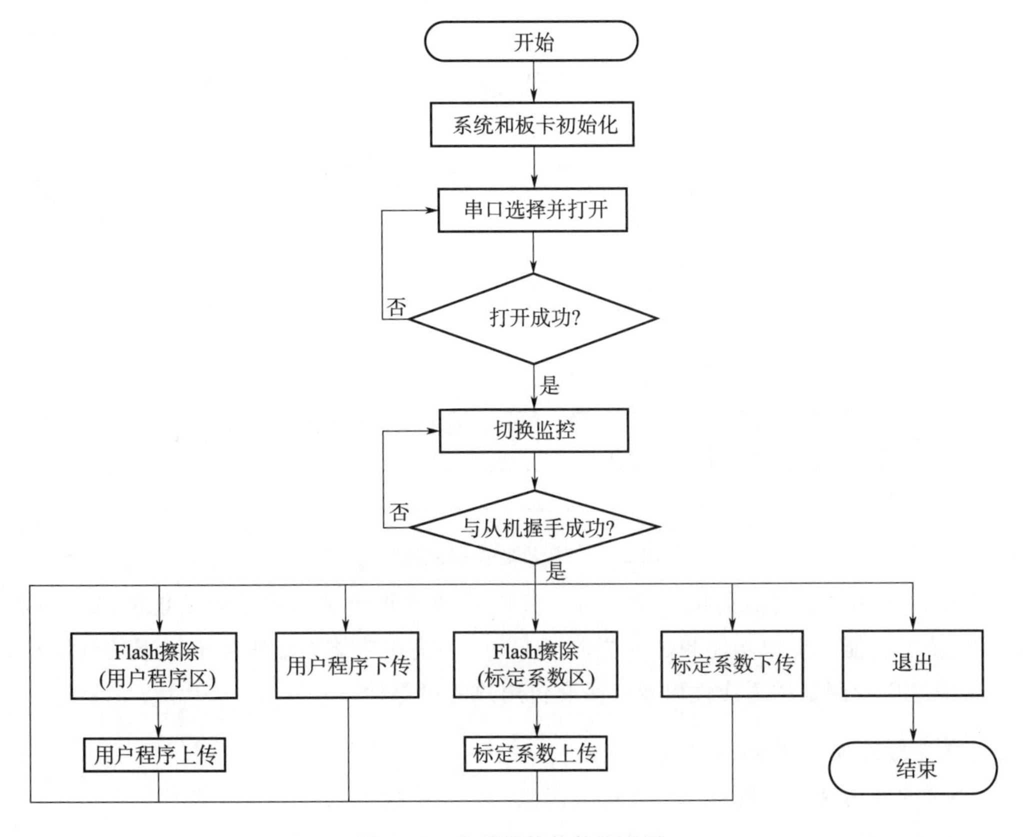

图 5-8　主机监控软件流程图

（2）从机监控软件设计

从机监控软件的流程如图 5-9 所示。上电后，GNC 模块从机监控软件便等待主机监控软件握手，如果握手成功则 GNC 模块从机监控软件停留在监控的 Flash 擦除、上传等功能，握手超时则 GNC 模块从机监控软件检验和搬移固化的用户程序，检验固化的标定系数，如果固化的用户程序和标定系数均正确且搬移用户程序成功，则跳转执行用户程序，否则仍然停留在 GNC 模块从机监控软件的 Flash 擦除、上传等功能。在 GNC 模块从机监控软件的设计过程中，为用户程序和标定系数提前预留存储空间。

5.1.3　测试环节的测试项目与测试方法

GNC 模块采用的工艺为有机基板型叠层方式，为了确保整个生产过程的测试覆盖性，提高成品率，需要在生产过程中对 GNC 模块进行全面测试。不同阶段的测试目的都是验证 GNC 模块在本阶段的功能和性能是否正常，能否进入下一工作流程。

根据 GNC 模块的生产工艺流程和产品特性，一般的测试场景分为封装过程测试、成

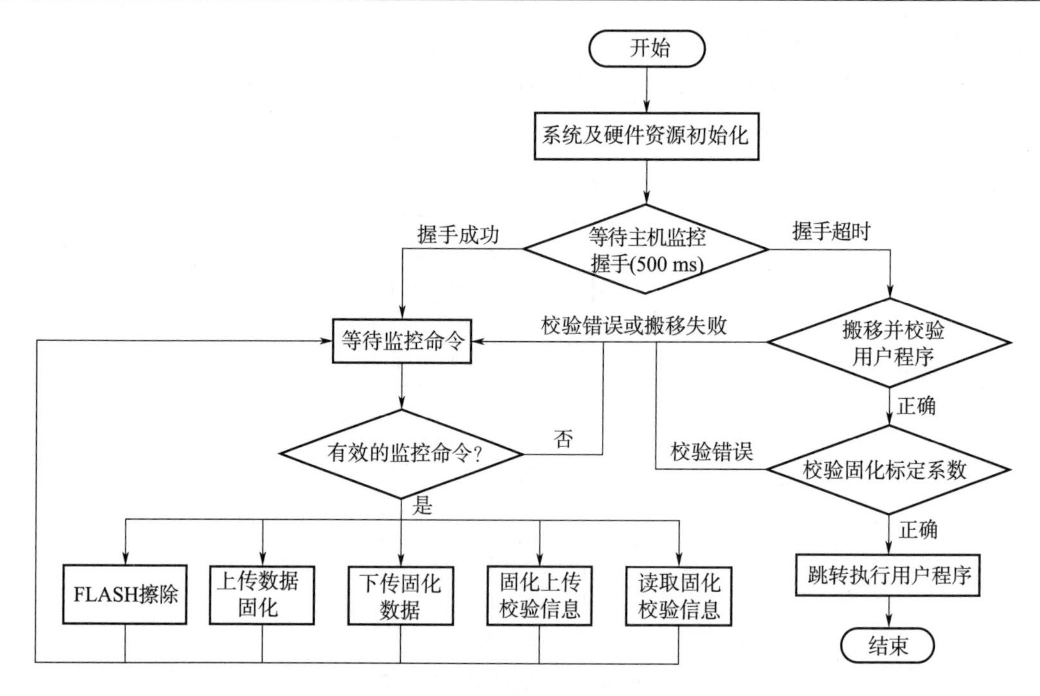

图 5-9　从机监控软件流程图

品全功能测试和专项功能测试 3 个部分。其中封装过程测试和最终全功能测试主要验证 GNC 模块的功能，专项功能测试主要验证 GNC 模块在功能性能正确前提下的性能指标、对环境信息感知测量的适应性以及产品交付用户的可靠性。

5.1.3.1　封装过程测试

GNC 模块封装过程的测试分为单板测试、散态组装测试和集成测试三个环节。

(1) 单板测试

所谓单板就是按照 GNC 模块的功能逻辑划分出来的 5 块功能相互独立的印制板，分别是：GNC-1 CPU 板、GNC-2 ADDC 板、GNC-3 卫导/无线板、GNC-4 IMU 板和 GNC-5 电源板。在将这 5 块单板组装成完整的 GNC 模块之前，需分别对各个组装完整的单板进行测试，保证每块单板的正确性。单板测试主要包括人工目检、尺寸检测、原理检查、阻抗测量以及通电电流测试等。

①人工目检

使用放大镜或校准的显微镜，通过操作人员视觉检查来确定印制板是否合格，外观检查主要检查外部的污染、腐蚀以及损伤等。

②尺寸检测

利用游标卡尺，测量印制板的长宽，孔位等尺寸，并对照设计指标，判断是否在误差允许范围内，以确保叠层对位准确。

③逻辑互连检查

逻辑互连检查很关键，主要目的是确认各单板实物与设计是否一致，以及工艺生产过程是否有异常。需要检查的地方有：电路逻辑是否与设计一致，网络节点是否有重叠，是否存在错线、少线或多线，所有的阻容、元件、接插件和网络节点的丝印标注是否正确。检查的方法通常有两种：

一是按照原理图检查，根据电路逻辑连线，按照一定的顺序逐一检查所有的阻容、元件、接插件和网络节点等是否与设计一致，同时核对丝印标注是否正确。

二是以元件为中心进行查线，把每个元件引脚的连线逐一查清，检查元件引脚是否有悬空，每个信号线是否存在断路、短路或接触不良。为了防止出错，对于已查过的信号线通常应在电路上做出标记，最好用万用表欧姆档的蜂鸣器测试，这样可以同时发现短路或接触不良的现象。

④阻抗测量

阻抗测量是对组装在各单板上的模块、电路或元件上的电压和流过它们的电流之比的测量，是电信号基本参数测量的一种，阻抗测量是确保电路系统的实测参数与设计参数一致的一种手段。GNC模块各单板的阻抗测量主要分为电地之间阻抗测量和信号线对地的阻抗测量，对每块印制板的阻抗进行测量并记录。

GNC模块各单板的阻抗测量按照表5-3～表5-7进行。

表5-3　GNC-1 CPU板阻抗测量

对地阻抗	3.3 V	1.2 V	CLK_14M	CLK_40M	
测量值					
对地阻抗	TDI	TDO	TCK	TMS	_TRST
测量值					
对地阻抗	FPGA_TMS	FPGA_TDI	FPGA_TDO	FPGA_TCK	
测量值					
对地阻抗	CANT1	CANR1	CANT2	CANR2	SCITXDB
测量值					
对地阻抗	SCIRXDB	SCITXDC	SCIRXDC	SCITXDD	SCIRXDD
测量值					
对地阻抗	SDAA	SCLA	SDAB	SCLB	
测量值					
对地阻抗	SPI_CLKB	SPI_STEB#	SPI_SIMOB	SPI_SOMIB	
测量值					
对地阻抗	SR	AD_CS	AD_CLK	AD_BUSY	AD_CONVST
测量值					
对地阻抗	ADDARST	ADDOUTA	ADDOUTB		
测量值					
对地阻抗	WD_TXD	WD_RXD	ZM_TXD	ZM_RXD	ZM_RST
测量值					
对地阻抗	GX_CS	GX_SCLK	GX_SDIN	GX_SDOUT	
测量值					

续表

对地阻抗	GY_CS	GY_SCLK	GY_SDIN	GY_SDOUT	
测量值					
对地阻抗	GZ_CS	GZ_SCLK	GZ_SDIN	GZ_SDOUT	
测量值					
对地阻抗	AX_EN	AX_CS	AX_SCLK	AX_SDIN	AX_SDOUT
测量值					
对地阻抗	AY_EN	AY_CS	AY_SCLK	AY_SDIN	AY_SDOUT
测量值					
对地阻抗	AZ_EN	AZ_CS	AZ_SCLK	AZ_SDIN	AZ_SDOUT
测量值					
对地阻抗	IO0	IO1	IO2	IO3	IO4
测量值					
对地阻抗	IO5	IO6	IO7	IO8	IO9
测量值					
对地阻抗	IO10	IO11	IO12	IO13	IO14
测量值					
对地阻抗	IO15	IO16	IO17	IO18	IO19
测量值					
对地阻抗	IO20	IO21	IO22	IO23	IO24
测量值					
对地阻抗	IO25	IO26	IO27	IO28	IO29
测量值					
对地阻抗	IO30	IO31	IO32	IO33	IO34
测量值					
对地阻抗	IO35	IO36	IO37	IO38	IO39
测量值					

表 5－4　GNC－2 ADDC 板阻抗测量

对地阻抗	5 V	3.3 V	SR	AD_CS	AD_CLK
测量值					
对地阻抗	AD_BUSY	ADDARST	AD_CONVST	ADDOUTA	ADDOUTB
测量值					
对地阻抗	DC_X	DC_Y	DC_Z		
测量值					
对地阻抗	DJ1	DJ2	DJ3	DJ4	DJ5
测量值					

表5-5　GNC-3卫导/无线板阻抗测量

对地阻抗	3.3 V	1PPS	WD_TXD	WD_RXD	ZM_TXD	ZM_RXD	ZM_RST
测量值							

表5-6　GNC-4 IMU板阻抗测量

对地阻抗	5 V	3.3 V			
测量值					
对地阻抗	GX_CS	GX_SCLK	GX_SDIN	GX_SDOUT	
测量值					
对地阻抗	GY_CS	GY_SCLK	GY_SDIN	GY_SDOUT	
测量值					
对地阻抗	GZ_CS	GZ_SCLK	GZ_SDIN	GZ_SDOUT	
测量值					
对地阻抗	AX_EN	AX_CS	AX_SCLK	AX_SDIN	AX_SDOUT
测量值					
对地阻抗	AY_EN	AY_CS	AY_SCLK	AY_SDIN	AY_SDOUT
测量值					
对地阻抗	AZ_EN	AZ_CS	AZ_SCLK	AZ_SDIN	AZ_SDOUT
测量值					

表5-7　GNC-5电源板阻抗测量

对地阻抗	5 V	3.3 V	1.2 V
测量值			

⑤通电观察

在确保印制板阻抗测量没有问题并且不存在短路或接触不良后，就可以对单板通电。通电后不要急于测量电气指标，而要先观察电路有无异常现象，例如有无冒烟现象，有无异常气味，供电电压是否稳定，电流与预期是否一致等。如果出现异常现象，应立即关断电源，待排除故障后再通电。

(2) 散态组装测试

散态组装测试是在各单板测试的基础上对各单板组装成的散态系统进行测试，主要进行各个印制板之间的连接测试、阻抗测试、通电观察和电路调试。

散态组装测试的目的是确保所有单板能组合实现GNC模块整体的逻辑互连，并能够实现GNC模块的全部功能，散态组装测试示意图如图5-10所示。

①连接测试

各功能单板之间通过测试接插件和挠带进行连接，挠带的两头分别插在有逻辑互连的两个印制板所对应的测试接插件上，散态组装测试图如图5-10所示。为了确保连接的可

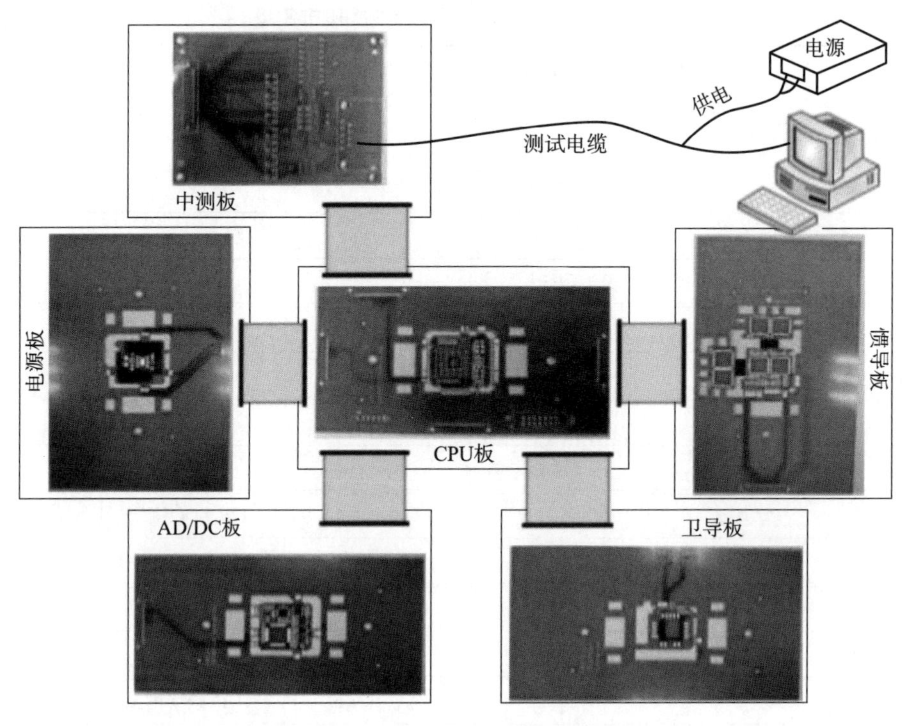

图 5-10 散态组装测试图

靠性与稳定性，在测试之前需要用万用表测量印制板之间的连接状态。用万用表欧姆档的蜂鸣器进行测试，逐一测量每两块连接的印制板之间对应连接点的通断。

②阻抗测试

阻抗测试与单板测试的方法一致，主要测量电地之间的阻抗和信号线对地的阻抗，并记录测量结果，散态阻抗测试按表 5-8 进行。

③通电观察

通电观察的方法与单板测试一致，通电后要先观察电路有无异常现象，如有异常，应立即关断电源，待排除故障后再通电。如无异常，则记录供电电压和电流，然后开始电路调试。

④功能调试

先对双核处理器和 FPGA 组成的最小系统进行测试，因为最小系统是其他逻辑功能调试的基础，其方法是运行处理器和 FPGA 对应的测试程序来验证最小系统硬件的正确性。如有问题，逐一排查仿真器连接状态、最小系统硬件设计和模块装焊的正确性，排除问题后再对系统功能逐一调试。功能测试时，应将 GNC 功能单板静置在水平平面上

(a) CPU 功能测试

让 CPU 分别执行整数和浮点数的加减乘除运算并对比结果，如果 CPU 对整数的计算结果与实际结果一致或者对浮点数的计算结果与实际结果偏差绝对值不大于 0.000 01，则认为 CPU 功能测试正常。如果 CPU 对整数的计算结果与实际结果不一致或者对浮点数的计算结果与实际结果偏差绝对值大于 0.000 01，则认为 CPU 功能测试不正常。

表 5-8　散态阻抗测试表

对地阻抗	5V	3.3V	1.2V	CLK_14M	CLK_40M
测量值					
对地阻抗	TDI	TDO	TCK	TMS	_TRST
测量值					
对地阻抗	FPGA_TMS	FPGA_TDI	FPGA_TDO	FPGA_TCK	
测量值					
对地阻抗	CANT1	CANR1	CANT2	CANR2	SCITXDB
测量值					
对地阻抗	SCIRXDB	SCITXDC	SCIRXDC	SCITXDD	SCIRXDD
测量值					
对地阻抗	SDAA	SCLA	SDAB	SCLB	
测量值					
对地阻抗	SPI_CLKB	SPI_STEB#	SPI_SIMOB	SPI_SOMIB	
测量值					
对地阻抗	DJ1	DJ2	DJ3	DJ4	DJ5
测量值					
对地阻抗	IO0	IO1	IO2	IO3	IO4
测量值					
对地阻抗	IO5	IO6	IO7	IO8	IO9
测量值					
对地阻抗	IO10	IO11	IO12	IO13	IO14
测量值					
对地阻抗	IO15	IO16	IO17	IO18	IO19
测量值					
对地阻抗	IO20	IO21	IO22	IO23	IO24
测量值					
对地阻抗	IO25	IO26	IO27	IO28	IO29
测量值					
对地阻抗	IO30	IO31	IO32	IO33	IO34
测量值					
对地阻抗	IO35	IO36	IO37	IO38	IO39
测量值					

（b）内部 RAM 测试和 SDRAM 测试

对于内部 RAM 和 SDRAM 的测试方法一致，分别对内部 RAM 和 SDRAM 进行数据总线测试、地址总线开路测试、地址总线短路测试、单元测试。

数据总线测试：数据总线测试用于测试各个数据线的开路和短路状态。由于写一个存储器单元然后马上读取同一单元的数据，可能读到的只是数据线上的数据，而不是实际存储单元的，另外考虑到要测试到每根数据线，因此选择任意两个存储单元作为测试单元。设被测试 RAM/SDRAM 的基地址为 base _ addr，选择的测试单元的偏移地址为 offset _ 1 和 offset _ 2（offset _ 1 不等于 offset _ 2，并且 offset _ 1、offset _ 2 位于被测 RAM/SDRAM 地址空间内），则测试单元的实际地址分别为 base _ addr＋ offset _ 1 和 base _ addr＋ offset _ 2。先对 base _ addr＋ offset _ 1 单元写入 0x55，再对 base _ addr＋ offset _ 2 单元写入 0xaa，然后先读 base _ addr＋ offset _ 1 单元，再读 base _ addr＋ offset _ 2 单元，假如读取和写入一致，接着对 base _ addr＋ offset _ 1 单元写入 0xaa，再对 base _ addr＋ offset _ 2 单元写入 0x55，还是先读 base _ addr＋ offset _ 1 单元，再读 base _ addr＋ offset _ 2 单元，读取和写入一致则表示测试通过。

地址总线开路测试：地址总线开路测试用于测试各个地址线的开路状态。地址线开路测试采用“走 1 法”，即从低到高依次将所有的地址线拉高。先向被测 RAM/SDRAM 的基地址中写入一个数据，然后向相对基地址偏移地址为 0x01＜＜ k(k＝0，1，…，k－1；k＝地址线的位宽）的地址写入一个不同的数据，该操作会在 k 个偏移地址中依次写入 k 个不同的数据，然后依次从基地址和这 k 个偏移地址中读取数据。如果从每个地址中读出的数据与写入的数据都相等，则说明地址总线中不存在开路，测试通过；如果从某一个地址中读出的数据与写入的数据不同，则说明该偏移地址所对应的地址线开路，测试失败。

地址总线短路测试：假设被测 RAM/SDRAM 的基地址为 base _ addr，要测地址线 A2 和 A3 是否短路，则向地址 base _ addr＋0000b 写入 0xaa，向地址 base _ addr＋1100b 写入 0xaa，base _ addr＋1000b 写入 0x55，base _ addr＋0100b 写入 0x55，然后从这 4 个地址中读出数据。如果与写入的数据相同，则地址总线不存在短路，测试通过；如果与写入的数据不同，则地址总线存在短路，测试失败。其他地址线的短路测试以此类推。

单元测试：测试存储器单元的功能是否正常。对所有单元依次写入数据，然后再依次读出，如果读出的数据和写入的数据相等，则数据单元测试正确，如果存在一次读写错误，则数据单元测试错误。

(c) 内部 Flash 测试和 SPI Flash 测试

对内部 Flash 和 SPI Flash 的测试方法一致，对其扇区中的非程序占用区域随机选择 1 块进行测试，执行擦除、写入、读取操作，能够正常擦除，并且读取、写入结果一致，则表示测试结果正确。

(d) 定时器测试

设置定时值为 0.5～5 ms，选取 0.5 ms、1 ms、2 ms、5 ms 四个典型值，CPU 根据测试命令进行控制周期测试。配置好定时时间后启动定时器，定时时间到了之后 CPU 会产生中断，在中断服务程序中，CPU 向地面单元测试软件发送指定数据（比如 0x55），地面单元测试软件接收到这组数据，则表示定时器工作正常。

(e) 外部中断测试

外部中断指的是由外部事件引起的中断，通过使用主从协同单元测试软件测试 GNC

模块的CPU外部中断。外部中断测试时，运行在工控机上的主机单元测试软件向运行在GNC模块中的从机单元测试软件发送对应的测试指令，从机单元测试软件接收到测试指令后触发GNC模块的外部中断，在中断服务程序中，从机单元测试软件会向主机单元测试软件返回指定的数据（比如0x55），主机单元测试软件接收到这组数据，则表示GNC模块外部中断功能正常。

（f）通信接口测试

GNC模块的通信方式有2路CAN通信、3路SCI通信、2路IIC通信、1路SPI通信。对于CAN通信、SCI通信、IIC通信，均采用自环的方法进行测试。在测试板上将这3种通信接口分别用跳线自环，任意选择一路作为发送接口，另一路作为接收接口，发送与接收结果一致则表示测试正确，然后将发送接口和接收接口身份转换后再测试一遍。SPI通信接口的测试，将CS、CLK、SDIN、SDOUT信号分别接入4路I/O，按照SPI接口的工作模式，在与CS、CLK、SDIN连接的I/O接口上向SPI接口发送数据，在与SDOUT接口连接的I/O接口上读取SDOUT接口发送的数据，并观察I/O接口与SPI接口之间发送、接收的数据状态，数据一致则表示测试正确。

（g）I/O接口测试

GNC模块对外引出了40路I/O，采用自环方式测试I/O接口的功能。随机选择2个非占用I/O接口进行自环测试，任意一个输出、另一个输入，对比输入和输出的数值，结果一致则表示测试正确。

（h）AD功能测试

GNC模块一共有8路AD采集，其中有3路采集的是三轴地磁传感器的输出信息，根据当地的地磁场强度可以计算出对应的采样电压值。另外5路对外引出，在测试板上分别采样5 V、3.3 V、1.2 V、GND和预留悬空。AD功能测试时，主机单元测试软件向从机单元测试软件发送对应的测试指令，从机单元测试软件接收到指令后，开始读取8路AD采样值，然后将读取到的结果返回给主机单元测试软件，并在主机单元测试软件界面上显示。对比读取到的8路AD采样值和前3路的计算值以及后5路的给定值，误差在1%以内则认为AD采样结果准确。测试过程中可以适当改变GNC模块的位置和姿态，观察前3路输出的变化情况。

（i）无线通信接口测试

用两个GNC模块，分别作为无线通信的发送端和接收端。先在一个空旷的无信号干扰环境中将两个模块放在一起，一个发送另一个接收，对比接收到的数据与发送的数据是否一致，若一致则表示测试正确。然后将发送模块和接收模块身份交换，再次发送数据，若接收到的数据与发送的数据一致则表示测试正确。

（j）卫导测试

卫导与计算单元之间通过SCI接口进行通信，测试前需要将星历信息先上传至卫导接收机。卫导测试时，主机单元测试软件向从机单元测试软件发送对应的测试指令，从机单元测试软件接收到指令后，卫导系统开始搜星定位，然后将获取到的经纬高、3个轴向速度、定位时间、热启时间、参与定位星数等信息返回给计算单元，经计算单元解析后下发给主机单元测试软件，并在软件界面上显示。

(k) MEMS 功能测试

IMU 与计算单元之间通过 SPI 接口进行通信，IMU 测试时，主机单元测试软件向从机单元测试软件发送对应的测试指令，从机单元测试软件接收到指令后，计算单元会向 IMU 发送开始工作的指令，然后 IMU 处理器开始采集敏感到的角速度和当前陀螺内部温度、加速度和当前加计内部温度，然后将测量结果回发给计算单元，经计算单元解析后，将三轴角速度、三轴陀螺温度、三轴加速度、三轴加计温度下发给主机单元测试软件，并在软件界面上显示。

(3) 集成测试

系统从散态到集成为完整的 GNC 模块产品，中间过程不可测一直是一个难以解决的问题。本书提出一种封装过程中的中间过渡测试方法，即在组成 GNC 模块的各块单板上提前预留插座，在堆叠的过程中，对整个系统灌封之后，可以使用挠带连接插座，从而组成完整的测试系统，对 GNC 模块封装过程的中间状态再进行一次测试。待测试正确后，再进行后续的磨切、侧面互连等工艺。封装成完整的模块后，再进行后续的成品测试。

模块集成过程中间测试如图 5－11 所示。

图 5－11　模块集成过程中间测试

系统集成测试主要进行人工目检、连接测试、阻抗测试、通电观察、功能测试等测试项目，测试方法与散态组装测试一致。功能测试部分使用主从协同单元测试软件，对所有功能逐一进行测试。

5.1.3.2 成品全功能测试

成品全功能测试的目的是按照设计要求验证GNC模块的功能，并在功能正确的前提下检验其性能指标，测试的原则是必须全部覆盖模块中集成的所有功能单元。

对GNC模块的成品全功能测试项目主要包括人工目检、阻抗测试、通电观察，方法与前述一致，阻抗测试按照散态组装测试中的阻抗测试方案进行，并记录在表5-8中，然后再对GNC模块的功能进行测试。

成品全功能测试是采用测试插座将封装好的GNC模块固定在成测测试板上，测试系统构成如图5-12所示，然后使用地面单元测试软件，对GNC模块的所有功能逐一进行测试，判断集成封装后系统的各项功能是否正常。

图5-12 模块成品测试

全功能测试最为关键的是地磁功能专项测试、卫导功能专项测试和MEMS功能专项测试，因为这些功能的测试必须配备三轴转台和卫星信号模拟器等专用的测试设备才能准确完成。

5.1.3.3 地磁功能专项测试

地磁功能测试与地球环境和地点紧密相关。由于地磁测试转台的位置固定，所以不同模块在同一转台上的测试结果应当具有一致性。

专项测试时将GNC模块安装在无磁转台上，调整转台位置使得地磁 Z 轴方向平行于北向，产品正常工作后启动转台，设置转台的转速为15 r/s。等转台速率稳定后，连续采样3 min数据。传感器的 X 轴和 Y 轴可以测量 OXY 平面上的磁场强度，并且随着GNC模块旋转，X 轴和 Y 轴测量到的磁场强度有周期性变化，呈现出正弦变化特性，且 X 轴较 Y 轴相位超前90°，如图5-13所示。在没有误差的情况下，以 X 轴的输出为横坐标，以 Y 轴的输出为纵坐标作图，可以在坐标轴上映射出一个圆心在原点的正圆。

GNC模块绕 Z 轴旋转时，地磁传感器 X、Y 轴输出的电压信号会形成正弦信号，双

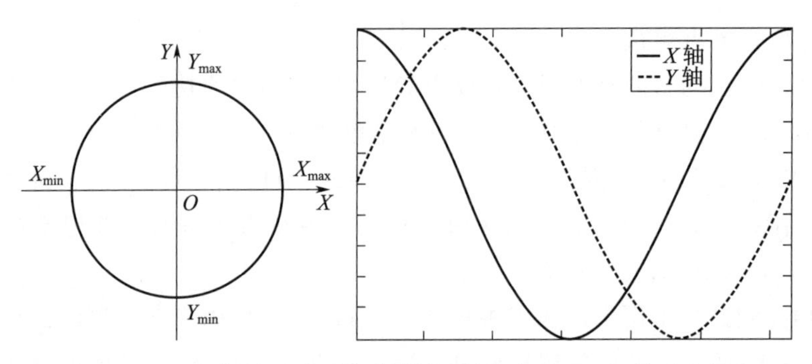

图 5-13　理想条件下地磁传感器敏感轴输出及 X、Y 轴对应关系

轴的相位差为 90°，该正弦电压波信号频率等于 GNC 模块的转速。根据 X、Y 轴的输出求反正切，可以精确求出任意时刻 GNC 模块绕 Z 轴转过的角度。

地磁测量系统的系统误差有：

- 传感器自身误差，包括通道间的正交误差，每个通道的零位误差和灵敏度误差。
- 使用环境引起的误差，包括安装误差等。
- 数值误差（舍入误差和截断误差），放大倍数误差以及 A/D 转换引起的误差等。

由于这些误差的存在，姿态解算出的滚转角误差较大，不能满足弹道控制的要求。因此，需要对系统误差进行补偿。其中，数值影响即舍入误差与截断误差，因系统中采用了 12 位的 AD 进行采集，该误差影响较小，可不进行补偿。故只需对灵敏度误差、安装误差即正交误差进行补偿。

①零位误差

如果敏感轴上的磁场强度为 0，而传感器的输出不为 0 时，则会带来零位误差。零位误差如图 5-14 所示。

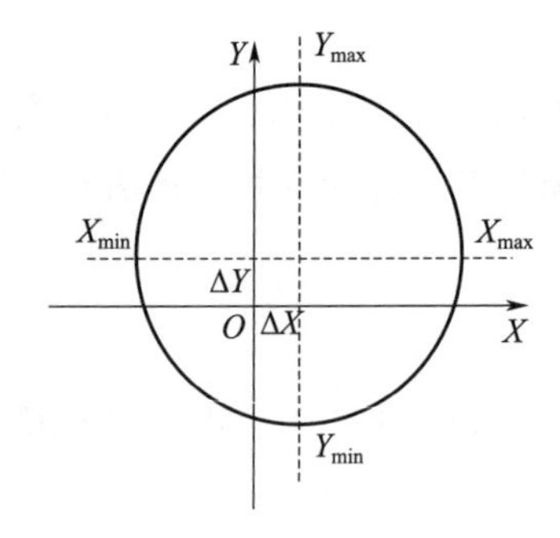

图 5-14　零位误差图

X 轴和 Y 轴的零位为

$$\Delta X = \frac{X_{max} + X_{min}}{2} \tag{5-1}$$

$$\Delta Y = \frac{Y_{max} + Y_{min}}{2} \tag{5-2}$$

修正零位之后的输出为

$$X = X_{out} - \Delta X \tag{5-3}$$

$$Y = Y_{out} - \Delta Y \tag{5-4}$$

②灵敏度误差

当地磁传感器的两条灵敏轴的灵敏度不一致时，就会产生灵敏度误差，这时输出曲线就是一个椭圆形，如图 5-15 所示。

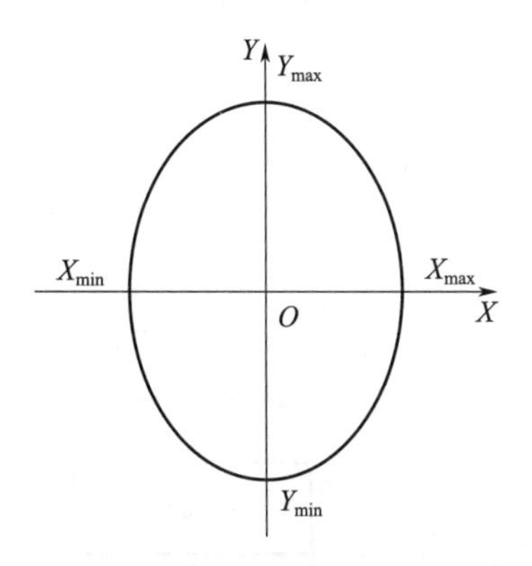

图 5-15　灵敏度误差图

我们假定以 X 轴的输出为基准，通过给 Y 轴的输出乘以一个比例系数，$K_y = \dfrac{X_{max} - Y_{min}}{Y_{max} - Y_{min}}$，就可以将 Y 轴的灵敏度和 X 轴的灵敏度调整一致。

③正交误差

正交误差是由于传感器的 X 轴和 Y 轴不严格垂直导致的，对于双轴或三轴传感器，该误差在出厂时就已经固有存在，对于自己组装的两个或三个单轴传感器，该误差是在安装过程中轴与轴之间不严格垂直产生的。

假定 X 轴与 Y 轴之间存在正交误差，X_{vert} 轴与 Y 轴垂直，X 轴与 X_{vert} 轴之间存在夹角 α，在这种情况下采集到的数据所表现的现象是：Y 轴输出为最大时，X 轴输出不为 0，此时 X 轴的实际输出为 $X = Y_{max} \times \sin\alpha$，如图 5-16 所示。

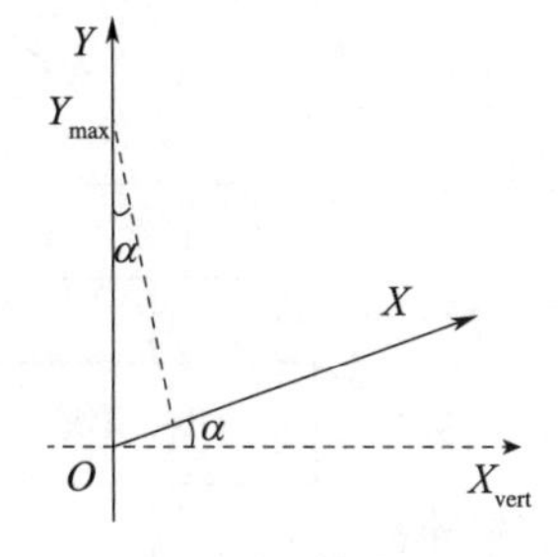

图 5-16　X 轴和 Y 轴存在正交误差图

对此，可以采用式（5-5）进行补偿

$$X = X_{out} - Y_{out} \times \sin\alpha \tag{5-5}$$

采用相同的方法可以计算出任意时刻 GNC 模块绕 X、Y 轴旋转时转过的角度。

5.1.3.4　卫导功能专项测试

卫导专项测试主要分为两部分，分别为模拟卫星信号源测试与实际收星测试。

（1）模拟卫星信号源测试

其卫星信号依靠卫星信号模拟器产生，如图 5－17 所示。该项测试主要测试卫导的动态性能（包含天线及低噪放）。为了便于测试结果评估，选用调试串口（软件协议匹配）进行测试。

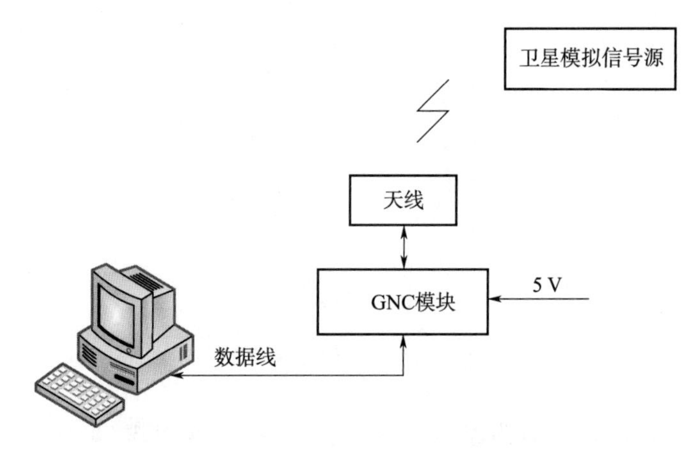

图 5－17　模拟卫星信号源测试框图

（2）实际收星测试

其原理是针对真实的卫星信号进行功能和性能测试，如图 5－18 所示。主要测试整机性能，实际收星测试又可以分为静态对天测试和动态对天测试。

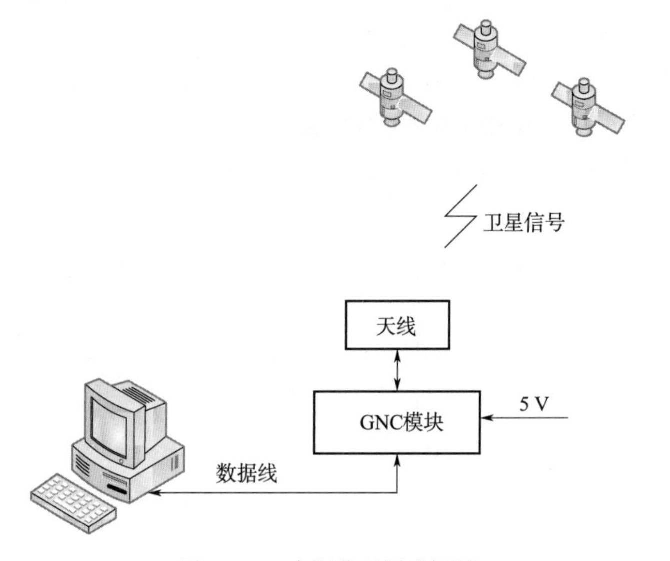

图 5－18　实际收星测试框图

①静态对天测试

分别将 GNC 模块在 Z 轴水平放置、Z 轴方向朝上与水平面夹角 45°、Z 轴方向朝下与水平面夹角 45°这三个状态下进行静态测试，测试方法如下，将数据记录在表 5－9 中。

1）规定天线沿 Z 轴方向中心轴线与铅垂面重合时为 0°，根据其与铅垂面的夹角分别定义 45°、90°、135°、180°、225°、270°、315°位置。

2）将 GNC 模块 Z 轴置于 0°位置，上电将星历上传至接收机。

3）断电重启，记录定位时长，定位后静止采集 4 min 数据保存后断电。

4）重复以上操作共计 3 次，记录定位时长并保存相应数据，做好数据标识。

5）分别改变 GNC 模块 Z 轴位置为 45°、90°、135°、180°、225°、270°、315°，重复以上操作。

6）整理数据，给出相应指标统计值。

表 5－9　静态对天测试记录表

序号	天线位置	热启动时间	参与定位星数	平均载噪比	载噪比 38 dB 以上星数	定位性能	测试结果	备注
1	0°							
2	45°							
3	90°							
4	135°							
5	180°							
6	225°							
7	270°							

续表

序号	天线位置	热启动时间	参与定位星数	平均载噪比	载噪比 38 dB 以上星数	定位性能	测试结果	备注
8	315°							

②动态对天测试（跑车测试）

（a）环境条件

选取有桥梁遮挡的高速路段作为相应的跑车环境，并以高精度光纤惯导作为量测基准，用以对比分析卫星导航接收机的定位精度。

（b）试验步骤

• 将 GNC 模块通过工装固定安装在跑车车顶；

• 启动高精度光纤惯导，完成初始对准；

• 启动卫星定位组件，同时保存惯导数据和卫导数据；

• 静止 3 min 后，开始跑车试验，当 GNC 模块出现失锁情况时，记录失锁时间和重捕获时间；

• 跑车试验结束后，整理动态测试数据，记录在表 5 - 10 中。

表 5 - 10　动态对天测试记录表

序号	测试项目	测试结果	备注
1	失锁重捕时间		
2	水平位置误差		
3	高程位置误差		
4	水平速度误差		
5	高程速度误差		

5.1.3.5　无线通信专项测试

由于 GNC 模块设计的无线通信接口是近距离信息交互，通信距离短，一般有两种测试方法。

一种是用测试系统配置相同的无线通信接口和通信协议，由测试系统主机完成对模块本接口的功能测试。这种方法比较传统和简单，这里不做介绍。

另外一种是用两个 GNC 模块实现相互之间的通信验证，其具体做法是用两个 GNC 模块，分别作为无线通信的发送端和接收端。先在一个空旷的无信号干扰环境中将两个模块放在一起，一个发送另一个接收，对比接收到的数据与发送的数据是否一致，若一致则表示测试正确。然后发送模块和接收模块功能交换，再次发送数据，若接收到的数据与发送的数据一致则表示测试正确。用这种测试验证模块无线通信接口的基本功能和通信协议的正确性。

然后拉开两个模块之间的距离，每次移动1 m，观测是否能够接收到数据。不断地拉大距离，直到接收模块无法稳定接收到数据为止，从而得到无线通信的最远传输距离。用此方法可以检验无线通信接口的通信距离指标是否满足设计要求。

为了检验该接口对环境的适应性，尤其是在不同干扰环境中通信的可靠性，可以在不同的干扰环境下重复上述试验，验证无线通信的抗干扰能力。

5.1.4 MEMS的标定与补偿

GNC模块中的IMU就是内置的MEMS，MEMS测试不同于其他功能接口的测试，其测试过程需要在特定的转台上进行，而且功能测试必须先完成标定和补偿后才能进行功能和性能的测试。

5.1.4.1 MEMS标定方案

MEMS的标定包括陀螺仪和加速度计两部分。

(1) 选定标定模型

陀螺仪定温输出模型建立为

$$\begin{bmatrix}\omega_x\\\omega_y\\\omega_z\end{bmatrix}=\begin{bmatrix}k_{gx}&k_{gxy}&k_{gxz}\\k_{gyx}&k_{gy}&k_{gyz}\\k_{gzx}&k_{gzy}&k_{gz}\end{bmatrix}\begin{bmatrix}N_{Gx}\\N_{Gy}\\N_{Gz}\end{bmatrix}-\begin{bmatrix}\varepsilon_x\\\varepsilon_y\\\varepsilon_z\end{bmatrix} \tag{5-6}$$

式中　ω_x、ω_y、ω_z——补偿后的三轴陀螺仪输出（即理论输出真值）；

ε_x、ε_y、ε_z——三个轴向陀螺仪的常值零偏；

k_{gx}、k_{gy}、k_{gz}——三轴陀螺仪的刻度系数；

k_{gxy}、k_{gxz}、k_{gyx}、k_{gyz}、k_{gzx}、k_{gzy}——轴间安装偏差系数；

N_{Gx}、N_{Gy}、N_{Gz}——三轴陀螺仪输出的原始数据。

加速度计定温输出模型建立为

$$\begin{bmatrix}a_x\\a_y\\a_z\end{bmatrix}=\begin{bmatrix}k_{ax}&k_{axy}&k_{axz}\\k_{ayx}&k_{ay}&k_{ayz}\\k_{azx}&k_{azy}&k_{az}\end{bmatrix}\begin{bmatrix}N_{Ax}\\N_{Ay}\\N_{Az}\end{bmatrix}+\begin{bmatrix}\nabla_x\\\nabla_y\\\nabla_z\end{bmatrix} \tag{5-7}$$

式中　a_x、a_y、a_z——补偿后的三轴加速度计输出（即理论输出真值）；

∇_x、∇_y、∇_z——三个轴向加速度计的常值零偏；

k_{ax}、k_{ay}、k_{az}——三轴加速度计的刻度系数；

k_{axy}、k_{axz}、k_{ayx}、k_{ayz}、k_{azx}、k_{azy}——轴间安装偏差系数；

N_{Ax}、N_{Ay}、N_{Az}——三轴加速度计输出的原始数据。

标定就是通过合理的试验编排来辨识式（5-6）、式（5-7）中的参数，从而得到陀螺仪、加速度计原始输出数据和理论输出真值之间的关系。由于MEMS陀螺相比于加计对标定精度要求更高，因此采取先标加计后标陀螺的方案，等温度完全稳定后再对陀螺进行标定。标定前需要对陀螺仪、加速度计三个轴向的极性进行判断，如有不对，需及时调整标定文件参数，轴向极性一旦确定就不得更改。然后将GNC模块安装在三轴转台上，保证 GNC 模块的轴向与转台轴向尽可能平行。测量电缆导通情况，确认无误后给产品加电，在整个标定期间 GNC 模块不能断电。

(2) 加速度计标定方案

采用 6 位置法对 MEMS 的加速度计进行标定。6 位置法，即 MEMS 的 X，Y，Z 轴分别朝天向和地向一次，在转台静止情况下进行加速度计数据采集。每个位置保持时间不小于 5 min，并记录加速度计原始输出。

记录每个位置下 GNC 模块加速度计的输出均值。分别计为

$$\overline{\boldsymbol{N}_{Aj}}^{\mathrm{T}}=(\overline{N_{Axj}},\overline{N_{Ayj}},\overline{N_{Azj}}),(j=1,2,3,\cdots,6)$$

记 $\overline{\boldsymbol{f}_j}^{\mathrm{T}}=(\overline{f_{xj}},\ \overline{f_{yj}},\ \overline{f_{zj}})$，($j=1,\ 2,\ 3,\ \cdots,\ 6$) 为每个位置下的各轴向的比力激励值，见表 5 - 11（g 取当地重力加速度）。

表 5 - 11 各角位置比力激励值（六位置）

位置	$\boldsymbol{f}_x$	$\boldsymbol{f}_y$	$\boldsymbol{f}_z$
1	g	0	0
2	$-g$	0	0
3	0	g	0
4	0	$-g$	0
5	0	0	g
6	0	0	$-g$

注：若采用当地重力加速度作为输出单位，则表中的 g 换为 1。

$$\boldsymbol{K}=\begin{bmatrix}\nabla_x & \nabla_y & \nabla_z\\ k_{ax} & k_{ayx} & k_{azx}\\ k_{axy} & k_{ay} & k_{azy}\\ k_{axz} & k_{ayz} & k_{az}\end{bmatrix} \tag{5-8}$$

$$\boldsymbol{a}=\boldsymbol{F}=\begin{bmatrix}\boldsymbol{f}_1^{\mathrm{T}}\\ \boldsymbol{f}_2^{\mathrm{T}}\\ \vdots\\ \boldsymbol{f}_6^{\mathrm{T}}\end{bmatrix}\begin{bmatrix}f_{x1} & f_{y1} & f_{z1}\\ f_{x2} & f_{y2} & f_{z2}\\ f_{x3} & f_{y3} & f_{z3}\\ f_{x4} & f_{y4} & f_{z4}\\ f_{x5} & f_{y5} & f_{z5}\\ f_{x6} & f_{y6} & f_{z6}\end{bmatrix} \tag{5-9}$$

$$\boldsymbol{N}_A=[1\quad \overline{N_{Ax}}\quad \overline{N_{Ay}}\quad \overline{N_{Az}}]=\begin{bmatrix}1 & \overline{N_{Ax1}} & \overline{N_{Ay1}} & \overline{N_{Az1}}\\ 1 & \overline{N_{Ax2}} & \overline{N_{Ay2}} & \overline{N_{Az2}}\\ 1 & \overline{N_{Ax3}} & \overline{N_{Ay3}} & \overline{N_{Az3}}\\ 1 & \overline{N_{Ax4}} & \overline{N_{Ay4}} & \overline{N_{Az4}}\\ 1 & \overline{N_{Ax5}} & \overline{N_{Ay5}} & \overline{N_{Az5}}\\ 1 & \overline{N_{Ax6}} & \overline{N_{Ay6}} & \overline{N_{Az6}}\end{bmatrix} \tag{5-10}$$

由 $\boldsymbol{a}=\boldsymbol{F}=\boldsymbol{N}_A\boldsymbol{K}$ ，可得 $\boldsymbol{K}$ 的最小二乘解为 $\boldsymbol{K}=(\boldsymbol{N}_A^{\mathrm{T}}\boldsymbol{N}_A)^{-1}\boldsymbol{N}_A^{\mathrm{T}}\boldsymbol{F}$ ，求得矩阵 $\boldsymbol{K}$ ，即求出了加速度计标定的所有参数。

（3）陀螺仪标定方案

调整 X 轴平行于地球自转轴，启动地面测试软件开始收数，然后5 s内控制转台绕 X 轴正转1 080°（三圈）。待转动结束后，继续采集10 s以上数据，地面测试软件再停止收数，命名接收文件为“$X+1\ 080$”。然后保持转台方向，控制转台绕 X 轴反转1 080°（三圈），同样保存数据记为“$X-1\ 080$”。Y、Z 两轴试验步骤同 X 轴。

陀螺仪输出值为角速度，累加和为角度增量，进行累加前将每个角速率值乘以陀螺仪的输出周期。即 $\widetilde{N}_{i(i=x,\ y,\ z)}^{j(j=x\pm,\ y\pm,\ z\pm)}=\sum\Delta T\cdot N_{i(i=x,\ y,\ z)}^{j(j=x\pm,\ y\pm,\ z\pm)}$ ，ΔT 为输出周期，$N_{i(i=x,\ y,\ z)}^{j(j=x\pm,\ y\pm,\ z\pm)}$ 为陀螺仪的单帧输出值。计算前对采集值进行取舍，保证所有转动过程中的输出数据要包含在计算值内，并且保证正转与反转数据等长。

根据采集到的数据，可计算相关补偿参数，计算公式如下

$$
\begin{aligned}
k_{gx}&=\frac{\widetilde{N}_x^{x+}-\widetilde{N}_x^{x-}}{4\pi N},k_{gxy}=\frac{\widetilde{N}_y^{x+}-\widetilde{N}_y^{x-}}{4\pi N},k_{gxz}=\frac{\widetilde{N}_z^{x+}-\widetilde{N}_z^{x-}}{4\pi N}\\
k_{gyx}&=\frac{\widetilde{N}_x^{y+}-\widetilde{N}_x^{y-}}{4\pi N},k_{gy}=\frac{\widetilde{N}_y^{y+}-\widetilde{N}_y^{y-}}{4\pi N},k_{gyz}=\frac{\widetilde{N}_z^{y+}-\widetilde{N}_z^{y-}}{4\pi N}\\
k_{gzx}&=\frac{\widetilde{N}_x^{z+}-\widetilde{N}_x^{z-}}{4\pi N},k_{gzy}=\frac{\widetilde{N}_y^{z+}-\widetilde{N}_y^{z-}}{4\pi N},k_{gz}=\frac{\widetilde{N}_z^{z+}-\widetilde{N}_z^{z-}}{4\pi N}
\end{aligned}
\tag{5-11}
$$

其中，N 为转动圈数，$N=3$。

备注：上述计算公式中，若陀螺仪输出的单位为（°）/s，则用180代替计算公式中的 π 。

$$
\begin{aligned}
\varepsilon_x&=\frac{\widetilde{N}_x^{y+}+\widetilde{N}_x^{y-}+\widetilde{N}_x^{z+}+\widetilde{N}_x^{z-}}{8\pi N}\\
\varepsilon_y&=\frac{\widetilde{N}_y^{x+}+\widetilde{N}_y^{x-}+\widetilde{N}_y^{z+}+\widetilde{N}_y^{z-}}{8\pi N}\\
\varepsilon_z&=\frac{\widetilde{N}_z^{x+}+\widetilde{N}_z^{x-}+\widetilde{N}_z^{y+}+\widetilde{N}_z^{y-}}{8\pi N}
\end{aligned}
\tag{5-12}
$$

5.1.4.2　MEMS温度补偿方案

MEMS惯性模块的主要制造材料是硅，硅的弹性模量、热膨胀系数、内应力和尺寸等随温度变化非常大，MEMS惯性模块的内部电路非常容易受温度影响，因此MEMS惯性传感器比传统惯性传感器对温度更敏感，性能随温度变化非常大，温度带来的误差不容忽视，需要对其进行补偿。常用的补偿方法有硬件补偿法和软件补偿法。硬件补偿法通过控制内部工作温度来提高MEMS惯性模块的性能，通常需要优化内部结构或者控制电路，这就需要额外的电路，不但设计复杂，而且会提高成本并增大体积。软件补偿法通过研究MEMS惯性模块的输出与温度之间的关系，采用数学方法拟合温度变化带来的误差，不需要增加成本和体积，方法更简单，误差补偿更快，而且补偿参数容易调整。因此，接下

来主要讲软件补偿方法。

(1) 选定 MEMS 温度补偿模型

三轴陀螺仪的温度补偿模型为

$$\begin{bmatrix}\omega_x\\\omega_y\\\omega_z\end{bmatrix}=\begin{bmatrix}k_{gx} & k_{gxy} & k_{gxz}\\k_{gyx} & k_{gy} & k_{gyz}\\k_{gzx} & k_{gzy} & k_{gz}\end{bmatrix}\begin{bmatrix}N_{Gx}\\N_{Gy}\\N_{Gz}\end{bmatrix}-\begin{bmatrix}\varepsilon_x\\\varepsilon_y\\\varepsilon_z\end{bmatrix}-\begin{bmatrix}f_{\omega x}(T_{Gx})\\f_{\omega y}(T_{Gy})\\f_{\omega z}(T_{Gz})\end{bmatrix} \tag{5-13}$$

式中 $f_{\omega i}(T_{Gi})(i=x, y, z)$——三轴陀螺输出温度补偿值；

$T_{Gi}(i=x, y, z)$——三轴陀螺温度值。

三轴加速度计的温度补偿模型为

$$\begin{bmatrix}a_x\\a_y\\a_z\end{bmatrix}=\begin{bmatrix}k_{ax} & k_{axy} & k_{axz}\\k_{ayx} & k_{ay} & k_{ayz}\\k_{azx} & k_{azy} & k_{az}\end{bmatrix}\begin{bmatrix}N_{Ax}\\N_{Ay}\\N_{Az}\end{bmatrix}-\begin{bmatrix}\nabla_x\\\nabla_y\\\nabla_z\end{bmatrix}-\begin{bmatrix}f_{ax}(T_{Ax})\\f_{ay}(T_{Ay})\\f_{az}(T_{Az})\end{bmatrix} \tag{5-14}$$

式中 $f_{ai}(T_{Ai})(i=x, y, z)$——三轴加速度计输出温度补偿值；

$T_{Ai}(i=x, y, z)$——三轴加速度计温度值。

(2) MEMS 温度补偿方案

MEMS 的温度补偿方案主要分为两种：定温点分段补偿和连续全温范围补偿。定温点分段补偿计算方法简单、便捷，但是误差相对比较大，选择的温度点越多，补偿精度越高，同时试验周期越长，计算复杂度也随之提高。连续全温范围补偿方法复杂，计算难度高，需要更多时间才能得到理想的补偿结果，但是误差相对小，试验周期短，可以认为连续全温范围补偿是定温点补偿在极限条件下的近似结果。由于连续全温范围补偿方法的补偿结果更加优良，大多数情况下都会选择该方法进行温度补偿。在项目进展比较紧迫而连续全温范围补偿方法短期内无法突破时，可以采用定温点分段补偿方法进行温度补偿。

① 定温点分段补偿

将 GNC 模块放在有固定基座的温箱中，调整 Z 轴指向当地重力加速度的反方向。设置温箱温度为−40 ℃，保持 1 h，等 GNC 模块内部温度与温箱温度一致并且稳定后，给 GNC 模块上电，启动测试机软件开始收数，采集 MEMS 的三轴陀螺仪和三轴加计 10 min 的输出数据并保存，然后给 GNC 模块断电。设置温箱升温率为 1 ℃/min，依次以每 10 ℃间隔作为一个温度点，重复上述试验，直到温箱温度达到 80 ℃后，做完最后这一个温度点，停止试验。

温度变化对三轴陀螺仪输出带来的误差采取分段线性函数来进行补偿，对每个温度点的输出求平均值作为该温度点的输出，相邻两个温度点之间做线性拟合，补偿模型建立如下

$$f_{\omega i}(T_{Gi})=k_{GTi}T_{Gi}+g_i(i=x,y,z) \tag{5-15}$$

三轴加计的补偿方法与三轴陀螺一致，补偿模型建立如下

$$f_{ai}(T_{Ai})=k_{ATi}T_{Ai}+a_i(i=x,y,z) \tag{5-16}$$

② 全温范围补偿

将 GNC 模块放在有固定基座的温箱中，调整 Z 轴指向当地重力加速度的反方向。设置温箱温度为－40 ℃，保持 1 h，等 GNC 模块内部温度与温箱温度一致并且稳定后，给 GNC 模块上电，启动测试机软件开始收数。温箱升温率设置为 1 ℃/min，最高温度升到 80 ℃，整个过程 GNC 模块不断电持续输出数据，测试机软件收数并保存。温箱温度达到 80 ℃后，保持 1 h，然后试验结束，GNC 模块断电，测试机软件停止收数。

以 MEMS 每个轴向的温度、温度变化率以及这两者的耦合项或者高次项作为连续全温范围补偿的输入，以对应轴向的输出作为连续全温范围补偿的输出，采用合适的方法辨识出输入与输出之间的关系，输入与输出之间可能是线性关系，也可能是非线性关系。

辨识连续全温范围补偿的输入与输出之间关系的方法比较多，比如：多元逐步回归分析、支持向量机（SVM）、神经网络等。多元逐步回归算法容易掌握，是一种常用的计算方法，工程实践中推荐使用该方法；SVM 涉及的数学推导过程复杂，样本量较小时可使用此方法，但是不适用于大规模样本；神经网络需要大量样本和大量的计算资源，训练时间长，结果具有不确定性，是一种新兴的计算方法，可以作为前沿技术研究使用。

5.1.4.3　不同温度补偿方法比较

(1) 多元逐步回归分析法

① 多元逐步回归分析方法介绍

多元逐步回归方法主要用于挖掘单个因变量与多个自变量之间的关系，它们之间不存在完全确定关系，只存在相关关系。多元逐步回归方法就是逐步挑选出对因变量影响权值能达到要求的那些参量，然后确定自变量与因变量之间的线性模型。多元逐步回归算法的基本思想是在回归方程中按贡献大小逐个引入新变量，每引入一个新变量时，较早选入回归方程的某些变量可能随着其后一些变量的选入而失去原有的重要性，这样的变量也应当及时从回归方程中剔除，不断引入和剔除变量，直至不再引入新变量。在建立模型过程中，需要选择合适的变量，如果变量过多，可能会导致预测精度下降，如果影响显著的变量没有包括在模型内，也会影响预测精度。多元逐步回归算法简单易行，既保障了方程能保留影响显著的变量，又能够剔除非显著的变量，使回归方程中变量较少，始终只保留重要的变量。在实践中这种方法被证明较为有效，预测精确度较高，在一定程度上可以修正多重共线性。

假设随机变量 y 随着 m 个自变量 x_1，x_2，…，x_m 变化，y 与 x_1，x_2，…，x_m 之间存在线性关系

$$y=\beta_0+\beta_1 x_1+\beta_2 x_2+\cdots+\beta_m x_m+\varepsilon \tag{5-17}$$

式中　β_0，β_1，…，β_m ——回归系数。

因为 ε 是 y 中无法用 m 个自变量 x_1，x_2，…，x_m 表示的各种复杂的随机因素导致的误差，所以 ε 是一个随机变量，称为剩余误差。回归分析就是根据 m 个自变量 x_1，x_2，…，x_m 的 N 组观测值求出回归系数的估计值 b_0，b_1，…，b_m 。

假设回归系数的估计值是 b_0，b_1，…，b_m ，因变量 y 的观测值可以表示为

$$y_k = b_0 + b_1 x_{k1} + b_2 x_{k2} + \cdots + b_m x_{km} + e_k, k = 1,2,\cdots,N \tag{5-18}$$

式中　e_k——误差 ε_k 的估计。

令 $\hat{y}_k$ 为 y_k 的估计值，则有

$$\hat{y}_k = b_0 + b_1 x_{k1} + b_2 x_{k2} + \cdots + b_m x_{km} \tag{5-19}$$

$$e_k = y_k - \hat{y}_k \tag{5-20}$$

b_i 的值可以根据最小二乘法求出，能够使残差平方和

$$Q = \sum_{k=1}^{N} e_k^2 = \sum_{k=1}^{N} [y_k - (b_0 + b_1 x_{k1} + b_2 x_{k2} + \cdots + b_m x_{km})]^2 \tag{5-21}$$

达到最小值。根据极值原理可知，回归系数 b_0，b_1，…，b_m 应该满足下述方程组

$$\frac{\partial Q}{\partial b_0} = 0, \frac{\partial Q}{\partial b_1} = 0, \cdots, \frac{\partial Q}{\partial b_m} = 0 \tag{5-22}$$

可知

$$\sum_{k=1}^{N} [y_k - (b_0 + b_1 x_{k1} + b_2 x_{k2} + \cdots + b_m x_{km})]^2 = 0 \tag{5-23}$$

记观测值的平均值为

$$\begin{cases} \bar{x}_i = \dfrac{1}{N} \displaystyle\sum_{k=1}^{N} x_{ki} \\ \bar{y} = \dfrac{1}{N} \displaystyle\sum_{k=1}^{N} y_k \end{cases}, i = 1,2,\cdots,m \tag{5-24}$$

则式（5－23）可变为

$$b_0 = \bar{y} - (b_1 \bar{x}_1 + b_2 \bar{x}_2 + \cdots + b_m \bar{x}_m) \tag{5-25}$$

把式（5－25）代入式（5－19），并记

$$\begin{cases} x'_{ki} = x_{ki} - \bar{x}_i \\ y'_k = y_k - \bar{y} \end{cases}, i = 1,2,\cdots,m; k = 1,2,\cdots,N \tag{5-26}$$

可得

$$Q = \sum_{k=1}^{N} [y'_k - (b_1 x'_{k1} + b_2 x'_{k2} + \cdots + b_m x'_{km})]^2 \tag{5-27}$$

此时，式（5－21）可化为

$$\begin{cases} -\dfrac{1}{2} \dfrac{\partial Q}{\partial b_1} = \displaystyle\sum_{k=1}^{N} [y'_k - (b_1 x'_{k1} + b_2 x'_{k2} + \cdots + b_m x'_{km})] x'_{k1} = 0 \\ -\dfrac{1}{2} \dfrac{\partial Q}{\partial b_2} = \displaystyle\sum_{k=1}^{N} [y'_k - (b_1 x'_{k1} + b_2 x'_{k2} + \cdots + b_m x'_{km})] x'_{k2} = 0 \\ \vdots \\ -\dfrac{1}{2} \dfrac{\partial Q}{\partial b_m} = \displaystyle\sum_{k=1}^{N} [y'_k - (b_1 x'_{k1} + b_2 x'_{k2} + \cdots + b_m x'_{km})] x'_{km} = 0 \end{cases} \tag{5-28}$$

引入如下记号

$$\begin{cases} S_{ij} = S_{ji} = \sum_{k=1}^{N} x'_{ki} x'_{kj} = \sum_{k=1}^{N} (x_{ki} - \bar{x}_i)(x_{kj} - \bar{x}_j) \\ S_{iy} = \sum_{k=1}^{N} x'_{ki} y'_k = \sum_{k=1}^{N} (x_{ki} - \bar{x}_i)(y_k - \bar{y}) \end{cases} \tag{5-29}$$

S_{ij} 、S_{iy} 称为离差，在观测数据给定的情况下，可根据式（5 - 29）求出离差值。根据求出的离差值，整理式（5 - 28），可得到式（5 - 30）

$$\begin{cases} S_{11}b_1 + S_{12}b_2 + \cdots + S_{1m}b_m = S_{1y} \\ S_{21}b_1 + S_{22}b_2 + \cdots + S_{2m}b_m = S_{2y} \\ \qquad \vdots \\ S_{m1}b_1 + S_{m2}b_2 + \cdots + S_{mm}b_m = S_{my} \end{cases} \tag{5-30}$$

假设观测数据的组数大于自变量的个数（$N > m$），并且假设任一自变量不能用其他自变量表示，这时方程有唯一解

$$[b_0, b_1, \cdots, b_m]^{\mathrm{T}} = \boldsymbol{C}_{ij} \boldsymbol{S}_{iy}, i = 1, 2, \cdots, m; j = 1, 2, \cdots, m \tag{5-31}$$

式中　$\boldsymbol{C}_{ij}$ ——方程系数矩阵求逆的结果，即 $\boldsymbol{C}_{ij} = (\boldsymbol{S}_{ij})^{-1}$ 。

解出 b_1，…，b_m ，就可根据式（5 - 25）求解出 b_0 ，从而得到回归方程。

② 多元逐步回归效果检验

定义回归的平方和为

$$U = \sum_{k=1}^{N} (\hat{y}_k - \bar{y})^2 = \sum_{i=1}^{m} b_i S_{iy} \tag{5-32}$$

这样，因变量 y 的离差平方和 S_{yy} 可以表示为

$$\begin{aligned} S_{yy} &= \sum_{k=1}^{N} (y_k - \bar{y})^2 \\ &= \sum_{k=1}^{N} [(y_k - \hat{y}_k) + (\hat{y}_k - \bar{y})]^2 \\ &= \sum_{k=1}^{N} (y_k - \hat{y}_k)^2 + \sum_{k=1}^{N} (\hat{y}_k - \bar{y})^2 \\ &= Q + U \end{aligned} \tag{5-33}$$

假设观测值是给定的数据，那么 S_{yy} 就是一个确定值，Q 的值大时，则 U 的值小，反之 Q 的值小时，则 U 的值大。因此，Q 和 U 都可以用来表征多元逐步回归的处理效果，我们选用如下的无量纲量作为衡量回归效果的指标。

$$F = \frac{\dfrac{U}{m}}{\dfrac{Q}{N - m - 1}} \tag{5-34}$$

由式（5 - 34）可以看出，F 是两个方差 Q 和 U 之比。当 $\beta_1 = \beta_2 = \cdots = \beta_m = 0$ 时，这个比值 F 服从 F 分布，分子和分母的自由度分别是 m 和 $N - m - 1$，因此这个量 F 可用来检验这 m 个自变量的总体效果。

总体效果的显著性并不能代表每一个变量的显著性，为了检验单个变量对于总体结果做出的贡献，去掉其中一个 x_i，然后重新计算回归系数（记为 b'_j），并算出这（$m-1$）个自变量的回归平方和

$$U' = \sum_{\substack{j=1 \\ j \neq i}}^{m} b'_j S_{iy} = S_{yy} - Q' \tag{5-35}$$

若记

$$V_i = U - U' = Q' - Q \tag{5-36}$$

则有

$$V_i = \frac{b_i^2}{c_{ii}} \tag{5-37}$$

式（5-37）中，V_i 就是 x_i 在这 m 个自变量组成的回归方程中所做出的贡献，也称之为偏回归平方和。V_i 越大，表示 x_i 的贡献值越大。

同理，可根据式（5-38）中的 F_i 统计量来对某个 x_i 单独做显著性检验。

$$F_i = \frac{\dfrac{V_i}{1}}{\dfrac{Q}{N-m-1}} = \frac{b_i^2}{c_{ii} s_y^2} \tag{5-38}$$

式中

$$s_y^2 = \frac{Q}{N-m-1} \tag{5-39}$$

③ 多元逐步回归算法补偿步骤

采用多元逐步回归算法对陀螺仪和加速度计进行全温范围补偿，按如下步骤进行：

第一步：确定自变量的种类。

假设参与温度补偿的自变量有温度 T、温度平方 T^2、温变率 T'、温变率平方 $(T')^2$、温度与温变率的乘积项 $T \times T'$、…，依次记为 $x_1 \sim x_m$。

第二步：建立正规方程。

求均值

$$\bar{x}_i = \frac{1}{N} \sum_{k=1}^{N} x_{ki}, i = 1, 2, \cdots, m \tag{5-40}$$

计算离差阵

$$S_{ij} = S_{ji} = \sum_{k=1}^{N} (x_{ki} - \bar{x}_i)(x_{kj} - \bar{x}_j), i = 1, 2, \cdots, m \tag{5-41}$$

对正规方程组式（5-30）进行归一化处理，得到

$$\begin{cases} r_{11} \tilde{b}_1 + r_{12} \tilde{b}_2 + \cdots + r_{1m} \tilde{b}_m = r_{1y} \\ r_{21} \tilde{b}_1 + r_{22} \tilde{b}_2 + \cdots + r_{2m} \tilde{b}_m = r_{2y} \\ \quad \vdots \\ r_{m1} \tilde{b}_1 + r_{m2} \tilde{b}_2 + \cdots + r_{mm} \tilde{b}_m = r_{my} \end{cases} \tag{5-42}$$

式中，r_{ij} 是相关系数，有

$$r_{ij}=\frac{s_{ij}}{\sqrt{s_{ii}}\sqrt{s_{jj}}},i=j=1,2,\cdots,m \tag{5-43}$$

显然，$r_{ii}=1(i=1,2,\cdots,m,y)$。式（5-42）的解 $\tilde{b}_i$ 与式（5-30）的解 b_i 之间的关系如式（5-44）所示

$$b_i=\tilde{b}_i\frac{\sqrt{S_{yy}}}{\sqrt{S_{ii}}},i=1,2,\cdots,m \tag{5-44}$$

相关矩阵（r_{ij}）的逆阵（$\tilde{C}_{ij}$）与离差矩阵（S_{ij}）的逆阵（C_{ij}）的关系为

$$C_{ij}=\frac{\tilde{C}_{ij}}{\sqrt{S_{ii}}\sqrt{S_{jj}}} \tag{5-45}$$

更新的值 $\tilde{Q}$、$\tilde{U}$、$\tilde{V}_i$ 都与原来 Q、U、V_i 相差一个比例因子，比如 $Q=\tilde{Q}S_{yy}$。

先给方程引入三个变量，即 $m=3$，此时可以先不考虑删除变量。

第三步：计算自变量的贡献值。

逐步计算过程从方程中引入第 4 个变量开始计算，假设在逐步计算过程中，已经引入了 l 个变量，这个 l 变量的贡献值为

$$\tilde{V}_i^{(l)}=\frac{(r_{iy}^{(l)})^2}{r_{ii}^{(l)}}=\tilde{V}_i^{(l+1)} \tag{5-46}$$

式（5-46）中，第一个等号可以看作是剔掉 x_i 所带来的损失贡献，第二个等号表示加入 x_i 增加的贡献。

第四步：变量的剔除与引入。

在此步骤，先考虑是否要删除变量，不删除变量时再考虑引入新的变量。

假设 $\tilde{V}_k^{(l)}=\min\limits_{\text{已引入的}}\{\tilde{V}_i^{(l)}\}$，则统计量 F 的值为

$$F=\frac{(N-l-1)\tilde{V}_k^{(l)}}{\tilde{Q}^{(l)}} \tag{5-47}$$

残差平方和 $\tilde{Q}^{(l)}$ 的计算公式为

$$\tilde{Q}^{(l)}=\tilde{Q}^{(l-1)}-\tilde{V}_k^{(l)} \tag{5-48}$$

对于 $l=0$，有

$$\tilde{Q}^{(0)}=r_{yy}=1 \tag{5-49}$$

若 $F\leqslant F_\alpha$，则从回归方程中剔除 x_k；

若 $F>F_\alpha$，则不剔除任何变量。

其中，F_α 为临界值，需要根据经验来确定。

设 $\tilde{V}_h^{(l+1)}=\max\limits_{\text{未引入的}}\{\tilde{V}_i^{(l+1)}\}$，$F$ 值为

$$F=\frac{[N-(l+1)-1]\tilde{V}_h^{(l+1)}}{\tilde{Q}^{(l+1)}}=\frac{(N-l-2)\tilde{V}_h^{(l+1)}}{\tilde{Q}^{(l)}-\tilde{V}_h^{(l+1)}} \tag{5-50}$$

若 $F>F_\alpha$，则在回归方程中引入 x_h，否则进入下一阶段。

消去运算。当需要对已引入变量中最不显著的变量进行剔除时，则进入该步骤，消去运算的计算公式为

$$r_{ij}^{(l+1)}\begin{cases}r_{kj}^{(l)}/r_{kk}^{(l)} & (i=k,j\neq k)\\ r_{ij}^{(l)}-r_{ik}^{(l)}r_{kj}^{(l)}/r_{kk}^{(l)} & (i\neq k,j\neq k)\\ 1/r_{kk}^{(l)} & (i=k,j=k)\\ -r_{ik}^{(l)}/r_{kk}^{(l)} & (i\neq k,j=k)\end{cases} \tag{5-51}$$

这时，回归方程中的 x_i 的回归系数为 $\tilde{b}_i^{(l+1)}=r_{iy}^{(l+1)}$ 。

由式（5－44）有

$$b_i^{(l+1)}=r_{iy}^{(l+1)}\sqrt{S_{yy}}/\sqrt{S_{ii}} \tag{5-52}$$

计算完式（5－52），第 $(l+1)$ 步结束，然后对于剩余变量重复过程第二步至第四步。当逐步回归过程没有新变量更替时，转入下一步。

第五步：计算逐步回归方程其他参数。

计算 b_0 、e_k 等统计量。其中

$$\left.\begin{aligned}b_0&=\bar{y}-\sum_i b_i\bar{x}_i\\ e_k&=y_k-\hat{y}_k=y_k-\left(b_0+\sum_i b_i x_{ki}\right)\end{aligned}\right\} \tag{5-53}$$

式中，仅对已选入的 x_i 进行计算。此时整个计算过程结束，得到多元逐步回归补偿方程，包括主要的自变量及其系数。

④ 多元逐步回归算法的优缺点

优点：所含的自变量个数较少，便于应用；剩余标准差也较小，方程的稳定性较好；由于每步都做检验，因而保证了方程中的所有自变量都是有显著性的。

缺点：变量个数较多时，变量的一次性引入方程，易导致计算量增大，运算效率降低，精度不够等问题；逐步回归法则依赖于人为确定的显著性水平，不同的显著性水平检查方法可能得到的结果不一样，它是一种实践上较为有效的方法，理论上没有被证明所得到的回归方程即为最优的回归方程；对于可能存在高度互相依赖性的变量，会给回归系数的估计带来困难。

（2）支持向量机 SVM 法

①支持向量机 SVM 法介绍

支持向量机是建立在统计学习理论的 VC 维理论和结构风险最小化准则的基础上，根据有限样本信息在模型的复杂度和学习能力之间寻求最佳折中，以期望获得最好的泛化能力。其基本思想是对于非线性问题，利用非线性变换将其映射到一个高维的特征空间中，并在此空间进行线性分析，即将低维空间的非线性问题转化为高维特征空间中的线性问题来解决。通常引入一个核函数以代替高维空间中的内积运算，从而巧妙地避免了复杂的计算，并且有效地克服了维数灾难和局部极值问题。

MEMS 的温度与温度带来的误差之间是一个未知函数，假设为 $y=f(x)$ ，我们的目标是使估计函数 $\hat{f}(x)$ 与 $f(x)$ 之间的距离 R 为最小，即

$$R(f,\hat{f})=\int L(f,\hat{f})\mathrm{d}x \tag{5-54}$$

式中　L——损失函数。

SVM采用式（5-55）的形式对未知函数 $f(\boldsymbol{x})$ 进行拟合，即

$$y=f(\boldsymbol{x})=\boldsymbol{w}^{\mathrm{T}}\varphi(\boldsymbol{x})+b \tag{5-55}$$

式中　$\boldsymbol{x}\in\mathbf{R}^n$，$y\in\mathbf{R}$——待拟合函数的自变量和因变量；

$\varphi(\cdot)$——将自变量从低维空间向高维空间映射的特征函数；

b——偏置项。

式（5-55）主要是先将非线性函数从低维空间映射到高维空间，然后进行线性拟合。假设所有训练样本数据精度误差都可以达到在 ε 以下，对于允许存在拟合误差的情况，引入松弛因子 $\xi_i\geqslant 0$，$\xi_i^*\geqslant 0$，得到

$$\begin{cases}y_i-\langle\boldsymbol{w},x_i\rangle-b\leqslant\varepsilon+\xi_i\\ \langle\boldsymbol{w},x_i\rangle+b-y_i\leqslant\varepsilon+\xi_i^*,i=1,2,\cdots,k\\ \xi_i,\xi_i^*\geqslant 0\end{cases} \tag{5-56}$$

将未知函数拟合问题转换为在式（5-56）约束条件下函数 R 的最小化问题，即

$$R(\boldsymbol{w},\xi_i,\xi_i^*)=\frac{1}{2}\|\boldsymbol{w}\|^2+C\sum_{i=1}^{k}(\xi_i+\xi_i^*) \tag{5-57}$$

式（5-57）中，$\frac{1}{2}\|\boldsymbol{w}\|^2$ 主要用来提高支持向量机方法拟合的泛化能力，用来使回归函数更为平坦；$C\sum_{i=1}^{k}(\xi_i+\xi_i^*)$ 则用来减小拟合误差。式（5-57）的函数最小化问题是一个凸二次优化问题，因此引入拉格朗日函数

$$L(\boldsymbol{w},b,\xi_i,\xi_i^*,a,a^*,\gamma,\gamma^*)=\frac{1}{2}\|\boldsymbol{w}\|^2+C\sum_{i=1}^{k}(\xi_i+\xi_i^*)-\sum_{i=1}^{k}a_i\mid\varepsilon+\xi_i-y_i+f(x_i)\mid-\sum_{i=1}^{k}a_i^*\mid\varepsilon+\xi_i^*-y_i+f(x_i)\mid-\sum_{i=1}^{k}(\xi_i\gamma_i+\xi_i^*\gamma_i^*) \tag{5-58}$$

式中　a——拉格朗日乘子，$a_i\geqslant 0$，$a_i^*\geqslant 0$，$\gamma_i\geqslant 0$，$\gamma_i^*\geqslant 0$，$i=1,2,\cdots,k$。

将式（5-57）中求函数 R 的最优解的问题转化为求式（5-58）的鞍点问题，在鞍点处，函数 L 是有关 $\boldsymbol{w}$，b，ξ_i，ξ_i^* 的极小值点，并且是有关 a，a^*，γ，γ^* 的极大值点。从而将式（5-57）最小化问题转换为求式（5-58）对偶问题的最大问题，即

$$\hat{\boldsymbol{w}}(a,a^*,\gamma,\gamma^*)=\min_{w,b,\xi_i,\xi_i^*}L(\boldsymbol{w},b,\xi_i,\xi_i^*) \tag{5-59}$$

求得拉格朗日函数的对偶函数为

$$\max\boldsymbol{w}(a,a^*)=-\frac{1}{2}\sum_{i,j=1}^{k}(a_i-a_i^*)(a_j-a_j^*)\langle\varphi(x_i),\varphi(x_j)\rangle-\sum_{i=1}^{k}(a_i+a_i^*)\varepsilon+\sum_{i=1}^{k}(a_i-a_i^*)y_i \tag{5-60}$$

式（5-60）的约束条件为

$$\sum_{i=1}^{k}(a_i-a_i^*)=0,a_i\geqslant 0,a_i^*\leqslant C \tag{5-61}$$

引入符合 Mercer 条件的核函数 $k(x_i, x_j)=\langle\varphi(x_i), \varphi(x_j)\rangle$，即

$$\max \boldsymbol{w}(a, a^*)=-\frac{1}{2}\sum_{i,j=1}^{k}(a_i-a_i^*)(a_j-a_j^*)k(x_i, x_j)-\sum_{i=1}^{k}(a_i+a_i^*)\varepsilon+\sum_{i=1}^{k}(a_i-a_i^*)y_i \tag{5-62}$$

式（5-62）的约束条件为式（5-61），此时

$$\boldsymbol{w}=\sum_{i=1}^{k}(a_i-a_i^*)\varphi(x_i) \tag{5-63}$$

令 $\langle \boldsymbol{w}, x\rangle=\omega_0$，因此，求得回归函数 $f(x)$ 为

$$f(x)=\sum_{i=1}^{k}(a_i-a_i^*)k(x, x_i)+b=\boldsymbol{\omega}_0+b \tag{5-64}$$

② SVM 算法补偿步骤

第一步：确定 SVM 算法的输入、输出变量。

假设参与温度补偿的输入变量有温度 T、温变率 T'、温变率平方 $(T')^2$、温度与温变率的乘积项 $T\times T'$、…，依次记为 $x_1\sim x_m$，每个变量的长度为 N。所有的自变量按列依次排列，组成神经网络的输入矩阵 $\boldsymbol{X}(k)$，则 $\boldsymbol{X}(k)$ 是一个 N 行 m 列的矩阵，表示为 $\boldsymbol{X}_{N\times m}$。神经网络的输出变量为陀螺仪/加速度计的输出，记为 $\boldsymbol{Y}$，$\boldsymbol{Y}$ 为 N 行 1 列的矩阵，表示为 $\boldsymbol{Y}_{N\times 1}$。矩阵 $\boldsymbol{X}$ 的第 i 行数据记为 $\boldsymbol{X}^i$，矩阵 $\boldsymbol{Y}$ 的第 i 行数据记为 $\boldsymbol{Y}^i$。为了加快计算速度以及优化内存空间，可以对样本数据进行归一化处理。

第二步：将 $\boldsymbol{X}^i$ 映射到高维空间，记为 $\varphi(\boldsymbol{X}^i)$，映射关系为 $\varphi(\cdot)$。我们可以不知道映射的显式表达式，只需要知道核函数 $K(x^i, x^j)=\varphi(x^i)^{\mathrm{T}}\varphi(x^j)$，核函数 $K(x^i, x^j)$ 表示 $\varphi(x^i)$ 与 $\varphi(x^j)$ 的内积，是一个数。

第三步：确定核函数。对于支持向量机的方法，选用不同的核函数 $k(x, x_j)$，就可构成不一样的支持向量机，常用的核函数有径向基核函数、线性核函数、多项式核函数、指数核函数等，其中，应用最为广泛的是径向基核函数，径向基核函数是局部性强的核函数。相比其他核函数，径向基核函数适用于小样本和大样本，高维和低维的情况；与多项式核函数相比，径向基核函数参数少、函数复杂程度低、计算量小。根据计算需要选择一个合适的核函数，可以尝试用不同的核函数计算，对比不同核函数的计算结果。

第四步：根据前述推导可知

$$\hat{f}(X^i)=\sum_{i=1}^{N}(a_i-a_i^*)\varphi(X^i)+b \tag{5-65}$$

将核函数代入式（5-65）后可得

$$\hat{f}(x)=\sum_{i=1}^{N}(a_i-a_i^*)K(x, X^i)+b \tag{5-66}$$

第五步：调节相关参数，主要有惩罚参数 C、核函数参数 σ 以及不敏感系数 ε。以粒子群参数寻优的方法为例寻找最优参数。粒子群中的粒子定义为

$$P_j^t=[C_j^t \quad \varepsilon_j^t \quad \sigma_j^t], j=1,2,\cdots,Q \tag{5-67}$$

每个粒子的飞行速度定义为

$$v_j^t = [v_{cj}^t \quad v_{\varepsilon j}^t \quad v_{\sigma j}^t], j = 1,2,\cdots,Q \tag{5-68}$$

式中　Q——粒子的总数；

t——时刻，取值范围为 [1，K]，K 表示最大计算次数。

首先，给粒子群的取值和速度设置一个合适的取值范围，按照均匀随机分布进行初始化，然后粒子迭代更新。迭代过程如下：

1）确定每个粒子 P_j 在 $1\sim k$ 次迭代期间自己的最佳位置 $P_{j\,\text{best}}(k)$；

2）确定当前整个粒子群的全局最优位置 $P_{g\,\text{best}}(k)$；

3）将每个粒子的飞行速度更新为

$$v_j^{t+1} = Wv_j^t + r_1 C_1 (P_{j\,\text{best}} - P_j^t) + r_2 C_2 (P_{g\,\text{best}} - P_j^t) \tag{5-69}$$

式中　r_1，r_2——均匀分布在（0，1）内的随机数；

C_1——自我学习因子，在这里取为 2；

C_2——全局学习因子，在这里取为 2；

W——惯性系数，在这里取为 1。

4）更新位置

$$P_j^{t+1} = P_j^t + v_j^{t+1} \tag{5-70}$$

在更新速度和位置之后，新的 SVM 模型参数由更新的粒子 P_j^{t+1} 来计算。通过

$$E = \frac{1}{2}\sum_{i=1}^{N}[Y^i - \hat{f}(X^i)]^2 \tag{5-71}$$

来判断拟合误差，迭代过程一直持续至达到最大迭代次数 K，得到最佳粒子 $P_{g\,\text{best}}$，即为 SVM 模型的最优参数，从而得到 SVM 补偿模型。

③ SVM 算法的优缺点

优点：SVM 算法避开了从归纳到演绎的传统过程，大大简化了回归问题，算法简单，具有较好的鲁棒性；SVM 算法使用核函数可以向高维空间进行映射，具有优秀的泛化能力。

缺点：SVM 算法难以实施大规模训练样本，矩阵的存储和计算会耗费大量的机器内存和运算时间；SVM 算法对参数和核函数的选择敏感，支持向量机性能的优劣主要取决于核函数的选取，对 SVM 算法来说，找到合适的核函数构造不容易，还没有好的方法来解决核函数的选取问题。

（3）神经网络分析法

① 神经网络方法介绍

人工神经网络是通过模拟人脑的生物特性来进行工作的，其最显著的特征就是不需要任何先验公式，只需要通过在给定的观测值中自主地学习和归纳规则，从而得出观测值之间存在的规律。人工神经网络由大量的神经元组成，神经元之间广泛连接，从而形成了一个非常复杂的非线性系统，这种方法特别适用于因果关系复杂的非确定性推理、判断、识别和分类等问题。

神经网络由输入层、隐含层、输出层三部分组成，隐含层可以根据实际情况确定层

数，隐含层可以不止一层。输入层、隐含层、输出层都可以有不止一个神经元，前一层和后一层的神经元之间可以通过权值进行完全的连接，即前一层与后一层的每个神经元之间都可以互相连接，同一层的神经元之间无连接。

神经网络的结构如图 5-19 所示。

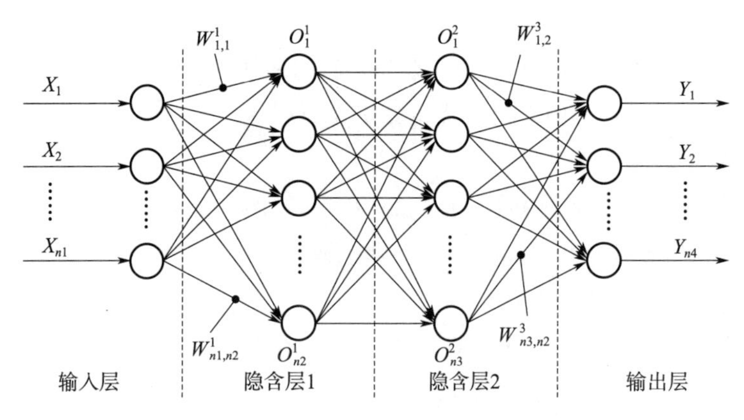

图 5-19　神经网络的结构

不同层之间节点上的连接直线代表的是前一层输入的节点对后一层输入节点的作用权值，这种加权作用不是直接实现的，而是通过传输函数计算后作用到神经元上。就这样从输入层开始，一层一层地计算，直到在输出层得到最终的结果。

神经网络的正向传播学习算法是指外部输入信息先经过输入层的所有神经元进入网络中，结合输入层到隐含层的连接权值计算后传播到隐含层，再经过激活函数的计算，求出隐含层各个神经元的输出。以此类推，从隐含层的第一层传播到隐含层的第二层，直至传播到输出层的神经元上，并对外输出。

假设神经网络的输入层、隐含层、输出层的每一层都有 N 个处理单元，并以 S 型函数作为激活函数，用于训练网络的数据包含 m 个样本对（x_k，y_k）。对于当前层第 j 个神经元，它与前一层第 i 个神经元之间的连接权值为 W_{ij}，前一层第 i 个神经元的输出为 O_i^{last}，当前层第 j 个神经元的输出为 O_j^{current}，则有

$$a_j^{\text{current}} = \sum_{i=1}^{N} W_{ij} O_i^{\text{last}}, O_j^{\text{current}} = f(a_j^{\text{current}}) = \frac{1}{1+\mathrm{e}^{-a_j^{\text{current}}}} \tag{5-72}$$

假设网络的初始权值为任意值，网络输入的样本集合是 P，那么对于网络的每个输出节点，其实际输出与期望输出之间一般总是存在误差，定义网络输出的总误差为

$$E_P = \sum\nolimits_P E_r = \frac{1}{2}\sum_j (d_{Pj} - O_{Pj})^2 \tag{5-73}$$

式中，d_{Pj} 和 O_{Pj} 分别表示的是在输入集合 P 上，第 j 个样本的期望输出值和网络输出值。假设权值 W_{ij} 的变化量为：ΔPW_{ij}，则 $\Delta PW_{ij} \propto \dfrac{\partial E_P}{\partial W_{ij}}$。

因为 $\dfrac{\partial E_P}{\partial W_{ij}} = \dfrac{\partial E_P}{\partial a_{Pj}} \times \dfrac{\partial a_{Pj}}{\partial W_{ij}} = \dfrac{\partial E_P}{\partial a_{Pj}} \times O_{Pj}$，令 $\delta_{Pj} = \dfrac{\partial E_P}{\partial a_{Pj}}$，则

$$\Delta PW_{ij}=\eta\delta_{Pj}\times O_{Pj},(\eta>0) \tag{5-74}$$

神经网络算法的权值修正公式可以统一如下表示

$$W_{ij}(n+1)=W_{ij}(n)-\Delta PW_{ij} \tag{5-75}$$

对于所有的学习样本，神经网络不断反复地完成上述学习过程，直至网络输出误差在允许的范围内。学习样本由原始数据样本集中选出，又称作教师信号，用于神经网络学习。

② 神经网络全温补偿步骤

以 BP 神经网络为例，简述 MEMS 全温范围补偿步骤如下。

第一步：确定神经网络的输入、输出变量。

假设参与温度补偿的输入变量有温度 T、温变率 T'、温变率平方 $(T')^2$、温度与温变率的乘积项 $T\times T'$、…，依次记为 $x_1\sim x_m$，每个变量的长度为 N。所有的自变量按列依次排列，组成神经网络的输入矩阵 $\boldsymbol{X}(k)$，则 $\boldsymbol{X}(k)$ 是一个 N 行 m 列的矩阵，表示为 $\boldsymbol{X}_{N\times m}$。神经网络的输出变量为陀螺仪/加速度计的输出，记为 $\boldsymbol{Y}$，$\boldsymbol{Y}$ 为 N 行 1 列的矩阵，表示为 $\boldsymbol{Y}_{N\times 1}$。

第二步：确定神经网络的结构。

假设 BP 神经网络只有一个隐含层，隐含层神经元个数为 J，输入层的神经元个数为 p，输出层的神经元个数与输出变量个数相同，即 1。

第三步：确定神经网络的初始连接权值。

神经网络输入变量与输入层、输入层与隐含层、隐含层与输出层的连接权值分别组成的矩阵为 $\boldsymbol{W}^{L1}$、$\boldsymbol{W}^{L2}$、$\boldsymbol{W}^{L3}$，那么，$\boldsymbol{W}^{L1}$、$\boldsymbol{W}^{L2}$、$\boldsymbol{W}^{L3}$ 分别是 $p\times N$、$J\times p$、$1\times J$ 矩阵。对 $\boldsymbol{W}^{L1}$、$\boldsymbol{W}^{L2}$、$\boldsymbol{W}^{L3}$ 进行初始化。

第四步：确定激活函数。

输入层、隐含层、输出层的激活函数分别为 $h(\cdot)$，$g(\cdot)$ 和 $f(\cdot)$，每一层的激活函数可以不同，常用的激活函数有 S 函数、双 S 函数、ReLU 函数等。

第五步：正向计算过程。

假设输入层、输出层、隐含层的输出分别为 O^I、O^H、O^o，则

$$O^I(k)=h(W^{L1}X(k)) \tag{5-76}$$

$$O^H(k)=g(W^{L2}O^I(k)) \tag{5-77}$$

$$O^o(k)=f(W^{L3}O^H(k)) \tag{5-78}$$

第六步：计算实际输出与理论输出之间的误差。

$$E=\frac{1}{2}\sum_{k=1}^{N}[Y(k)-O^o(k)]^2 \tag{5-79}$$

第七步：分别求出 $\dfrac{\partial E}{\partial O^I}$、$\dfrac{\partial E}{\partial O^H}$、$\dfrac{\partial E}{\partial O^o}$。

第八步：参数更新。

$$W^{L1}=W^{L1}-\lambda\frac{\partial E}{\partial O^I} \tag{5-80}$$

$$W^{L2}=W^{L2}-\lambda\frac{\partial E}{\partial O^H} \tag{5-81}$$

$$W^{L3} = W^{L3} - \lambda \frac{\partial E}{\partial O^{o}} \tag{5-82}$$

其中，λ 是学习速率，需要用户自己定义一个合适的值。

第九步：重复第一步到第八步，直到神经网络拟合误差满足要求或者达到预设的训练次数后停止训练。

通过不断优化神经网络的各项参数，比如：初始连接权值、神经网络规模、学习速率、训练次数等，来提高模型的预测精度，从而达到对 MEMS 全温范围补偿的目的。

③ 神经网络算法优缺点

优点：

1）具有很好的非线性映射能力，数学理论证明三层的神经网络就能够以任意精度逼近任何非线性连续函数，这使得其特别适合于求解内部机制复杂的问题。

2）具有高度的自学习和自适应能力，能够通过学习自动提取输出及输出数据间的“合理规则”，并自适应地将学习内容记忆于网络的权值中。

3）具有很强的容错能力，在其局部的或者部分的神经元受到破坏后对全局的训练结果不会造成很大的影响，也就是说即使系统在受到局部损伤时还是可以正常工作的。

缺点：

1）容易陷入局部最优问题，网络的权值是通过沿局部改善的方向逐渐进行调整的，这样会使算法陷入局部极值，权值收敛到局部极小点，从而导致网络收敛于局部极小值。

2）神经网络结构选择不一。神经网络结构的选择至今尚无一种统一而完整的理论指导，一般只能由经验选定。网络结构选择过大，则训练中效率不高，若选择过小，则又会造成网络可能不收敛。

3）神经网络模型的逼近和推广能力与学习样本的典型性密切相关，而从问题中选取典型样本实例组成训练集是一个很困难的问题。

4）训练计算量大。神经网络通常需要更多的数据，至少需要数千甚至数百万个标记样本，这往往带来了更大的计算量。

（4）三种补偿方法结果对比

陀螺仪使用不同方法的拟合结果如图 5－20 所示，陀螺仪使用不同方法补偿后的零偏稳定性见表 5－12。加计使用不同方法的拟合结果如图 5－21 所示，加计使用不同方法补偿后的零偏稳定性见表 5－13。

表 5－12 陀螺仪使用不同方法补偿后的零偏稳定性

	神经网络	SVM	多元逐步回归
陀螺仪补偿后零偏稳定性/[(°)/s]	0.005 768 567 349 769	0.015 463 752 321 335	0.030 927 652 378 543

表 5－13 加计使用不同方法补偿后的零偏稳定性

	神经网络	SVM	多元逐步回归
加计补偿后零偏稳定性/g	0.001 325 684 579 242	0.004 235 567 864 289	0.013 235 768 265 327

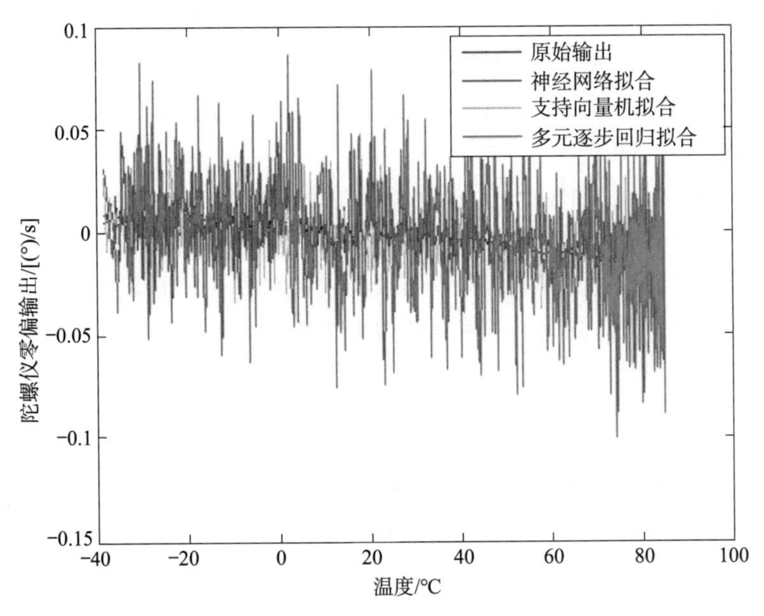

图 5-20　陀螺仪使用不同方法的拟合结果（见彩插）

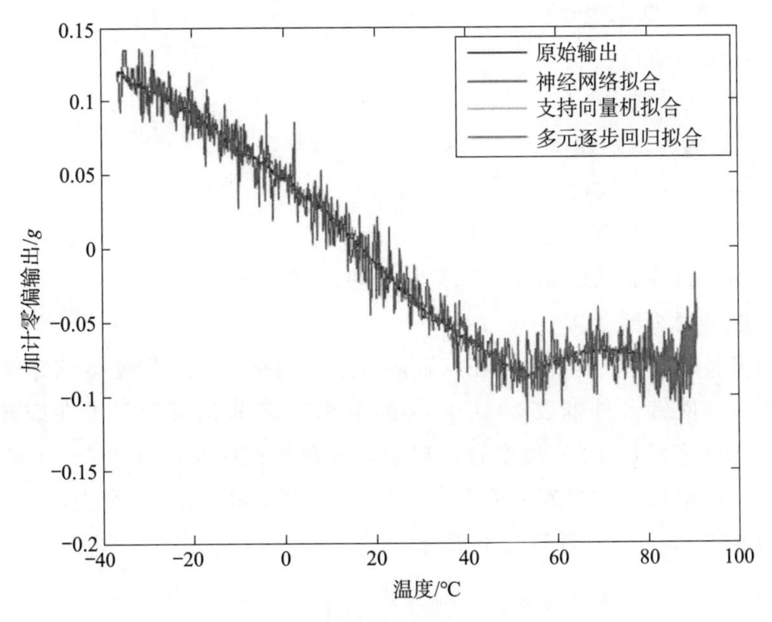

图 5-21　加计使用不同方法的拟合结果（见彩插）

通过以上三种不同的方法对陀螺仪和加计进行补偿的结果可以看出，采用神经网络的方法效果最好。

5.1.4.4　MEMS 性能专项测试

MEMS 专项测试分为陀螺仪性能测试和加速度计性能测试。其性能测试必须在完成标定补偿以后才能进行。

（1）陀螺仪性能测试

对陀螺仪的性能测试项目有：标度因数非线性度、三轴角速率交叉耦合、角速率分辨率、角速率零偏、角速率零偏稳定性、角速率零偏重复性。具体的测试方法如下。

①标度因数非线性度

将GNC模块安装在三轴转台上，保证GNC模块轴向与转台轴向尽可能平行。调整转台位置使得陀螺仪 Z 轴方向朝天，产品正常工作后，启动转台按表5-14规定的速率从0开始依次增大到受试通道的正输入极限，再反向按选定的点逐步增大到负输入极限为一个循环。在每个测量速率点稳定后，连续采样时间为1 min，取其平均值作为该测量点的输出信号值。

表5-14　速率输入值

［单位：(°)/s］

±1	±10	±30	±60	±100	±150	±210	±280	±360	±400

根据上述测试结果，用下列公式计算线性度

$$E_C = \frac{1}{\omega}\max|Y_i - (KX_i + b)| \tag{5-83}$$

式中　E_C——非线性度误差；

K——标度因数；

b——回归直线截距，(°)/s；

ω——产品输入极限速率，(°)/s；

Y_i——第 i 个点的输出速率，(°)/s；

X_i——第 i 个点的输入速率，(°)/s。

其余两轴标度因数非线性测试方法参考 Z 轴陀螺仪测试方法进行。

②三轴角速率交叉耦合

通过专用夹具将GNC模块安装在三轴转台上，调整转台位置使得陀螺仪 Z 轴方向朝天，通电正常后，使转台外框以20(°)/s的速率绕 Z 轴沿顺时针方向旋转，速率稳定后，记录 Y 轴角速率输出 Y_1；改变转台转向，转台外框还是以20(°)/s的速率绕 Z 轴旋转，稳定后，再记录 Y 轴角速率输出 Y_2。Y_1、Y_2 各采样1 min，分别取其平均值。根据测试结果，用公式(5-84)计算交叉耦合

$$S = \frac{\bar{Y}_1 - \bar{Y}_2}{2\omega} \times 100\% \tag{5-84}$$

式中　S——正交度误差；

ω——产品顺时针旋转时的输入速率，(°)/s；

$\bar{Y}_1$——输入20(°)/s时交叉轴通道的输出均值，(°)/s；

$\bar{Y}_2$——输入-20(°)/s时交叉轴通道的输出均值，(°)/s。

计算 Z 轴对 Y 轴的交叉耦合误差，同时可计算出 Z 轴对 X 轴的交叉耦合误差；参照以上方法分别计算 X 轴对 Y 轴、Z 轴的交叉耦合误差，Y 轴对 X 轴、Z 轴的交叉耦合误差。

③角速率分辨率

测试陀螺仪的角速率分辨率，即陀螺仪敏感轴所能敏感到的最小角速度输入变化。将GNC模块固定到转台上，调整转台位置使得陀螺仪 Z 轴方向朝天，上电稳定后，从某一个角速率起，间隔不同的角速率分别测一组数据，且间隔的速率值依次减小，当间隔变得越来越小分辨不出来时，分辨出来的临界点与前一点的间隔即为分辨率，能否分辨出来的判断方法为

$$x=\frac{V_{i+1实}-V_{i实}}{V_{i+1理}-V_{i理}} \tag{5-85}$$

式中　$V_{i+1实}$ ——后一点的实际值；

$V_{i实}$ ——前一点的实际值；

$V_{i+1理}$ ——后一点的理论值；

$V_{i理}$ ——前一点的理论值。

试验时分别依次取20（°）/s，20.005（°）/s为标准转速点对产品分辨率进行分析测试，并取每一个转速点下产品输出的1 min均值角速率，代入式（5-85）计算。

当 $x<50\%$ 时，认为此两点角速率的间隔没有被分辨出来。

当 $x\geqslant 50\%$ 时，认为此两点角速率的间隔被分辨出来。

其余2个轴测试方法相同。

④ 角速率零偏

测试陀螺仪的角速率零偏，即在陀螺仪敏感轴向输入角速度为零的情况下，陀螺仪的常值输出。通过专用夹具将GNC模块安装在固定基座的测试平台上，调整平台，使 Z 轴指天。

通电正常工作等待数据稳定后，测试GNC模块 X、Y 轴角速率的输出，共测试3 min，然后求出 X、Y 轴陀螺仪输出信号的平均值。记 X、Y 轴陀螺仪输出均值为 $\bar{\omega}$，X、Y 轴陀螺仪零偏为 ω_0，则 X、Y 轴陀螺仪零偏为 X、Y 轴陀螺仪的输出均值

$$\omega_0=\bar{\omega} \tag{5-86}$$

采用相同的方法可以计算出 Z 轴陀螺仪的零偏。

⑤ 角速率零偏稳定性

测试陀螺仪的输入角速度为零时，输出围绕其均值的离散程度。按照角速率零偏的测试方法来测试三轴角速率零偏稳定性，GNC模块三轴角速率数据采集时间改为1 h。对采集数据取10 s均值，共得到 n 组陀螺仪输出，ω_i 为陀螺仪输出，$\bar{\omega}$ 为陀螺仪输出均值，则陀螺仪的零偏稳定性

$$B_s=\sqrt{\frac{1}{n-1}\sum_{i=1}^{n}(\omega_i-\bar{\omega})^2} \tag{5-87}$$

⑥ 角速率零偏重复性

零偏重复性反映陀螺仪多次通电过程中，其输出零偏相对其均值的离散程度，以多次测试所得零偏的标准偏差表示。按照角速率零偏的测试方法来测试三轴角速率零偏重复性，分别测试GNC模块三轴角速率10 min的零偏输出，测完后断电；测试6次，每次间

隔 10 min 以上，对 6 次求标准差。设共做 n 次采集，B_{0i} 为陀螺仪第 i 次所测得零偏，$\bar{B}_0$ 为陀螺仪 n 次所测得零偏均值，则陀螺仪的零偏重复性可按下式求得

$$B_r = \sqrt{\frac{1}{n-1}\sum_{i=1}^{n}(B_{0i} - \bar{B}_0)^2} \tag{5-88}$$

(2) 加速度计性能测试

对加速度计的专项测试项目与陀螺仪的基本一致，主要测以下这几项：三轴加速度计交叉耦合、加速度计分辨率、加速度计零偏、加速度计零偏稳定性、加速度计零偏重复性。具体的测试方法如下：

① 三轴加速度计交叉耦合

加速度计的交叉耦合即其他两轴加速度计的输入加速度对于该加速度计输出的影响。通过专用夹具将 GNC 模块安装在三轴转台上，使 Z 轴指天，稳定后，给产品通电正常工作数据稳定后，测量 Y 轴加速度输出 Y_1，采样 3 min 并求出平均值 $\bar{Y}_1$。改变转台方向，使 Z 轴指地，测量 Y 轴加速度输出 Y_2，采样 3 min 并求出平均值 $\bar{Y}_2$。加速度计的交叉耦合误差计算方法如下

$$S = \frac{\bar{Y}_1 - \bar{Y}_2}{2g} \times 100\% \tag{5-89}$$

式中 S——交叉耦合误差；

$\bar{Y}_1$——Z 轴指天时交叉轴通道的输出均值；

$\bar{Y}_2$——Z 轴指地时交叉轴通道的输出均值；

g——当地重力加速度。

计算 Z 轴对 Y 轴的交叉耦合误差，同时可计算出 Z 轴对 X 轴的交叉耦合误差；参照以上方法分别计算 X 轴对 Y 轴、Z 轴的交叉耦合误差，Y 轴对 X 轴、Z 轴的交叉耦合误差。

② 加速度计分辨率

测试加速度计的分辨率，即加速度计敏感轴所能敏感到的最小加速度的输入变化。将 GNC 模块固定到转台上，上电稳定后，从某一个位置起，以间隔不同的角度分别测一组数据，且间隔值依次减小，当间隔变得越来越小且分辨不出来时，分辨出来的临界点与前一点的间隔即为分辨率，能否分辨出来的判断方法为

$$x = \frac{V_{i+1实} - V_{i实}}{V_{i+1理} - V_{i理}} \tag{5-90}$$

式中 $V_{i+1实}$——后一点的实际值；

$V_{i实}$——前一点的实际值；

$V_{i+1理}$——后一点的理论值；

$V_{i理}$——前一点的理论值。

试验时敏感轴与水平面的角度依次取 30°，30.067°，静置后采集 3 min 数据，取每一个位置下产品输出的均值，代入式（5-90）计算。

当 $x < 50$ 时，认为此两点加速度的间隔没有被分辨出来。

当 $x \geqslant 50$ 时，认为此两点加速度的间隔被分辨出来。

其余2个轴测试方法相同。

③ 加速度计零偏

测试加速度计敏感轴向输入加速度为零的情况下，加速度计的输出。加速度计零偏的测试方法和交叉耦合测试方法相同，假设加速度计零偏为 A_0 ，则加速度计零偏的计算公式为

$$A_0 = \frac{\bar{Y}_1 + \bar{Y}_2}{2} \tag{5-91}$$

每个轴向的加速度计零偏均按此方法测试。

④ 加速度计零偏稳定性

加速度计零偏稳定性指的是输入加速度为零时，加速度计输出围绕其均值的离散程度。

加速度计零偏稳定性的测试方法和交叉耦合测试方法相同，记录加速度计输出，测试时间改为1 h。假设加速度计零偏稳定性为 B_{sa} ，对加速度计的输出取10 s均值，共得到 n 组加速度计输出，A_i 为加速度计输出，$\bar{A}$ 为加速度计输出均值，则加速度计零偏稳定性的计算公式为

$$B_{sa} = \sqrt{\frac{1}{n-1}\sum_{i=1}^{n}(A_i - \bar{A})^2} \tag{5-92}$$

⑤ 加速度计零偏重复性

加速度计零偏重复性反映加速度计输出在多次通电过程中，其零偏相对其均值的离散程度，以多次测试所得零偏的标准偏差表示。

按照加速度计零偏的测试方法，分别测试GNC模块三轴加速度10 min的零偏输出，测试完后断电；测试6次，每次间隔10 min以上。假设加速度计零偏重复性为 B_{ra} ，加速度计第 i 次所测得零偏为 B_{0ia} ，加速度计 n 次所测得零偏均值为 $\bar{B}_{0a}$ ，则加速度计的零偏重复性计算公式为

$$B_{ra} = \sqrt{\frac{1}{n-1}\sum_{i=1}^{n}(B_{0ia} - \bar{B}_{0a})^2} \tag{5-93}$$

5.2 GNC模块产品试验考核

GNC模块是一款采用基于MCM－L基板堆叠和绝缘侧墙垂直互连的MCM－V集成技术，使用环氧树脂进行实体非气密封装，兼容裸芯片和已封装模块的一体包封的PoP集成产品，其内部集成了高性能双核处理器、FPGA、AD电路、地磁传感器、GPS/BD、无线通信模块、MEMS惯性传感器、三次电源、接口电路等多功能组件，可以满足微小型飞行控制与地面运动体的姿态控制需求，是飞行控制系统的最小型化体现。由于其工艺特点、多功能组装及高密度集成度等决定了该产品的试验考核标准不同于一般的集成电路产

品，也不同于一般的系统级、整机级和舱段级系统产品，在国内属于新型模块化产品，目前还没有系统性的国家标准或国家军用标准作参考，因此具有其特殊性。

5.2.1 试验依据标准体系

由于GNC模块在国内属于新型模块化产品，目前还没有系统性的国家标准或国家军用标准作参考，因此，通过对该模块的结构特征、功能组成以及封装工艺流程和材料的系统分析，结合工程实践过程中的关键工艺风险识别以及产品可能出现的失效模式预计，确定了GNC模块产品试验考核标准体系。该体系主要参考了国军标GJB 548B中的方法5011《聚合材料的评价和验收程序》，还结合了相关工程经验，形成了相关的产品详细规范，并明确了相关的试验条件，见表5-15。

表5-15　产品详规摘要

环境与特性指标	推荐条件	极限条件
高温贮存	—	200 ℃(6 h)
工作温度	−40 ℃	−75～1 ℃
老炼试验	(168 h)	—
冲击	—	20 000g
扫频振动	①20 Hz—2 000 Hz—20 Hz(不少于4 min) ②做等幅简谐振动,其振幅两倍幅值为1.52 mm±0.15 mm,峰值加速度为20g ③X、Y、Z轴各4次	—

为了检测GNC模块的环境适应性，按照产品详规，GNC模块产品的主要试验考核项目包括稳定性烘焙试验、温度循环试验、老炼试验、机械冲击试验以及扫频振动试验。不同的试验项目的试验目的、条件和试验方法各不相同。

5.2.2 试验项目与条件

5.2.2.1 稳定性烘焙试验

(1) 试验目的

本试验的目的是在不施加电应力的条件下，确定高温贮存对微电子模块的影响。本方法也可用于筛选程序或作为其他试验之前的预处理。本试验不能用来确定其他贮存条件下的失效率。为了提高参数退化试验的灵敏度或增进对与时间和温度有关的特殊失效机理的了解，可以根据对模块编序列号或在样品总量的直方图分布基础上进行终点测量和适用时的中间测量。

(2) 试验条件

试验的最短时间和最低温度见表5-16。应在规定的时间内把模块贮存在规定的环境条件中。在规定的时间开始计时之前应有足够升温时间，使被试的每个模块总体达到规定的温度。在达到规定的试验时间之前的24 h（如试验时间不到250 h，则为0 h）到规定的试验时间之后的72 h的时间间隔内，应把模块从规定的环境试验条件中移出并使之达到标准试验条件。当有规定时，应在模块从规定的环境温度移出之后的96 h内完成终点测量。当有规定时，中间测量应在中间的某些时刻进行。

表5-16　稳定性烘焙的时间-温度对应关系

最低温度/℃	100	125	150	155	160	165	170	175	200
最短时间/h	1 000	168	24	20	16	12	8	6	6

规定的试验温度是必须达到的最低实际环境温度，在试验箱的工作区内，所有模块都应处在该温度下。要做到这一点，应通过对试验箱结构、负载、控制及检测仪器的位置以及空气或试验箱的其他环境气体的流动性进行必要的调整来保证。应对处于全负荷、断电状态下的试验箱进行校准，而且指示传感器应位于或调整至能反映该工作区内最低温度的位置上。除另有规定外，至少应按照上述试验条件进行。除另有规定外，所有其他试验条件的试验时间至少应为24 h。

（3）失效判据

试验结束后，待模块产品恢复至常温稳定后进行功能性能测试，依据测试结果判断产品是否正常。

5.2.2.2　温度循环试验

（1）试验目的

本试验的目的是测定模块承受极端高温和极端低温的能力，以及极端高温和极端低温交替变化对模块的影响。

（2）试验条件

第一步：$-65_{-10}^{\ 0}$℃；

第二步：150_{0}^{15}℃。

每一步持续时间至少10 min，第一步和第二步顺序可以互换。

所用试验箱在加载最大负荷时，应能为工作区提供控制规定的温度。热容量和空气的流量必须能使工作区和负载满足试验条件和计时要求。在试验期间，用温度指示器或自动记录仪显示检测传感器的读数来连续监视最坏情况的负载温度。对样品的热传导应减至最小。

样品的安放位置不应妨碍样品四周空气的流动。当需要特殊地安置样品时，应做具体规定。样品应在规定条件下连续完成规定的循环次数。按照前述温度条件至少循环10次。一次循环包括前述两个温度条件下的试验，必须无中断地完成，才算作一次循环。在完成规定的试验循环总次数期间，为了进行模块批量加载或卸载，或由于电源或设备故障，允许中断试验。然而，如果中断次数超过规定的循环总次数的10%时，不管任何理由，试验必须从头开始进行。

从热到冷或从冷到热的总转化时间不得超过1 min。当最坏情况负载温度在试验温度的极值范围之内时，可以转移负载，但试验停留时间不得少于10 min，其余负载应在15 min内达到规定的温度。

（3）失效判据

最后一次循环完成之后，用不放大或放大不超过 3 倍放大镜对样品标志进行检查，放大 10 倍到 20 倍对外壳、引线或封口进行目检（但当本试验用于 100％的筛选时至少应放大 1.5 倍进行检查）。本项检查和任何补充规定的测量及检查，都应在最后一次循环完成之后进行，或者在包括本试验的某试验组、步或分组完成时进行。待产品恢复至常温稳定后进行功能性能测试，以判断测试产品是否正常。任何规定的终点测量或检查不合格，外壳、引线或封口的缺陷或损坏迹象，或标志模糊，均视为失效。试验期间，由于夹具或操作不当造成的标志损坏，不应影响模块的接收。

5.2.2.3　老炼试验

（1）试验目的

老炼试验的目的是筛选或剔除那些勉强合格的模块。这些模块或是本身具有缺陷，或因其制造工艺控制不当产生了缺陷，这些缺陷会造成与时间和应力有关的失效。如不进行老炼试验，这些有缺陷的模块在使用条件下会出现初期致命失效或早期寿命失效。因此，筛选时用最大额定工作条件或在最大额定工作条件之上对微电路施加应力，或施加能以相等的或更高的灵敏度揭示出随时间和应力变化的失效模式的等效筛选条件。

（2）试验条件

温度：85 ℃。

工作时间：168 h。

规定的试验温度是在烘箱中工作区域内所有模块受到的最低环境温度。要做到这一点，可对烘箱的内部结构、负荷、控制或监测仪器的放置位置以及空气或其他合适气体或液体介质的流动进行必要的调整。在校准时，应使烘箱处于满负载但不加功率的状态，调节指示器的传感器探头位置，使其位于烘箱内工作区域的最低温度处。在产品进行老炼时，全程加电，每 4 h 进行一次测试，每次测试时间不少于 10 min，产品老炼达到规定累计时间后断电。

（3）失效判据

试验结束后，恢复至常温稳定后进行功能性能测试，判断测试产品是否正常。

5.2.2.4　机械冲击试验

（1）试验目的

本试验的目的是测定模块能否适用在需经受中等严酷程度冲击的电子设备中，这种冲击是在装卸、运输或使用中，由于突然受力或运动状态突然变化而产生的。这种类型的冲击可能破坏工作特性或引起因振动太强而造成的损坏。若冲击脉冲是重复性的，则损坏更严重。

（2）试验条件

冲击试验设备应能按规定对模块本体施加 49 000～196 000 m/s^2（峰值加速度）的冲击脉冲，其脉冲宽度为 0.1～1.0 ms。冲击脉冲应是半正弦波，其允许失真不大于规定的峰值加速度的 20％。利用截止频率为冲击脉冲基频 5 倍以上的传感器（还可以再加一个电子滤波器）来测量冲击脉冲。在上升时间的峰值加速度的 10％与下降时间的峰值加速度的

10%之间测量脉冲宽度。脉冲宽度的绝对偏差应不大于规定宽度的±0.1 ms或±30%。

冲击试验工装设备应安装在牢固的试验台基上，在使用前应把它调于水平位置。模块的外壳应牢牢地被固定好，外引线也应有适当的保护。应采取措施防止由于设备“弹跳”而产生的重复冲击。除另有规定外，模块应在 X_1、X_2、Y_1、Y_2、Z_1 和 Z_2 的各个方向上承受五次脉冲冲击。冲击脉冲的峰值加速度和脉冲宽度应在选择的试验条件中规定。对于其内部元件的主基座平面与 Y 轴垂直的模块，可把该元件趋向于脱出其基座的方向规定为 Y_1 方向。

表5-17 试验条件

试验条件	A	B	C	D	E	F
峰值加速度/(m/s²)	4 900 (500g)	14 700 (1 500g)	29 400 (3 000g)	49 000 (5 000g)	98 000 (10 000g)	196 000 (20 000g)
脉冲宽度/ms	1.0	0.5	0.3	0.3	0.2	0.2

试验后，在不放大或放大不超过3倍的情况下，用放大镜对标记进行外观检查。在放大10～20倍下，对外壳引线或密封进行目检。应在完成了最后的循环或完成了包括本试验的一组试验、一系列试验或分组试验后，进行此项检查和任何规定的附加测试。

(3) 失效判据

试验完后，在不放大或放大不超过3倍的情况下，用放大镜对标记进行外观检查。在放大10～20倍下，对外壳引线或密封进行目检。应在完成了最后的循环或完成了包括本试验的一组试验、一系列试验或分组试验后，进行此项检查和任何规定的附加测试。然后进行功能性能测试，判断测试产品是否正常。任何规定的终点测量或检查不合格，外壳、引线或封口的缺陷或损坏迹象，或标志模糊，均视为失效。试验期间，由于夹具或操作不当造成标志的损坏，不应影响模块的接收。

5.2.2.5 *扫频振动试验*

(1) 试验目的

本试验的目的是测定在规定频率范围内，振动对模块的影响。

(2) 试验方法

模块应牢固地安置在振动台上，引线或电缆也应适当固定。使模块做等幅简谐振动，其振幅2倍幅值为1.52 mm±0.15 mm，或其峰值加速度按196 m/s^2 (20g) 进行试验。在交越频率以下，试验条件应由振幅大小控制，在交越频率以上试验条件应由峰值加速度值控制。振动频率在20～2 000 Hz近似地按对数变化。应在不少于4 min的时间内经受20 Hz—2 000 Hz—20 Hz整个频率范围的作用，在 X、Y 和 Z 3个方向上各进行4次这样的循环，总共是12次，从而整个周期运动所需的时间至少约为48 min。

(3) 失效判据

试验后，在不放大或放大不超过3倍的情况下，用放大镜对标记进行外观检查。在放大10～20倍下，对外壳引线或密封进行目检。此项检查及任何附加的特殊测量和检查应在最终周期完成后，或在包括本试验的一个试验组、一个试验序列或一个试验分组完成后进行。然后进行功能性能测试，判断测试产品功能是否正常。不符合规定的任何一项测量或检查，外壳、引线或封口的缺陷或损坏迹象，或标志模糊，均视为失效。试验期间，由于夹具或操作不当造成标志的损坏，不应影响模块的接收。

5.2.3 试验评价

针对每组参加试验考核的模块产品，根据5.1.3.2节成品全功能测试中的测试方法进行试验考核，参照模块详细规范规定的功能性能指标，对比试验前后的测试结果，判断GNC模块是否通过了试验考核。一般按照以下三项内容进行评估。

（1）外观目检评估标准

在不放大或放大不超过3倍的情况下，用放大镜对标记进行外观检查。在放大10～20倍下，对外壳引线或密封进行目检。如果外壳、引线或封口存在缺陷、损坏迹象或标志模糊等均视为失效。试验期间，由于夹具或操作不当造成标志的损坏，不应影响模块的接收。

（2）阻抗测试评估标准

试验前后误差应不超过±10%。

（3）功能测试评估标准

按照表5-1中的项目进行测试，所有单元测试项目无误视为通过试验考核。

如果以上检查均满足标准要求，即认为本批产品考核通过，如果有个别产品不符合标准要求，但本批不合格数量占比小于等于5%，即认为本批产品合格，不合格品应剔除并做出标记，可根据情况用作他用。如果本批产品的合格率小于95%，则应该分析原因并进行纠正。

5.3 GNC模块的热特性对关键性能参数的影响性分析

GNC模块是高集成度的灌封型产品，其散热能力是本产品的关键特性。热聚集对敏感性能参数的影响模式直接决定了该产品的适用模式和工艺改进方向。

GNC模块是一个由大量电子元器件集成的产品，电子元器件都具有一定的内阻，GNC模块工作时，内部的每个电子元器件就是一个个内部热源。在电子产品工作过程中，输入功率有很大一部分都是以热能形式散发出来，导致器件本身温度会有所上升，如果不及时将该热量散发到外部环境，产品内部会持续升温。随着电子产品向高集成度、高运算速度方向不断发展，电子产品的耗散功率随之倍增，这不但严重地限制了高集成度电子产品的性能及可靠性，也缩短了高集成度电子产品的工作寿命。研究表明，电子元器件温度每升高2 ℃，可靠性下降10%，温升50 ℃时的寿命只有温升25 ℃时的1/6，所以说，温度对电子产品性能、可靠性和寿命都有非常大的影响。

GNC模块是一个集成度高、功能丰富的3D集成模块化产品。在2D集成电路中散热问题已经对电路性能和可靠性产生了严重影响，采用3D工艺后，器件的集成密度大幅提升，促使产品的功率密度剧增，加之内部使用灌封材料，难以填充得足够均匀和导热性能不佳，都会使得 3D 集成电路散热问题比 2D 集成电路更为严重。

GNC 模块存在的热聚集问题如下：

1）多块单板 PCB 堆叠后发热量将增加，但散热面积并未相对增加，因此发热密度大幅增加。

2）各层单板 PCB 之间、不同单板上的芯片之间的相互连接导致热耦合增强，从而造成更为严重的热问题。

3）模块内埋置基板中的无源器件也存在一定的发热问题，有机基板的散热不良也会产生严重的热问题。

4）模块封装体积缩小，组装密度大，并且内部采用灌封工艺将整个模块封装为一个实体，这使得产品的散热变得更加困难。

考虑到成本和散热的工艺难度，目前 GNC 模块采用的散热方式仍然是自然散热。采用其他的散热方式不仅会增加 GNC 模块的体积，而且会增加其制造成本。但是，考虑到后续研发过程可能会在 GNC 模块中加入其他功能组件，抑或采用该工艺方法设计研发其他产品，故需在现有产品基础上对 GNC 模块的主要参数随温度的变化情况进行分析，并在此基础上形成一套独具特色的分析技术体系。通过以上工作的开展，不但可以对 GNC 模块产品的环境适应能力有更进一步的了解，工艺师还可以根据分析结果对目前的工艺流程做出优化。此外，在设计研发其他同类型产品时，还可以借鉴此技术体系指导产品的研发。

5.3.1　高温对 GNC 模块的影响性

根据分析，高温对 GNC 模块的影响性主要表现在以下几个方面：

1）降低产品机械强度。如灌封材料的膨胀变形、元器件封装材料软化甚至热老化导致机械强度降低。

2）影响元器件的电性能。如电阻的阻值随温度升高而降低，晶体管的电流放大倍数随温度升高而增加，电感器会因温度升高而缩短使用寿命，电容随温度升高而缩短寿命，使漏电流增大、绝缘电阻降低。

3）影响绝缘材料的绝缘性能。绝缘材料的绝缘性能与温度密切相关，温度越高，绝缘材料的绝缘性能越差。每种绝缘材料都有一个适当的最高允许工作温度，超过这个温度绝缘材料将迅速老化。

4）影响不同材料之间连接的可靠性。GNC 模块内部灌封材料与基板、基板与器件、灌封材料与表面金属化材料等受热膨胀系数不一致，温度升高时彼此互相之间的连接性、可靠性会随之降低。

5）导致三维正交结构变形。随着温度升高，热膨胀会导致三维正交部分结构的正交性发生变化，从而造成 MEMS 参数发生漂移。

5.3.2 GNC模块的热传递特性分析

一般的热传递基本方式有三种，分别是热传导、热对流和热辐射。

热传导是指热量从系统的一部分传到另一部分或由一个系统传到另一系统的现象，简单来说就是热从物体温度较高的一部分沿着物体传到温度较低的部分。热传导是一种普遍现象，它在固体、液体、气体中都存在，是固体传热的主要方式。由于不同物质的导热系数不同，即使同属于固体，不同固体之间的导热也存在差异。

热对流是指热量通过流体介质质点发生相对位移而引起的热量交换方式，简单来说就是靠气体或液体的流动来传热的方式。它是流体特有的一种传热的方式，在固体中不存在。由于流体中的分子同时进行着不规则的热运动，因而热对流必然伴随有热传导现象。工程上特别感兴趣的是对流传热，是流体流过一个物体表面时，流体与物体表面间的热量传递过程，以区别于一般意义的热对流。根据引起对流的原因不同，对流传热可分为自然对流和强制对流。自然对流往往自然发生，是由温度不均匀引起的。强制对流是受到外力的影响对流体搅拌而形成的。

热辐射是指物体用电磁波辐射的形式把热能向外散发的传热方式。它与热传导和热对流的传热方式不同，热辐射是不依赖任何外界条件而进行的，是在真空中唯一的传热方式，也是远距离传热的主要方式。由于热辐射是因物体自身的温度而具有向外发射热能量的本领，温度越高，热辐射越强，因此在通常情况下，一般只考虑高温物体的热辐射现象。在任何条件下，只要一切温度高于绝对零度的物体都能产生热辐射，温度越高，辐射出的总能量就越大。

GNC模块是一个灌封的实体，在工作过程中，内部各单板上的功率器件、电阻、电容、三极管以及PCB板中的导线等都是产品的发热源。输入功率除了维持各个部分的正常工作功率消耗以外，剩余的损失功率都以热能形式散发出来。根据以上基本理论介绍可知，GNC模块产生的热能主要以热传导和对流传热的方式向外部环境传递，首先GNC模块内部的热能通过器件封装材料、模块灌封材料、PCB板等以热传导的形式传递到GNC模块表面，然后再以对流传热和热辐射的形式传递到外部环境。其中后一个阶段主要以对流传热的形式传递热能。

由于这种微小型化、高功能密度集成产品的封装特性，导致模块内部产生的热到外部的速度较慢，一般表现为内部温度要高于模块外部的环境温度，经过大量模块的温度循环试验摸底，得出GNC模块温度试验曲线对比图，如图5-22所示。

由图5-22可以看出，在−40 ℃到+60 ℃的连续升温试验过程中，GNC模块温度总是高于环境温度，根据时间-温度差曲线可以看出，模块与环境温度差先增大后减小，模块与环境温差增大阶段的曲线近似为一条斜率为2.33的直线，下降阶段的曲线近似为一条斜率为−3.5的直线，温度差曲线峰值约为38 ℃。

在−40 ℃时，模块内外温差约为0 ℃，在+60 ℃时，温差约为22 ℃，也就是说模块在外部温度达到60 ℃时，内部温度已经达到了82 ℃，内部元器件如果是工业级产品的

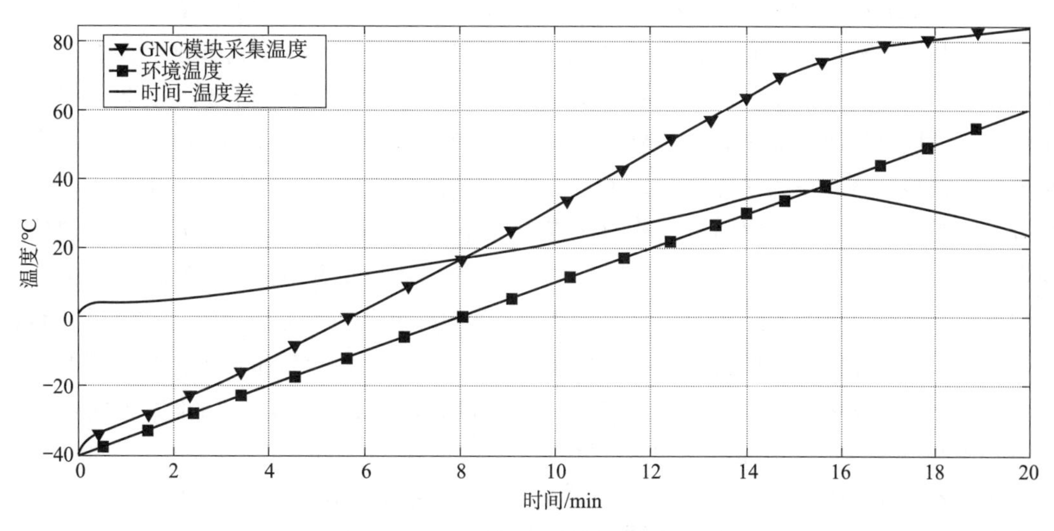

图 5 - 22　GNC 模块温度传递特性曲线图

话，能够满足小于 85 ℃的使用要求，如处于更高的环境温度，则此模块就不能安全使用了。在外部环境温度为 60 ℃时，模块内部大约 7 min 后达到 82 ℃。在模块的使用过程中应该关注这一特性，如果要满足更高的环境温度使用范围，就应该提升模块的散热能力或模块的元器件质量等级。

5.3.3　温度对 GNC 模块核心性能参数的影响

GNC 模块的核心性能参数集中在陀螺仪、加速度计、地磁传感器、卫导、无线通信等几个部分，此外，还有模块本身的工作电流。

5.3.3.1　温度对陀螺仪性能的影响

GNC 模块中集成了 3 个单轴的 MEMS 陀螺仪，分别安装在 3 个互相垂直的 PCB 基板上以形成 3D 正交结构。所采用的 MEMS 陀螺仪是电容式陀螺仪，它的工作原理如图 5 - 23 所示。

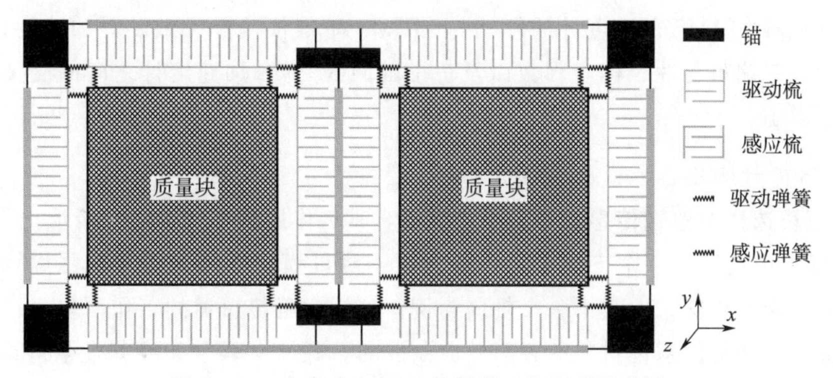

图 5 - 23　电容式 MEMS 陀螺仪工作原理示意图

电容式 MEMS 陀螺仪由质量块、锚、驱动梳、感应梳、驱动弹簧、感应弹簧以及整体框架等几个主要部分组成。该结构可以划分为两个部分，其中一部分是驱动部分，包含驱动框架、驱动弹簧和驱动梳；另一部分是感应部分，它由感应框架、感应弹簧和感应梳组成，质量块是这两个部分的公共结构。驱动部分和感应部分之间不存在相互耦合，这意味着驱动框架和感应框架是隔离的，不存在耦合位移。给 MEMS 陀螺仪供上电后，驱动部分开始工作。在电力的驱动下，驱动弹簧牵引着这两个质量块分别沿着 X 轴向相反方向振动。当 Z 轴方向上有角速度 Ω_z 输入时，这两个沿着相反方向振动的质量块会在 Y 轴分别受到一个科里奥利力的作用，两个质量块受到的科里奥利力方向相反。在科里奥利力的作用下，感应弹簧发生形变，并牵引感应梳产生位移，从而导致感应梳上检测到的电容量发生变化。该变化的电容量可以由监控电路检测到，经解算可以反向推算出此电容式 MEMS 陀螺仪 Z 轴方向上输入的角速度 Ω_z 。

在电容式 MEMS 陀螺仪中，所有结构都是在硅基板上采用 MEMS 技术实现的，温度变化会使硅材料发生形变，从而导致 MEMS 陀螺仪的结构发生变化，这会使输入的角速度 Ω_z 所对应的检测电容量发生变化，从而引入测量误差。根据以上分析可知，温度变化对 MEMS 陀螺仪的零偏、零偏稳定性、零偏重复性、标度因数等参数都会产生影响，此外温度变化导致 3D 结构的形变还会影响三个轴向 MEMS 陀螺仪之间的交叉耦合参数。

5.3.3.2 温度对加速度计性能的影响

GNC 模块中集成了三个单轴的 MEMS 加速度计，分别安装在三个互相垂直的 PCB 基板上以形成 3D 正交结构。所采用的 MEMS 加速度计是电容式加速度计，它的工作原理如图 5－24 所示。

由图 5－23、图 5－24 可知，电容式 MEMS 加速度计的结构与 MEMS 陀螺仪的结构类似，由锚、质量块、感应梳、弹簧组成。电容式 MEMS 加速度计使用感应梳来敏感输入加速度的大小。供上电后，MEMS 加速度计开始工作，当质量块敏感到外界的加速度激励信号时，质量块偏离初始位置并产生位移，感应梳间距随之变化，从而导致感应梳上的电容大小发生改变。该变化的电容量可以由监控电路检测到，经解算可以反向推算出此电容式 MEMS 加速度计上输入的加速度值。

温度变化对 MEMS 加速度计的影响与 MEMS 陀螺仪基本一致，对加速度计的零偏、零偏稳定性、零偏重复性、标度因数以及三个轴向 MEMS 加速度计之间的交叉耦合参数等都会产生影响。

5.3.3.3 温度对地磁传感器性能的影响

GNC 模块选择的地磁传感器是磁阻传感器，其工作原理如图 5－25 所示。

GNC 模块中使用了一个三轴磁阻传感器用于测量模块周围地磁场的强度，三个轴向在传感器内部相互正交。以其中一个轴向为例，分析磁阻传感器的工作原理。

磁阻传感器是根据磁性材料的磁阻效应制成的。磁性材料（如坡莫合金）具有各向异性，对它进行磁化时，其磁化方向将取决于材料的易磁化轴、材料的形状和磁化磁场的方向。当给带状坡莫合金材料通电流时，材料的电阻取决于电流的方向与磁化方向的夹角。

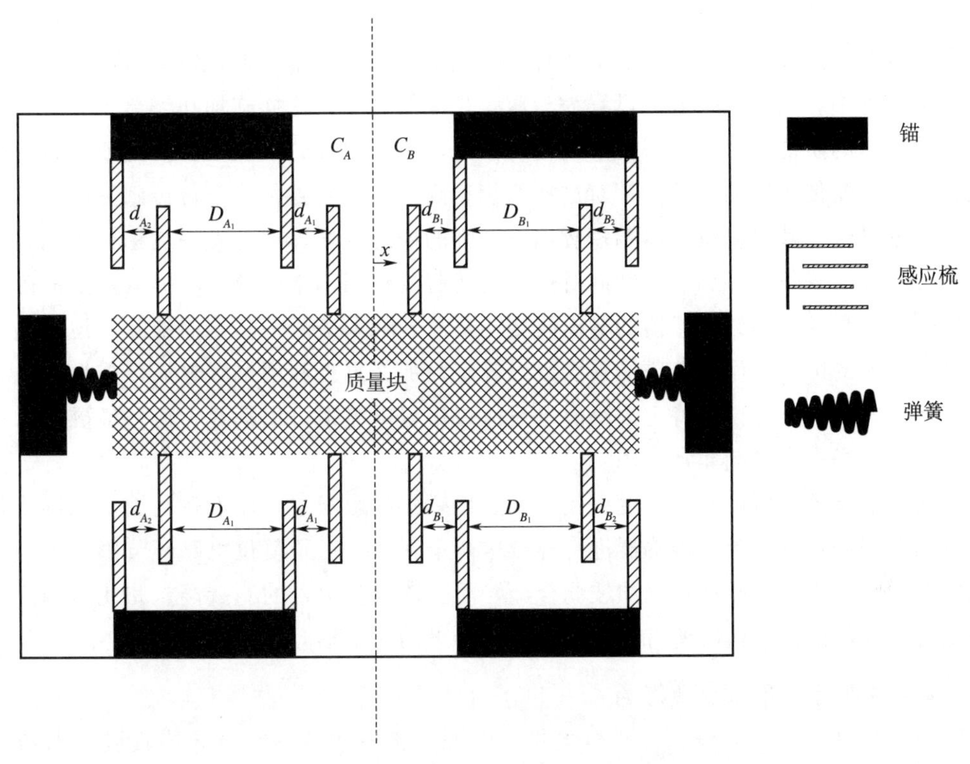

图 5-24　电容式 MEMS 加速度计工作原理示意图

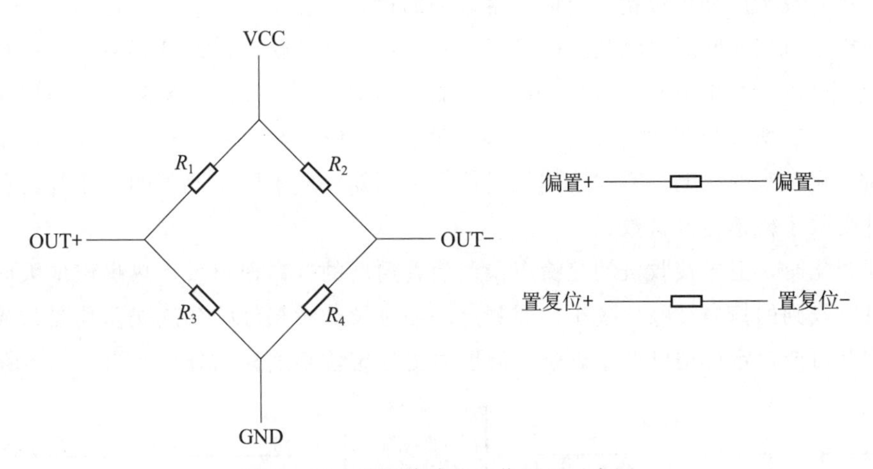

图 5-25　磁阻传感器工作原理示意图

如果给材料施加一个磁场 B（被测磁场），就会使原来的磁化方向转动。如果磁化方向转向垂直于电流的方向，则材料的电阻将减小，如果磁化方向转向平行于电流的方向，则材料的电阻将增大。磁阻传感器由 4 个这样的电阻组成，并将它们接成电桥结构。在 VCC 和 GND 两端供上电压时，磁阻传感器启动工作，开始测轴线上所施加的磁场强度。在被测磁场 B 作用下，电桥中位于相对位置的两个电阻的阻值增大，另外两个电阻的阻值减小，从而造成惠斯通电桥的电压输出变化。在其线性范围内，电桥的输出电压与被测磁场成正比。

除了电桥电路外，磁阻传感器上还有两个磁耦合的电流带：偏置电流带和置复位电流带。制造过程中，敏感轴一般被设置为沿薄膜长度的方向，这样施加在坡莫合金薄膜的磁场可以使电阻的阻值发生最大限度的变化。但是，沿敏感轴的强磁场会扰乱或反转薄膜磁化的极性，改变传感器的特性。针对这样的扰动磁场，需要置位或复位传感器的特征，这就需要在置复位＋和置复位－两端短暂加一个强的恢复磁场，这种做法被称作施加置位脉冲或复位脉冲。置位脉冲和复位脉冲对传感器所起的作用基本一致，唯一区别是使磁性材料的磁化方向相反，导致传感器的输出改变正负号。如果磁阻传感器周围除了地磁场之外还受其他磁场的影响，而且该磁场强度可以确定。那么可以利用偏置电流带施加一个相同的且反向的磁场进行补偿。特定大小的电流流过偏置电流带可以消除任何环境磁场，这对于消除测量磁场失真影响非常有用。

根据以上原理分析可知，温度变化对磁阻传感器的影响主要体现在利用传感器测量磁场强度和利用偏置电流带对传感器进行补偿这两个环节，对置复位电路环节影响不大。温度带来的主要影响是磁性材料（如坡莫合金）的阻值变化引入的测量误差和使用偏置电流带补偿时的补偿误差，其次还有硅基板热膨胀带来的三个轴向之间的交叉耦合误差。

5.3.3.4 温度对卫导性能的影响

卫导接收机主要由天线、接收机主机、电源三部分组成，在卫导接收机技术指标中“灵敏度”和“定位精度”是关键性能参数。本节将从接收机定位原理出发，简要定性分析温度变化对灵敏度和定位精度可能产生影响的途径。

卫导接收机工作时通过测量接收机与多颗卫星之间的伪距以及从导航电文中推算出的卫星位置，可以计算出卫导接收机的时间、位置和速度等信息。“灵敏度”测试时为了精确控制信号的功率，需要使用卫星信号模拟器。“定位精度”测试时，为了避免空中卫星分布不断变化带来的影响，需要使用卫星信号模拟器完成不同工况下的可重复的测试，其产品测试受限于模拟器设备数量。

温度变化时，卫导接收机的热噪声误差随着温度的升高而增大，热噪声增大时，可导致接收机所收到的信号载噪比减小。因测定码相位及载波相位的算法误差均受载噪比变化影响，故有可能对定位精度产生影响。温度对卫导定位精度影响分析如图 5－26 所示。

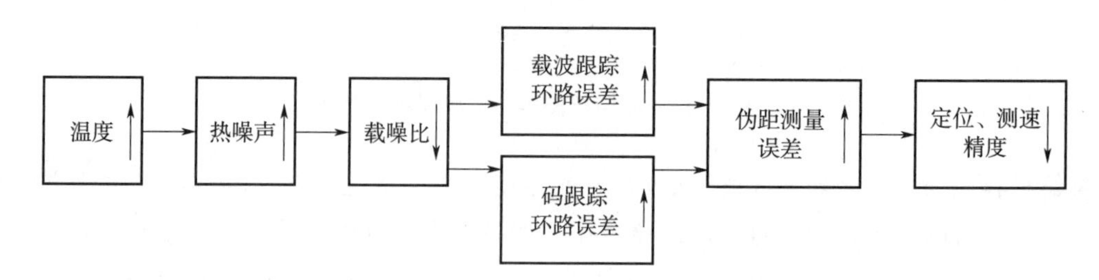

图 5－26 温度对卫导定位精度影响分析

灵敏度指接收机所能实现定位的最低接收信号功率值，分为捕获灵敏度和跟踪灵敏度，单机测试时通常对捕获灵敏度进行测试。灵敏度由两个方面决定：一是接收机射频前端设计的增益和噪声性能；二是捕获、跟踪和解调算法所需要的最小载噪比。当温度变化时，接收机中低噪放等器件在不同温度下，噪声系数将发生变化。通常温度上升时，噪声系数恶化，这意味着灵敏度恶化。此外，当温度上升时，载噪比下降，导致载噪比不能满足解调所需的门限，产品不能定位。综上分析，当温度变化时，在噪声系数和载噪比这两种因素的共同作用下，产品灵敏度发生变化，温度对卫导灵敏度影响分析如图 5 - 27 所示。

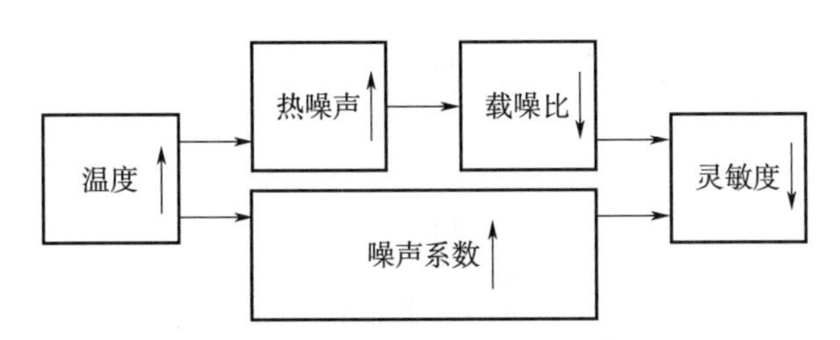

图 5 - 27　温度对卫导灵敏度影响分析

经查阅相关资料和公式估算，卫导接收机温度从－40℃升温到 80℃时，载噪比下降约 0.5 dB，对于接收机各向定位精度变化基本无影响，对于接收机的测速精度影响基本可忽略。因此，温度变化对卫导接收机的影响可忽略不计，但温度升高对天线收星信号滤波逻辑中电容性能的影响要特别关注。

5.3.3.5　温度对无线通信组件性能的影响

无线通信组件与卫导组件的主要组成部分相同，由天线、无线通信主机、电源三部分组成。它的工作原理本质上与卫导接收机类似，都是通过无线电信号与外部进行通信。这两者的主要区别在于，卫导接收机只通过天线接收卫星信号，而无线通信组件的天线不但用于接收外部无线电信号，还可将主机对外发送的信号以无线电形式发送出去。无线通信主机主要完成信号的放大、调制/解调、编码/解码等工作，每个部分的工作分别由不同的芯片来完成，温度变化对于无线通信组件的影响主要体现在对以上几个工作环节分别独立的影响以及最终综合的影响结果。查阅无线通信组件手册以及其他相关资料后得知，温度对于无线通信组件的通信可靠性的影响可忽略不计。

5.3.3.6　温度对 GNC 模块供电电流的影响

GNC 模块是一个多传感器、多功能、高集成的模块，温度变化会对模块中所有的电子元器件的阻抗产生影响，因此，在 GNC 模块供电电压不变的情况下，供电电流会随阻抗的变化而变化。将 GNC 模块整体等效为一个电阻，当温度升高时，相对于常温时器件的速度慢，电阻阻值增大，GNC 模块的供电电流随之减小。GNC 模块在常温下的工作电流为 0.5 A，要得到 GNC 模块电流随温度的变化情况，需要使用高精度电源进行测量。

5.3.4　温度对 MEMS 加速度计零偏影响的定量分析方法

根据 5.3.3 节的分析可知，温度变化对 GNC 模块核心参数的影响主要体现在 MEMS

陀螺仪、MEMS 加速度计、磁阻传感器的相关参数以及 GNC 模块的供电电流。现以 MEMS 加速度计零偏随温度变化为例，阐述温度变化对 GNC 模块核心参数所产生影响的分析方法。

首先，对 MEMS 加速度计零偏随温度变化的原理进行分析，定性得到温度变化所产生的影响，该部分内容在 5.3.3 节中已论述。

其次，对 MEMS 加速度计零偏随温度变化的大小进行定量分析。

假设变量 d 和 D 为有效电容间隙，变量 e_d 和 e_D 为非对称误差，计算公式为

$$d=\frac{\sum_{i=1}^{N}(d_{Ai}+d_{Bi})}{2N} \tag{5-94}$$

$$D=\frac{\sum_{i=1}^{N-1}(D_{Ai}+D_{Bi})}{2(N-1)} \tag{5-95}$$

$$e_d=\frac{\sum_{i=1}^{N}(d_{Ai}-d_{Bi})}{2N} \tag{5-96}$$

$$e_D=\frac{\sum_{i=1}^{N-1}(D_{Ai}-D_{Bi})}{2(N-1)} \tag{5-97}$$

式中 N——单个梳齿结构具有的梳齿对数。

MEMS 加速度计的输出电压 V 与输入加速度 a 的关系可表示为

$$V=k_0+k_1a+k_2a^2+\cdots \tag{5-98}$$

式中 k_0、k_1、k_2、…——多项式系数。

零位 p_0 表示为

$$p_0=\frac{k_0}{k_1}=\frac{D^2e_d+d^2e_D}{D^2-d^2}\frac{K_m}{m} \tag{5-99}$$

式中 K_m——弹簧的总刚度；

m——质量块的质量。

温度变化量 ΔT 引起的零位变化量 Δp_0 与温度变化率 ΔT 的比值为

$$\mathrm{ZTD}=\frac{\Delta p_0}{\Delta T} \tag{5-100}$$

式中 ZTD——零位温漂。

在式（5-99）中，除了质量 m 不会随温度变化以外，其余参数均会随温度变化。对式（5-99）求全微分可以得到零位的变化量 Δp_0

$$\begin{aligned}\Delta p_0&=\frac{\partial p_0}{\partial K_m}\Delta K_m+\frac{\partial p_0}{\partial d}\Delta d+\frac{\partial p_0}{\partial D}\Delta D\\&=\frac{2D^2d^2(e_d+e_D)(\Delta d-\Delta D)}{(D^2-d^2)^2}\frac{K_m}{m}-\frac{D^2e_d+d^2e_D}{D^2-d^2}\frac{\Delta K_m}{m}-\frac{D^2\Delta e_d+d^2\Delta e_D}{D^2-d^2}\frac{K_m}{m}\end{aligned} \tag{5-101}$$

式中　ΔK_m ——弹簧刚度的变化量；

Δd 、ΔD ——有效电容间隙的变化量；

Δe_d 、Δe_D ——非对称误差的变化量。

根据平板热稳定性模型对电容间隙的假设，温度变化之前的非对称误差 Δe_d 和 Δe_D 等于0，则式（5-101）可以简化为

$$\Delta p_0 = -\frac{\eta^2 \Delta e_d + \Delta e_D}{\eta^2 - 1} \frac{K_m}{m} \tag{5-102}$$

式中　η ——D 与 d 之间的比值 D/d。

由式（5-100）和式（5-102）可以得到微加速度计的零位温漂

$$\mathrm{ZTD} = -\frac{\eta^2 \Delta e_d + \Delta e_D}{\eta^2 - 1} \frac{K_m}{m\Delta T} \tag{5-103}$$

根据微加速度计的热变形分析，将式（5-103）化简为

$$\mathrm{ZTD} = -\frac{u_c K_m}{m\Delta T} = -\frac{(K_A - K_B)K_m}{(K_A + K_B)m}(\alpha_s - \alpha_{eq})L_a \tag{5-104}$$

式中　u_c ——质量块位移；

K_A 、K_B ——质量块两端的弹簧刚度；

α_s ——单晶硅的热膨胀系数；

α_{eq} ——等效热膨胀系数；

L_a ——质量块的锚点到结构中的距离。

又知，总刚度 K_m 等于 K_A 与 K_B 之和，则式（5-104）可以简化为

$$\mathrm{ZTD} = -\frac{K_A - K_B}{m}(\alpha_s - \alpha_{eq})L_a \tag{5-105}$$

式（5-105）表明，弹簧刚度系数不会影响MEMS加速度计的零位温漂，零位温漂主要是由加速度计的热变形引起的。

再次，通过试验得到MEMS加速度计零偏输出随温度变化的数据，如图5-28所示。

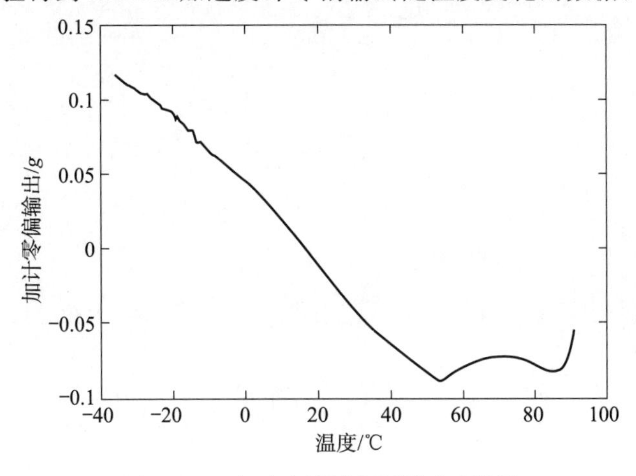

图5-28　加速度计零位温漂试验结果

最后，将试验数据与前述分析结果进行对比，看实际与理论是否一致。若一致，则证明分析、试验过程正确，若不一致，则及时查找出问题。

采用以上分析技术，可以确保对GNC模块的所有核心参数随温度变化的情况能有更加深入的了解，对于需要做出温度补偿的核心参数也可以针对性地提出补偿方案，选择适合的硬件或软件补偿方法。该分析技术不仅对GNC模块其他参数的分析具有指导作用，也对其他高集成、小型化的产品具有同样重要的借鉴意义。

由本章分析可知，MEMS陀螺仪、MEMS加速度计和磁阻传感器等核心元器件是温度敏感的，在工艺制造过程中，应尽可能优化这几个部分的散热通道，比如，采用散热性能更好地灌封材料，在灌封过程中尽可能保证灌封材料的均匀程度，必要时可考虑在这几个器件周围加入水冷散热等。

5.4 小结

本章完整地介绍了基于PoP工艺的GNC微系统模块在工程实现过程中的测试系统建立、试验与测试项目和方法，并对此类产品最敏感的温度特性的影响性进行了试验和分析，尤其是对模块内部MEMS的标定与补偿技术进行了详细介绍，首次尝试利用人工智能与神经网络技术进行MEMS补偿效果对比验证，取得了初步成果，此方法的有效性和普遍适用性还需要多个产品在不同的应用环境下的验证、学习和迭代。

第6章　机电一体化系统集成技术

机电一体化也称为机械电子学，是由计算机技术、信息技术、机械技术、电子技术、光学技术等学科按照特定的功能相融合构成的一门独立的交叉学科。其主要发展方向为智能化、模块化、网络化、微型化和系统化。本章研究的对象是针对综合电子系统的机电一体化微系统集成技术，也就是以单片系统集成和信息处理微系统集成等技术为基础，结合先进的封装工艺和微组装工艺技术，努力把机电一体化综合电子系统做到最小化，并使其实现高性能、高可靠的技术。

6.1　机电一体化系统集成技术范畴

系统集成一般是指将软件、硬件与通信等技术组成的各个分离部件组合在一起，形成的整体各部分之间能够彼此协调工作，为客户在产品级上提供技术标准匹配、技术接口完整、技术装备合理和工程造价经济的解决方案，所形成的系统是先进的、开放的和资源共享的，以发挥整体效益并达到系统优化的目的。

不言而喻，机电一体化系统集成是将机电一体化和系统集成二者的技术内涵紧密结合所形成的技术与产品。在现代工业技术体系中，机电一体化系统集成被广泛应用于航空、航天、船舶以及工业自动化等领域，尤其是在各类飞行器控制系统中对体积和质量要求苛刻的状况下效果非常明显，机电一体化系统集成技术也是未来人工智能系统产品的基础技术。

6.1.1　在航天技术发展体系中的发展背景

现代战争对航天型号与武器装备在实现任务的功能、性能、体积、功耗、可靠性、研制周期、可持续发展能力、通用化等方面提出了更高的要求。早期传统的典型航天产品基本都是“专用系统”，这种“定制化”的系统基本采取“物理分布、资源分布、信息分布”的“分立式”或“联合式”的设计思路，每一个功能单元或分系统均单独研制，如惯导系统、制导计算机、舵控系统、电气控制组合等，这些单元或分系统基于不同类型总线协议标准，通过复杂电缆连接起来，具有体系庞大，计算资源零散，设备利用率有限，通信速率低等特性，导致产品种类多、体积功耗大、算力浪费、实时性提升空间有限，研制周期长、成本高、通用化程度低、可扩展性及更新换代能力差等问题，无法满足导弹武器由于射程、有效载荷、打击精度提升所带来的小型化、轻质化、高性能、多功能、低成本、可靠性和自主可控的要求。

随着微电子技术、计算机技术、传感器技术突飞猛进地发展，面对不断发展的军事需求、技术需求及传统设计存在的现实弊端，“机电一体化集成技术”在航天领域被广泛采用。该技术在充分吸收当前微电子、计算机、传感器、机械、高密度组装工艺等技术快速发展的成果的基础上，采用适应于不同集成对象的集成设计手段，在确保可靠性和性能的前提下，逐步打破航天武器装备控制系统传统分部件独立结构、独立功能逻辑和独立信息处理的机制，以嵌入式计算机为核心，将控制系统各个单机进行软硬件协同、多学科融合和优化再设计，最终实现高功能密度、高性能、体积微小型化和高费效比的机电一体化集成系统产品，以提升武器装备控制系统总体设计效率，达到航天武器装备产品的系列化、模块化、通用化的目的。

可以预见，在未来5～10年，机电一体化系统集成技术将成为新一代航天型号与武器装备控制系统发展的重要技术方向。通过开展机电一体化系统集成技术研究，构建标准化、通用化和集电气、信息与控制于一体的机电一体化系统框架，研制具有高性能、高可靠、多功能、智能化、小型化、国产化、低成本特性的机电一体化集成系统产品是航天武器装备发展的必然之路。

6.1.2 技术内涵及产品技术特征

机电一体化系统集成是在综合电子系统信息综合的基础上，以资源集中共享为理念，采用IPD（Integrated Product Development）系统集成产品开发的方法，根据需求更进一步整合系统原有的多学科资源，将原各个分离子系统连接成为一个完整、可靠、经济和有效的整体，实现系统软硬件协同最优工作。

（1）资源集中共享理念

所谓资源集中共享，目前主要体现在三个方面，如图6-1所示。

一是共享机箱结构空间：是指在一个机电一体化集成系统中，以尽可能缩小体积为目的，充分利用给定空间尺寸，坚持各个功能部件或产品去掉自己的壳体，采用标准模板共用一个机箱结构，减小结构安装难度，缩小产品体积，减轻质量。

二是共享电源集中供电：其目的是整合各功能部件的电源变换逻辑，采用合并或集中电源变换与供电的模式，为集成系统统一提供所需的各种电源，减少系统电源重复变换逻辑的数量，降低系统功耗，降低机箱温度。

三是共享计算资源：其理念是合理设计系统功能架构，合并系统中各功能部件的计算机处理器，充分利用高性能处理器或多核处理器进行集中计算，减少处理器数量，减小软件配置规模，提升系统性能和可靠性，最终达到降低成本的目的。

采用资源集中共享的理念进行产品设计开发，是对现有系统集成设计方法、产品配套交付、集成工作流程以及系统测试验证等工作方式的改革与提升，需要改变原来传统的产品配套关系与研制流程，必须使各个配套厂家严格按照标准结构、标准模板等要求对产品进行升级改造，这样可以最大化实现标准化和产品货架化，在降低产品成本的基础上还可以大大提高产品的成熟度。

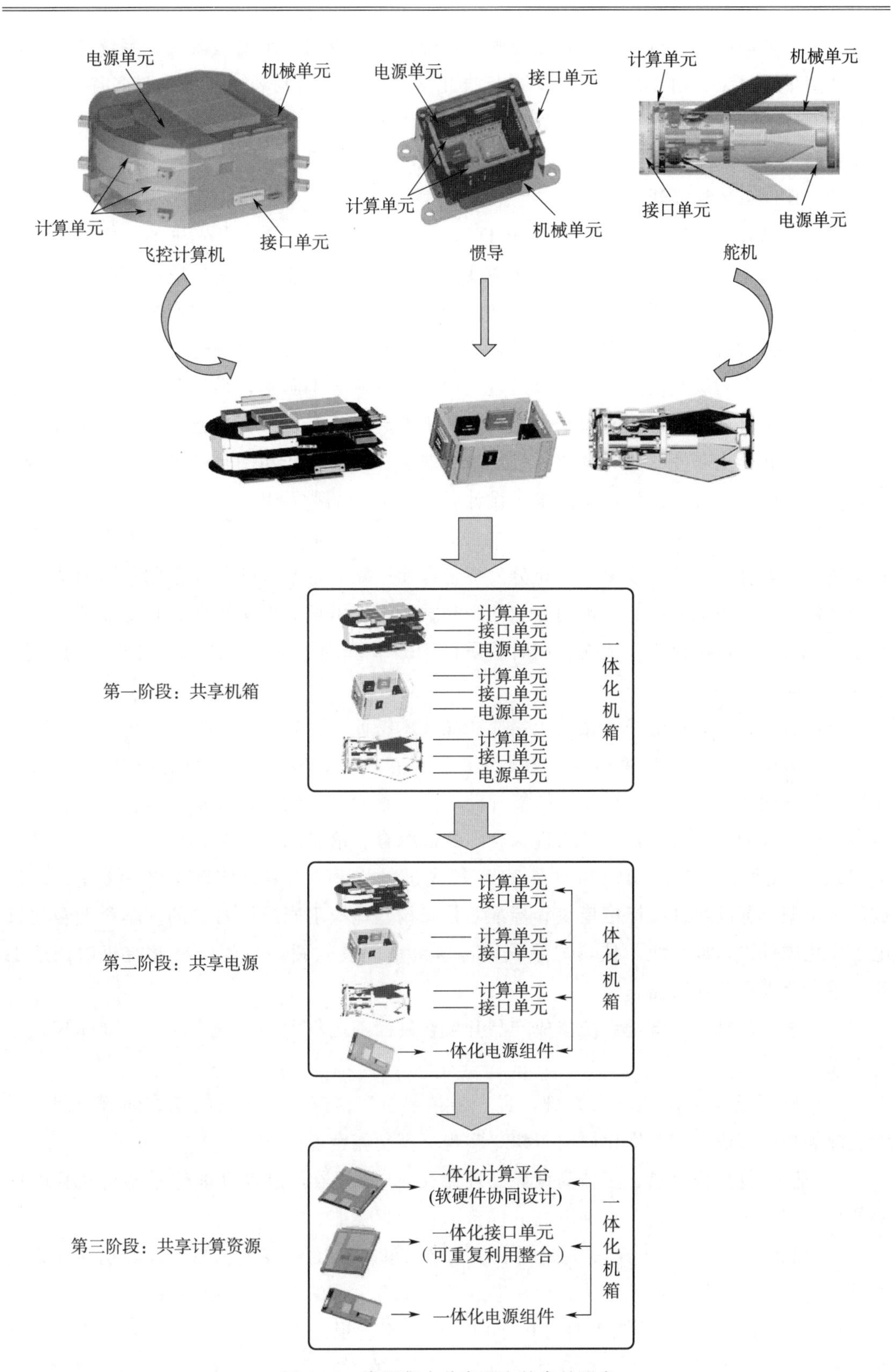

图 6-1　资源集中共享理念的产品开发

这三个方面的共享也在一定程度反映了目前系统集成的三个发展阶段，系统集成已经逐渐从简单到复杂；由专用接口定义向标准化接口定义逐渐发展；由电子设备简单融合，向系统顶层设计优化发展；由分散设计向自顶而下的一体化设计发展。同时，随着技术的不断更新发展，系统集成将最终向共享计算资源的第三阶段发展。

（2）IPD系统集成开发方法

集成产品开发（Integrated Product Development，IPD）是一套先进的、成熟的研发管理思想、模式和方法。IPD的思想来源美国PRTM公司出版的《产品及生命周期优化法》一书，它的核心思想是基于市场驱动的产品开发，没有市场需求的产品没有必要投入更多资源；针对有迫切市场需求的产品，要把产品开发当成一种投资进行管理，要务必高效率完成并实现高效益；在产品的开发过程中，要专业分工明确，采用分工协作的结构化流程进行科学管理；同时要避免新专业产品从头做起，所有技术都自己开发，要实行跨部门团队运作和异步开发与业务分层，实现多专业融合；开发产品的目的是为了赚钱，必须提高效率和效益，要全过程控制成本，设计必须注重共享和重用。

在机电一体化系统集成产品的开发过程中，特别要注重分工协作和并行开发，坚持多专业技术的融合，追求高效率。要充分发挥各专业厂家的技术优势，在全国范围内选择更强的合作伙伴和最优的产品，不同专业的产品技术实现由相应厂家按照各自专业的技术研发流程并行开发，确保效率优先。同时要贯彻IPD管理理念，突出成本设计控制的思想，追求高效益。

（3）航天领域的机电一体化系统集成产品技术特征

在航天型号与武器装备领域，为了解决“微小型化、轻量化、能源高功效、高效费比”的瓶颈问题，实现智能计算、智能存储、多源感知、无线通信、执行部件、能源管理等多学科融合的功能需求，以“物理综合、资源综合、信息综合”为集成设计手段，基于MCM高密度组装工艺、SiP、PoP及TSV等先进封装工艺技术，实现机电一体化系统集成的微小型化标准组件、标准模块和标准芯粒，构建适应不同应用对象的多学科融合的机电一体化硬件平台或系统，使集成系统内部各个功能及软硬件之间能彼此有机协调地工作，最大化发挥整体效能。

航天领域的机电一体化系统集成产品开发在贯彻资源集中共享理念时，主要体现在以下方面。

1）以信息处理功能为核心基础，进一步拓展多源传感器、无线通信、伺服控制、新型能源等功能集成，综合优化同类资源，实现更高功能密度。

2）基于同/异构单核、多核高性能处理器及AI处理器，以高性能体系架构及软硬件协同技术使信息综合优化，实现更高的综合信息处理性能。

3）积极利用TSV、PoP等先进封装工艺平台和高密度组装工艺平台，实现支撑集成产品的核心关键功能组件模块化、模块芯片化，实现更优的体积/重量/功耗比。

4）基于开放、可靠的体系架构和合理可靠的工艺规范，开展核心关键功能组件、模块甚至芯片的数据接口定义，构建集成功能类聚后的不同功能、性能、体积尺寸的组件/

模块/芯片谱系（也统称为微模组），构建统一的系统集成生态链环境，实现系统集成产品的快速可定制，实现更优的费效比。

6.1.3　发展的主要阶段

目前，机电一体化集成系统的主要趋势是由专用接口定义向标准化接口定义逐渐发展；由电子设备简单融合，向系统顶层设计优化、系统集成发展；由分散设计向自顶而下的一体化设计发展。

根据目前的技术发展进程和发展趋势来看，机电一体化系统集成技术发展大致可分为三个阶段：

第一阶段，已有系统集成技术，主要是对控制系统中的各种功能组件进行物理集成，功能单一转向多元功能集成，减少占用空间，缩短通信距离，简化系统体量。

第二阶段，当前系统集成技术正尝试对系统中的各种功能器件进行融合集成，共用、复用系统中的各类感知、执行、计算、存储、通信资源，精简系统构成，突出异质和异构集成技术实现，进一步提升软硬件的协同设计。

第三阶段，随着未来通信技术、人工智能、微电子技术、边缘计算、基础软件、环境适应性技术、无线通信技术、新能源、新工艺及新材料的不断更新和进步，结合高密度立体集成封装技术及高密度组装工艺的发展，系统集成将进一步强化应用，由软硬协同走向智能化，软件可定义，实现系统集成产品在机械、电子、能源、算法的更深层次融合设计。

综上，随着新技术、新材料、新工艺的更迭，未来的机电一体化系统集成技术将向更深入的多学科交叉融合、颠覆性方向发展，产品形态无论是在信息综合处理能力、功能密度能力、功率集成密度能力、电源转换效率、灵活组构能力、无线数据传输能力等方面，还是在减小体积、重量、单位功耗、成本方面都将会有质的飞跃。

6.2　机电一体化系统集成设计

6.2.1　设计方法概述

目前，根据机电一体化系统集成技术的发展现状，可将机电一体化系统集成的技术路径分为设计集成和物理集成两大类。两种路径的理念、方法不同，最终的效果也不同。

（1）设计集成

设计集成就是突破传统单一功能自成体系的“孤岛”设计模式，通过多功能融合系统设计方式的改变，实现系统内部多源数据、多功能硬件及软件的整体优化配置，实现资源最大化共享，功能最大化复用，缩减软硬功能模块和电气设备种类，提高软硬模块和设备的通用化、标准化程度，实现系统架构柔性灵活，可扩展。

设计体现了“资源综合、信息综合、物理综合”的集成理念，可采用的技术措施有数据集成设计、硬件集成设计、软件集成设计和软硬件协同设计等。

①数据集成设计

通过数据需求分析及建模，采用数据格式转换或数据语义等方法把原传统不同单机或分系统各种不同来源、格式、特点性质的数据在逻辑上或物理上有机地集中，从而为机电一体化系统提供全面的数据共享、价值提取及深度挖掘等功能，提升数据的标准化程度、可利用率及处理的效率。

②硬件集成设计

通过信息流及硬件需求分析，梳理信息流的处理模式及各个功能部件的硬件实现方式，了解硬件在系统工作中的工作流程和性能要求，研究柔性可扩展体系架构及不同学科硬件系统融合的关键技术，通过硬件功能类聚、分时复用、重构、硬件标准模块定义等方式实现机电一体化系统的算力优化和硬件利用率的提升，简化互连信道，缩减功能模块和电气设备种类等性能需求。

③软件集成设计

基于硬件"综合化、可扩展"架构及可达性能，对传统控制系统各个单机功能软件进行需求分析及软件规模分析，通过建立"综合信息处理、各功能协同实时可靠处理"的层次化、开放式软件架构，通过可复用构件提取、分时分区操作系统应用等方式实现弹载一体化系统可移植性、可重用性以及可靠性性能的提升，并缩短软件开发时间。

④软硬件协同设计

对系统软硬件功能及资源进行综合分析，结合现有硬件软件化技术及软硬件协同设计平台的使用，最大限度挖掘系统软硬件协同潜能，最大可能地使硬件软件化，以提升系统整体可重构能力和可复用能力，最终实现软件定义系统，提升机电一体化系统的柔性、灵活性及可配置能力。

目前由于体制约束、技术发展现况及各学科利益冲突等问题，面向航天武器领域的基于设计集成的机电一体化集成技术还处于起步阶段。已经在型号任务中成熟采用的技术途径目前主要集中在部分硬件和软件集成设计上，其他集成设计手段还处于预先研究阶段，还未完全落地。

(2) 物理集成

物理集成是指通过新型载体材料、新型封装形式、高密度装配工艺等的应用，实现系统结构、功耗、尺寸、功能物理分布的更优化。目前，常用的物理集成手段有 SoC 片上集成、基于混合工艺的 SiP、叠层封装 PoP 及 TSV 先进封装工艺的集成和以这些集成工艺为基础的一体化高密度组装集成。本章重点介绍一体化高密度组装集成。

一体化高密度组装集成是在先进的片上集成与模块集成工艺基础上，通过可靠合理的结构设计技术、高密度电气互连技术、刚挠印制板技术、各种环境适应性设计技术及其他新型的工艺手段，将不同颗粒度的电路、集成芯片、功能模块、多源传感器组件、信息处理组件、接口通信组件、电源组件、执行功能组件等进行有机可靠的互连，这样实现的机电一体化集成系统比传统各个单机系统功能密度更高、信息传输效能更好、体积尺寸更小、重量更轻，同时固有可靠性得到进一步提升，其产品效果图如图 6-2 所示。

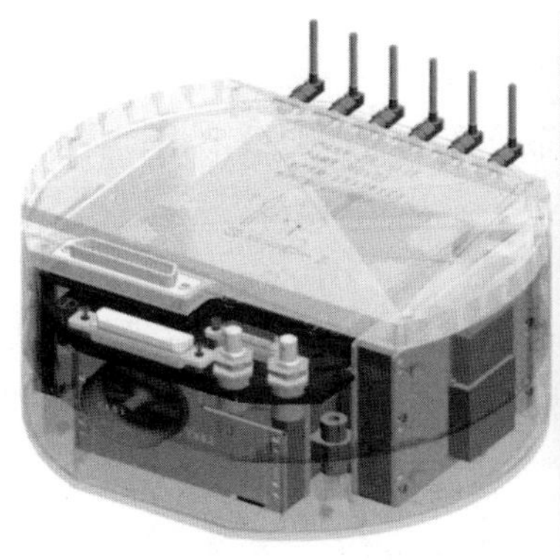
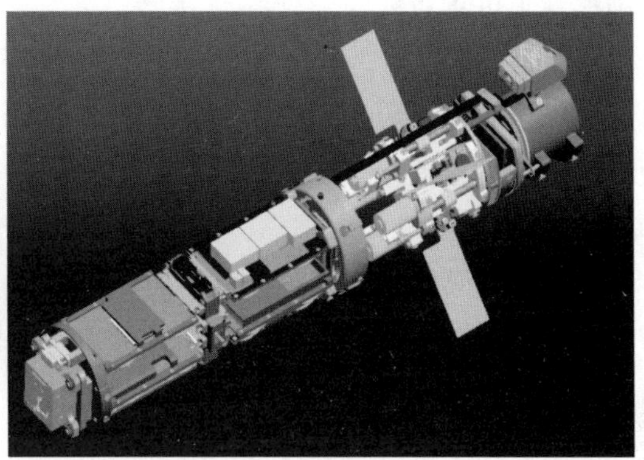

图 6-2　机电一体化系统集成产品效果图

6.2.2　设计原则

机电一体化系统设计原则：在常规系统设计原则的基础上，重点突出“硬件资源共享”“集中计算”“多学科融合”等设计理念。要求在给定的体积约束下，实现机电一体化系统的功能及性能最优。

（1）综合化

尽可能打破传统单机系统相对独立的界限，以共性资源综合，软硬件协同为技术途径，实现功能综合、软件综合和硬件综合最优。

（2）集成化

充分利用半导体集成电路、混合集成电路的工艺集成与新型高密度组装、封装以及无缆化等工艺技术手段，实现系统产品微小型化、轻量化、功耗优化，增强产品的竞争力。

（3）多学科融合

充分认识系统产品所涉及学科的领域，分析不同学科功能部件的工作原理和环境适应性能力及交叉设计所存在的技术风险，尽可能实现多学科融合系统性能最优。

（4）模块化

遵循模块化、标准化设计理念，合理划分模块功能，实现模块标准化定义，最大化互操作能力和模块互换能力。

（5）可测试性

遵守可测试性设计原则，确保高密度功能系统产品在单组件调试、系统散态联调、一体化集成测试各阶段都能够实现可测试和维护，提升各个环节的测试覆盖性。

（6）高可靠性

始终将可靠性设计放在首位，采用简化设计、降额设计、热设计、隔离等成熟技术，提高产品可靠性；根据产品任务可靠性要求、使用环境需求，需考虑系统产品具备一定的自检及故障容忍能力。

（7）继承性

尽可能借鉴成熟的军用技术或商用技术，减少研制工作量，加快研制速度，减少研制经费，确保技术可靠成熟。

（8）可扩展性

尽可能采用开放式的体系结构，将硬件及软件系统升级的影响最小化；将硬件、软件重用及可移植能力最大化。

（9）可维护性

在满足控制器其他性能指标的基础上，结构设计、逻辑设计以及软件设计中要尽量采用通用开放环境平台，以便于用户的使用和维护，同时也有利于研制过程中技术指标的修改和功能的扩充以及性能的提升。

6.2.3 设计流程

本节以面向航天武器领域的机电一体化集成设计产品为对象，论述机电一体化系统集成设计的主要流程，这种流程也适用于不同领域的机电一体化系统集成产品的开发，只是集成的内容和系统产品的功能不同而已，其过程与流程基本相同。

机电一体化系统集成设计流程主要由六个大流程环节构成，包括需求分析、方案论证、详细设计及关键技术攻关、生产制造及工艺实施、产品测试验证和集成产品交付验收，具体流程如图 6-3 所示。

（1）需求分析

需求分析是任何产品设计之初的必经流程，特别是对于一体化系统集成产品，由于产品的复杂性决定了需求分析是系统集成设计的关键环节之一。需求分析体现了用户对系统产品在功能需求、性能需求、接口需求、非功能需求（设计约束、管理需求、技术需求等）方面的期望。设计者需要通过对产品各种显性和隐性需求的深度挖掘以及产品使用环境的理解和分析，将用户需求精确化、完全化，最终将用户的产品（任务）需求获取、抽象、分解并转化为毫无歧义的且每个设计师都可读的设计输入文件。需求分析是系统级产品开展方案论证的基础。

（2）方案论证

在设计输入确定的前提下，为了达成设计目标，设计师需要依据需求分析结果并根据产品特征和所积累的技术、产品知识体系，策划可达目标的顶层设计框架、技术路线和技术手段，用于指导和约束后续的设计环节。机电集成一体化产品的方案论证主要从功能类聚分析及规划、系统层次化架构规划、数据处理机制规划、环境适应性及可靠性设计规划、测试验证方法规划、工艺措施规划、产品定位及成本评估等多个方面进行分析、论证，寻求最优的技术路径；辨识出整个项目的关键技术及技术风险，并针对技术风险提出对应的攻关路线；在以上基础上对各个功能组件的可靠性、结构尺寸、重量、功耗、试验条件等指标进行分解，产生设计输出文件，形成组件级分任务书，作为组件设计的约束和指导的输入文件；实现系统软件配置项任务分解；实现算法、仿真、综合测试系统等任务分解，作为组件设计的约束和指导的输入文件。

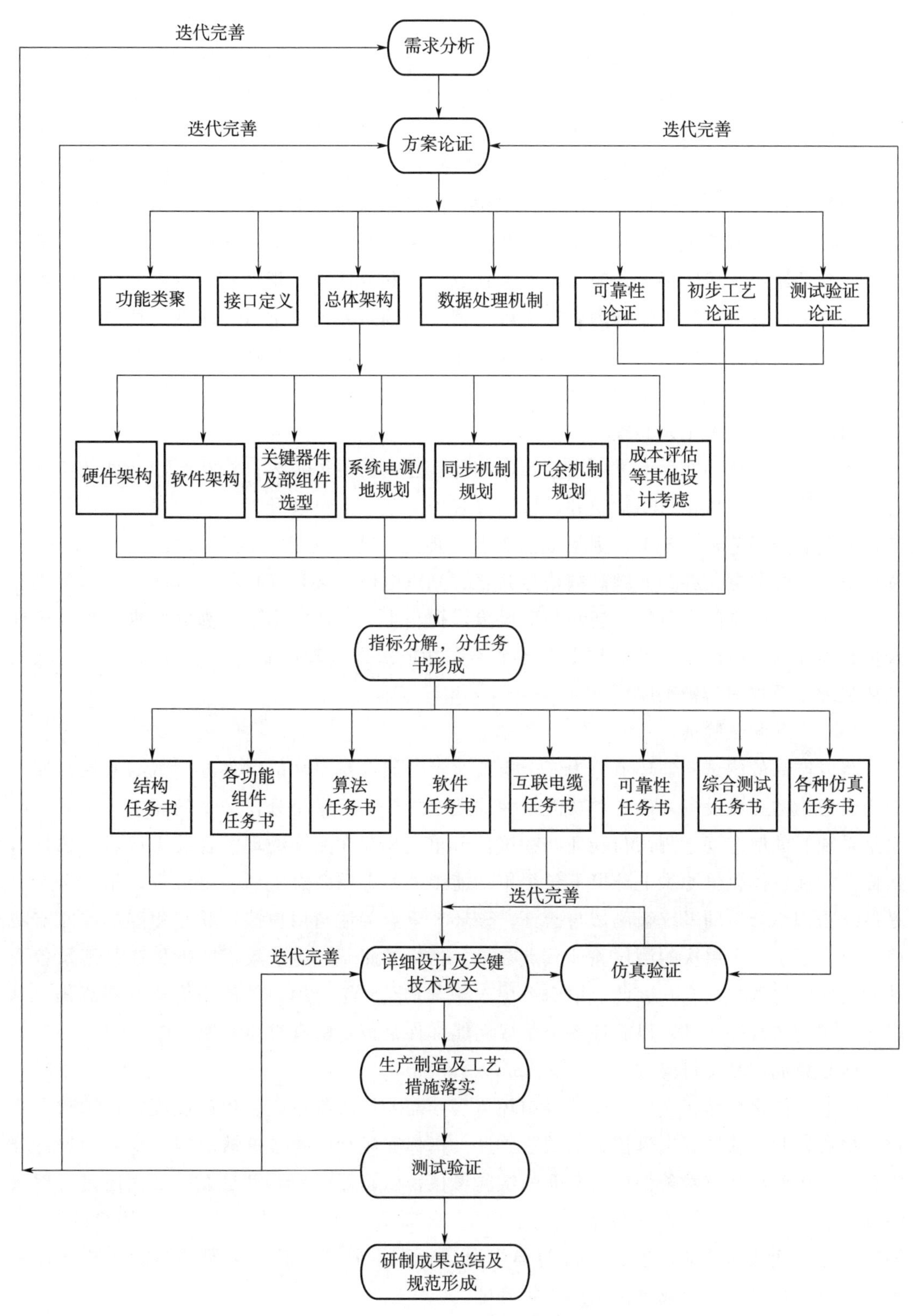

图 6-3　机电一体化系统集成设计流程

(3) 详细设计及关键技术攻关

详细设计环节是整个集成产品设计落地的重要环节，该环节分为两个层次。第一层次为在总方案指导下针对系统内外部互连、同步设计机制、电源地线分配、时钟/复位/上电时序设计、系统结构设计、系统级工艺设计、系统级“七性”设计（可测试性设计、可靠性设计、维修性设计、安全性设计、保障性设计、环境适应性设计、电磁兼容性设计）、系统级软件设计等方面开展进一步细化工作，涉及具体的元器件选型，原理（算法、软件代码）设计，参数确定，各种技术及工艺措施，关键技术要完成技术验证，各个功能部件指标实现系统级迭代闭环等；第二层次为在总方案和分任务书指导和约束下完成功能组件级内部更为细化的设计，设计内容和流程根据不同的组件特征进行适应性的调整。对于集成设计人员需要更加关注第一层次的设计工作，同时做好对各个功能组件的技术状态把控和复杂环境下的测试验证工作。

(4) 生产制造及工艺实施

机电一体化产品在生产过程中涉及印制件、连线的装焊工艺，机箱与印制件及印制件之间的装联工艺，机箱与功能组件、接插件装配工艺，电机装配工艺，线束、整机三防工艺、电缆制作工艺，这些工艺都是成熟工艺。但是由于一体化集成产品具有高密度功能、微小型化、强弱电共存、低频高频信号共存、光机电信号共存等特征，这就对一体化集成产品如何在有限空间内降低互连和装配风险，提高生产效能提出了更高的要求，集成设计人员必须在这一阶段重点考虑和实现各个不同功能组件合理可靠的工艺布局、工艺互连、工艺装配以及加固防护工序。

(5) 产品测试验证

集成产品的测试验证环节分为四个层次。第一层次是单功能组件的测试与验证，通过专用或通用的测试设备，确定单功能组件的技术指标是否满足分任务书的要求；第二个层次是系统级的散态互连测试与验证，在该环节重点关注在系统物理整合后无法验证的技术指标，如在一体化电源供电环境下各个单功能组件的上电瞬态电压与电流等；第三个层次是最终物理综合后的系统级测试与验证，该环节重点关注与用户接口紧密相连的性能与功能指标。以上三个层次的测试验证重点在单一指标的测试，由于集成一体化产品涉及各个功能组件的协调与配合，因此，第四个层次测试重点应结合用户的使用模式开展流程、时序、半实物仿真等测试，以验证各个集成功能部件是否能够有机协调地工作。

(6) 集成产品交付验收

机电一体化产品完成以上设计研制环节后，需要从研制流程、生产过程、技术状态管控、物资采购、软件算法管控、测试覆盖性、指标完成和试验考核情况等各个方面进行分析总结，按照产品技术条件进行全面的试验考核，以确保产品不管是设计层面还是管理层面以及使用环境适应性等方面都符合用户的实际需求，并验证是否具备交付用户的条件。同时，通过确认和总结，进一步帮助集成设计师积累研制经验，实现产品的不断迭代完善，为下一步继续研制或批量生产奠定基础。

6.2.4　架构设计

一般情况下，机电一体化系统集成架构设计包括两部分设计内容，即产品形态架构设计和产品功能架构设计。产品的形态架构决定了系统级产品的体积形状、安装方式、内部功能组件的互连组装关系以及对外电缆连接等。而功能架构是指在形态架构的前提下，以任务书所提出的功能、性能指标以及使用等要求为基础，按照专业性以及工艺实施的可行性等对系统所要实现的功能模块进行合理的划分、组合后所产生的结果。产品形态架构设计是产品功能架构设计的前提，相同的任务需求，采用不同的形态架构可以产生不同的功能架构结果。

6.2.4.1　形态架构设计

形态架构设计可以简单地分为标准总线架构和自定义总线架构。

(1) 标准总线架构

基于标准总线的物理架构形态描述物理组成、模块尺寸、背板定义三部分，该种架构形态重点考虑开放性和可重复利用率。

①物理组成

系统集成采用标准板卡、背板和标准开放机箱的方式。整个系统由模块板卡、背板、对外接插件、板间接插件、机箱构成。

②板卡尺寸

目前在功能模块板卡化方面有两种主流尺寸，一种是 3U 尺寸结构，另一种是 6U 尺寸结构（见图 6-4）。3U 尺寸结构的印制板面积是 100 mm×160 mm，6U 尺寸结构的印制板面积是 233 mm×166 mm。

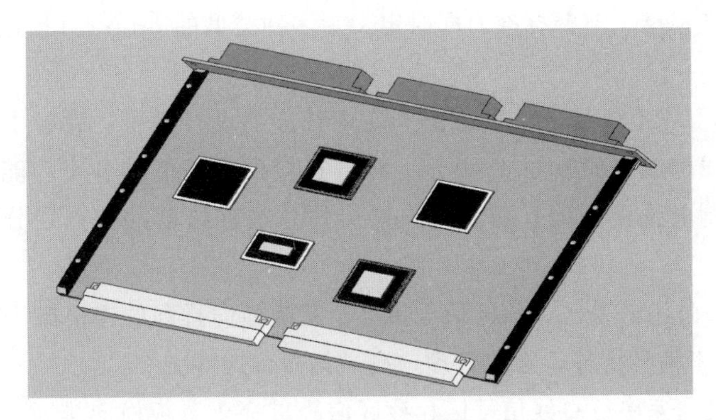

图 6-4　标准板卡示意图（6U）

GJB 388—87《军用微型计算机机箱，插件的基本尺寸系列》里面规定了 4 种插件的结构形式和尺寸，其中 A 型插件规定了单尺寸和双尺寸两种尺寸。A 型插件的单尺寸是 100 mm×160 mm，相当于国外的 3U 标准。双尺寸是 233.4 mm ×160 mm，相当于国外的 6U 标准。B 型插件的尺寸是 304.8 mm×171.5 mm。C 型插件的尺寸是228.6 mm×152.4 mm。D 型插件的尺寸是 305 mm×200 mm。参考以上规范，设计师根据产品体积尺寸的需求，根据情况选择合理的尺寸进行设计，板卡间采用串行/并行总线通信；总线、供电、时间同步信号、控制信号、指令信号通过背板传递。

③背板定义

通用背板（见图 6－5）首先要考虑系统各个功能板卡信号和电气互连的需求，在此基础上要使得背板具备通用性、可扩展性，尽量采用国际开放式标准。基于以上考虑，通用背板的定义建议参照 OPEN－VPX/VNX 规范协议制定。

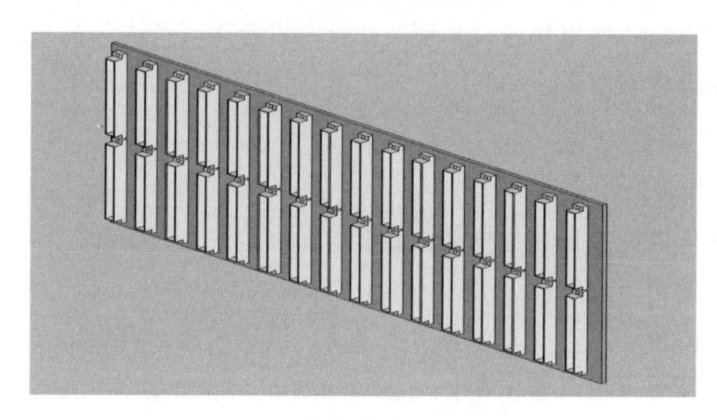

图 6－5　背板结构示意图（6U）

以 OPEN－VPX 为例，该规范协议是在 VPX 和 VPX－REDI 规范的基础上针对系统兼容问题产生的，执行 VITA65 规范标准（VITA65 定义了系统兼容框架，是系统级标准）。OPEN－VPX 每个模块最多支持 728 个信号引脚，所有连接器均支持高速差分信号，能够支持 PCI－E、以太网、SRapidIO 等协议，并向下兼容 VME 总线协议；定义了风冷、传导、水冷、加固散热结构；定义了中央交换、分布式交换的背板结构、模拟信号和光信号的模块背板互连标准、电源标准，同时定义了多种类型的 profile（描述结构和层次的文件）（见图 6－6）。

参考 OPEN－VPX 规范，初步给出了通用背板的设计规范，背板由印制电路板、连接器及印制板走线构成，如图 6－7 所示。纵向连接器用于插接各个功能板卡，各个连接器横向连接有印制电路板走线。功能板卡连接的总线连接器的节点划分为五个区域，分别是：

1）VPX 定义公用信号区，该区信号贯穿于背板横向排列的连接器，用于板卡间 5 V、±12 V、28 V 功率信号传输，系统管理，测试信号传递等。

2）VPX 定义高速串行总线信号区，该区信号贯穿于背板横向排列的连接器，用于高速差分串行信号传递。

3）通用信号区，该区信号贯穿于背板横向排列的连接器，主要用于板卡间控制总线信号传输及通用点对点信号传递，如 OC 指令等。

4）局部信号区，该区信号连接背板横向排列的某几个连接器，用于功能区域内板卡间信号传递，如专用功能板卡区和扩展功能板卡区。

5）用户自定义区，该区用于特殊功能所需的信号传输，根据用户需求定义。

Open VPX为了解决兼容问题，定义了多种类型的profile，其中包含了背板拓扑结构、信号通道数、插槽定义等内容。主要profile如下：

◆ Slot profile：插槽的pin定义
◆ Module profile：插槽的pin定义——协议映射
◆ Backplane profile：插槽的个数、类型、背板拓扑结构

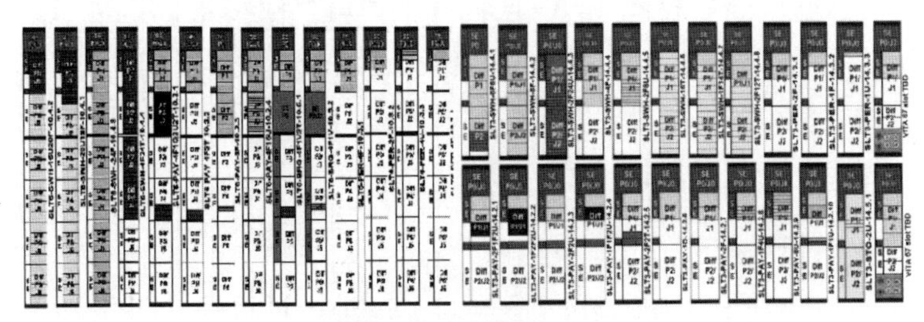

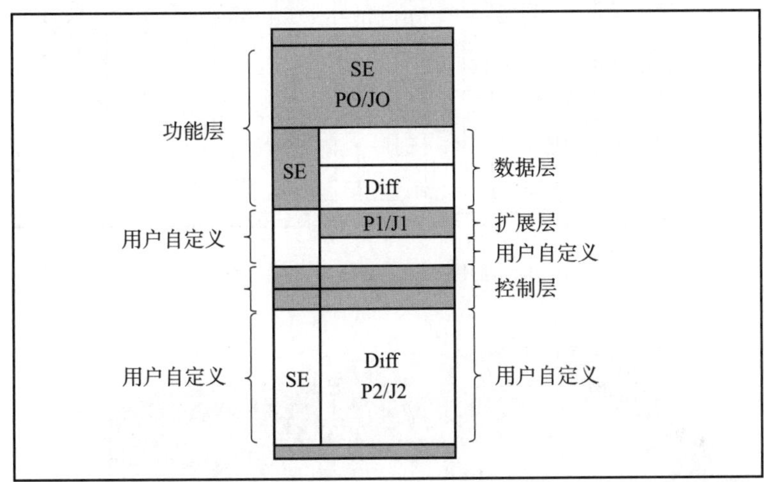

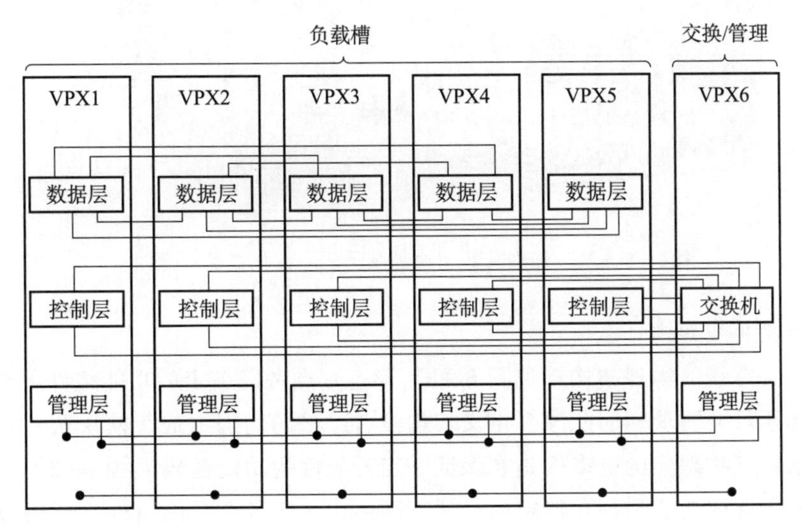

图 6－6　OPEN－VPX pin 脚定义及背板拓扑示意图

另外，考虑到系统功能板卡的专用性和扩展性需求，通用背板上划分出专用板卡区域和扩展板卡区域。基于标准总线架构的某集成一体化产品示意图如图 6－8 所示。

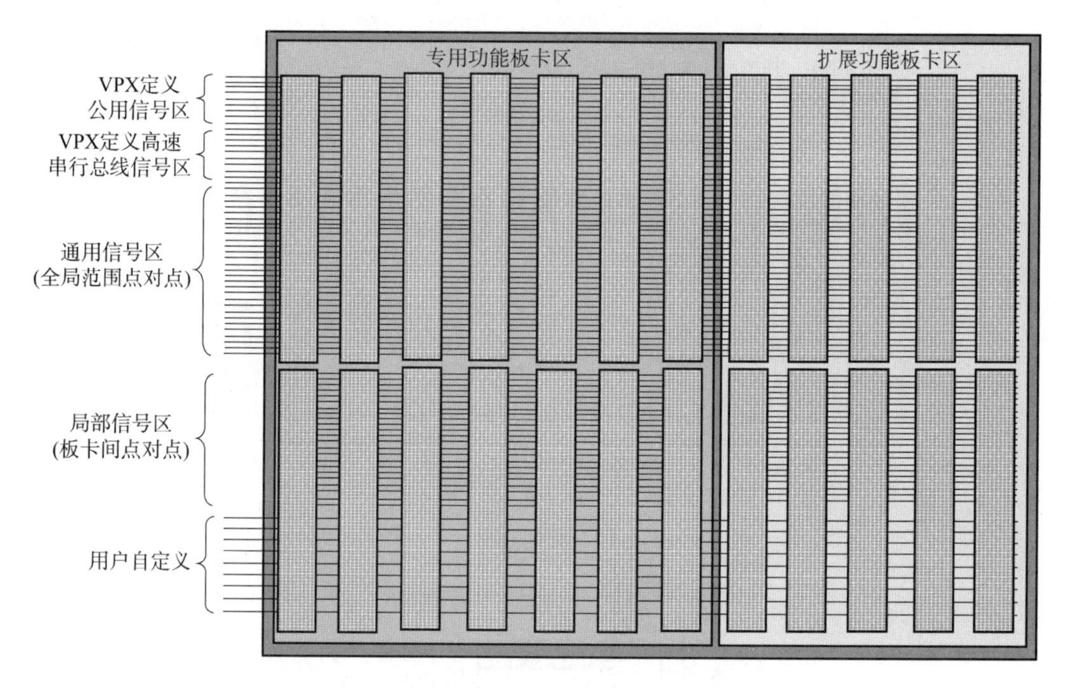

图 6-7 通用背板节点分区定义示意图

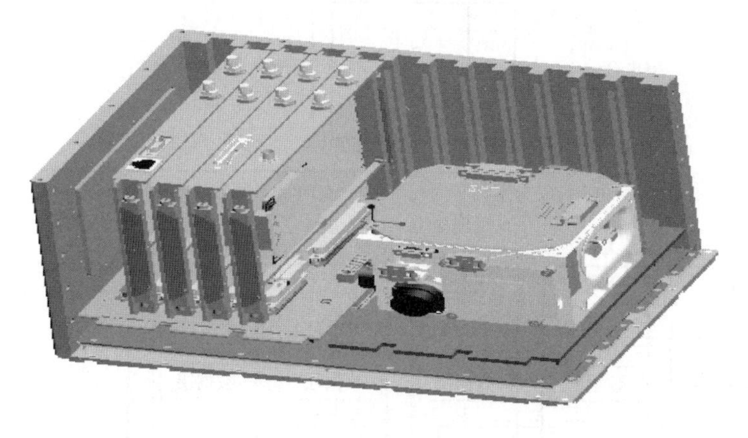

图 6-8 基于标准总线架构的某集成一体化产品示意图

(2) 自定义总线架构

基于自定义总线的物理架构（见图 6-9）形态重点考虑一定的功能组件可重复利用性以及严苛的体积尺寸要求。因此该自定义架构没有严格的物理组成、模块尺寸、背板等形态标准化要求，其物理架构更多的是在保证一定开放性的功能逻辑架构基础上，以惯性载体为核心，将所有的功能限制在特定的尺寸范围内，内部各个功能组件之间通过自定义接插件实现各种串行通信及离散量的信息互连。针对此种定制化设计，必须开展高密度物理集成设计，重点考虑在功能划分明晰的基础上采用高密度集成设计和组装工艺手段，如高密度小型化接插件、挠性印制板代替传统电缆、SiP 模块、接口功能组件多功能复用等提升该自定义集中式物理架构的功能密度比以及系统环境适应性能力。

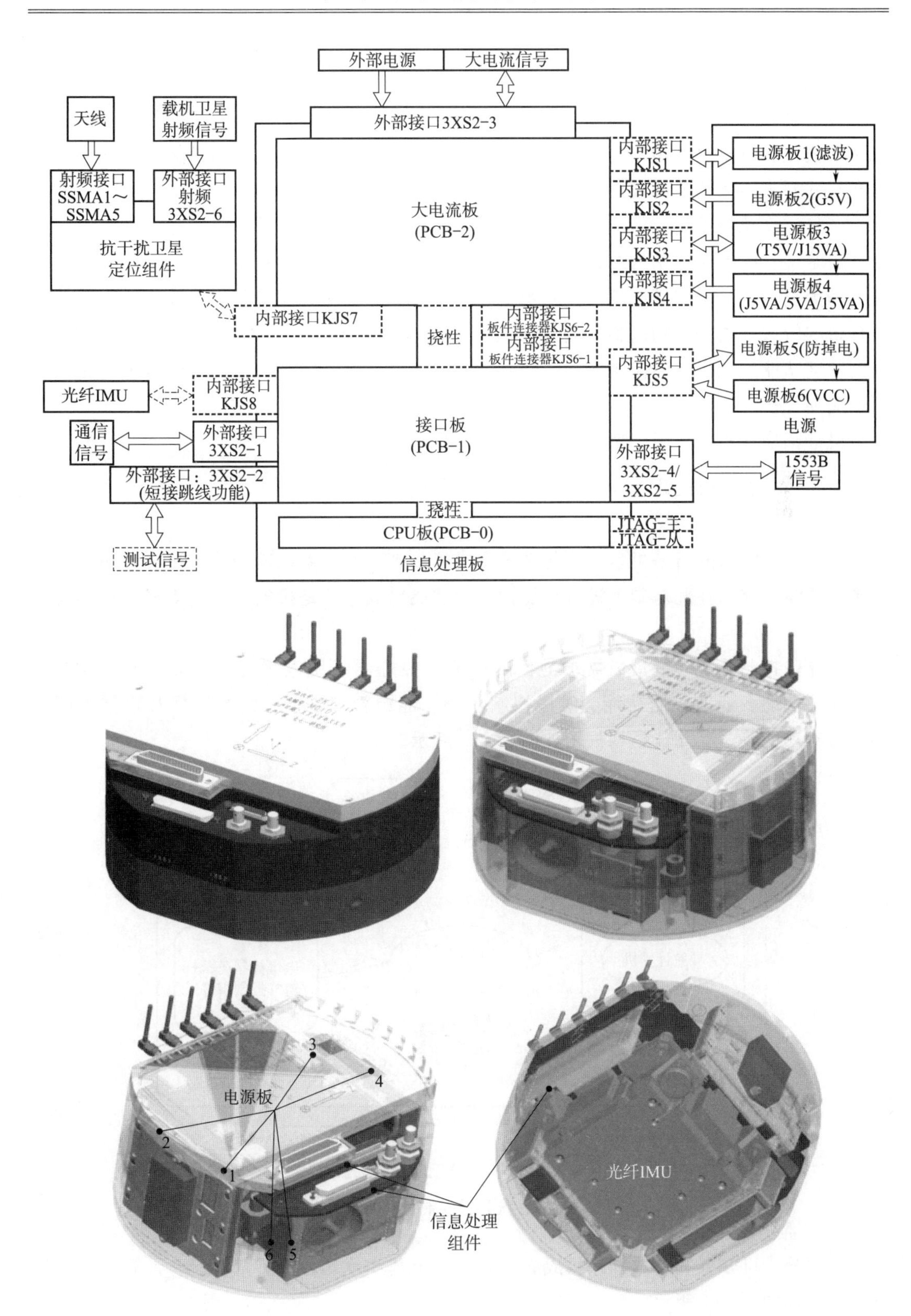

图 6-9　某自定义一体机结构

(3) 两种架构的优缺点

①标准总线架构

标准总线架构的开放性良好、总线带宽高和可扩展能力强、易于实现功能组件的标准化和模块化、可重复利用率高，也利于不同功能组件开发方的协作。但该架构只适用于对体积尺寸要求不太严格的应用场合。

②自定义总线架构

自定义总线架构体系的结构开放性具有局限性，总线带宽和扩展能力有限，体系结构互连较为复杂；只能实现原理层面和逻辑层面的定义标准化，但是结构尺寸多样，受总体结构影响较大，物理结构面临定制的局面。但是该架构适用于对体积尺寸要求非常严格，有高密度功能集成要求的应用场合，同时，多个功能部件开发方的协作工作量大，相应的研制周期长。

设计师应该根据实际的情况去选择合适的物理形态。

6.2.4.2 功能架构设计

(1) 功能需求分析

系统功能需求分析是机电一体化系统集成的基础。通过系统功能需求分析，明确系统实现的功能需求，在此基础上进行功能抽象和功能提取。这是机电一体化集成设计的首要环节。

以导弹控制系统功能集成需求为例，传统导弹控制系统电气功能一般包括：导航功能、制导功能、姿态控制功能、时序控制功能、能源管理功能、健康管理及容错控制功能、遥测功能等。其功能结构框图如图 6-10 所示。

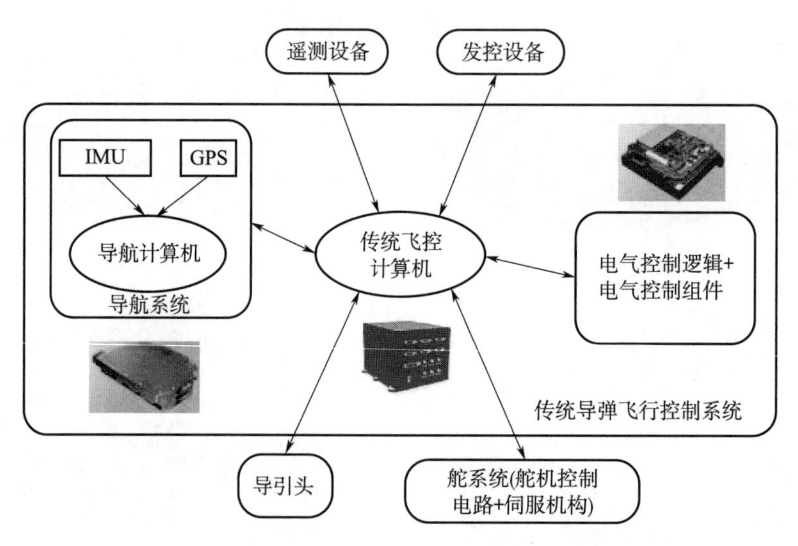

图 6-10 传统导弹控制系统功能架构

通过分析可知，其基本物理构成必须具备三个基本单元，即测量单元、计算单元和执行单元，如图 6-11 所示。

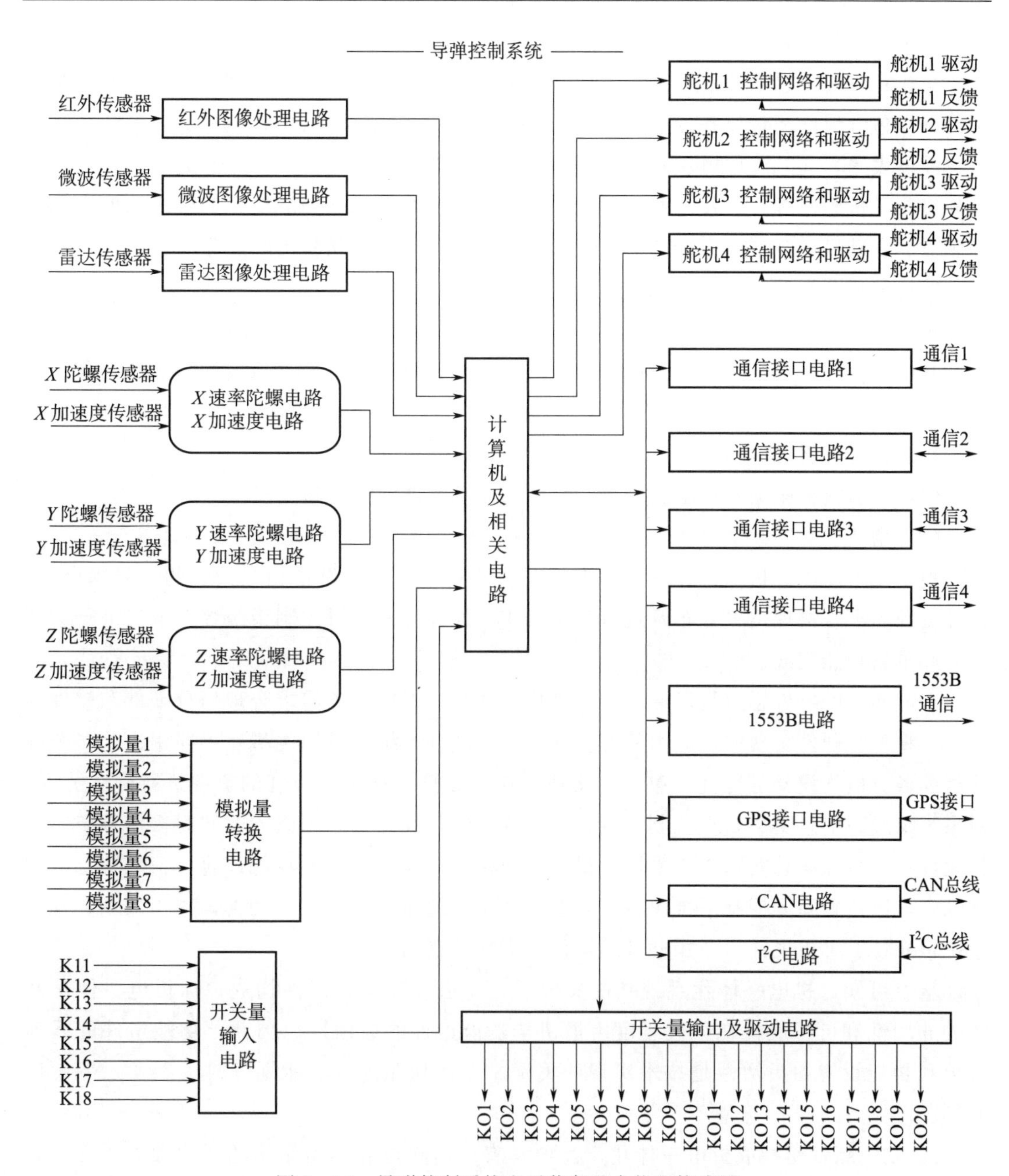

图 6-11　导弹控制系统电子装备基本物理构成图

在测量单元中，惯性测量单元是最基本的。计算单元中主要是嵌入式计算机。执行单元中关键的还是舵机，其他单元是根据不同类型导弹的性能和功能要求不同增加一些不同的组件，例如，测量单元中的卫星接收机、高度表、微波设备、红外设备，执行单元中的调姿喷管等。这些单元通过各类总线和接口进行系统互连和对外信息交互。

计算单元是弹上的核心设备，其又可根据总的电气系统结构的功能，划分为 3 个部分：传感器任务管理、计算任务管理和执行任务管理。

①传感器任务管理

完成对各类传感器的信号接收、信号处理、处理后数据分发等管理任务。一般控制系统传感器包含惯性测量设备（如陀螺、加速度计等），无线接收设备（如 GPS 天馈系统和雷达高度表等），环境测量设备（如各种温度传感器、振动传感器、冲击测量传感器、大气环境测量传感器等）以及一些伺服动力部件状态反馈信号（如舵机、伺服机构偏转位置传感器、发动机燃烧室压力传感器、贮箱液位传感器、分离和起飞触点等）。

②计算任务管理

包括计算与控制，如姿态任务计算、制导计算、大气解算、地形匹配计算等。

其中计算任务管理根据处理数据的类型不同，又可分为通用数据处理和图像数据处理。

③执行任务管理

包括伺服机构驱动、火工品引爆、电磁阀驱动、能源管理指令输出等。

（2）功能类聚方案确定

根据以上功能分析，设计师可根据控制系统的原各功能设备相互关联的松紧耦合度、硬件资源需求、物理位置分布及现行技术可实现性等方面，对控制系统综合电气进行重新划分和重新功能集成。

功能集成的核心思想是以嵌入式计算机为核心，根据任务需求合理划分硬件和软件的功能，将部分硬件实现的功能由软件实现；将传统分系统中不同类型、不同用途的多个计算机和各类电气设备进行优化整合、集成，对其计算、存储、处理的资源进行优化分配；对系统组成、信息流、处理机制、接口关系进行优化设计，利用嵌入式实时操作系统、虚拟化技术、高性能总线网络等手段，最终实现机电一体化系统的功能综合、信息综合、物理综合，以达到降低控制系统设备复杂度，减小系统体积、质量、功耗，减少成本，提高系统可靠性、可扩展性、通用性及缩短研制周期的目的。

从上可知，机电一体化系统功能集成后，将由多种功能组件构成；而机电一体化系统的通用性和可扩展性在很大程度上取决于功能组件的通用性。因此，功能组件的系列划分和功能设置的灵活性是技术实现的关键。设计师在进行功能划分时可参考以下设计原则：

1）功能组件是构成机电一体化产品的具有特定功能和典型结构的通用独立单元，它应具有功能和结构的独立性，可以进行单独的制造和测试。

2）功能组件应具有组合性，可以与其他部分有机地结合，构成不同用途的新产品。

3）功能组件还应具有良好的通用性、互换性或兼容性。

根据以上功能集成和划分原则，面向航天武器系统的机电一体化集成系统除了因为布局关系所限制的伺服系统外，综合电子系统可由以下 4 种基本功能组件构成，设计师可根据实际情况对 4 种功能组件的集成规模、信号特征、组件智能化、组件间耦合度等方面进行调整，也可根据实际情况进一步细化以上 4 种功能组件，具体如图 6－12 所示。

1）信息处理组件，可实现多源感知信息处理、导航、制导与控制等解算功能；设计

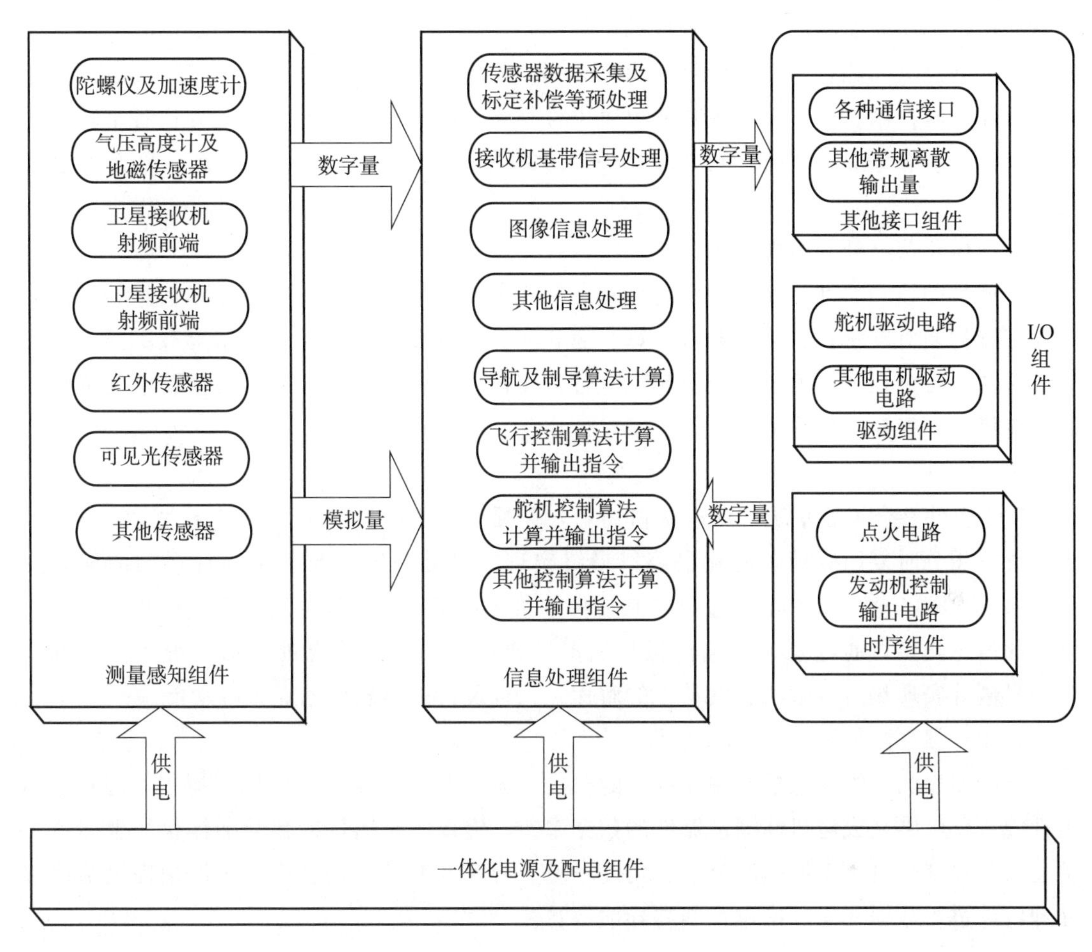

图 6-12　功能类聚示意图

师可根据信号处理的相关性、信号数据特征及处理的实时性进一步细分为通用信息处理组件及图像信息处理组件。

2）测量感知组件，可实现 IMU、卫星接收、红外、微波、雷达等传感器多源信息感知；设计师可根据各个传感器与控制系统其他组件物理布局的紧密程度，考虑传感器与其他组件的集成规模。

3）一体化电源及配电组件，可实现整个集成系统的配电与供电功能；设计师可根据配电规模大小、配电功率大小、系统电磁兼容特性等方面统筹考虑是否进一步细化为配电组件和一体化电源组件还是将一体化电源与配电统一集成。

4）I/O 组件，主要实现机电一体化集成设备与控制系统内部其他设备及地面设备之间的信息交互，同时实现航天武器设备稳定与姿态控制、火工品点火等的舵机驱动、开关量输入输出、脉冲量控制等功能。根据信号特征和电路特性，一般可进一步细分为驱动组件、时序组件和其他接口组件（如 RS422、RS485、CAN、CANFD、FLEXRAY、1553B、TTE 等通信总线、DA 接口、KO 接口等）。

以某型号一体化综合电子控制设备为例，该设备作为控制系统的关键设备，具有惯性测量功能、卫星导航功能、通信及数据运算功能、信号采集与逻辑判断功能、火工品安全保护功能与点火功能、判热电池激活好等功能，用于为导弹制导控制、导航、载机通信、弹上时序逻辑控制、电气控制等功能提供硬件平台。根据总体的需求以及分析各个功能的同类项，结合合理的物理布局，该一体化设备功能划分如图 6－13 所示，由五大组件构成：

①一体化信息处理组件

是型号的核心部件，集成了所有计算资源，主要负责导航、制导与控制信息处理，完成动基座初始对准解算、组合导航解算、捷联解算、制导指令解算、控制解算；同时还要完成导弹飞行过程中各种逻辑控制形成、各程序模块间任务调度、时序安排、电气逻辑控制、舵机控制指令产生等工作。

②I/O 组件

I/O 组件整合了原系统的所有接口需求，包括内外部接口需求，同时从大系统角度考虑尽量采用分时复用等理念简化电路。最终实现信息处理组件与各个组件之间的信息交互；通过 RS422 接口、1553B 接口、其他离散量接口实现其他各个组件与一体化产品外围设备的信息交换；通过采集热电池激活后的输出电压，判断热电池激活情况，基于继电器、光耦等实现热电池激活、发动机的解保点火以及折叠翼舵机的点火等功能。

③光纤惯性测量组件（IMU 组件）

光纤惯性测量组件包括三轴光纤陀螺仪、三轴石英加速度计、温度传感器，通过 I/O 组件的量化电路完成对惯性测量器件的数据采集，完成实时测量导弹沿弹体执行坐标系三轴上的角速度分量、视加速度分量、角度增量、视速度增量以及温度，按周期提供给信息处理组件进行数据补偿、稳定控制与导航解算。

④抗干扰 BDS 卫星定位组件

针对卫星定位组件的功能类聚，存在两种方案，第一种方案为只对原系统进行电源综合和结构综合，处理电路和软件暂不考虑融合；该方案较简单，不同专业界面耦合度较为松散，实施较容易。第二种方案为不仅进行电源和结构综合，同时将接收机的基带处理和其他信息的处理计算和存储资源进行统一分配至软件运行空间；该集成方案整体更优，但是不同专业之间处于超紧耦合状态，在技术和管理层面都需要完全统一考量；综合以上因素，考虑项目的总体研制进度及研制难度，设计师团队选用了第一种方案，以实现接收 BDII（B3 频点军码）及 GPS 卫星导航系统信号，输出载体的定位、测速信息，输出伪距、伪距率及通道状态，输出导航电文等，具备对抗干扰等功能。

⑤一体化电源组件

一体化电源组件从系统角度出发，全面考虑系统所需电源路数、各路电源效能及各路电源上电时序等要求，主要完成一体化综合电子系统配电，实现将一次 28.5 V 输入电源转换为 IMU、抗干扰 BDS 卫星定位组件、I/O 组件、一体化信息处理组件所需的共 9 路二次电源，并针对隔离需求进行电源隔离。

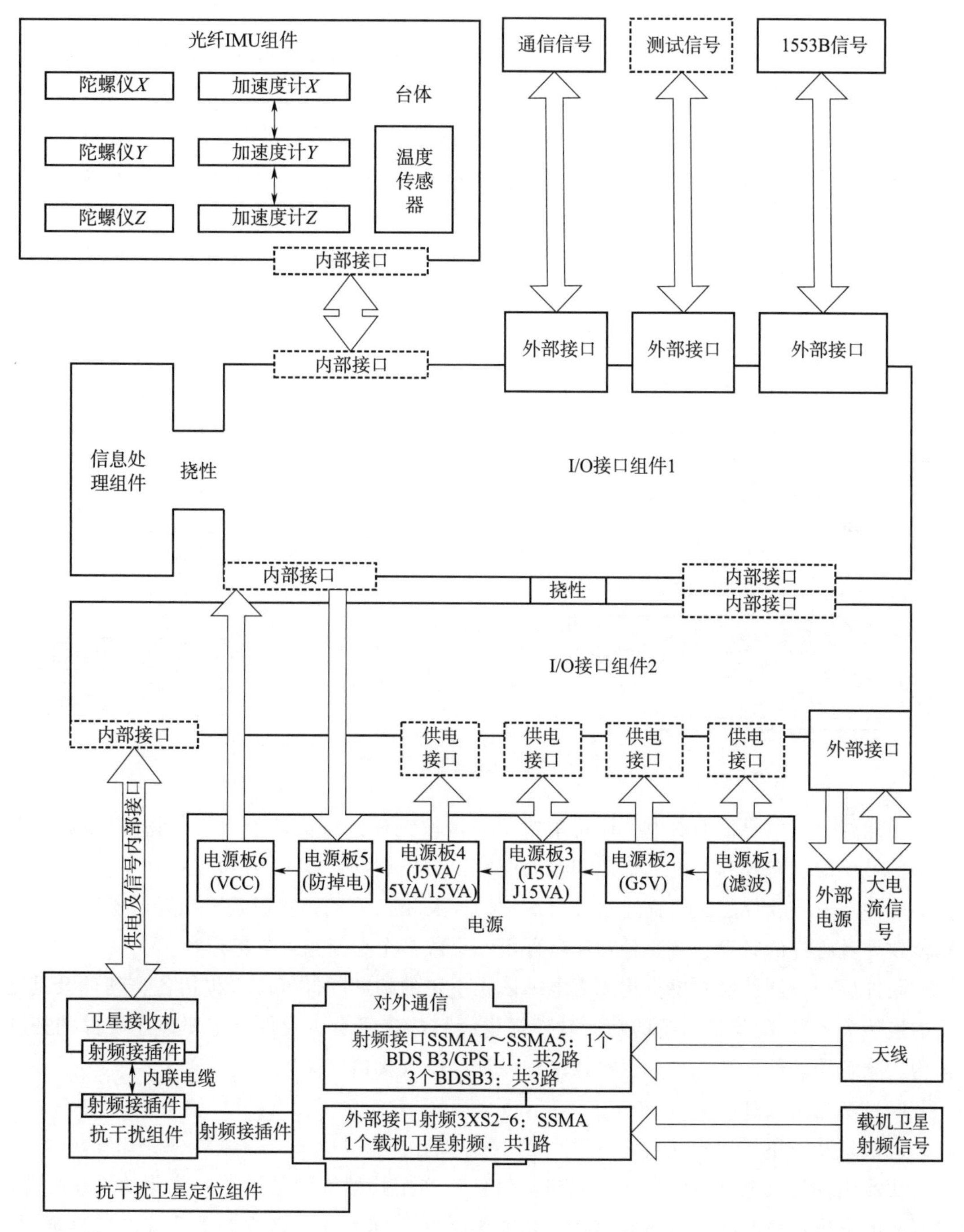

图 6-13　某型号功能构成

（3）层次化架构设计

为了实现支撑以上机电一体化系统多功能有机协调的工作，发挥系统最优性能，需要为整个系统构建合理的系统架构，通过先进的设计理念、高效的设计手段，既满足系统当前规划的任务需求，又满足未来不断扩展的新任务需求。

采用分层结构表征复杂系统是解决机电一体化系统领域复杂性问题的有效方法。通过系统层次架构对复杂机电一体化系统结构进行分层表征，将复杂系统划分为若干层次，各层次由抽象出来的若干功能实体组成。系统层次架构设计的目标是使组成系统的基本功能实体只与本层和相邻层次之间发生关联，而与其他层无关联，以确保层与层之间的独立性。良好的系统分层设计是机电一体化集成系统设计的重点，可将复杂系统的处理过程清晰化，有利于确定系统工作过程、资源构成及软硬件之间的关联关系。

基于以上分层原则，将机电一体化系统分为功能层、软件层、硬件层。其体系结构模型如图 6－14 所示。

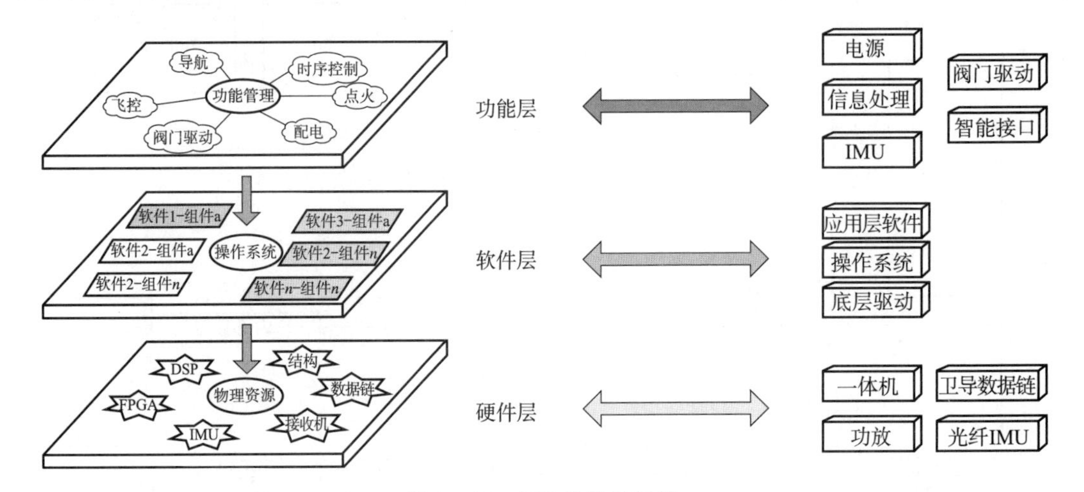

图 6－14　层次化体系架构

功能层——主要依据机电一体化集成功能需求完成系统的功能规划，物理结构规划，内部信号流的走向规划，内部资源和参数配置，集成数据处理等功能。

软件层——软件层主要描述软件层次化构成及相互关系。实现系统预置的不同层次的功能软件及组件的管理。每一种功能软件由一个或多个功能组件支撑运行。

硬件层——硬件层主要指构成机电一体化系统的物理硬件资源（包括各类硬件及其之间的连接关系），为支撑系统的功能软件提供运行物理平台。硬件层主要描述硬件的拓扑架构、分解功能部件性能指标、机加结构设计、电气接口定义等。

（4）功能层设计

①信息互连拓扑架构规划

功能组件是机电一体化的系统血肉，信息互连拓扑架构则是机电一体化的系统骨架，没有它的支撑，系统将无法高效运作。功能组件间不同的互连结构对于系统的数据通量、可采用的容错方式、实现的复杂度以及由之而来的功耗、体积、重量都会有不同的影响。

对功能组件间互连结构在带宽、交换路径的多样性、可靠性、复杂度、成本等方面进行全面折中考虑，这里结合实际型号任务设计经验，目前信息互连拓扑主要采用以下两种形式。

（a）集中式架构

集中式架构主要沿用传统航天嵌入式计算机设计架构，面向体积尺寸微小型化、功能集成规模适中的机电一体化产品。该架构的特点是采用基于多（核）SoC＋FPGA的集中计算管理资源，I/O组件为非智能功能部件，通过RS422、CAN等中低速通信接口、开关量输入输出接口直接挂接在FPGA上，而SoC通过地址、数据、控制三类并行总线及各种通信接口与FPGA相连，以FPGA为中心构建信息交互通道；传感感知组件和时序组件则通过I/O组件实现前端信息采集和后端指令执行；系统软件统一运行在核心计算资源上，实现对所有资源的管理、控制。该架构下功能组件的相互耦合度较强，灵活性不够；但该方案软硬件资源利用率更高，设计简化，成本最优，同时也具备一定程度的可组合化特性。

以某典型一体化产品为例，该产品需要集成的主要对象有惯性测量传感器、导航计算机、GPS/北斗卫星接收机、飞控计算机等部件。通过分析，该集成产品功能集成规模较小，体积尺寸和成本等要求都较高，经评估该项目采用集中式架构，如图6-15所示。

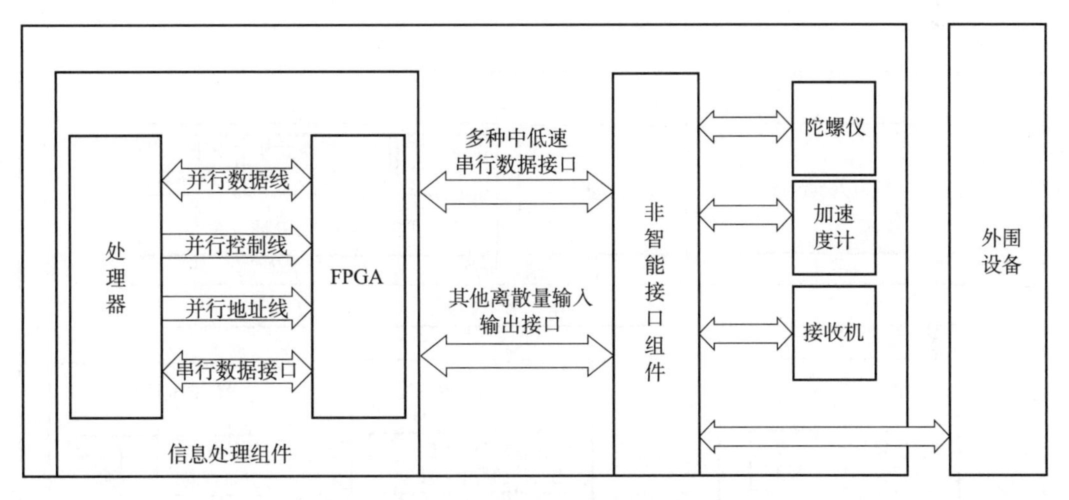

图6-15　某产品集中式互连架构示意图

（b）分布与集中混合型架构

分布与集中混合型架构更加适用于面向更大规模功能集成一体化产品，适用于功能物理分布呈现“部分集中、部分分散”的情况，适用于对功能组件有冗余要求的场合。该架构在信息综合、物理综合、资源综合的基础上，更加强调系统架构的灵活性、开放性，强调小规模功能组件/功能单元的即插即用，强调系统内外部信息互连方式简化。

根据以上要求，分布与集中混合型拓扑结构的设计原则为：

a）采用分布与集中结合的设计理念，架构上采用层次化的综合管理与控制；

b）集中计算资源，同时需要考虑计算资源的可扩展性、可配置性，使其易于实现冗余；

c）根据传感和执行机构不同物理布局及简化产品内部信号走线，可考虑采集前端和执行后端具备一定的预处理功能，使传感前端和执行后端具备分布式特点；

d）需考虑实现各个组件之间的信息交互灵活性、可靠性，同时考虑集成产品能够快速接入现存设备大系统，需要考虑数据流和控制流基于串行总线的动态交互拓扑结构及多总线转换结构；

e）为了防止交换结构的单点故障，可根据实际情况考虑冗余配置；

f）各个功能组件接口定义从一开始尽量考虑系列化及标准化；

g）寻求产品“开放性”特征和“综合化”特征的平衡，寻求硬件资源利用率、软件复杂度及成本之间的平衡。

以某舱段级机电一体化产品为例，该产品需要集成弹体姿态控制、图像处理、导引头控制、舵机控制、弹上热电池、配电系统等功能，最终完成对整个弹体的实时控制输出，实现对弹体飞行弹道的全闭环控制。通过对该项目的功能类聚，将该集成产品功能模块基本划分为信息处理组件、数据交换与协处理组件和智能接口组件三大类，通过高中速串行总线实现各个组件之间的信息交换。组件接口定义相对独立、简单，整体架构可根据实际情况，快速对信息处理能力、集成规模和集成接口等做简单适应性调整即可，可扩展能力强。

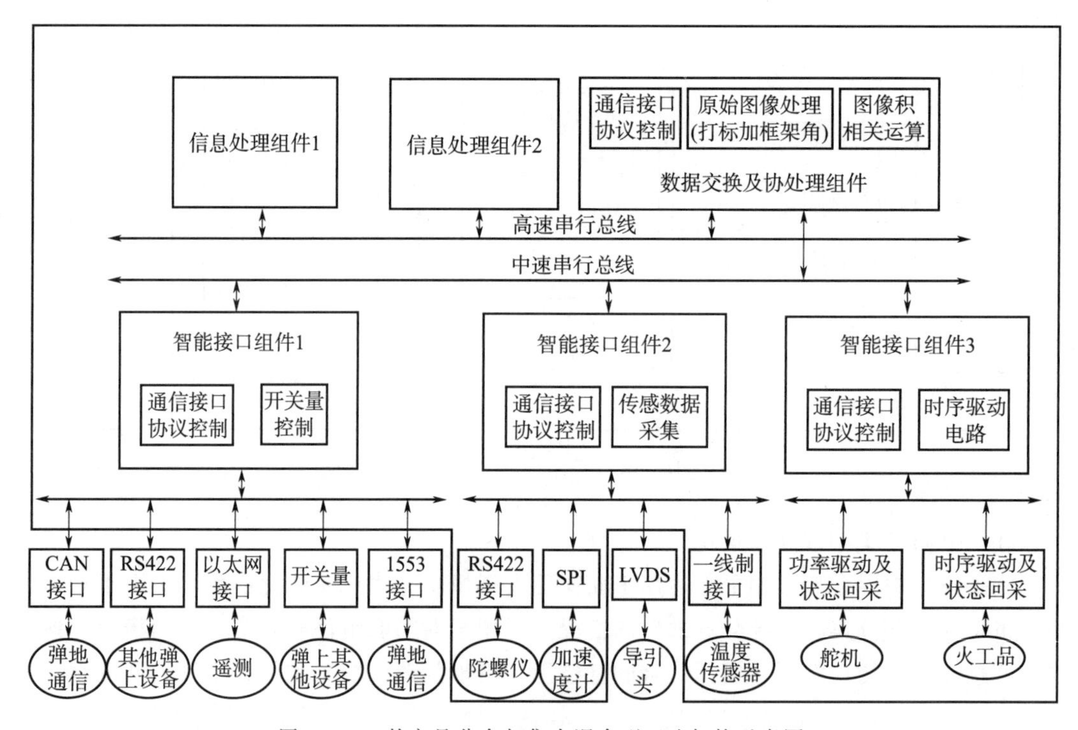

图 6－16　某产品分布与集中混合型互连架构示意图

以上两种拓扑架构各有优劣，在实际的工程应用中，设计师一定要根据技术、工艺实现、成本、进度等多方面的因素去统筹落实方案。

②内部信号流梳理

在明确了互连拓扑和基本的功能组件后，还需要进一步梳理机电一体化产品内部信号流及与外围设备之间的关系，为后续集成产品的硬件层和软件层设计提供基础。

所谓信号流，主要指外围设备给机电一体化产品输入输出的信号以及机电一体化产品内部组件之间以及与组件内部的各种信号的关联性与流向。由于机电一体化集成系统涉及多个功能单元的整合，因此整个设备信号种类繁多，涉及光、电等多种信号。目前集成层面主要关注电源与地线信号传输（光信号主要通过光电转换电路转为电信号）。

从电信号的类型分析，主要分为电源信号流、控制和数据输入信号流（模拟或数字），控制和数据输出信号流；控制和数据流按照信号电气特征又可分为模拟信号、数字信号等，数字信号再往下细分还可分为高频低电压幅值信号、低频低电压幅值信号、高频数字功率信号（大电压幅值大电流）、低频数字功率信号等；模拟信号按照信号电气特征也可进一步细分为高精度低速信号、低精度低速信号、高精度高速信号、低精度高速信号、模拟功率信号等。

从上述内容可知，整个系统信号电气特征复杂，如何让这些电信号系统内部互连以及与外部设备互连的过程中实现良好传输，保证信号质量和电磁兼容，是每个设计师需要考虑的问题，所以在功能初步划分的基础上，设计师就需要考虑信号流到底分为几类，各个功能部件涉及哪些种类信号，以及这些信号在内部存在如何的交联关系等，并为后续功能组件接口定义和工艺走线打下设计基础。

以某产品为例，梳理各个功能组件信号流如图 6-17 所示。

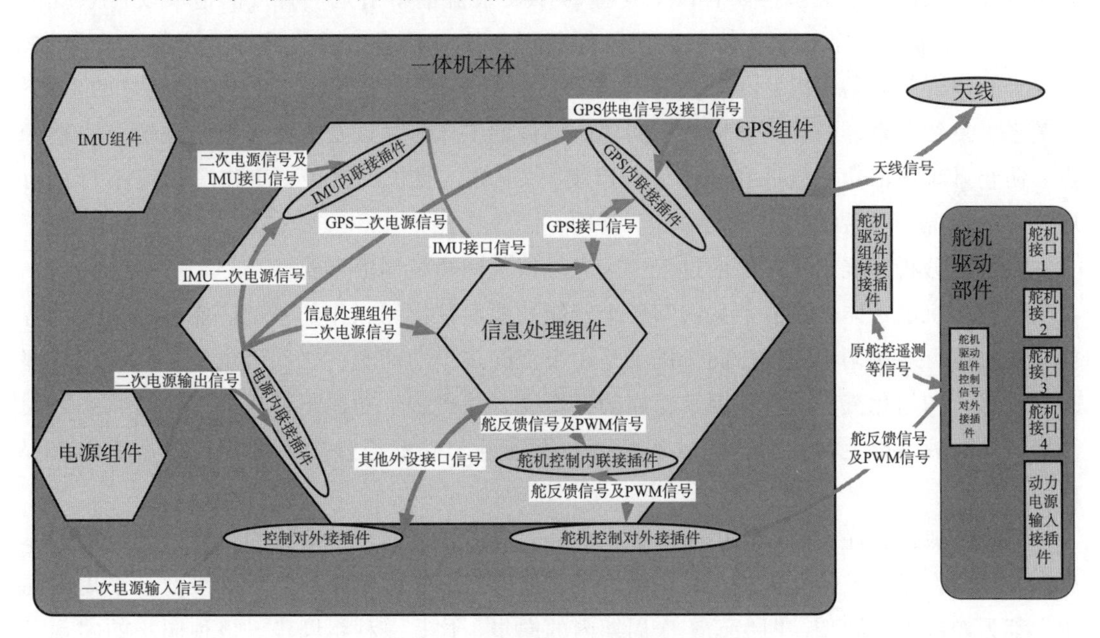

图 6-17　某产品内部信号流向图

电源信号流说明：对于综合电子本体而言，一次控制电源 28 V 从控制对外接插件输入，经过 EMI 滤波模块后送入电源 DC/DC 变换电路，输出产生二次电源，一部分通过 IMU 内联接插件、GPS 内联接插件，送入 IMU 组件和 GPS 组件；一部分直接送入信息处理组件。就舵机驱动部件而言，一次控制电源 28V 从舵机驱动部件控制信号接插件输入产生二次电源，提供驱动部件调理电路和电位器，一次动力电源从动力电源输入接插件输入提供给功率电路。

控制输入信号流说明：IMU 数据信号、GPS 数据信号通过 IMU 内联接插件、GPS 内联接插件送入信息处理组件处理；导引头、火控、舵机驱动组件、引信等系统信息通过对外接插件直接输入信息送到信息处理组件。

控制输出信号流说明：信息处理组件计算结果及控制指令通过对外接插件输出信号，送到导引头、火控、舵机驱动组件（或舵控）、引信、配电器、遥测等设备。

以上信号梳理只是示意，建议设计师在此基础上对所有信号列表说明，说明其输入输出特性、电压、电流特性、频率特性、对环境的适应性、信号负载特性等，以便于后续进行信号实际走线的合理排布以及提供是否对走线采取特殊处理的依据。

③系统工作时序规划

系统工作时序规划指的是为了保证系统有机协调地开展工作，需要从硬件及软件等多个方面开展系统内部及系统与其他外部设备之间的工作时序梳理。

机电集成一体化产品通过资源综合后可分为不同特征的功能部件，不同的功能部件工作在一次电源、二次电源甚至三次电源供电状态下，如何让这些功能部件能够正常地工作，需要考虑功能部件之间的工作时序关系；同时一体化产品还与大系统外围其他设备之间也存在复杂的互连关系；如若以上这些时序关系梳理不清楚，有可能造成硬件系统的上/下电过程或在程序工作过程中出现器件闩锁、接口受损、通信异常、控制时序异常、算法计算错误等问题；因此尽早通过时序关系的梳理和规划，确定各个功能组件的上/下电关系、复位关系、时钟关系以及不同功能部件的工作时序以及需要考虑的关键核心技术点，防止系统内部功能组件和外部设备出现上/下电、复位、时钟、工作节拍等不符合时序要求的情况，为后续软硬件设计打下基础。

在全面分析系统工作时序的过程中应充分体现同步机制的重要性。

同步是机电一体化集成产品内部各个智能功能组件协调工作的基础，能够保证各个智能功能组件可靠协调地工作。同步机制是用来消除多个功能组件之间因电源、时钟、外部输入延迟、初始化流程等多种因素造成的异步度，使得多个功能组件在程序执行状态、周期定时及时间基准上达到相对一致的状态，保证各个功能组件之间配合有序，工作流程高效。

同步一般包含任务同步、中断同步、公共时钟、锁相同步、多级同步在内的多种同步方法。目前，机电一体化集成产品在确定了上电时序、复位时序后，系统级产品采用的同步大都为控制周期同步，即保证工作周期内的同步，这是一种粗同步。该种同步的实现可以采用硬件，也可采用软件的方式。

1）硬件同步。该硬件同步实质为中断同步，只不过是采用控制周期脉冲产生中断同步，作为系统软件运行的起点，在此过程一定要仔细考虑中断时钟的频率稳定性和可靠性问题。

2）软件同步。软件同步较硬件同步来说，同步精度不高，一般通过软件握手实现，因此一般软件同步作为硬件同步的一个参考，或作为系统的一个观测项，提供系统参考。

在此，通过某型号的信息处理组件内部设计的上电、复位、时钟等关系图展示一种如何规划系统工作时序的思路，如图 6－18～图 6－20 所示。

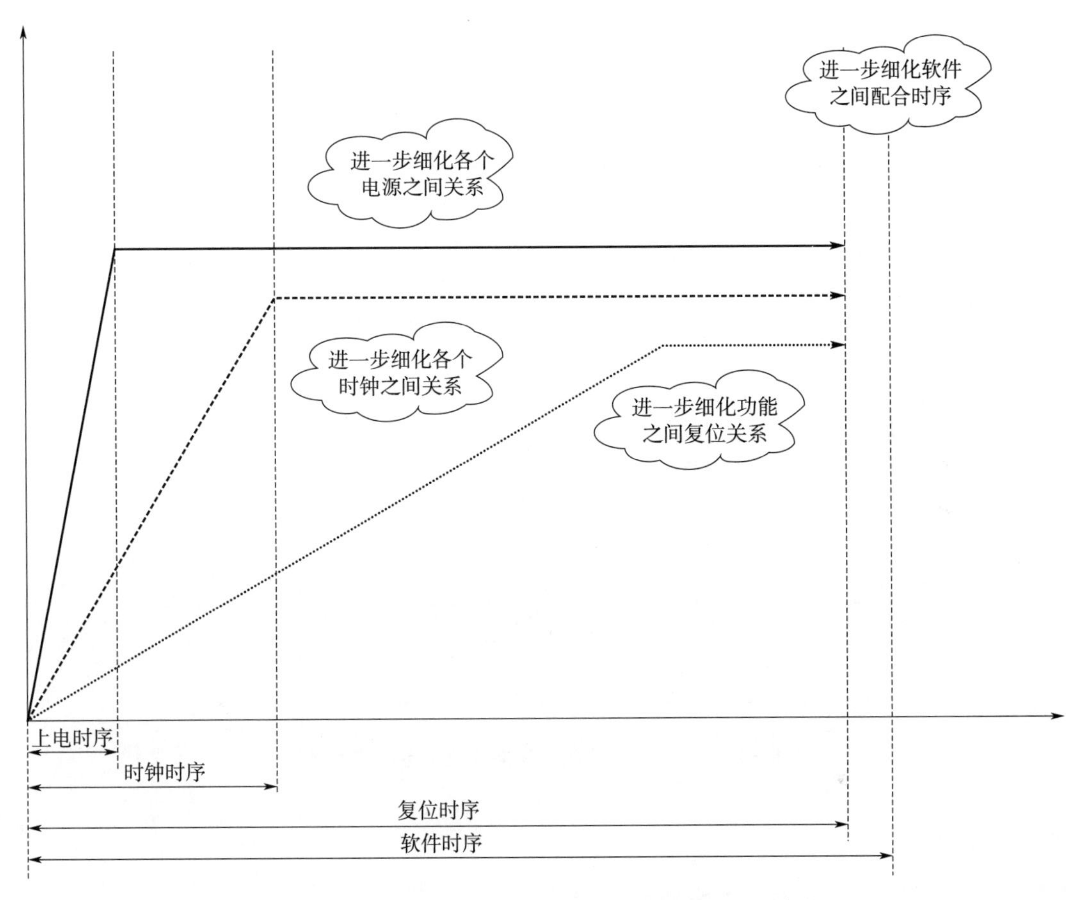

图 6－18　某产品上电、时钟、复位、软件零点关系参考图

以上介绍仅供参考，实际设计过程中所有时序的规划，一定要以器件特性、电路特性、功能模块特性、系统工作流程等的实际情况进行分析和调整。

④健康管理规划

随着机电一体化产品集成规模的不断提升，如何保证系统的可靠性，如何实现系统测试的便捷性和覆盖性并存，是必须解决的问题。针对以上需求，目前健康管理设计被提上了日程。

这里主要从容错体系架构、BIT 测试技术应用两个方面提供一些设计思路。

(a) 容错体系架构描述

容错体系架构主要是针对可靠性要求高的机电一体化产品，高可靠机电一体化产品冗余设计可按照以下 3 级进行要求。

第 1 级：功能组件内部冗余，对组件内部的关键单元可实现组件内的冗余设计。

第 2 级：功能组件之间冗余，多个配置相同的智能信息处理组件、I/O 组件、电源组件之间可实现组件间的冗余设计。

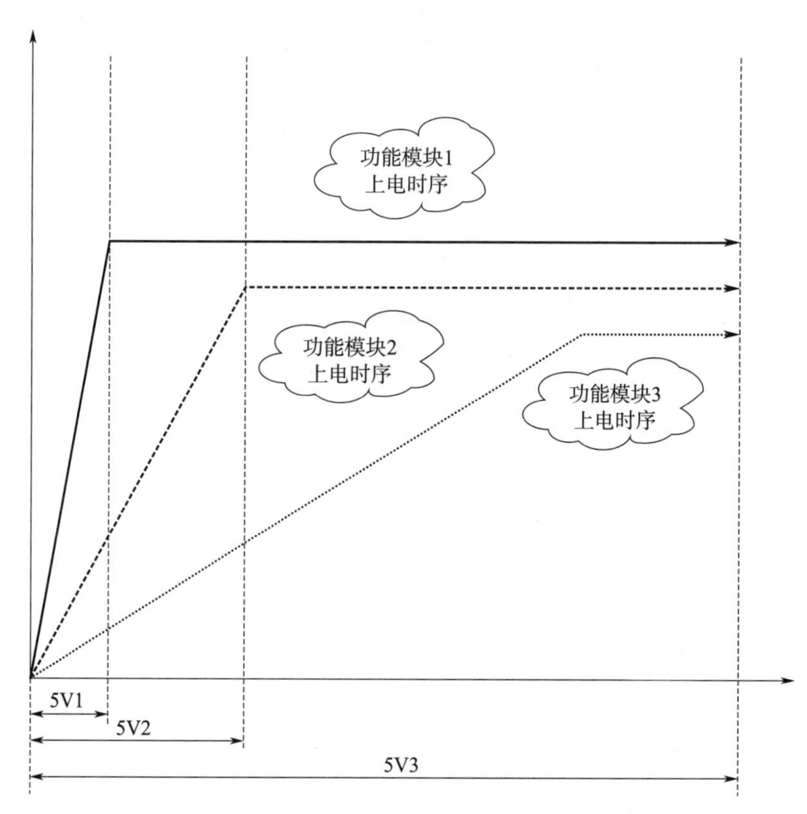

图 6-19　某产品内部各个功能模块上电时序参考图

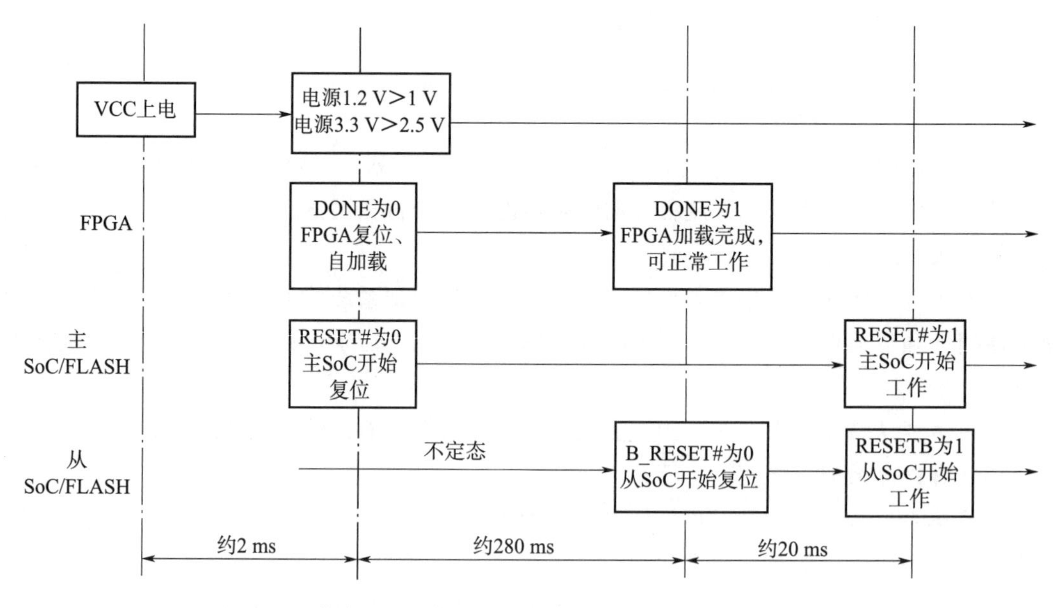

图 6-20　某产品内部信息处理功能组件上电、复位时序参考图

第 3 级：总线网络冗余设计，总线网络是高可靠机电一体化产品内部数据仲裁、同步状态、通信数据输入输出的重要通道。总线网络的可靠性决定了整个机电一体化系统的可靠性。因此总线网络可用多级容错策略，以实现总线的可靠性。一般来说，通信总线的容错设计可考虑以下三种方式之一或多种选择并存。

第一级是内置容错，即充分利用两种总线自身具有的故障检测机制来作为第一级防护。

第二级是增强容错，即增加附加的硬件和软件层来增强总线的故障检测、定位、隔离和恢复能力。

第三级是保护容错，即为使系统能从故障中恢复到正常工作状态，单独使用一种总线是不现实的，因此需要再增加一种总线。这样设计的目的就是要实现两种总线之间的相互保护。

第四级是备份容错，即实现两种总线的各自冗余备份。当原始总线上检测到故障，备份总线会被激活，这样系统操作就会转移到备份总线上。接着，系统会诊断并且移走失败总线上的故障节点或连接，被修复好的总线会成为下一次总线失败时的备份总线。

(b) BIT 测试技术应用

目前大多数机电一体化产品的设计主要考虑的还是产品自身的功能、性能实现，设计中没有考虑如何更好地支撑测试或是实现产品在过程中的健康管理。但是随着系统集成的规模扩大，功能集成密度的增加，传统的 ATE 测试手段无法满足用户对产品早期检测，故障预测、隔离与恢复，测试便携性及测试覆盖性等需求。

针对以上需求，BIT（Built - in Test）技术是解决的重要途径。BIT 是指系统、设备内部提供的监测、隔离故障的自动测试能力。系统产品不用外部测试设备就能完成对系统、分组件或功能单元内部的功能检查、故障诊断以及性能测试。该技术的应用可大大提高机电一体化产品故障诊断的效率和准确性，降低了维护费用，提高了机电一体化产品的维修性和可靠性。

在此，建议采用层次化的 BIT 测试架构，从测试单元（如芯片）、可置换功能组件级和系统级去构建整个 BIT 测试架构；同时针对存在冗余和容错设计的产品，该 BIT 测试架构可和冗余架构结合，通过可重构等软硬件技术，实现系统级产品的故障隔离和恢复，从而实现整个系统的故障检测、隔离与恢复（FDIR）架构，为产品提供完善的健康管理，该架构可根据实际情况进行简化（见图 6 - 21）。

a）模块级别（Level - 1）：

模块级别在层次化 FDIR 架构中处于最底层，功能模块属于 FDIR 的基本单元，功能模块需要具备支持上层对其进行故障检测和故障隔离的功能，同时功能模块还需要提供备份供系统故障恢复使用。

b）系统级别（Level - 2）：

系统级别在层次化 FDIR 架构中处于第二层，系统通常需要采集模块的信息，同时向模块传递信息，因此，在系统级别可直接实现模块故障的检测，其故障处理措施可以采取软件隔离（如标记部件故障状态）和硬件隔离（如在总线网络中实现物理上的分离），恢

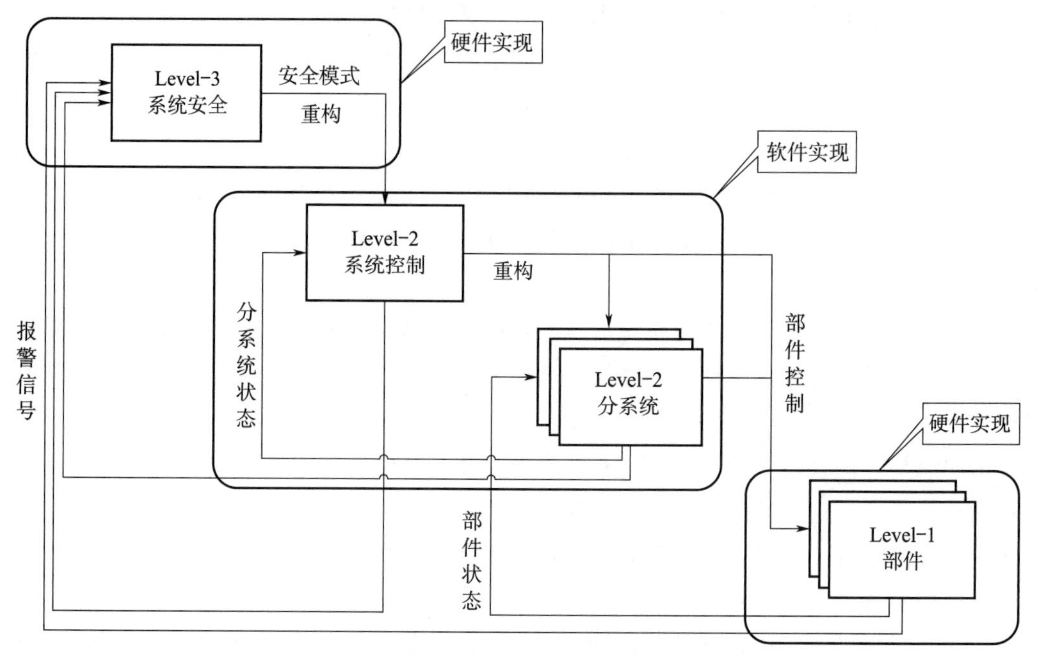

图 6-21　故障检测、隔离与恢复架构设计参考图

复措施可以采取备份代替等。

c）系统安全级别（Level-3）：

系统安全级别处于层次化 FDIR 架构的最高层，通常在下层未实现故障排除的情况下工作，该层负责对影响系统安全的状态进行监测（如系统火工品时序异常、信息处理组件异常、系统电流异常等），当监测到故障发生时，即时给出故障处理措施，处理措施包括“快速安全模式”（如模块整体断电等）。系统安全级别设计是独立于产品之外的设计，完全采用硬件实现系统重构或进入安全模式。

⑤数据及算法处理策略规划

数据预处理策略规划主要指的是针对机电一体化集成产品内部的传感器数据进行采集频率、干扰数据剔除、数据滤波、数据补偿，在数据是否需要打标，数据如何组帧等方面进行先期的规划。这和信号的频率特征，有用信号带宽，是否需要抗混叠处理，系统固有的谐振频率，系统用户的使用等都有很大的关系，因其比较复杂，在此不做过多说明，只是强调设计师在设计初期务必要考虑这一设计环节，它与硬件和软件的最终实现都息息相关。

⑥系统电源/地线规划

机电一体化系统功能繁多，信号复杂。既有数字、模拟信号，也有继电器等高电压大电流开关信号；既有高频信号，也有低频信号；既有光电信号，也有射频信号。如何合理地规划供电系统，保证以上信号电路互不干扰、稳定运行也是设计的重中之重。由于电路形式多样，因此机电一体化电源系统也较传统航天计算机复杂，涉及多种一次电源、二次电源，这些电源为系统内部各个功能组件的不同特征电路甚至外围设备提供能量供给。

根据在产品实现中的一些经验，建议电源/地线按照以下原则规划：

1）对于系统中提供给控制部件和功率部件的一次电源之间需要考虑供电隔离。

2）一次电源与二次电源地之间需要考虑供电隔离。

3）与大系统内部其他设备之间需要考虑供电隔离。

4）与地面系统之间需要考虑供电隔离。

5）产品内部传感器功能组件供电尽量与其他功能组件供电隔离。

6）产品内部卫星接收机等带天线的功能组件尽量考虑与其他功能组件供电隔离。

7）产品内部功能组件尽可能各自形成回路，减少地线间电流耦合；若考虑多个功能组件部分电源合并，一定要分析清楚功能组件之间的电路特性，是否容易相互影响、共地点的位置选取以及共地点的滤波处理方式等；尽量遵循小信号地线与大信号地线分开，模拟地线与数字地线分开，继电器等大电流器件要单独接地。

8）建议产品内部二次电源地采取浮地处理，使得内部电路的接地面相互隔离，消除各级电路间的接地电位差干扰；但是产品壳体一定要良好接地，防止静电累积，同时产品内部功能组件与壳体之间需要有一定的距离，以防止静电累积后电荷通过容性负载耦合到功能组件上。

9）对于接收机等涉及射频信号的功能组件，其接地点一定要连接到稳定的接地参考源上，保证地平面阻抗极小化；一般接收机的地线是机壳本身，但是设计师需要考虑机壳及大系统壳体是否存在其他低频或高频的大电流信号地，若无法避开，根据情况接收机也需要进行浮地处理。

10）根据地线电流大小、信号频率高低、传输距离远近，选择相应形状的地线和接地方式，如双绞线、屏蔽线的多点接地，单点接地，隔离，去耦等措施。

根据上述原则，设计师就综合后的系统可以进行初步的电源/地线规划，比如：根据功能组件不同特性及相互耦合程度规划需要多少路一次电源；根据不同的电路特性考虑一次电源应转化为多少路二次电源，这些电源之间以及与一次电源之间是否需要隔离，或共地处理等。

图 6－22 所示为某机电一体化产品的电源地线规划图。

一次控制 28.5 V（B）输入电源滤波后产生 1 路 LB28V 滤波电源，转换为 IMU、BDS、信息处理组件所需的 9 路二次电源。VCC 提供给信息处理板，地为 GND；＋5VA、＋15VA、－15VA 提供给量化采集电路，对应 AGND；＋T5V 电源供给 IMU 的陀螺仪使用，与其他电源隔离，地为 TGND；＋J5VA、＋J15VA、－J15VA 电源供给 IMU 的加速度计使用，与其他电源隔离，地为 JGND；G5V 电源供给 BDS 使用，与其他电源隔离，地为 GGND。

VCC 对应 GND，＋5VA、＋15VA、－15VA 对应 AGND，＋T5V 对应 TGND，＋J5VA、＋J15VA、－J15VA 对应 JGND，G5V 对应 GGND，GND 和 AGND 在电源内部单点共地，其余均互相隔离，所有二次电源均采取浮地处理。产品壳地也为屏蔽地，产品上需考虑壳地接地桩。

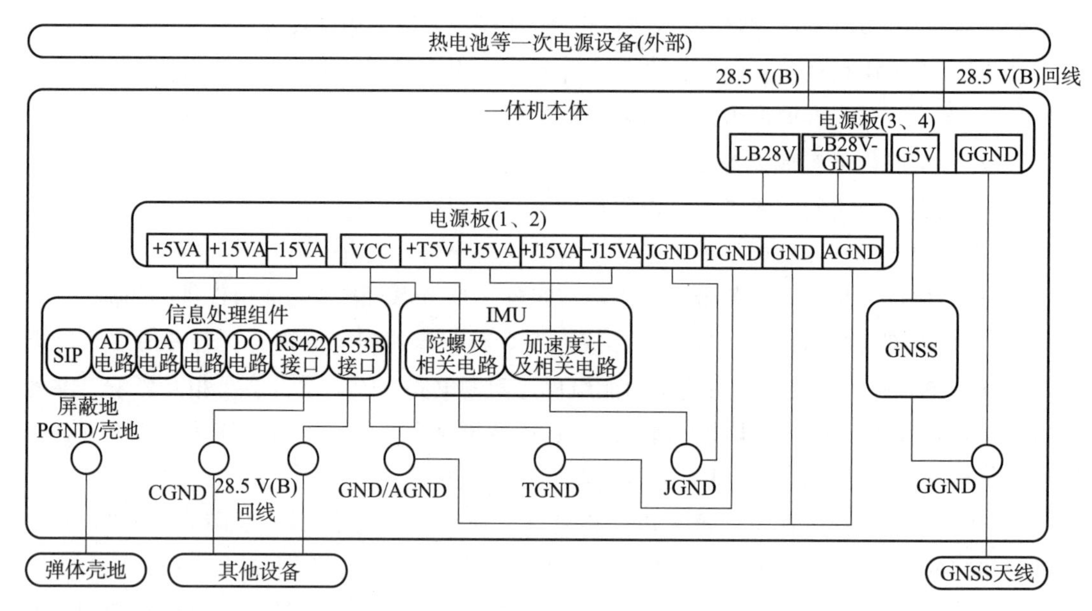

图 6-22　某机电一体化产品电源地线规划

(5) 软件层设计

①软件架构

基于模块化、可灵活定制、可移植的设计理念，机电一体化集成产品的软件建议采用分层的设计架构，主要包括应用层、软件中间件层、操作系统层、底层驱动层，如图 6-23 所示。

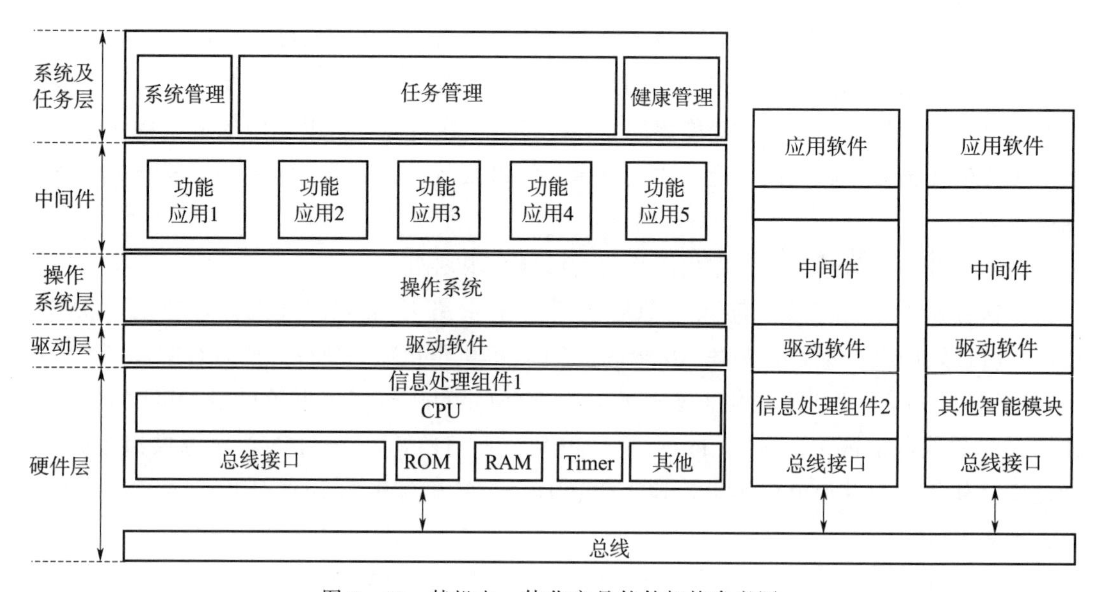

图 6-23　某机电一体化产品软件架构参考图

1) 应用层：主要指的是应用程序，它是根据实际应用需求而编制，不需要关心底层硬件和其他层软件的实现方式和实现过程；主要包括系统管理、应用任务实现、健康管理、系统测试等。

2）软件中间件层：中间件处于操作系统与用户的应用软件之间，通过软件复用技术帮助用户灵活高效地开发和集成复杂的应用软件，它的定义范畴比较模糊，包括标准的通信协议、标准的算法通用库等。

3）操作系统层：实现软硬件资源的安全可靠管理和调度，如管理和配置内存、决定系统资源供需的优先顺序、时钟管理、中断管理、驱动管理、互斥管理等功能。

4）底层驱动层：底层驱动层包括无操作系统类型和有操作系统类型，但不管哪种类型，底层驱动都与硬件资源息息相关，通过它实现对硬件资源的直接控制与不同操作系统或应用软件（中间件）的连接。

不同的机电一体化集成产品根据其嵌入式硬件平台的处理性能、内存空间、软件规模、任务协同难度等各个方面决定其软件由哪几个层构成，可以根据实际情况进行裁剪。

②软件功能规划

本书以某机电一体化产品为例，实现软件初步规划。参考以上软件架构，该产品软件规划为三层：应用层、操作系统层和底层驱动层。

（a）应用层软件

应用层软件包括监控软件、单元测试软件、综合测试软件和用户飞行控制软件。其中监控软件、单元测试软件、综合测试软件由产品承制方负责开发。

a）监控烧写软件。监控软件要求为：工作后向地面监控软件发送烧写准备好指令，地面监控软件收到烧写准备好指令后向产品内部驻留程序回复准备烧写指令，进入烧写流程后，等待地面监控软件发送烧写文件进行烧写，或者下载产品中的飞控程序文件；监控软件在产品外部空间运行。

根据以上要求，监控软件主要实现以下功能：

初始化，监控软件运行后需要对机电一体化产品的所有硬件功能部件进行初始化，并对监控软件自身进行初始化。

• 自检：能够进行功能自检，并下发自检结果等相关信息。

• 上、下传：监控软件完成对 Flash 和 RAM 空间的数据上传和数据下传功能。

• 程序校验：监控软件能够对上传的软件进行 CRC 校验，并下发校验结果。

• 硬件查看：能够查看处理器内部和外部存储器以及其他能够读取的硬件状态。

b）单元测试软件。单元测试软件针对机电一体化产品进行电性能测试，负责接收地面单元测试软件发出的单元测试命令，并返回单元测试结果消息给地面单元测试软件。采用串行通信接口完成指令交互。

单元测试软件可完成如下功能：

• 单元测试：完成对机电一体化产品所有硬件单元的功能和性能测试；主要包括主机测试（内存、计算性能等）、AD 测试、DI/DO 测试、RS422 通信测试、1553 通信接口测试、IMU 测试、GNSS 测试等。

• 错误原因记录，当测试结果错误时，单元测试软件应下发错误记录，用于故障原因的分析，地面单元测试软件应对测试过程中的所有错误数据以测试日志的形式进行记录。

• 测试信息的显示和保存，地面单元测试软件应对测试的开始时间、已运行时间、结束时间等与测试过程相关的信息进行显示，并保存在测试日志中，便于测试实验状态的查找。

c）综合测试软件。综合测试软件针对机电一体化产品主要完成功能部件自检测试，对外接口测试、标定测试、跑车测试（自对准测试、IMU 纯惯性导航测试、IMU/GNSS 组合导航测试)、功能部件关联匹配性及实时性测试。

• 功能部件自检测试：对 GNSS、IMU、部分电源、一体化信息处理组件进行上电状态测试，包括 GNSS 数据功能正确性、IMU 数据功能正确性、系统数据稳定时间、部分二次电源电压采集、SiP 主机模块测试等。

• 对外接口测试：机电一体化产品对外电气接口信号进行测试，包括 DI/DO、RS422 接口、遥测信号采集等。

• 跑车测试：跑车测试包括自对准软件、IMU 纯惯性导航软件、IMU/GNSS 组合导航软件。工作周期为 2.5 ms，以检测 IMU 和 GNSS 性能。

• 标定软件：主要功能是将产品根据标定方案安装要求，在转台的不同位置，通过地面综合测试设备，接收产品在不同位置下的输出的信息。结合已建立的陀螺仪、加速度计的标定模型，从而计算出整个机电一体化产品惯性测量装置的安装偏差、零偏、刻度系数等指标。

• 功能部件关联匹配性及实时性测试：主要功能是模拟多种产品工作时序，按照 2.5 ms 的工作周期，将机电一体化产品初始化、起飞时序、允许发射时序、热电池激活、IMU/GNSS 数据采集、导航解算等流程串接起来，考核机电一体化产品功能部件之间的相关性和实时解算能力。

（b）操作系统

该机电一体化集成产品采用集中计算和控制模式，主要负责导航、制导与控制信息处理，完成动基座初始对准解算、组合导航解算、捷联解算、制导指令解算、控制解算、信息交换等工作。由于到算法种类较多，控制流程复杂，难以通过人工调度方法进行复杂的逻辑控制，考虑使用操作系统降低用户软件的设计难度。

通过多方技术调研，考虑硬件平台的处理性能及内存空间，以及考虑操作系统对用户软件实时性的影响性分析，选用了某所一款基于 μc/os III 的可裁剪嵌入式操作系统。该操作系统由一个体积很小的内核及一些可以根据需要进行裁减和增加的系统模块组成。根据产品的需求，裁减后的 OS 满足多任务运行、进程间通信和同步、中断管理等功能，操作系统内核大小不超过 30KB，占用内存空间不足 10%。

操作系统与其他应用软件的关系说明：

• 使用操作系统后，用户软件的各项功能，包括动基座初始对准解算、组合导航解算、捷联解算、制导指令解算、控制解算、信息交换等，将分别作为操作系统的一个单独任务，由操作系统根据用户的控制流程进行动态实时调度。

• 使用操作系统后，各算法任务使用到的设备将统一由操作系统管理，以避免临界资

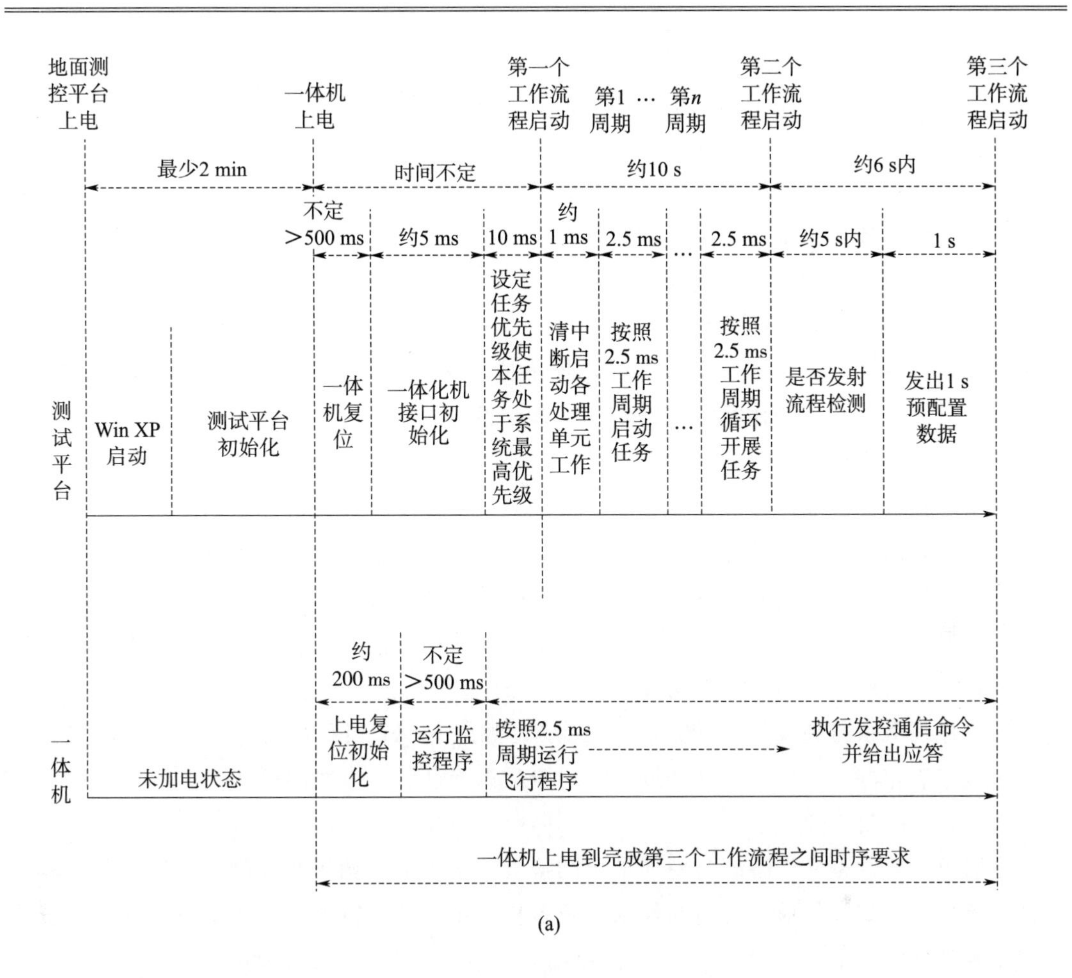

(a)

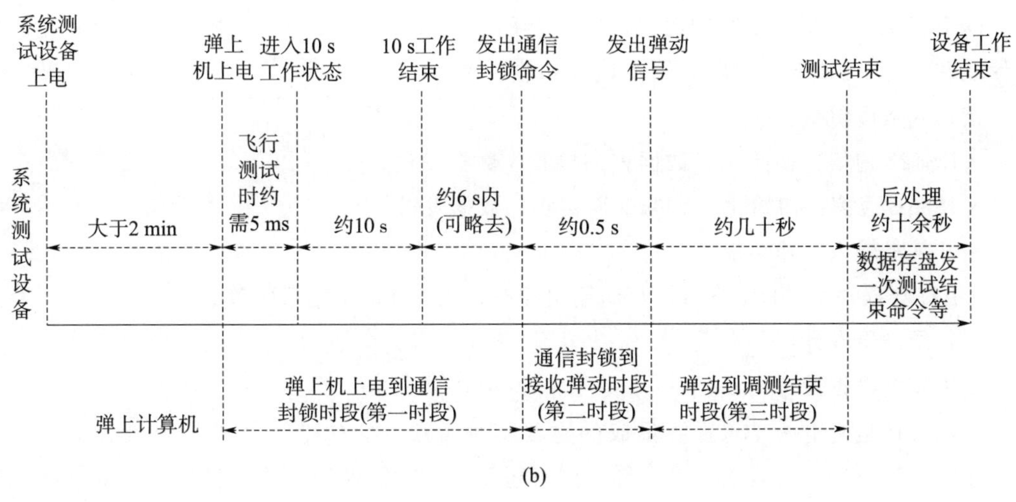

(b)

图 6-24　模拟工作时序图

源的使用问题。

• 使用操作系统后，监控软件将作为操作系统的一个单独任务，驻留在内存中。与传统模式中，监控软件启动运行用户软件的模式不同，使用操作系统后，监控软件将不再启动运行用户软件，而由操作系统根据用户控制流程启动用户的各项任务。

• 使用操作系统后，单元测试软件（综合测试软件）将作为操作系统的一个单独任务，驻留在内存中。与传统模式中，监控软件启动运行单元测试软件的模式不同，使用操作系统后，将由操作系统启动单元测试（综合测试）任务。

操作系统对用户软件的影响性分析：

通过对用户程序并行性的初步分析，将用户程序分解为两个独立的并行任务执行：飞控任务和舵控任务，这两个任务的工作周期分别为 10 ms 和 1 ms。为了确保两个任务互不干扰地可靠并行，基于操作系统拟采用如下软件设计方案：

• 采用同一个 1 ms 工作周期的定时中断源，产生舵控任务和飞控任务的触发时机。

• 将飞控任务和舵控任务设置为同一优先级，避免由于优先级导致的不确定切换。

• 每次定时中断，舵控任务均启动工作，并递增飞控任务计数信号量。

• 当飞控任务计数信号量达到 10 时，该任务进入执行状态。

• 当舵控任务和飞控任务均进入执行状态时，采用时间片轮转调度方式，协调两个任务并发执行，时间片长短可根据实际情况进行设定。

• 飞控任务执行完成后，计数信号量清 0，等待下一个触发时机。

• 方案制定好后，建议设计师进行耗时测试以保证设计方案的可行性。

(c) 底层驱动软件

底层驱动软件是操作系统与硬件平台的接口，实现上层调用和硬件操作等功能。驱动软件各函数以动态库的形式，与操作系统及各核应用软件进行链接。底层驱动库的划分主要根据硬件功能特征，一般分为 DSP 函数库、接口函数库等。如下所示：

DSP 函数库包括：系统初始化、定时器的启动和停止、DMA 的操作、各核复位、中断使能和禁止、Flash 的擦除、写、读等功能。

接口函数库包括：

• RS422 通信：初始化、数据查询接收、数据发送。

• 1553B 通信：初始化、数据查询接收、数据发送。

• 开关量输入、输出操作。

• AD 数据采集、DA 输出，驱动输出控制，SPI 接口数据采集等。

(6) 硬件层设计

①机箱结构设计

结构设计是机电一体化系统集成的主要实现手段，它包括壳体外形设计、结构件设计、连接框架设计、安装接口设计等，同时还要考虑功能模块互连、板组间布局连线、装配与工艺实现等方面，与单一产品不同，系统集成的结构设计更侧重于多模块组件集成所带来的环境适应性和功能可靠性问题，即综合考虑结构的强度、刚度、热设计和电磁兼容性设计问题，通过自上而下从系统结构总体方案到芯片结构布局的设计规划，再到芯片-模块-系统的仿真分析验证方法，构建系统集成的结构设计框架，而为了实现系统集成模块化、可测试性、可扩展性和继承性的设计原则，结构设计中还需兼顾轻量化、一体化、人机工程、维修性和通用性的设计方法，为产品优化改型和更新换代奠定基础，图 6 - 25 所示为系统集成结构设计的一般原则和流程方法。

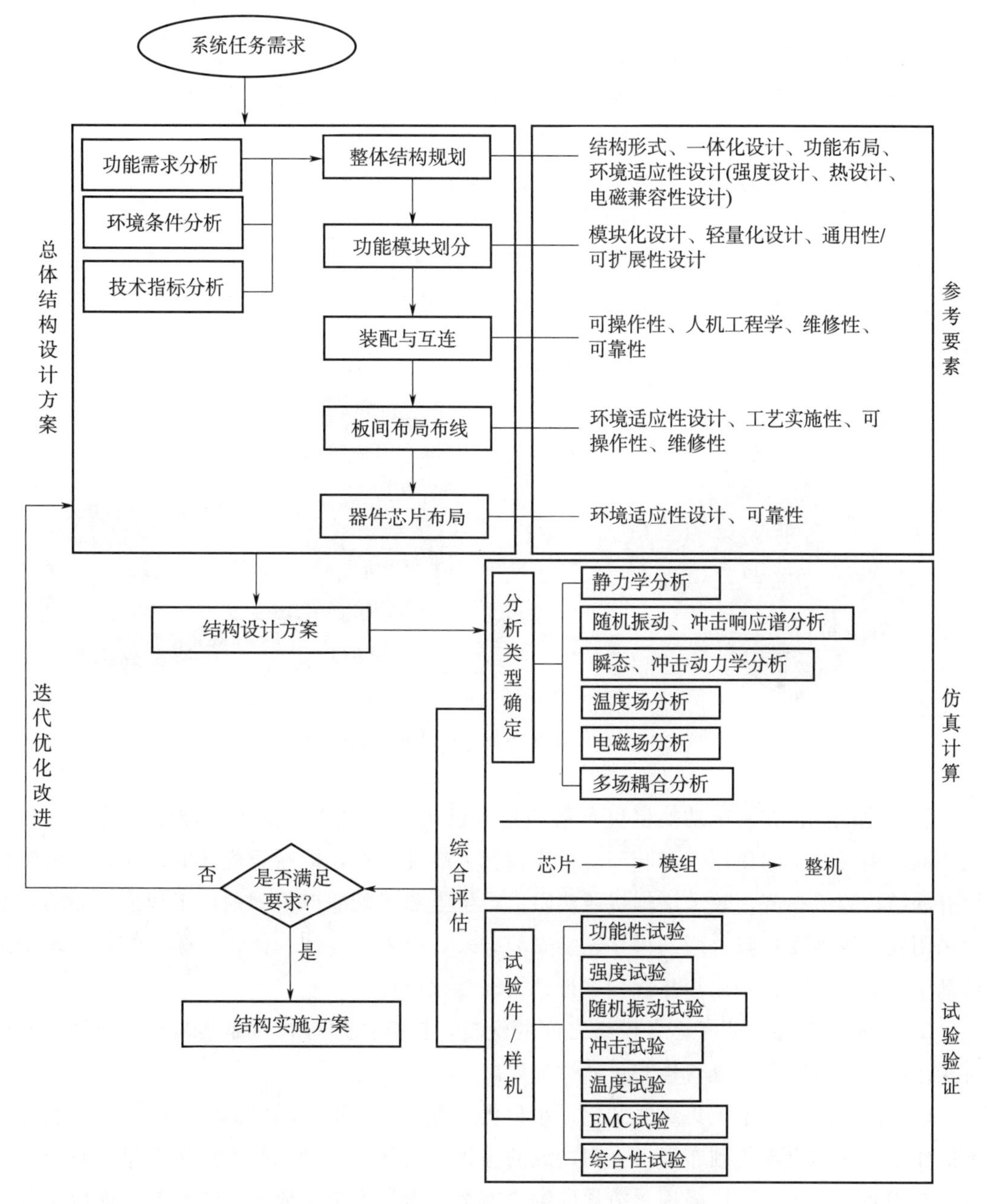

图 6 - 25　机电一体化集成产品结构设计流程

随着系统集成朝小型化、高密度、高可靠方向发展，其结构设计环节中对环境适应性的要求愈加重要，涵盖了从整体结构规划到芯片布局的大部分过程，故后续着重对环境适应性做重点论述，其中也涉及轻量化、一体化、人机工程的一般设计准则。

（a）总体结构设计方案

鉴于系统集成的多功能和高可靠的特点，其结构的总体设计方案决定各分部环节设计方案的可行性和难易度，应基于系统任务需求，以功能需求、环境条件、技术指标为参考，综合制定整体结构形式，以同时满足系统功能性能指标要求、总体的环境适应性要求，同时为了实现系统模块化的目标，在整体结构布局中，尽量采用一体化的结构形式，考虑不同功能模块集成过程中的连接强度、导热隔热性能、电磁干扰等因素，可通过优化布局，避免局部刚性不足、热流密度过大、交互耦合干扰等问题。

a）在系统功能布局实施后，进一步按照前述功能类聚进行物理模块规划，遵循模块化、轻量化、通用性/可扩展性的参考要素。

模块化设计：功能模块的物理实现应遵循结构形式简单、低成本、机械接口标准化等原则，各功能模块间可互换，并预留空间及机械接口，具备一定扩展能力，如图 6－26 所示。

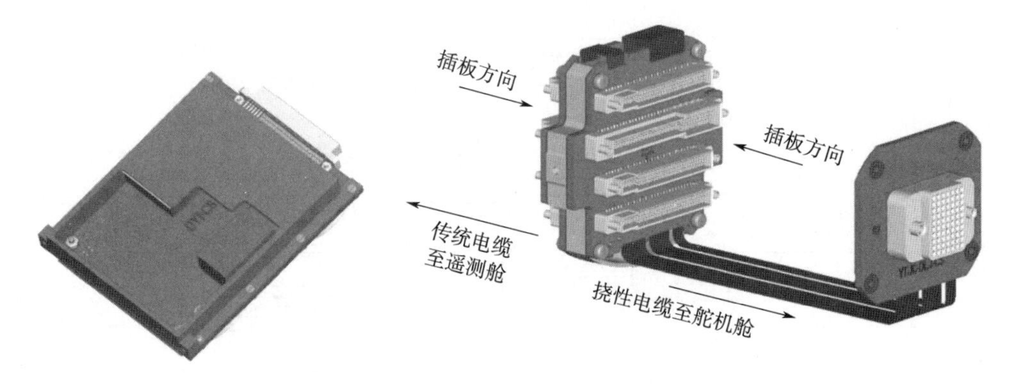

图 6－26　结构模块化设计参考示意图

轻量化设计：在系统功能模块布局和划分已定的基础上，实现功能组件的质量最小化，同时满足一定的使用寿命和环境适应性、可靠性要求，即减重优化的同时，不能降低原有的结构连接强度、较大增加接触热阻、产生电磁屏蔽缺口等问题，工程上一般的方法为采用轻质高强度材料，用高可靠连接安装方式，引入空腔和一体化的模组结构，理论上可基于可靠性目标，利用拓扑优化进行结构轻量化设计。

b）装配与互连主要考虑各模组之间的安装，接插件选型和内部电缆布局规划，参照可操作性、人机工程、维修性与可靠性的要素。

模组间装配：受系统集成复杂化、小型化的影响，使得产品内部空间狭小，在实际装配操作中，容易出现规划布局不合理造成的操作难问题，应考虑装配操作余量，对于高密度分布式系统集成，可以采用无缆化的解决方案，提高系统集成度。装配与互连应满足人机交互的一般原则，即在工程操作界面的舒适区内，避免设计中出现违反操作的一般原则造成装配维修的效率低下。

图 6－27 所示为某产品光纤 IMU 组件和高精度 AD 板的组装。其中光纤 IMU 组件包括三轴陀螺仪和三轴加速度计，均安装在结构台体上，再通过螺钉安装在整机框架上，以

保证足够的刚度，高精度 AD 板分为两部分，之间通过挠带连接，将高精度 AD 组件通过螺柱安装在光纤 IMU 组件上，陀螺仪和加速度计通过内部电缆与高精度 AD 板互连。信息处理板通过挠性接插件与接口板连接并固定在结构框架上，接口板安装在结构框架上，通过四个接插件分别与电源组件、高精度 AD 板和卫导定位组件相连接。

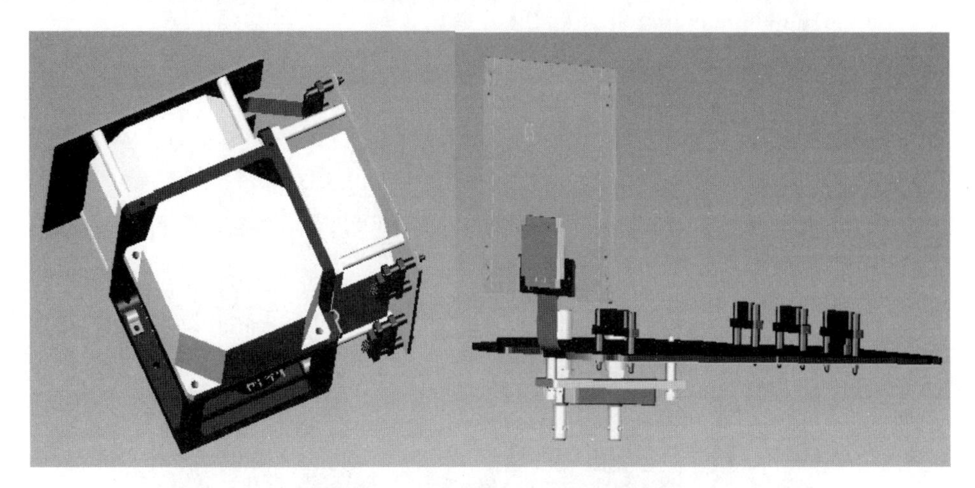

图 6 - 27　功能组件安装示意图

接插件选型：接插件选用可参照 GJB 4—2008，对于军工产品，需满足国军标要求的降额指标，同时满足产品使用保管环境条件的要求，接插件都留有足够的空间使之易于拆卸和安装电缆。接插件要考虑阻抗匹配、接地接触特性等，同时也要考虑 ESD 问题，对于接插件还有以下几点需要注意：

• 接口信号连接器建议选用带有屏蔽外壳的接插件，尤其是针对高频信号。

• 接插件的外壳应与机壳电连续，连接处的阻抗最好小于 1 mΩ。

• 对于不能进行 360°环绕连接的接插件，建议采用外壳四周有向上簧片的接插件，且簧片必须有足够的尺寸和弹性，以保持良好的电连接。

• 如果接插件安装在线路板上，且通过线路板上的地线与机箱连接，则要为接插件提供干净的地，与线路板上的信号分开，且要与机箱良好搭接。

电缆布局：主要考虑电缆布局产生的辐射干扰问题，一般遵循的主要原则如下（见图 6 - 28）：

• 缩小信号电源的回路面积，降低串扰与辐射的耦合因子。

• 各个 PCB 之间连接时让连接器尽量装在 PCB 同侧，避免两侧引出信号线造成辐射干扰。

• 模拟信号接口与数字信号接口、低速与高速信号接口等一定要隔开一段距离放置，必要时采取隔离、屏蔽等措施。

• 较长的连接线缆尽量使用屏蔽线缆，且尽可能保持与接插件外壳 360°连接，尽量将电源的 0 V 参考地与 I/O 接于同侧。

c）板间布局布线主要考虑工艺可实施性、操作性、抗冲击和电磁兼容的环境适应性

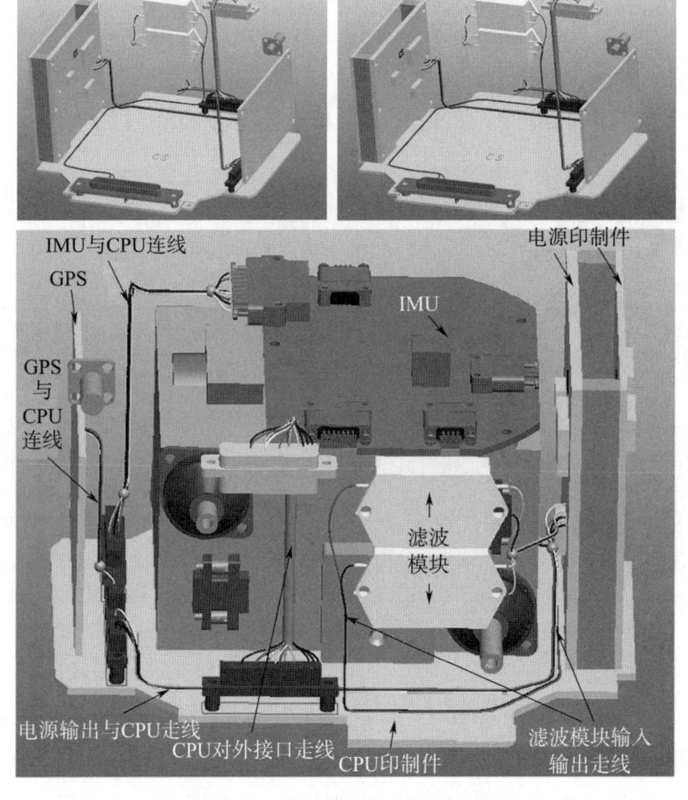

图 6－28　内部电缆布局示意图

问题。

首先，要保证板间连线最短，其次对于高频信号、关键信号、周期信号等在布局布线时，尽可能与地线相临，关键信号必要时采用双绞屏蔽措施，可以有效地抑制串扰；各信号互连线要充分计算和考虑电流大小，减少信号的线损。

d）器件芯片布局主要考虑器件的摆放位置，安装和加固方式，以功能需求为准，参照环境适应性和工艺可靠性进行布局方案的制定。

• 大功率器件应避免集中放置，造成局部热流密度过大，应考虑器件散热效果，优先选用金属管壳和陶瓷封装材料元器件，其次选用塑料封装器件。

• 考虑器件在印制板上承受的机械应力，在功能、性能指标相同的条件下优先选用质量小、体积小的元器件，器件应均匀放置，避免板局部器件放置过多，造成受力状态下印制板局部翘曲过大。

• 元器件的布局应尽量按照不同电源电压、数字及模拟电路、速度快慢、电流大小等进行分组，避免相互干扰；根据元器件位置确定连接器引脚安排，尽量使连接器安排在一侧，避免从两侧引出电缆造成天线辐射效应。

• 考虑装焊点应力的可靠性，优先选用通孔元器件，其次是表面贴装元器件和 BGA 封装器件。

（b）内外部互连通信总线选择

为支撑实现可重构、可扩展以及容错的功能，机电一体化集成产品的内、外部总线尽量选取标准的开放式串行总线。外总线用于一体化产品与其他子系统之间的互连，内总线用于机电一体化产品内部功能组件之间的互连。

a）总线选用原则。

总线的选用在设计与研制过程中必须坚持以下原则：

可靠性原则：根据具体型号要求的可靠性选择相应的总线，以同时满足经济性和可靠性要求。在有高可靠性考虑时，应注意总线应具有冗余容错能力和实时可确定性的能力；网络或总线局部的失效是否会导致整个系统的崩溃；总线或网络是否可保证不损坏传输数据，是否提供错误监测/纠正机制。

使用性原则：选用的总线必须满足最基本的使用要求，如总线的传输速度，总线的传输距离、总线带宽、总线的连接方式、总线的节点数、总线的响应时间等是否能够满足系统的基本要求。

经济性原则：应合理选择总线接口元器件等级品种，优化接口方案，减少元器件品种。

继承性原则：尽量使用已经使用过并经试验验证成熟的总线接口和技术加以继承，以便提高可靠性和缩短研制周期。同时能够与目前系统已有典型的总线系统共存，实现软、硬件改动小，平滑过渡。

先进性原则：努力采用国内外的先进技术，尤其是具有自主知识产权的新技术，设计从国产化和系统技术方案的全局出发，综合考虑、立足国内，防止国外封锁。

小型化原则：为了减小体积和质量，应采取有效的小型化措施。

环境适应性原则：支持苛刻环境，满足多物理场耦合情况下的无误码可靠传输。

b）总线工作模式。

总线具有分级模式，可分为单级模式和多级模式。单级模式是一个主节点和多个从节点的模式。多级模式一般不超过 3 级（图 6－29 和图 6－30）。

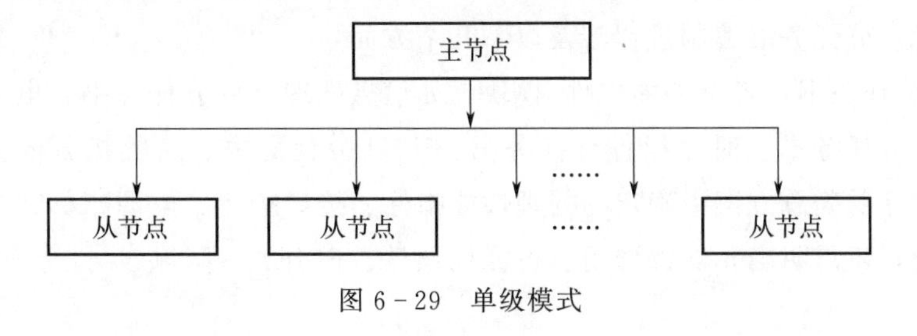

图 6－29　单级模式

c）总线平均传输通信数据量。

从通信可靠性、实时性等方面考虑，总线平均传输通信数据量建议不超过总线传输最大数据量的 60％。

d）推荐总线选用。

各种不同类型的总线选择可以参照表 6－1。

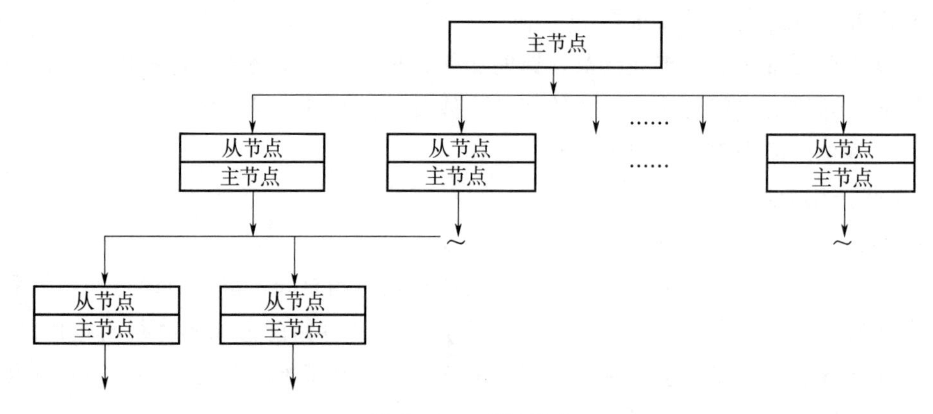

图 6-30　多级模式

表 6-1　不同类型的总线选择参照表

总线类型	传输速率	设备数(最大)	成本	可靠性	用途
RS422	<1 Mbit/s	全双工,点对点	低	一般	主要用于低速数据
1553B	1 Mbit/s	32	高	高	主要用于低速数据
CAN	1 Mbit/s	110	低	较高	主要用于低速数据
CANHD	<8 Mbit/s		低	较高	主要用于中低速数据
RapidIO	10 Gbit/s	65536	较高	较高	用于高速数据传输,适用于背板传输
TTE	10 Gbit/s		高	高	用于高速数据传输

②功能组件的指标体系建立

通过功能层、软件层及结构的规划，为建立各个功能组件的指标体系奠定了基础，可以把用户的指标要求逐个分解到不同层次、不同类型功能组件的任务书中，任务书编制的过程也就是将机电一体化产品整机指标从硬件、软件、算法、结构、可靠性等各个层面进行逐一分解、映射的过程。

一般来说，分任务书编制过程涉及以下几个方面：

1）硬件分任务书：各个功能组件/模块，如信息处理组件分任务书、电源组件分任务书、配电组件分任务书、时序组件分任务书、IMU 分任务书、接收机分任务书等，在硬件分任务书中除明确总方案中确定的处理性能指标、接口指标、电源指标、机械接口指标等相关指标外，还需明确元器件选用、可靠性预计、FMEA、降额设计、参数复核复算等要求。

2）算法分任务书：若总体任务书中有与算法相关的系统指标，需进行算法指标分解，包括算法所依托的硬件环境、算法最终达到的系统指标、算法数字仿真、过程评审、归档等要求。

3）软件分任务书：包括围绕整个产品研制所需的所有软件都需要考虑，如飞控软件、导航算法软件、滤波算法软件、监控软件、操作系统类软件、底层驱动软件、各类测试软件、FPGA 软件等。

4）结构分任务书：包括围绕整个产品研制所需要的所有机加件都需要考虑，如产品本体结构、附属机加结构、各种测试仿真环境所需要的工装等。

5）力学、热学、电磁兼容仿真分任务书：需要各个分部件提供相关模型和数据，便于相关的仿真分析更准确。

6）可靠性分任务书：对各独立结构的功能部组件进行可靠性分配和可靠性预计。

7）电缆产品分任务书：电缆作为一个独立部件，任务书不仅应规定互连关系，还必须明确每个信号的信号特征、电缆屏蔽要求、电缆长度、接插件选型要求等，满足装联与装配的工艺总要求。

8）单元测试设备分任务书：若所用单元测试设备需定制，需要下发单元测试设备任务书，单元测试设备所涉及的硬件任务书、底层驱动软件开发任务书及结构任务书由单元测试设计师统一考虑，要针对集成后的产品进行全面综合测试。

功能组件的硬件设计重点从资源分配、信息处理能力、接口设计、三次电源设计、电源符合性、结构布局符合性、技术指标满足情况、主要元器件选型及成本几个方面考虑，具体不在本书中说明。

6.2.4.3　环境适应性设计

环境适应性设计不同于功能架构设计，是一种多学科的综合设计，是机电一体化集成设计的关键环节，环境适应性设计贯穿于整个系统的电路设计、结构设计、接地设计等各个设计环节中，在此就热、力学和电磁等层面一些设计原则进行说明，并简要说明如何考虑系统集成产品的仿真分析。

（1）热设计

机电一体化系统集成产品具有高密度、小体积、元器件功耗大等特点，内部热流环境复杂，设备工作时易出现温度升高过快，影响设备正常工作性能的问题，因此需要进行热设计。

在对系统集成产品进行热设计之前，首先需要分析设备热量传递路径，建立从热源到设备外壳的完整温度传递线路。路径分析明确之后，热设计的实质就是从热源到环境空间建立一条快速流动的低热阻通路，从而获得快速散热的效果，满足使用环境的温度要求。

系统集成的热设计须从四方面考虑：

1）从产品的设计工艺出发，尽量减小接壳热阻的数值。

2）在产品内部的结构设计方面，尽可能加大大功率器件的导热路径，通过采用高导热率材料，设计热通路等措施提高散热效果。

3）尽量增大内外部散热面积，使设备外壳向外界的散热效果得到有效提升。

4）通过合理布局，避免造成局部热流密度过大和温升率过高的问题。

下面以某机电一体化产品散热设计思路阐明系统集成产品热设计的原理，组合导航控制器的几何模型如图 6-31 所示。

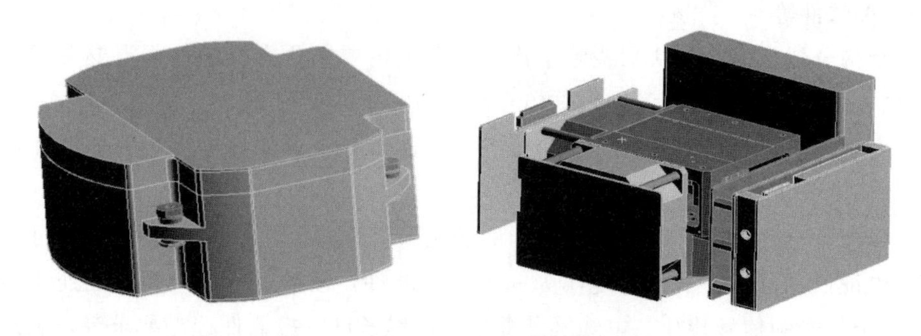

图 6-31　组合导航控制器的几何模型

一体化产品所处的温度环境为−40（低温）～+60 ℃（高温），针对这种环境，此机电一体化产品的热设计从以下几个方面开展工作：

1）系统内部无风冷冷却措施时，拟采用在功率组件或器件底部铺设散热铜层，并将铜层与机壳搭接，将热传导到机壳上，达到散热目的。

2）针对信息处理组件，首先元器件的工作温度需满足环境温度要求。同时重点关注三次电源芯片的 PCB 设计，底部铺设散热铜层，并通过尽可能多的过孔将铜层与地线层搭接，将热传导到地线层上，达到散热目的。

3）卫星导航定位组件和光纤惯性测量组件的选型需考虑一体化内部温升所带来的影响以及这些组件自身的热耗情况。

根据上述热设计与优化方向，可以建立机电一体化系统集成热设计的具体步骤，如图 6-32 所示。

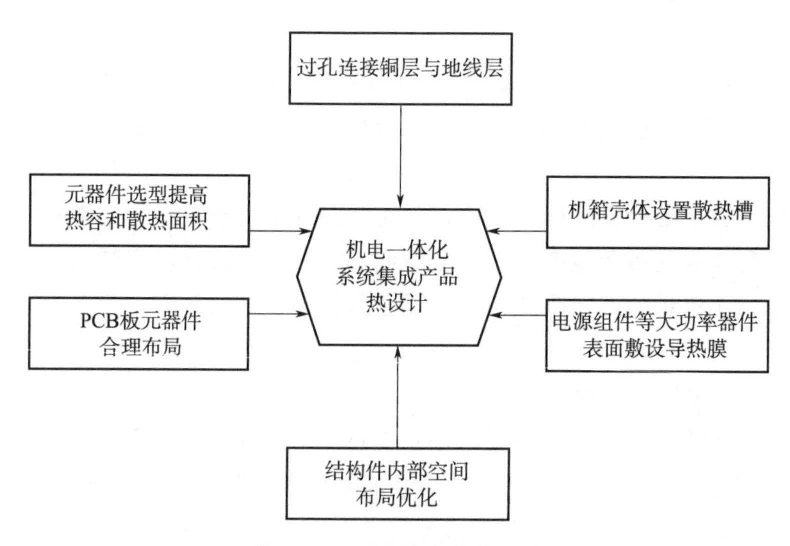

图 6-32　系统集成散热设计

通过上述散热措施的综合调控，某型号机电一体化产品工作时的最高温度显著降低，这为控制器实现最优性能提供了保障。

（2）抗冲击防护

机电一体化产品除了要考虑温度环境的影响，同时还需要考虑力学环境对其造成的影响，特别是一些严酷的冲击力学环境。在这里，重点针对抗冲击防护的设计原则和方法进行总结，供设计师参考。

基于现有工程经验，结构的抗冲击防护主要原则和方法如下：

1）改善结构的受力环境：即增加隔振缓冲装置，利用减振元件的储存和耗散能量机制，减小传递到零件上的冲击峰值。

2）增加结构强度：通过改善元器件的连接关系、安装方式，对结构进行封装固化等措施来提高器件本身的抗高过载能力。

3）轻质化设计：减小元器件质量、体积，采用内部为实体的元器件，增加自身强度。

针对如上原则，可制定系统级结构抗冲击防护，实施原理如图 6－33 所示。

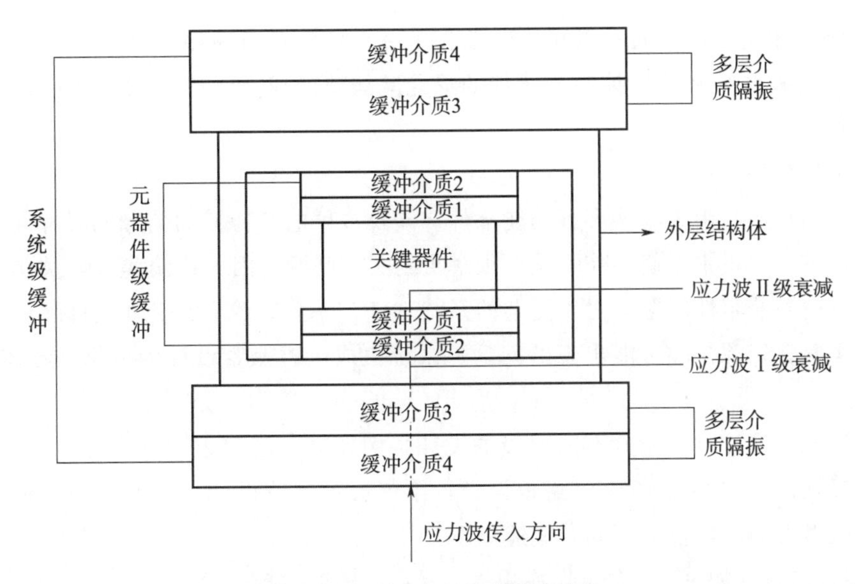

图 6－33　系统级结构抗冲击防护

此防护通过从系统到部件再到元件的防护思路逐级进行缓冲加固，最终实现对其中关键元件达到防护要求的方法，其关键在于研究重点元部件的识别，缓冲界面区分及缓冲材料选取。

以某弹载系统集成产品冲击防护为例进行说明，结构布局及防护形式如图 6－34 所示。

该系统中 IMU 为重点防护部件，缓冲方案采用三级减振，第一级针对核心部件 IMU 部件级，进行内部灌封加固，且 IMU 处于内部中心位置，应保证四周均有灌料填充，IMU 与壳体间为一个固化整体，可提高整体强度和刚度，同时 IMU 结构框架采用尼龙螺柱、螺钉连接，允许一定的弹性变形，可防止框架连接刚度过大，在冲击时 IMU 位移向下拉扯器件和印制板造成翘曲和局部损伤。第二级为腔内舱段级，即将对腔内进行灌封加固，结合安装螺钉形成一体化控制器单元整体的减振加固。第三级为系

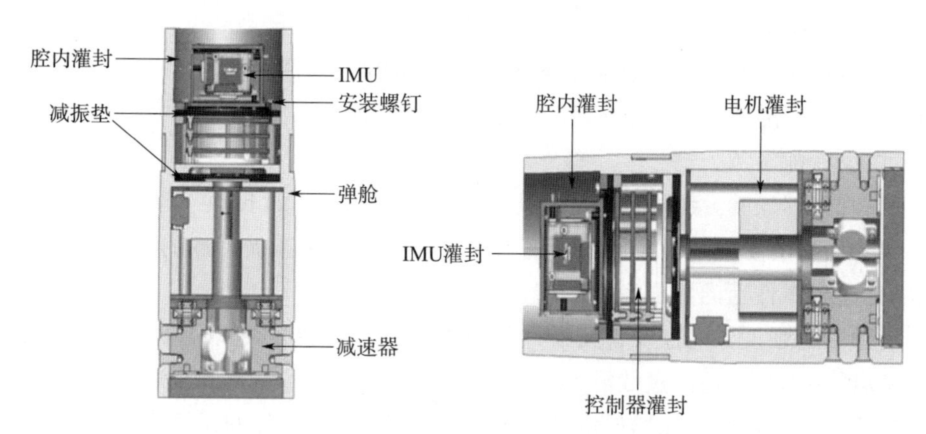

图 6-34　系统级结构冲击防护

统级，即将一体化控制单元和舵机控制器作为一个整体进行减振缓冲，通过一体化控制单元下部尼龙减振垫和舵机控制器下部的尼龙减振垫形成上下简谐振子系统，进行振荡消耗冲击应力波。

（3）电磁防护设计

机电一体化产品由于集成多种功能部件，涉及多种电气特征的信号同时存在，如何让这些功能部件之间正常平衡工作，是必须解决的关键问题。因此系统集成的关键因素之一为系统内的电磁兼容性问题，对于复杂的系统 EMC 问题需要在各个阶段排除设计障碍与限制，尽早整合资源排除可能出现的问题。系统集成电磁兼容设计的依据与技术如图 6-35 所示。

在电磁兼容设计时，需要不同层级的设计，例如第一层为主动（有源）器件的选择，第二层为接地设计和 PCB 印刷电路板设计，第三层为滤波设计，第四层为屏蔽设计。具体各个层级考虑的因素各有不同，概述如下：

1）零件层级（如 IC）：数字切换噪声、噪声的辐射与耦合等。

2）印刷电路板（PCB 板级）：电源完整性、信号完整性及相关的信号路径规划、阻抗控制等。

3）产品组件级：产品内部线缆与模块规划、滤波与噪声抑制等。

4）系统级：屏蔽与机壳设计、接地与搭接设计、线束与布线设计、系统 EMC 测试规划。

整体结构的 EMC 设计要尽量避免共模干扰电流流过敏感电路或高阻抗的接地路径，结构设计要避免额外的容性耦合或感性耦合，要注意选择良好的、低阻抗的瞬态干扰泄放路径。

在 PCB 布局时，先确定元器件在 PCB 的位置，依序布置接地线、电源线等参考电位，然后布置高速信号线，最后完成低速信号线。设计尽量干净的输入输出地，并在考虑安全的前提下使电源线靠近地线，减小串扰与差模辐射。避免 PCB 走线不连续，如走线宽度不要为阻抗匹配突然改变，应该逐渐缓慢变化。控制 PCB 尺寸大小，尺寸过大会导致走

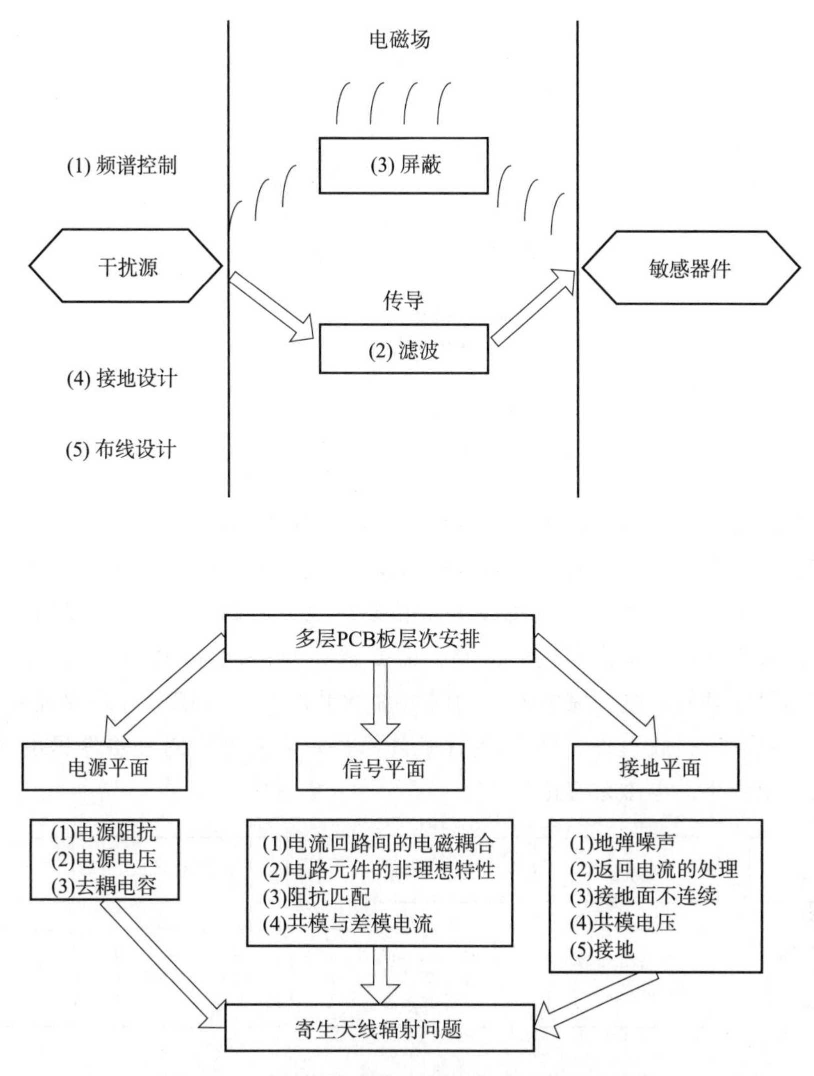

图 6－35　系统集成电磁兼容设计的依据与技术

线过长，从而使电磁耐受力下降；尺寸过小会导致散热不好且增强串扰效应。应尽量缩短各元器件之间的距离，尤其是高速信号走线尽可能短。PCB 相邻两层的布线要相互垂直，以防串扰感应耦合。输入输出端的信号传输导线应避免相邻平行，必要时可接地线防护。大功率射频信号走线尽量摆在 PCB 中间层并良好接地，减少辐射，还要尽量避免直角走线。

除内部电磁兼容性问题，电磁屏蔽也是必要的设计手段，其关键是电连续性。实际产品因为散热、工艺的问题总会出现缝隙、散热孔、出线孔等，只有在孔缝尺寸及方向、信号波长、传播方向、搭接阻抗、材料选择之间合理协调并做好良好接地，系统才能更好地做好电磁防护。一般屏蔽的方案原理如图 6－36 所示。

以某机电一体化产品为例进行说明（图 6－37），其由电源组件、信息处理组件、卫星导航接收组件、IMU 组件等构成。

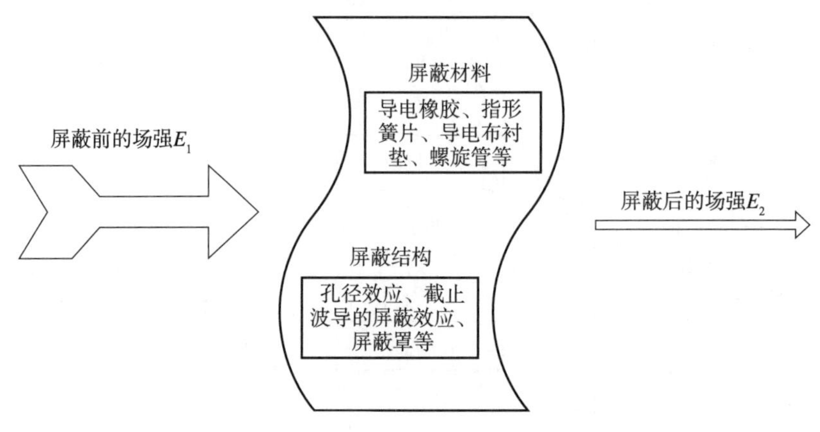

图 6-36　电磁屏蔽及防护手段示意图

其中电源组件是主要的干扰源，通过设计尖峰电压抑制电路，有效地抑制尖峰电压，减缓电压变化率（dV/dt）；为进一步减少输入反射纹波，并减少通过输入线传导进入电源的干扰，在电路的输入端放置共模滤波电路和差模滤波电路，以提高电路的电磁兼容能力。信息处理板组件，包含许多核心电路，需要选择稳定性好的元器件、合理的布局布线，并满足信号完整性、电源完整性，同时增加滤波电容、去耦电容来保证板级的 EMC 性能；由于卫星导航接收组件、IMU 组件是外协件，需要注意对外协件提出电磁兼容的要求，并测试单组件的电磁兼容特性。

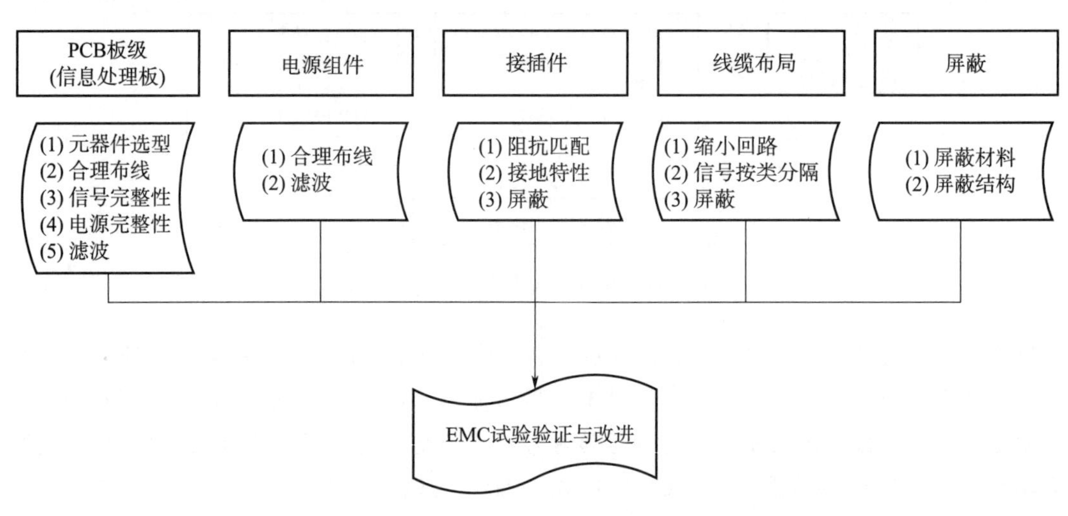

图 6-37　某组合导航控制一体机电磁设计方案

在组装级阶段，需重点考虑系统内部电缆、接插件、机壳及各个组件之间的接地点合理性等因素所带来的电磁兼容性问题。为了给电缆或者接口电路提供良好的互连，并保证良好接地，接插件需要有良好的阻抗匹配及接地性能，在高频时尽量选择有屏蔽性能的接插件。线缆与 PCB 的连接方式和摆置不当会产生严重的辐射干扰问题，因此需要减小线缆回路面积，并尽量做到信号按类别分隔开一段距离，如果避免不了长距离的线缆，一定要使用屏蔽线缆。机壳不仅有保护系统的作用，同时还可以进行有效的电磁屏蔽防护，此时需要综合考虑选择合适的屏蔽材料与结构，达到好的电磁防护效果。最后通过测试验证来评估电磁兼容效果，并进行相应的改进。

（4）仿真计算

对于环境适应性设计方案的可行性验证，仿真计算是一种有效手段，能够在设计初期评估整体方案的可靠性。依据系统集成引入的典型环境适应性问题，分类别进行分析，如图 6－38 所示。

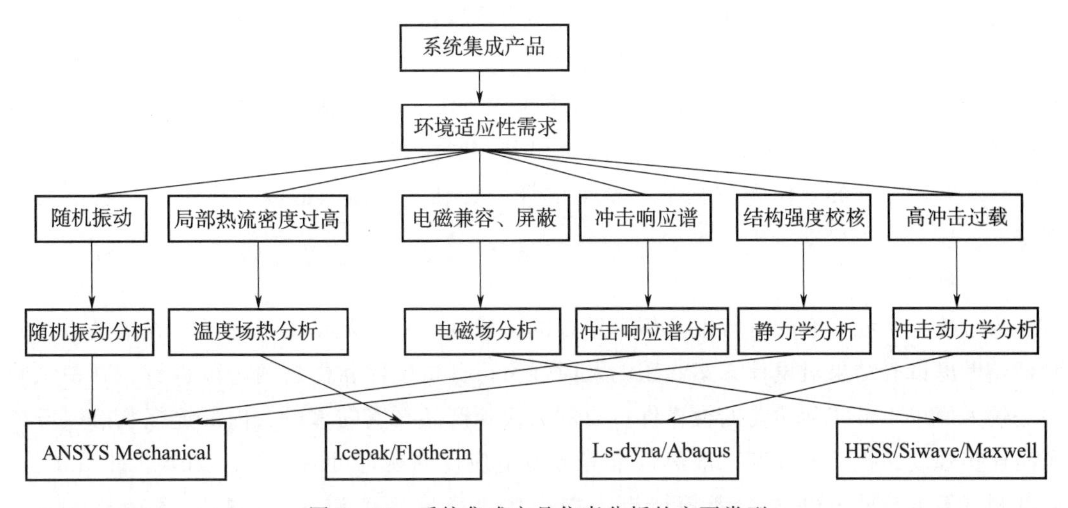

图 6－38　系统集成产品仿真分析的主要类型

按照类型划分，主要有力学、热学和电磁场问题，其中不乏有焊点、引脚失效引入的热力耦合问题，功率板组电路和考虑焦耳热的热电耦合问题，而随着系统集成朝微型化、高精度趋势发展，更多的耦合因素将会被考虑，如导致谐振频率偏移的热弹耦合，微流道散热涉及的流固耦合，对于该类问题的仿真计算方法，主要可按照顺序耦合和双向耦合算法进行，目前商业分析软件（如 ANSYS、Comsol）也均可解决该类问题。

① 系统级仿真方案概述

鉴于系统级模型高复杂度、多边界条件的现状，以目前的硬件资源，直接对整机模型进行分析十分困难，需要对模型进行分解和必要的简化，一般采取自下而上，从芯片到系统逐级过渡，即先构建芯片精细化模型，设定外部边界条件计算评估芯片自身的环境适应性，待 FEM 模型修正结果可信后，可进一步进行板组、模组的分析计算，其中需注意芯片的安装方式，印制板叠层、附铜率等影响，以便精确设置接触边界条件、印制板导热系数等参数，考虑整机模型包含复杂壳体结构和众多装配关系，可对不影响关键考核部位的局部复杂特征进行简化，减小网格计算量，对强度刚度安全余量足够的区域设定绑定接触，以简化为线性接触关系，缩减迭代计算次数，由此思路搭建出整机 FEM 模型再进行计算，为了寻求更真实的计算结果，建议分析前拟定可行的测试方法，以对仿真结果进行比对验证。

② 仿真精度评估

以力学分析为例说明，力学分析计算结果要同时比较位移、应力和模态固有频率三个主要结果的收敛性。去除结果与网格单元尺寸的相关性影响，从经验比较上看，位移响应与网格单元差异不大，主要比较应力与单元尺寸间的收敛性问题，根据工程需要，暂定以2倍单元尺寸为缩放标准，当前后计算结果相差在5%～10%时，认为计算结果与网格单元的尺寸大小无关，结果趋于收敛。鉴于应力奇异为结构力学分析中的不可规避因素，其由约束关系和结构几何因素导致，故在工程计算中可忽略应力奇异点的计算结果，主要考察结构应力集中区域的强度问题。对于应力集中区域，经验上以应力集中能完整覆盖至少两个单元为精度判定标准，低于此区域则应进一步细化应力集中区域网格单元，直至满足要求。当然，这只是FEM模型建立后针对网格单元的计算结果精度评估，真实的结果可信度还需要与试验进行比对，同时参照试验环境修正边界条件和材料参数。工程上以10%～20%的误差界限作为仿真结果精度的评判标准，具体数值以分析类型和功能需求拟定。

(5) 试验验证

为了检验系统方案的可行性及仿真结果的正确性，有必要在设计阶段对方案进行试验验证，考虑试验结果对设计方案修正的及时性，可分试验件和样机两阶段进行，其中试验件是较为简单不带实际功能的模样件，目的为模拟产品真实的重量、内部连接状态，考核产品连接强度、抗冲击强度、散热效果等环境适应性问题，可通过模态测试、冲击试验、温度测试等方法进行考核，考核结果可作为仿真模型修正和总体结构方案调整的参考依据。

图6-39分别为模态测试、温度测试的测试场景。

图6-39　试验验证操作示意图

6.3　机电一体化系统集成组装与加固工艺

6.3.1　工艺要求

系统集成组装与加固工艺应与设计方案相结合，以防止工艺与其他设计的脱节，应综合考虑环境适应性设计的要求。此外，系统集成应重点考虑的工艺过程有机械装配工艺及三防加固工艺等，其遵循的基本要求如下：

（1）机械装配工艺要求

产品所有机加件装配按照设计文件、专业工艺文件以及所属类别相关标准文件要求进行，所有螺钉均采取防松措施。检验合格后对安装螺钉进行胶封，防止螺钉松动。

在电缆处理时，要根据电缆走线及连接器接点信号分布定义，区分导线信号的性质分类捆扎和固定，需要屏蔽的信号线一定要采取双绞或屏蔽工艺进行处理，对外连接器的引线点尽可能设计为冗余双点双线。

为满足抗冲击及电磁环境要求，在充分考虑内部空间约束条件下，确保装联工艺的可靠性，制定有效工艺操作措施，通过标示所有内部互连引线颜色以提高装联正确性。同时在与执行机构、能源系统的互连中，进行分线束管理，确保可操作辨析性，保证装联一次到位。

（2）三防加固工艺要求

工艺防护就是针对产品的不同材料（零部件）及其构成制品采用表面喷涂、电镀、绝缘、灌封、防霉、防盐雾等处理，从而达到防护材料本体的目的。三防是指防水汽、防盐雾和防霉菌的工艺防护技术的简称。

整机三防采用三防加固工艺，同样按照产品所属领域工艺规范要求执行，如航天类计算机产品操作过程可按照《航天计算机手工清洗工艺规范》《航天计算机三防粘固工艺规范》《航天计算机喷涂 TS01－3 聚氨酯漆工艺规范》和专业工艺文件的具体要求进行。三防处理过程包括印制件涂覆和印制件粘固工艺，主要使用的材料有 TS01－3 聚氨酯清漆，GD－414 硅橡胶和环氧树脂 E－51。

对于高冲击、高马赫数飞行的恶劣环境弹上产品，还需保证抗冲击和气动热防护的环境适应性要求，一般需进行灌封加固工艺和弹体表面涂覆的工艺方案。

6.3.2　工艺方法

（1）系统集成组装方法

系统集成组装主要涉及的装配工艺过程有印制件装配、板间线缆布局布线、模组间装配与内部互连、整机装配等关键环节，流程如图 6－40 所示。

针对上述关键流程，系统集成组装的具体工艺过程又可细分为接插件安装、模块化装联、线缆绑扎与固定、壳体装配等步骤，工艺方式取决于系统集成结构的形式，如典型的插装式和层叠式，分别举例说明如下。

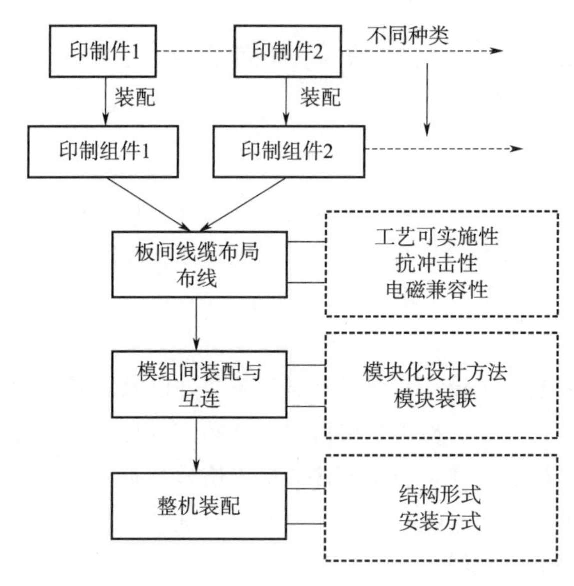

图 6-40　系统集成组装关键流程示意图

① 插装式

插装式一体化系统的主体结构采用“底板-插板”的装配方式。底板沿舱体截面方向布置，插板沿舱体轴向布置。根据结构空间要求，插板的印制板尺寸可固化为若干种标准型。各插板上装焊有高密度高低速混装电气插头；底板装有对应的插座与之插合匹配，如图 6-41 所示。

机箱是板卡依附的载体，采用铣削或线切割方法在机箱内壁加工出导向槽，如图 6-42 和图 6-43 所示。当板卡插入时，插头与插座首先进行插合匹配，然后紧固锁紧条，使板卡散热器的导热面与导向槽槽面之间派生摩擦力，达到板卡锁紧的目的。另一方面，散热器导热面与舱体紧密接触，形成良好的热传导路径，有利于板卡快速散热。

② 层叠式

圆板层叠架构是一体化系统常用的集成方案之一，如图 6-44 所示。产品主体由多层圆形印制板组成，印制板尺寸根据空间要求确定。各印制板可通过板间连接器实现电气互连，也可以采用刚柔组合板的形式实现。各印制板通过板间垫柱或垫块等结构件支撑固定。

(2) 加固工艺方法

按照系统产品的环境适应性要求（作为系统加固工艺方法的主要执行依据），分为热设计、抗冲击和电磁兼容及屏蔽进行展开说明。

① 热设计工艺方法

依照系统热设计的准则，可增大导热路径，降低接壳热阻，扩大散热面积，选用高导热率材料等，具体的工艺实施和优化措施如下：

1）大功率器件底部添加导热膜或导热硅脂，以增大高功耗器件的导热路径。

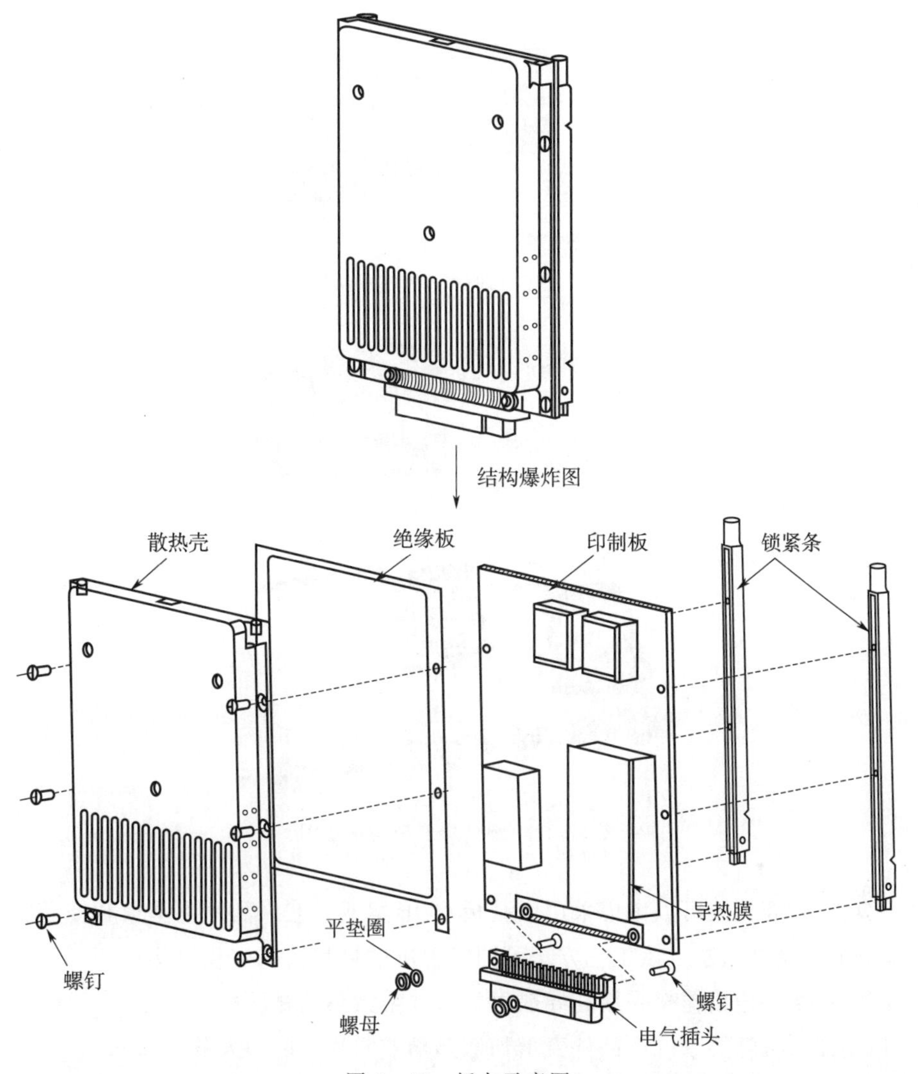

图 6-41　板卡示意图

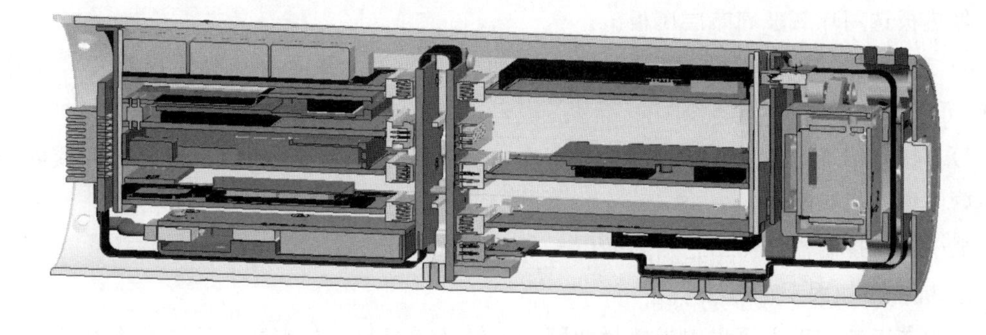

图 6-42　插装式一体化系统示意图

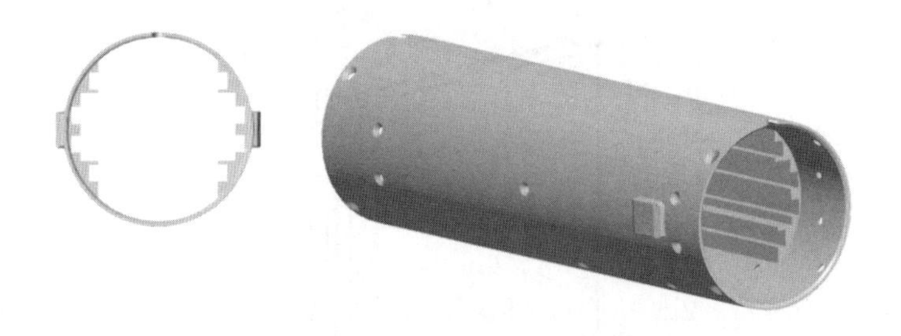

图 6-43　机箱（舱体）的槽状结构示意图

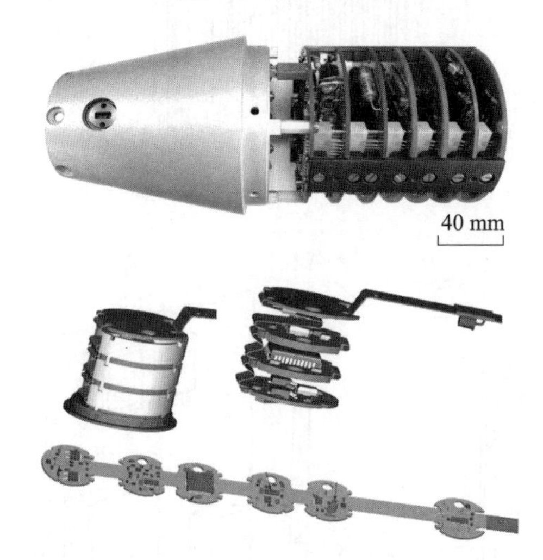

图 6-44　圆板层叠架构示意图

2）大功率密度板组可以考虑采用铝基板 COB 集成工艺，利用铝基板和裸芯实现对功率驱动部分的高密度组装。该工艺方法可同时解决散热和抗高过载问题。

3）高功耗组件连接框架采用高导热率材料并增大热接触面积。

4）控制器或机箱类系统产品外壳增加散热槽或肋片，以加大散热面积。

5）系统内部空间增加隔热组件，以降低高功率器件对敏感器件的影响。隔热组件由隔热膜、金属板以及隔热板组成，隔热膜可降低对流及辐射影响，金属板保证了电磁屏蔽性，隔热板选用环氧玻璃布层压板。

6）对整机系统外表面采取导电氧化表面处理工艺，并涂覆有机涂料以提高热辐射效率。

7）对于 MEMS 微系统和小型化高密度组装模块，可采用微流道散热工艺，或内部填充高焓值相变换热材料。

某一体化控制器散热工艺措施如图 6-45 所示。

② 抗冲击加固工艺方法

抗冲击工艺实现主要集中于灌封加固、布线及微组装工艺实施，具体措施如下：

1）器件引脚焊点用硅橡胶加固后再采取局部灌封工艺，采用环氧类灌封料，增加引脚连接强度，同时可保证焊点处的应力释放，提高抗冲击可靠性。

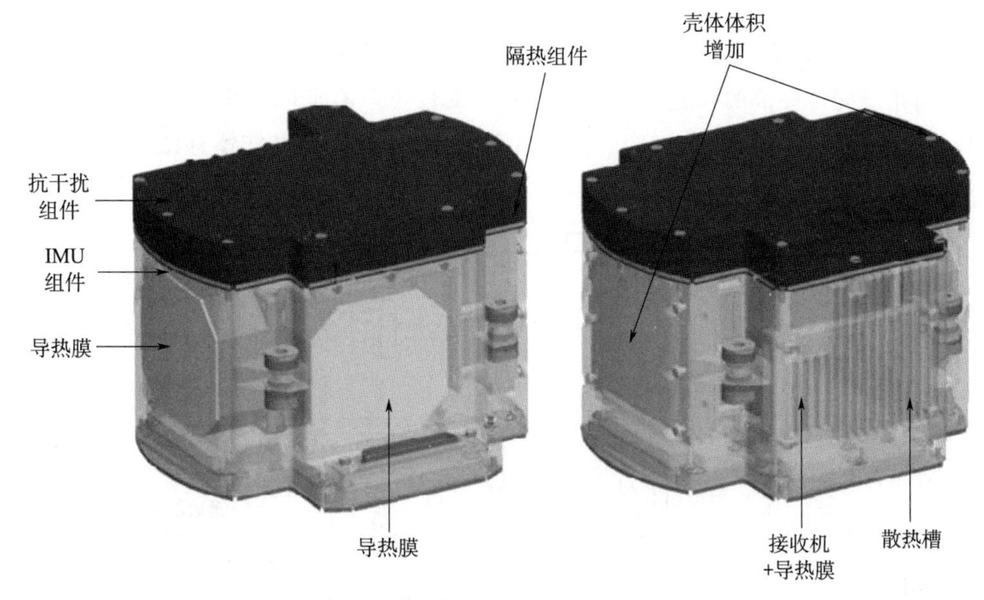

图 6－45　某一体化控制器散热工艺措施

2）电子设备采用分部灌封加固工艺，即电子器件局部灌封后，设备外部再进行二次灌封，可利用聚氨酯发泡等低密度灌封料，提高外部缓冲吸能效果。如图 6－46 所示为某控制器的灌封方案示意图。

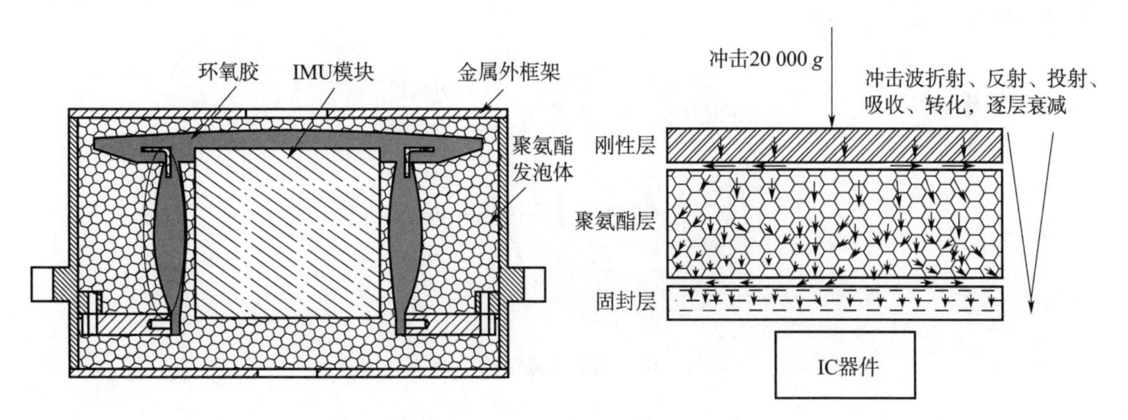

图 6－46　灌封加固方案示意图

3）利用微组装工艺，通过焊装、堆叠、灌封、磨切、表面金属化和刻线等步骤实现制导导航控制组件的模块化设计，具备抗高冲击的能力。

4）采用柔性连接工艺，使用柔性板和软线连接，在固定部位绑扎并预留线缆活动空间，使线缆遭受冲击后有变形余量，不至于扯断端部焊点。

5）器件管脚，插针留有安全余量变形空间，并尽量倒圆角，以减少应力集中。

6）核心板组间装配连接采用柔性连接框架，允许有一定位移空间，以释放冲击应力。

③ 电磁兼容及屏蔽工艺方法

主要遵循结构环境适应性关于电磁防护和屏蔽的一般原则要求，主要措施如下：

1）对系统壳体外部的孔缝间隙处进行密封工艺处理，即对孔缝间隙填充密封衬垫如导电橡胶、导电衬垫（见图 6－47），保证填充厚度均匀，并与结构体有良好的搭接。

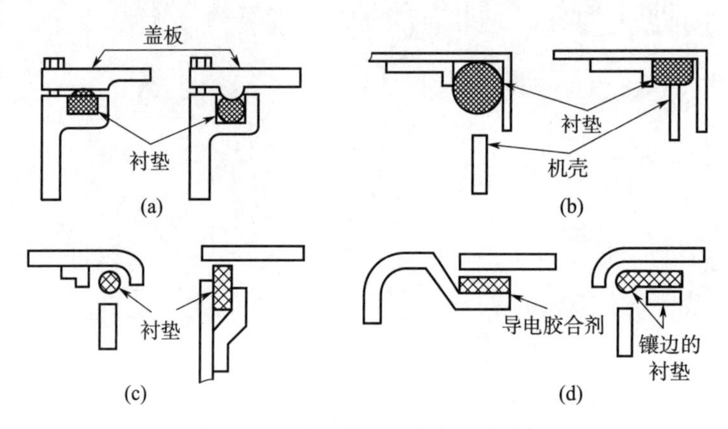

图 6－47　导电衬垫工艺实现示意图

2）线缆采用屏蔽防护工艺手段，即线缆外部可使用金属网状编织层、半导体高分子材料、导电涂覆或电化学镀屏蔽膜进行线缆电磁屏蔽，屏蔽层要保持与接插件外壳 360°连接。线缆摆放不要出现直角形状，对于整机屏蔽设计的设备，接地点应该与屏蔽体相连，保证等电位（见图 6－48）。

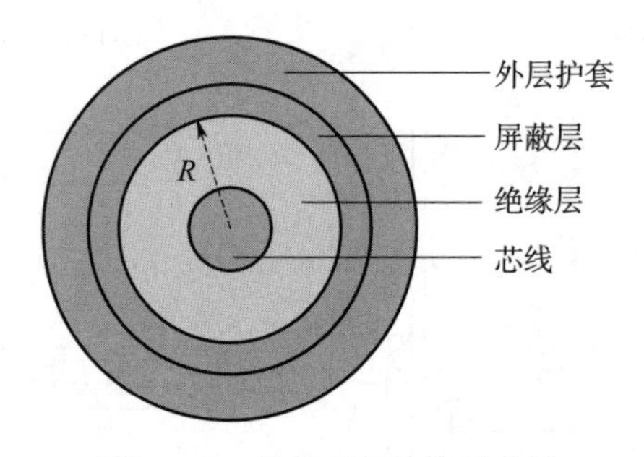

图 6－48　线缆屏蔽结构示意图

3）对于非永久性（可拆卸）接缝的屏蔽，可以适当增加缝隙深度。如果接合面因某种原因不加导电衬垫，在结构允许的情况下可以增加螺钉的数量，以减小缝隙的深度（见图 6－49）。

4）倘若设备壳体上有散热、减重等开孔需求，尽量化整为零，可采用蜂窝打孔工艺方法，即将一个大孔径变为许多小孔径，以尽量保证电磁屏蔽效果，减小电磁泄漏的影响。

5）对于高辐射水平的板组件或器件，如电源、信息处理组件，在空间允许的情况下可采用局部隔离的工艺处理方法，减小对其他模块的辐射干扰。

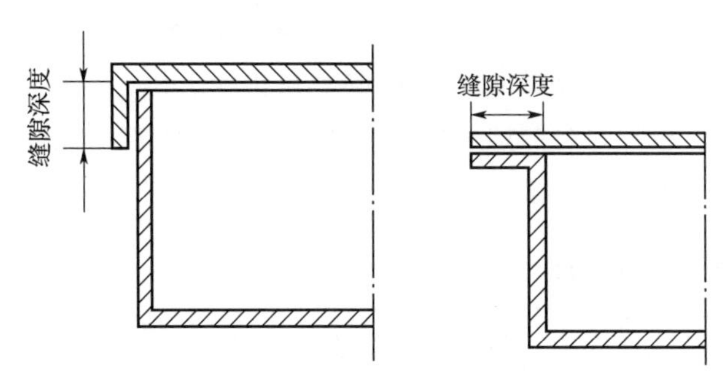

图 6-49　缝隙深度示意图

6.4　机电一体化系统集成测试

6.4.1　集成系统测试方案制定

为了验证设计方案的正确性以及方案在工程实施上的可行性，需建立测试与试验方案。机电一体化产品由于其产品集成功能密度高，功能各异，因此其测试与试验相较传统的航天计算机产品更为复杂。在此以某机电一体化系统为例说明。

该机电一体化产品集成了计算机、GPS、IMU、舵机控制及驱动等功能。为了提升测试覆盖性，建立了两级测试方案，如图 6-50 所示。

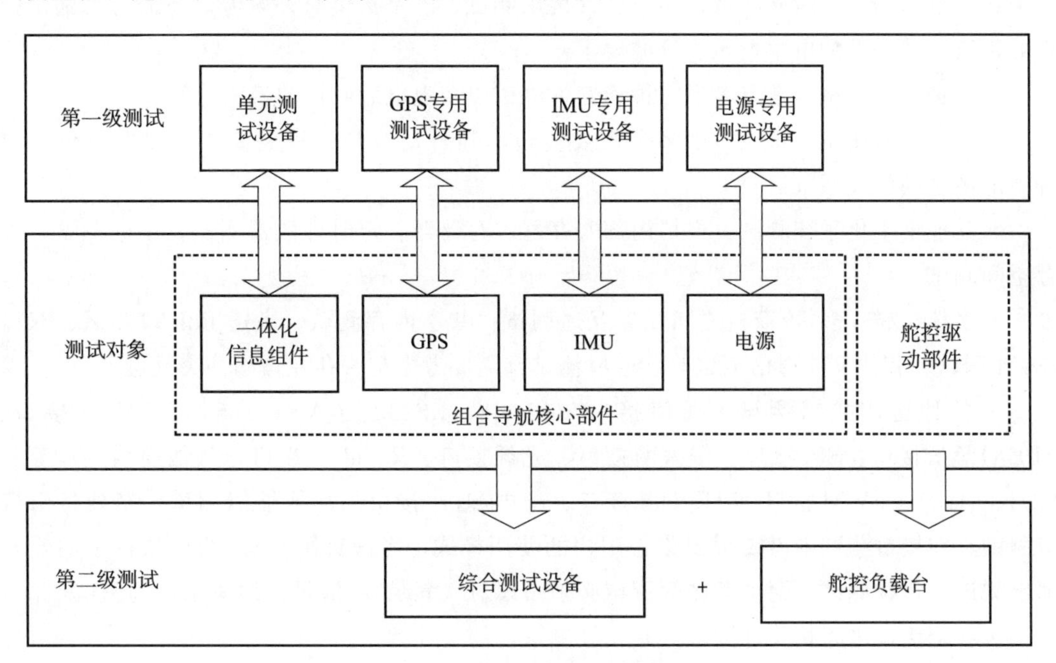

图 6-50　集成产品两级测试方案

单元测试系统：由于机电一体化产品是一个集成化的产品，首先对应各功能部件建立分部件级的单元测试环境，完成各自的电接口功能和性能测试。

综合测试系统：为了更好地测试产品集成后在实际工作过程中的功能与性能的协调性、可靠性和实时性，采用综合测试系统模拟实际工作过程和提供等效的输入激励，完成集成产品各种数字仿真及半仿真测试功能。

6.4.2　集成系统测试项目梳理

由于集成系统的功能部件多，测试项目的梳理是保证测试覆盖性的关键。

（1）机械接口指标测试项目

• 关键的外形尺寸及安装尺寸测试（异型，必须做检验工装）。

• 接插件型号及接插件针孔状态检查。

• 外部涂敷检查。

• 电缆长度检查。

• 壳屏蔽检查及各个部件装配后电连续性检查。

• 各个部件间装配间隙指标检查（根据实际情况对板间接插件插合深度检查）。

• 外部减振器检查（若不包含 IMU 的整机产品存在外部减振器，需要考虑减振器谐振频率、振动量级衰减效率、冲击是否存在放大等因素，考虑过程中如何验证）。

（2）电气功能性能测试项目

• 电源特性测试：包括对高低温下各个电源的电压、瞬态电流、额定电流测试；高低温下各个电源的上电时序测试；隔离特性要求测试；若是提供对外电流，还需考虑输出接口处带满载情况下的电源电压、纹波要求。

• 时钟信号测试：重点考虑时钟稳定性测试以及上电后时钟的稳定时间。

• 复位信号测试：重点考虑多个需要复位的器件对复位时序的要求，以及复位与时钟、电源之间的关系。

• 其他最小化系统测试：包括内部寄存器、存储器、定时计数器测试，中断测试，外存空间测试。

• 多核/双核/多机/双机之间互连互通测试：共享内存测试、高速 link 口测试、双口 RAM 测试、其他互连通信测试等，这些测试都需要考虑是否存在访问冲突问题。

• 各种通用接口测试：通信接口（RS422、RS232、CAN、1553B、LVDS 接口、FLEXRAY 接口、SPI 接口、以太网接口、光纤接口、RapidIO 接口、其他通信接口等）、KI/KO 接口、PWM 接口、AD/DA 接口、配电/时序接口的功能性能测试，其他特殊接口测试。在接口测试中需要考虑覆盖用户的使用模式，考虑极限状态/约束条件下的输入输出测试，负载测试，配电时序等测试必须考虑对（满足/不满足）约束条件的测试。

• 各个接口之间相关性测试：并发性测试，约束性测试。

• 各个接口上电初态测试：通信接口重点关注在系统中由于上电顺序不一致同时存在非预期脉冲，造成接收端由于提前完成初始化收到非预期数据而死锁；KI 接口重点关注初始化后读取的初始状态与用户是否一致；KO/PWM/时序等电路关系安全性问题，必须测试在高低温下是否存在上电毛刺，分析毛刺对后续电路的影响，考核设计层面是否有问题。

（3）IMU 指标测试项目

• 关键的外形尺寸及安装尺寸测试（异型，必须做检验工装）。

• 接插件型号及接插件针孔状态检查。

• 外部涂敷检查。

• 重量检查。

• 电缆长度检查。

• 屏蔽检查。

• 减振器指标数据检查：除了满足环境适应性要求外，还需关注全温状态、筛选及例行条件下减振器的谐振频率一致性、刚度一致性、减振器设计合理性指标。

• 配重检查：针对模样产品的减振器进行几何中心与重心的重合度和加速度计偏心检查。

• 带减振器或滤波特性 IMU，还需重点考虑线角耦合指标、动态特性指标（幅频和相频要求），通过线振动和角振动试验进行检测。

• 软件流程检查、软件指令检查、软件通信协议检查。

• 电源接口检查。

• 电气接口检查。

• 各项器件性能指标检查：包括启动时间、稳定输出时间、测量范围、阈值、分辨率、带宽、零偏、零偏稳定性、零偏重复性、标度因数非线性、标度因数重复性、交叉耦合、随机游走、测量误差等。

• 若有算法，还需重点考虑算法的验证，如转台下静态导航、振动下导航（具备条件状态下）、跑车导航、多自由度振动台下导航（如有必要）。

（4）卫星接收机指标测试项目

• 关键的外形尺寸及安装尺寸测试（如为异型，最好做工装，包括天线尺寸，最好按照天线共形尺寸及排布做工装）。

• 接插件型号及接插件针孔状态检查。

• 外部涂敷检查。

• 重量检查。

• 电缆长度检查。

• 屏蔽检查。

• 若存在减振器，则检查减振器谐振频率、振动量级衰减效率、冲击是否存在放大。

• 配重检查、加速度计偏心检查（此工作应该在设计研制阶段就要考虑）。

• 软件流程检查、软件指令检查、软件通信协议检查。

• 电源接口检查：变电源、瞬态电流、额定电流测试，绝缘阻抗测试等。

• 电气接口检查：用于导航、遥测等通信接口，秒脉冲接口，对时接口等。

• 各项器件指标检查：启动时间（模拟器下/室外不同模式的冷启、热启、失锁重捕）、导航精度（模拟器下静动态精度、室外收星静态精度）、定位模式切换（模拟器下的静态、动态）、灵敏度（静态灵敏度、动态灵敏度）、信噪比（模拟器下/室外）、天线接收性能（接收角度、天线口功率强度、天线端口及射频电缆驻波比等）测试。

• 压制式抗干扰测试：人为注入干扰，使真实有效信号淹没。干扰特征很多时，首先要明确用户的干扰特征有哪些，针对性地进行单项干扰和组合干扰测试，例如窄带干扰、白噪声宽带干扰、脉冲宽带式干扰、抗有源噪声干扰、扫频干扰等，根据用户实际情况确定干扰信号功率、干扰信号幅值、干扰信号频率、干扰信号相位、干扰信号的方位等。

• 欺骗式干扰测试：利用伪卫星信号欺骗接收机，使其接收到错误或延时的卫星信号进行捕获跟踪而定位失败，目前产品还未涉及，但需要关注。

• 动态特性测试：主要考虑典型飞行弹道及覆盖所有动态指标的模拟弹道，考虑在各种弹道情况下接收机在各种模式下的速度误差和位置误差，特别是失锁前和重捕定位前两种状态下的速度和位置误差，提供给总体及算法人员进行组合导航影响性分析。

• 针对滚转比较大的应用环境（双天线的环境下），考虑在不同角速度和姿态下对收星的影响，根据实际情况尽可能在转台下落实验证措施。

• 空旷环境、楼宇环境、隧道等正常与特殊环境的跑车轨迹规划，进行跑车试验，分析在不同环境下接收机的特性是否满足总体及算法的需求。

（5）交付电缆和背板测试项目

针对交付电缆及背板等不涉及元器件的功能组件测试，需要考虑以下几点：

• 按照连线表，进行一般信号导通性测试。

• 冗余信号之间导通性测试。

• 关注电缆屏蔽层/背板屏蔽层接地阻抗，保证接地阻抗≤20 mΩ。

• 针对背板，进行不同电源/地线信号绝缘阻抗测试。

• 针对背板穿板信号，需要关注穿板信号之间以及与其他信号的绝缘性，穿板印制线过电流能力、穿板后压降指标。若有条件，需要做实际带载试验以及功能性测试。

• 针对电缆，还需关注大电流信号，及信号长线传输所带来的压降；大电压、高脉冲信号是否存在线间耦合，对其他信号是否造成影响。

（6）综合测试项目

• 环境应力测试：模拟系统工作环境的温度应力和机械应力，检查系统各功能部组件对环境的适应性。

• 半实物仿真测试：模拟系统应用环境的测试，以检查系统功能的正确性和电磁环境的适应性。

• 时序流程测试：模拟系统实际工作流程的测试，以便检查实际工作过程中各功能组件的协调性和软硬件的适配性。

6.5 小结

本章所介绍的机电一体化系统集成技术，是对单片系统集成技术和信息处理微系统集成等设计技术和先进的工艺封装、装配技术的应用结合，是以“计算机+”为基础的系统集成技术实践，是多专业技术融合的结果。这一技术可以把导弹、火箭等飞行器的控制系统集成为小型化的一体化产品，直接应用于火箭弹、靶弹以及智能弹药和工业控制等对体积、重量和成本要求严格的领域，具有广阔的应用前景。

第 7 章　军用综合电子系统集成产品应用环境保证技术

以微系统集成产品为核心的军用综合电子一体化系统集成产品，具有鲜明的技术特征，它是多种电子元器件组成的复杂系统，其体积小、功能密度高、信号种类多、传输速度快、热量集中、多电源供电环境复杂，这就决定了综合电子系统集成产品在使用过程中必须进行充分的电源供电设计保证和电磁干扰防护设计。在设计与应用的过程中，必须充分认识这类产品的技术特征，识别技术风险，在传统的设计保证约束条件下，针对系统集成产品的技术特征采取针对性的措施，确保综合电子系统集成产品稳定可靠工作。

军用综合电子系统集成产品的技术特征决定了其电源供电设计保证和电磁干扰防护设计非常重要，主要表现有：

1）微系统集成产品体积小，功能密度高，内部不同功能颗粒度的器件品种多，各种器件对电源特性的要求标准不同，必须以最严格的电源特性标准满足整个产品的需求。

2）由于系统集成产品内部各功能器件之间的互连线路径缩短，信号传递速度加快，分布参数不同于传统的单板或整机产品，保证电源的完整性是集成产品稳定可靠工作的前提。

3）为了保证自主可控，微系统集成产品所采用的元器件主要为国产化产品。由于国产化元器件的成熟度、参数离散性以及各厂家元器件间存在参数兼容性问题，使得系统集成产品对电源供电保证的要求更高。

4）综合电子系统集成产品的电源种类众多，常见的有直流 5 V、12 V、15 V、3.3 V、2.5 V、1.8 V 和 1.2 V 等，这些电源一般都是由 220 V 交流 AC/DC 或 28 V 直流 DC/DC 变换而来的，这些电源的完整性和相互之间的上电时序与断电时序对于逻辑功能的影响很大，在设计和应用中容易被忽略，这也是系统级问题频发和难以解决的原因所在。

5）由于上述原因，综合电子产品微小型化后，其功能密度增加、信号线间耦合增强、热聚集和供电电源不同等因素导致产品对电磁环境非常敏感，必须采取综合的防护措施并严格验证。

7.1　军用综合电子系统集成产品供电环境保证

根据军用综合电子系统集成产品的组成和使用环境，其供电环境一般分为外部供电和内部配电两种情况。其中外部供电是指产品的电源输入，包括 220 V 交流、28 V 直流输入和 5 V 输入电源。内配电源是指由外供电源变换为内部逻辑与接口所使用的 5 V、±12 V、±15 V 等直流电源以及由这些电源再次变换为 3.3 V、2.5 V、1.8 V、1.2 V 等直接供给器件使用的幅度更低的三次电源。

不同的电源变换逻辑有不同的技术特征，采用不同的电源供电，会使产品面临不同的供电地线环境、上电模式以及干扰机理等，也会使综合电子微系统所处的外部环境的电磁干扰途径、模式以及能量强度存在很大差别，这些都会直接影响军用综合电子系统的工作稳定性。

7.1.1　220 V 交流输入电源特性模式影响分析与对策

一般情况下，220 V 交流 AC/DC 变换直接输出 28 V 直流电源，也可以直接产生5 V、12 V、15 V、3.3 V 等直流电源，其逻辑框图如图 7－1 所示。系统提供的供电为 AC 220（1±10%）V，经过保险管及滤波器后，为 AC/DC 电源板提供输入电源，通过电源转换，为嵌入式计算机负载提供所需直流电源。

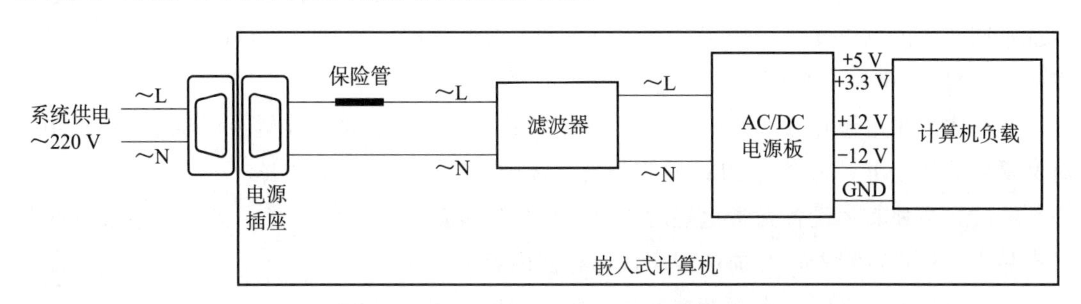

图 7－1　220 V 交流 AC/DC 变换逻辑框图

在实际使用过程中，220 V 交流输入的上电振荡、断电过程以及断电后重新上电时间间隔等特性，是其主要的影响模式，且往往不被设计与使用者重视。同时，针对 220 V 市电设计的综合电子系统集成产品往往不能适应车载电源系统，容易导致电源器件烧毁。

（1）交流输入 220 V 电源上电过程的影响

交流输入 220 V 电源上电过程主要有两种影响模式，即过压与振荡。一般情况下 220 V 电源供电有两种模式，一种是市电 220 V 电源，另一种是车载现场发电 220 V 供电。采用市电供电模式时，经常会在上班、下班集中开电和关电期间或夜间出现电源波动、干扰尖峰和过压等情况。同样如果采用车载供电，发电机发电电压也会随着车辆状况、周围环境和接地桩是否良好以及负载变化等因素而产生和市电同样的特性。如果综合电子系统的电源防护措施设计不当会导致发生系统故障。

过压模式：是指电源开电过程中的电压幅度超过 220（1±10%）V 的额定输入范围，会导致输出不稳定或损坏电源输入部分的元器件。因此，设计时应充分分析供电电源的特性，采取可行的防护措施，并对输入容许范围留取足够的裕度，一般会在±10%范围的基础上再增加一定的工程余量，严格按照Ⅰ级降额标准和工程余量来计算和增加元器件降额裕度。

振荡模式：主要是指同一供电系统中多个设备同时开机工作时，由于存在分布电感、电容和导线电阻，供电网络中会形成多个振荡回路，瞬间大电流会导致输入电压产生高压尖峰或相位变化的现象。产生这种模式的主要原因是同一供电回路中的感性负载太多，各自上电模式与时机不同。设计时应充分考虑这种尖峰的幅度和50Hz频率相位的叠加影响，留取足够的裕度，并在实际系统中进行监测确认。

(2) 交流输入220 V电源断电过程的影响

交流输入220 V电源断电过程主要有两种影响模式，即抖动与反冲。

抖动模式：是指由220 V电源的断电开关的机械抖动或多系统设备断电造成的反电动势叠加影响，导致输入端电压在220～0 V之间跳变的现象。这种模式会导致220 V重复上电，可能使输出的各路直流电源也产生跳变，进而会造成综合电子系统集成产品中的处理器程序跑飞或接口状态失稳。因此220 V电源开关要选取防抖动开关，或者应规定综合电子系统集成产品的交、直流电源断电次序。

反冲模式：是指断电过程中，由于同一供电系统中各设备断电时间差异及输入端感性负载不同产生的反电动势会作用在其他设备的电源输入端，这种模式可能会导致两种异常发生：

第一，如果电源输入回路中有PFC功率因数矫正升压逻辑，在输入电源还未降为0 V时又重新升压上电，将会使PFC回路失稳振荡产生高压烧毁后级电路。

第二，会使其他设备异常地短时加电，导致该设备直流供电异常，可能会造成一些集成产品中大规模逻辑器件受损或程序代码存储内容被改写。

(3) 交流输入220 V电源断电与重新加电时间间隔的影响

一般情况下，AC/DC变换逻辑中的交流输入端和直流输出端都设计有大容量的滤波电容或储能电容，在总电源220 V关断后，输入与输出回路中的电容都存在一定的放电过程，一般情况下，这种放电过程持续时间较长，如果放电没有完全结束又重新加电，会导致电源变换逻辑启动工作点不在零位，使输出电压失控，产生各种难以确定的故障，进而引起系统集成产品异常损伤。因此，在使用过程中要明确规定设备断电的间隔时间，减少电源开关触点的弹跳抖动，确保使用安全。必要时应在系统中增加电源放电泄放保护逻辑。

7.1.2 28 V直流输入电源特性模式影响分析与对策

一般情况下，飞行控制器类综合电子系统产品大多数直接采用28 V直流供电模式，这种28 V直流电源由交流220 V经过AC/DC变换产生，或者由电池激活后直接产生。在一般的28 V直流供电系统中，综合电子系统集成产品的电源产生逻辑功能框图如图7-2所示。

(1) 一次直流+B1/28 V输入电源上电爬坡的影响

一次直流+B1/28 V的理论输入范围为(28±3) V，但一般的DC/DC电源工程设计电源输入启动工作的电压范围为14～34 V。在实际使用过程中，能够直接影响产品工况的是+B1/28 V一次电源的建立时间和负载能力以及上电阶段浪涌电流的大小。

建立时间：由于综合电子系统集成产品的电源变换大多数采用开关电源技术，一次电

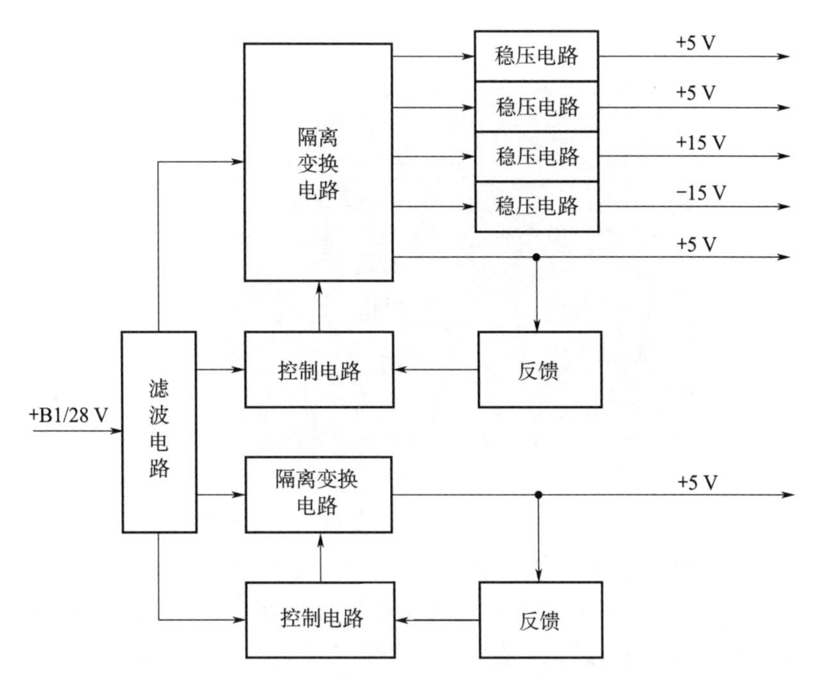

图7-2 28 V直流供电嵌入式计算机电源变换功能框图

源的建立时间过长，将会使输入电源爬坡过程缓慢，可能会在DC/DC变换启动门槛电压16 V附近出现振荡，造成二次电源频繁启动，使输出出现台阶或振荡过冲等，会造成集成产品的处理器的复位逻辑以及初始化等工作异常，这种故障难以查出。因此，集成产品的+B1/28 V供电，应该尽可能保证电源快速建立并保持稳定，一般应不大于20 ms。

例如，当某产品的+B1在8～16 V波动时，二次电源VCC处在4.4 V的临界点(4.4 V为MAX706复位门槛电压)附近波动，同时可以看到，系统中相关的板选信号MS2、写信号WR等都出现了毛刺，导致产品稳定性差，波形如图7-3所示。

负载能力：如果一次电源+B1/28 V的负载能力不足，在电源上电过程中，集成产品中处理器等逻辑回路的大规模半导体集成电路以及滤波电容等会造成较长时间的浪涌大电流，会加剧一次电源建立过程的振荡，容易引发集成产品中半导体集成电路内部各单元工作基线的建立不一致，造成各种不好判断的故障隐患。因此，设计过程中要充分估算集成产品的功耗需求，尤其是瞬态功耗，并使电源输出能力保留足够的裕度。

(2) 一次直流28 V输入电源断电过程的影响

一次电源通过DC/DC变换产生多种二次电源，一般设计时都能考虑各种二次电源的上电顺序，但很少有设计师考虑一次电源断电时对二次电源断电顺序的控制，更少考虑一次电源的断电模式影响。

在实际工作中就出现过一些非常奇特的故障现象。如某型产品在控制系统断电过程中，因为一次电源+B1/28 V断电未彻底完成又重新短暂上电，波形如图7-4所示，就导致处理器系统VCC/5 V电源未降为0 V又重新上电，出现了Flash存储器内容被大范围改写为全00H的现象。

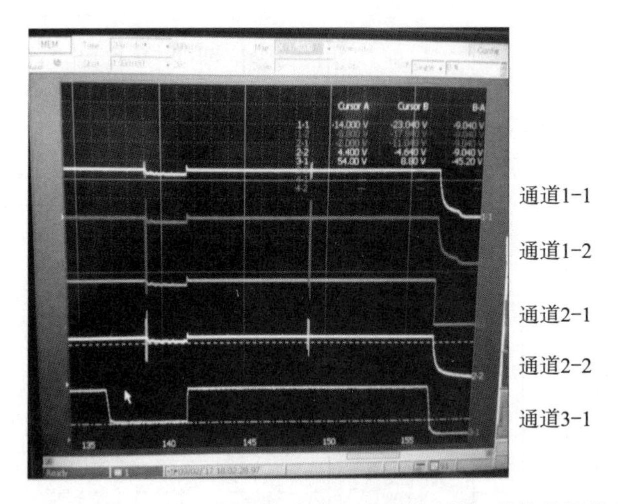

图 7-3　某产品 28 V 输入电源抖动导致处理器系统相关信号异常的波形

通道 1-1：+B1，通道 1-2：VCC，通道 2-1：MS2，通道 2-2：WR，通道 3-1：RST

其故障机理是 5 V 电源掉电过程中引起处理器程序跑飞，误执行了程序中的 Flash 擦除指令，启动了 Flash 的擦除过程，在未完全擦除为全 FFH 的过程中，5 V 又重新上电，使系统的 RESET 有效，终止了 Flash 的擦除过程。这种模式非常罕见，危害性也很大，也说明二次电源的断电过程必须控制。

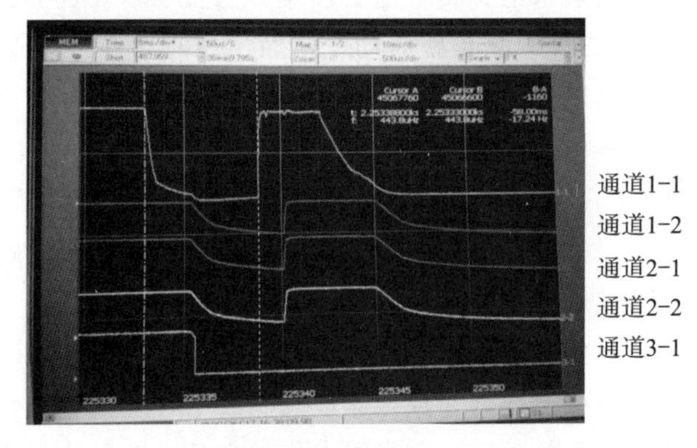

图 7-4　某产品紧急断电+B1 异常引起二次电源重新上电波形

通道 1-1：+B1/28 V，通道 1-2：VCC/5V

(3) 一次直流 28 V 输入电源重复加电间隔时间的影响

一般情况下，在一个 28 V 供电的大系统中，会存在着多个产品负载，这些产品的功率差别很大，设计理念和用途各不一样，对 28 V 电源输入所采取的滤波和储能防抖动方法也会不一样，当所有的一次电源断电后，各产品的电源输入端大的滤波电容会对供电回路放电，造成实际断电过程的延长，同时各设备内部自身的 DC/DC 变换逻辑后的二次电源负载回路都存在储能与滤波电容网络，这些电容储能通过逻辑器件进行放电必须有一个过程，在此过程中处理器处于不受控状态，程序指令乱跑，因此必须在设计上采取措施，尽可能缩短这个放电过程，确保各类器件的内部结构单元的储能电荷快速降为 0 V 的初始状态，如果未降为 0 V 初始状态就重新上电，会导致这些内部结构单元的起始工作状态建立异常，有时不能正常工作，出现这种状况也很难查清原因。

因此，建议系统集成产品中每台产品都必须规定最低断电后重新加电的间隔时间，一般建议不短于 30 s，以便用户使用时遵守，确保使用过程不出现异常现象。如果系统对断电间隔时间有严格的要求，就应在设计中增加电源放电逻辑，加速放电过程，减少影响。其具体的措施为，在内部 5 V 电源回路中，在 5 V 电源与地线之间增加一组串并联电阻，保证泄放电流为 5～10 mA，可以对断电后的放电时间进行实际测量，通过调整泄放回路电阻改变二次电源电流泄放时间，直至满足要求。

7.1.3　5 V 直流输出电源特性模式影响分析与对策

一般情况下，绝大多数综合电子产品或微系统模块产品都是采用直流 5 V 电源作为供电输入，这种 5 V 电源可以是系统外部直接供给，或者由自身系统的其他直流电源变换产生。5 V 电源断电过程的影响与 28 V 直流断电过程的影响相同，但 5 V 电源上电过程和工作过程的稳定性直接决定着产品能否正常工作。

(1) 5 V 直流输出电源上电台阶的影响

一般情况下，二次电源 5 V 上电过程不平滑，且持续时间较长。如果设计时未保证快速上电时间要求，同时瞬态电流提供能力有限，一般会导致多个二次电源 5 V 建立时间不同步，使多机冗余系统出现工作时序节拍不同步而异常。如某三冗余计算机，由三块设计完全相同的 CPU 板组成，在上电时，三机的 5 V 上电台阶表现各不相同，如图 7 - 5 所示。图中绿色波形为上电一次电源 28 V 的电流变化线，黄蓝红分别为二次电源 VCC1/VCC2/VCC3。

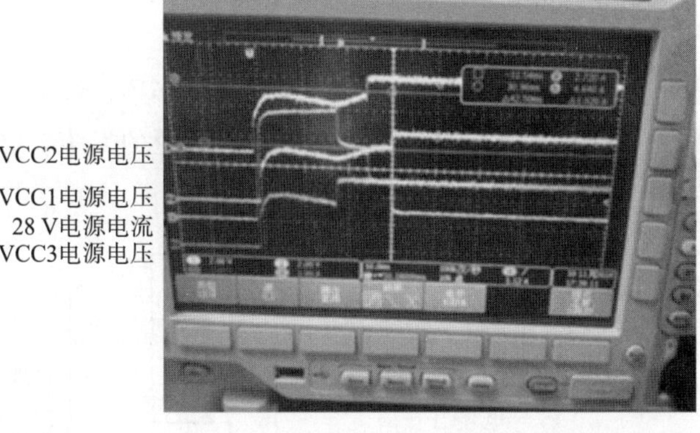

图 7 - 5　冗余系统二次电源 5 V 上电台阶与一次电源浪涌电流关系图（见彩插）

从图中可以看出，三机的 5 V 电源台阶宽度差异很大，说明三机的负载有差异，也说明三机准备就绪的时间快慢不同；同时可以看出，一次电源上电浪涌电流是随着三机的先后上电准备好而逐渐变小。由图可知，三机的负载不均等，电源建立时间不同，要保证三机同步机制的建立，必须控制复位时间宽度一致，且一定要包络上电台阶宽度，并留有足够余量。

(2) 5 V 直流电源输出波动对复位信号的影响

在综合电子系统集成产品中，大量采用了高速器件，这些器件都工作在低电源电压环境中，这些低电源电压被称为三次电源，主要包括 3.3 V、2.5 V、1.8 V、1.2 V 等。这些二次电源、三次电源和复位信号之间具有一定的约束关系，如果复位逻辑设计不周，会产生计算机系统被异常复位的风险。

一般计算机传统的设计原理如图 7-6 所示。

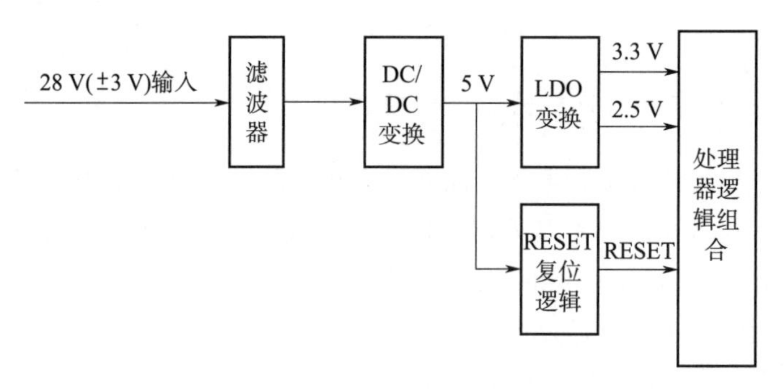

图 7-6　传统的计算机系统设计原理框图

在这一系统中，主机所用的 3.3 V 是由二次电源 5 V 通过 LDO 变换产生的，一般 LDO 产生 3.3 V 稳定输出时，其输入 5 V 电源的范围是 3～6 V，也就是说，理论上只要二次电源 5 V 降低到 3V 都可以保证三次电源 3.3 V 稳定输出；而处理器组合逻辑的实际工作电压大于 4 V 时就能够稳定工作。但是，处理器所用到的复位信号 RESET 一般是通过复位信号产生器件 MAX706T 等产生，该器件兼有对二次电源 5 V 跳变的监视功能，当 5 V 电源理论上下降到 4.7 V（实际工程能力可能达到 4.4 V）时就自动产生复位，迫使处理器停止工作。

因此，不难看出，要使系统不因电源波动而被复位，必须保证二次电源 5 V 的变化不低于 4.7 V，为了确保偶尔二次电源波动导致系统复位问题的发生，必须在设计时采取特殊措施，具体建议如图 7-7 所示。

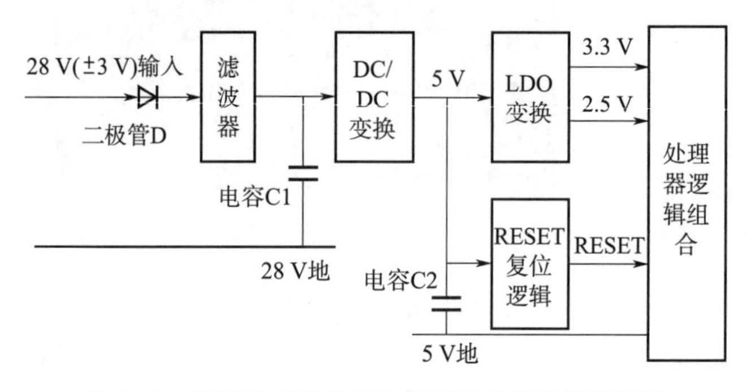

图 7-7　保证不误复位的计算机改进设计原理框图

这种改进设计的基本思想是：

1）一次电源输入端增加防倒灌二极管 D，为提高一次电源掉电能力提供保证，防止储备电能泄放到一次电源系统回路中。

2）在滤波器输出端增加大滤波电容 C1 并进行储能，一般情况下，如果没有明确的防掉电能力指标，应该至少要保证有 2 ms 的能力。

3）对产生复位信号的 MAX706T 的电源与监测端增加滤波与储能电容 C2，增强瞬间掉电抑制能力，预防意外复位的产生。

4）对于二次电源 5 V 的输出尽可能调高一点，以增大设计余量。

7.2　国产化 SoC/FPGA 器件应用保证技术

在微电子技术领域，随着片上系统（SoC）和可编程 FPGA 技术的发展，使得综合电子系统或各种控制系统的功能集成、性能提升以及国产化自主可控变得容易实现，SoC/FPGA 技术已经成为军用嵌入式计算机小型化、国产化的核心技术。

由于国产化 SoC/FPGA 器件的设计与工艺技术成熟度较低，产品的稳定性与一致性与国外产品存在着较大差距。随着 SoC/FPGA 技术应用越来越普遍，使用过程中出现的相关问题也越来越多，如何将 SoC/FPGA 技术的优势充分发挥，取决于 SoC/FPGA 的设计和应用两个方面，这里重点分析国产化 SoC/FPGA 产品为了保证可靠应用而采取的具体措施。

7.2.1　SoC/FPGA 器件特性分析

SoC/FPGA 的技术特性主要取决于该类产品的设计思想、功能性能特点、制造工艺水平和封装形式等。其中，设计思想主要是指该 SoC/FPGA 类产品设计时采用什么样的体系结构，用什么种类的电源供电，以多快的时钟频率工作，以及配置什么样的系统运行支持环境等；功能性能特点是指该 SoC/FPGA 类产品集成了哪些功能模块，以及这些模块的电气特性指标与工作模式设置等；制造工艺水平是指该 SoC/FPGA 类芯片的工艺设计与制造，对外连接信号的多少，以及这类产品能够保证正常工作所能承受的环境应力水平等；而封装形式则取决于该 SoC/FPGA 类产品的管壳材料、形状大小、质量和出腿方式等。以上这些特性不但直接影响着 SoC/FPGA 类产品性能的优劣，而且直接决定了 SoC/FPGA 类产品的应用结果和使用可靠性。

SoC/FPGA 类产品的技术特征主要表现在：

1）集成功能模块多。

2）多种电源供电。

3）低电压工作。

4）工作主频高。

5）本体面积大。

6）功率大，温度高。

7）封装管腿多。

以上这些技术特征，是 SoC/FPGA 类进口产品与国产化产品的共有特性。但是，由于国产化产品的工艺参数的稳定性、市场供应量以及使用成熟度等方面的差异较大，按照一般的同类进口产品进行设计保证不能适应国产化产品，使用过程中还会出现各种问题，这就决定了国产化 SoC/FPGA 类产品在实际工程应用过程中，必须从 SoC/FPGA 类产品器件的供电与滤波、PCB 布局、印制板制作、器件的焊接与加固以及环境试验考核等环节综合考虑，采取相应的工艺保证措施，确保全系统长期稳定可靠工作。

7.2.2 SoC/FPGA 类产品应用的综合保证措施

SoC/FPGA 类产品的应用，主要包括 SoC/FPGA 类产品的选择、逻辑与软件开发设计、PCB 的设计、印制板的加工以及产品的工艺加固与测试试验考核等环节。能否用好国产化 SoC/FPGA 类产品，必须综合保障应用过程各环节针对其特性所采取的相应技术措施正确、到位，主要包括：电源的配置设计、印制板的布局布线、印制板的制作、器件的焊接工艺、器件的加固工艺、环境试验验证和软件初始化与可靠性管理等方面。

（1）电源的配置设计

SoC/FPGA 类产品要实现高速度、高性能，一般采用低电压、多电源供电，主要区分为内核电压（如 1.2 V）和接口电压（如 2.5 V/3.3 V），由于各种配置电源的噪声要求高，因此在电源配置设计时要重点确保：

1）各种电源的建立时间应越短越好，尽可能消除上升过程中的台阶。

2）各种电源的上电与断电次序和时间间隔要求应严格满足 SoC/FPGA 类产品详细规范要求。

3）各种电源的上升过冲越小越好，幅度满足产品规范要求，噪声纹波应尽可能低。

4）各种电源的动态负载能力应能够满足 SoC/FPGA 类产品内各功能模块高速启动转换和稳定运行的需要，并留有一定余量（一般应不低于 30%），同时满足低温启动大电流的特殊要求。

（2）印制板的布局布线设计

由于 SoC/FPGA 类产品封装管壳体积大、引腿多、功耗大、运行速度高，一般都有多电源和地线引腿，且四周均匀分布。这些特点决定了 SoC/FPGA 类产品印制板 PCB 布局时必须考虑以下因素：

1）SoC/FPGA 类产品应布局在印制板上机械应力环境相对较好且容易散热的位置，应尽可能远离高频、大功率器件。

2）管腿的焊盘尺寸尽可能采用标准尺寸中的最大尺寸，管腿间隔尽可能要大。

3）时钟源应距离 SoC/FPGA 类产品越近越好，时钟线尽可能短，最好不能有过孔。

4）SoC/FPGA 类产品四边所分布的电源管腿均应采取加滤波电容的滤波措施，必须保证滤波电容尽可能靠近电源和地线管腿，且四周对称布局。

5）SoC/FPGA 类产品的电源与地线引线尽可能不走过孔或少走过孔，必须走时应保证多孔并联，且引线要粗，以保证大电流流过时电源电压衰减量最小。

6）SoC/FPGA 类产品的封装选择时，禁止采用底部出腿的 LCC 封装产品，因其没有管腿的应力释放弯，在多次温度突变的循环后容易出现管腿焊盘的蠕变，影响焊盘导通性。

（3）印制板的制作控制

印制板的制作工艺会直接反映在 SoC/FPGA 类产品的逻辑印制线以及过孔的工艺参数上，这些参数的差异会导致高速信号传递的幅度或速度发生变化，因此印制板制作时一定要关注以下因素：

1）要保证印制板面的平整度，其翘曲度应符合国军标规定，否则对于 BGA 封装的 SoC/FPGA 类产品的焊接可靠性有直接影响。

2）印制板的厚度要大于 1.8 mm，以便保证振动条件下 SoC/FPGA 类产品焊点的抗振能力。

3）印制板的孔径比应符合 PCB 制作规范，且孔电阻在工艺条件范围内必须越小越好。

4）印制线走线拐弯平滑且线阻应小，能够保证高速信号传输的延迟与边沿变化越小越好。

5）器件的供电电源与地线的布线网络应确保大电流流过时尽可能做到电压 0 损耗。

（4）器件的焊接工艺

SoC/FPGA 类产品的焊接质量直接决定了其应用的成效。由于 SoC/FPGA 类产品的管腿多，不论是 BGA 封装还是 CQFP 封装，其管腿间距都相对很小，且一般管壳都是国产新研制的，因此新研 SoC/FPGA 类产品的焊接非常关键，必须综合考虑以下措施：

1）必须分析和验证管腿材料的可焊性和耐受温度变化应力的能力。

2）对于长引出腿的管壳要分析是否需要对引腿二次成型，以便增加应力释放能力。

3）确保清除焊球或管腿以及印制板焊盘上的污染，预防短路、污染和锈蚀。

4）为保证焊接的一致性，应采用机焊工艺，其焊接温度曲线在焊接前必须校准。

5）BGA 封装焊接的检验必须采用激光 100%进行检测，以确保符合标准要求。

6）SoC/FPGA 类产品焊接完成且加电前必须进行清洗排潮处理，以防止短路桥连造成的芯片逻辑单元的隐性损伤。

（5）器件的加固工艺

由于一般 SoC/FPGA 类产品本体体积大、质量相对较重，在印制板上管腿所受到的振动应力较大，因此焊接完成后必须采用工艺加固的方法提高抗振性，确保振动中焊点的牢靠性。具体措施包括：

1）必须在印制板上对 SoC/FPGA 类产品的壳体与印制板采取粘接加固，一般采用四角粘接或底部填充粘接方式。

2）粘接效果必须经过产品实际振动应力环境的试验验证，并保证还有应力承受余量。

3）由于 BGA 封装产品的管腿在底部，间距非常小，因此壳体四周必须用硅橡胶进行封堵，防止湿气进入而影响管腿间绝缘性。

4）如果该类器件工作过程中的壳温温升较高，工艺加固时应考虑采取本体导热的散热措施。

（6）环境试验验证

对于首次采用或新选用的 SoC/FPGA 类产品而言，环境试验验证非常必要。其环境试验的条件一定要高于本产品技术条件规定的最高条件，而且还应留有一定的考核余量，重点应关注以下事项：

1）SoC/FPGA 类产品要随整机进行高低温试验，检查其功能性能的稳定性以及时序和接口对温度的适应性。

2）SoC/FPGA 类产品应随整机进行温度梯度试验，即从最低温度开始，每 5 ℃为一梯度进行试验测试，以检查该器件在全温度范围内的适应性和一致性。

3）对整机进行“三温”条件下的开断电试验和±5%的电源拉偏试验，检验 SoC/FPGA 类产品对电源的适应性。

4）整机必须进行温度循环试验，试验结束必须检查 SoC/FPGA 类产品焊盘是否有蠕变，以便检验器件的管腿材料受温度变化产生伸缩对焊点的影响。

5）整机必须进行振动试验（整机技术条件规定的振动试验类型），以便检验 SoC/FPGA 类产品在本机中的抗振能力。

（7）软件初始化与可靠性管理

软件的可靠性是保证 SoC/FPGA 类产品正常可靠工作的基础。但是，由于 SoC/FPGA 类产品集成的功能较多，而在某一特定的应用条件下，SoC/FPGA 类产品功能并不可能都用到，往往容易疏忽的是在初始化或应用过程中对未用到的功能不予理睬，这肯定会造成隐患。因此，使用时必须高度关注，并采取以下措施：

1）对 SoC/FPGA 类产品进行初始化时，对所有未用的功能接口或可配置管脚进行管理性的初始化，使其处于某种固定工作模式，以保证不因为误启动工作而对其他功能正常的运行造成影响。

2）同时，尽可能使未使用的接口处于低耗电状态或输出为无效状态，保证使 SoC/FPGA 类产品消耗的功率最小，降低器件温度，提高运行可靠性。

以上这些措施，都是在国产化 SoC/FPGA 类产品应用过程中实际碰到的问题，经过深入的归零分析和大量的反复验证所采取的措施，这些措施经过了多个任务产品的使用证明是有效的。这些有效性不但经过了实际产品的飞行验证证明，而且也经过了长期的存储、试验考核与应用验证的检验。

SoC/FPGA 类产品的应用已经成为航天型号与武器装备综合电子系统实现集成化、小型化和国产化的有效途径，针对此类产品所采取的可靠性应用措施，也适应于国产化的 CPU、DSP 以及 SiP 和 PoP 多功能叠层封装模块等各类大规模集成电路产品和微系统集成产品。

7.3　军用综合电子产品 EMC 试验方法的有效性分析

电磁兼容（Electro Magnetic Compatibility，EMC）是每一个军用电子、电气和机电设备及分系统都会面临的环境问题。其基本含义是指各种电气或电子设备在电磁环境复杂的共同空间中，以规定的安全系数满足设计要求的正常工作能力。或者说是指设备或系统在其电磁环境中符合要求运行并不对其环境中的任何设备产生无法忍受的电磁干扰的能力。

为了证明每个军用电子、电气和机电设备及分系统具备电磁兼容的能力，国家制定并不断完善了统一的标准。GJB 151B—2013《军用设备和分系统电磁发射和敏感度要求与测量》是各军用装备对配套设备研制的环境约束要求基准，也是验收各设备是否合格，具备交付条件的标准。但在实际研制和使用过程中，虽然相关单机设备通过了该标准的考核，但在实际系统中还会出现与电磁环境相关的技术质量问题，其主要原因是实验室的试验条件与模拟环境和实际工程应用环境存在差别，本书将根据实际工程经验对此问题进行分析探讨。

7.3.1　电磁兼容的基本原理

根据电磁兼容的基本含义，不难理解，电磁兼容一般包括两方面的要求，一是设备在正常运行过程中对所在环境产生的电磁干扰不超过一定的限值，不对其他设备造成影响；二是该设备对所处环境其他设备产生的电磁干扰具有一定的抵抗能力。

电磁环境存在着三个基本要素，即干扰源、被干扰对象和干扰途径。一般的干扰源包括自然干扰源（如雷电、风暴、冰雹、沙暴以及宇宙噪声等）和人为干扰源（如设备自身或相邻位置设备的电气噪声等）。被干扰对象就是在同一环境中的其他设备，每个设备都可接收其他设备辐射的干扰信号而成为被干扰对象。干扰途径可以分为经过导线等介质传递的传导干扰和经过空间空气等介质传递的辐射干扰。

一个系统如果存在电磁兼容性问题必然会存在电磁干扰源、耦合途径和敏感设备，只要消除一个因素就可以解决电磁兼容问题。GJB 151B—2013《军用设备和分系统电磁发射和敏感度要求与测量》规定了电子、电气、机电设备和分系统的电磁发射和敏感度要求与测量方法，适用于军用设备和分系统的论证、设计、生产、试验和订购。每种设备或分系统都应符合本标准规定的发射和敏感度要求才具备验收条件。详细要求见表 7-1，重点涉及传导发射（CE）与传导敏感度（CS）、辐射发射（RE）与辐射敏感度（RS）。不同的系统可以根据实际情况对表中的项目进行裁减，对于裁减方法也做了明确规定。

表 7-1 GJB 151B—2013 规定的电磁发射和敏感度测试项目

项目编号	名 称
CE101	25 Hz～10 kHz 电源线传导发射
CE102	10 kHz～10 MHz 电源线传导发射
CE106	10 kHz～40 GHz 天线端口传导发射
CE107	电源线尖峰信号(时域)传导发射
CS101	25 Hz～150 kHz 电源线传导敏感度
CS102	25 Hz～50 kHz 地线传导敏感度
CS103	15 kHz～10 GHz 天线端口互调传导敏感度
CS104	25 Hz～20 GHz 天线端口无用信号抑制传导敏感度
CS105	25 Hz～20 GHz 天线端口交调传导敏感度
CS106	电源线尖峰信号传导敏感度
CS109	50 Hz～100 kHz 壳体电源传导敏感度
CS112	静电放电敏感度
CS114	4 kHz～400 MHz 电缆束注入传导敏感度
CS115	电缆束注入脉冲激励传导敏感度
CS116	10 kHz～100 MHz 电缆和电源线阻尼正弦瞬态传导敏感度
RE101	25 Hz～100 kHz 磁场辐射发射
RE102	10 kHz～18 GHz 电场辐射发射
RE103	10 kHz～40 GHz 天线谐波和乱真输出辐射发射
RS101	25 Hz～100 kHz 磁场辐射敏感度
RS103	10 kHz～40 GHz 电场辐射敏感度
RS105	瞬态电磁场辐射敏感度

7.3.2 实际问题及原因分析

在实际工程研制过程中，经常会出现严格按照 GJB 151B—2013 测试通过的军用电子单机在实际的工程系统中还会出现与电磁环境有关的技术质量问题，具体表现为系统加电启动不正常、过程死机、数据出错和工作不稳定等现象。通过综合分析和验证认为，造成这些问题的主要原因就是军用电子产品单机按照 GJB 151B—2013 做 EMC 试验的条件和方法未能很好地覆盖实际应用环境或条件，导致产品设计裕度不足等问题未早期暴露，使 EMC 试验未达到预期目的，问题主要表现在以下方面。

（1）测试与实际应用的电缆状态存在差异

军用电子单机在系统中的互连电缆是干扰耦合与传递的重要路径，如果单机试验的电缆状态与系统实际使用状态存在较大差异，就会导致单机试验环境不能覆盖实际使用情况而可能出现问题。

一般情况下，单机与系统研制周期不同步，缺乏协调，单机在做 EMC 试验时所采用的电缆是单机厂家自制，长度较短，接口为测试设备的等效负载，试验时电缆采用双绞、屏蔽包裹等措施，而系统实际使用的电缆由固定厂家制作，所采用的材质、工艺、长短、分支敷设以及是否屏蔽等与单机厂家存在很大差别，而 GJB 151B 对于单机试验的电缆构成和敷设以及互连线与电缆均有明确规定，如下：

4.3.9.7　EUT 电缆的结构和敷设

4.3.9.7.1　概述

电缆的结构和类型应模拟实际使用情况。仅在安装要求中有规定时才使用屏蔽电缆，或在电缆内使用屏蔽线，但输入（主）电源线（包括回线和地线）不应屏蔽。按安装要求检查电缆，确定是否按规定使用了电缆，例如双绞、屏蔽和屏蔽端接等。电磁兼容性测试报告中应提供电缆的布置信息。

4.3.9.7.2　互连线和互连电缆

单根导线应按实际安装中同样的方式组合成电缆。测试配置中互连电缆的总长度应与实际平台安装的长度一致（电缆长度超过 10 m 时至少取 10 m 长）。当没有规定电缆长度时，电缆应足够长以满足以下规定的条件：与 EUT 端接的每根互连电缆的至少首个 2 m 线段（除非实际安装中的电缆长度比 2 m 短）应平行于配置前边界敷线，剩余长度的电缆则按“Z”字型放置到测试配置中后部。当配置中使用的电缆不止一根时，则各电缆按外表皮间距 2 cm 布置。对于使用接地平板的台式布置来说，离前边界最近的线缆应放置在距接地平面前边沿 10 cm 处的位置。所有电缆都用非导电支撑物支撑，并位于接地平板上方 5 cm 处，支撑物的介电常数应尽量低。

由此可以看出，标准明确要求被测单机 EUT 的“电缆的结构和类型应模拟实际的使用情况”和“单根导线应按实际安装中同样的方式组合成电缆”以及“测试配置中互连电缆的总长度应与实际平台的长度一致”。这三条在实际工作中都很难做到，主要表现如下：

单机测试用电缆和系统安装用电缆为不同单位制作，一般情况下总体没有给定具体的约束条件，其电缆的材质、制作工艺等都不相同。

单机试验连接的是测试设备，其电缆互连状态无法等效实际系统真实的走线、布局、长度和负载状况。

单机测试电缆的屏蔽状态与系统实际电缆的屏蔽状态不一致。一般情况下，单机测试电缆的双绞、屏蔽等工艺措施较规范，由于无法得知系统的互连方式，单机电缆的并行走线或电缆捆扎方式无法等效系统实际状态。

单机电缆的布局、走线相对简单，而系统电缆往往因为分支多、转接多、交叉耦合多、实际负载电缆线长以及多种复杂信号并行等原因使得情况复杂。

（2）系统电缆残留有浮空导线

作为军用电子单机来说，在研制过程中强调测试的覆盖性，因此，一般情况下，军用电子产品单机都会配备相应的测试设备。为了实现测全、测准的覆盖性目的，都会把军用电子产品的相关信号通过连接器引出到测试设备中。这些信号包括了系统应用所有信号和为了实现单机测试而引出的专有信号，也包括了被测设备的 VCC 电源与 GND 地线等。

在进行单机的 EMC 试验时，军用电子产品的所有信号都会与专有测试设备互连构成测试闭环回路，一般不会存在信号未接负载而浮空的现象。而在军用电子产品实际接入系统时，由于互连关系发生了变化，大量原来用于单机测试的互连信号在系统应用中不会用到，但由于缺乏单机与系统应用互连关系的协调或因为系统采用压接的成品电缆，实际使用的电缆中却存在着另外一头由于没有互连负载接点而出现导线浮空的现象。还有一种现象就是由于系统技术状态的更改，一些与军用电子产品单机相关的接口暂时不用或永久不用，但系统电缆未取消这些不用接口的互连电缆线。这些情况都会使军用电子产品互连电缆中残留浮空的导线，这些浮空的导线就会成为天线，导致周围空间尤其是同一束电缆中的各种突变信号辐射到天线上，造成外界干扰引入军用电子产品内部逻辑中，干扰的强度会随着浮空导线的长度增加而增强。最危险的情况是军用电子产品的 VCC 电源与 GND 地线一旦存在长线浮空现象，则辐射干扰将直接引起军用电子产品的处理器、FPGA 等逻辑回路出现错误，容易造成系统死机或功能接口异常、数据出错等。

(3) 逻辑地线 GND 使用不当

一般情况下，军用电子产品的典型系统功能如图 7－8 所示。在这一系统中，军用电子产品的核心是最小系统。最小系统所采用的处理器、SoC/FPGA 类产品要实现高速度、高性能，都采用低电压、多电源供电，主要区分为内核电压（如 1.2 V）和接口电压（如 2.5 V/3.3 V），由于各种配置电源的噪声要求高，因此在电源配置设计时要重点确保电压符合要求。为了保证最小系统的电源的绝对稳定可靠，在设计时都采取与所有接口之间进行电气隔离设计，即最小系统的 VCC 电源的地线 GND 与接口电源通过隔离逻辑进行电气隔离。这一设计理念是要求在系统互连关系中 VCC/GND 不能引出机箱外部，更不能和其他设备的电源与地线互连。

但是，实际工程中为了实现全功能、性能测试和实现对外接口互连，其内部的 VCC 电源与地线以及所有测试用到的信号都引出到对外连接器上。其中 VCC/GND 的引出主要是为了实现单机的测试，不允许系统使用。

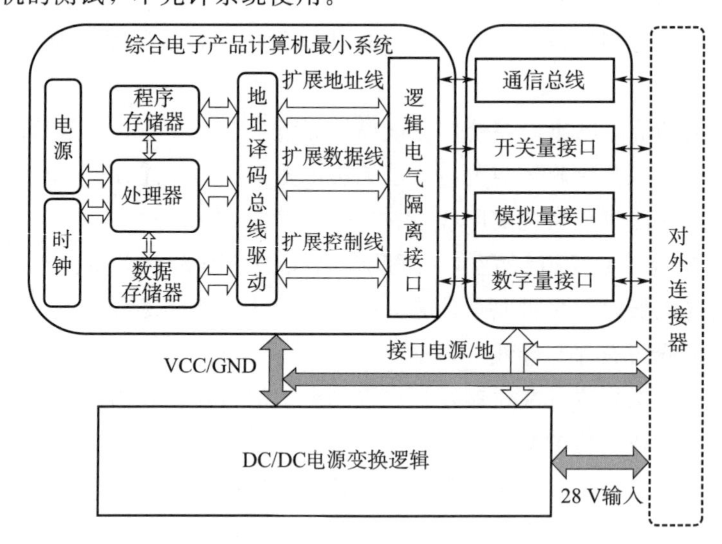

图 7－8　军用电子产品系统功能框图

但在实际应用过程中，由于一些系统设计理念或认识差异，在系统电缆的设计与接口互连中存在着不合规定的情况。如有的系统把GND地线与其他设备的地线互连，有的甚至与系统的壳体进行短接互连，还有的系统把GND地线与其他接口的电源地线互连。这样会造成军用电子产品的电源隔离设计与接口逻辑隔离设计无效，系统壳体的静电与雷电干扰、其他设备的地线干扰等容易通过VCC/GND引入最小系统，造成受绝对保护的低电压工作的高频信号波形产生畸变或引起处理器死机、程序跑飞、数据出错等。这种现象之所以在系统中发生，主要是因为单机EMC试验时军用电子产品的所有信号和电源地线都全部引入测试设备中，且和测试逻辑构成了回路，而且互连电缆线较短，在施加的激励条件下也能够正常工作。而当军用电子产品接入系统后，其设备互连状态与供电状态较单机测试时更为复杂，系统的电磁环境更为恶劣，更容易引入干扰，出现异常。

因此，不要在系统互连电缆中存在长线浮空状态，更不能将军用电子产品自身各个接口的电源地线进行短接互连，也禁止将GND与系统的壳体短接。这是单机产品与系统应用最缺乏协调的环节，也是系统中容易发生与军用电子产品相关异常问题的关键点。

（4）设备敏感状态识别不准确

对于一个飞行器综合控制系统来说，系统都会有两套或两套以上的供电系统，一套是控制电，另一套是功率电，其电源是由电池28 V直流供电。其中功率电源专门供给执行机构的电机等伺服系统，而控制电供给控制系统的计算机、惯性导航系统、伺服控制器、卫星导航接收机等设备。

由于系统中控制电供电的设备较多，在仪器舱内的布局分散，路径长短不一，供电电缆上存在着不同的分布电感、电容，因此，每个设备的供电回路可以等效为不同的LC谐振回路，整个供电回路上将叠加构成多个不同分布参数的谐振网络，同时，由于每个设备的启动方式、上电持续等待时间以及所需要的启动电流不同，再加上每个设备电源输入端的滤波（电感、电容网络）、储能等措施各不相同，会造成多个谐振网络按照不同的频率和电流方向进行相互充放电，导致28 V控制电供电系统上电和断电以及工作过程复杂，电源品质较差，如纹波和电压波动幅度增大、不稳定持续时间加长等，某军用电子产品上电过程的28 V电源波形如图7－9所示。

从图7－9可以看出，该系统的控制电28.5 V电源建立过程中存在2次电压跳变回落情况，不是理想的快速爬升状态，第一次回落电压由12 V跌落至6.8 V；第二次回落电压由26 V跌落至18 V。而军用电子产品中计算机的DC/DC电源变换的启动门坎电压一般是12～16 V，这种跳变容易造成电源变换逻辑重复启动，使电源输出不稳定。

随着系统小型化与集成化，计算机的时钟频率非常高，快速启动与实时性是最大的技术特征。根据计算机的逻辑构成以及工作原理，一般情况下，当一次电源上升达到12 V时计算机内部5V电源已建立并开始产生复位信号，同步开始进行FPGA代码的加载与CPU程序的加载导入以及程序初始化，这些工作都是在上电过程中短短的几百ms到1 s之间完成的，如果这期间电源不稳定或出现异常，计算机将无法建立正常工作的条件，也

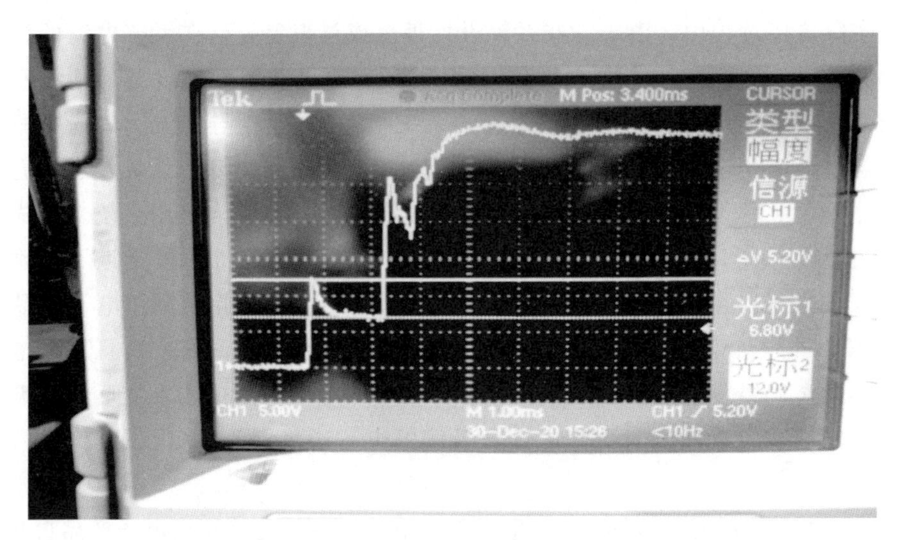

图 7 - 9　某军用电子产品上电过程的 28V 控制电电源波形

就是说 1 s 内上电的快速加载与初始化是军用电子产品正常工作的基本保证，也是最敏感环节，要绝对不受任何干扰。敏感环节是 GJB 152A 明确强调必须首先要识别的，如下：

4.3.10　EUT 的工作

4.3.10.1　概述

对发射测试，EUT 应工作在最大发射的状态：对敏感度测试，EUT 应工作在最敏感的状态。对具有几种不同状态（包括用软件控制的状态），应对发射和敏感度进行足够的多种状态测试，以便对所有电路进行评估。

如果对综合电子系统产品的最敏感状态判断错误将会造成考核对象不明确、敏感环节问题无法暴露、EMC 试验不覆盖，使电磁兼容试验无效果。

GJB 151B 明确要求“对发射测试，EUT 应工作在最大发射的状态”和“对敏感度测试，EUT 应工作在最敏感的状态”。但在实际的 EMC 试验过程中，一般都未能把军用电子产品的上电过程识别为最敏感的状态，实际的施加激励信号时刻都是在军用电子产品上电完成并开始运行程序后才开始，导致了 EMC 试验对于最敏感状态即上电过程的覆盖性不足，使产品设计的薄弱环节未能暴露，这也是多数系统上电时军用电子产品无法正常启动工作的主要原因之一。

（5）安装搭接等效不一致

每一个军用电子产品在做 EMC 试验时，都面临着机壳的接地搭接，这是单机设备与系统应用安装最容易忽略的薄弱环节。GJB 151B 对于搭接方法有明确的规定，搭接方法和搭接接地要求分别如下：

4.3.9.3　EUT 的搭接

只有 EUT 设计和安装说明中有规定时，设备外壳才能与安装基座等搭接在一起或将其搭接在接地平板上。搭接条应与安装说明中的规定相符。

4.3.6　接地平板

4.3.6.1　概述

EUT 应安装在模拟实际情况的接地平板上。如果实际情况未知，或有多种安装形式时，则应使用金属接地平板。除非另有规定，接地平板的面积不小于 2.25 m^2，其短边不小于 0.76 m。如果 EUT 安装中不存在接地平板时，EUT 应放在非导电试验台上。

4.3.6.2　金属接地平板

当 EUT 安装在金属接地平板上时，接地平板的表面电阻不应大于 0.1 mΩ/□（最小厚度：紫铜板 0.25 mm，黄铜板 0.63 mm，铝板 1 mm）。金属接地平板与屏蔽室之间直流搭接电阻不大于 2.5 mΩ。

由此可以看出，标准非常明确地规定了“搭接条应与安装说明中的规定相符”，“金属接地平板与屏蔽室之间直流搭接电阻不大于 2.5 mΩ”。但在实际的工程系统中这两点很难保证做到试验方法与实际安装的一致，其主要原因如下：

一是军用电子产品单机开展 EMC 试验时，无法知道系统安装时所采取的搭接方法，包括搭接条所选材质、搭接导线长度等，这就导致搭接条状态不一致。

二是军用电子产品单机在系统中的安装位置和安装支架没有 EMC 实验室的条件理想，其支架的材质和表面工艺状态单机不知道，但也不可能是实验室的接地平板，且同一支架上周围还紧密排列着各种设备，支架上的干扰远大于实验室接地平板，客观存在着条件差异。

三是由于搭接条材质、长度及搭接方法不一致，造成系统安装的搭接电阻远远大于 2.5 mΩ 的标准要求，或者刚安装时接近于标准，但随着存贮时间越长，其搭接点的接触电阻会因为氧化等不断增大，使得搭接条件远大于标准要求。搭接电阻的增大会导致军用电子产品壳体上的累积电荷不能快速泄放，造成内部对机壳的滤波泄放效能下降，使军用电子产品的抗电磁干扰能力降低。随着军用电子产品的集成度增加、体积减小，有可能造成壳体上的干扰通过对壳的滤波通路形成反向干扰输入。

在系统的实际安装使用过程中，要特别注意设备与安装面的工艺处理差异，要防止表面接触电阻过大引起机箱上静电泄放不及时导致产品抗电磁环境能力不足的问题发生，安装工艺中要明确定量化指标并实际测量。

（6）减振器导致散热因素的影响

在实际的工程应用中，一般的军用电子产品为了适应系统的振动环境条件，在结构设计时都会考虑采用加装减振器的措施，目前绝大多数产品选择的是橡胶减振器，橡胶减振器能够有效减缓军用电子产品的机械应力，但却阻断了军用电子产品的热传递路径。在 EMC 试验过程中，军用电子产品安装在面积较大的接地平板上，有利于产品散热，而且 EMC 单项试验时间不是很长，产品内部的温升不是很高。这种工况与实际应用存在较大差异。在产品的实际工作过程中，产品带减振器安装，连续工作时间较长，产品内部的温升较快。如果产品的集成度高、功率较大，随着工作时间越长，其常温下产品内部的最终平衡温度一般会达到 60 ℃以上，当产品的外部环境温度高于常温时，军用电子产品内部的温度会更高。在这种情况下，由于军用电子产品内部采用了大量的滤波电容和磁性电感或变压器等，这些元件都存在着随温度升高而特性指标下降的趋势，因此，当军用电子产品内部的温度上升到 85 ℃以上时，其逻辑设计中的参数会发生变化，电容容值随温度变化如图 7-10 所示。因此，采用减振器的大功率集成产品长时间加电工作时，对于电磁干扰的敏感度绝对不同于常温下的敏感度，这也是 EMC 试验不覆盖实际应用的原因之一。

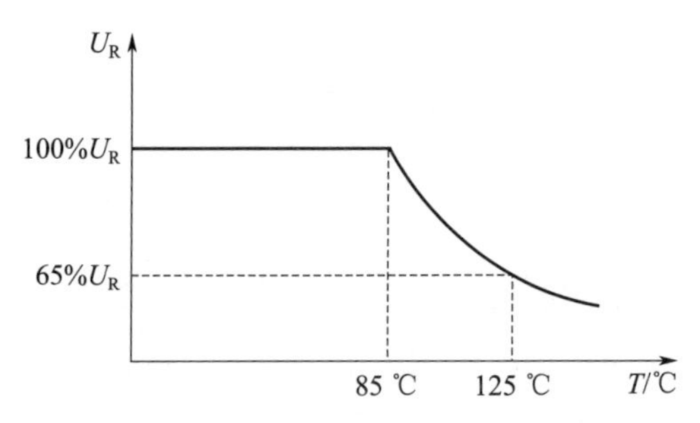

图 7-10　电容容值随温度变化趋势图

本节结合实践经验针对军用电子产品按照 GJB 151B—2013 标准进行 EMC 试验的有效性进行了分析，指出了实际应用情况与试验条件不相适应的问题，为提高军用电子产品 EMC 试验覆盖性和系统的电磁兼容问题分析提供了思路。

按照 GJB 151B—2013《军用设备和分系统电磁发射和敏感度要求与测量》对军用电子产品开展 EMC 试验具有普适性，能够暴露参试产品设计和工艺制造的早期问题，但每个产品具有自身的特殊性和应用环境的具体性，应该在充分理解标准的基础上仔细分析自身产品的差异性和应用特点，活学活用，在应用好标准的基础上加强与系统总体的早期协调，落实相关环节的技术要求与保证，开展有针对性的试验，确保单机试验条件与方法尽可能覆盖实际的应用环境，对出现的问题进行改进和完善，使最终应用中不出现电磁兼容性问题。

7.4　军用综合电子系统集成产品的弹载电磁环境适应能力及影响性分析

弹载电磁环境是指军用综合电子系统集成产品所处的导弹飞行过程中的电磁环境，它与导弹在地面静止条件下的电磁环境不同。地面环境一般是分散的、局部的桌面散态系统，没有导弹壳体。而弹体飞行环境比地面静止环境更为恶劣，主要原因是弹体通过总装互连、屏蔽层相通、系统集中供电等与分系统散态差别较大，同时弹体的高速飞行所产生的静电环境会对军用综合电子系统集成产品的壳体、互连电缆和供电电源等产生静电放电效应。其电磁环境概括为弹体静电放电环境、电气设备互连环境和电源供电环境以及三者之间的耦合。

军用综合电子系统集成产品在导弹飞行过程中所面临的电磁环境主要有弹体静电放电环境、设备互连环境和电源供电环境以及三种环境的相互作用。

7.4.1　弹体静电放电环境

导弹等飞行器在高压燃气弹射和高速飞行过程中的电磁环境远比地面静止条件下的电磁环境恶劣的多。高速飞行的导弹、飞机等飞行器，会在其非导电体结构的表面迅速产生静电荷沉积，抬升各部件之间的电位差，引发高压电晕放电、表面流光放电或火花电弧放电，形成电磁脉冲，这种现象在地面静止状态下是不会产生的。这会显著增加导弹等飞行器天线接收端的噪声电平，导致系统信噪比急剧下降，进而造成各飞行器的通信、遥测、导航、军械等系统出现功能性干扰，严重时甚至可能触发各飞行器的制导计算机、电火攻品等出现异常，导致导弹发生空中故障、自毁等安全事故。

（1）静电产生源

静电放电的本质是相邻物体之间存在不同的静电电位而引起的电荷转移。导弹是由不同材料且不同功能、性能的设备、仪器按照一定的结构组装而成的复杂系统，其工作环境是在空中高速飞行。导弹等飞行器在高速飞行过程中，其表面会存在大量的静电电荷沉积，静电荷沉积途径主要有微粒碰撞和电磁场感应两种方式。

微粒碰撞：大气中存在着多种微粒环境，如空气、灰尘和降水等。地球可等效为一个电容器，由电离层、大地和大气构成，其中大地具有 500KC 左右的负电荷，中间形成地球静电场，电压约为 300 kV。大气是地球静电场的电介质，在地球静电场的作用下，大气中的灰尘、无机分子（如 N_2、O_2、CO_2等)、有机分子（如 H_2O、SO_2等）等微粒会发生电介质极化现象，极化后的大气微粒宏观上与地球静电场的方向一致，即负电荷在上，正电荷在下。导弹飞行时，在气流、重力、温升等多物理效应下，会与大气微粒连续发生碰撞、结合、剥落、分离等相对状态的变化，此过程会导致电子或正离子的转移，使导弹带上静电荷（具有单极性特征)，电压一般可达到几万至几十万伏，最高可达300 kV。没有高速运动就没有微粒碰撞，因此，地面静止环境优于空中飞行环境。

电磁场感应：大气中存在着多种电磁环境，包括自然环境因素（如雷电、静电、天电噪声等）和人为环境因素（如高强度辐射场、高功率微波等)，不同空域的大气电磁环境在时域、频域等特征方面存在巨大差异，也非常复杂。同样，地面静止环境优于空中飞行环境。

（2）静电放电模式

当导弹飞行在大气中，受到临近电磁场作用，导弹的导体结构会因为静电感应而产生电荷（具有双极特性)，并分布于外表面。对于整个导弹而言，因电磁感应引起的感应电荷电量为 0。导弹的感应电荷数量受到电场强度、飞行速度、有效充电面积等因素的影响，其电场强度低于外部环境。当导弹表面的电荷沉积到一定程度，就会在导弹外部曲率较大的尖端部位和不同介质材料的搭接处等部位发生静电放电。静电放电类型包括高压电晕放电、表面流光放电和火花电弧放电。虽然静电放电现象发生的时间较短，但由此引起的宽频电磁干扰却是造成导弹导航、通信等系统噪声的主要根源之一。

电晕放电：随着静电荷的沉积，导弹与周围环境之间的电位差持续增大，直至在某些尖端部位，局部电场强度超过空气电离场强，使空气发生电晕放电。当电晕放电后导弹的电荷沉积速率仍大于电荷消散速率，其自身电位会进一步增强，最终击穿大气，产生静电放电。高压电晕放电一般发生在导弹尖端结构，如弹翼尖端、天线尖端和其他曲率半径较小的部位，包括舱壁内紧箍电缆的螺钉、线卡尖端等。

流光放电：一般导弹外部非导电结构（如导引头罩、中部壳体构件等）易发生流光放电；流光放电会产生高电平的单脉冲式流光电流，最大脉宽可达 200 ns，噪声频谱通常低于 1 MHz，干扰一般不会延伸至更高频段。影响流光放电效果的主要因素包括材料的物理特性（包括电导率、几何外形等）、电搭接和电荷沉积速率等。

火花电弧放电：一般发生在导弹表面不同结构之间，如天线与非导电外壳之间、复合材料表面与其他导电部位之间等。火花放电是静电放电现象中最强烈的放电形式，其能量密度远大于电晕放电和流光放电，且具有振荡特征。火花放电会产生甚高频和超高频的噪声干扰，其放电通道的电流密度高达 $10^7 \sim 10^8$ A/mm^2，弧端和放电通道的最高温度可达 12 000 ℃。孤立导电结构如传感器、天线等会发生火花放电。

(3) 静电放电效应影响分析

导弹的静电放电效应包括电流辐射效应和电磁脉冲效应。这种效应是导弹飞行过程中特有的现象，地面静止状态下不会存在。

电流辐射效应：当导弹穿越云层中的电荷中心时，将会遭遇最严酷的沉积静电环境，由于导弹等效电容很小（小于 1 μF），因此，几十 μF 的充电电流会使导弹表面电位骤然上升到足以在导弹凸起部位产生可电晕放电的场强。

电磁脉冲效应：静电放电产生的电磁脉冲效应简称为静电放电电磁脉冲，具有宽频带、高电压、低电流的特点，它会造成导弹通信、遥测、导航、机械等系统出现功能性干扰，严重时甚至可能触发导弹的制导计算机、电火工品等，导致导弹发生空中故障、自毁等安全事故。

对于军用综合电子系统来说，不论是电流辐射效应还是电磁脉冲效应，都是导弹在飞行过程中军用综合电子系统所面临的特殊环境，它不同于地面静止状态下的电磁环境，具有干扰能量强、路径复杂、影响面广、后果严重的特点。这是不同的导弹总体设计者认识差异最大也容易被忽略的环节，也是军用综合电子系统集成产品的单机设计与系统应用设计结合最为薄弱、考虑不周的环节，因此，必须从增强导弹总体的静电泄放能力手段和加强军用综合电子系统集成产品的单机设计防护两方面共同采取措施进行全弹的安全性保证。

在实际工程中，军用综合电子系统集成产品在弹舱内安装，由于一般会采用橡胶减振器减振，使其与弹体之间具有绝缘作用，如果军用综合电子系统集成产品在舱内安装在这些易发生火花放电的部位附近，则会使军用综合电子系统集成产品的机壳被放电，容易造成机壳电位瞬态升高，如果它与弹壳之间接触不良，缺乏有效电搭接，或因为搭接距离长且导线比较细（导通电阻大），不能使机壳沉积的电荷快速泄放，就会使机壳电位沿着军用综合电子系统集成产品内部的滤波器等（为了增强计算机的抗电磁脉冲能力而设计）的接壳电容反灌入产品内部二次电源和地线系统，造成军用综合电子系统集成产品工作异常。

7.4.2　设备互连环境

弹载计算机作为军用综合电子系统集成产品的典型产品，是导弹控制系统的核心，与周围其他设备都存在着复杂的电气接口互连关系，如惯性导航、卫星导航、伺服控制机构、导引头、遥测、安全和供配电等设备。不同的设备工作方式、工作频率、信号电平和信号互连接口模式各不同，都有各自独立的工作电源系统，这些电源系统不共地，电源的品质差异很大，如果计算机内部针对这些接口不能做到很好的电气隔离，则有可能将干扰引入计算机内部。这些干扰的引入途径包括信号电气特征干扰、互连电缆线间耦合干扰和接口地线电位差异等。任何一个互连设备的干扰引入到计算机内部，不仅会造成计算机工作异常，甚至可能会引起与计算机互连的相关其他设备工作异常。因此，电气设备互连环境是弹载计算机工作过程中首先要面对的电磁环境，这种环境会因为飞行过程而面临相比地面试验环境更加严酷的局面。

如果把弹载计算机、惯性导航、卫星导航、伺服控制机构、导引头、遥测、安全控制等系统进行综合电子系统集成，不但可以缩小这些产品的体积、减轻质量，而且可以有效地缩短各个功能部件之间的互连电缆，简化互连关系，也就可以大大减少设备互连造成的电磁环境干扰。

7.4.3　一种应用系统的电源供电环境问题实例分析

一般情况下，导弹或火箭的控制系统有两套供电系统，一套是控制电，一套是功率电，其电源是由 28 V 直流供电。其中功率电源是专门供给伺服系统执行机构的，而控制电是供给控制系统的计算机、惯性导航系统、伺服控制系统、卫星导航接收机等设备的。

如果控制系统没有进行综合电子系统集成化设计，则这些不同功能的产品其内部都存在着不同的 DC/DC 电源变换。由于控制电供电的设备较多，在仪器舱内的布局分散，路径长短不一，供电电缆上存在着不同的分布电感、电容，因此，每个设备的供电回路可以等效为不同的 LC 谐振回路，整个供电回路上将叠加构成多个不同分布参数的谐振网络。同时，由于每个设备启动方式、持续时间以及所需要的启动电流不同，再加上每个设备电源输入端的滤波（电感、电容网络）、储能等措施各不相同，就会造成多个谐振网络按照不同的频率和电流方向进行相互充放电，导致 28 V 供电系统上电和断电以及工作过程复杂，电源品质较差，如纹波和电压波动幅度增大、不稳定持续时间加长等。与此同时，这种变化引起的电磁辐射耦合到电源电缆的屏蔽层上，也就通过电缆屏蔽层与计算机机壳的互连关系直接作用到弹载计算机的壳体上，会加剧弹载计算机内部电源变换逻辑和功能逻辑电路所经受的电磁感应强度，增大出现异常的风险。

由图 7－11 可以看出，该型号的控制电 28.5 V 电源建立过程中存在 2 次电压跳变回

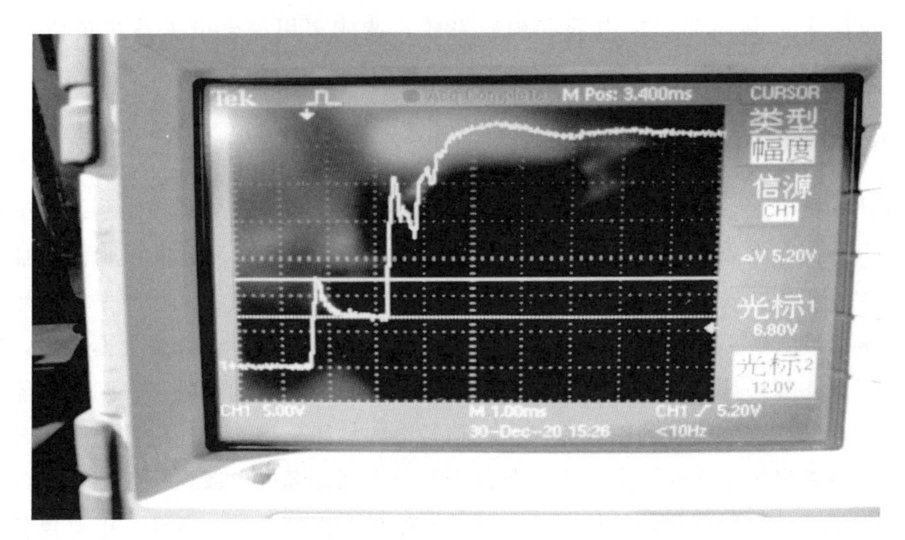

图 7－11　某型号系统上电过程的一次电源 28 V 上电波形

落情况，不是理想的快速爬升状态，第一次回落电压由 12 V 跌落至 6.8 V，持续时间为 1.6 ms；第二次回落电压由 26 V 跌落至 18 V，持续时间为 560 μs。而弹载计算机的 DC/DC 电源变换的启动门坎电压一般是 12～16 V，这样的波动容易造成电源变换逻辑频繁启动或关闭，使二次电源 5 V 等输出不稳定，致使弹载计算机在系统上电过程不能可靠启动工作。

同样的原因，断电过程也会很复杂。当控制系统断电时，其系统电源不是理想的直接快速下降，而是有弹跳，且持续时间也较长，如图 7－12 所示，可引起弹载计算机内部存储数据被改写。

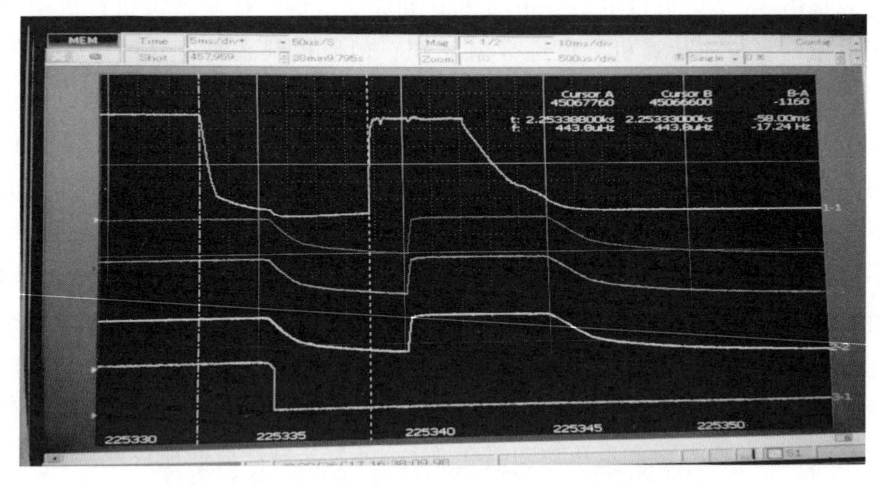

图 7－12　某型号系统断电过程中的电源与相关信号波形

从上到下的波形依次是：＋B1（28 V）、VCC（二次电源主 5 V）、板选信号 MS2、写信号 WR 和复位信号 RST

由图 7－12 可知，当控制系统断电时，弹载计算机的一次电源和二次电源不是马上掉到 0 V，而是波动起伏下降，而且 28 V 掉电后很长一段时间 5 V 电源才开始缓慢掉电，在这个缓慢的过程中弹载计算机的程序没有停止而是不受控地乱跑，可能使控制状态失控异常或内部 Flash 中存储的数据或程序被改写。

这种导弹上电与断电的过程就是检验军用综合电子系统集成产品对供电电源的电磁环境适应能力的时候。如果军用综合电子系统集成产品对供电电源的环境适应能力强，就能保证系统上、下电的过程中其核心计算机能够正常启动工作和安全断电。如果适应能力弱，就可能出现导弹起飞前上电不能正常启动引起飞行失利，或地面试验过程中导弹断电操作中内部存储的固化数据或程序被改写的问题发生，导致下次系统上电时综合电子系统集成产品中计算机工作异常。

7.5　提升军用综合电子系统集成产品抗电磁环境能力的措施建议

对于军用综合电子集成产品来说，不论是电流辐射效应还是电磁脉冲效应，都是导弹在飞行过程中自身所面临的特殊环境，它不同于地面静止状态下的电磁环境，具有干扰能量强、路径复杂、影响面广、后果严重的特点。这是不同的导弹总体设计者认识差异最大且容易被忽略的环节，也是军用综合电子集成产品的单机设计与系统应用设计结合最为薄弱、考虑不周的环节。

因此，综合前面几节的论述和分析，结合多个型号产品飞行试验失利的原因分析，建议在军用综合电子系统集成产品实际应用过程中，从以下几个方面共同采取措施进行全弹的安全性保证。

7.5.1　接口隔离技术注意事项

要做好接口隔离，必须做好两个方面的设计保证：一是军用综合电子集成产品的最小系统电源应该与接口逻辑的电源进行电气隔离，即不能共地，以确保各个接口的干扰不会影响计算机处理器最小系统的正常工作；二是军用综合电子集成产品的各个接口逻辑在与接口设备进行电气逻辑互连时应该进行电气隔离设计，确保各个接口设备的干扰不会引入计算机内部，造成最小系统或其他接口的工作异常。

要实现接口隔离的目标，就必须在电源变换设计过程中坚持把计算机最小系统电源和各种接口电源、通信电源和模拟量电源进行地线隔离设计，确保处理器最小系统工作不受其他接口地线干扰的影响。

7.5.2　地线防护技术注意事项

要做好地线防护技术，必须要做到绝对不能将军用综合电子集成产品处理器最小系统的电源和地线引出到计算机壳体的外部，也不要在弹舱内互连电缆中存在长线浮空状态，更不能把地线与其他设备的地线，甚至导弹的壳体进行短接互连，禁止把军用综合电子集成产品自身各个接口的电源地线进行短接互连，否则电源的隔离设计将无效。如果存在任意一种现象，都不能保证飞行中军用综合电子集成产品最小系统不会被干扰而出现工作异常的现象。

7.5.3 接壳泄放保护技术注意事项

根据电磁屏蔽原理，军用综合电子集成产品的所有电缆的屏蔽层都会与自身壳体互连导通，有的设备为了能够通过电磁兼容试验标准的检验，会采取在一次电源 28 V 输入端串接穿芯电容（中间抽头接壳体）、在 DC/DC 电源变换的变压器或滤波器的中间抽头对壳体之间跨接电容，还有的设计在二次电源上增加对壳体的电容，如图 7－13 所示。

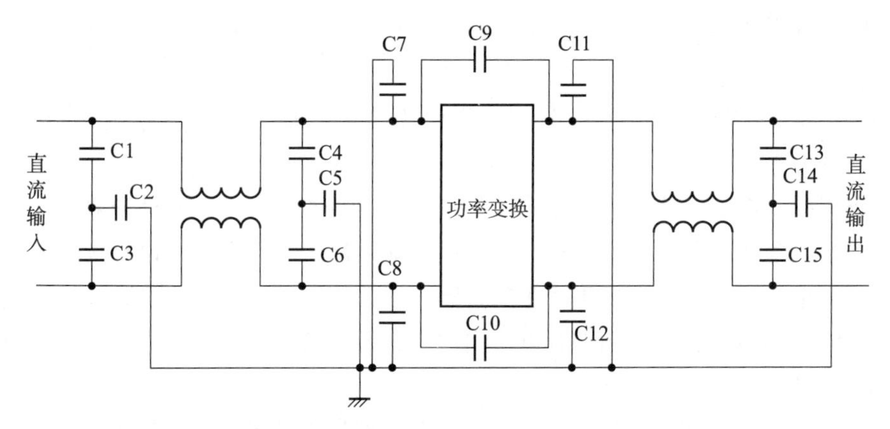

图 7－13 一般弹载 DC/DC 电源变换器前端逻辑框图

由图 7－12 可知，一般情况下不安装 C7、C8、C9、C10、C11、C12。有些弹上产品不接 C13、C14、C15，有少数产品接有 C13、C14、C15。图中接壳的电容有 C2、C5、C14。

针对图中的接壳电容选取要慎重。随着军用综合电子集成产品体积缩小、功能复杂度增加和功率增大以及军用综合电子集成产品外部静电放电等电磁环境加剧，这些壳体上会聚集大量静电荷，如果不能及时得到释放，这些电荷就有可能经过接壳电容反输入到内部电源变换逻辑和地线上，加大地线波动幅度，加剧电源动态调整的频次与持续时间，导致电源输出不稳定或损坏相关器件，从而造成军用综合电子集成产品工作异常。

因此，是否去掉这些接壳电容必须依据使用环境工况进行评估，如果选择保留，则应对电容容值的选取进行仿真和验证，不能凭经验选取。

7.5.4 重复开关电注意事项

在导弹的地面系统测试与试验过程中，全系统工况下的重复开关电过程对于军用综合电子集成产品而言其适应性也非常关键。由于军用综合电子集成产品的 DC/DC 变换网络中的二次电源负载回路都存在大量的储能与滤波电容，在一次电源断电后，这些电容通过逻辑器件进行放电必须有一个过程，也就是说必须经过一段时间才能使各类器件的内部结构单元的电荷降为 0 V 的初始状态，如果未降为 0 V 初始状态系统就重新上电，会导致这些内部结构单元的起始工作状态建立异常，有时不能正常工作，而出现这种状况也很难查清原因。因此军用综合电子集成产品客观上存在一个断电后重新加电工作的安全间隔时间，大于这个时间时，军用综合电子集成产品可以安全启动工作，如果小于这个时间，军用综合电子集成产品有可能不能正常启动，或者启动后存在一些不可知的安全隐患。因此，建议系统设计和使用中每台军用综合电子集成产品都必须规定最低断电后重新加电的间隔时间，一般建议不少于 30 s，以便用户总体能够作为技术指标明确给各分系统，并在使用时得到遵守，以确保使用过程不出现异常现象。

如果系统对断电后重新加电有严格的时间约束，那么，在设计中就应该增加电源放电逻辑，加速放电过程，以便减少影响。其具体的措施为，在内部二次电源 5 V 与地线之间增加一组串并联电阻，保证泄放电流为 5～10 mA，确保断电后 5 V 电源能够快速地降为 0 V，这个时间必须经过测试确认，一般可以达到毫秒级。有些多设备的复杂系统必要时也可以在系统 28 V 供电网络中增加放电措施，确保 28 V 电源断电后回路中 28 V 电源快速降为 0 V，加快断电速度。

只有增加了二次电源的泄放回路，才可以保证军用综合电子集成产品断电过程中 CPU 程序不会乱跑，最终确保系统断电安全。

7.5.5　接壳导通防护技术注意事项

这里的应用防护技术主要是指军用综合电子集成产品在弹体内部的安装工艺。必须要注意的关键问题：一种情况是军用综合电子集成产品采用橡胶减振器进行安装时，由于橡胶减振器的绝缘性，使得军用综合电子集成产品壳体不能很好地与导弹壳体完全导通，没有静电释放路径，因此，必须对军用综合电子集成产品的壳体与导弹壳体进行短距离导通互连，线缆要短、线径要粗，还要保证导通电阻小于 20 mΩ。另外一种情况是军用综合电子集成产品采用平面安装，直接与导弹壳体互连，这时，要确保军用综合电子集成产品安装底面与导弹壳体的安装面都要平整光滑、干净无污染、无氧化，两个面的接触电阻要小于 20 mΩ。不论哪种安装互连方式，最终都要确保安装时导通电阻的量化测量，因为这种接触电阻会因为接触面的长时间裸露的污染、氧化而发生改变，如果不严格控制，会导致接触电阻变大，致使在飞行状态下军用综合电子集成产品壳体上聚集的静电得不到及时释放，造成军用综合电子集成产品电磁环境恶化，可能会出现工作异常。

7.5.6　EMC 试验方法的规范性注意事项

在传统军用综合电子集成产品的 EMC 试验中，一般的试验过程都是在被试产品加电后，正常运行测试程序才施加激励信号，对于产品加电过程的干扰适应能力不覆盖。但随着产品小型化、高速度和集成化特征的集中体现，产品一次电源 28 V 上电过程中，当电源电压达到 16 V 时二次电源就产生了，计算机就开始进行复位、FPGA 和各种程序的快速加载以及初始化过程，这一过程中用户系统供电等 EMC 环境往往很复杂，传统的 EMC 试验方法未能覆盖该过程，不能提早暴露电源的设计缺陷，经常导致产品在交付用户后对系统的上电过程不适应，会出现军用综合电子集成产品启动运行失败等情况。如果作战时军用综合电子集成产品在起飞上电或飞行中上电不能及时正确完成初始化并运行程序，则会导致发射失利或飞行失利。

对于新研制产品，建议在传统 EMC 试验方法的基础上，增加对军用综合电子集成产品的上电过程的覆盖验证，或者改变传统的试验方法，即先开始施加激励干扰，然后再对军用综合电子集成产品进行上电，以此来检验其上电过程对环境的适应性。

开展军用综合电子集成产品对导弹飞行过程的电磁环境适应性技术研究，必须充分认识空间电磁环境的技术特征和危害，重点从非正常的恶劣环境可能带来的风险入手，对设计、安装和使用等环节进行全面综合考虑，对每一个相关环节进行预防性设计并开展验证确认，使军用综合电子集成产品在不同的工作项目中能够全过程、全模式、全天候工作正常，确保导弹飞行成功。

因此，综合以上因素，设计时要坚持系统集成产品最小系统的电源地线与其他接口电源地线设计隔离的原则，与用户约定产品安装的接壳方式，进行定量化测试确认；禁止最小系统电源地线与机壳之间并电容；针对用户的使用，要在使用说明书中明确约束用户计算机最小系统的地线不能长线引出机外，不能带长线浮空，要关注系统电缆设计状态，杜绝将地线与其他电源共地或接壳，要关注系统电缆的互连结果，确保 EMC 试验施加激励过程的覆盖性，作为安全禁忌项，增加专项设计分析和评审及复核复算控制点。

7.6 小结

对于军用综合电子产品来说，高集成度的国产化元器件的应用方法、电源的稳定性和电磁环境适应性以及按照 GJB 151B—2013 进行 EMC 试验的符合性、覆盖性等，直接影响着综合电子系统集成产品的工作质量，电源的完整性设计应该在电源专业设计理论的基础上，加强与供电负载部分技术特性、系统应用以及电磁兼容试验考核标准要求的结合设计，确保微系统集成这种特殊系统具有安全稳定的工作环境。

以上所述问题都来自产品实际发生的问题，其建议措施的采取，可以有效抑制或杜绝一些因为开断电或电源波动以及地线设计、防护不周所引起的综合电子系统集成产品内部半导体器件工作初始状态不一、重复加电、初始化异常、莫名其妙现象和存储器被改写以及系统电磁兼容等问题的发生，有利于提高系统集成产品的稳定性、适应性、可靠性和鲁棒性等。以上所建议的注意事项也可为各型号在系统联试和飞行试验出现故障后的问题分析提供参考，具有很强的指导意义。

参考文献

[1] 柴波．军用嵌入式计算机全生命周期可靠性设计保证技术［M］．北京：中国宇航出版社，2018.

[2] 侯世明，仲伟生，高宝升，等．固体弹道导弹技术［M］．北京：国防工业出版社，2023.

[3] 王阳元．掌握规律，创新驱动，扎实推进中国集成电路产业发展［J］．科技导报，2021，39（3）：31－51.

[4] 拉贝尔，等．数字集成电路：电路、系统与设计［M］．周润德，等译．北京：电子工业出版社，2010.

[5] 张霞，刘宏波，顾文，等．全球光刻机发展概况以及光刻机装备国产化［J］．无线互连科技，2018，19：110－111.

[6] 吴军．态度［M］．北京：中信出版社，2018.

[7] 王龙兴．全球集成电路设计和制造业的发展状况［J］．集成电路应用，2019，36（03）：21－26，34.

[8] 威斯特，哈里斯．CMOS超大规模集成电路设计［M］．汪东，李振涛，毛二坤，等译．北京：中国电力出版社，2006.

[9] 卢杰．基于FinFET的三值SRAM结构研究［D］．杭州：浙江大学，2019.

[10] 邵擎．FinFET电路设计［D］．宁波：宁波大学，2018.

[11] 黎明，黄如．后摩尔时代大规模集成电路器件与集成技术［J］．中国科学：信息科学，2018，48（8）：963－977.

[12] 郭炜，魏继增，郭筝，等．SoC设计方法与实现［M］．北京：电子工业出版社，2011.

[13] 西安微电子技术研究所．Q/Al. J 10909—2015大规模数字集成电路可测性设计规范．西安：西安微电子技术研究所，2015.

[14] 西安微电子技术研究所．Q/A1. J11018—2016超深亚微米工艺大规模集成电路后端时序设计规范．西安：西安微电子技术研究所，2016.

[15] 西安微电子技术研究所．Q/A1. J11017—2016超大规模集成电路物理综合设计规范．西安：西安微电子技术研究所，2016.

[16] 杨波．低功耗微处理器体系结构的研究与设计［D］．西安：西北工业大学，2001.

[17] 胡振波．手把手教你设计CPU—RISC－V处理器篇［M］．北京：人民邮电出版社，2018.

[18] 怯肇乾，官莉萍，张晓强，等．RISC－V指令集及其微控制处理器的开发应用［J］．单片机与嵌入式系统应用，2021，8：9－13.

[19] ARM Limited. AMBA AXI Protocol Specification. https：//www. arm. com

[20] JEDEC Solid State Technology Association，DDR3 SDRAM Standard. http：//www. jedec. org

[21] Synopsys，Inc. DDR2/3 - Lite/mDDR SDRAM Memory Controller Databook. https：//www. synopsys. com

[22] Synopsys，Inc. Cores PCI Express Controller Reference Manual. https：//www. synopsys. com

[23] RapidIO. org. RapidIO Interconnect Specification. http：//www. rapidio. org

[24] Advanced Micro Devices，Inc. ug476 _ 7Series _ Transceivers. https：//xilinx. com.

[25] Mobiveil，Inc. RapidIO to AXI Bridge Controller Datasheet. https：//mobiveil. com.

[26] Mobiveil，Inc. 《Mobiveil GRIO Datasheet. https：//mobiveil. com.

[27] Beijing Huada Empyrean Software Co.，Ltd. SerDes _ 13p1G _ U28 PMA Datasheet. https：//Empyrean. com

[28] 祝树生，解春雷，等. 以太网、PCIe 和 Rapid IO 高速总线比较分析 [J]. 网络与信息工程，2016 (11)：100 - 102.

[29] 天野英晴. FPGA 原理和结构 [M]. 赵谦，译. 北京：人民邮电出版社，2019.

[30] ELECTRONIC ENGINEERING & PRODUCT WORLD. FPGA 发展到头了吗？看 FPGA 经历的几个时代. http：//m. eepw. com. cn/article/201701/343330. html

[31] STEPHEN M. (Steve) Trimberger. Three Ages of FPGAs：A Retrospective on the First Thirty Years of FPGA Technology. Proceedings of the IEEE，2015，103 (3)：318 - 331.

[32] 马克斯菲尔德. FPGA 设计指南 器件、工具和流程 [M]. 杜生海，邢闻，译. 北京：人民邮电出版社，2007.

[33] 杨靓. 实时嵌入式浮点 FFT 处理器的研究与设计 [D]. 西安：西安微电子技术研究所，2003.

[34] B. NEUMANN，T. VON SYDOW，H. BLUME，T. G. NOLL. Design flow for embedded FPGAs based on a flexible architecture template. Design，Automation and Test in Europe，2008：56 - 61.

[35] MOORE G E. Cramming More Components onto Integrated Circuits. Electronics，1965，38 (8)：114 - 117.

[36] RABAEY J M，CHANDRAKASAN A P，NIKOLI B. Digital Integrated Circuits：A Design Perspective [M]. 2nd Edition. New Jersey：Prentice hall，2003：6 - 80.

[37] BORKAR S. Design Perspectives on 22nm CMOS and Beyond. 46th ACM/IEEE Design Automation Conference，2009，July：93 - 94.

[38] 汤晓英. 微系统技术发展和应用 [J]. 现代雷达，2016，38 (12)：45 - 50.

[39] MEINDL J D. Beyond Moore's law：The interconnect era. Comput. Sci. Eng.，2003，5 (1)：20 - 24.

[40] DEUTSCH A. Electrical characteristics of interconnections for high - Performance systems，IEEE proceedings，1998，86 (2)：315 - 355.

[41] 喻文健，徐宁. 超大规模集成电路互连线分析与综合 [M]. 北京：清华大学出版社，2008：10 - 63.

[42] International Technology Roadmap for Semiconductors (ITRS)，Available online：http：//www. itrs. net/Links/2005ITRS/ Home2005. htm，2005.

[43] KIM J，PAK J S，CHO J，et al. High - Frequency Scalable Electrical Model and Analysis of a Through Silicon Via (TSV). IEEE Transctions on Components，Packaging，and Manufacturing Technology，2011，1 (2)：181 - 187.

[44] EARLY J. Speed，Power and Component Density in Multielement High - Speed Logic Systems. IEEE International Solid - State Circuits Conference，1960，February：78 - 79.

[45] SCHROM G，LIU D，PICHLER C，et al. Analysis of Ultra - Low - Power CMOS with Process and Device Simulation. 24th European Solid State Device Research Conference，1994，September：

679－682.

[46] 缪立明，张海霞．微系统和纳米工程研究领域的最新进展．微系统与纳米工程国际会议（MINE 2018）．北京：中国科学院电子学研究所，2018.

[47] MOORE G E. No Exponential is Forever：But “Forever” Can Be Delayed! IEEE International Solid－State Circuits Conference，2003：20－23.

[48] BAKIR M S，King C，Sekar D，et al. 3D Heterogeneous Integrated Systems：Liquid Cooling，Power Delivery，and Implementation. IEEE Custom Integrated Circuits Conference，2008：663－670.

[49] 毛臻，丁涛杰，杨兵．微系统技术助力数字助听器发展 [J]. 电子与封装，2019，19（3）：44－48.

[50] WEI M，YUFENG J，YONG G，et al. Fabrication process of a TSV interposer for radio frequency chip with integrated passive devices. 2016 17th International Conference on Electronic Packaging Technology，2016：1041－1044.

[51] XIAOYU M，TAKEO T，SATOSHI U. Integrated passives on LTCC for achieving chip－sized－modules. Microwave Conference，2008. EuMC 2008 38th European IEEE，2008.

[52] DELBOS E，LAURENT O，BOKAI H，et al. Integration challenges of TSV backside via reveal process. 2013 IEEE 63rd Electronic Components and Technology Conference，2013.

[53] M RACK，J P RASKIN，G VAN DER PLAS，et al. Fast and accurate modelling of large TSV arrays in 3D－ICs using a 3D circuit model validated against full－wave FEM simulations and RF measurements. 2016 IEEE 66th Electronic Components and Technology Conference，2016：966－971.

[54] 曹单．微惯性器件的三维封装设计与实现．成都：电子科技大学，2012.

[55] J P RASKIN，A VIVIANI，D FLANDRE，et al. Substrate crosstalk reduction using SOI technology，IEEE Transactions on Electron Devices，1997，44（12）：2252－2261.

[56] TUMMALA R. R. Fundamentals of microsystems packaging. Singapore：McGraw－Hill，2001.

[57] BIN X，XUNQING S. Sensitivity Investigation of Substrate Thickness and Reflow Profile on Wafer Level Film Failures in 3D Chip Scale Packages by Finite Element Modeling. Electronic Components and Technology Conference. 2007：242－248.

[58] DOWHAN Ł，WYMYSŁOWSKI A，DUDEK R. Multi－objective decision support system in numerical optimization of modern electronic packaging. Micro system Technologies，2009，15（12）：1777－1783.

[59] 高雪莲，陈银红，雷晓明．IC 封装中互连线信号完整性的研究 [J]. 电子与封装，2011（12）：121－125.

[60] FISCHER A C，FORSBERG F，LAPISA M，et al. Integrating MEMS and ICs. Microsystems 8L Nanoengineering，2015，1（5）：1－16.

[61] Fischer A C，Korvink J G，Roxhed N，et al. Unconventional applications of wire bonding create opportunities for microsystem integration. Journal of Micromechanics and Microengineering，2013，23（8）：905－923.

[62] PREMACHANDRAN C S，LAU J，XIE L，et al. A novel，wafer－level stacking method for lowehip yield and non－uniform • chip－size wafers for MEMS and 3D SiP applications. The 58th Electronic Components and Technology Conference（ECTC）IEEE，2008：314－318.

[63] 汤伟强．雷达中的微系统及国外研究现状 [J]. 现代雷达，2017，39 (3)：21 - 28.

[64] ESASHI M，TANAKA S. Heterogeneous integration by adhesive bonding. Micro and Nano Systems Letters，2013，1 (1)：1 - 10.

[65] NIKLAUS F，LAPISA M，BLEIKER S J，et al. Wafer - level heterogeneous 3D integration for MEMS and NEMS. The 3th IEEE International Workshop on Low Temperature Bonding for 3D Integration (LTB - 3D)，IEEE，2012：247 - 252.

[66] 曾晓洋，黎明，李志宏，等．微纳集成电路和新型混合集成技术 [J]. 中国科学：信息科学，2016，46 (8)：1108 - 1135.

[67] CHAIMANONART N，SUSTER M A，YOUNG D J. Two - channel passive data telemetry with remote RF powering for highperformance wireless and batteryless strain sensing microsystem applications. IEEE Sensors Journal，2010，10 (8)：1375 - 1382.

[68] Lau J H. 3D IC integration and packaging. New York：McGraw - Hill，2016.

[69] LIM P S，RAO V S，YIN H W，et al. Process development and reliability of microbumps. Proceedings of the 10th Electronics Packaging Technology Conference，2008：367 - 372.

[70] LAU J H，LEE C K，ZHAN C J，et al. Through - Silicon hole interposers for 3D IC integration. IEEE Transactions on Components，Packaging and Manufacturing Technology，2014，4 (9)：1407 - 1419.

[71] LIN Y T，LAI W H，KAO C L，et al. Wafer warpage experiments and simulation for fan - out chip on substrate (FOCoS) . Proceedings of the 66th IEEE Electronic Components and Technology Conference，2016：13 - 18.

[72] DUTTA I，KUMAR P，BAKIR M S. Interface - related reliability challenges in 3 - D interconnect systems with through - Silicon vias. Journal of the Minerals，Metals&Materials Society，2011，63 (10)：70 - 77.

[73] 刘培生，杨龙龙，卢颖，等．倒装芯片封装技术的发展 [J]. 电子元件与材料，2014，33 (2)：1 - 15.

[74] 马福民，王惠．微系统技术现状及发展综述 [J]. 电子元件与材料，2019，38 (6)：12 - 19.

[75] 雷颖劼．电子封装技术的发展现状及趋势 [J]. 科技创新与应用，2016 (7)：138 - 139.

[76] 马卫华．导弹/火箭制导、导航与控制技术发展与展望 [J]. 宇航学报，2020，41 (07)：860 - 867.

[77] 宋科璞．飞行器制导、导航与控制系统学科发展研究 [C]. 中国科学技术出版社，2014：155 - 169，184 - 185.

[78] HAO L，BAO D，CHENGUANG S. Development of Computer Intelligent System - Level Electronic Integrated Package Microsystem Technology [J]. Journal of Physics：Conference Series，2021，2033 (1).

[79] 李晨，张鹏，李松法．芯片级集成微系统发展现状研究 [J]. 中国电子科学研究院学报，2010，5 (01)：1 - 10.

[80] W JOHNSON. Impact strength of materials [M]. Edward Arnold，1972.

[81] W J STRONGE，T X YU. Dynamic models for structural plasticity [M]. Springer - Verlag，London. 1993.

[82] 陶文铨. 数值传热学 [M]. 西安：西安交通大学出版社，1988.
[83] 赵经文，王宏钰. 结构有限元分析 [M]. 哈尔滨：哈尔滨工业大学出版社，2001.
[84] 王永康. ANSYS Icepak 电子散热基础教程 [M]. 北京：国防工业出版社，2015.
[85] JAMES M KENNEDY. Introductory examples manual for LS-DYNA users，2013.
[86] 庞学满，周骏，梁秋实，等. 基板堆叠型三维系统级封装技术 [J]. 固体电子学研究与进展，2021，41 (03)：161-165.
[87] YANG H Z，LI G H，CAO X Y. Study on PoP (package-on-package) Assembly Technology [C]. 2009 16th IEEE International Symposium on the Physical and Failure Analysis of Integrated Circuits，2009：264-267.
[88] 王爱秀. 先进的3D叠层芯片封装工艺及可靠性研究 [D]. 上海：复旦大学，2011.
[89] 陶文铨. 传热学 [M]. 北京：高等教育出版社，2019.
[90] 张天光，王秀萍，王丽霞. 捷联惯性导航技术 [M]. 北京：国防工业出版社，2007.
[91] 周志华. 机器学习 [M]. 北京：清华大学出版社，2016.
[92] CLAUDIA C. MERUANE NARANJO. Analysis and Modeling of MEMS based Inertial Sensors [M]. Kungliga Tekniska Hgskolan，2008.
[93] S. CHONG，et al. Temperature drift modeling of MEMS gyroscope based on genetic-Elman neural network [J]. Mech. Syst. Signal Process. (2015).
[94] 何江波. 电容式微加速度计的热稳定性研究 [D]. 成都：西南交通大学，2016.
[95] 肖珊珊，洪利. 电容式加速度计的温度特性分析与补偿设计 [J]. 仪表技术与传感器，2018，11：151-161.
[96] 郭刚强，高鹏，王龙. 地磁测量模块系统误差补偿方法研究 [J]. 机械工程与自动化，2017，(05)：133-135.
[97] 丁亚玲，吴翔. 不同温度对GNSS接收机定位精度的影响 [J]. 上海航天，2020，S2：107-115.
[98] GJB 548B—2005，微电子器件试验方法和程序 [S].
[99] 郑松海. 某小型导弹弹上电子舱综合化设计技术研究 [D]. 南京：南京理工大学，2004.
[100] 刘名玥. 小型导弹导引与控制一体化设计 [D]. 南京：南京理工大学，2015.
[101] 朱传伟，阚荣才. 反舰导弹弹载计算机的应用研究 [J]. 飞航导弹，2013，2：80-82.
[102] 左清清，梁争争，范秀峰. 低成本火箭弹弹载计算机的设计 [J]. 电子技术，2015，017 (01)：57-59.
[103] 夏文涛，邵云峰. 弹上电气系统电缆网轻小型化的构想与设计 [J]. 现代防御技术，2006，34 (2)：20-23.
[104] 黎连业，黎萍，等. 计算机网络系统集成技术基础与解决方案 [M]. 北京：机械工业出版社，2013.
[105] 蒂洛·施特赖歇特，马蒂亚斯·特芬布等. 汽车电子/电气架构——实时系统的建模与评价 [M]. 张英红，译. 北京：机械工业出版社，2017.
[106] 唐艺菁，胡玉龙，等. 航天科技集团第七七一研究所系统集成专业2035年战略规划. 航天科技集团第七七一研究所.
[107] 王璐. 电子设备结构设计中的电磁兼容研究 [J]. 中国战略新兴产业，2018 (22)：83.
[108] 郑军奇. EMC电磁兼容设计与测试案例分析 [M]. 2版. 北京：电子工业出版社，2010.

[109] 姜雪松，王鹰．电磁兼容与PCB设计 [M]. 北京：机械工业出版社，2008：176-234.

[110] 路宏敏，余志勇，李万玉．工程电磁兼容 [M]. 西安：西安电子科技大学出版社，2003.

[111] W G DUFF. Designing Electronic Systems for EMC [M]. Iet Digital Library，2011：304.

[112] DAVID A. Weston. Electromagnetic Compatibility：Principles and Applications. Second Edition. New York：John Wiley&Sons，Inc，1994.

[113] 王永康．ANSYS Icepak电子散热基础教程 [M] 北京：国防工业出版社，2015.

[114] DING Y，TIAN R Y，WANG X L，et al. Coupling effects of mechanical vibration and thermal cycling on reliability of ccga solder joints [J]. Microelectronics Reliability，2015.

[115] CHE F X，PANG J H L. Thermal fatigue reliability analysis for PBGA with Sn-3.8Ag-Cu solder joints [C]. Electronics Packaging Technology Conference，Singapore，2004：787-792.

[116] 夏俊生．军用微电子抗高过载技术研究浅述 [J]. 集成电路通讯，2004，22 (3)：18-23.

[117] MELCHERS. Structural reliability analysis and prediction [M]. John Wiley，1999.

[118] MORRIS S，BERMAN. Electronic Components for High-g Hardened Packaging [R]. ARL-TR-3705. 2006.

[119] 张力，张家俊，等．导弹静电放电效应及其防护装置应用研究 [J]. 现代防御技术，2021，49 (1)：40-46.

[120] GJB 151B—2013《军用设备和分系统电磁发射和敏感度要求与测量》.

后　记

说到“系统”，大家可能都会想起钱学森先生的《论系统工程》，也正是在这本书中，系统作为一个科学名词进入了人们的认知范围。很多人会想，系统是对“system”一词的音译吗？据周建中先生的考证，其实古汉语中已经有与系统非常接近的词句存在，如：汉代班固《东都赋》中的“系唐统，接汉绪”，清乾隆年间段玉裁对《说文解字》注曰：“系者垂统于上而承于下也”。因此，我更愿意接受，系统一词是中国传统文化与现代科学技术融合的一个体现。

对“电”的最早记录，大约在公元前600年。当时，古希腊人常用琥珀（希腊语：elektron）制作护身符，思想家Thales的文字记载了琥珀在把玩擦拭过程中能够吸附一些小东西的神秘现象，英语中“电”的词根“electr-”也正是从此演化而来。我国东汉时期王充（公元27年—约公元97年）在《论衡·乱龙》中提到“顿牟掇芥”（顿牟：即玳瑁；芥：指芥菜籽，也统称细微的末屑），也描述了带静电的物体能够吸引轻小物体的现象。

现代科学的电子在1897年由英国物理学家Joseph John Thomson在研究阴极射线时发现。半个世纪后，贝尔实验室的John Bardeen，Walter Brattin和William Shockley，演示了由半导体材料锗制成的电子放大器件。从此，微电子技术呈现出强大的活力，用不到一个世纪的时间渗透到传统产业的方方面面，在摩尔定律的加持下，推动了第五次信息革命的爆炸式发展。

电子系统是航天工程的重要组成部分之一，在通信、导航、雷达、目标识别、遥测遥控等方面都有应用。微电子与计算机技术的发展，使航天器的电子系统进一步小型化，同时具备更强的实时处理能力，从而使航天器性能进一步提升，功能进一步拓展。航天七七一所作为国内唯一集计算机、半导体集成电路和混合集成电路科研生产为一体的大型专业研究所，从中国第一代运载火箭开始，专注于为国家弹、箭、星、船、器等各型装备电子系统研制贡献力量。

本书以航天型号与武器装备综合电子系统产品小型化、低成本、高性能和高可靠为目标，以航天七七一所独有的半导体集成电路、混合集成电路和计算机的多专业结合的优势，集近60年的型号研发成功经验，系统地阐述了经过工程化验证过的芯片级集成、模块级立体集成与先进封装，再到机电一体化系统集成与应用的设计和工艺技术，使现代新型综合电子系统的小型化能力、抗高过载能力、环境适应能力和低成本能力都达到了国内先进水平，这些技术正是目前和未来航天技术发展的主流方向，对于有力实现核心技术自主可控，打破以美国为首的西方各国对我国的打压和禁运具有十分重要的意义，也为同行工程技术人员提供了参考，也可以作为高等院校相关专业的参考教材。

杨　靓

2023 年 4 月

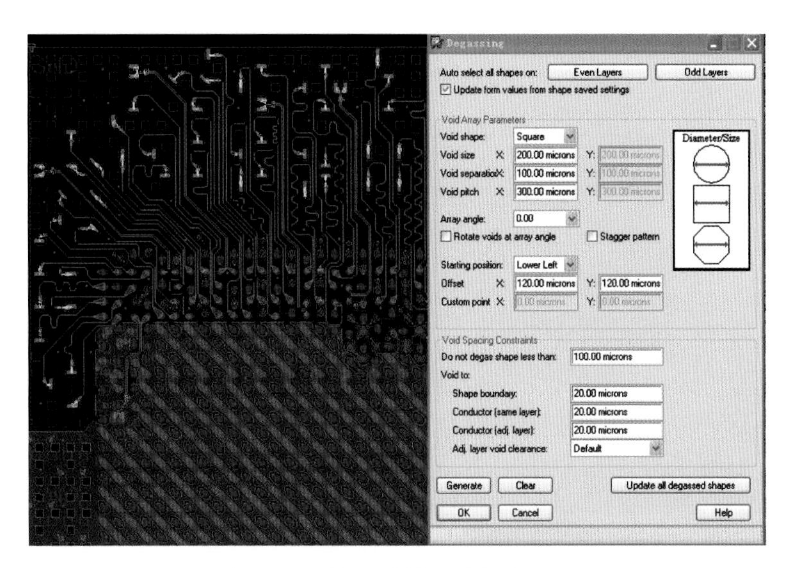

图 3-3　覆铜开孔设置示意图(P79)

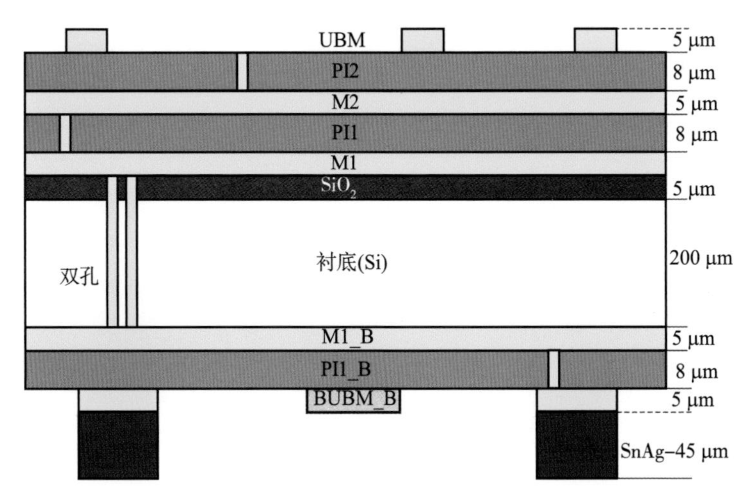

图 3-4　叠层结构示意图(P79)

图 3-8　布线示例(P81)

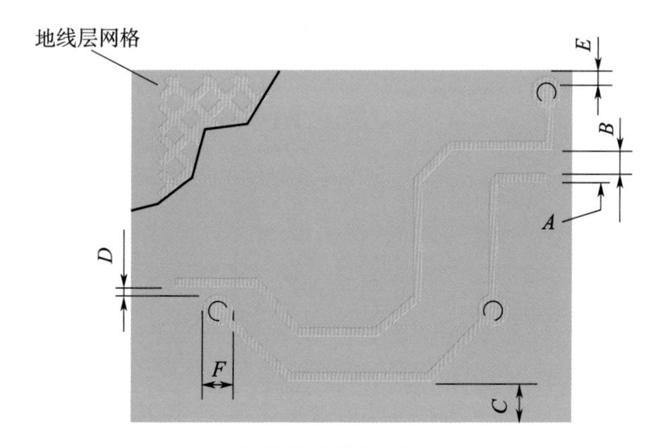

图 3-12　导体的布线规则示意图(P84)

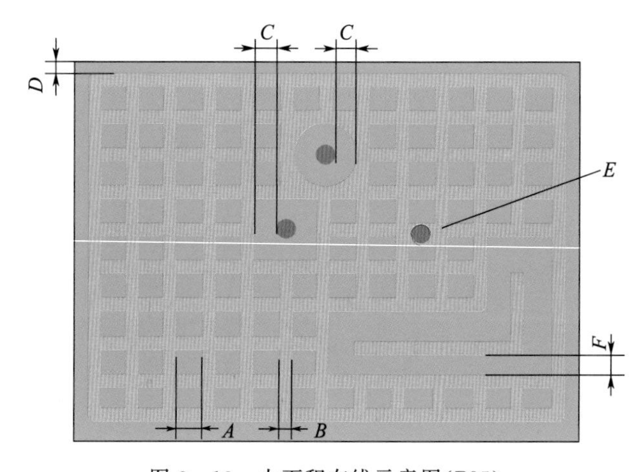

图 3-13　大面积布线示意图(P85)

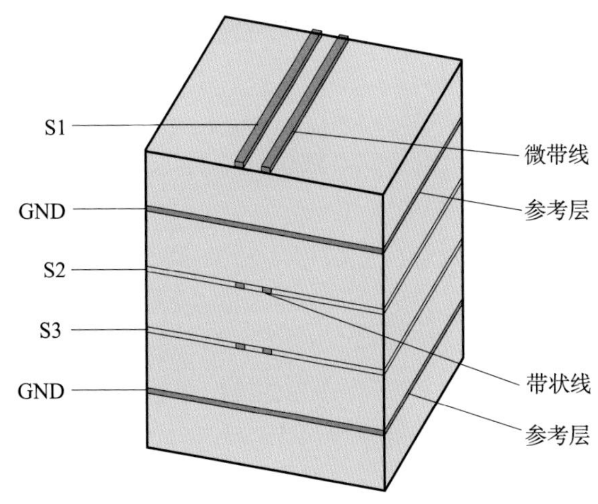

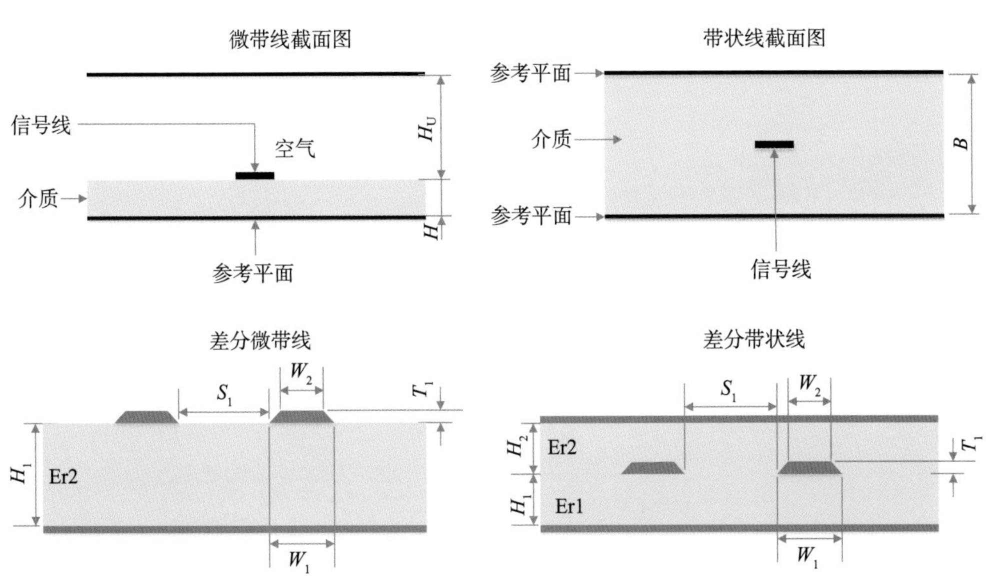

图 3-35　基板传输线的结构示意图(P96)

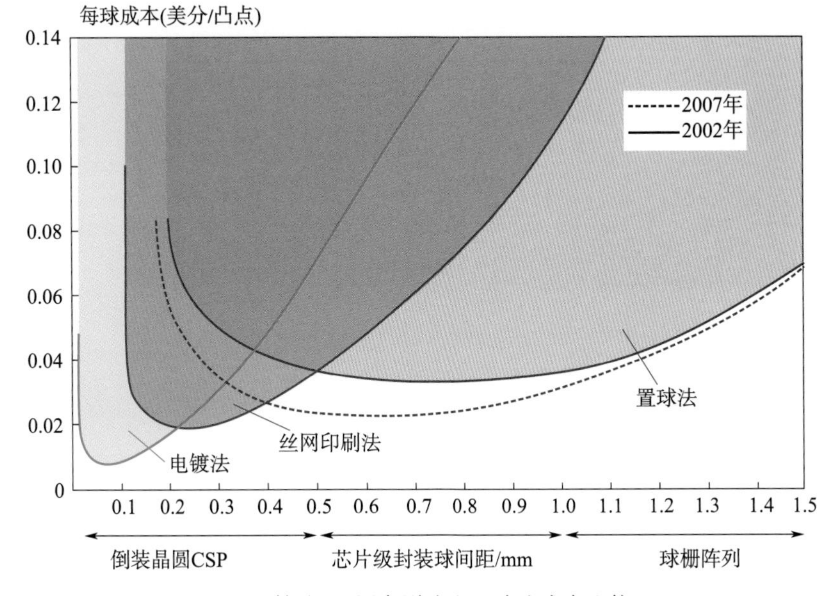

图 3-73　电镀法、丝网印刷法和置球法成本比较(P138)

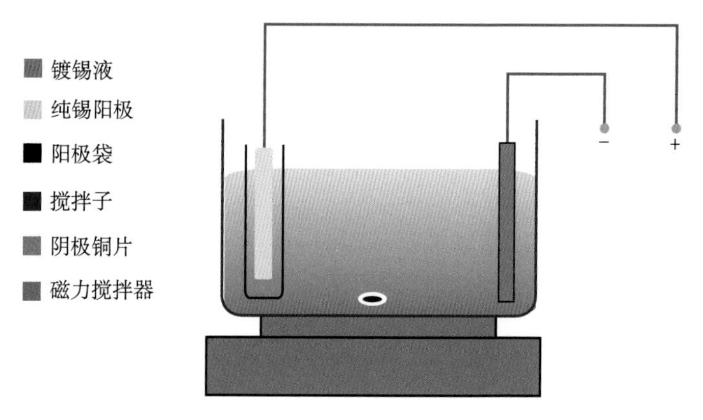

图 3 - 77　电沉积装置示意图(P141)

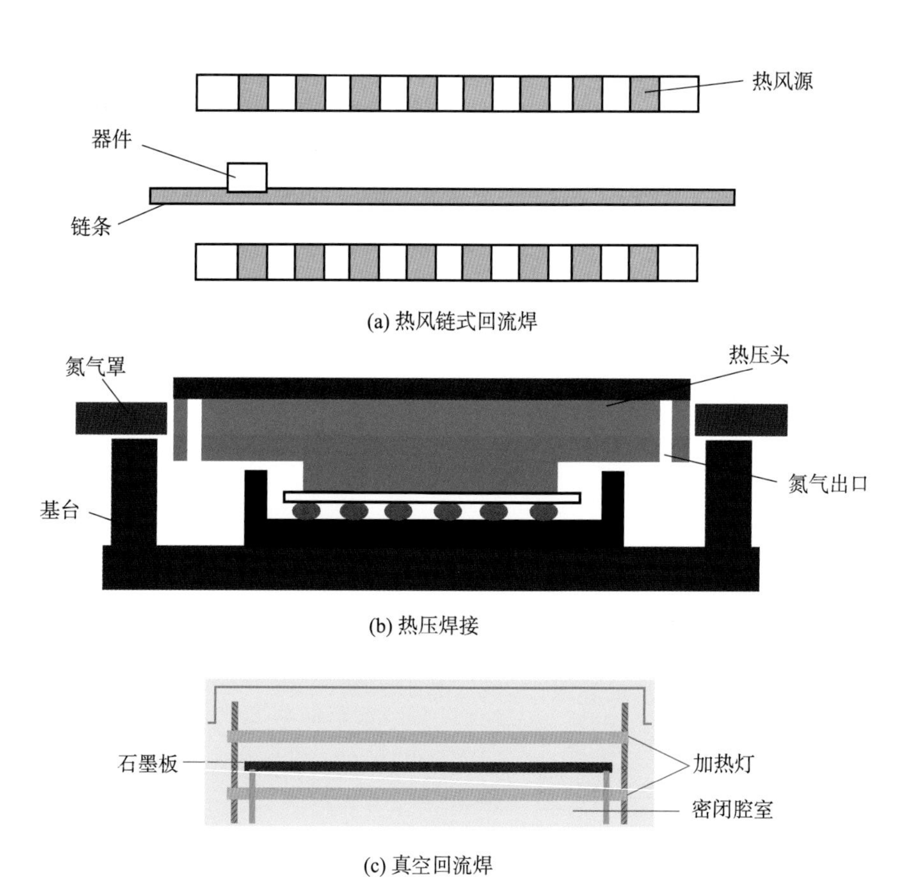

图 3 - 79　焊接示意图(P142)

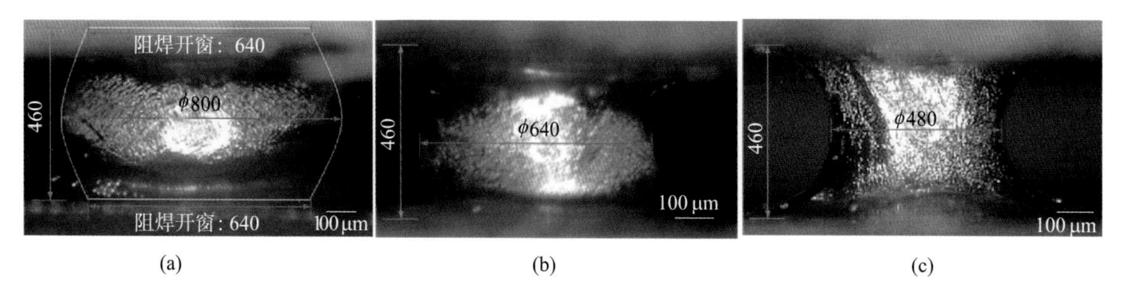

(a) (b) (c)

图 3-81 倒装焊点的不同形态(P144)

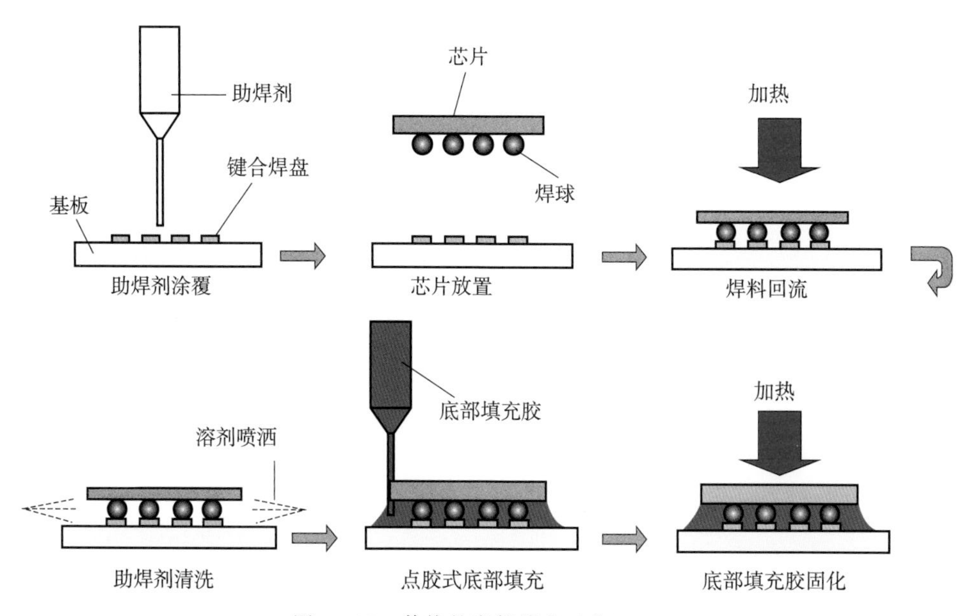

图 3-88 传统的底部填充工艺(P148)

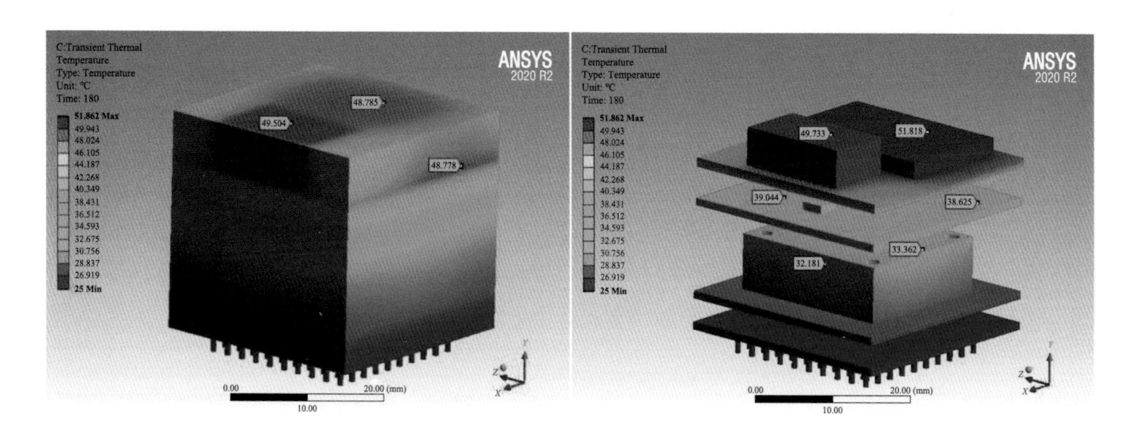

图 4-16 3 min时刻模块表面及内部温度云图(P209)

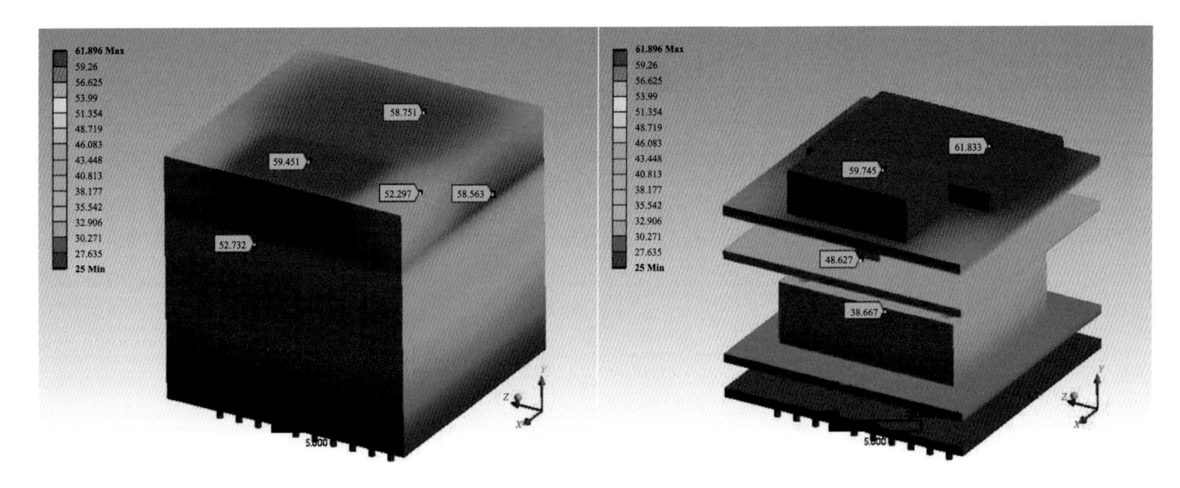

图 4-17　10 min 时刻模块表面及内部温度云图(P209)

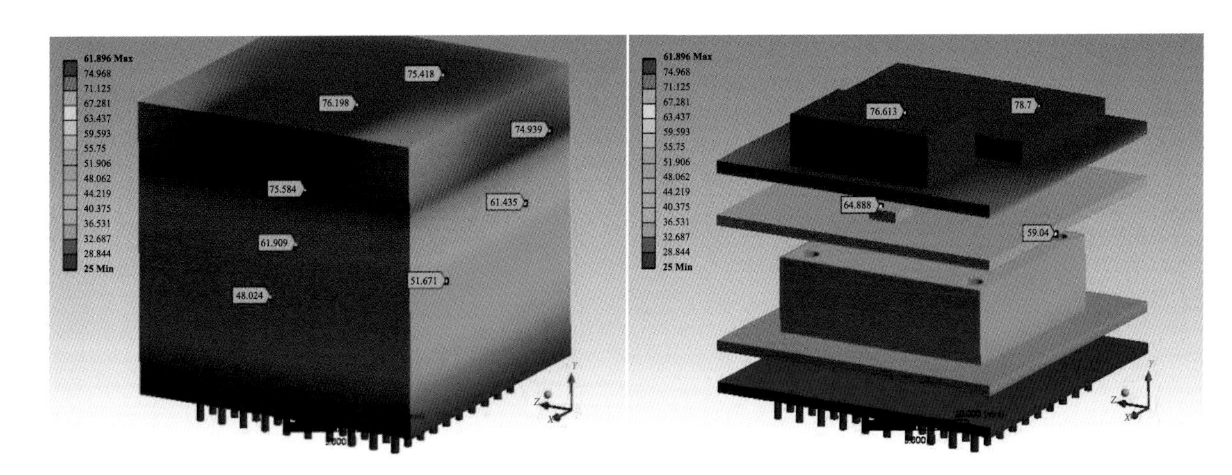

图 4-18　30 min 时刻模块表面及内部温度云图(P210)

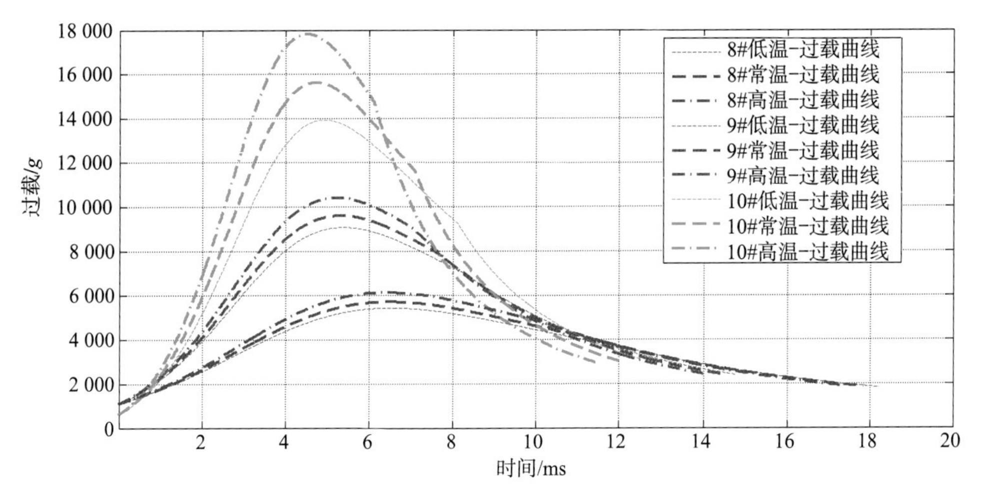

图 4-20　炮射冲击过载曲线(P211)

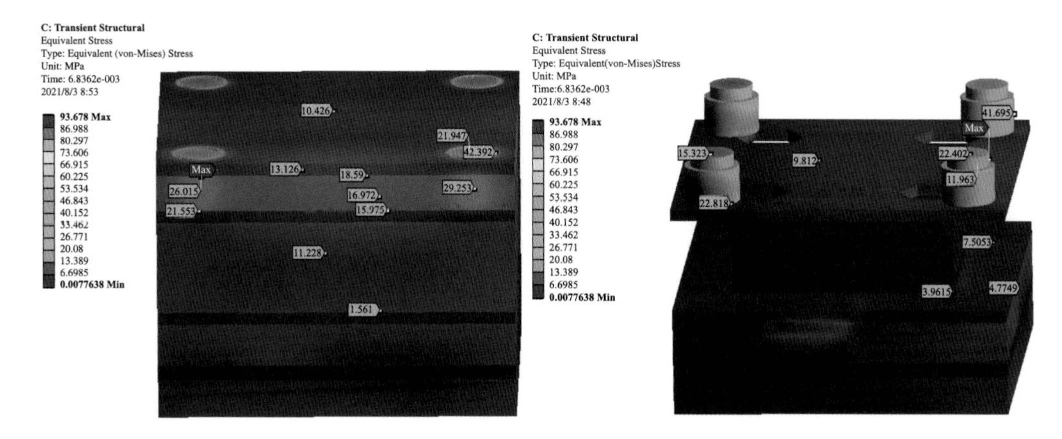

图 4-34　模块 Von-Mises 应力云图(P219)

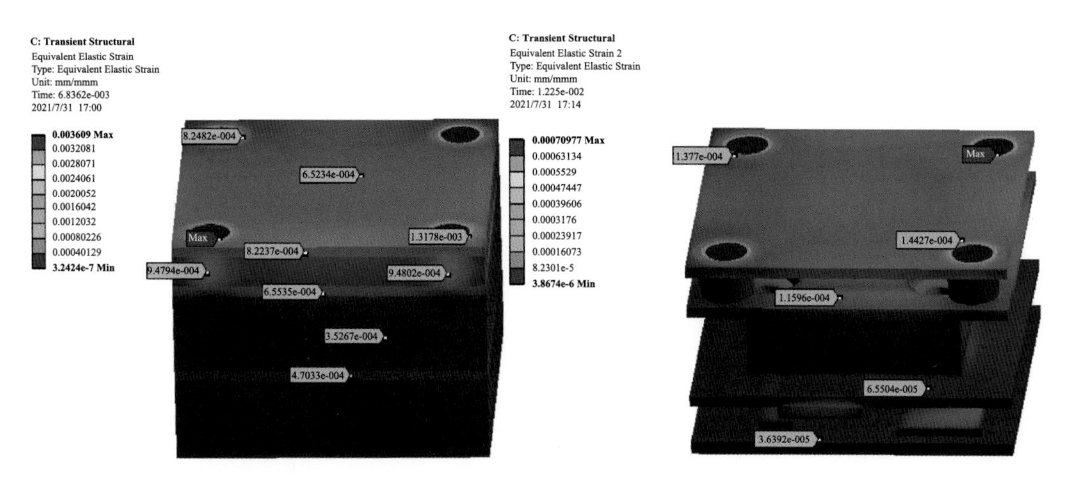

图 4-35　模块应变云图(P219)

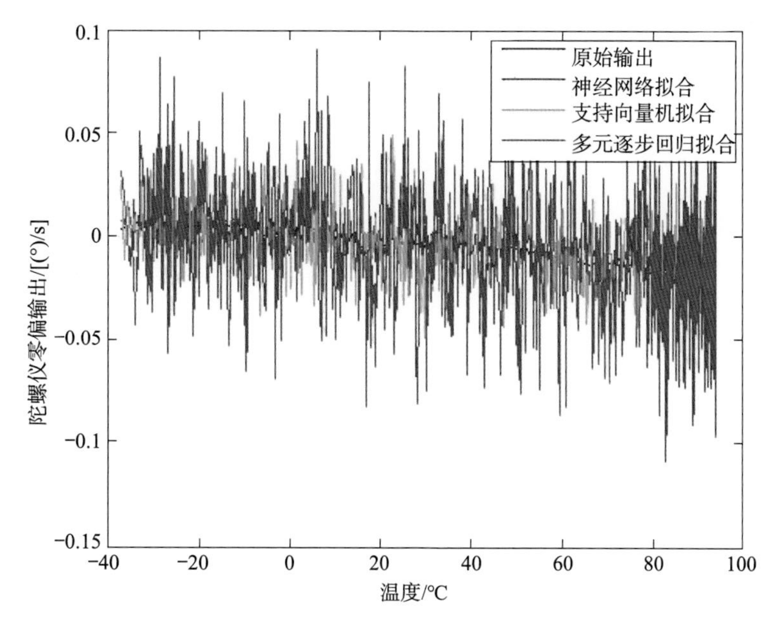

图 5-20　陀螺仪使用不同方法的拟合结果(P267)

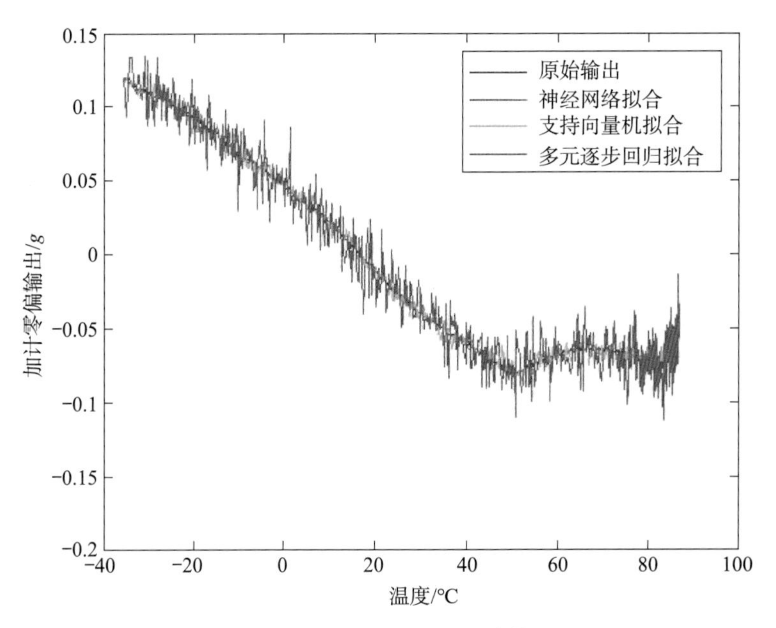

图 5-21　加计使用不同方法的拟合结果(P267)

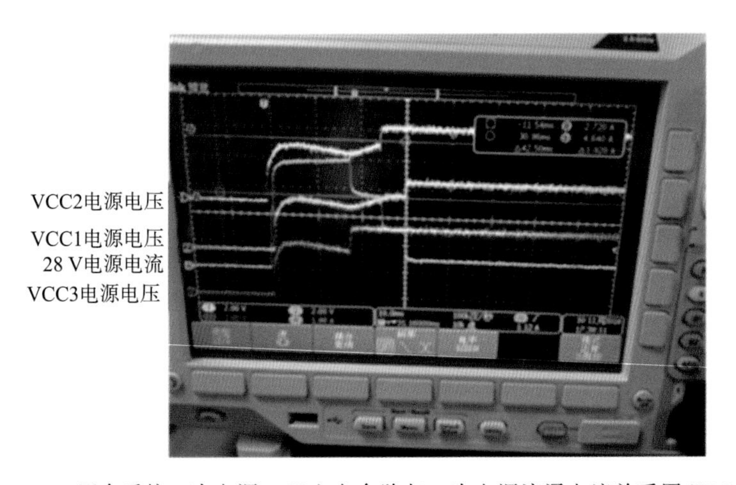

图 7-5　冗余系统二次电源 5 V 上电台阶与一次电源浪涌电流关系图(P353)